中 国 国 家 标 准 汇 编

2014 年修订-27

中国标准出版社　编

中国标准出版社

北　京

图书在版编目(CIP)数据

中国国家标准汇编:2014年修订.27/中国标准出版社编.—北京:中国标准出版社,2015.10
ISBN 978-7-5066-7963-3

Ⅰ.①中… Ⅱ.①中… Ⅲ.①国家标准-汇编-中国-2014 Ⅳ.①T-652.1

中国版本图书馆CIP数据核字(2015)第179916号

中国标准出版社出版发行
北京市朝阳区和平里西街甲2号(100029)
北京市西城区三里河北街16号(100045)

网址 www.spc.net.cn
总编室:(010)68533533 发行中心:(010)51780238
读者服务部:(010)68523946

中国标准出版社秦皇岛印刷厂印刷
各地新华书店经销

*

开本 880×1230 1/16 印张 39 字数 1 200 千字
2015年10月第一版 2015年10月第一次印刷

*

定价 220.00 元

出 版 说 明

1.《中国国家标准汇编》是一部大型综合性国家标准全集。自1983年起,按国家标准顺序号以精装本、平装本两种装帧形式陆续分册汇编出版。它在一定程度上反映了我国建国以来标准化事业发展的基本情况和主要成就,是各级标准化管理机构,工矿企事业单位,农林牧副渔系统,科研、设计、教学等部门必不可少的工具书。

2.《中国国家标准汇编》收入我国每年正式发布的全部国家标准,分为"制定"卷和"修订"卷两种编辑版本。

"制定"卷收入上一年度我国发布的、新制定的国家标准,顺延前年度标准编号分成若干分册,封面和书脊上注明"20××年制定"字样及分册号,分册号一直连续。各分册中的标准是按照标准编号顺序连续排列的,如有标准顺序号缺号的,除特殊情况注明外,暂为空号。

"修订"卷收入上一年度我国发布的、被修订的国家标准,视篇幅分设若干分册,但与"制定"卷分册号无关联,仅在封面和书脊上注明"20××年修订-1,-2,-3,……"字样。"修订"卷各分册中的标准,仍按标准编号顺序排列(但不连续);如有遗漏的,均在当年最后一分册中补齐。需提请读者注意的是,个别非顺延前年度标准编号的新制定的国家标准没有收入在"制定"卷中,而是收入在"修订"卷中。

读者配套购买《中国国家标准汇编》"制定"卷和"修订"卷则可收齐由我社出版的上一年度我国制定和修订的全部国家标准。

3. 由于读者需求的变化,自1996年起,《中国国家标准汇编》仅出版精装本。

4. 2014年我国制修订国家标准共1 611项。本分册为"2014年修订-27",收入新制修订的国家标准19项。

中国标准出版社

2015年8月

目　　录

ICS 25.040
N 10

中华人民共和国国家标准

GB/T 25105.3—2014
代替 GB/Z 25105.3—2010

工业通信网络　现场总线规范 类型 10:PROFINET IO 规范 第 3 部分:PROFINET IO 通信行规

Industrial communication networks—Fieldbus specifications—Type 10: PROFINET IO specifications—Part 3: PROFINET IO communication profile

(IEC 61784-2:2010, Industrial communication networks—Profiles—Part 2: Additional fieldbus profiles for real-time networks based on ISO/IEC 8802-3, MOD)

2014-09-30 发布　　　　2015-04-01 实施

中华人民共和国国家质量监督检验检疫总局
中国国家标准化管理委员会　发布

前　言

GB/T 25105《工业通信网络　现场总线规范　类型 10:PROFINET IO 规范》分为以下 3 个部分:

——第 1 部分:应用层服务定义;

——第 2 部分:应用层协议规范;

——第 3 部分:PROFINET IO 通信行规。

本部分为 GB/T 25105 的第 3 部分。

本部分按照 GB/T 1.1—2009 给出的规则起草。

本部分代替 GB/Z 25105.3—2010《工业通信网络　现场总线规范　类型 10:PROFINET IO 规范　第 3 部分:PROFINET IO 通信行规》。

本部分修改采用 IEC 61784-2:2010《工业通信网络　行规　第 2 部分:基于 ISO/IEC 8802-3 的实时以太网的附加现场总线行规》。在技术内容上与原国际标准没有差异,为方便我国用户使用,在文本结构编排上进行了适当调整,用我国已有标准部分代替了引用的国际标准,并按 GB/T 1.1 的要求进行编辑。

本部分由中国机械工业联合会提出。

本部分由全国工业过程测量控制和自动化标准化技术委员会(SAC/TC 124)归口。

本部分起草单位:机械工业仪器仪表综合技术经济研究所、北京仪综测业科技发展有限公司、上海自动化仪表股份有限公司、中国科学院沈阳自动化研究所、中国石化集团上海工程有限公司、西南大学、郑州轻工业学院、北京和利时系统工程股份有限公司、北京奥斯汀科技有限公司、北京机械工业自动化研究所、西门子(中国)有限公司、菲尼克斯电气(南京)研发工程技术中心有限公司。

本部分主要起草人:谢素芬、高镜媚、张桂玲、史宝库、包伟华、杨志家、王永华、陈小枫、刘枫、刘丹、高欣、赵欣、张龙、惠敦炎、罗安、李百煌、李佳。

本部分所代替标准的历次版本发布情况为:

——GB/Z 25105.3—2010。

引　言

本部分对现有的 PROFIBUS 和 PROFINET 通信行规族(CPF)提供用于 PROFINET IO 的通信行规(CP)。

这些行规符合工业自动化的市场目标,即实时以太网(Real-Time Ethernet,RTE)通信网络与 GB/T 15629.3(通常称作以太网)共存。这些 RTE 通信网络将 GB/T 15629.3 的规定用于通信栈的底层,另外提供更可预知、可靠的实时数据传输和支持自动化装备精确同步的方法。

特别的,这些行规有助于正确地声明 RTE 通信网络与 GB/T 15629.3 的一致性,并有助于避免歧异实现的扩散。

将以太网技术应用于控制器之间的工业通信,甚至用于控制器与现场设备之间的通信,会推动因特网技术在现场区域的使用。如果这种可用性导致现场区域的工业自动化通信网络所需要的如下特性的丧失则是无法接受的,这些特性包括:

——实时性;

——现场设备(例如,驱动器)之间的同步行为;

——很小数据记录的有效、频繁的交换。

这些 RTE 行规可以充分利用以太网网络在传输带宽和网络范围方面的改进。

另一个隐含而重要的要求是,完全地保留以太网典型的通信能力(像在办公领域所使用的),从而可继续使用所涉及的软件。

对于网络解决方案,市场需要若干种一致性类(CC),每种一致性类具有符合各种应用要求的不同性能特性和功能能力。RTE 性能指标(见第 5 章)能使用户将网络设备与 RTE 网络的应用相关性能要求相匹配,这些性能指标值由基于本部分中规定的通信行规的 RTE 设备提供。

5.1 规定了用于表达一个 CP 的 RTE 性能所必需的性能指标的基本原理。5.2 描述应用需求方面的考虑。可以使用一个与应用相关的类来找出一个适当的 CP。第 4 章说明应如何来声明某个设备与 CPF 或 CP 的一致性。

在本部分中的 CP 引用了应用层(AL)协议和服务文本。

工业通信网络　现场总线规范
类型 10:PROFINET IO 规范
第 3 部分:PROFINET IO 通信行规

1　范围

GB/T 25105 的本部分规定了:

——支持用于实时以太网(RTE)需求分类的性能指标;

——基于 GB/T 15629.3、IEC 61158 和 IEC 61784-1 的行规和相关网络组件;

——能够与基于 GB/T 15629.3 的应用并行运行的 RTE 解决方案。

这些通信行规都被称之为实时以太网(RTE)通信行规。

注:RTE 通信行规使用 GB/T 15629.3 通信网络及其有关的网络组件,并增补这些标准以获得 RTE 特性。

2　规范性引用文件

下列文件对于本文件的应用是必不可少的。凡是注日期的引用文件,仅注日期的版本适用于本文件。凡是不注日期的引用文件,其最新版本(包括所有的修改单)适用于本文件。

GB 4793(所有部分)　测量、控制和实验室用电气设备的安全要求[IEC 61010(所有部分)]

GB/T 15629.2　信息技术　系统间远程通信和信息交换　局域网和城域网　特定要求　第 2 部分:逻辑链路控制(GB/T 15629.2—2008,ISO/IEC 8802-2:1998,IDT)

GB/T 15629.3　信息处理系统　局域网　第 3 部分:带碰撞检测的载波侦听多址访问(CSMA/CD)的访问方法和物理层规范(GB/T 15629.3—1995,ISO/IEC 8802-3:1990,IDT)

GB/T 15629.11　信息技术　系统间远程通信和信息交换　局域网和城域网　特定要求　第 11 部分:无线局域网媒体访问控制和物理层规范(GB/T 15629.11—2003,ISO/IEC 8802-11:1999,MOD)

GB/T 15969.2　可编程序控制器　第 2 部分:设备要求和测试(GB/T 15969.2—2008,IEC 61131-2:2007,IDT)

GB/T 25105.1—2014　工业通信网络　现场总线规范　类型 10:PROFINET IO 规范　第 1 部分:应用层服务定义(IEC 61158-5-10:2010,MOD)

GB/T 25105.2—2014　工业通信网络　现场总线规范　类型 10:PROFINET IO 规范　第 2 部分:应用层协议规范(IEC 61158-6-10:2010,MOD)

GB/T 26336　工业通信网络　工业环境中的通信网络安装(GB/T 26336—2010,IEC 61918:2007,IDT)

ISO 15745-4/Amd 1　工业自动化系统和集成　开放系统应用集成框架　第 4 部分:基于以太网的控制系统的引用描述　增补 1:PROFINET 行规(Industrial automation systems and integration—Open systems application integration framework—Part 4: Reference description for Ethernet-based control systems; Amendment 1: PROFINET profiles)

IEC 61158(所有部分)　工业通信网络　现场总线规范(Industrial communication networks—Fieldbus specifications)

IEC 61784-1　工业通信网络　行规　第 1 部分:现场总线行规(Industrial communication networks—Profiles—Part 1: Fieldbus profiles)

IEC 61784-5-3 工业通信网络 行规 第5-3部分:现场总线安装 CPF3通信的安装行规(Industrial communication networks—Profiles—Part 5-3: Installation of fieldbuses—Installation profilesfor communication for CPF 3)

IEEE 802.1AB 局域网和城域网 站点和媒体访问控制连通性发现(IEEE standards for local and metropolitan networks Station and media access control connectivity discovery)

IEEE 802.1D 局域网和城域网 媒体访问控制(MAC)桥[IEEE standards for local and metropolitanarea networks—Media access control (MAC) bridges]

IEEE 802.1Q 局域网和城域网 虚拟桥接局域网(IEEE standards for local and metropolitan area networks—Virtual bridged local area networks)

IEEE 802.3 信息技术 系统间远程通信和信息交换 局域网和城域网 特定要求 第3部分:带碰撞检测的载波侦听多址访问(CSMA/CD)的访问方法和物理层规范[IEEE standards for information technology—Telecommunications and information exchange between systems—Local and metropolitan area networks—Specific requirements—Part 3: Carrier sense multiple access with collision detection (CSMA/CD) access method and physical Layer specifications]

IEEE 802.11g 信息技术 系统间远程通信和信息交换 局域网和城域网 特定要求 第11部分:无线局域网媒体访问控制和物理层规范 增补4:2.4 GHz频带中更高数据速率扩展[IEEE standard for information technology—Telecommunications and information exchange between systems—Local and metropolitan area networks—Specific requirements—Part 11: Wireless LAN mediumaccess control (MAC) and physical Layer (PHY) specifications; Amendment 4: Further higher data rate extension in the 2.4 GHz band]

IEEE 802.11h 信息技术 系统间远程通信和信息交换 局域网和城域网 特定要求 第11部分:无线局域网媒体访问控制和物理层规范 增补5:欧洲5 GHz频带中频谱和发送功率管理扩展[IEEE standard for information technology—Telecommunications and information exchange between systems—Local and metropolitan area networks—Specific requirements—Part 11: Wireless LAN medium access control (MAC) and physical Layer (PHY) specifications; Amendment 5: Spectrum and transmit power management extensions in the 5 GHz band in Europe]

IEEE 802.11e 信息技术 系统间远程通信和信息交换 局域网和城域网 特定要求 第11部分:无线局域网媒体访问控制和物理层规范 增补8:媒体访问控制服务质量增强[IEEE standard for information technology—Telecommunications and information exchange between systems—Local and metropolitan area networks—Specific requirements—Part 11: Wireless LAN Medium Access Control (MAC) and Physical Layer (PHY) specifications; Amendment 8: Medium access control (MAC) quality of service enhancements]

IEEE 802.11i 信息技术 系统间远程通信和信息交换 局域网和城域网 特定要求 第11部分:无线局域网媒体访问控制和物理层规范 增补6:媒体访问控制信息安全增强[IEEE standard for information technology—Telecommunications and information exchange between systems—Local and metropolitan area networks—Specific requirements—Part 11: Wireless LAN Medium Access Control (MAC) and Physical Layer (PHY) specifications; Amendment 6: Medium Access Control (MAC) security enhancements]

IEEE 802.15.1 信息技术 系统间远程通信和信息交换 局域网和城域网 特定要求 第15部分:无线个域网无线媒体访问控制和物理层规范[IEEE standard for information technology—Telecommunications and information exchange between systems—Local and metropolitan area networks—Specific requirements—Part 15: Wireless medium access control (MAC) and physical layer (PHY) specifications for wireless personal area networks (WPANs)]

IETF RFC 768　用户数据报协议(User datagram protocol)

IETF RFC 791　因特网协议(Internet protocol)

IETF RFC 792　因特网控制报文协议(Internet control message protocol)

IETF RFC 793　传输控制协议(Transmission control protocol)

IETF RFC 826　以太网地址解析协议(Ethernet address resolution protocol)

IETF RFC 1034　域名　概念和设施(Domain names—Concepts and facilities)

IETF RFC 1213　基于 TCP/IP 因特网网络管理的管理信息库：MIB-II(Management information base for network management of TCP/IP-based internets：MIB-II)

IETF RFC 2131　动态主机配置协议(Dynamic host configuration protocol)

IETF RFC 2988　计算 TCP 的重发定时器(Computing TCP's retransmission timer)

开放组出版物 C706　技术标准 DCE1.1：远程过程调用(The open group-publication C706，technical standard DCE1.1：Remote procedure call)(available at〈http://www.opengroup.org/onlinepubs/9629399/toc.htm〉)

3　术语和定义、缩略语、符号、约定

3.1　术语和定义

GB/T 15629.3 和 IEEE 802.1D 界定的以及下列术语和定义适用于本文件。

3.1.1

有源网络　active network

一种网络。在该网络中，非直接连接的设备之间的数据传输，取决于那些形成连接路径的中间设备内的有源元件。

[GB/T 26336]

3.1.2

通信周期　communication cycle

注：PROFONET IO 不使用，但保留编号。

3.1.3

循环的　cyclic

以有规则的方式进行重复。

3.1.4

域　domain

注：PROFONET IO 不使用，但保留编号。

3.1.5

终端站　end-station

一个与网络相连的系统，它是在该网络上传输的 MAC 帧的初始源或最终目的地。

注：从网络角度，网络层路由器是一个终端站。交换机按其充当的角色(从一个链路向另一个链路转发 MAC 帧)不是终端站。

3.1.6

现场区域　field area

在制造加工或过程处理场地中安置现场设备的地方。

3.1.7

帧　frame

在 GB/T 15629.3 MAC(媒体访问控制)上的数据传输单元，它在 MAC 服务的用户之间传送协议

数据单元(PDU)。

[IEEE 802.1Q]

3.1.8

标识号 identification number;IDN

注:PROFONET IO 不采用,但保留编号。

3.1.9

IP 通道 IP channel

注:PROFONET IO 不采用,但保留编号。

3.1.10

抖动 jitter

时钟信号的时间变化或在其他有规则事件的时间变化。

3.1.11

线型拓扑 linear topology

以串行方式连接节点的拓扑,首末 2 个节点仅与一个其他节点连接,其余每个节点都与两个其他节点连接(即按线型连接)。

[GB/T 26336]

3.1.12

链路 link

两个相邻节点之间的传输路径。

[ISO/IEC 11801]

3.1.13

主站 master

注:PROFONET IO 不采用,但保留编号。

3.1.14

报文 message

用于传送信息的一个有序的八位位组串。

[ISO 2382-16.02.01]

注:通常用在应用层对等体之间传送信息。

3.1.15

MDT0 数据报 MDT0 telegram

注:PROFONET IO 不采用,但保留编号。

3.1.16

节点 node

与一个或多个链路相连接的网络实体。

注:节点可以是交换机、终端站或 RTE 终端站。

3.1.17

数据包 packet

用于在任何层描述数据单元的信息逻辑分组,以向其对等层传送上层用户数据。

注:依据 OSI 参考模型,在每一层上数据包等同于 PDU。数据链路层数据包是帧。

3.1.18

实时 real-time

系统在限定时间内提供所要求的结果的能力。

3.1.19

实时通信　real-time communication

实时的数据传输。

3.1.20

实时以太网　real-time ethernet；RTE

基于 GB/T 15629.3 的包含实时通信的网络。

注 1：如果不影响实时通信，也可支持其他的通信。

注 2：此定义可以专用于但不限于 GB/T 15629.3。它可以适用于其他 GB/T 15629 规范，例如 GB/T 15629.11。

3.1.21

环型　ring

以串接方式把每个节点与两个其他节点连接的有源网络。

[GB/T 26336]

注：环型也可以被称为环路。

3.1.22

路由器　router

注：PROFINET IO 不采用，但保留编号。

3.1.23

RTE 终端设备　RTE end device

至少有一个 RTE 终端站的设备。

3.1.24

RTE 终端站　RTE end-station

具有 RTE 能力的终端站。

3.1.25

调度　schedule

若干相关操作的时间安排。

3.1.26

星型　star

具有三个或更多个设备的网络，且所有设备都连接于一个中心点。

[GB/T 26336]

3.1.27

子网络　subnetwork

注：PROFONET IO 不采用，但保留编号。

3.1.28

交换机　switch

如在 IEEE 802.1D 中所定义的 MAC 桥。

3.1.29

数据报　telegram

注：PROFONET IO 不采用，但保留编号。

3.2　缩略语

下列缩略语适用于本文件。

AL	Application Layer	应用层

APDU	Application Protocol Data Unit	应用协议数据单元
API	Application Process Identifier	应用过程标识符
AR	Application Relationship	应用关系
ARP	Address Resolution Protocol	地址解析协议
ASE	Application Service Element	应用服务元素
CP	Communication Profile	通信行规[符合 IEC 61784-1]
CPF	Communication Profile Family	通信行规族[符合 IEC 61784-1]
CRC	Cyclic Redundancy Check	循环冗余校验
CSMA-CD	Carrier Sense Multiple Access with Collision Detection	带有冲突检测的载波侦听多路访问
DA	Destination MAC Address	目的 MAC 地址
DHCP	Dynamic Host Configuration Protocol	动态主机配置协议(见 RFC 2131)
DL	Data Link layer (as a prefix)	数据链路层(用作前缀)
DLL	DL-Layer	DL 层
DNS	Domain Name Service	域名服务
DUT	Device Under Test	被测设备
ECSME	EPA Communication Scheduling Management Entity	EPA 通信调度管理实体
FA	Factory Automation	工厂自动化
FCS	Frame Check Sequence	帧校验序列
FrameID	Frame Identificator	帧标识符(见 GB/T 25105.2—2014)
HW	Hardware	硬件
IANA	Internet Assigned Numbers Authority	因特网地址分配机构
ICMP	Internet Control Message Protocol	因特网控制报文协议(见 RFC 792)
ID	Identifier	标识符
IDN	IDentification Number	标识号
IETF	Internet Engineering Task Force	因特网工程任务组
IO	Input Output	输入输出
IP	Internet Protocol	因特网协议(见 RFC 791)
IPv4	Internet Protocol version 4	因特网协议版本 4(见 RFC 791)
IRT	Isochronous RT	等时同步 RT
LAN	Local Area Network	局域网
LLC	Logical Link Control	逻辑链路控制
LLDP	Link Layer Discovery Protocol	链路层发现协议(见 IEEE 802.1AB)

MAC	Media Access Control	媒体访问控制(见 GB/T 15629.3)
Mbit/s	Million bits per second	每秒百万比特
Moctets/s	Million octets per second	每秒百万八位位组
MCR	Multicast Communication Relation	多播通信关系
MIB	Management Information Dase	管理信息库
MRP	Medium Redundancy Protocol	媒体冗余协议
MRRT	Media Redundancy for real-time	用于实时的媒体冗余
MRPD	Media Redundancy for Planned Duplication	用于计划重复的媒体冗余
ms	milli seconds	毫秒
n.a.	not applicable	不适用
NoS	Number of Switches	交换机数
NRT	Non-Real-Time	非实时
OSPF	Open Shortest Path First	开放式最短路径优先协议(见 RFC 2328)
PDU	Protocol Data Unit	协议数据单元
PhL	Physical Layer	物理层
Phy	PHY Physical layer entity sublayer	PHY 物理层实体子层(见 GB/T 15629.3)
PI	Performance indicator	性能指标
pps	packets per second	每秒数据包数量
PTCP	Precision Transparent Clock Protocol	精确透明时钟协议
RPC	Remote Procedure Call	远程过程调用
RSTP	Rapid Spanning Tree Algorithm and Protocol	快速生成树算法和协议(见 IEEE 802.1D)
RT	Real-Time	实时
RTA	Real-Time protocol Acyclic	实时协议非循环
RTE	Real-Time Ethernet	实时以太网
RT-Ethernet	Real-Time Ethernet	实时以太网
RTO	Retransmission Time Out	重发超时[符合 RFC 2988 计算 TCP 的重发定时器]
RTPS	Real-Time Publish-Subscribe	实时发布-预订
SERCOS	SErial Real time COmmunication System	串行实时通信系统
SNMP	Simple Network Management Protocol	简单网络管理协议(见 RFC 1213)
TCC	Time-Critical Cyclic	严格时间要求的循环
TCP	Transmission Control Protocol	传输控制协议(见 RFC 793)
TOS	Type of Service	服务类型

UDP	User Datagram Protocol	用户数据报协议(见 RFC 768)
VLAN	Virtual LAN	虚拟 LAN

3.3 符号

CPF 3 符号如下所示:

符号	定义	单位
cd	线缆延迟(Cable delay)(见 GB/T 25105.1—2014 中的属性 cable_delay)	s
clt	线缆总长度(Total cable length)	m
cta_R	接收方的应用周期时间(Application cycle time of the Receiver)	s
cta_S	发送方的应用周期时间(Application cycle time of the Sender)	s
ctc	通信周期时间(Communication cycle time)	s
data	完整的以太网帧(Complete Ethernet frame)	octets
data_request	请求的 RTE 吞吐量(Requested RTE throughput)	octets/s
data_RTE	实际的 RTE 吞吐量(Actual RTE throughput)	octets/s
DT	交付时间(Delivery time)	s
endStations	终端站数(Number of end-stations)	—
EthernetDataRate	网络的以太网数据速率(Ethernet data rate of the network)	Mbit/s
MAC_delay	MAC 层的延迟(Delay on MAC layer)	s
NonRTE	非 RTE 带宽的百分比(Percentage of non-RTE bandwidth)	%
NoS	交换机数(Number of switches)	—
od	其他延迟(Other delays),例如,在环中转发信号引起的延迟	s
pd	传播延迟(Propagation delay)	s
Phy_R_delay	接收方的 Phy 延迟(Phy delay on receiver side)	s
Phy_S_delay	发送方的 Phy 延迟(Phy delay on sender side)	s
protocolRTE	协议时间的百分比(Percentage of protocol time)	%
Queue_delay	交换机中的队列延迟(Queue delay in a switch)	s
RM	支持冗余管理功能所需的时间(Time needed for management functions to support redundancy)	s
RR	缩减率(Attribute Reduction Ratio)属性(见 GB/T 25105.1—2014)	—
SCF	发送时钟因子(Attribute Send Clock Factor)属性(见 GB/T 25105.1—2014)	—
STTr	接收方通信栈遍历时间,包括 Phy 和 MAC(Receiver stack traversal time including Phy and MAC)	s

（续）

符号	定义	单位
STTs	发送方通信栈遍历时间，包括 Phy 和 MAC（Sender stack traversal time including Phy and MAC）	s
Throughput_RTE	RTE 吞吐量（Throughput RTE）	octets/s
Time_synchron_accuracy	时间同步精度（Time synchronization accuracy）	s
tt	传输时间（Transfer time）	s

3.4 约定

3.4.1 各层通用的约定

3.4.1.1 （子）条选择表

使用表来定义所有层的条选择，如表 1 和表 2 所示。选择表的前半部分指出所选择的基本规范。选择应尽可能在最高条级进行，以便明确地定义行规选择。

表 1 行规条选择表的设计

条	标题	存在	约束

表 2 条选择表的内容

列	正文	含义
条	〈#〉	基本规范的条号
标题	〈文字〉	基本规范的条标题
存在	NO	本行规中不包含此条
	YES	本行规中包含此条的全部内容(100%)； 在此情况下，没有给出其他详细说明
	—	在以后的条中规定
	部分	本行规中包含此条的部分内容
	可选	本行规中可以附加地包含此条
约束	见〈#〉	约束/备注在本行规文本的指定条、表或图中定义
	—	除引用文本条规定的约束外无其他约束，或不适用
	〈文字〉	文字直接定义约束，对于较长的文字可以使用表脚注或表注

如果一些条的序列与行规不匹配，则将这些条号串接起来。

示例：串接的条。

3.4～3.7	—	NO	—

3.4.1.2 服务选择表

如果使用表来定义服务选择，则使用表3的格式。该表标识所选择的服务，并包含服务约束，如表4所示。

表3 服务选择表的设计

服务引用	服务名称	用法	约束

表4 服务选择表的内容

列	正文	含义
服务引用	〈#〉	定义服务的基本规范的条号
	—	不适用
服务名称	〈文字〉	服务的名称
用法	M	必备
	O	可选
	—	服务从不使用
约束	见〈#〉	约束/备注在本行规文本的指定条、表或图中定义
	—	除引用文本条规定的约束外无其他约束，或不适用
	〈文字〉	文字直接定义约束；对于较长的文字，可以使用表脚注或表注

如果使用表来定义服务参数的选择，则使用表5的格式。每个表标识所选择的参数，并包含参数约束，如表6所示。

表5 参数选择表的设计

参数引用	参数名称	用法	约束

表6 参数选择表的内容

列	正文	含义
参数引用	〈#〉	定义服务的基本规范的条号
	—	不适用
参数名称	〈文字〉	服务参数的名称
用法	M	必备
	O	可选
	—	属性从不出现

表 6（续）

列	正文	含义
约束	见〈#〉	约束/备注在本行规文本的指定条、表或图中定义
	—	除引用文本条规定的约束外无其他约束，或不适用
	〈文字〉	文字直接定义约束；对于较长的文字，可以使用表脚注或表注

3.4.2 物理层

未定义额外约定。

3.4.3 数据链路层

3.4.3.1 服务行规约定

未定义额外约定。

3.4.3.2 服务和参数选择

这些选择使用通用的约定来描述，见 3.4.1.2。

3.4.4 应用层

3.4.4.1 服务行规约定

使用条选择表来描述 ASE 和类选择，见 3.4.1.1。如果对所选择的 ASE 和类的使用有进一步约束，则在本行规中进行规定(例如，基本标准中的可选项在本行规中是必备的)。

如果使用表来定义类属性的选择，则使用表 7 的格式。该表标识所选择的类属性，并包含类属性的约束，如表 8 所示。

表 7 类属性选择表的设计

属性	属性名称	用法	约束

表 8 类属性选择表的内容

列	正文	含义
属性	〈#〉	基本规范中类的属性号
	—	不适用
属性名称	〈文字〉	属性的名称
用法	M	必备
	O	可选
	—	属性从不出现

表 8（续）

列	正文	含义
约束	见〈#〉	约束/备注在本行规文本的指定条、表或图中定义
	—	除引用文本条规定的约束外无其他约束，或不适用
	〈文字〉	文字直接定义约束；对于较长的文字，可以使用表脚注或表注

3.4.4.2 服务和参数选择

这些选择使用通用的约定来描述，见 3.4.1.2。

4 通信行规的一致性

本部分与 IEC 61784-2 的 RTE 通信行规族（CPF）的一致性声明如下：

——与 IEC 61784-2：2010 CPF 3 一致；或

——与 IEC 61784-2（Ed 2.0）CPF 3 一致。

与 IEC 61784-2 的通信行规（CP）的一致性声明如下：

——与 IEC 61784-2：2010 CP 3/n 一致；或

——与 IEC 61784-2（Ed 2.0）CP 3/n 的一致。

其中，n 应依据所使用的 CP。

一致性声明应通过第 6 章定义的适当文件来支持。

5 RTE 性能指标

5.1 性能指标的基本原理

包含实时通信并基于 GB/T 15629.3 的网络被称为实时以太网（RTE）网络。RTE 用户对于不同的应用有不同的需求。为了以最优方式满足这些需求，符合本部分描述的 CP 的 RTE 通信网络将表现出不同的性能。

应使用性能指标（Performance indicator）（在 5.3 中规定）来规定 RTE 终端设备和 RTE 通信网络的能力以及应用要求。性能指标被用作在 RTE CP 用户与符合 RTE 终端设备和网络组件的 RTE CP 制造商之间实现交互的一组方法。5.2 规定了应用要求概要。

性能指标描述：

a） RTE 终端设备的能力；

b） RTE 通信网络的能力；

c） 应用需求。

性能指标的一致性集合（在 5.3 中规定）用来表示 RTE 能力。有些性能指标是相关的。在此情况下，某些性能指标值取决于组成一致性集合的其他性能指标的值。

注 1：相关性是由于一些不能违反的物理或逻辑约束。例如，指标"RTE 吞吐量（Throughput RTE）（使用总带宽的 90 %）"和"非 RTE 带宽（non-RTE bandwidth）（90 %）"不可能同时发生，否则将出现 180 %的传输负载。

在本部分中，不规定 RTE 性能指标的通用边界值，但如果设备制造商声称其产品符合本部分，则应规定基于 CP 的产品的边界值。

技术特定的 CPF 章条规定：

a) 从5.3中定义的、与给定CP相关的、可能的性能指标之中选择若干性能指标,可选地给出它们各自的限值或范围;
b) 性能指标之间的相关性;
c) 可选地,具有一致性性能指标值的表;
每个表都具有一个或多个主导的性能指标;主导的性能指标被预设为某个固定值(典型地被优化成具有最佳综合性能);该表中的其他性能指标用其相关的一致性限值来表示;
d) 可选地,更全面的描述性能指标之间关系的表示法(图1给出一个图形表示法的示例)。

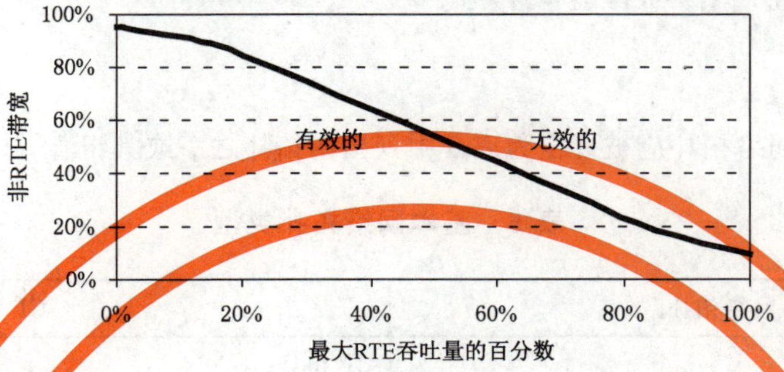

图1 一致性指标的图形表示法示例

RTE终端设备和RTE通信网络的供应商应至少提供一个性能指标的一致性集。供应商给出的边界值应基于第6章规定的一致性测试原理。

注2:仅当性能指标之间存在相关性时,才给出一组一致的性能指标表。

注3:某些应用可能有这样的要求,其中一个特定指标比其他指标更重要。这样的应用通过相关主导指标来选择一致性指标表是有效的。其他应用可能要求几个指标具有相同的重要性。对于这些应用,图形或其他更全面的表示一致性指标关系的表示法则更加适用。图1是由某个CP给出的一致性指标的图形表示法示例。

注4:RTE终端设备的设计是其制造商自行决定的。因此,不能假设在一个设备中实现了多少个RTE终端站(网络接口)。为了从应用的角度实现可比的性能指标,性能指标规定的是RTE终端站而不是RTE设备。

5.2 应用需求

在5.3中将RTE通信网络能力规定为若干性能指标。这些指标用来使应用需求与符合本部分的一个或多个CP的部件能力相匹配。

如果其指标值至少满足所要求的指标值,则行规是适用的。

注1:复杂的需求可能找到较少数目的匹配行规。

注2:选择匹配CP的原理在ISO 15745-1中描述。

注3:应用相关的类应为适合于此应用的CP x/y的子集。

5.3 性能指标

5.3.1 交付时间

交付时间(Delivery time)应指出传送一个包含数据(报文有效载荷)的APDU所需的时间,APDU必须实时地从一个节点(源)传送到另一个节点(目的)。交付时间在应用过程与(现场总线)应用实体间的接口处测量。

注1:GB/T 20540.5的各类型特定部分给出了应用层概念以及应用过程描述和应用实体。

应为以下两种情况规定最大交付时间:

——无传输错误;

——一个可恢复的丢失帧。

注 2：5.3.9 中描述了永久性失效条件。

最大交付时间的计算应包含传输时间以及任何等待时间。

注 3：等待时间取决于 RTE 网络原理、RTE 网络拓扑、由该 RTE 网络中其他节点产生的应用负载，以及在此时的非 RTE 通信量。

5.3.2 RTE 终端站数

RTE 终端站数应规定 CP 所支持的 RTE 终端站的最大数量。

注：网络设备（如交换机）不计入 RTE 终端站数。

5.3.3 基本网络拓扑

CP 所支持的基本网络拓扑应被规定为表 9 中列出的拓扑之一或其组合。

表 9 基本网络拓扑类型

基本网络拓扑	CP
分级星型	CP m/1
环型（loop）	CP m/2
线型拓扑	CP m/3
注：实际拓扑可能是这三种基本拓扑的任意组合。	

5.3.4 RTE 终端站之间的交换机数

在具有应用关系的任意两个 RTE 终端站之间的交换机数量。

5.3.5 RTE 吞吐量

RTE 吞吐量（Throughput RTE）应指出每秒在一个链路上的 APDU 数据的总数（按八位位组长度）。

5.3.6 非 RTE 带宽

非 RTE 带宽（non-RTE bandwidth）应指出在一个链路上可用于非 RTE 通信的带宽百分比。此外，应规定总链路带宽。

注：指标 RTE 吞吐量与非 RTE 带宽是彼此相关的。

5.3.7 时间同步精度

时间同步精度（Time synchronization accuracy）应指出任意两个节点时钟之间的最大偏差。

5.3.8 非基于时间的同步精度

非基于时间的同步精度（non-time-based synchronization accuracy）应指出任意两节点的循环行为的最大抖动，这些节点的循环行为是通过网络上的周期性事件来触发的。

注 1：此因素计算由事件触发的数据或动作的一致性，它是一致性传播（coherency spread）的一种度量。

注 2：事件可以是单播、多播或广播的，或者由一组更简单的事件组成。

5.3.9 冗余恢复时间

冗余恢复时间（Redundancy recovery time）应指出在一个单一永久性失效（failure）的情况下，从失效再变成完全运行所需的最大时间。

注：如果发生一个永久性失效，则报文的交付时间是冗余恢复时间。

6　一致性测试

6.1　概念

本部分规定了一个或多个 CP 的 RTE 终端设备的一致性测试方法。此一致性测试的概念是根据 CP 的一个一致性指标集来验证被测设备(DUT)的能力。一致性测试确保了所有声称遵循相同 CP 的设备的可互操作性。图 2 给出了与本部分相关的一致性测试的概要。

注：本部分未定义一致性测试的实现和执行。

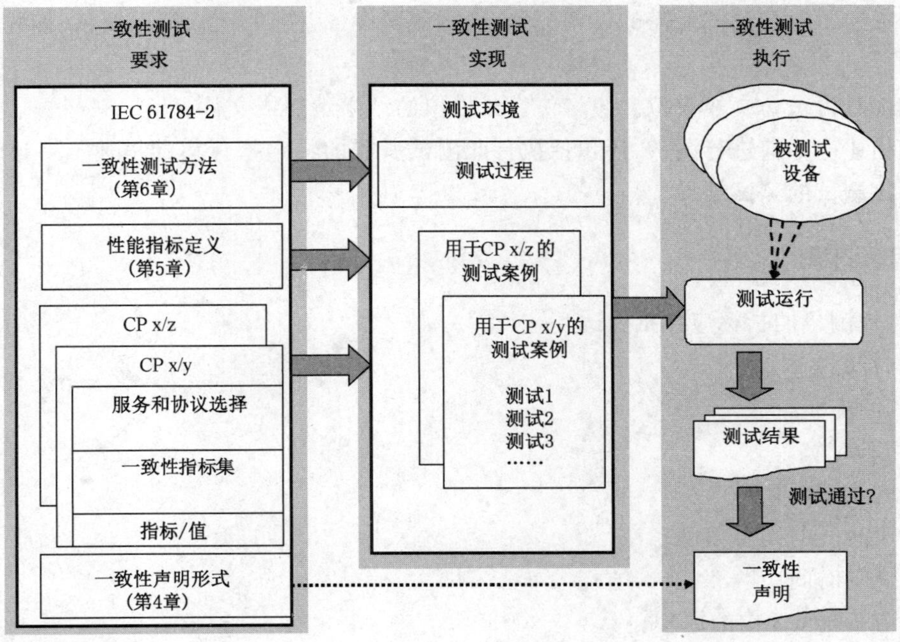

图 2　一致性测试概要

6.2　方法

测试案例应通过这样的方法获得：这些测试是可重复的，并且其结果是可被验证的。应将测试结果编制成文件，并应以此作为一致性声明的基础。

设备的一致性测试应包括以下的验证：

——所指定的 CP 功能的可用性和正确性；

——与网络有关的指标值；

——与设备有关的指标值。

应使用 CP 的性能指标值和被测试设备的性能指标值。

注 1：假定该测试案例的质量可以保证被测设备的可互操作性。如果报告了任何不合常规的情况，则应相应调整该测试案例。

注 2：在 ISO/IEC 9646 中给出了一致性测试过程的描述。

6.3　测试条件和测试案例

应依据特定的 CP 来规定测试条件和测试案例，并编制成文件。当适用时，它应包括以下指标：

——节点数；

——网络拓扑；

——节点之间的交换机数；

——RTE 吞吐量；

——非 RTE 带宽。

对于每个被测量的指标(见 6.4)，应准备好测试条件和测试案例的文件，并应描述以下内容：

——测试目的；

——测试配置；

——测试规程；

——一致性标准。

测试配置描述了执行测试所需的设备配置，包括测量设备、被测设备、辅助设备、接线图和测试环境条件。

测试环境部分可被仿真或模拟。应将仿真或模拟的结果编制成文件。

测试规程描述应如何进行测试，还包括执行此测试所需的特定指标集的描述。一致性标准规定了被认可为符合该测试的测试结果。

6.4 测试规程和测量

当适用时，被测量的指标应包括：

——交付时间；

——RTE 吞吐量；

——非 RTE 带宽；

——时间同步精度；

——非基于时间的同步精度；

——冗余恢复时间。

测试规程应依据 6.3 中的原理。

应提供完成测试运行的测量动作的顺序。

应提供该测试独立运行的次数。

如果适用，应提供根据多个独立运行计算测试结果的方法。

6.5 测试报告

测试报告应包含足够的信息，以便该测试可重复且结果可验证。

测试报告至少应包括：

——一致性测试方法(见 6.2)的引用；

——性能指标定义(见第 5 章)的引用；

——所使用的 CP(见 IEC 61784-2)的引用；

——一致性测试环境的描述，包括网络仿真器、测量设备和负责执行测试的人员或组织，以及测试日期；

——被测设备、其制造商，以及硬件和软件版本；

——连接到网络的设备数量和设备类型以及网络拓扑；

——测试案例规范的引用；

——测量值；

——与 CP 的一致性说明。

7 保留

注：为了与 IEC 61784-2 的编号一致，保留此编号。

8 通信行规族 3(PROFIBUS & PROFINET)——RTE 通信行规

8.1 概述

8.1.1 CPF 3 概述

通信行规族 3(CPF 3)定义了使用 IEC 61158 系列的类型 3 和类型 10 的通信行规，它们对应于作为 PROFIBUS 和 PROFINET 的通信系统部分。在 IEC 61784-1 中规定了 CP 3/1、CP 3/2 和 CP 3/3。

RTE 特定的 PROFINET 行规规定了所谓 A、B 和 C 的 3 种一致性类。符合 CPF 3 中的某个 CP 是符合一致性类的一个先决条件(见表 13)。这些一致性类需要具有 8.1.2、8.1.3、8.1.4、8.1.5 和 8.1.7 中给出的一般分类特征。

8.1.2 节点类

节点类是：

——IO 设备，有或无集成的网络组件；

——IO 控制器，有或无集成的网络组件；

——IO 监视器；

——网络组件(例如，交换机、无线接入点和无线客户机)。

注：一个节点可同时实现若干个节点类，例如，IO 控制器和 IO 设备、IO 设备和集成的网络组件。

IO 设备至少应支持两个 AR，每个 AR 包括两个 IO CR、一个 Multicast Provider CR、一个 Alarm CR 和一个 Record Data CR，并具有以下特性：

——IO CR：最大数据长度为 1 440 个八位位组，FrameID 范围包括 RT_CLASS_1 和 RT_CLASS_2；

——Multicast Provider CR(对于 CP 3/4 是可选的，对于 CP 3/5 和 CP 3/6 是必备的)：最大数据长度为 1 440 个八位位组，FrameID 范围包括 RT_CLASS_1 和 RT_CLASS_2；

——Alarm CR：最大数据长度为 1 432 个八位位组，最小数据长度为 200 个八位位组；

——Record Data CR：最大数据长度 $2^{32}-65$ 个八位位组，最小数据长度 4 176 个八位位组。

IO 控制器对于每个相关 IO 设备应至少支持一个 AR，每个 AR 包括两个 IO CR、一个 Multicast Provider CR、一个 Alarm CR 和一个 Record Data CR，并具有以下特性：

——IO CR 和 Multicast Provider CR：数据长度最大 1 440 个八位位组、最小 240 个八位位组的一致性，支持所有已定义的数据类型(FrameID 范围包括 RT_CLASS_1 和 RT_CLASS_2)；

——Alarm CR：最大数据长度为 1 432 个八位位组，最小数据长度为 200 个八位位组，对于每个相关 IO 设备都至少有一个高优先级报警和一个低优先级报警的排队能力；

——Record Data CR：最大数据长度为 $2^{32}-65$ 个八位位组，最小数据长度为 4 176 个八位位组，对于每个相关 IO 设备都具有存储 16 K 个八位位组的启动参数的存储能力，不支持对记录数据对象的并行访问；

——Multi-API：至少支持两个(API = 0 和 API = x)。

表 10 示出了在 GB/T 25105.2—2014 的 4.12 中规定的用于名称解析的允许值。

表 10 用于名称解析的超时值

参数	值	注释
ARP-ResponseTimeout	2 s	见 RFC 826
DCP-IdentifyTimeout	≥ 400 ms	见 GB/T 25105.2—2014 中 4.3.2.1.1
DCP-Set/GetTimeout	1 s	见 GB/T 25105.2—2014 中 4.3.2.1.1
DNS-RequestTimeout	16 s	见 RFC 1034

表 11 包含 IO 设备的 AL 定时参数的限值。

表 11 IO 设备的反应时间

参数	含义	值
MinDeviceInterval[a]	此性能参数是 IO 设备特性，并是设备描述的一部分	对于 CP 3/4 和 CP 3/5，≤128 ms；对于 CP 3/6，≤1 ms；对于 RT_CLASS_UDP，≤4 000 ms
Remote_Application_Timeout[b]	参数 Remote_Application_Timeout 表示 RPC 调用的最终期限。每个 IO 设备实现必须确保响应的实际时间达到最小的可能值	≤300 s
Set_Storage_Time[c]	在 DCP_Set.res 与完成持久存储之间的最大时间	≤30 s，必备
IP_Startup_Time[c]	在 DCP_Set.res 与对 IP 层进行访问之间的时间，访问通过 ARP[d] 或 PROFINETIOService-ReqPDU 实现	≤30 s，推荐； ≤300 s，必备
Reset_to_Factory_Time[c]	在 DCP_Set.res 与删除站名称和 IP 参数之间的时间	≤30 s，推荐； ≤300 s，必备
MaxBridgeDelay for MRP[c]	支持 MRP 的每个(网)桥应在此时间内转发 MRP-PDU	≤4 ms
MaxBridgeDelay for MRRT[c]	支持 MRRT 的每个(网)桥应在此时间内转发 MRRT-PDU	≤4 ms
MaxBridgeDelay for PTCP[c]	支持 PTCP 的每个(网)桥应在此时间内转发 PTCP-PDU	≤4 ms，推荐； ≤40 ms，必备
MaxResponseDelay for line delay measurement[c]	在 PTCP-DelayReqPDU 与 PTCP-DelayResPDU 之间的时间。 支持 PTCP 的每个设备应在此时间内响应 PTCP-DelayReqPDU	≤40 ms，推荐； ≤100 ms，必备

[a] 见 ISO 15745-4/Amd1。
[b] 见开放组出版物 C706。
[c] 见 GB/T 25105.2—2014。
[d] 见 IETF RFC 826。

IO 设备应支持满足式(1)的 ReductionRatio 和 SendClockFactor 的组合。

$$MinDeviceInteval \leqslant SCF \times RR \times 31.25\ \mu s \quad \cdots\cdots(1)$$

式中：

SCF ——属性 SendClockFactor（见 GB/T 25105.1—2014，Send Clock Factor）；

RR ——属性 ReductionRatio（见 GB/T 25105.1—2014，Reduction Ration）。

注：每个 IO 设备实现必须确保 MinDeviceInterval 和 Remote_Application_Timeout 达到最小的可能值。

8.1.3 应用类

应用类分为：

——等时同步应用(例如,运动控制)；

——非等时同步应用(例如,工厂自动化、过程自动化和楼宇自动化)。

注：等时时钟同步是一种通信类特性而不是应用类特性。

8.1.4 通信类

所有通信类允许 IEEE 802 系列和与 RTE 特定附加相组合的 IETF 通信。通信类是：

——RT Class 1(内容在属性 RT_CLASS_1 中规定,见 GB/T 25105.1—2014 中 8.3.10.4.2)；

——RT Class 2(内容在属性 RT_CLASS_2 中规定,见 GB/T 25105.1—2014 中 8.3.10.4.2)；

——RT Class 3(内容在属性 RT_CLASS_3 中规定,见 GB/T 25105.1—2014 中 8.3.10.4.2)；

——RT Class UDP(内容在属性 RT_CLASS_UDP 中规定,见 GB/T 25105.1—2014 中 8.3.10.4.2)。

RT Class UDP 是一个可选的通信类,既可单独使用,也可与 RT Class 1、2 和 3 组合使用。

8.1.5 冗余类

媒体冗余类分为：

——RED_CLASS_1：环冗余,用于 IEEE 802 和 IETF 与 RTE 特定附加 RT_CLASS_1 和 RT_CLASS_UDP 组合通信(见 8.1.4)；

管理器和客户机的类行为有区别,见 GB/T 25105.1—2014 中 6.3.3 规定；

——RED_CLASS_2：无碰撞环冗余,用于 RT_CLASS_1 和 RT_CLASS_2；

——RED_CLASS_3：无碰撞环冗余,用于 RT_CLASS_3。

注：RED_CLASS_1 被称为媒体冗余协议(MRP)。RED_CLASS_2 被称为实时媒体冗余(MRRT)。RED_CLASS_3被称为计划重复的媒体冗余(MRPD)。

媒体冗余的支持要求设备至少具有 2 个端口,表 12 中示出了用法。

表 12 一致性类中适用的冗余类

冗余类	一致性类		
	A	B	C
RED_CLASS_1	客户机[a]:可选	客户机[a]:必备	客户机[a]:必备
RED_CLASS_2	—	客户机[a]:可选	客户机[a]:必备
RED_CLASS_3	—	—	客户机[a]:必备
[a] 管理器角色是可选的。如果使用了一种冗余类,则该环中应有一个节点支持管理器角色。			

8.1.6 媒体类

媒体类包括：

——电缆；

——光纤；

——无线。

8.1.7 一致性类的行为

CP 3/4、CP 3/5 和 CP 3/6 在 CPF 3 章条中规定了不同的节点类。应用类是依据一致性类来选择的。CP 与一致性类相关联。冗余是依据一致性类来选择的。表 13 规定了所要求的一致性类行为。

在本部分中，为 CPF3 规定了以下通信行规：

——CP 3/4，见表 13 和表 14 一致性类 A；

——CP 3/5，见表 13 一致性类 B；

——CP 3/6，见表 13 一致性类 C。

表 13 一致性类的行为

一般类	一致性类			
	A 无线	A 有线	B	C
CP	CP 3/4	CP 3/4	CP 3/5	CP 3/6
节点类[a]（见 8.1.2）	IO 设备、IO 控制器	IO 设备、IO 控制器	IO 设备、IO 控制器	IO 设备、IO 控制器
媒体类（见 8.1.6）	无线	选择电缆或光纤	选择电缆或光纤	选择电缆或光纤
应用类（见 8.1.3）	非等时同步	非等时同步	非等时同步	非等时同步和/或等时同步
通信类[b]（见 8.1.4）	RT_CLASS_UDP（可选）、RT_CLASS_1	RT_CLASS_UDP（可选）、RT_CLASS_1	RT_CLASS_UDP（可选）、RT_CLASS_1	RT__CLASS_UDP（可选）、RT_CLASS_1、RT_CLASS_2[c] 和 RT_CLASS_3[d]
冗余类	—	见 8.1.5	见 8.1.5	见 8.1.5
安装 IEC 61784-5-3	—	可选	YES	YES
用于多播通信关系（MCR）的提供者	可选	可选	YES	YES
IEEE 802.3	—	YES[k]	YES[k]	YES[k]
IEEE 802.1D	—	YES[e]	YES[e]	YES[i]
IEEE 802.1Q	—	YES[f]	YES[f]	YES[i]
IEEE 802.1AB	可选	YES[h]	YES	YES
无线技术选择	1. IEEE 802.11[g]； 2. IEEE 802.15.1	—	—	—
SNMP	可选	可选	YES	YES

表 13（续）

一般类	一致性类			
	A 无线	A 有线	B	C
MIB-II	可选	可选	YES[j]	YES[j]
PNIO MIB	可选	可选	可选	可选

[a] IO 监视器超出一致性类的范围。

[b] 所有一致性类允许与 RTE 特定附加相组合的 IETF 通信。GB/T 25105.1—2014 中 8.3.10.4.2 规定属性 RT_CLASS_x。

[c] 等时同步实时(IRT)，RT_CLASS_2。

[d] 等时同步实时(IRT)，RT_CLASS_3。

[e] 1） RSTP 是可选的或由 MRP 代替。
2） 推荐 CutThroughMode。
3） 在使用 CutThroughMode 时，“Discard on received frame in error”是可选的。
4） 至少要求 2 个优先级(推荐 4 个)。

[f] 标记 VLAN 配置的优先级，标记首部的删除和修改是可选的。

[g] 1） IEEE 802.11e(至少 EDCA 部分具有 4 个支持的优先级)。
2） IEEE 802.11i；
3） 可选的 IEEE 802.11g 或 IEEE 802.11h。

[h] 仅 LLDP 是必备的。LLDP MIB 和 LLDP EXT MIB 是可选的。

[i] 1） RSTP 是可选的或由 MRP 代替。
2） CutThroughMode 是必备的。
3） “Discard on received frame in error”是可选的(CutThroughMode)。
4） 至少 4 个必需的优先级。

[j] 仅以下的对象标识符是必备的：
“iso(1).org(3).dod(6).internet(1).mgmt(2).mib-2(1).system(1)”sysDescr(1)，或 sysObjectID(2)，或 sysUpTime(3)，或 sysContact(4)，或 sysName(5)，或 sysLocation(6)，或 sysServices(7)。

[k] 支持 100 Mbit/s 全双工是必备的，支持 1 Gbit/s 全双工或 10 Gbit/s 全双工是可选的。

低级别一致性类是高级别类的子集。因此，高级别一致性类的设备可使用其低级别类的能力与低级别一致性类的设备进行互操作。

表 14　网络组件的一致性类行为

一般类	一致性类			
	A	A	A	—
CP	CP 3/4	CP 3/4	CP 3/4	—
节点类(见 8.1.2)	交换机	无线接入点	无线客户机	—
媒体类(见 8.1.6)	选择电缆或光纤	无线	无线	—
应用类(见 8.1.3)	—	—	—	—
通信类[a](见 8.1.4)	—	—	—	—
冗余类	见 8.1.5	—	—	—
安装 IEC 61784-5-3	可选	—	—	—

表 14（续）

一般类	一致性类			
	A	A	A	—
MCR	—	—	—	—
IEEE 802.3	YES[e]	—	—	—
IEEE 802.1D	YES[b]	—	—	—
IEEE 802.1Q	YES[c]	—	—	—
IEEE 802.1AB	可选	可选	可选	—
无线技术选择		1.IEEE 802.11[d]； 2.IEEE 802.15.1	1.IEEE 802.11[d]； 2.IEEE 802.15.1	—
IEEE 802.11e	—	YES[f]	YES[f]	—
IEEE 802.11i	—	YES[f]	YES[f]	—
SNMP	可选	可选	可选	—
MIB－II	可选	可选	可选	—

[a] 所有一致性类允许与 RTE 特定附加相组合的 IETF 通信。GB/T 25105.1—2014 中 8.3.10.4.2 规定了属性 RT_CLASS_x。

[b] 1） RSTP 是可选的或由 MRP 代替；
2） 推荐 CutThroughMode；
3） 在使用 CutThroughMode 时，"Discard on received frame in error"是可选的；
4） 至少要求 2 个优先级(推荐 4 个)。

[c] 标记 VLAN 配置的优先级，标记首部的删除和修改是可选的。

[d] 1） IEEE 802.11e；
2） IEEE 802.11i；
3） 可选 IEEE 802.11g 或 IEEE 802.11h。

[e] 支持 100 Mbit/s 全双工是必备的，支持 1 Gbit/s 全双工或 10 Gbit/s 全双工是可选的。

[f] 仅对无线技术 IEEE 802.11 有关。至少 EDCA 部分具有 4 个支持的优先级。

网络组件可作为 CP 3/6 网络的叶子节点来连接 CP 3/4 或 CP 3/5 设备，而不丧失一致性类 C 的能力。图 3 给出了连接 CP 3/4、CP 3/5 和 CP 3/6 的示例。

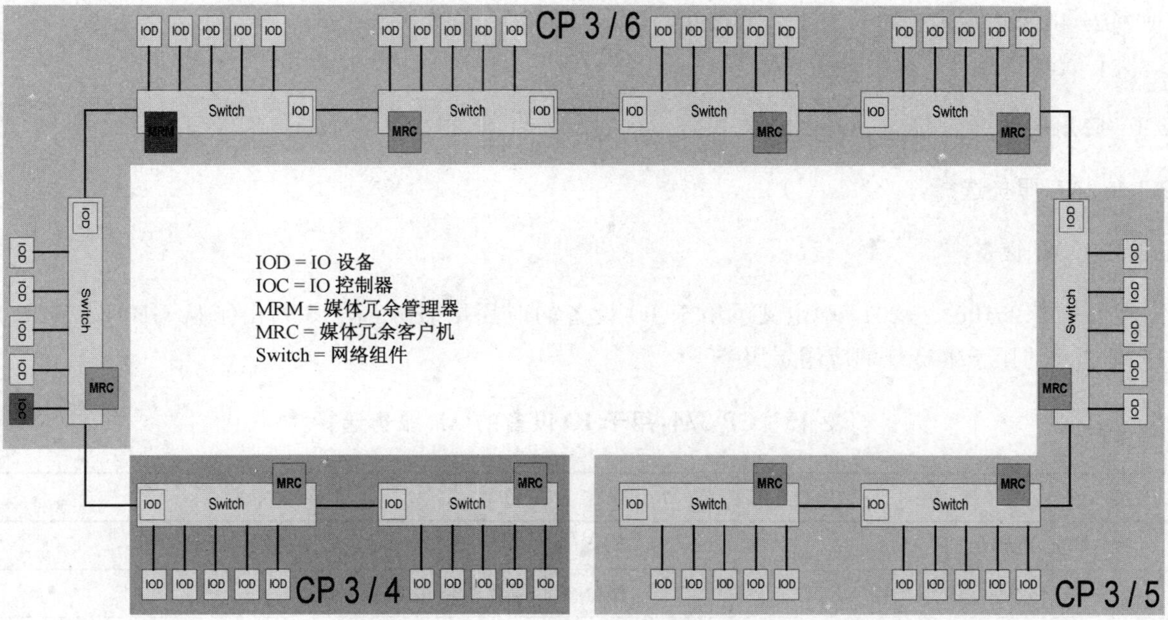

图 3 使用 **CP** 3/4、**CP** 3/5 和 **CP** 3/6 部件的网络拓扑示例

8.2 行规 CP 3/4

8.2.1 物理层

8.2.1.1 电缆和光纤媒体类

物理层应符合 IEEE 802.3。

数据速率应至少是 100 Mbit/s，并且至少有一个端口使用全双工模式。

应使用自动协商和交叉功能(见 IEEE 802.3)。

设备应遵守使用这些设备的所在国的法规要求(例如，用 CE 标志指示)。在工业应用中的防电击保护措施(即电气安全性)，应根据所规定的设备类型遵循 GB 4793 系列标准或 GB/T 15969.2。

8.2.1.2 无线媒体类

物理层应选择 GB/T 15629.11 或 IEEE 802.15.1。

如果选择 GB/T 15629.11，则数据速率应符合 GB/T 15629.11，可选地还可以符合 IEEE 802.11g 或 IEEE 802.11h，否则数据速率应符合 IEEE 802.15.1。

8.2.2 数据链路层

8.2.2.1 电缆和光纤媒体类

数据链路层应符合 IEEE 802.3、IEEE 802.1AB、IEEE 802.1D 和 IEEE 802.1Q。

所有管理信息库(MIB)都是可选的。

8.2.2.2 无线媒体类

数据链路层应选择 GB/T 15629.11 或 IEEE 802.15.1。如果选择 GB/T 15629.11，则应使用 IEEE 802.11e和 IEEE 802.11i。

使用 IEEE 802.15.1 物理层的无线媒体类设备应支持自适应跳频(AFH)。此外，这些设备应提供一种方法,以来从其跳频序列中永久地排除 GB/T 15629.11 系统所使用的频率。

所有管理信息库(MIB)都是可选的。

8.2.3 应用层

8.2.3.1 AL 服务选择

8.2.3.1.1 IO 设备

在 GB/T 25105.1—2014 中定义了用于 IO 设备的应用层服务,表 15 列出了从 GB/T 25105.1—2014 中选择的用于本行规的应用层服务。

表 15 CP 3/4:用于 IO 设备的 AL 服务选择

条	标题	存在	约束
1	范围	YES	—
2	规范性引用文件	部分	需要时使用
3	术语和定义、缩略语、符号、约定	—	—
3.1	引用的术语和定义	YES	—
3.2	用于 AL 服务的附加术语和定义	YES	—
3.3	用于媒体冗余的附加术语和定义	YES	—
3.4	缩略语和符号	YES	—
3.5	约定	YES	—
4	概念	YES	—
5	数据类型 ASE	YES	—
6	通用服务的通信模型	—	—
6.1	概念	YES	—
6.2	ASE 数据类型	YES	—
6.3	ASE	—	—
6.3.1	发现和基本配置 ASE	YES	—
6.3.2	精确时间控制 ASE	YES	可选
6.3.3	媒体冗余 ASE	YES	见 8.1.5,对于无线媒体不适用
6.3.4	实时循环 ASE	YES	RT_CLASS_UDP 是可选的
6.3.5	实时非循环 ASE	YES	RTA_CLASS_UDP 是可选的,如果使用可选的 RT_CLASS_UDP,则是必备的
6.3.6	远程过程调用 ASE	YES	—
6.3.7	链路层发现 ASE	YES	至少 LLDP 传输
6.3.8	MAC 桥 ASE	YES	仅在网络组件被集成时适用
6.3.9	虚拟桥接 LAN ASE	YES	对于无线媒体不适用
6.3.10	媒体访问 ASE	YES	对于无线媒体不适用
6.3.11	IP 协议族 ASE	YES	ICMP 是可选的,如果使用可选的 RT_CLASS_UDP,则是必备

表 15（续）

条	标题	存在	约束
6.3.12	域名系统 ASE	YES	可选
6.3.13	动态主机配置 ASE	YES	可选
6.3.14	简单网络管理 ASE	YES	可选
6.3.15	通用 DL 映射 ASE	—	—
6.3.15.1	概述	YES	—
6.3.15.2	DL 映射类规范	YES	—
6.3.15.3	DL 映射服务规范	—	—
6.3.15.3.1	IRT 调度怎讲	NO	—
6.3.15.3.2	IRT 调度删除	NO	—
6.3.15.3.3	调度	YES	—
6.3.15.3.4	N 数据	YES	—
6.3.15.3.5	A 数据	YES	—
6.3.15.3.6	C 数据	YES	—
7	用于分布式自动化的通信模型	NO	—
8	用于分散式外围设备的通信模型	—	—
8.1	概念	YES	—
8.2	ASE 数据类型	YES	—
8.3	ASE	—	—
8.3.1	记录数据 ASE	YES	—
8.3.2	IO 数据 ASE	YES	—
8.3.3	日志数据 ASE	YES	—
8.3.4	诊断 ASE	YES	—
8.3.5	报警 ASE	YES	—
8.3.6	上下关系 ASE	YES	—
8.3.7	等时同步模式应用 ASE	NO	—
8.3.8	物理设备管理 ASE	YES	—
8.3.9	网络连续时间 ASE	YES	可选
8.3.10	应用关系 ASE	YES	—
8.4	IO 设备的行为	—	—
8.4.1	概述	YES	—
8.4.2	IO 设备的启动	YES	—
8.4.3	物理设备参数检查	—	—
8.4.3.1	远程系统数据	YES	—
8.4.3.2	本地系统数据	YES	—

表 15（续）

条	标题	存在	约束
8.4.3.3	光纤系统数据	YES	仅使用光纤时适用
8.4.4	诊断和问题指示	YES	—
8.4.5	用户报警	YES	—
8.4.6	在组态改变情况下的行为	YES	—
8.4.7	IO 设备内的 PTCP 行为	YES	可选；如果使用精确时间控制 ASE(见 6.3.2)，则必备
8.5	IO 控制器的行为	NO	—
8.6	应用特性	YES	—
附录 A	设备实例	YES	—
附录 B	以太网接口的部件	部分	适用时使用
附录 C	MAC 地址分配的方案	YES	—
附录 D	对象的收集	YES	—
附录 E	快速启动时间的测量	YES	—

8.2.3.1.2 网络组件

8.2.3.1.2.1 概述

网络组件可以被集成在 IO 设备或 IO 控制器中。如此，则可采用 IO 设备和 IO 控制器的要求。

网络组件也可以被构造为一个非集成的网络组件，作为一个独立的节点。

注：100 Mbit/s 交换机应支持缓存至少 1 ms 的所有数据。这对于用 100%带宽在所有端口上同时发生具有最小帧大小的帧应是适用的。

对于端口数少于 8 的 100 Mbit/s 交换机，每个端口提供的数据缓存应至少是 10 K 八位位组。对于端口数等于 8 或更多的 100 Mbit/s 交换机，对所有端口提供的数据缓存总量应至少是 80 K 八位位组。

8.2.3.1.2.2 非集成的网络组件

非集成的网络组件不需要类型 10 的应用层。表 14 规定了一般网络组件的行为。

无线桥(2 个接入点、或 1 个接入点和 1 个客户机)应支持小于 128 ms 的传播延迟。图 4 示出了一个无线拓扑示例。

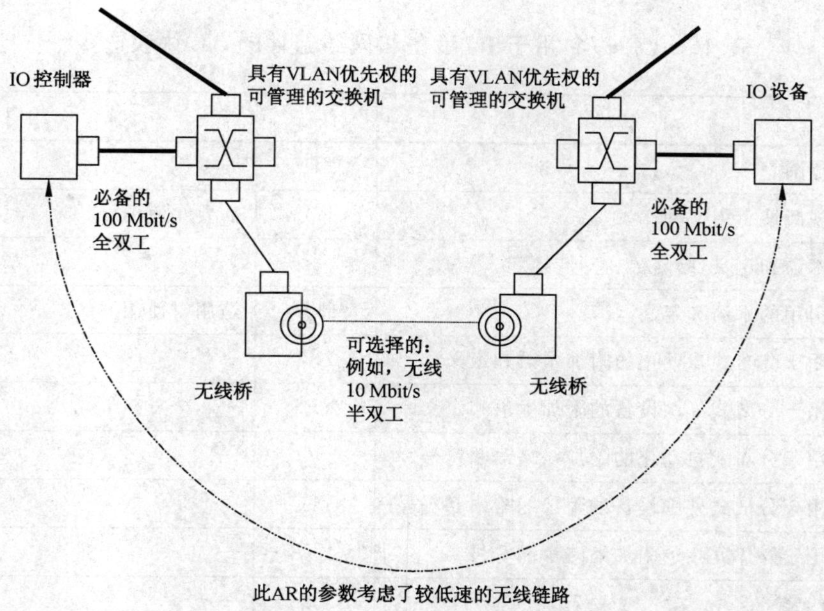

图 4　具有无线网段的网络拓扑示例

8.2.3.1.2.3　集成的网络组件

在 GB/T 25105.1—2014 中定义了用于网络组件的应用层服务，表 15 列出了从 GB/T 25105.1—2014 中选择的用于本行规的应用层服务。

8.2.3.1.3　IO 控制器

在 GB/T 25105.1—2014 中定义了用于 IO 控制器的应用层服务，表 15 列出了从 GB/T 25105.1—2014 中选择的用于本行规的应用层服务，但该表中的 8.4 应为 NO，而 8.5 应为 YES。

8.2.3.1.4　IO 监视器

见 8.2.3.1.3。

8.2.3.1.5　选项

符合 RFC 2131 的 DHCP 是可选的服务。

对于 IO 控制器和 IO 监视器，DNS 是可选的服务。

媒体冗余（见 8.1.5）。

PTCP 是可选的服务。

8.2.3.2　AL 协议选择

8.2.3.2.1　IO 设备

在 GB/T 25105.2—2014 中定义了用于 IO 设备的应用层协议，表 16 列出从 GB/T 25105.2—2014 中选择的用于本行规的应用层协议。

表 16 CP 3/4:用于 IO 设备和网络组件的 AL 协议选择

条	标题	存在	约束
1	范围	YES	—
2	规范性引用文件	部分	需要时使用
3	术语和定义、缩略语、符号、约定	—	—
3.1	引用的术语和定义	部分	适用时使用
3.2	用于分布式自动化的附加术语和定义	NO	—
3.3	用于分散式外围设备的附加术语和定义	YES	—
3.4	用于分布式自动化的附加缩略语和符号	NO	—
3.5	用于分散式外围设备的附加缩略语和符号	YES	—
3.6	用于媒体冗余的附加缩略语和符号	YES	—
3.7	约定	YES	—
3.8	在状态机中使用的约定	YES	—
4	通用协议的应用层协议规范	—	—
4.1	FAL 语法描述	YES	—
4.2	传输语法	—	—
4.2.1	基本数据类型的编码	部分	需要时使用
4.2.2	通用基本字段相关的编码	部分	需要时使用
4.3	发现和基本配置	YES	—
4.4	精确时间控制	YES	可选
4.5	媒体冗余	YES	见 8.1.5,对于无线媒体不适用
4.6	实时循环	YES	RT_CLASS_UDP 是可选的
4.7	实时非循环	YES	RTA_CLASS_UDP 是可选的,如果使用可选的 RT_CLASS_UDP,则是必备的
4.8	远程过程调用	YES	—
4.9	链路层发现	YES	至少 LLDP 传输
4.10	MAC 桥	YES	只在网络组件被集成时适用
4.11	虚拟桥	YES	对于无线媒体不适用
4.12	IP 协议族	YES	ICMP 是可选的,如果使用可选的 RT_CLASS_UDP,则是必备的
4.13	域名系统	YES	可选
4.14	动态主机配置	YES	可选
4.15	简单网络管理	YES	可选
4.16	通用 DLL 映射协议机	YES	—
5	分布式自动化的应用层协议规范	NO	—
6	分散式外围设备的应用层协议规范	—	—

表 16（续）

条	标题	存在	约束
6.1	FAL 语法描述	YES	—
6.2	传输语法	YES	适用时使用
6.3	FAL 协议状态机	YES	适用时使用
6.4	AP 上下关系协议机	YES	—
6.5	FAL 服务协议机	—	—
6.5.1	概述	YES	—
6.5.2	FSPMDEV	YES	—
6.5.3	FSPMCTL	NO	—
6.6	应用关系协议机	—	—
6.6.1	ALPMI	YES	—
6.6.2	ALPMR	YES	—
6.6.3	NRPM	NO	—
6.6.4	RMPM	YES	—
6.6.5	CMDEV	YES	—
6.6.6	NRMC	YES	在支持多播消费者时使用
6.6.7	CMCTL	NO	—
6.7	DLL 映射协议机	YES	—
附录 A ～ 附录 Q	—	YES	—

8.2.3.2.2　**网络组件**

8.2.3.2.2.1　**概述**

见 8.2.3.1.2.1。

8.2.3.2.2.2　**非集成的网络组件**

非集成的网络组件不需要类型 10 的应用层。表 14 规定了一般网络组件的行为。

8.2.3.2.2.3　**集成的网络组件**

在 GB/T 25105.2—2014 中定义了用于集成网络组件的应用层协议。表 16 规定了本行规中包含的条。

8.2.3.2.3　**IO 控制器**

在 GB/T 25105.2—2014 中定义了用于 IO 控制器的应用层协议。表 17 规定了本行规中包含的条。

表 17 CP 3/4:用于 IO 控制器的 AL 协议选择

条	标题	存在	约束
1	范围	YES	—
2	规范性引用文件	部分	需要时使用
3	术语和定义、缩略语、符号、约定		
3.1	引用的术语和定义	部分	适用时使用
3.2	用于分布式自动化的附加术语和定义	NO	—
3.3	用于分散式外围设备的附加术语和定义	YES	—
3.4	用于分布式自动化的附加缩略语和符号	NO	—
3.5	用于分散式外围设备的附加缩略语和符号	YES	—
3.6	用于媒体冗余的附加缩略语和符号	YES	—
3.7	约定	YES	—
3.8	在状态机中使用的约定	YES	—
4	通用协议的应用层协议规范	—	—
4.1	FAL 语法描述	YES	—
4.2	传输语法	—	—
4.2.1	基本数据类型的编码	部分	需要时使用
4.2.2	通用基本字段相关的编码部分	部分	需要时使用
4.3	发现和基本配置	YES	—
4.4	精确时间控制	YES	可选
4.5	媒体冗余	YES	见 8.1.5
4.6	实时循环	YES	RT_CLASS_UDP 是可选的
4.7	实时非循环	YES	RTA_CLASS_UDP 是可选的,如果使用可选的 RT_CLASS_UDP,则是必备的
4.8	远程过程调用	YES	—
4.9	链路层发现	YES	至少 LLDP 传输
4.10	MAC 桥	YES	只在网络组件被集成时适用
4.11	虚拟桥	YES	—
4.12	IP 协议族	YES	—
4.13	域名系统	YES	可选
4.14	动态主机配置	YES	可选
4.15	简单网络管理	YES	—
4.16	通用 DLL 映射协议机	YES	—
5	分布式自动化的应用层协议规范	NO	—
6	分散式外围设备的应用层协议规范	—	—
6.1	FAL 语法描述	YES	—

表 17（续）

条	标题	存在	约束
6.2	传输语法	YES	适用时使用
6.3	FAL 协议状态机	YES	适用时使用
6.4	AP 上下关系协议机	YES	—
6.5	FAL 服务协议机	—	—
6.6	应用关系协议机	—	—
6.5.1	概述	YES	—
6.5.2	FSPMDEV	NO	—
6.5.3	FSPMCTL	YES	—
6.6.1	ALPMI	YES	—
6.6.2	ALPMR	YES	—
6.6.3	NRPM	YES	—
6.6.4	RMPM	YES	—
6.6.5	CMDEV	NO	—
6.6.6	NRMC	NO	—
6.6.7	CMCTL	YES	—
6.7	DLL 映射协议机	YES	—
附录 A ～ 附录 Q	—	YES	—

8.2.3.2.4 IO 监视器

见 8.2.3.1.4。

8.2.3.2.5 选项

符合 RFC 2131 的 DHCP 是可选的协议。

对于 IO 控制器和 IO 监视器，DNS 是可选的协议。

媒体冗余(见 8.1.5)。

PTCP 是可选的协议。

RT_Class_UDP 是可选的。

8.2.4 性能指标选择

8.2.4.1 性能指标概述

表 18 规定相关的性能指标。

表 18 CP 3/4、CP 3/5 和 CP 3/6：性能指标概述

性能指标	可适用	约束
交付时间	YES	—
终端站数	YES	—
基本网络拓扑	YES	—
终端站之间的交换机数	YES	—
RTE 吞吐量	YES	—
非 RTE 带宽	YES	—
时间同步精度	YES	—
非基于时间的同步精度	—	—
冗余恢复时间	YES	—

8.2.4.2 性能指标间的相关性

8.2.4.2.1 性能指标间的相关性矩阵

表 19 规定性能指标间的相关性。

表 19 CP 3/4、CP 3/5 和 CP 3/6：性能指标间的相关性矩阵

有依赖关系的性能指标	影响的 PI							
	交付时间	终端站个数	基本网络拓扑	终端站之间的交换机数	RTE 吞吐量	非 RTE 带宽	时间同步精度	冗余恢复时间
交付时间		YES 8.2.4.2.4	NO	YES 8.2.4.2.2	YES 8.2.4.2.3	NO	NO	YES 8.2.4.2.5
终端站个数	YES 8.2.4.2.4		NO	NO	NO	NO	NO	NO
基本网络拓扑	YES 8.2.4.2.6	NO		NO	NO	NO	YES 8.2.4.2.7	YES 8.2.4.2.8
终端站之间的交换机个数	YES 8.2.4.2.6	NO	NO		NO	NO	YES 8.2.4.2.7	YES 8.2.4.2.9
RTE 吞吐量	NO	NO	NO	NO		YES 8.2.4.2.10	NO	NO
非-RTE 带宽	NO	NO	NO	NO	YES 8.2.4.2.10		NO	NO
时间同步精度	NO	NO	NO	YES 8.2.4.2.11	NO	NO		NO
冗余恢复时间	NO	NO	YES 8.2.4.2.8	YES 8.2.4.2.12	NO	NO	NO	

8.2.4.2.2 交付时间

性能指标交付时间可按式(2)来计算。

$$DT = cta\_S + ctc + cta\_R + STTs + STTr + tt \times data + cd \times clt + \sum_{pd=1}^{NoS} f(pd) \times NoS + od \quad \cdots\cdots(2)$$

式中：

DT ——交付时间；

cta_S ——发送方的应用周期时间；

ctc ——通信周期时间[见式(3)],并应等于或大于 MinDeviceInterval；

cta_R ——接收方的应用周期时间；

STTs ——发送方栈遍历时间；

STTr ——接收方栈遍历时间；

tt ——传输时间,(对于 100 Mbit/s 为 80 ns/octet;对于 1 Gbit/s 为 8 ns/octet)；

data ——完整的以太网帧；

cd ——线缆延迟(见 GB/T 25105.1—2014 中的属性 CableDelayLocal)；

clt ——线缆总长度；

pd ——传播延迟[见式(4)]；

NoS ——交换机数；

od ——任何其他延迟,例如,在环中转发信号引起的延迟。

通信周期时间可按式(3)来计算。

$$ctc = SCF \times RR \times 31.25\ \mu s \quad \cdots\cdots(3)$$

式中：

SCF ——属性 SendClockFactor(见 GB/T 25105.1—2014,Send Clock Factor)；

RR ——属性 ReductionRatio(见 GB/T 25105.1—2014,Reduction Ration)。

传播延迟 pd 可按式(4)来计算。

$$pd = Queue\_delay + Phy\_R\_delay + Phy\_S\_delay + MAC\_delay \quad \cdots\cdots(4)$$

式中：

Queue_delay ——交换机中的队列延迟(Queue delay)；

Phy_R_delay——接收方的 Phy 延迟(Phy delay)；

Phy_S_delay ——发送方的 Phy 延迟(Phy delay)；

MAC_delay ——MAC 层的延迟。

图 5 描绘了用于交付时间和 RTE 吞吐量的基本计算原理,并示出了一些参数出现的逻辑位置。

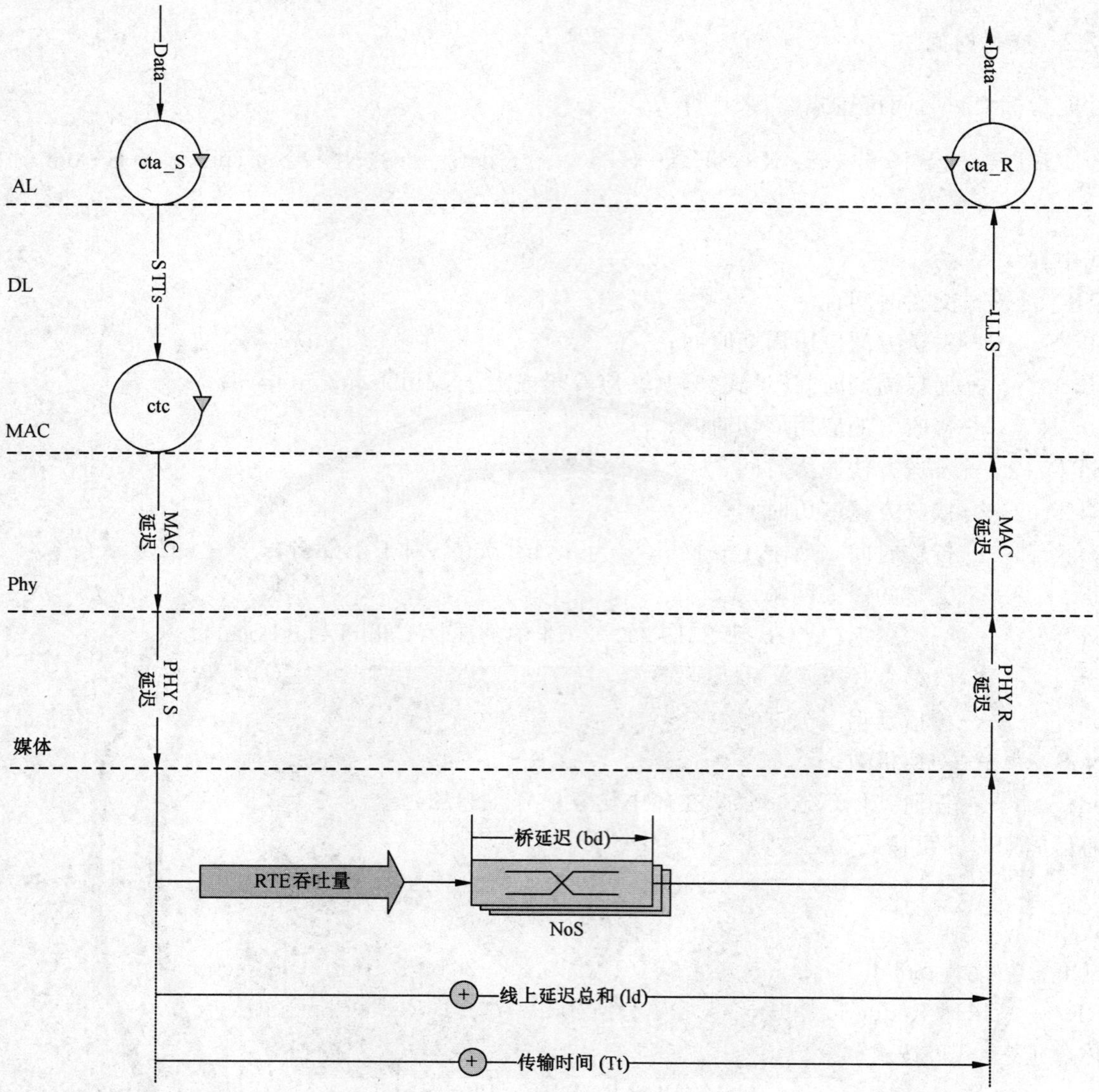

图 5　交付时间和 RTE 吞吐量的计算基本原理

8.2.4.2.3　交付时间与 RTE 吞吐量的相关性

RTE 吞吐量定义为在 1 个 ctc 内 data 的数量。式(5)规定了与各种参数的相关性。

如果

$$data\_request > data\_RTE \qquad \cdots\cdots (5)$$

则：

——增大 RTE 吞吐量：

- 只要最大 RTE 吞吐量能增大到发送 data_request，则 ctc 不变；
- 按需要另外增大 ctc，从而使最大 RTE 吞吐量能增大到发送 data_request。

——使用多个 ctc。

式中：

data_request ——请求的 RTE 吞吐量；

data_RTE　——实际的 RTE 吞吐量；

ctc　　　——通信周期时间[见 8.2.4.2.2 中的式(3)]，并应等于或大于 MinDeviceInterval。

使用 8.2.4.2.2 中的参数 ctc 和 data 来计算交付时间。

8.2.4.2.4 交付时间与终端站数的相关性

终端站数影响在 1 个 ctc 内 data 的长度。

在 8.2.4.2.2 中使用参数 data 来计算交付时间。

8.2.4.2.5 交付时间与冗余恢复时间的相关性

NoS 应被设为在冗余拓扑中在已组态路径上的所有交换机的最坏情况值。

在 8.2.4.2.2 中使用参数 NoS 来计算交付时间。

8.2.4.2.6 基本网络拓扑与交付时间的相关性

如果在一个串行连接或环型拓扑中的交付时间超过所限制的交付时间，则应将基本网络拓扑设置成分层星型。

8.2.4.2.7 基本网络拓扑与时间同步精度的相关性

如果在一个串行连接或环型拓扑中的时间同步精度超过所限制的时间同步精度，则应将基本网络拓扑设置成分层星型。

8.2.4.2.8 基本网络拓扑与冗余恢复时间的相关性

如果冗余恢复时间允许使用快速生成树算法和协议(符合 IEEE 802.1D 的 RSTP)，则不存在相关性。

媒体冗余的冗余恢复时间要求环型拓扑。

对于 RED_CLASS_1、RED_CLASS_2 和 RED_CLASS_3，环端口应根据 8.2.1.1 符合电缆和光纤媒体类。两个环端口的数据速率应至少是 100 Mbit/s，并且应使用全双工模式。

对于 RED_CLASS_1 和 RED_CLASS_2，冗余管理器以其参数集定义环的恢复时间。表 20 规定了用于 200 ms 环恢复时间的一致性参数集。

在环中的通信量负载应小于 90%。

表 20 管理器参数

参数	值	注释
MRP_TOPchgT	10 ms	见 GB/T 25105.2—2014
MRP_TOPNRmax	3	见 GB/T 25105.2—2014
MRP_TSTshortT	10 ms	见 GB/T 25105.2—2014
MRP_TSTdefaultT	20 ms	见 GB/T 25105.2—2014
MRP_TSTNRmax	3	见 GB/T 25105.2—2014

对于 RED_CLASS_1 和 RED_CLASS_2，表 21 规定用于媒体冗余客户机的参数集。

表 21　客户机参数

参数	值	注释
MRP_LNKdownT	20 ms	见 GB/T 25105.2—2014
MRP_LNKupT	20 ms	见 GB/T 25105.2—2014
MRP_LNKNRmax	4	见 GB/T 25105.2—2014

对于 RED_CLASS_2，表 22 规定用于冗余管理器的参数集。

表 22　冗余管理器的参数集

参数	值	注释
MRRT_TSTdefaultT	100 ms	见 GB/T 25105.2—2014
MRRT_TSTNRmax	3	见 GB/T 25105.2—2014

8.2.4.2.9　NoS 与冗余恢复时间的相关性

检查出故障的时间取决于 NoS。

8.2.4.2.10　RTE 吞吐量与非 RTE 带宽的相关性

RTE 吞吐量可以按式(6)来计算。

$$\text{Throughput\_RTE} = (100\% - \text{NonRTE} - \text{protocolRTE}) \times \text{EthernetDataRate}/8 \qquad \cdots\cdots(6)$$

式中：

Throughput_RTE ——RTE 吞吐量，按 octets/s 计；

ProtocolRTE ——协议时间的百分比，见式(7)；

NonRTE ——非 RTE 带宽的百分比；

EthernetDataRate ——网络的以太网数据速率。

ProtocolRTE 可以按式(7)来计算。

$$\text{protocolRTE} = f_{\text{complex}}(\text{endStations},\ \text{data},\ \text{Time\_synchron\_accuracy},\ \text{RM},\ \ldots) \qquad \cdots\cdots(7)$$

式中：

endStations ——终端站数；

data ——完整的以太网帧，按八位位组计；

Time_synchron_accuracy——时间同步精度；

RM ——支持冗余管理功能所需的时间。

8.2.4.2.11　时间同步精度与 NoS 的相关性

时间同步精度最多使用 20 NoS。

8.2.4.2.12　冗余恢复时间与 NoS 的相关性

检查出故障的时间取决于 NoS。

8.2.4.3 性能指标的一致性集合

表 23 规定使用 100 Mbit/s 网络带宽的电缆或光纤的性能指标的一致性集合。这些值基于表 24 给出的值和在 8.2.4.2 中给出方法或算法。对于声明符合 CP 3/4 的设备(不用于无线)，应测试设备的该性能指标一致性集合。

表 23　CP 3/4：对于 MinDeviceInterval＝128 ms 的 PI 一致性集合

性能指标	值	约束
交付时间	128 ms watch dog factor × 128 ms	无故障 帧丢失； (见 8.1，MinDeviceInterval ＝ 128 ms)
终端站数	60	假设数据是从/向所有终端站接收/发送的 68 个八位位组的以太网帧
终端站之间的交换机数	10	—
RTE 吞吐量	2 324 706 octet/s	—
非 RTE 带宽	23.5 %	100 Mbit/s，且相对于 1 ms。支持任何 IEEE 802.3 帧
时间同步精度[c]	< 1 ms	本地时间同步
	< 1 μs	同步应用的同步
冗余恢复时间[c]	0 ms < 200 ms	RT_CLASS_1[a]，单一故障 RTA[b] retries ＝ 3； RTA timeout factor ＝ 100 ms
	< 384 ms < 200 ms	RT_CLASS_1[a]，双故障(断线和浪涌)， watch dog factor ＝ 3； delivery time ＝ 128 ms RTA[b] retries ＝ 3； RTA[b] timeout factor ＝ 100 ms

[a] 在 GB/T 25105.1—2014 中 8.3.10.4.2 规定了属性 RT_CLASS_x。

[b] 在 GB/T 25105.1—2014 中 8.3.10.4.2 规定了属性 RTA Retries 和 RTA Timeout Factor。

[c] 可选。

表 24　CP 3/4：用于 PI 一致性集合计算的假设值

符号	定义	值
cd	线缆延迟(见 GB/T 25105.2 中的参数 cable_delay)	5 ns
clt	线缆总长度	100 m
cta_R	接收方的应用周期时间	1 μs
cta_S	发送方的应用周期时间	1 μs
ctc	通信周期时间[见 8.2.4.2.2 中式(3)]，应等于或大于 MinDeviceInterval ＝ 128 ms	128 ms
data	完整的以太网帧	68 个八位位组
EthernetDataRate	网络的以太网数据速率	Mbit/s

表 24(续)

符号	定义	值
MAC_delay	MAC 层的延迟	1 μs
NonRTE	非 RTE 带宽的百分比	%
od	任何其他延迟,例如,在环中转发信号引起的延迟	0 s
pd	传播延迟[见 8.2.4.2.2 中的式(4)]	—
Phy_R_delay	接收方的 Phy 延迟	300 ns
Phy_S_delay	发送方的 Phy 延迟	300 ns
protocolRTE	协议时间的百分比[见 8.2.4.2.10 中的式(7)]	50%
Queue_delay	交换机中的队列延迟	0 s
RedundancyManagement	支持冗余管理功能所需的时间	0 s
STTr	接收方栈遍历时间	0 s
STTs	发送方栈遍历时间	0 s
Time_synchron_accuracy	时间同步精度	0 s
tt	传输时间 (对于 100 Mbit/s,80 ns/octet;对于 1 Gbit/s,8 ns/octet)	80 ns
SCF	见 GB/T 25105.1—2014 的 8.3.10.4.2	32
RR	见 GB/T 25105.1—2014 的 8.3.10.4.2	128

8.3 行规 CP 3/5

8.3.1 物理层

物理层应符合 IEEE 802.3。

数据速率应至少是 100 Mbit/s,并且至少有 1 个端口使用全双工模式。

应使用自动协商和自动交叉功能(见 IEEE 802.3)。

设备应遵守使用这些设备的所在国的法规要求(例如,用 CE 标志指示)。在工业应用中的防电击保护措施(即电气安全性)应根据所规定的设备类型遵循 GB 4793 系列标准或 GB/T 15969.2 标准。

8.3.2 数据链路层

数据链路层应符合 IEEE 802.3、IEEE 802.1AB、IEEE 802.1D 和 IEEE 802.1Q。

在各种可选的管理信息库(MIB)中至少要求 LLDP MIB (见 IEEE 802.1AB)和 SNMP MIB-II(见 RFC 1213)。

8.3.3 应用层

8.3.3.1 AL 服务选择

8.3.3.1.1 IO 设备

在 GB/T 25105.1—2014 中定义了用于 IO 设备的应用层服务,表 25 列出从 GB/T 25105.1—2014 中选择的用于本行规的应用层服务。

表 25　CP 3/5:用于 IO 设备的 AL 服务选择

条	标题	存在	约束
1	范围	YES	—
2	规范性引用文件	部分	需要时使用
3	术语和定义、缩略语、符号、约定	—	—
3.1	引用的术语和定义	YES	—
3.2	用于 AL 服务的附加术语和定义	YES	—
3.3	用于媒体冗余的附加术语和定义	YES	—
3.4	缩略语和符号	YES	—
3.5	约定	YES	—
4	概念	YES	—
5	数据类型 ASE	YES	—
6	通用服务的通信模型	—	—
6.1	概念	YES	—
6.2	ASE 数据类型	YES	—
6.3	ASE	—	—
6.3.1	发现和基本配置 ASE	YES	—
6.3.2	精确时间控制 ASE	YES	可选
6.3.3	媒体冗余 ASE	YES	见 8.1.5
6.3.4	实时循环 ASE	YES	RT_CLASS_UDP 是可选的
6.3.5	实时非循环 ASE	YES	RTA_CLASS_UDP 是可选的,如果使用可选的 RT_CLASS_UDP,则是必备的
6.3.6	远程过程调用 ASE	YES	—
6.3.7	链路层发现 ASE	YES	—
6.3.8	MAC 桥 ASE	YES	仅在网络组件被集成时适用
6.3.9	虚拟桥接的 LAN ASE	YES	—
6.3.10	媒体访问 ASE	YES	对于无线媒体不适用
6.3.11	IP 协议族 ASE	YES	ICMP 是可选的,如果使用可选的 RT_CLASS_UDP,则是必备的
6.3.12	域名系统 ASE	YES	可选
6.3.13	动态主机配置 ASE	YES	可选
6.3.14	简单网络管理 ASE	YES	—
6.3.15	通用 DL 映射 ASE	—	—
6.3.15.1	概述	YES	—
6.3.15.2	DL 映射类规范	YES	—
6.3.15.3	DL 映射服务规范	—	—

表 25（续）

条	标题	存在	约束
6.3.15.3.1	IRT 调度增加	NO	—
6.3.15.3.2	IRT 调度删除	NO	—
6.3.15.3.3	调度	YES	—
6.3.15.3.4	N 数据	YES	—
6.3.15.3.5	A 数据	YES	—
6.3.15.3.6	C 数据	YES	—
7	用于分布式自动化的通信模型	NO	—
8	用于分散式外围设备的通信模型	—	—
8.1	概念	YES	—
8.2	ASE 数据类型	YES	—
8.3	ASE	—	—
8.3.1	记录数据 ASE	YES	—
8.3.2	IO 数据 ASE	YES	—
8.3.3	日志数据 ASE	YES	—
8.3.4	诊断 ASE	YES	—
8.3.5	报警 ASE	YES	—
8.3.6	上下关系 ASE	YES	—
8.3.7	等时同步模式应用 ASE	NO	—
8.3.8	物理设备管理 ASE	YES	—
8.3.9	网络连续时间 ASE	YES	可选
8.3.10	AR ASE	YES	—
8.4	IO 设备的行为	—	—
8.4.1	概述	YES	—
8.4.2	IO 设备的启动	YES	—
8.4.3	物理设备参数检查	—	—
8.4.3.1	远程系统数据	YES	—
8.4.3.2	本地系统数据	YES	—
8.4.3.3	光纤系统数据	YES	仅使用光纤时适用
8.4.4	诊断和问题指示	YES	—
8.4.5	用户报警	YES	—
8.4.6	在组态改变情况下的行为	YES	—
8.4.7	IO 设备内的 PTCP 的行为	YES	可选；如果使用可选的精确时间控制 ASE（见 6.3.2），则是必备的
8.5	IO 控制器的行为	NO	—

表 25（续）

条	标题	存在	约束
8.6	应用特性	YES	—
附录 A	设备实例	YES	—
附录 B	以太网接口的部件	部分	适用时使用
附录 C	MAC 地址分配的方案	YES	—
附录 D	对象的收集	YES	—
附录 E	快速启动时间的测量	YES	—

8.3.3.1.2 网络组件

在 GB/T 25105.1—2014 中定义了用于网络组件的应用层服务，表 25 列出了从 GB/T 25105.1—2014 中选择的用于本行规的应用层服务。

注：100 Mbit/s 交换机应支持缓存至少 1 ms 的所有数据。这对于用 100%带宽在所有端口上同时发生具有最小帧大小的帧应是适用的。

对于端口数小于 8 的 100 Mbit/s 交换机，每个端口提供的数据缓存应至少是 10 K 八位位组。对于端口数大于或等于 8 的 100 Mbit/s 交换机，对所有端口提供的数据缓存总量应至少是 80 K 八位位组。

8.3.3.1.3 IO 控制器

在 GB/T 25105.1—2014 中定义了用于 IO 控制器的应用层服务，表 25 列出了从 GB/T 25105.1—2014 中选择的用于本行规的应用层服务，但该表中的 8.4 应是 NO，而 8.5 应是 YES。

8.3.3.1.4 IO 监视器

见 8.3.3.1.3。

8.3.3.1.5 选项

符合 RFC 2131 的 DHCP 是可选服务。

对于 IO 控制器和 IO 监视器，DNS 是可选服务。

MRP 是可选服务。

PTCP 是可选服务。

8.3.3.2 AL 协议选择

8.3.3.2.1 IO 设备

在 GB/T 25105.2—2014 中定义了用于 IO 设备的应用层协议，表 26 列出了从 GB/T 25105.2—2014 中选择的用于本行规的应用层协议。

表 26　CP 3/5:用于 IO 设备和网络组件的 AL 协议选择

条	标题	存在	约束
1	范围	YES	—
2	规范性引用文件	部分	需要时使用
3	术语和定义、缩略语、符号约定	—	—
3.1	引用的术语和定义	部分	适用时使用
3.2	用于分布式自动化的附加术语和定义	NO	—
3.3	用于分散式外围设备的附加术语和定义	YES	—
3.4	用于分布式自动化的附加缩略语和符号	NO	—
3.5	用于分散式外围设备的附加缩略语和符号	YES	—
3.6	用于媒体冗余的附加缩略语和符号	YES	—
3.7	约定	YES	—
3.8	在状态机中使用的约定	YES	—
4	通用协议的应用层协议规范	—	—
4.1	FAL 语法描述	YES	—
4.2	传输语法	—	—
4.2.1	基本数据类型的编码	部分	需要时使用
4.2.2	通用基本字段相关的编码部分	部分	需要时使用
4.3	发现和基本配置	YES	—
4.4	精确时间控制	YES	可选
4.5	媒体冗余	YES	见 8.1.5,对于无线媒体不适用
4.6	实时循环	YES	RT_CLASS_UDP 是可选的
4.7	实时非循环	YES	RTA_CLASS_UDP 是可选的,如果使用可选的 RT_CLASS_UDP,则是必备的
4.8	远程过程调用	YES	—
4.9	链路层发现	YES	—
4.10	MAC 桥	YES	仅在网络组件被集成时适用
4.11	虚拟桥	YES	—
4.12	IP 协议族	YES	—
4.13	域名系统	YES	可选
4.14	动态主机配置	YES	可选
4.15	简单网络管理	YES	—
4.16	通用 DLL 映射协议机	YES	—
5	分布式自动化的应用层协议规范	NO	—
6	分散式外围设备的应用层协议规范	—	—
6.1	FAL 语法描述	YES	—

表 26（续）

条	标题	存在	约束
6.2	传输语法	YES	适用时使用
6.3	FAL 协议状态机	YES	适用时使用
6.4	AP 上下关系协议机	YES	—
6.5	FAL 服务协议机		
6.5.1	概述	YES	—
6.5.2	FSPMDEV	YES	—
6.5.3	FSPMCTL	NO	—
6.6	应用关系协议机	—	—
6.6.1	ALPMI	YES	—
6.6.2	ALPMR	YES	—
6.6.3	NRPM	NO	—
6.6.4	RMPM	YES	—
6.6.5	CMDEV	YES	—
6.6.6	NRMC	YES	在支持多播消费者时使用
6.6.7	CMCTL	NO	—
6.7	DLL 映射协议机	YES	—
附录 A ～ 附录 Q	—	YES	—

8.3.3.2.2 网络组件

在 GB/T 25105.2—2014 中定义了用于网络组件的应用层协议，表 26 规定了在本行规中所包含的条。

注：100 Mbit/s 交换机应支持缓存(至少 1 ms)所有数据。这对于用 100％带宽在所有端口上同时发生具有最小帧大小的帧应是可适用的。

对于端口数小于 8 的 100 Mbit/s 交换机，每个端口提供的数据缓存应至少是 10 K 八位位组。对于端口数大于或等于 8 的 100 Mbit/s 交换机，对所有端口提供的数据缓存总量应至少是 80 K 八位位组。

8.3.3.2.3 IO 控制器

在 GB/T 25105.2—2014 中定义了用于 IO 控制器的应用层协议，表 27 规定了在本行规中所包含的条。

表 27　CP 3/5：用于 IO 控制器的 AL 协议选择

条	标题	存在	约束
1	范围	YES	—
2	规范性引用文件	部分	需要时用

表 27（续）

条	标题	存在	约束
3	术语和定义、缩略语、符号、约定	—	—
3.1	引用的术语和定义	部分	适用时使用
3.2	用于分布式自动化的附加术语和定义	NO	—
3.3	用于分散式外围设备的附加术语和定义	YES	—
3.4	用于分布式自动化的附加缩略语和符号	NO	—
3.5	用于分散式外围设备的附加缩略语和符号	YES	—
3.6	用于媒体冗余的附加缩略语和符号	YES	—
3.7	约定	YES	—
3.8	在状态机中使用的约定	YES	—
4	通用协议的应用层协议规范	—	—
4.1	FAL 语法描述	YES	—
4.2	传输语法	—	—
4.2.1	基本数据类型的编码	部分	适用时使用
4.2.2	通用基本字段相关的编码部分	部分	适用时使用
4.3	发现和基本配置	YES	—
4.4	精确时间控制	YES	可选
4.5	媒体冗余	YES	见 8.1.5
4.6	实时循环	YES	RT_CLASS_UDP 是可选的
4.7	实时非循环	YES	RTA_CLASS_UDP 是可选的，如果使用可选的 RT_CLASS_UDP，则是必备的
4.8	远程过程调用	YES	—
4.9	链路层发现	YES	—
4.10	MAC 桥	YES	仅在网络组件被集成时适用
4.11	虚拟桥	YES	—
4.12	IP 协议族	YES	—
4.13	域名系统	YES	可选
4.14	动态主机配置	YES	可选
4.15	简单网络管理	YES	—
4.16	通用 DLL 映射协议机	YES	—
5	分布式自动化的应用层协议规范	NO	—
6	分散式外围设备的应用层协议规范	—	—
6.1	FAL 语法描述	YES	—
6.2	传输语法	YES	适用时使用
6.3	FAL 协议状态机	YES	适用时使用

表 27（续）

条	标题	存在	约束
6.4	AP 上下关系协议机	YES	—
6.5	FAL 服务协议机	—	—
6.5.1	概述	YES	—
6.5.2	FSPMDEV	NO	—
6.5.3	FSPMCTL	YES	—
6.6	应用关系协议机	—	—
6.6.1	ALPMI	YES	—
6.6.2	ALPMR	YES	—
6.6.3	NRPM	YES	—
6.6.4	RMPM	YES	—
6.6.5	CMDEV	NO	—
6.6.6	NRMC	NO	—
6.6.7	CMCTL	YES	—
6.7	DLL 映射协议机	YES	—
附录 A ～ 附录 Q	—	YES	—

8.3.3.2.4 IO 监视器

见 8.2.3.1.3。

8.3.3.2.5 选项

符合 RFC 2131 的 DHCP 是可选协议。

对于 IO 控制器和 IO 监视器，DNS 是可选协议。

媒体冗余(见 8.1.5)。

PTCP 是可选协议。

8.3.4 性能指标选择

8.3.4.1 性能指标概述

8.2.4.1 适用。

8.3.4.2 性能指标相关性

8.2.4.2 适用。

8.3.4.3 性能指标的一致性集合

表 28 规定使用 100 Mbit/s 网络带宽的电缆或光纤的性能指标的一致性集合。这些值基于表 29 中给出的值和在 8.2.4.2 中给出的方法或算法。对于声明符合 CP 3/5 的设备(不用于无线)，应测试设

备的该性能指标一致性集合。

表 28　CP 3/5:对于 MinDeviceInterval＝128 ms 的 PI 一致性集合

性能指标	值	约束
交付时间	128 ms watch dog factor × 128 ms	无故障 帧丢失; (见 8.1,MinDeviceInterval ＝ 128 ms)
终端站数	60	假设数据是从/向所有终端站接收/发送的 68 个八位位组的以太网帧
终端站之间的交换机数	10	
RTE 吞吐量	2 324 706 octet/s	
非 RTE 带宽	23.5%	100 Mbit/s,且相对于 1 ms。支持任何 IEEE 802.3 帧
时间同步精度[c]	＜ 1 ms	本地时间同步
	＜ 1 μs	同步应用的同步
冗余恢复时间[c]	0 ms ＜ 200 ms	RT_CLASS_1[a]:单一故障; RTAb retries ＝ 3; RTA timeout factor ＝ 100 ms
	＜ 384 ms ＜ 200 ms	RT_CLASS_1[a]:双故障(断线和涌浪); watch dog factor ＝ 3; delivery time ＝ 128 ms; RTA[b] retries ＝ 3; RTA[b] timeout factor ＝ 100 ms

[a] 在 GB/T 25105.1—2014 中 8.3.10.4.2 规定了属性 RT_CLASS_x。

[b] 在 GB/T 25105.1—2014 中 8.3.10.4.2 规定了属性 RTA Retries 和 RTA Timeout Factor。

[c] 可选。

表 29　CP 3/5:用于 PI 一致性集合计算的假设值

符号	定义	值
cd	线缆延迟(见 GB/T 25105.2 中的参数 cable_delay)	5 ns
clt	线缆总长度	100 m
cta_R	接收方的应用周期时间	1 μs
cta_S	发送方的应用周期时间	1 μs
ctc	通信周期时间[见 8.2.4.2.2 中式(3)],应等于或大于 MinDeviceInterval ＝ 128 ms	128 ms
data	完整的以太网帧	68 octets
EthernetDataRate	网络的以太网数据速率	Mbit/s
MAC_delay	MAC 层的延迟	1 μs
NonRTE	非 RTE 带宽的百分比	%
od	任何其他延迟,例如,在环中转发信号引起的延迟	0 s
pd	传播延迟[见 8.2.4.2.2 中式(4)]	—

表 29（续）

符号	定义	值
Phy_R_delay	接收方的 Phy 延迟	300 ns
Phy_S_delay	发送方的 Phy 延迟	300 ns
protocolRTE	协议时间的百分比[见 8.2.4.2.10 中式(7)]	50 %
Queue_delay	交换机中的队列延迟	0 s
RedundancyManagement	支持冗余管理功能所需的时间	0 s
STTr	接收方栈遍历时间	0 s
STTs	发送方栈遍历时间	0 s
Time_synchron_accuracy	时间同步精度	0 s
tt	传输时间 (对于 100 Mbit/s,80 ns/octet;对于 1 Gbit/s,8 ns/octet)	80 ns
SCF	见 GB/T 25105.1—2014 中 8.3.10.4.2	32
RR	见 GB/T 25105.1—2014 中 8.3.10.4.2	128

8.4 行规 CP 3/6

8.4.1 物理层

物理层应符合 IEEE 802.3。

数据速率应至少是 100 Mbit/s,并且至少有一个端口使用全双工模式。

应使用自动协商和自动交叉功能(见 IEEE 802.3)。

设备应遵守使用这些设备的所在国的法规要求(例如,用 CE 标志指示)。在工业应用中的防电击保护措施(即电气安全性)应根据所规定的设备类型遵循 GB 4793 系列标准或 GB/T 15969.2。

8.4.2 数据链路层

数据链路层应符合 IEEE 802.3、IEEE 802.1AB、IEEE 802.1D 和 IEEE 802.1Q。

在各种可选的管理信息库(MIB)中至少要求 LLDP MIB(见 IEEE 802.1AB)和 SNMP MIB-II(见 RFC 1213)。

8.4.3 应用层

8.4.3.1 AL 服务选择

8.4.3.1.1 IO 设备

在 GB/T 25105.1—2014 中定义了用于 IO 设备的应用层服务,表 30 列出了从 GB/T 25105.1—2014 中选择的用于本行规的应用层服务。

表 30 CP 3/6:用于 IO 设备的 AL 服务选择

条	标题	存在	约束
1	范围	YES	—
2	规范性引用文件	部分	需要时使用
3	术语和定义、缩略语、符号、约定	—	—
3.1	引用的术语和定义	YES	—
3.2	用于 AL 服务的附加术语和定义	YES	—
3.3	用于媒体冗余的附加术语和定义	YES	—
3.4	缩略语和符号	YES	—
3.5	约定	YES	—
4	概念	YES	—
5	数据类型 ASE	YES	—
6	通用服务的通信模型	—	—
6.1	概念	YES	—
6.2	ASE 数据类型	YES	—
6.3	ASE	—	—
6.3.1	发现和基本配置 ASE	YES	—
6.3.2	精确时间控制 ASE	YES	—
6.3.3	媒体冗余 ASE	YES	2 端口
6.3.4	实时循环 ASE	YES	RT_CLASS_UDP 是可选的
6.3.5	实时非循环 ASE	YES	RTA_CLASS_UDP 是可选的,如果使用可选的 RT_CLASS_UDP,则是必备的
6.3.6	远程过程调用 ASE	YES	—
6.3.7	链路层发现 ASE	YES	—
6.3.8	MAC 桥 ASE	YES	仅在网络组件被集成时适用
6.3.9	虚拟桥接的 LAN ASE	YES	—
6.3.10	媒体访问 ASE	YES	对于无线媒体不适用
6.3.11	IP 协议族 ASE	YES	ICMP 是可选的,如果使用可选的 RT_CLASS_UDP,则是必备的
6.3.12	域名系统 ASE	YES	可选
6.3.13	动态主机配置 ASE	YES	可选
6.3.14	简单网络管理 ASE	YES	—
6.3.15	通用 DL 映射 ASE	YES	—
7	用于分布式自动化的通信模型	NO	—
8	用于分散式外围设备的通信模型	—	—
8.1	概念	YES	—

表 30（续）

条	标题	存在	约束
8.2	ASE 数据类型	YES	—
8.3	ASE	—	—
8.3.1	记录数据 ASE	YES	—
8.3.2	IO 数据 ASE	YES	—
8.3.3	日志数据 ASE	YES	—
8.3.4	诊断 ASE	YES	—
8.3.5	报警 ASE	YES	—
8.3.6	上下关系 ASE	YES	—
8.3.7	等时同步模式应用 ASE	YES	可选
8.3.8	物理设备管理 ASE	YES	—
8.3.9	网络连续时间 ASE	YES	可选
8.3.10	AR ASE	YES	—
8.4	IO 设备的行为	—	—
8.4.1	概述	YES	—
8.4.2	IO 设备的启动	YES	—
8.4.3	物理设备参数检查	—	—
8.4.3.1	远程系统数据	YES	—
8.4.3.2	本地系统数据	YES	—
8.4.3.3	光纤系统数据	YES	仅使用光纤时适用
8.4.4	诊断和问题指示	YES	—
8.4.5	用户报警	YES	—
8.4.6	在组态改变情况下的行为	YES	—
8.4.7	IO 设备内的 PTCP 的行为	YES	—
8.5	IO 控制器的行为	NO	—
8.6	应用特性	YES	—
附录 A	设备实例	YES	—
附录 B	以太网接口的部件	部分	适用时使用
附录 C	MAC 地址分配的方案	YES	—
附录 D	对象的收集	YES	—
附录 E	快速启动时间的测量	YES	—

8.4.3.1.2 网络组件

在 GB/T 25105.1—2014 中定义了用于网络组件的应用层服务，表 30 列出了从 GB/T 25105.1—2014 中选择的用于本行规的应用层服务。

100 Mbit/s 交换机应支持符合表 31 的所有数据缓存。这对于用 100％带宽在所有端口上同时发生具有最小帧大小的帧应是适用的。

表 31　缓存能力

含义	值
缓存能力	推荐:1 ms 必备:500 μs

8.4.3.1.3　IO 控制器

在 GB/T 25105.1—2014 中定义了用于 IO 控制器的应用层服务,表 30 列出了从 GB/T 25105.1—2014 中选择的用于本行规的应用层服务,但该表中的 8.4 应是 NO,而 8.5 应是 YES。

8.4.3.1.4　IO 监视器

不适用。

8.4.3.1.5　选项

符合 RFC 2131 的 DHCP 是可选服务。

对于 IO 控制器和 IO 监视器,DNS 是可选服务。

8.4.3.2　AL 协议选择

8.4.3.2.1　IO 设备

在 GB/T 25105.2—2014 中定义了用于 IO 设备的应用层协议,表 32 列出了从 GB/T 25105.2—2014 中选择的用于本行规的应用层协议。

表 32　CP 3/6:用于 IO 设备和网络组件的 AL 协议选择

条	标题	存在	约束
1	范围	YES	—
2	规范性引用文件	部分	需要时使用
3	术语和定义、缩略语、符号约定	—	—
3.1	引用的术语和定义	部分	适用时使用
3.2	用于分布式自动化的附加术语和定义	NO	—
3.3	用于分散式外围设备的附加术语和定义	YES	—
3.4	用于分布式自动化的附加缩略语和符号	NO	—
3.5	用于分散式外围设备的附加缩略语和符号	YES	—
3.6	用于媒体冗余的附加缩略语和符号	YES	—
3.7	约定	YES	—
3.8	在状态机中使用的约定	YES	—
4	通用协议的应用层协议规范	—	—
4.1	FAL 语法描述	YES	—

表 32（续）

条	标题	存在	约束
4.2	传输语法	—	—
4.2.1	基本数据类型的编码	部分	需要时使用
4.2.2	通用基本字段相关的编码部分	部分	需要时使用
4.3	发现和基本配置	YES	—
4.4	精确时间控制	YES	—
4.5	媒体冗余	YES	见 8.1.5
4.6	实时循环	YES	RT_CLASS_UDP 是可选的
4.7	实时非循环	YES	RTA_CLASS_UDP 是可选的，如果使用可选的 RT_CLASS_UDP，则是必备的
4.8	远程过程调用	YES	—
4.9	链路层发现	YES	—
4.10	MAC 桥	YES	仅在网络组件被集成时适用
4.11	虚拟桥	YES	—
4.12	IP 协议族	YES	—
4.13	域名系统	YES	可选
4.14	动态主机配置	YES	可选
4.15	简单网络管理	YES	—
4.16	通用 DLL 映射协议机	YES	—
5	分布式自动化的应用层协议规范	NO	—
6	分散式外围设备的应用层协议规范	—	—
6.1	FAL 语法描述	YES	—
6.2	传输语法	YES	适用时使用
6.3	FAL 协议状态机	YES	适用时使用
6.4	AP 上下关系协议机	YES	—
6.5	FAL 服务协议机		
6.5.1	概述	YES	—
6.5.2	FSPMDEV	YES	—
6.5.3	FSPMCTL	NO	—
6.6	应用关系协议机	—	—
6.6.1	ALPMI	YES	—
6.6.2	ALPMR	YES	—
6.6.3	NRPM	NO	—
6.6.4	RMPM	YES	—
6.6.5	CMDEV	YES	—

表 32（续）

条	标题	存在	约束
6.6.6	NRMC	YES	在支持多播消费者时适用
6.6.7	CMCTL	NO	—
6.7	DLL 映射协议机	YES	—
附录 A ～附录 Q	—	YES	—

8.4.3.2.2 网络组件

在 GB/T 25105.2—2014 中定义了用于网络组件的应用层协议，表 32 规定了在本行规中包含的条。

100 Mbit/s 交换机应支持符合表 31 的所有数据缓存。这对于用 100％带宽在所有端口上同时发生具有最小帧大小的帧应是适用的。

8.4.3.2.3 IO 控制器

在 GB/T 25105.2—2014 中定义了用于 IO 控制器的应用层协议，表 33 规定了在本行规中包含的条。

表 33 CP 3/6：用于 IO 控制器的 AL 协议选择

条	标题	存在	约束
1	范围	YES	—
2	规范性引用文件	部分	需要时使用
3	术语和定义、缩略语、符号、约定		
3.1	引用的术语和定义	部分	适用时使用
3.2	用于分布式自动化的附加术语和定义	NO	—
3.3	用于分散式外围设备的附加术语和定义	YES	—
3.4	用于分布式自动化的附加缩略语和符号	NO	—
3.5	用于分散式外围设备的附加缩略语和符号	YES	—
3.6	用于媒体冗余的附加缩略语和符号	YES	—
3.7	约定	YES	—
3.8	在状态机中使用的约定	YES	—
4	通用协议的应用层协议规范	—	—
4.1	FAL 语法描述	YES	—
4.2	传输语法	—	—
4.2.1	基本数据类型的编码	部分	需要时使用
4.2.2	有关通用基本字段的编码部分	部分	需要时使用
4.3	发现和基本配置	YES	—

表 33（续）

条	标题	存在	约束
4.4	精确时间控制	YES	—
4.5	媒体冗余	YES	见 8.1.5
4.6	实时循环	YES	RT_CLASS_UDP 是可选的
4.7	实时非循环	YES	RTA_CLASS_UDP 是可选的，如果使用可选的 RT_CLASS_UDP，则是必备的
4.8	远程过程调用	YES	—
4.9	链路层发现	YES	—
4.10	MAC 桥	YES	仅在网络组件被集成时适用
4.11	虚拟桥	YES	—
4.12	IP 协议族	YES	—
4.13	域名系统	YES	可选
4.14	动态主机配置	YES	可选
4.15	简单网络管理	YES	—
4.16	通用 DLL 映射协议机	YES	—
5	分布式自动化的应用层协议规范	NO	—
6	分散式外围设备的应用层协议规范	—	—
6.1	FAL 语法描述	YES	—
6.2	传输语法	YES	适用时使用
6.3	FAL 协议状态机	YES	适用时使用
6.4	AP 上下关系协议机	YES	—
6.5	FAL 服务协议机	—	—
6.5.1	概述	YES	—
6.5.2	FSPMDEV	NO	—
6.5.3	FSPMCTL	YES	—
6.6	应用关系协议机	—	—
6.6.1	ALPMI	YES	—
6.6.2	ALPMR	YES	—
6.6.3	NRPM	YES	—
6.6.4	RMPM	YES	—
6.6.5	CMDEV	NO	—
6.6.6	NRMC	NO	—
6.6.7	CMCTL	YES	—
6.7	DLL 映射协议机	YES	—
附录 A ～ 附录 Q	—	YES	—

8.4.3.2.4 IO 监视器

不可适用。

8.4.3.2.5 选项

8.4.3.1.5 适用。

8.4.4 性能指标选择

8.4.4.1 性能指标概述

8.2.4.1 适用。

8.4.4.2 性能指标相关性

8.2.4.2 适用。

8.4.4.3 性能指标的一致性集合

表 34 规定使用 100 Mbit/s 网络带宽的电缆或光纤的性能指标一致性集合。这些值基于表 35 中给出的值和在 8.2.4.2 中给出的方法或算法。对于声明符合 CP 3/6 的设备(不适用于无线),应测试设备的该性能指标一致性集合。附录 A 给出性能指标的计算方法。

表 34 CP 3/6:对于 MinDeviceInterval=1 ms 的 PI 一致性集合

性能指标	值	约束
交付时间	1 ms watch dog factor × 1 ms	无故障帧丢失; (见 8.1,MinDeviceInterval = 128 ms)
终端站数	60	使用 4 端口的交换机和线型拓扑;交换机也是一个终端站
终端站之间的交换机数	20	—
RTE 吞吐量	3 324 706 octets/s	—
非 RTE 带宽	23.5%	100 Mbit/s,并相对于 1 ms。支持任何 IEEE 802.3 帧
时间同步精度[c]	< 1 ms	本地时间同步
	< 1 μs	同步应用的同步
冗余恢复时间	<0 ms < 200 ms	RT_CLASS_3 或 RT_CLASS_2[a]:单一故障; RTA[b] retries = 3; RTA timeout factor = 100 ms

	< 3 ms
	< 200 ms
		RT_CLASS_3 或 RT_CLASS_2[a]:双故障(断线和浪涌);
		watch dog factor = 3;
		delivery time = 1 ms;
		RTA [b] retry = 3;
		RTA time out factor = 100 ms

[a] 在 GB/T 25105.1—2014 的 8.3.10.4.2 中规定了属性 RT_CLASS_x。

[b] 在 GB/T 25105.1—2014 的 8.3.10.4 中规定了属性 RTA Retries 和 RTA Timeout Factor。

[c] 可选。

表 35 CP 3/6:用于 PI 一致性集合计算的假设值

符号	定义	值
cd	线缆延迟(见 GB/T 25105.2 中的参数 cable_delay)	5 ns
clt	线缆总长度	100 m
cta_R	接收方的应用周期时间	1 μs
cta_S	发送方的应用周期时间	1 μs
ctc	通信周期时间[见 8.2.4.2.2 中式(3)],应等于或大于 MinDeviceInterval = 128 ms	1 ms
data	完整的以太网帧	68 octets
EthernetDataRate	网络的以太网数据速率	Mbit/s
MAC_delay	MAC 层的延迟	1 μs
NonRTE	非 RTE 带宽的百分比	%
od	任何其他延迟,例如,在环中转发信号引起的延迟	0 s
pd	传播延迟[见 8.2.4.2.2 中式(4)]	—
Phy_R_delay	接收方的 Phy 延迟	300 ns
Phy_S_delay	在发送方的 Phy 延迟	300 ns
protocolRTE	协议时间的百分比[见 8.2.4.2.10 中式(7)]	50 %
Queue_delay	交换机中的队列延迟	0 s
RedundancyManagement	支持冗余管理功能所需的时间	0 s
STTr	接收方栈遍历时间	0 s
STTs	发送方栈遍历时间	0 s
Time_synchron_accuracy	时间同步精度	1 μs
tt	传输时间 (对于 100 Mbit/s,80 ns/octet;对于 1 Gbit/s,8 ns/octet)	80 ns
SCF	见 GB/T 25105.1—2014 中 8.3.10.4.2	32
RR	见 GB/T 25105.1—2014 中 8.3.10.4.2	1

附 录 A
（资料性附录）
性能指标计算

A.1 CPF 2 性能指标计算

不适用。

A.2 CPF 3 性能指标计算

A.2.1 应用场景

对于工厂自动化的典型配置，已经选择了性能指标一致性集合的应用场景。通常，节点数仅受交付时间限制。

A.2.2 用于计算的结构示例

A.2.2.1 CP 3/4

A.2.2.1.1 线型结构

为了减少布缆量，选择线型结构。在图 A.1 中示出了 60 个节点的结构。

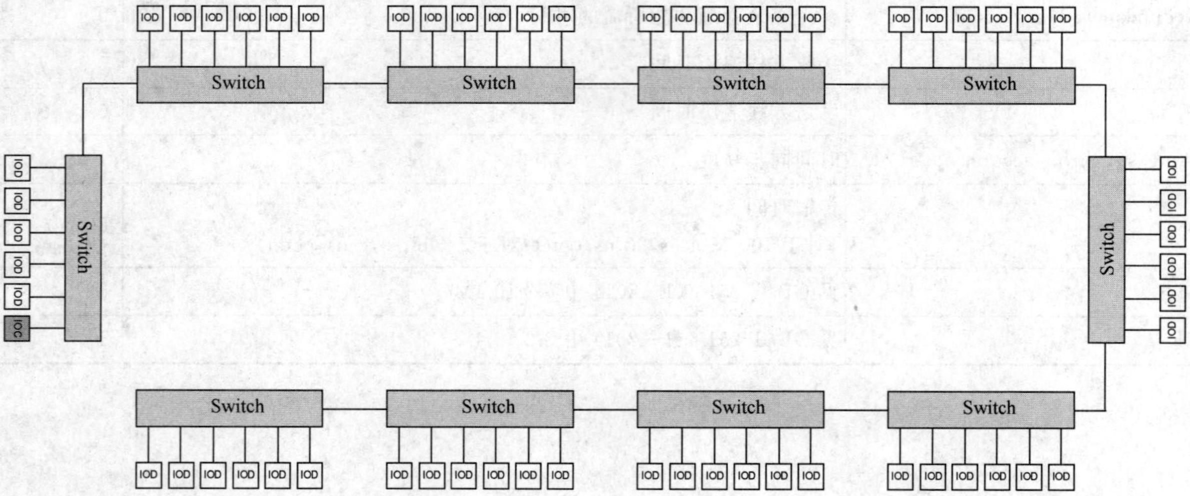

说明：
IOD ——IO 设备；
IOC ——IO 控制器；
MRM ——媒体冗余管理器；
MRC ——媒体冗余客户机；
Switch——交换机、网络组件。

图 A.1 CP 3/4：线型结构的示例

A.2.2.1.2 环型结构

为了减少布缆量,选择线型结构。为了增加可用性,在图 A.2 中示出了 60 个节点的媒体冗余环型结构。在此例中,媒体冗余是所使交换机的特性。

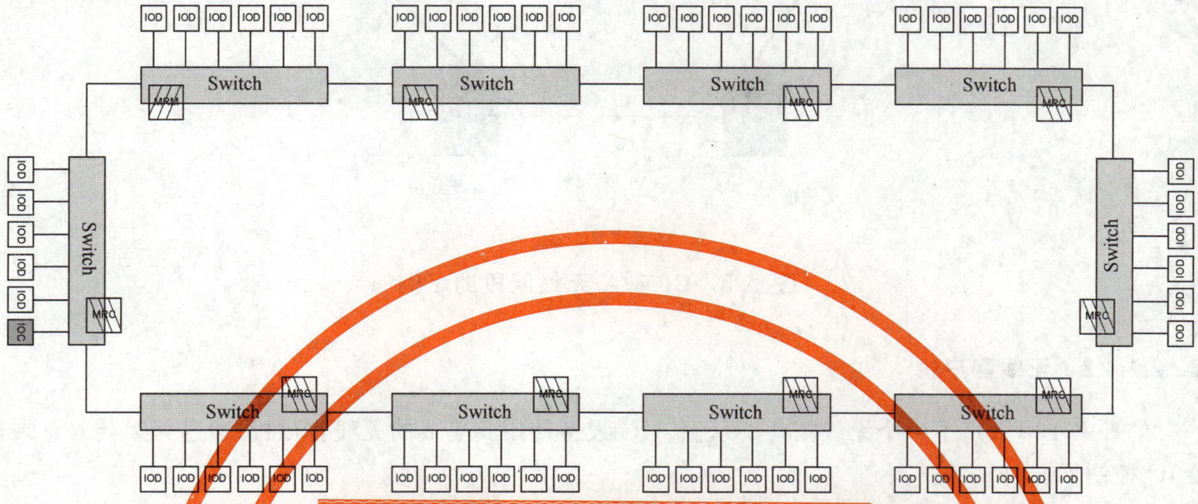

说明:

IOD ——IO 设备;

IOC ——IO 控制器;

MRM——媒体冗余管理器;

MRC——媒体冗余客户机;

Switch——交换机、网络组件。

图 A.2 CP 3/4:环型结构的示例

A.2.2.1.3 树型或星型结构

树型或星型结构提供了适用于更大机器部件的可能性。它们需要更多的布缆。

A.2.2.1.4 无线结构

A.2.2.1.4.1 无线桥

在图 A.3 中示出了一个无线拓扑的示例。无线桥(2 个接入点、或 1 个接入点和 1 个客户机)被用来连接两个有线的网段。

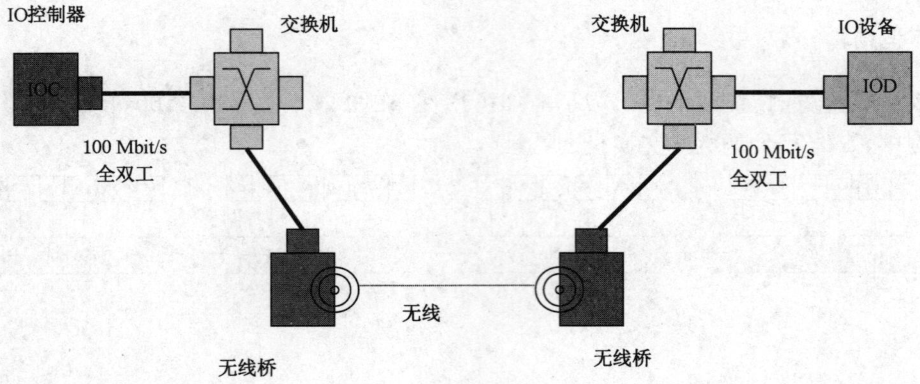

图 A.3　CP 3/4:无线网段的示例

A.2.2.1.4.2　无线客户机

在图 A.4 中示出了一个无线拓扑的示例。IO 设备使用其集成的无线客户机,通过无线接入点来连接 IO 控制器。

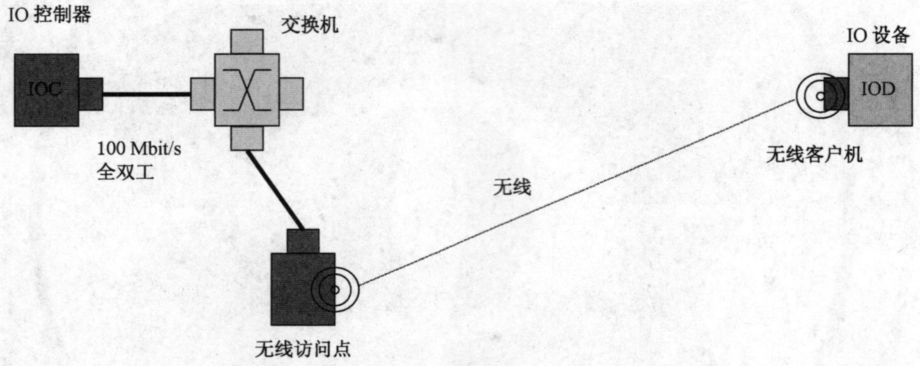

图 A.4　CP 3/4:集成无线客户机的示例

A.2.2.2　CP 3/5

A.2.2.2.1　线型结构

为了减少布缆量,选择线型结构。在图 A.5 中示出了 60 个节点的结构。

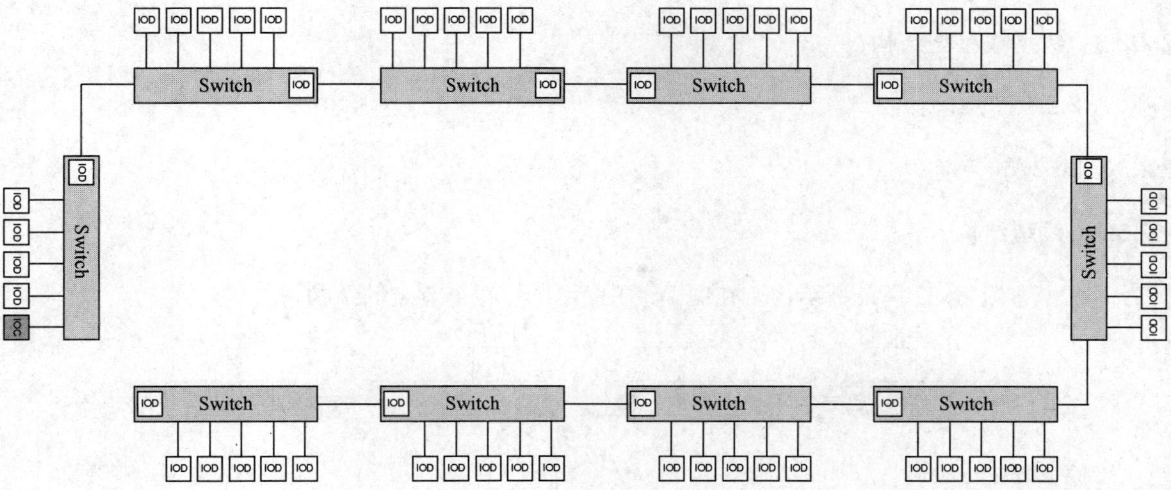

说明：
IOD ——IO 设备；
IOC ——IO 控制器；
MRM ——媒体冗余管理器；
MRC ——媒体冗余客户机；
Switch——交换机、网络组件。

图 A.5 CP 3/5：线型结构的示例

A.2.2.2.2 环型结构

为了减少布缆量，选择线型结构。为了增加可用性，在图 A.6 中示出了 60 个节点的媒体冗余环型结构。图 A.6 提供使用无碰撞媒体冗余的能力。

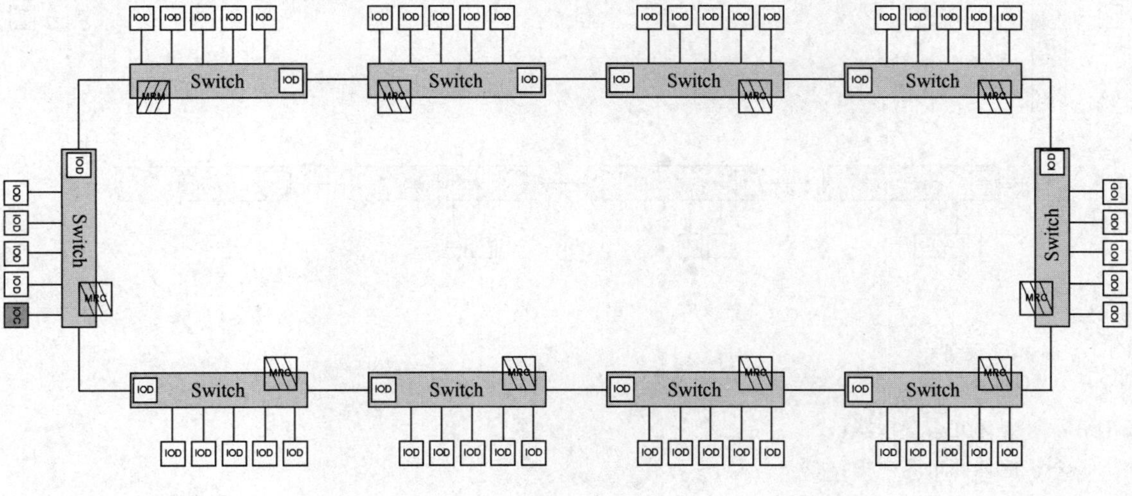

说明：
IOD ——IO 设备；
IOC ——IO 控制器；
MRM ——媒体冗余管理器；
MRC ——媒体冗余客户机；
Switch——交换机、网络组件。

图 A.6 CP 3/5：环型结构的示例

A.2.2.2.3 树型或星型结构

见 A.2.2.1.3。

A.2.2.3 CP 3/6

A.2.2.3.1 线型结构

为了减少布缆量，选择线型结构。在图 A.7 中示出了 60 个节点的结构。

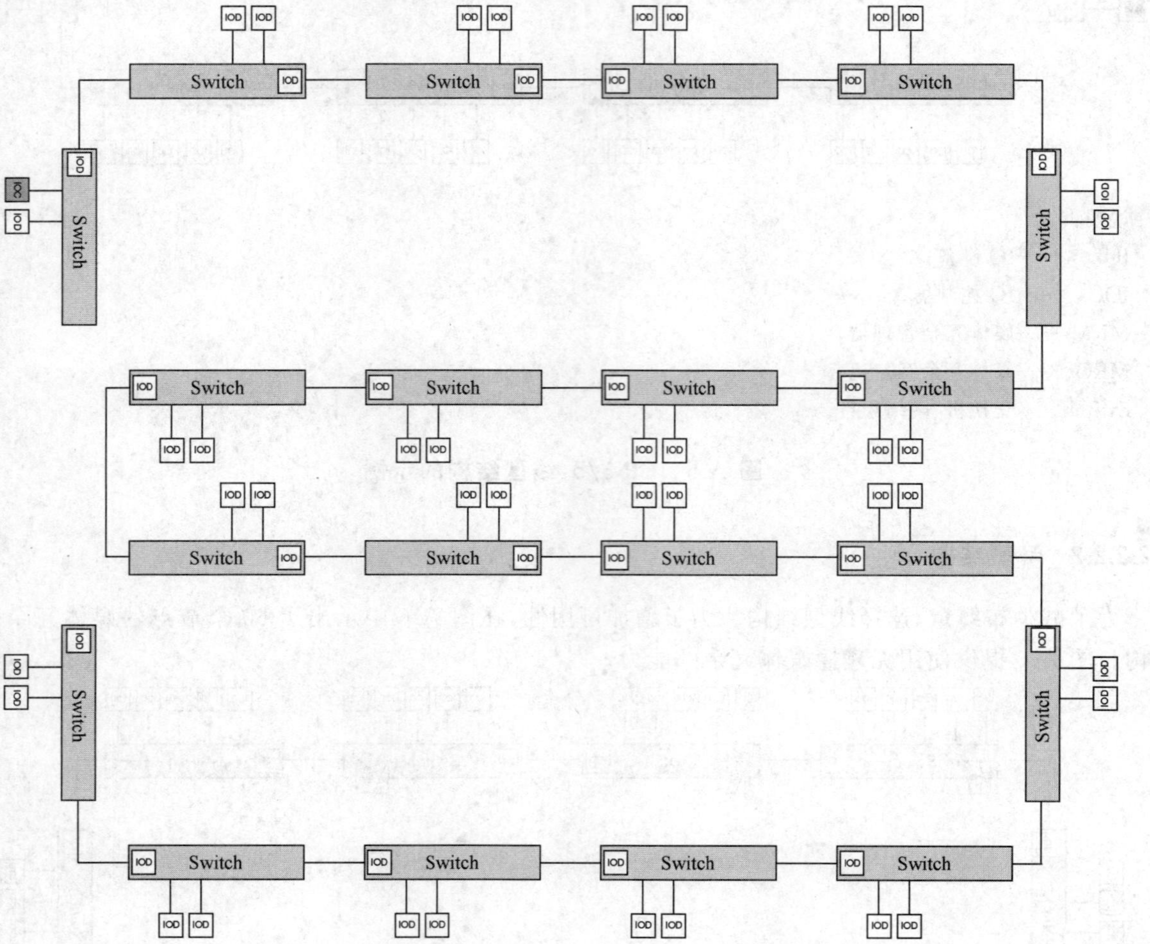

说明：

IOD ——IO 设备；

IOC ——IO 控制器；

MRM ——媒体冗余管理器；

MRC ——媒体冗余客户机；

Switch——交换机、网络组件。

图 A.7 CP 3/6：线型结构的示例

A.2.2.3.2 环型结构

为了减少布缆量，选择线型结构。为了增加可用性，在图 A.8 中示出了 60 个节点的媒体冗余环型结构。在图 A.8 中描述的结构示出了使用无碰撞媒体冗余的能力。

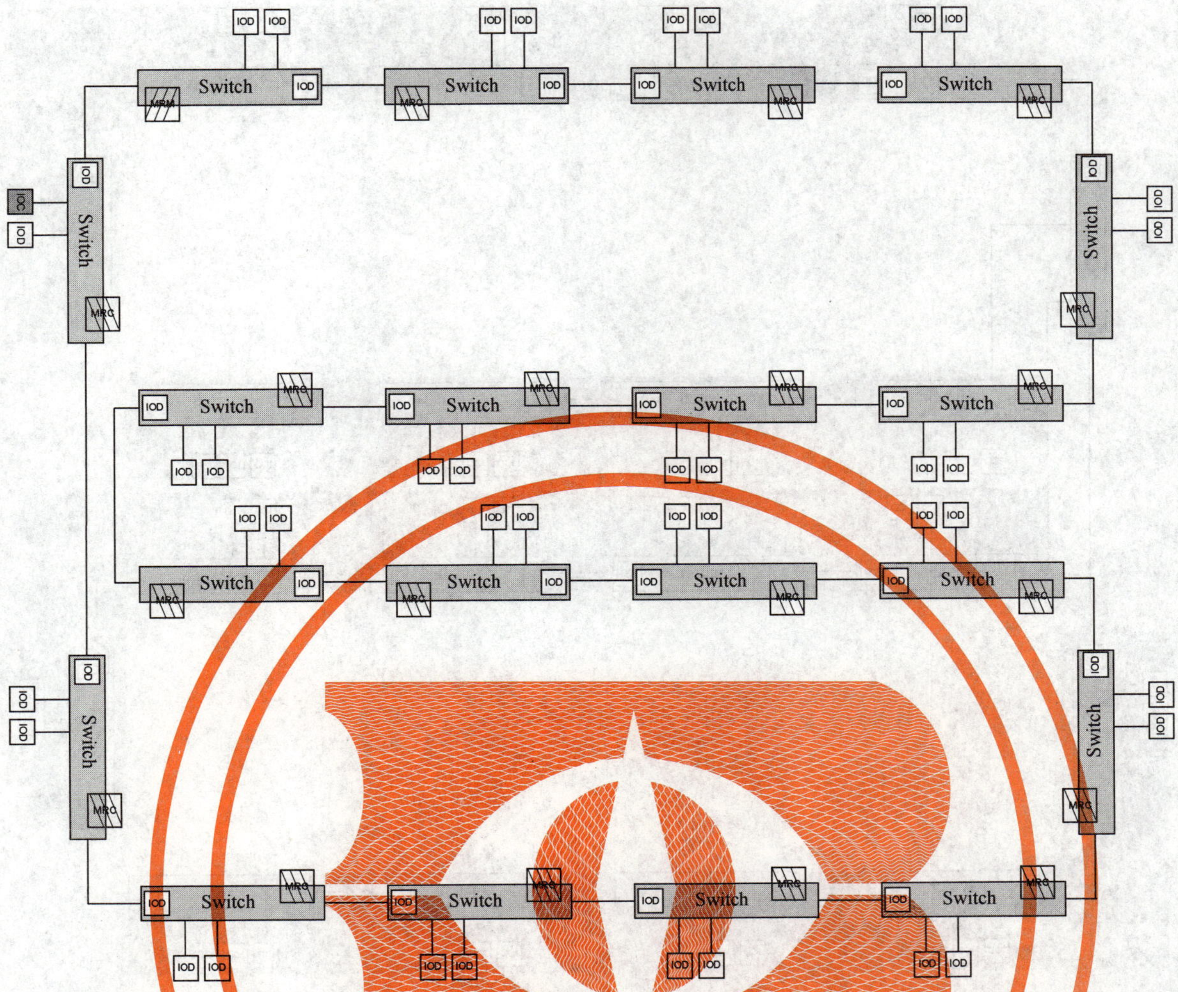

说明：

IOD ——IO 设备；

IOC ——IO 控制器；

MRM ——媒体冗余管理器；

MRC ——媒体冗余客户机；

Switch——交换机、网络组件。

图 A.8 CP 3/6:环型结构的示例

A.2.2.3.3 树型或星型结构

树型或星型结构提供了适用于更大机器部件的可能性。它们需要更多的布缆。图 A.9 示出了 60 个具有集成网络组件的节点的这种结构。此结构提供了在 IO 控制器与 IO 设备之间使用更高带宽通信的可能性。每个分支(如图 A.9 中阴影区域所示)可以使用所连接的 IO 控制器端口的全部带宽。分支也可以被停用，而不会影响其他分支。

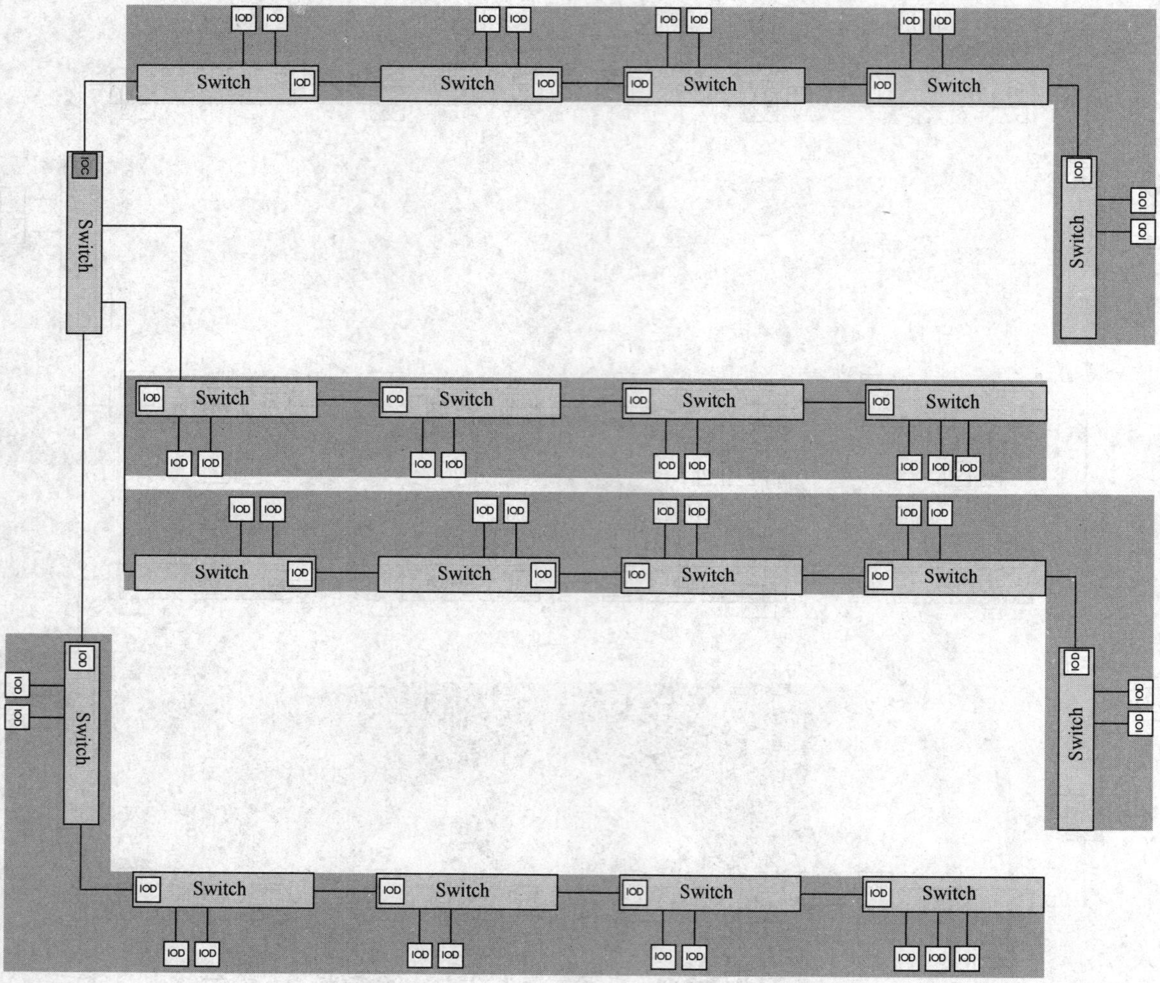

说明：
IOD ——IO 设备；
IOC ——IO 控制器；
MRM ——媒体冗余管理器；
MRC ——媒体冗余客户机；
Switch——交换机、网络组件。

图 A.9 CP 3/6：树型结构的示例

A.2.3 计算原理

A.2.3.1 概述

对于以太网，交换机是通信基础结构的主干。它的能力和栈遍历时间是计算交付时间的关键值。

A.2.3.2 栈遍历时间

栈遍历时间(STT)可通过对存储器访问的硬件方法来减少。

A.2.3.3 交换机结构

A.2.3.3.1 概述

可进一步考虑交换机的能力，特别是桥接延迟(bridging delay，bd)和帧缓存存储器的容量。

A.2.3.3.2 桥接延迟

依据图 A.10，规定桥接延迟为将帧从一个端口发送到另一个端口的时间量。

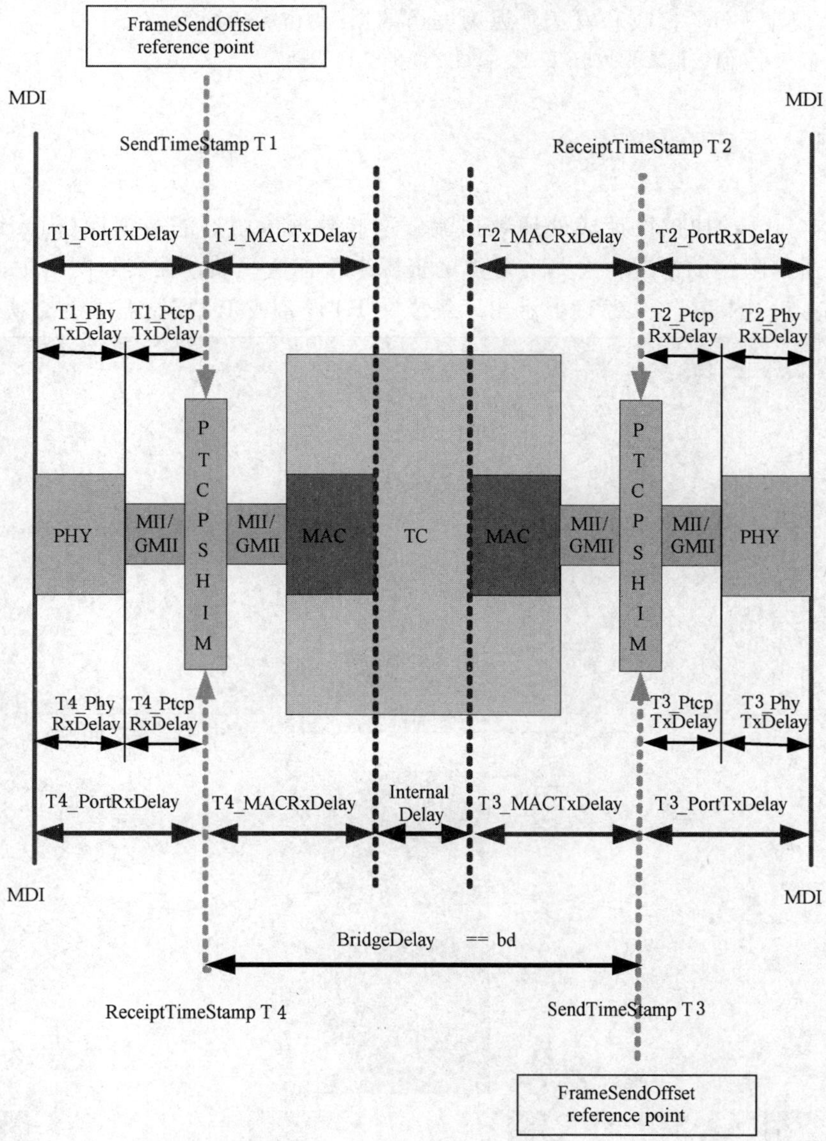

图 A.10 桥接延迟的定义

至少有两种方法用来交换帧。存储转发(S&F)提供受限的速度，因为整个帧在一个端口上被接收后，才可在另一个端口上被发送。直通式交换(Cut Through)提供最佳有效的速度，因为仅帧的一小部分在一个端口上被接收后，就可在另一个端口上被发送。

——S&F

对于 100 Mbit/s，最大帧需要约 125 μs 用于发送。这意味着，线路的传播延迟取决于交换机数乘以帧的大小。

——CT

在接收到最多 64 个八位位组后，开始在另一个端口上传输。这意味着，线路的传播延迟取决于交换机数，但不乘以帧的大小。

——内部延迟(Internal delay)

在过滤数据库内目的端口的计算和数据流的转发所需要的时间。

A.2.3.3.3 PHY 延迟

依据图 A.10,规定 PHY 接收和发送延迟为发送数据(data)的时间量。

注:这些延迟看似很小,但该值要乘以"RTE 终端站之间的交换机数"。

A.2.3.3.4 帧队列

交换机的结构(fabric)应被设计成处理数据流。这些数据流由过滤数据库(filtering data base)来操纵。理论上,在通信阻塞的情况下总是有足够的资源来缓存这些帧。在实际网络中,通信量取决于结构和所连接的端节点。图 A.11 从原理上示出了集成在 IO 设备或 IO 控制器中的交换机的结构。

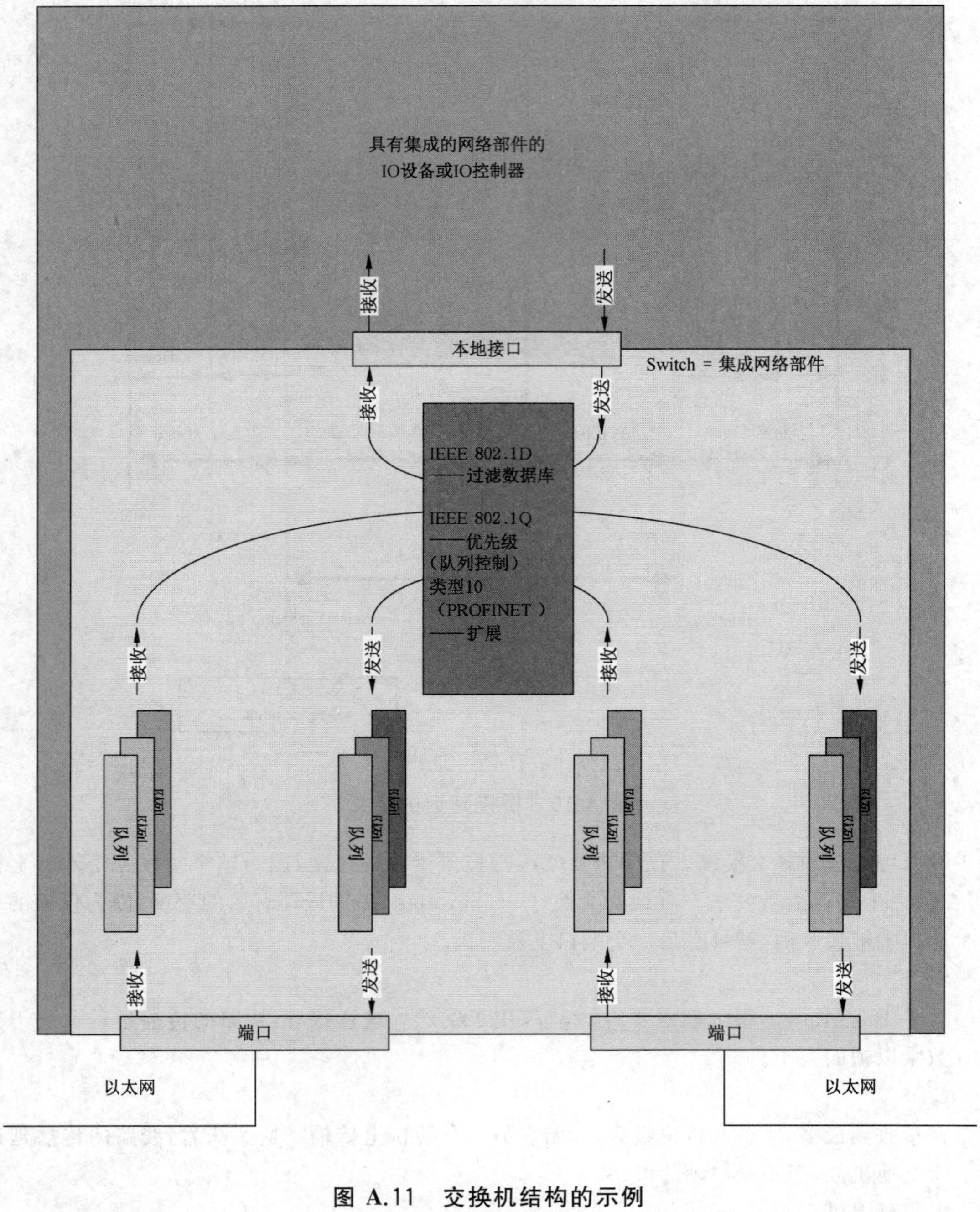

图 A.11 交换机结构的示例

所有计算都基于以下假定：

——所用交换机的缓存能力总是足够大的；

——优先级队列控制是有效的。

A.3 CPF 4/3 性能指标计算

不适用。

参 考 文 献

[1] ISO/IEC 9646(所有部分) 信息技术 开放系统互连 一致性测试方法和框架(Information technology—Open Systems Interconnection—Conformance testing methodology and framework)

[2] GB/T 19659.1 工业自动化系统与集成 开放系统应用集成框架 第1部分:通用的参考描述(GB/T 19659.1—2005,ISO 15745-1:2003,IDT)

ICS 71.120.10;75.180.20;23.020.30
G 93

GB

中华人民共和国国家标准

GB/T 25151.6—2014

尿素高压设备制造检验方法
第6部分:尿素高压设备氦渗漏试验方法

Fabrication and inspection method for high pressure urea equipment—
Part 6: Helium leakage test method for urea high pressure equipment

2014-12-22 发布　　2015-10-01 实施

中华人民共和国国家质量监督检验检疫总局
中国国家标准化管理委员会　发布

前　言

GB/T 25151《尿素高压设备制造检验方法》分为六个部分：

——第1部分：不锈钢带极自动堆焊层超声波检测；

——第2部分：尿素级超低碳铬镍钼奥氏体不锈钢选择性腐蚀检查和金相检查；

——第3部分：尿素级超低碳铬镍钼奥氏体不锈钢晶间腐蚀倾向试验；

——第4部分：尿素级超低碳铬镍钼奥氏体不锈钢晶间腐蚀倾向试验的试样制取；

——第5部分：尿素高压设备氨渗漏试验方法；

——第6部分：尿素高压设备氦渗漏试验方法。

本部分为GB/T 25151的第6部分。

本部分按照GB/T 1.1—2009给出的规则起草。

本部分由中国石油和化学工业联合会提出。

本部分由全国化工机械与设备标准化技术委员会(SAC/TC 429)归口。

本部分起草单位：中国石化集团南京化学工业有限公司化工机械厂。

本部分主要起草人：姜瑶、韩冰、蒋宝华。

尿素高压设备制造检验方法
第6部分:尿素高压设备氦渗漏试验方法

1 范围

GB/T 25151的本部分规定了尿素装置中尿素高压设备的衬里层焊接接头、换热管与管板焊接接头有无穿透性缺陷的氦渗漏试验方法。

本部分适用于尿素合成塔、尿素 CO_2 汽提塔、尿素高压洗涤器、尿素高压冷凝器等尿素高压设备的氦渗漏试验。

其他化工设备的氦渗漏试验可参照本部分执行。

2 规范性引用文件

下列文件对于本文件的应用是必不可少的。凡是注日期的引用文件,仅注日期的版本适用于本文件。凡是不注日期的引用文件,其最新版本(包括所有的修改单)适用于本文件。

GB 150.4 压力容器 第4部分:制造、检验和验收

GB/T 9842 尿素合成塔技术条件

GB/T 9843 尿素高压洗涤器技术条件

GB/T 10476 尿素高压冷凝器技术条件

GB/T 12604.7 无损检测术语 泄漏检测

HG/T 2952 尿素二氧化碳汽提塔技术条件

JB/T 4730.5 承压设备无损检测 第5部分:渗透检测

3 术语和定义

GB/T 12604.7 界定的术语和定义适用于本文件。

4 试验前准备

4.1 衬里层及内件、换热管与管板焊接接头全部组焊后应进行外观检查,焊缝表面质量应符合GB 150.4和GB/T 9842、GB/T 9843、GB/T 10476、HG/T 2952的要求。

4.2 尿素高压设备制造完工后应进行耐压试验,然后对衬里层焊接接头、换热管与管板焊接接头进行100%渗透检测。渗透检测方法应符合JB/T 4730.5的规定。

4.3 尿素高压设备的氦渗漏试验应在耐压试验和渗透检测合格后进行。

4.4 进行尿素高压设备氦渗漏试验之前,先充入 5×10^{-2} MPa的干燥空气或氮气,做密封性试验,排除检漏管、压力表接头、阀门、衬里层焊接接头及换热管与管板焊接接头等较大的泄漏点。

4.5 对设备衬里层内所有焊接接头和换热管与管板焊接接头表面及其两侧应进行清理,不应存在油脂、灰尘、水、有色试剂残留物等,保持被检部位的表面干燥和清洁。

5 试验装置、场所及要求

5.1 试验装置

进行氨渗漏试验应具备如下装置:氨检仪器、标准漏孔、氨气、阀门、压力表、高压胶管等。

5.2 装置要求

5.2.1 氨检仪器的灵敏度至少为 1×10^{-9} Pa·m³/s。

5.2.2 压力表应校验合格,量程不得低于试验压力的1.5倍且不应大于3倍,宜为试验压力的2倍。压力表精度等级不得低于1.6级,表盘直径不得小于100 mm,设备上至少装两只相同的压力表,分别安装在氨气进口与出口处。

5.2.3 装置上所有连接件、阀门等应严密不漏,安全可靠,接头处用密封脂等合适材料加以密封。

5.3 试验场所要求

试验场所应无强电磁场干扰、无剧烈振动,应采取措施减小环境中空气的流动,应有足够照明,照明用电电压不超过12 V,被检测件表面至少要达到500 lx的照度。

5.4 试验人员要求

试验人员未经矫正或经矫正的近距视力和远距视力应不低于5.0(小数记录值为1.0)。

5.5 气体浓度要求

充装氨气的浓度在试验压力下,应至少为10%体积浓度。

5.6 试验压力要求

除非设计文件和技术条件另有规定,氨渗漏试验在不低于 5×10^{-2} MPa(表压)的压力情况下进行。

5.7 保压时间要求

达到试验压力后保持足够长的时间,对所有焊接接头进行渗漏检查,检查期间压力应保持不变。

6 试验方法和步骤

6.1 用盖板、密封脂或其他合适材料将换热管与管板的尿素高压设备壳程密封,并留有氨气进、出连接口,用高压胶管将进、出连接口及尿素高压设备的衬里层检漏孔依次串联,形成一个检漏系统,按4.4进行气密试验检查,排除大的泄漏点。

6.2 检测之前,氨检仪器应通电预热,预热的最少时间符合氨检仪器操作规定的最少时间,待仪器稳定后,用不低于 1.0×10^{-7} Pa·m³/s标准泄漏孔对仪器进行校准,将嗅吸探头与氨检仪器通过软管相连接,按制造厂规定对氨检仪器进行测试。

6.3 打开进气、出气端阀门(参见附录A、附录B),从进气端阀门向尿素高压设备衬里层或壳程的检漏系统中充入氮气15 min~30 min后泄压,然后充入氨气至压力 1×10^{-2} MPa,关闭出气端阀门,再充入氮气至5.6中的要求数值,按5.7进行保压。当内部结构复杂或可能有充氨盲区时,应先抽真空至绝对压力 5×10^{-2} MPa,然后再充入氨气、氮气。试验前,用氨检仪器的嗅吸探头分别靠近进气端阀门的进气口处和出气端阀门的出气口处检测,微开进气端、出气端阀门,仪器显示有氨气溢出信号即关闭阀门,无氦气溢出信号时，延长保压时间，重新检测进气端、出气端阀门的进、出气口处，直至有氦气溢出信号。

6.4 对有可能被氧化物、结晶物等堵塞试验部位的区域，用木锤或铜锤进行敲击后，方可试验。

6.5 进入尿素高压设备塔体、管箱等受限空间的内腔进行检测时，应先将嗅吸探头放置在受限空间上部区域进行预泄漏检测，以检出和消除较大的泄漏。

6.6 嗅吸探头扫查焊接接头表面时，嗅吸探头与待检测焊接接头表面垂直且距离宜不大于 3 mm，嗅吸探头移动的速率宜不大于 5 mm/s，软管长度宜不大于 5 m，若软管长度大于 5 m 时，应适当降低嗅吸探头移动的速率。

6.7 检测顺序：从设备的最下部渐次向上，从被检焊接接头的最低点开始扫查，然后渐进向上扫查。扫查换热管与管板焊接接头时还应检测换热管内部靠近焊接接头的区域。

6.8 检测过程中，按检漏仪制造商的操作手册要求，对检漏仪进行校准，仪器校准无异常，本时段检测区域的结果有效。否则，结果视为无效，调整、校准氦检仪，使检漏仪处于合适的灵敏度下，重新检测该时段的焊接接头表面。

6.9 所有焊缝检测完毕后，再一次打开进气、出气端阀门，将嗅吸探头位于进气口、出气口的一侧，显示有氦气溢出信号，说明氦渗漏试验结果有效。

6.10 检测结束后，放空检漏系统内的氦气时，放空区域空气应充分对流。

7 评定验收

7.1 检测出的泄漏率不超过 1×10^{-6} Pa·m^3/s 为合格；检测出的泄漏率超过 1×10^{-6} Pa·m^3/s 为不合格。

7.2 当被检测的焊接接头区域为不合格，则应泄压，按 GB/T 9842、GB/T 9843、GB/T 10476、HG/T 2952规定对泄漏区域进行返修。返修后，对返修区域重新进行试验，直至试验检测出的泄漏率不超过 1×10^{-6} Pa·m^3/s。

8 试验报告

试验报告应至少包括下列内容：

a) 设备名称、位号、产品编号等；
b) 氦检仪器的名称、编号；
c) 标准漏孔的名称、编号；
d) 试验部位；
e) 压力表量程、型号、编号；
f) 试验介质；
g) 试验压力；
h) 保压时间；
i) 试验结果；
j) 试验人员；
k) 试验日期。

附 录 A
（资料性附录）
试验装置连接（尿素合成塔）

试验装置连接(尿素合成塔)见图 A.1。

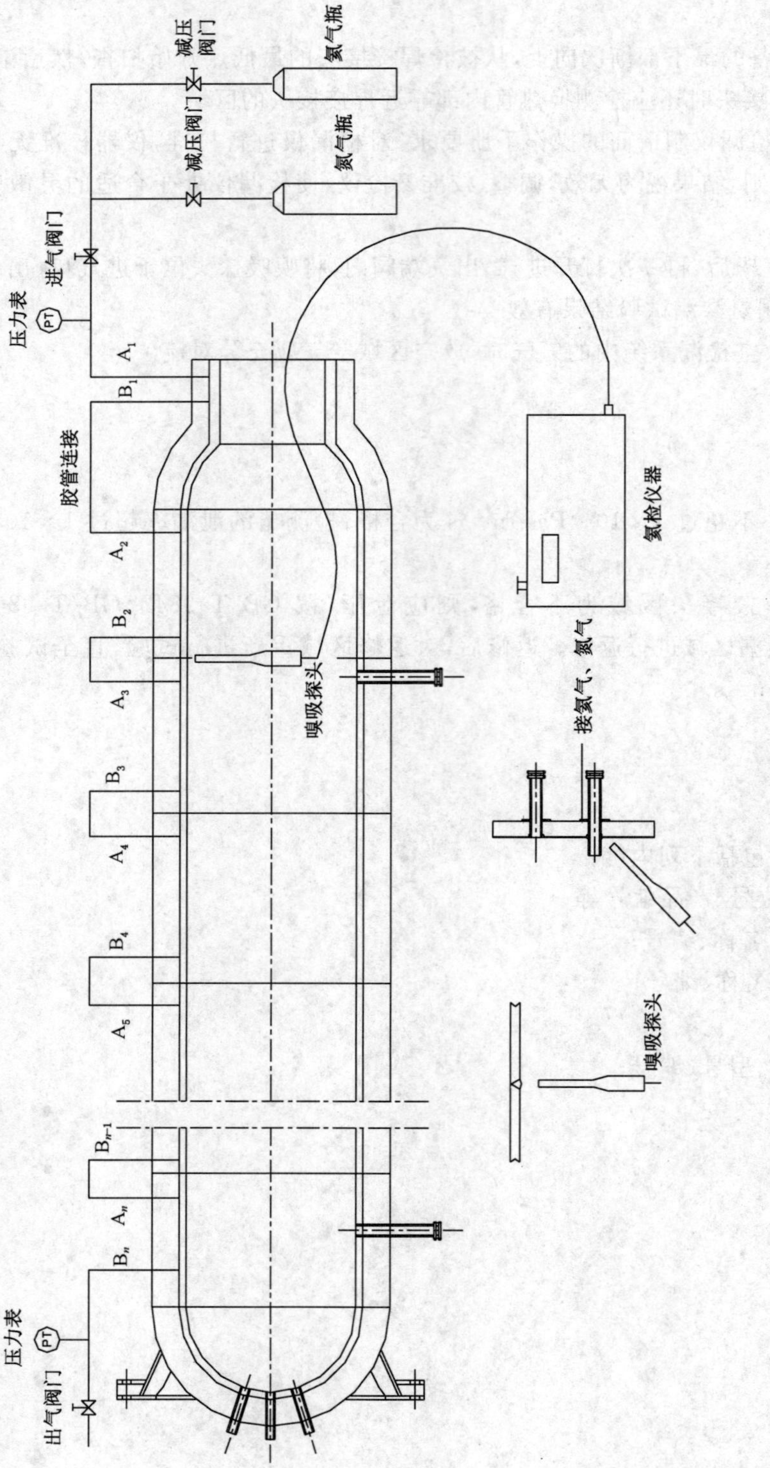

图 A.1 试验装置连接（尿素合成塔）

附 录 B
（资料性附录）
试验装置连接（换热器结构类）

试验装置连接（换热器结构类）见图 B.1。

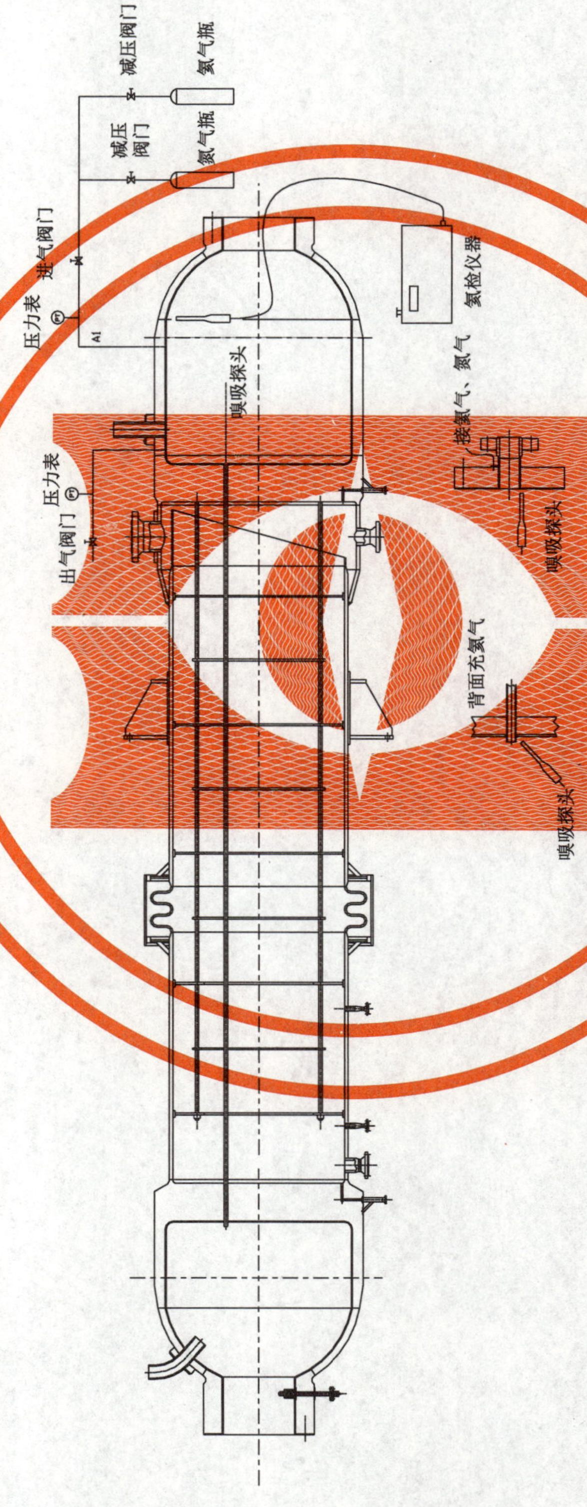

图 B.1 试验装置连接（换热器结构类）

ICS 75.160.20
E 31

中华人民共和国国家标准

GB/T 25199—2014
代替 GB 25199—2010

生物柴油调合燃料(B5)

Biodiesel fuel blends (B5)

2014-02-19 发布　　　　2014-06-01 实施

中华人民共和国国家质量监督检验检疫总局
中国国家标准化管理委员会　发布

前 言

本标准按照GB/T 1.1—2009给出的规则起草。

本标准代替GB/T 25199—2010《生物柴油调合燃料(B5)》。本标准与GB/T 25199—2010相比主要变化如下:

——类别中的"B5轻柴油"修改为"B5普通柴油",B5车用柴油分为B5车用柴油(Ⅲ)和B5车用柴油(Ⅳ),"B5普通柴油"和"B5车用柴油"定义也作了相应修改;

——B5普通柴油的硫含量(质量分数)修订为不大于0.035%;

——增加B5车用柴油(Ⅳ)技术要求和试验方法;

——生物柴油(脂肪酸甲酯)含量(体积分数)修改为1%~5%;

——冷滤点指标增加脚注:"对于调配当年11月15日至次年3月15日使用的生物柴油调合燃料(B5)时,生物柴油(BD100)冷滤点不得大于8℃";

——增加了附录C。

本标准由全国石油产品和润滑剂标准化技术委员会(SAC/TC 280)提出。

本标准由全国石油产品和润滑剂标准化技术委员会石油燃料和润滑剂分技术委员会(SAC/TC 280/SC 1)归口。

本标准起草单位:中国石油化工股份有限公司石油化工科学研究院。

本标准主要起草人:蔺建民、张永光、张建荣、宋海清。

本标准于2010年首次发布,本次为第一次修订。

生物柴油调合燃料(B5)

警告:如果不遵守适当的防范措施,本标准所属产品在生产、贮运和使用等过程中可能存在危险。本标准无意对与本产品有关的所有安全问题提出建议。用户在使用本标准之前,有责任建立适当的安全和防范措施,并确定相关规章限制的适用性。

1 范围

本标准规定了由生物柴油和石油柴油调合的生物柴油调合燃料(B5)的术语和定义、分类和标记、要求和试验方法、检验规则及标志、包装、运输和贮存及安全。

本标准适用于压燃式发动机使用的、以生物柴油为调合组分的B5普通柴油和B5车用柴油。

2 规范性引用文件

下列文件对于本文件的应用是必不可少的。凡是注日期的引用文件,仅注日期的版本适用于本文件。凡是不注日期的引用文件,其最新版本(包括所有的修改单)适用于本文件。

GB 190 危险货物包装标志

GB 252 普通柴油

GB/T 261 闪点的测定 宾斯基-马丁闭口杯法

GB/T 264 石油产品 酸值测定法

GB/T 265 石油产品运动粘度测定法和动力粘度计算法

GB/T 268 石油产品残炭测定法(康氏法)

GB/T 386 柴油十六烷值测定法

GB/T 508 石油产品灰分测定法

GB/T 510 石油产品凝点测定法

GB/T 511 石油和石油产品及添加剂机械杂质测定法

GB/T 1884 原油和液体石油产品密度实验室测定法(密度计法)

GB/T 1885 石油计量表

GB/T 4756 石油液体手工取样法

GB/T 5096 石油产品铜片腐蚀试验法

GB/T 6536 石油产品常压蒸馏特性测定法

GB/T 7304 石油产品和润滑剂酸值测定法(电位滴定法)

GB/T 11140 石油产品硫含量的测定 波长色散X射线荧光光谱法

GB/T 13377 原油和液体或固体石油产品 密度或相对密度的测定 毛细管塞比重瓶和带刻度双毛细管比重瓶法

GB 13690 化学品分类和危险性公示 通则

GB/T 17040 石油和石油产品硫含量的测定 能量色散X射线荧光光谱法

GB/T 17144 石油产品残炭测定法(微量法)

GB 19147 车用柴油(Ⅴ)

GB 20581—2006 化学品分类、警示标签和警示性说明安全规范 易燃液体

GB/T 20828 柴油机燃料调合用生物柴油(BD100)

GB/T 23801 中间馏分油中脂肪酸甲酯含量的测定 红外光谱法

GB/T 25963 含脂肪酸甲酯中间馏分芳烃含量的测定 示差折光检测器高效液相色谱法

SH 0164 石油产品包装、贮运及交货验收规则

SH/T 0175 馏分燃料油氧化安定性测定法(加速法)

SH/T 0246 轻质石油产品中水含量测定法(电量法)

SH/T 0248 柴油和民用取暖油冷滤点测定法

SH/T 0253 轻质石油产品中总硫含量测定法(电量法)

SH/T 0604 原油和石油产品密度测定法(U 型振动管法)

SH/T 0606 中间馏分烃类组成测定法(质谱法)

SH/T 0689 轻质烃及发动机燃料和其他油品的总硫含量测定法(紫外荧光法)

SH/T 0765 柴油润滑性评定法(高频往复试验机法)

ASTM D7039 汽油和柴油中硫含量的测定 单波长色散 X 射线荧光光谱法(Standard test method for sulfur in gasoline and diesel fuel by monochromatic wavelength dispersive X-ray fluorescence spectrometry)

ASTM D7371 柴油燃料中生物柴油(脂肪酸甲酯)含量的测定 中红外光谱法(FTIR-ATR-PLS 法)[Standard test method for determination of biodiesel(fatty acid methyl esters)content in diesel fuel oil using mid infrared spectroscopy (FTIR-ATR-PLS Method)]

3 术语和定义

下列术语和定义适用于本文件。

3.1

生物柴油 biodiesel

由动植物油脂或废弃油脂与醇(例如甲醇或乙醇)反应制得的脂肪酸单烷基酯,最典型的为脂肪酸甲酯(FAME),以 BD100 表示。

3.2

石油柴油 petrodiesel

由石油制取的,或加有添加剂的用于压燃式发动机的烃类液体燃料。

4 分类和标记

4.1 产品分类

4.1.1 类别:本标准所属产品按用途分为 B5 普通柴油和 B5 车用柴油两个类别。B5 普通柴油是 1%～5%(体积分数)生物柴油(BD100)与 95%～99%(体积分数)石油柴油的调合燃料,适用于 GB 252 所适用的压燃式发动机;B5 车用柴油是 1%～5%(体积分数)生物柴油(BD100)与 95%～99%(体积分数)石油柴油的调合燃料,适用于 GB 19147 所适用的压燃式发动机。B5 车用柴油又分为 B5 车用柴油(Ⅲ)和 B5 车用柴油(Ⅳ)。

4.1.2 牌号:B5 普通柴油按凝点分为 4 个牌号,B5 车用柴油按凝点分为 3 个牌号(无 10 号)。

10 号:适用于风险率为 10%的最低气温在 12℃以上的地区使用;

5 号:适用丁风险率为 10%的最低气温在 8℃以上的地区使用;

0 号:适用于风险率为 10%的最低气温在 4℃以上的地区使用;

−10 号:适用于风险率为 10%的最低气温在−5℃以上的地区使用。

注:可参见附录 A,使用不同牌号的车用生物柴油调合燃料(B5)。

4.2 产品标记

本产品标记为:产品类别 产品牌号 标准编号

标记示例:

0 号 B5 车用柴油(Ⅲ)标记为:B5 车用柴油(Ⅲ)0 号 GB/T 25199

5 要求和试验方法

5.1 B5 普通柴油

技术要求和试验方法见表 1。

表 1 B5 普通柴油技术要求和试验方法

项目		质量指标				试验方法
		10 号	5 号	0 号	−10 号	
氧化安定性(总不溶物)/(mg/100 mL)	不大于	2.5				SH/T 0175
硫含量/(mg/kg)	不大于	350				SH/T 0689[a]
酸值(以 KOH 计)/(mg/g)	不大于	0.09				GB/T 7304[b]
10%蒸余物残炭[c](质量分数)/%	不大于	0.3				GB/T 17144
灰分(质量分数)/%	不大于	0.01				GB/T 508
铜片腐蚀(50 ℃,3 h)/级	不大于	1				GB/T 5096
水含量(质量分数)/%	不大于	0.035				SH/T 0246
机械杂质		无				GB/T 511[d]
运动黏度(20 ℃)/(mm^2/s)		3.0~8.0				GB/T 265
闪点(闭口)/℃	不低于	55				GB/T 261
冷滤点[e]/℃	不高于	12	8	4	−5	SH/T 0248
凝点/℃	不高于	10	5	0	−10	GB/T 510
十六烷值	不小于	45[f]				GB/T 386
密度(20℃)/(kg/m^3)		报告				GB/T 1884 GB/T 1885[g]
馏程:						GB/T 6536
50%回收温度/℃	不高于	300				
90%回收温度/℃	不高于	355				
95%回收温度/℃	不高于	365				
生物柴油(脂肪酸甲酯,FAME)含量(体积分数)/%		1~5				GB/T 23801[h]

生物柴油(BD100)应满足 GB/T 20828 的技术要求。

[a] 可用 GB/T 11140、GB/T 17040 、SH/T 0253 和 ASTM D7039 方法测定,结果有争议时,以 SH/T 0689 方法为准。

[b] 可用 GB/T 264 方法测定,结果有争议时,以 GB/T 7304 方法为准。

[c] 若柴油中含有硝酸酯型十六烷值改进剂,10%蒸余物残炭的测定,应用不加硝酸酯的基础燃料进行。柴油中是否含有硝酸酯型十六烷值改进剂的检验方法见附录 B。可用 GB/T 268 方法测定,结果有争议时,以 GB/T 17144方法为准。

[d] 可用目测法,即将试样注入 100 mL 玻璃量筒中,在室温(20 ℃±5 ℃)下观察,应当透明,没有悬浮和沉降的机械杂质。结果有争议时,按 GB/T 511 方法测定。

[e] 对于调配当年 11 月 15 日至次年 3 月 15 日使用的生物柴油调合燃料(B5)时,生物柴油(BD100)冷滤点不得大于 8 ℃。

[f] 由中间基或环烷基原油生产的石油柴油调合的 B5 普通柴油十六烷值允许不小于 40(有特殊要求时,由供需双方确定)。

[g] 也可采用 SH/T 0604、GB/T 13377 方法测定,结果有争议时,以 GB/T 1884 和 GB/T 1885 方法为准。

[h] 可用 ASTM D7371 方法测定,结果有争议时,以 GB/T 23801 方法为准。

5.2 B5 车用柴油

5.2.1 B5 车用柴油(Ⅲ)的技术要求和试验方法见表 2。

表 2 B5 车用柴油(Ⅲ)技术要求和试验方法

项目		质量指标			试验方法
		5 号	0 号	—10 号	
氧化安定性(总不溶物)/(mg/100 mL)	不大于	2.5			SH/T 0175
硫含量/(mg/kg)	不大于	350			SH/T 0689[a]
酸值(以 KOH 计)/(mg/g)	不大于	0.09			GB/T 7304[b]
10%蒸余物残炭[c](质量分数)/%	不大于	0.3			GB/T 17144
灰分(质量分数)/%	不大于	0.01			GB/T 508
铜片腐蚀(50 ℃,3 h)/级	不大于	1			GB/T 5096
水含量(质量分数)/%	不大于	0.035			SH/T 0246
机械杂质		无			GB/T 511[d]
运动黏度(20 ℃)/(mm^2/s)		2.5～8.0			GB/T 265
闪点(闭口)/℃	不低于	55			GB/T 261
冷滤点[e]/℃	不高于	8	4	—5	SH/T 0248
凝点/℃	不高于	5	0	—10	GB/T 510
十六烷值	不小于	49			GB/T 386
密度(20℃)/(kg/m^3)		810～850			GB/T 1884 GB/T 1885[f]
馏程:					GB/T 6536
50%回收温度/℃	不高于	300			
90%回收温度/℃	不高于	355			
95%回收温度/℃	不高于	365			
润滑性(HFRR),校正磨斑直径(60℃)/μm	不大于	460			SH/T 0765
生物柴油(脂肪酸甲酯,FAME)含量(体积分数)/%		1～5			GB/T 23801[g]
多环芳烃(质量分数)/%	不大于	11			GB/T 25963[h]

生物柴油(BD100)应满足 GB/T 20828 的技术要求。

[a] 可用 GB/T 11140、GB/T 17040 、SH/T 0253 和 ASTM D7039 方法测定,结果有争议时,以 SH/T 0689 方法为准。

[b] 可用 GB/T 264 方法测定,结果有争议时,以 GB/T 7304 方法为准。

[c] 若柴油中含有硝酸酯型十六烷值改进剂,10%蒸余物残炭的测定,应用不加硝酸酯的基础燃料进行。柴油中是否含有硝酸酯型十六烷值改进剂的检验方法见附录 B。可用 GB/T 268 方法测定,结果有争议时,以 GB/T 17144方法为准。

[d] 可用目测法,即将试样注入 100 mL 玻璃量筒中,在室温(20 ℃±5 ℃)下观察,应当透明,没有悬浮和沉降的机械杂质。结果有争议时,按 GB/T 511 方法测定。

[e] 对于调配当年 11 月 15 日至次年 3 月 15 日使用的生物柴油调合燃料(B5)时,生物柴油(BD100)冷滤点不得大于 8 ℃。

[f] 也可采用 SH/T 0604、GB/T 13377 方法测定,结果有争议时,以 GB/T 1884 和 GB/T 1885 方法为准。

[g] 可用 ASTM D7371 方法测定,结果有争议时,以 GB/T 23801 方法为准。

[h] 可用 SH/T 0606 方法测定,结果有争议时,以 GB/T 25963 方法为准。

5.2.2 B5 车用柴油(Ⅳ)的技术要求和试验方法见表 3。

注：附录 C 提供了 B5 车用柴油(Ⅴ)的建议性技术要求和试验方法。

表 3 B5 车用柴油(Ⅳ)技术要求和试验方法

项目		质量指标			试验方法
		5 号	0 号	−10 号	
氧化安定性(总不溶物)/(mg/100 mL)	不大于	2.5			SH/T 0175
硫含量/(mg/kg)	不大于	50			SH/T 0689[a]
酸值(以 KOH 计)/(mg/g)	不大于	0.09			GB/T 7304[b]
10%蒸余物残炭[c](质量分数)/%	不大于	0.3			GB/T 17144
灰分(质量分数)/%	不大于	0.01			GB/T 508
铜片腐蚀(50 ℃,3 h)/级	不大于	1			GB/T 5096
水含量(质量分数)/%	不大于	0.035			SH/T 0246
机械杂质		无			GB/T 511[d]
运动黏度(20 ℃)/(mm^2/s)		2.5~8.0			GB/T 265
闪点(闭口)/℃	不低于	55			GB/T 261
冷滤点[e]/℃	不高于	8	4	−5	SH/T 0248
凝点/℃	不高于	5	0	−10	GB/T 510
十六烷值	不小于	49			GB/T 386
密度(20℃)/(kg/m^3)		810~850			GB/T 1884 GB/T 1885[f]
馏程：					GB/T 6536
50%回收温度/℃	不高于	300			
90%回收温度/℃	不高于	355			
95%回收温度/℃	不高于	365			
润滑性(HFRR),校正磨斑直径(60℃)/μm	不大于	460			SH/T 0765
生物柴油(脂肪酸甲酯,FAME)含量(体积分数)/%		1~5			GB/T 23801[g]
多环芳烃(质量分数)/%	不大于	11			GB/T 25963[h]

生物柴油(BD100)应满足 GB/T 20828 的技术要求。

[a] 可用 GB/T 11140、GB/T 17040 、SH/T 0253 和 ASTM D7039 方法测定,结果有争议时,以 SH/T 0689 方法为准。

[b] 可用 GB/T 264 方法测定,结果有争议时,以 GB/T 7304 方法为准。

[c] 若柴油中含有硝酸酯型十六烷值改进剂,10%蒸余物残炭的测定,应用不加硝酸酯的基础燃料进行。柴油中是否含有硝酸酯型十六烷值改进剂的检验方法见附录 B。可用 GB/T 268 方法测定,结果有争议时,以 GB/T 17144方法为准。

[d] 可用目测法,即将试样注入 100 mL 玻璃量筒中,在室温(20 ℃±5 ℃)下观察,应当透明,没有悬浮和沉降的机械杂质。结果有争议时,按 GB/T 511 方法测定。

[e] 对于调配当年 11 月 15 日至次年 3 月 15 日使用的生物柴油调合燃料(B5)时,生物柴油(BD100)冷滤点不得大于 8 ℃。

[f] 也可采用 SH/T 0604、GB/T 13377 方法测定,结果有争议时,以 GB/T 1884 和 GB/T 1885 方法为准。

[g] 可用 ASTM D7371 方法测定,结果有争议时,以 GB/T 23801 方法为准。

[h] 可用 SH/T 0606 方法测定,结果有争议时,以 GB/T 25963 方法为准。

6 检验规则

6.1 检验分类与检验项目

本产品检验分为出厂检验和型式检验。

6.1.1 出厂检验

出厂批次检验项目：硫含量、酸值、铜片腐蚀、水含量、机械杂质、运动黏度、闪点（闭口）、凝点、冷滤点、馏程、密度、生物柴油（脂肪酸甲酯）含量。

出厂周期检验项目：氧化安定性、10％蒸余物残炭值、灰分、十六烷值、多环芳烃含量、润滑性，每月检测一次。

6.1.2 型式检验

型式检验项目为表1或表2规定的所有检验项目。

在下列情况下进行型式检验：

a） 原油或生物柴油原料油脂性质发生变化、加工工艺条件改变，调合比例变化及检修后开工情况；

b） 出厂批次检验或出厂周期检验结果与上次型式检验结果有较大差异时。

6.2 组批

在原材料、工艺不变的条件下，产品每生产一罐或一釜为一批。

6.3 取样

取样按GB/T 4756进行，取4 L作为检验和留样用。

6.4 判定规则

出厂检验的结果全部符合表1、表2或表3的技术要求时，则判定该批产品合格。

6.5 复验规则

如果出厂检验结果中有不符合表1、表2或表3的技术要求的规定时，按GB/T 4756的规定自同批产品中重新抽取双倍量样品，对不合格项目进行复验，复检结果如仍有不符合本标准规定的技术要求时，则判定该批产品为不合格。

7 标志、包装、运输和贮存

根据GB 13690，生物柴油调合燃料（B5）属于易燃液体，产品的标志、包装、运输和贮存及交货验收按SH 0164、GB 13690和GB 190进行。

8 安全

根据GB 13690，生物柴油调合燃料（B5）属于易燃液体，其危险性警示见GB 20581—2006中第8章的警示说明。

附　录　A
（资料性附录）
各地区风险率为10%的最低气温

A.1　各地区风险率为10%的最低气温(见表A.1)是从中央气象局资料室编写的《石油产品标准的气温资料》中摘录编制的。它是由我国152个气象台、站,从1961年至1980年逐日自最高(低)气温记录分析得出的。某月风险率为10%的最低气温值,表示该月中最低气温低于该值的概率为0.1,或者说该月中最低气温高于该值的概率为0.9。

A.2　推荐风险率为10%的最低气温用来估计使用地区的最低操作温度,这对柴油机在低温操作时的正常设备防寒、燃油系统的设计、柴油的生产、供销及使用提供可靠的气温数据。

表A.1　各地区风险率为10%的最低气温表　　单位为摄氏度

地区	一月份	二月份	三月份	四月份	五月份	六月份	七月份	八月份	九月份	十月份	十一月份	十二月份
河北省	−14	−13	−5	1	8	14	19	17	9	1	−6	−12
山西省	−17	−16	−8	−1	5	11	15	13	6	−2	−9	−16
内蒙古自治区	−43	−42	−35	−21	−7	−1	4	1	−8	−19	−32	−41
黑龙江省	−44	−42	−35	−20	−6	1	7	4	−6	−20	−35	−43
吉林省	−29	−27	−17	−6	1	8	14	12	2	−6	−17	−26
辽宁省	−23	−21	−12	−1	6	12	18	15	6	−2	−12	−20
山东省	−12	−12	−5	2	8	14	19	18	11	4	−4	−10
江苏省	−10	−9	−3	3	11	15	20	20	12	5	−2	−8
安徽省	−7	−7	−1	5	12	18	20	20	14	7	0	−6
浙江省	−4	−3	1	6	13	17	22	21	15	8	2	−3
江西省	−2	−2	3	9	15	20	23	23	18	12	4	0
福建省	−4	−2	3	8	14	18	21	20	15	8	1	−3
台湾省[a]	3	0	2	8	10	16	19	19	13	10	1	2
广东省	1	2	7	12	18	21	23	23	20	13	7	2
海南省	9	10	15	19	22	24	24	23	23	19	15	12
广西壮族自治区	3	3	8	12	18	21	23	23	19	15	9	4
湖南省	−2	−2	3	9	14	18	22	21	16	10	1	−1
湖北省	−6	−4	0	6	12	17	21	20	14	8	1	−4
河南省	−10	−9	−2	4	10	15	20	18	11	4	−3	−8
四川省	−21	−17	−11	−7	−2	1	2	1	0	−7	−14	−19
贵州省	−6	−6	−1	3	7	9	12	11	8	4	−1	−4
云南省	−9	−8	−6	−3	1	5	7	7	5	−1	−5	−8
西藏自治区	−29	−25	−21	−15	−9	−3	−1	0	−6	−14	−22	−29
新疆维吾尔族自治区	−40	−38	−28	−12	−5	−2	0	−2	−6	−14	−25	−34
青海省	−33	−30	−25	−18	−10	−6	−3	−4	−6	−16	−28	−33
甘肃省	−23	−23	−16	−9	−1	3	5	5	0	−8	−16	−22
陕西省	−17	−15	−6	−1	5	10	15	12	6	−1	−9	−15
宁夏回族自治区	−21	−20	−10	−4	2	6	9	8	3	−4	−12	−19

[a] 台湾省所列的温度是绝对最低气温,即风险率为0%的最低气温。

附 录 B
（规范性附录）
柴油中硝酸酯型十六烷值改进剂的检验

B.1 范围

本方法适用于检验柴油中使用的硝酸酯型十六烷值改进剂。本方法可作为测定残炭前使用的定性筛选方法。

B.2 方法概要

柴油试样在氢氧化钾-正丁醇混合物中皂化，用玻璃纤维滤纸过滤，留在滤纸上的物质干燥后用二苯胺试剂处理。二苯胺被硝酸盐氧化成深蓝色醌型化合物。生成的蓝色或蓝黑色斑点显示有硝酸酯型十六烷值改进剂。无颜色变化可确定没有十六烷值改进剂。

B.3 仪器或设备

B.3.1 反应瓶：容量 30 mL 广口瓶，带螺帽盖，盖内侧有锡或塑料衬里。
B.3.2 玻璃纤维滤纸：直径 37 mm。
B.3.3 移液管：容量 10 mL，带吸球。
B.3.4 量筒：10 mL 和 25 mL。
B.3.5 吸滤瓶：适合与 60 mL 玻璃烧结过滤器连接。
B.3.6 玻璃烧结过滤器：容量 60 mL。
B.3.7 烘箱：适用于在 110 ℃干燥玻璃纤维滤纸。

B.4 试剂

在本检验过程中所用试剂均为分析纯试剂。
B.4.1 氢氧化钾。
B.4.2 正丁醇。
B.4.3 硫酸。
B.4.4 二苯胺溶液（1 g/100 mL 溶液）。
配制：用 0.250 g 二苯胺溶解在 25 mL 硫酸中。
B.4.5 甲苯。
警告：甲苯为有毒可燃物，应避免吸入其蒸气，并避免与皮肤接触。

B.5 试验步骤

B.5.1 用 6.5 g 氢氧化钾与 100 mL 正丁醇混合，加热使氢氧化钾溶解，待溶液冷却后用玻璃纤维滤纸过滤混合物，即得到皂化混合物。
B.5.2 用移液管把 10 mL 试样注入反应瓶，加入 5 mL 甲苯，再加入 10 mL 皂化混合物。

警告:不应当用口吸移液管,因为检验中存在有毒物质。

B.5.3 用螺帽盖牢固地盖在反应瓶上,混合内盛物后,放在 110 ℃烘箱中保持 4 h。

B.5.4 从烘箱中取出的反应瓶冷却到 25 ℃±3 ℃。

B.5.5 将反应瓶中的内盛物在装有玻璃纤维滤纸的玻璃烧结过滤器内过滤。

B.5.6 用 2.5 mL 甲苯洗涤反应瓶,并转移到玻璃烧结过滤器内过滤。

B.5.7 小心取出玻璃纤维滤纸,放在 110 ℃烘箱中干燥 15 min。

B.5.8 取出玻璃纤维滤纸,冷却到 25 ℃±3 ℃。

B.5.9 向滤纸中央滴入 3 滴二苯胺溶液,观察是否形成蓝色或蓝黑色。

B.6 报告

如果出现蓝色,应报告有硝酸酯型十六烷值改进剂。含有 0.5%(体积分数)硝酸酯型十六烷值改进剂的柴油参比试样会使整个试剂部位呈现深蓝色至蓝黑色。而仅含 0.1%(体积分数)硝酸酯型十六烷值改进剂的柴油参比试样会使试剂部位的外缘呈现蓝色环。

如果出现上述的蓝色、深蓝色或蓝黑色,则试样为阳性反应。残炭的测定必需用不加硝酸酯型十六烷值改进剂的基础燃料进行。

附 录 C
（资料性附录）
建议性 B5 车用柴油技术指标

本附录是根据车用柴油的发展趋势，为满足第Ⅴ阶段排放要求而提出的建议性 B5 车用柴油技术指标（见表 C.1）。

表 C.1 建议性 B5 车用柴油（Ⅴ）技术要求和试验方法

项目		质量指标			试验方法
		5 号	0 号	－10 号	
氧化安定性（总不溶物）/(mg/100 mL)	不大于	2.5			SH/T 0175
硫含量/(mg/kg)	不大于	10			SH/T 0689[a]
酸值（以 KOH 计）/(mg/g)	不大于	0.09			GB/T 7304[b]
10%蒸余物残炭[c]（质量分数）/%	不大于	0.3			GB/T 17144
灰分（质量分数）/%	不大于	0.01			GB/T 508
铜片腐蚀（50 ℃，3 h）/级	不大于	1			GB/T 5096
水含量（质量分数）/%	不大于	0.035			SH/T 0246
机械杂质		无			GB/T 511[d]
运动黏度（20 ℃）/(mm^2/s)		2.5～8.0			GB/T 265
闪点（闭口）/℃	不低于	55			GB/T 261
冷滤点[e]/℃	不高于	8	4	－5	SH/T 0248
凝点/℃	不高于	5	0	－10	GB/T 510
十六烷值	不小于	51			GB/T 386
密度（20℃）/(kg/m^3)		800～850			GB/T 1884 GB/T 1885[f]
馏程： 50%回收温度/℃ 90%回收温度/℃ 95%回收温度/℃	 不高于 不高于 不高于	 300 355 365			GB/T 6536
润滑性（HFRR），校正磨斑直径（60℃）/μm	不大于	460			SH/T 0765
生物柴油（脂肪酸甲酯，FAME）含量（体积分数）/%		1～5			GB/T 23801[g]
多环芳烃（质量分数）/%	不大于	11			GB/T 25963[h]

生物柴油（BD100）应满足 GB/T 20828 的技术要求。

[a] 可用 GB/T 11140、GB/T 17040 、SH/T 0253 和 ASTM D7039 方法测定，结果有争议时，以 SH/T 0689 方法为准。

[b] 可用 GB/T 264 方法测定，结果有争议时，以 GB/T 7304 方法为准。

[c] 若柴油中含有硝酸酯型十六烷值改进剂，10%蒸余物残炭的测定，应用不加硝酸酯的基础燃料进行。柴油中是否含有硝酸酯型十六烷值改进剂的检验方法见附录 B。可用 GB/T 268 方法测定，结果有争议时，以 GB/T 17144方法为准。

[d] 可用目测法，即将试样注入 100 mL 玻璃量筒中，在室温（20 ℃±5 ℃）下观察，应当透明，没有悬浮和沉降的机械杂质。结果有争议时，按 GB/T 511 方法测定。

[e] 对于调配当年 11 月 15 日至次年 3 月 15 日使用的生物柴油调合燃料（B5）时，生物柴油（BD100）冷滤点不得大于 8 ℃。

[f] 也可采用 SH/T 0604、GB/T 13377 方法测定，结果有争议时，以 GB/T 1884 和 GB/T 1885 方法为准。

[g] 可用 ASTM D7371 方法测定，结果有争议时，以 GB/T 23801 方法为准。

[h] 可用 SH/T 0606 方法测定，结果有争议时，以 GB/T 25963 方法为准。

ICS 13.220.40
C 82

中华人民共和国国家标准

GB/T 25206.1—2014

复合夹芯板建筑体燃烧性能试验
第1部分:小室法

Reaction-to-fire tests for sandwich panel building systems—
Part 1:Test method for small rooms

(ISO 13784-1:2002,MOD)

2014-06-09 发布　　2014-10-01 实施

中华人民共和国国家质量监督检验检疫总局
中国国家标准化管理委员会　发布

前　言

GB/T 25206《复合夹芯板建筑体燃烧性能试验》分为2个部分：

——第1部分：小室法；

——第2部分：大室法。

本部分为GB/T 25206的第1部分。

本部分按照GB/T 1.1—2009给出的规则起草。

本部分使用重新起草法修改采用ISO 13784-1：2002《复合夹芯板建筑体燃烧性能试验　第1部分：小室法》。

本部分与ISO 13784-1：2002的技术性差异及其原因如下：

——关于规范性引用文件，本部分做了具有技术性差异的调整，以适应我国的技术条件并便于标准使用者使用本部分，调整的情况集中反映在第2章"规范性引用文件"中，具体调整如下：

- 用GB/T 14107—1993代替ISO 13943(见第3章)；
- 用GB/T 16839.2代替IEC 60584-2(见9.1)；
- 用GB/T 25207代替ISO 9705(见10.2)；
- 用GB/T 25206.2代替ISO 13784-2(见第1章)。

——为便于理解标准，增加了术语和定义"3.4 建筑体"，同时删除ISO 13784-1的术语和定义"3.4 质量恒定(constant mass)"。

——因ISO 13784-1：2002第12章表述的是将来标准修订版本中的有关内容，与现行标准无关，故删除此章；

——因ISO 13784-1：2002第13章列项o)表述的内容纳入我国标准中无实质性意义，故删除此列项；

——为便于理解，在附录A的A.3.2中增加关于系统响应时间的解释内容，即"系统的响应时间是指由点火源输出跃变到一个给定值至测得热释放速率达到该给定值的90%所需时间"。

本部分还做了下列编辑性修改：

——为与现有标准系列一致，将标准名称改为《复合夹芯板建筑体燃烧性能试验　第1部分：小室法》；

——修改了ISO 13784-1中7.7的笔误内容，将"依据第9章的要求"更正为"依据第10章的要求"。

本部分由中华人民共和国公安部提出。

本部分由全国消防标准化技术委员会防火材料分技术委员会(SAC/TC 113/SC 7)归口。

本部分起草单位：公安部天津消防研究所、公安部四川消防研究所。

本部分主要起草人：薛思弨、邓松华、胡 锐、胡群明、戴殿峰、薛 岗、孙晓涛、邓小兵。

复合夹芯板建筑体燃烧性能试验 第1部分:小室法

安全警示:燃烧试验释放的有毒或有害气体可能威胁试验人员的人身安全,应注意做好防护措施。

试验涉及从点燃至全面发展的室内火燃烧过程,因此存在导致烧伤、引燃外部物体或衣物的危险。操作人员应当穿戴防护服、头盔、面罩或其他有助于避免与有毒有害气体发生接触暴露的防护装备。

采用自支撑房间结构进行试验时,特别是如果试验房间接缝处发生开裂的时候,燃烧产物可能会从试验房间的背面逸出。试样也可能在试验室中坍塌。考虑到以上诸多因素,为保证人身安全,必须制定试验室安全防范措施,以确保能够安全终止复合夹芯板产品燃烧试验。标准的试验室灭火设备对于扑灭试样金属面层之间的可燃内容物火灾可能存在困难,试验现场应当配备有效扑灭此类火灾的器材或设备。

1 范围

GB/T 25206的本部分规定了采用小室规模试验评估绝热复合夹芯板建筑体燃烧性能的方法。在试验房间的内部角落处,采用特定火焰直接作用于采用复合材料制成的表面制品,以此模拟室内火灾,评价绝热复合夹芯板建筑体表面或内部的火焰传播特性。本试验方法不适用于评估复合夹芯板建筑体的耐火性能。

本部分适用于具有自支撑结构或框架支撑结构的复合夹芯板建筑体。

本部分不适用于采用粘接、钉挂或捆绑的方法安装在基础墙或天花板上,并以基础墙或天花板为支撑体的复合夹芯板结构。

注:由于设计上的原因,对某些建筑体不能应用本部分规定的方法进行试验,但适合采用GB/T 25206.2规定的试验方法;内衬材料的产品试验可参考GB/T 25207。

2 规范性引用文件

下列文件对于本文件的应用是必不可少的。凡是注日期的引用文件,仅注日期的版本适用于本文件。凡是不注日期的引用文件,其最新版本(包括所有的修改单)适用于本文件。

GB/T 14107—1993 消防基本术语 第二部分

GB/T 16839.2 热电偶 第2部分:允差(GB/T 16839.2—1997,IEC 60584-2:1982,IDT)

GB/T 25206.2 复合夹芯板建筑体燃烧性能试验 第2部分:大室法(GB/T 25206.2—2010,ISO 13784-2:2002,IDT)

GB/T 25207 火灾试验 表面制品的实体房间火试验方法(GB/T 20207—2010,ISO 9705:1993,MOD)

3 术语和定义

GB/T 14107—1993中界定的以及下列术语和定义适用于本文件。

3.1

复合材料 composite

由两种或两种以上单一材料组合而成的复合物,如表面有涂层的材料或层压材料。

3.2

受火面　exposed surface

制品与试验的热条件件邻近的表面。

3.3

制品　product

材料、复合材料或其组件。

3.4

建筑体　building structure

由单种或多种材料制成的构配件组合而成的建筑结构。

3.5

表面制品　surface product

用于建筑物墙体、吊顶或屋面上的表面材料。

3.6

绝热复合夹芯板　heat-insulating sandwich panel

由三层或三层以上材料复合而成的多层制品。

注：中间层为绝热材料，如矿物棉、玻璃纤维、泡沫塑料或天然材料(如软木板)。面层可采用的材料种类很多，即可是平板材料，也可是异型材料，其中涂层钢板的应用最为广泛。根据实际应用条件和性能要求，复合夹芯板即可是具有简单结构的组件，也可是通过特殊的固定、连接或支撑方式形成的、具有复杂结构的组件。

3.7

试样　specimen

代表实际应用结构的组件。

4　原理

采用绝热复合夹芯板制品组装成一个小型试验房间，燃烧试验过程中将火焰直接作用于其内部墙角，根据试验结果评价复合夹芯板建筑体的燃烧性能。需要注意的是，在燃烧试验过程中，由于复合夹芯板制品释放的可燃气体、脱落的碎片或熔滴物等燃烧物的存在，可能出现不同的火焰传播类型，包括火焰在复合夹芯板的芯材内部传播、在表面传播或穿过接缝传播等。

本试验获得的试验结果，可用于评估以下可能发生的火灾危害性：

——建筑体对于火灾发生、发展直至轰燃所起的作用；

——室内火灾传播至外部空间、其他隔间或邻近建筑的潜在可能性；

——结构倒塌的可能性；

——试验房间内部火灾烟气的发展情况。

5　结构类型

本试验方法适用于以下两种结构，其结构和材料在实际应用中具有代表性：

a)　框架支撑结构。此种结构是将绝热复合夹芯板以机械方式镶嵌固定在框架结构(通常为钢质)的外部或内部，吊顶或屋顶即可按传统形式，也可采用夹芯板建造，工业建筑的外部围护结构就是这种结构类型广泛应用的实例。在多数情况下，复合夹芯板组件主要应用于建筑的外墙和(或)屋顶。框架结构的变化会影响复合夹芯板建筑体的燃烧特性。如果在实际应用中基于耐火性能的要求需要对框架进行防火保护，则在试验中应采用相同的方法对框架进行防火保护，这可以通过使用防火板或涂料来实现。

b) 自支撑结构。此种结构是将绝热复合夹芯板相互组装在一起,形成一个不依赖于任何其他框架结构,并具有稳定性的房间或者封闭空间(如简易建筑结构内的冷库、食品储藏室或洁净室)。此类复合夹芯板建筑体通常设置在建筑内部,建筑体的吊顶可悬挂固定。

6 试样

6.1 试样应包含试验所需数量的绝热复合夹芯板,试样的结构和材质应能代表实际使用情况,所有的结构细节,如联接、固定等,应根据实际使用情况在试样中予以体现。如果用于试验的复合夹芯板在实际应用中需要与内部或外部框架结构共同使用,那么对这种结构也应一并进行试验。

6.2 试样应由具备此类结构建造资格的人员建造而成。

6.3 如果在实际应用中采用不同材质的吊顶板与墙面板,那么试验应按照实际的吊顶板和墙面板组合类型实施。

6.4 如果复合夹芯板建筑体在实际应用中具有表面涂层或贴膜等附加装饰材料,那么这些附加的装饰材料也应在试样中予以体现。

7 试验房间设计和建造

7.1 本试验方法规定了以实际使用规模和实际使用结构,对绝热复合夹芯板组件进行评估的程序。评估应以复合夹芯板实际使用时的联接和固定方式进行。如果钢质支撑框架是建筑体结构的一部分,则此框架应包含在试件中一并进行试验;如果建筑体中的复合夹芯板属于自支撑型,则试件不应包含有支撑框架,但出于安全考虑,应在试件周围设置与试件不相连接的外部框架,达到安全防护的目的。

7.2 采用绝热复合夹芯板组件构建的试验房间应满足第6章的规定,应包含有相互成直角连接的四面墙体和一个屋顶。试验房间安装在刚性不燃材料地面上,应确保墙面之间、墙与地板之间、屋顶与墙面之间的连接方法与实际的使用情况相符。试验房间的示意图及内部空间尺寸见图1。

单位为毫米

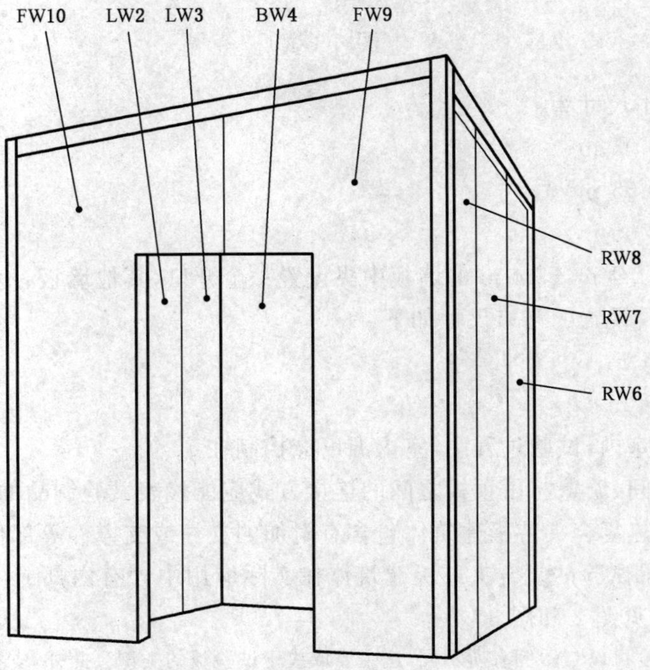

a) 等角视图

图1 试样示意图

单位为毫米

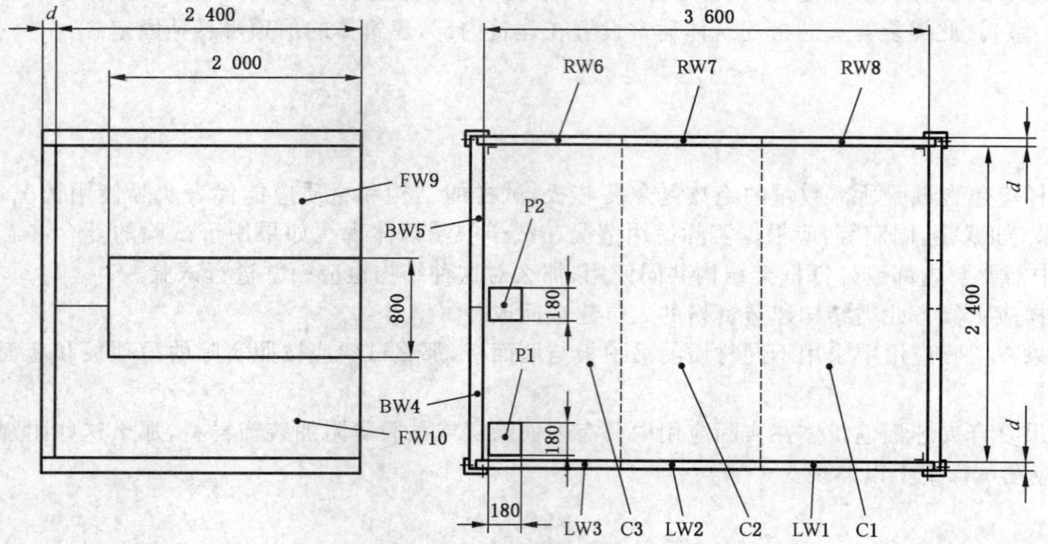

b) 燃烧器位置平面图

说明：

C ——吊顶板；

d ——板厚度；

P1 ——燃烧器位置1，在角落；

P2 ——燃烧器位置2，在接缝处；

LW——左墙板；

BW——后墙板；

RW——右墙板；

FW——前墙板。

图1（续）

试验房间的内部基本尺寸为：

——长度：3.6 m±0.05 m；

——宽度：2.4 m±0.05 m；

——高度：2.4 m±0.05 m。

7.3 在其中一面尺寸为2.4 m×2.4 m的墙板中央设置一个开口，其他墙板、地面或吊顶板上不应存在任何供空气流动的开口。设置的开口尺寸如下：

——宽：0.8 m±0.01 m；

——高：2.0 m±0.01 m。

7.4 试验房间应安放在室内，试验过程中，室内温度应控制在10 ℃～30 ℃。

7.5 绝热复合夹芯板之间、墙壁与吊顶板之间的连接方式应能代表试验制品的实际应用情况。

7.6 如果实际应用中绝热复合夹芯板建筑体包含有附加的支柱或支撑件等部件，则这些部件应在试样的结构中予以体现。如果试验的复合夹芯板建筑体在实际应用中含有内部或外部的结构框架，则这些也应在试件中予以体现，见图2和图3。

注：夹芯板的数量和厚度可以与示例有所不同，这主要取决于试验板的类型。此外，支撑框架的类型取决于实际使用要求，但试验房间的内部尺寸和开口位置是强制性控制内容。

7.7 试验房间应根据第10章的要求放置在集气罩下方。根据产品设计开发或质量控制的需求、试验委托者或有关管理组织的特殊要求，以及试验过程中不需要测量热释放或/和烟气释放参数等因素，试验房间也可不必放置在集气罩下方。

单位为毫米

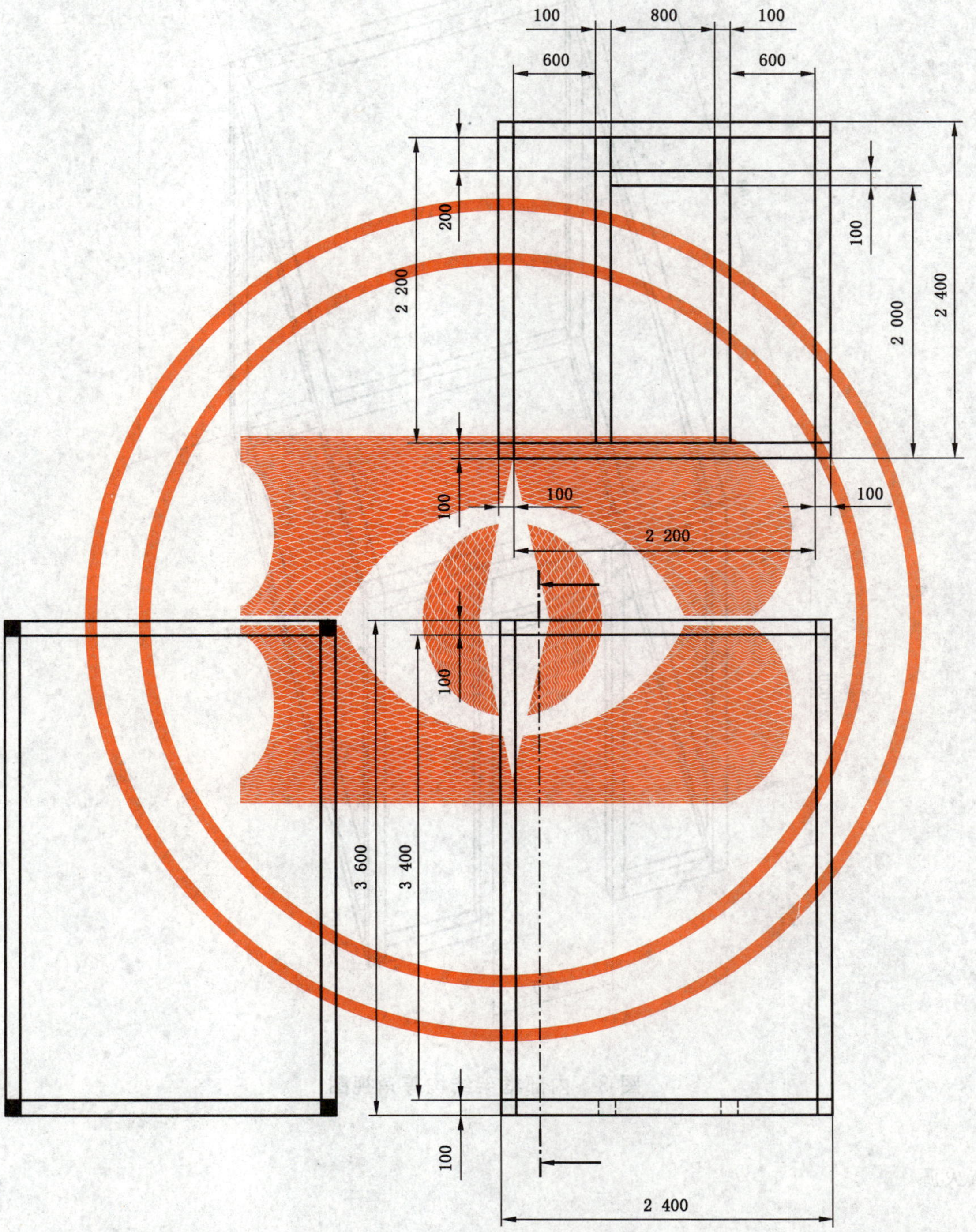

图 2　内部框架结构示意图

单位为毫米

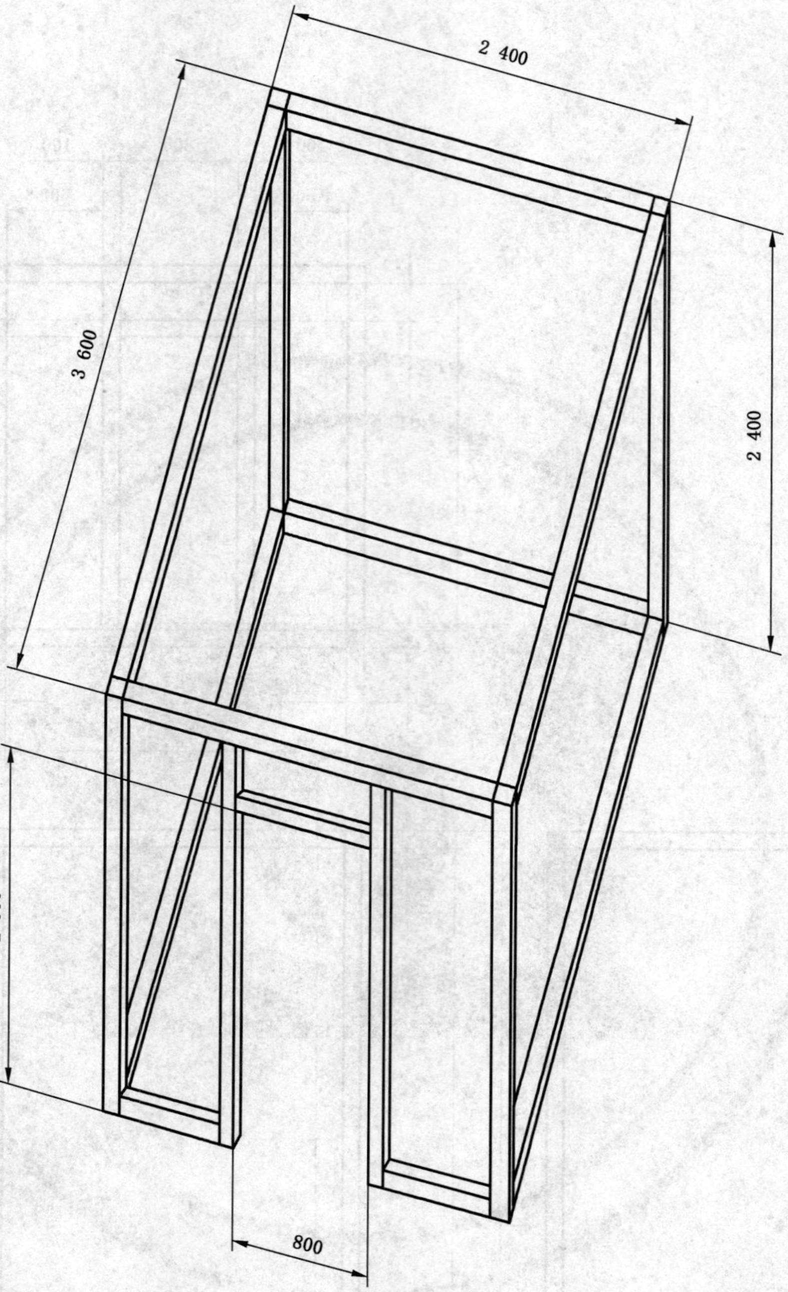

图 3　内部框架结构等角视图

8　点火源

8.1　点火源是一个顶部呈正方形且装满沙子的丙烷气体燃烧器。燃烧器截面内尺寸为 170 mm×170 mm,顶端距地面高 200 mm,见图 4。该结构应能满足均匀气流全部到达整个开口区域。

安全警示:点火源为大供气量的丙烷气体燃烧器。所有设备(如管道、接头、流量计等)应适用于丙烷,并按规定进行安装。为安全起见,燃烧器应配备远程控制点火装置,如引火源或引火线等。此外还应配备燃气泄漏报警系统和点火源熄灭时自动切断燃气供给阀门的装置。

单位为毫米

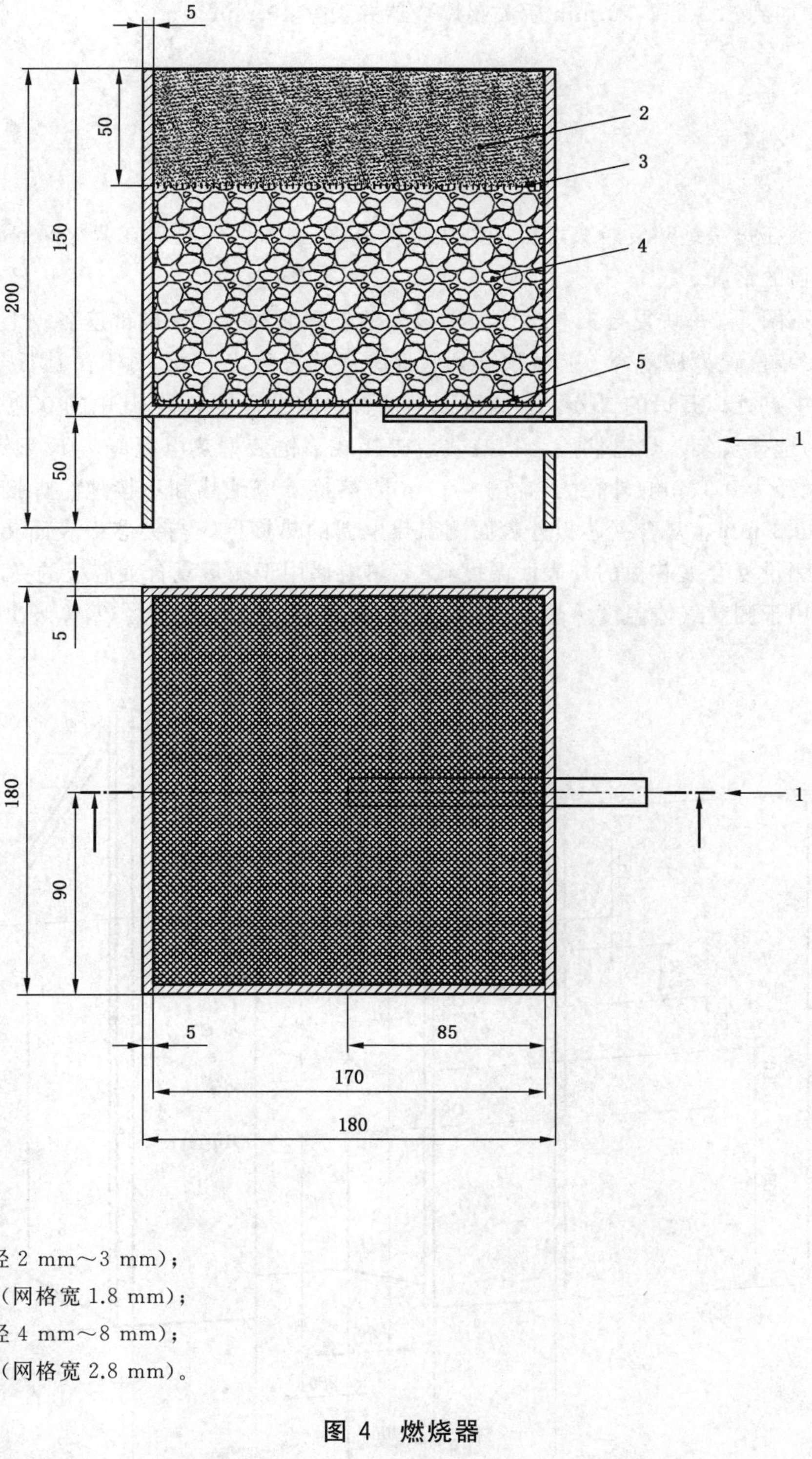

说明：

1——进气口；

2——沙子(直径 2 mm～3 mm)；

3——黄铜丝网(网格宽 1.8 mm)；

4——沙砾(直径 4 mm～8 mm)；

5——黄铜丝网(网格宽 2.8 mm)。

图 4 燃烧器

8.2 燃烧器应放置在试验房间内与开口墙相对的一个墙角地面上，并与试样相接触。如果该位置有结构框架(如直接设在墙角的柱子)，则燃烧器应放置在距后墙角最近的复合夹芯板接缝处，该接缝距墙角柱子的距离不应少于 300 mm，见图 1。如果结构构件限制了燃烧器与试样的接触，则应抬高或调整燃烧器，使之与试样受火面接触。

8.3 供给燃烧器的丙烷气体纯度应达到 95%，气体流量的测量准确度应达到±3%。燃烧器的热值输出偏差应控制在规定值的±5%范围内。

8.4 根据丙烷的净热值计算，燃烧器的输出功率在试验开始的最初 10 min 内应保持在 100 kW，在第 2 个 10 min 内应增加到 300 kW，20 min 后关闭燃烧器并观察 10 min。

9 仪器

9.1 热电偶

热电偶应安装在每块绝热复合夹芯板的外表面及其夹芯内部，并且应在背火面安装，以便于监控火焰在夹芯内部传播的情况。

热电偶分布见图 5。每块复合夹芯板中心轴线处的外表面和夹芯层内部应各安装一支热电偶。对于墙板，热电偶安装位置为从复合夹芯板顶部到底部距离的三分之一处；对于吊顶板，热电偶安装位置为复合夹芯板的中点处。开口的二分之一高度以上位置也应设置热电偶，其中的 02、06 和 10 号热电偶必须安装，其他为选择安装。热电偶应为铠装式或焊接式。铠装型热电偶应为 K 型镍铬合金、不锈钢铠装热电偶，其丝径为 0.3 mm、外径为(1.5±0.1)mm，热接点应绝热和不接地。焊接式(非铠装)热电偶的最大直径为 0.3 mm。复合夹芯板外表面测温热电偶的热接点应与夹芯板表面相连接。带铜片的表面热电偶用于测量复合夹芯板的外表面温度，铠装热电偶用于测量复合夹芯板的夹芯内部温度，焊接式非铠装热电偶用于测量气体温度。热电偶应满足 GB/T 16839.2 规定的公差等级 1 的要求。

单位为毫米

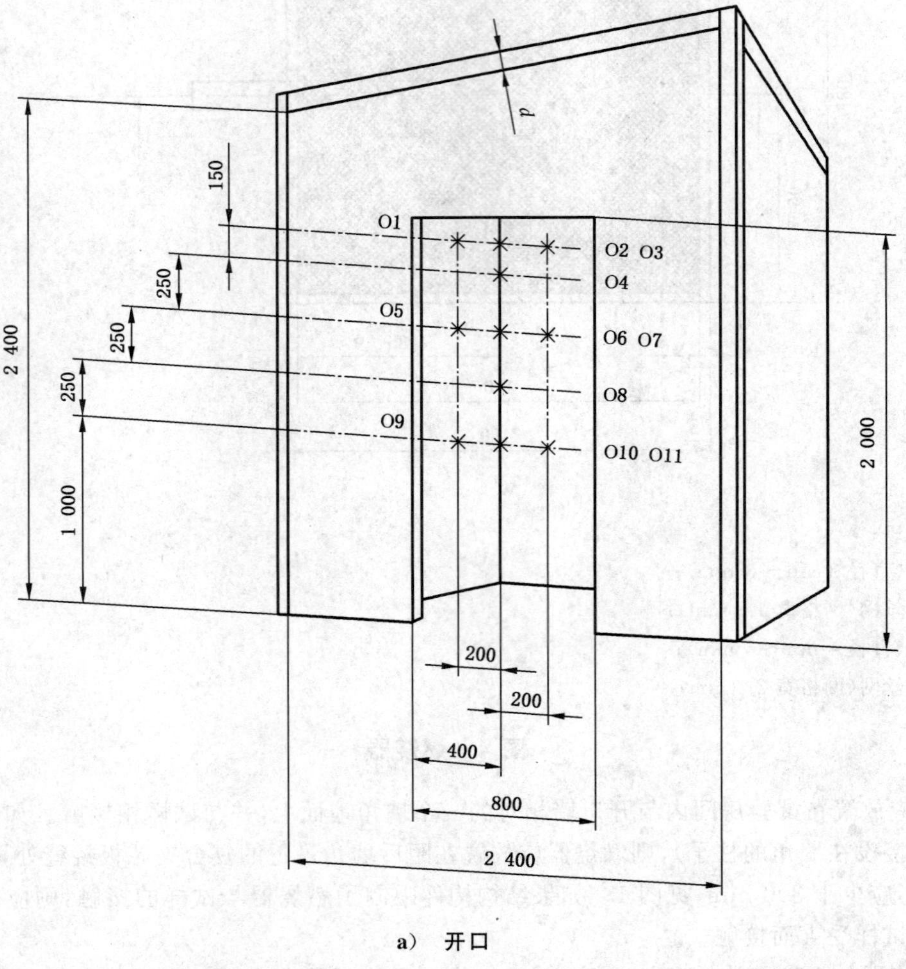

a) 开口

图 5 热电偶分布图

单位为毫米

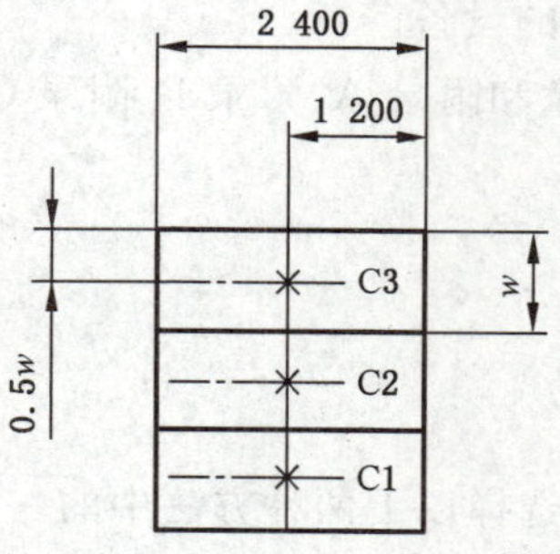

b） 吊顶板

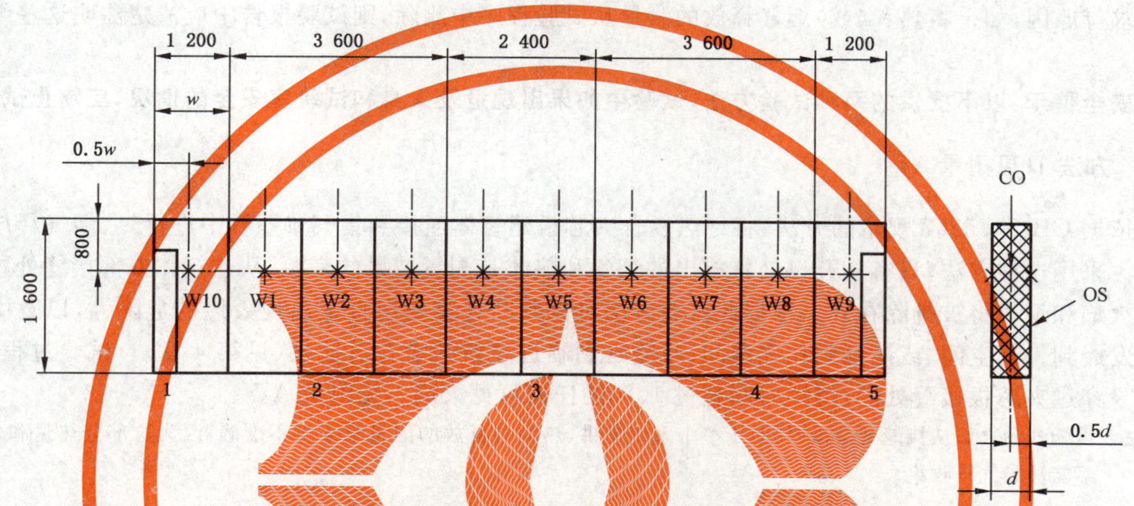

c） 墙

说明：

1 ——开口墙（W10）；

2 ——左墙（W1、W2、W3）；

3 ——后墙（W4、W5）；

4 ——右墙（W6、W7、W8）；

5 ——开口墙（W9）；

O ——开口（O1～O11）；

C ——吊顶板（核心以外部分，C1、C2、C3）；

w ——板宽；

W ——墙板（核心以外部分）；

CO ——核心；

OS ——板外表面；

d ——板厚。

图 5（续）

9.2 热流计

热流计应放置在试验房间地面的中心位置，并应在全量程内得到校准。

热流计应为金属箔片型（Gardon）或热电堆型（Schmidt-Boelter），量程为 0 kW/m^2～50 kW/m^2。辐射热流的接收靶表面应光滑平整，呈圆形，直径不超过 10 mm，并且涂有耐久的黑色无光漆。接收靶应设置在一个水冷式壳体内，壳体正面是光滑、扁平的圆形金属片结构，与接收靶的平面相吻合，其直径为 25 mm。

热流在到达接收靶之前不应穿过任何开口。热流计应高效、易于安装和使用，不受气流影响且稳定性符合标准要求，其准确度应达到±3%，重复测量的偏差应在 0.5%以内。

9.3 附属设备

9.3.1 数据记录器：无论是图表记录器还是数据记录器，均应能记录和储存时间间隔不超过 10 s、来自热电偶的数据输入，且能提供数据拷贝。

9.3.2 计时器：精确到秒的时钟或相当的设备。

9.3.3 热和烟释放测量系统：见第10章和附录A、附录B、附录C。

10 热和烟释放测量

10.1 概要

根据试验结果的实际应用情况，可选择以下两种方法中的一种完成热和烟释放的测量，试验报告中应清晰注明选择使用的方法。由于产品开发或质量控制的需求、以及试验委托者或有关管理组织的特殊要求等原因，如果将热和(或)烟气释放的测量从试验程序中删除，则试验报告中应清楚注明这些细节内容。

安全警示：以下提供的两种试验方法，试验中如果出现危及人身和试验室安全的情况，应终止试验。

10.2 方法1(见附录A)

依据GB/T 25207规定的方法，将绝热复合夹芯板建筑体连接到集气罩系统中进行热、烟气释放的测量。采用这种方法，只有从开口处释放出的烟气和热才是测量结果的来源，从建筑体外部接缝处释放出的火焰和烟气将被排除在外。根据此试验方法可以判断火灾发展直至出现轰燃的危险性，以及由室内火发展到外部空间、或蔓延到相邻房间、或蔓延到临近建筑的潜在可能性(见第4章)。试验过程中，应记录穿过夹芯板接缝处的、持续时间超过10 s的任何可见火焰。见附录A。

注：当烟气和火焰从接缝处逸出时，对于整个系统来讲，热和烟释放的测量结果将不准确，因为这部分热量和烟气不能被集气罩收集。

10.3 方法2(见附录B)

将绝热复合夹芯板建筑体放置在下面的任一测量系统中进行热和烟释放的测量：

a) 加大的集气罩和管道系统(见图6)下面；

b) 具有单面开口，且开口通向加大的集气罩和管道系统的通风围护结构(见图7)内，围护结构的墙和顶板距复合夹芯板建筑体的外表面不小于0.5 m，这样设计的目的是可以忽略板面之间的影响。

a)和b)中的集气罩和围护结构应能够收集从复合夹芯板建筑体的接缝和开口处释放出的所有烟和热气流，而且对于复合夹芯板建筑体的燃烧性能及燃烧过程的观察不应产生反射影响。穿过接缝的燃烧是可能出现的。

对于围护结构内部，应按A.3.1的规定进行热释放速率的校准操作，确使至少95%的燃烧产物被收集和引导到集气罩内，如图6和图7所示。试验过程中，应记录穿过复合夹芯板接缝处的、持续时间超过10 s的任何可见火焰。

单位为毫米

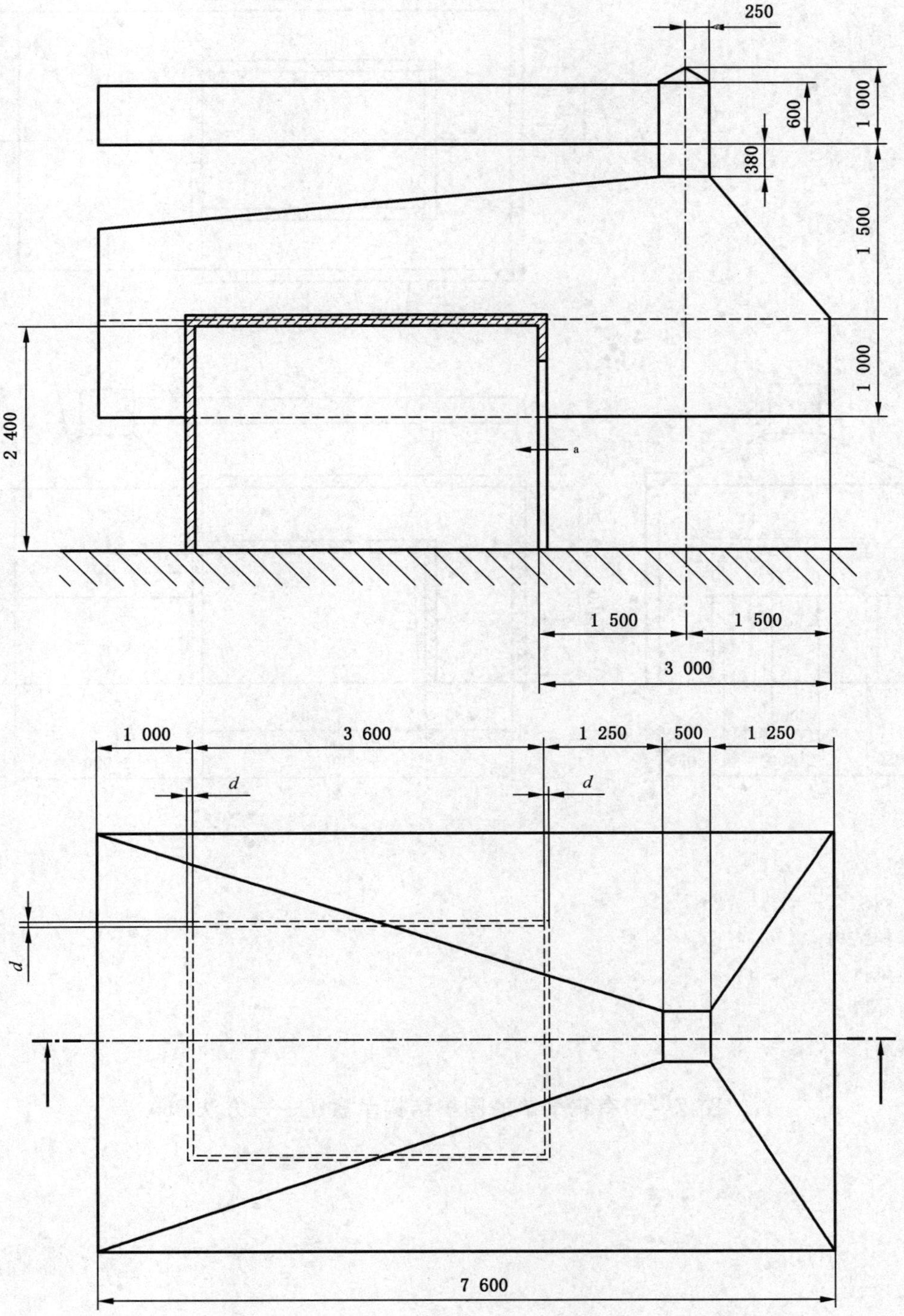

说明：

d ——板厚。

[a] 空气。

图 6　加大的集气罩示意图——方法 2a)

单位为毫米

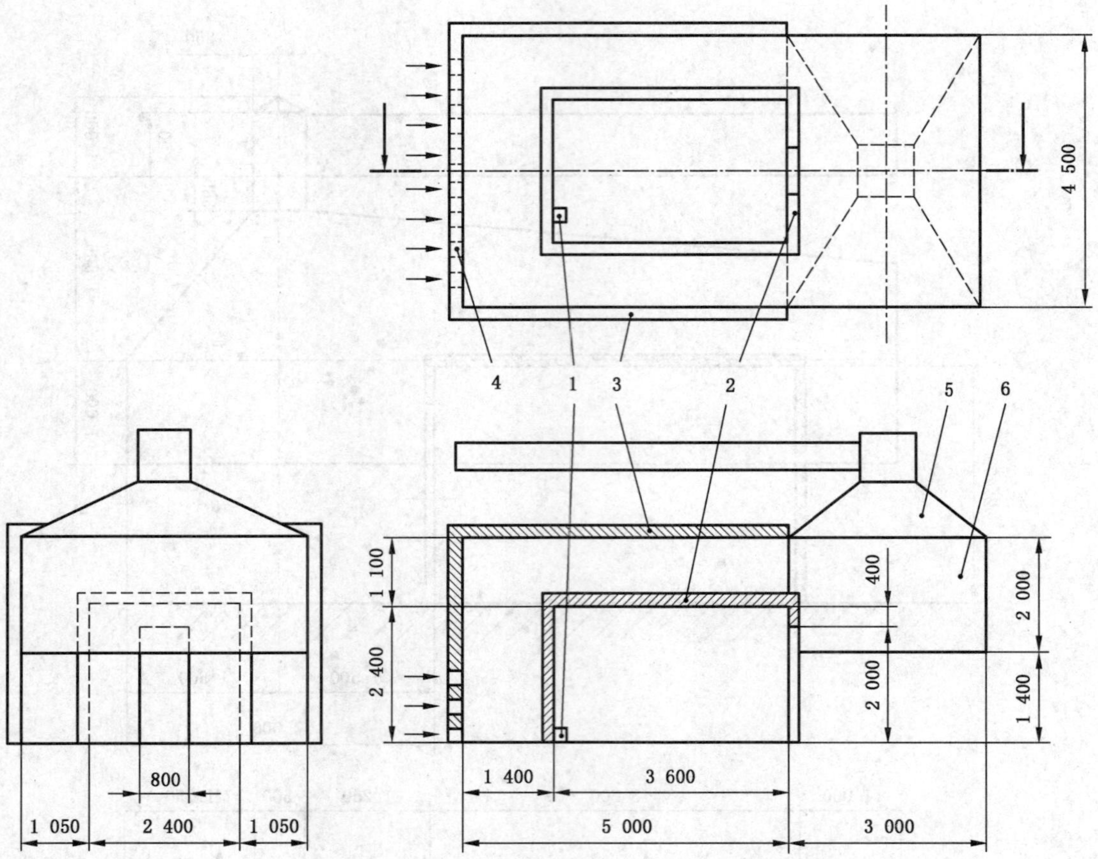

说明：

1——燃烧器；

2——试验房间；

3——围护结构；

4——通风口；

5——集气罩；

6——钢制挡烟帘。

图7 带有集气罩的围护结构示意图——方法2b)

11 程序

11.1 初始条件

11.1.1 试验开始时，试验装置的初始温度应保持在10 ℃～30 ℃之间。

11.1.2 从试验房间开口中心到房间内水平距离1 m处测定的水平风速不应超过1.75 m/s。

11.1.3 燃烧器应与墙角受火面相接触，燃烧器开口表面应保持清洁。如果墙角有类似柱状结构的框架，则燃烧器应放置在后墙距墙角最近的接缝处，但距墙角距离不得少于300 mm(见图1)。

11.1.4 试验开始之前应对试样的结构进行拍照或录像。

11.2 试验

11.2.1 燃烧器点燃之前，至少提前2 min打开记录和测量设备并记录数据。

11.2.2 点火后10 s内，将燃烧器调整到要求的输出功率(见图8)，对排气装置的排气量进行调节，以便收集所有的燃烧产物。

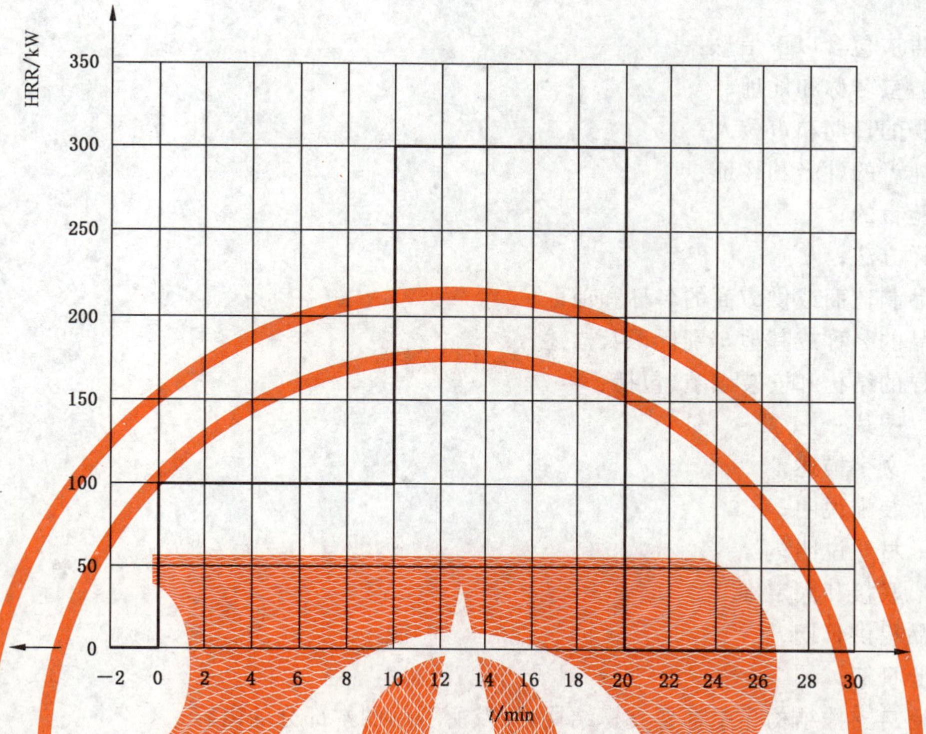

图8　燃烧器热输出曲线

11.2.3 用照相机或录像机记录试验情况，所有图片记录上应有精确到秒的时间显示。

11.2.4 在试验过程中，记录以下观察到的现象并记录该现象发生的时间：

a) 试样引燃；
b) 火焰在复合夹芯板内外表面的传播；
c) 试样出现开口、裂缝、缺损或间隙；
d) 火焰穿透接缝；
e) 分层、燃烧碎片、燃烧滴落物；
f) 烟或火焰通过接缝蔓延到室外；
g) 烟气的浓度和颜色；
h) 燃烧通过试样芯材传播的迹象(如面板表面的变色)；
i) 火焰从开口冒出；
j) 轰燃；
k) 结构坍塌。

11.2.5 如果出现轰燃现象(如热释放速率达到1 000 kW)，或试验时间达到30 min，则停止试验；如果试样结构坍塌，或出现可能威胁试验人员人身安全的危险情况，则应尽早结束试验。继续观察直到可见燃烧现象结束。

11.2.6 试验结束后，应记录试样的损毁范围。试样的损毁情况(分层和接缝开裂的范围、烧焦的范围和深度，以及炭化、开裂、收缩等可能的情况)应在试验报告上明确说明。

11.2.7 记录任何其他非正常现象。

12 试验报告

试验报告应包含以下信息：

a) 实验室名称和地址；
b) 报告的日期和审核人；
c) 委托者的姓名和住址；
d) 试验目的；
e) 取样方法；
f) 产品制造商或供应商的名称和地址；
g) 产品的名称或其他辨别标识及描述；
h) 试样的结构和安装细节，包括：
   1) 图片；
   2) 文字描述；
   3) 装配说明；
   4) 材质说明；
   5) 联接和固定细节。
i) 产品提供日期；
j) 试验日期；
k) 采用自支撑结构还是框架支撑结构，以及所引用的本部分的内容；
l) 试样的状态调节，试验过程的环境数据（温度、风速、气压、相对湿度等）；
m) 任何与试验方法不一致的情况；
n) 试验结果包括：
   1) 绝热复合夹芯板芯材内部的温度随时间变化曲线；
   2) 最高温度值；
   3) 火灾损毁情况说明（图片）和描述；
   4) 试验过程和结束后观察到的现象；
   5) 排气管道的体积流量-时间关系；
   6) 总的热释放率与时间关系以及燃烧器的热释放率与时间关系[标明使用方法——方法 1、方法 2a)或 2b)]；
   7) 在规定温度和压力下的一氧化碳产量和时间关系；
   8) 在规定温度和压力下的二氧化碳产量和时间关系；
   9) 在实际管道气流温度下烟浓度与时间关系。

附 录 A
（规范性附录）
热和烟释放测量程序 方法 1

A.1 集气罩和排气管道

燃烧产物的收集系统应有足够的容量，以便在试验过程中收集从试样开口逸出的所有燃烧产物。按照方法 1(见 10.2)的规定，复合夹芯板建筑体应与 GB/T 25207 规定的集气罩系统相连。集气罩系统不应在开口处对火焰产生扰动。在常压和 25 ℃条件下，排气量应不小于 3.5 m^3/s。集气罩和排气管道设计见 GB/T 25207。

A.2 排气管道中的最低仪器配置

A.2.1 体积流量

排气管道中体积流量的测量精确度不应低于±5％。

排气管道中体积流量阶跃变化为最终值的 90％时，仪器的响应时间不应超过 1 s。

A.2.2 气体分析

A.2.2.1 取样管

气体取样应在排气管内燃烧产物混合均匀的某一位置进行，取样管应由不影响被分析气体组分的惰性材料制成。

A.2.2.2 氧气

氧消耗的测量精确度不应低于±0.05％(氧的体积百分比)，氧分析仪的响应时间不应超过 3 s。

A.2.2.3 一氧化碳和二氧化碳

测定二氧化碳组分的气体分析仪精确度至少应达到体积百分比的±0.1％，测定一氧化碳的气体分析仪精确度至少应达到±0.02％。分析仪的响应时间应不超过 3 s。

A.2.3 烟气的光密度

A.2.3.1 概要

烟气的光密度可以通过用白炽灯光度计测定的透射光强度来确定，作为选择也可采用激光光度计(参见附录 D)进行测量。对于烟气测量系统，应做到在整个试验过程烟灰沉积物对光透过率的影响不超过 5％。

A.2.3.2 白炽灯光度计

光源应采用白炽灯，工作时的色温应为 2 900 K±100 K。光源应采用稳定的直流电源供电，稳定性(包括温度、短期和长期稳定度)应保持在±0.2％范围内。透镜系统应使透射光成为直径 D 不小于 20 mm 的平行光束。光圈放置在透镜 L_2 的焦点处，如图 A.1 所示，光圈直径 d 的选择应根据透镜 L_2

的焦距 f 确定，$d/f<0.04$。

探测器的光谱分布响应度应与 CIE(光照曲线)相吻合，色度标准函数 $V(\lambda)$ 至少达到±5%精度。

在不小于 3.5 个十倍程输出范围内，该探测器的输出线性度应该在 5%以内。

A.2.3.3 位置

光学烟密度计应安装在排气管道烟气分布均匀的位置，光束应沿直径横穿排气管道。光学烟密度计的安装不应影响测速及取样。光学烟密度计的玻璃窗宜选用石英玻璃。

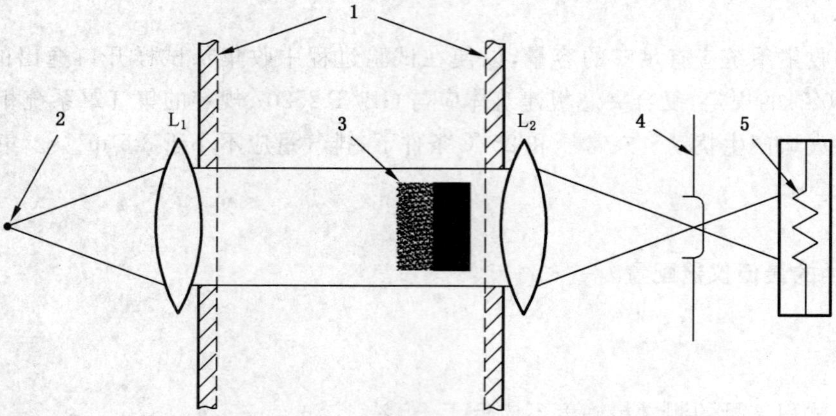

说明：

1 ——排气管壁；

2 ——灯(光源)；

3 ——烟气粒子；

4 ——光圈；

5 ——探测器(光电接受元件)；

L_1、L_2——透镜。

图 A.1 光学系统

A.3 系统性能

A.3.1 校准

每次试验之前或连续试验之前应进行校准试验。

校对燃烧器的输出功率值应将燃烧器直接置于集气罩下，根据表 A.1 给出的燃烧器热输出要求进行标定。测量应至少每 6 s 进行一次，且应在点燃燃烧器前 1 min 开始。在每个热输出值稳定条件下，基于测量氧消耗量计算的每分钟平均热释放率与基于气体流量计算的值，其相差不应超过 5%。

注 1：校准计算公式参见附录 C。

注 2：采用气体燃烧器或液体燃料池火时，通过高于 300 kW 的 HRR 校准可以降低测量的不确定度。

表 A.1 燃烧器热输出标定

时间 min	热输出 kW
0～2	0
2～7	100

表 A.1（续）

时间 min	热输出 kW
7～12	300
12～17	100
17～19	0

A.3.2　系统响应

系统的响应时间是指将点火源热输出调节到一个给定值至测得热释放速率达到该给定值的 90% 所需的时间。当燃烧器放置在集气罩中心下方 1 m 的位置时，燃烧器热输出值阶梯式变化的时间延迟不能超过 20 s，且应对试验数据进行修正。按表 A.1 所给出的阶梯式程序进行试验时，延迟时间为达到最终测得的热释放值的 10% 所用的时间，至少每隔 6 s 进行一次测量。

在 0.1 MPa 大气压力和 25 ℃环境温度条件下，将排气管道的体积流量从 2 m^3/s 开始，分四步调节至最大值，每步升高的流量值均相同，在不同体积流量下对系统进行校核以保证其测量精度。燃烧器的热输出应为 300 kW。在 1 min 内测量的热释放率平均值与实际热输出的平均值相比较，误差不应超过 10%。

附　录　B
（规范性附录）
热和烟释放测量程序　方法 2

B.1　围护结构

围护结构应有足够的体积容量，且试验过程中通过墙的接缝、天花板/吊顶和开口逸出的燃烧产物中至少 95%应被收集。加大的集气罩或围护结构应与 GB/T 25207 规定的排气管道系统相联接。围护结构的底部在所有面上应开敞，以便使新鲜空气自由进入围护结构，开口的高度应大于 1.5 m。围护结构或加大的集气罩应由不燃材料（如轻质建筑不燃板）制成。集气罩最小尺寸应符合 GB/T 25207 的规定，见图 6 和图 7。

B.2　集气罩和排气管道

集气罩和排气管道应根据 GB/T 25207 进行设计。

较大直径的集气罩应能收集至少 95%的烟气，见图 6 和图 7。

B.3　排气管道系统中的仪器

排气管道系统中的仪器应与 GB/T 25207 的要求一致。

附　录　C
（规范性附录）
计　　算

C.1　体积流量

排气管道中的体积流量 $q_{V,298}$，单位为立方米每秒(m^3/s)，与大气压力和 25 ℃环境温度有关，由式(C.1)给出。

$$q_{V,298}=(Ak_{qm}/K_p)\times\frac{1}{\rho_{298}}\times(2\Delta pT_{273}\rho_{273}/T_e)^{1/2}=22.4(Ak_{qm}/K_p)(\Delta p/T_e)^{1/2} \quad \cdots\cdots(C.1)$$

式中：

T_e ——排气管道中的气体温度，单位为开尔文(K)；

T_{273} ——设定为 273.15 K；

Δp ——双向探测头测量压差，单位为帕斯卡(Pa)；

ρ_{298} ——在 25 ℃和大气压力下的空气密度，单位为千克每立方米(kg/m^3)；

ρ_{273} ——在 0 ℃和 0.1 MPa 大气压力下的空气密度，单位为千克每立方米(kg/m^3)；

A ——排气管道的横截面积，单位为平方米(m^2)；

k_{qm} ——每单位面积上的平均质量流量与排气管道中心每单位面积上质量流量之比；

K_p ——双向探测头的雷诺数校正值，常数等于 1.08。

式(C.1)假设燃烧气体的密度变化(相对于空气)仅仅是由于温度增加引起的。除使用水的灭火过程以外，因化学组成或水分含量变化而导致的校正值可以被忽略。标准常数 k_{qm} 可通过测量排气管道内横截面直径温度和流量分布确定。应当选择具有代表性的质量流量和热、冷气体流量进行系列测量。k_{qm} 系数的误差不应超过±3%。

C.2　热释放率、校准和试验程序

C.2.1　在校准过程中，对于消耗丙烷气的点火源，其热释放速率 Φ_b 的单位为千瓦(kW)，由式(C.2)计算：

$$\Phi_b=q_m\Delta h_{c,eff} \quad \cdots\cdots(C.2)$$

式中：

q_m ——输送到燃烧器的丙烷质量流量，单位为克每秒(g/s)；

$\Delta h_{c,eff}$ ——丙烷的低效燃烧热，单位为千焦每克(kJ/g)。

假设燃烧效率为 100%，$\Delta h_{c,eff}$ 可以设定为 46.4 kJ/g。

C.2.2　试样的热释放速率 Φ_s，单位为千瓦(kW)，由式(C.3)计算：

$$\Phi_s=q_{h,s}q_{V,298}x_{O_2,a}\left[\frac{\gamma}{\gamma(\alpha-1)+1}\right]-\frac{q_{h,s}}{q_{C_3H_8}}\Phi_b \quad \cdots\cdots(C.3)$$

耗氧系数 γ 由式(C.4)给出：

$$\gamma=\frac{x_{O_2,0}(1-x_{CO_2})-x_{O_2}(1-x_{CO_2,0})}{x_{O_2,0}(1-x_{CO_2}-x_{O_2})} \quad \cdots\cdots(C.4)$$

周围环境的氧摩尔分数 $x_{O_2,a}$ 由式(C.5)给出：

$$x_{O_2,a}=x_{O_2,0}(1-x_{H_2O,a}) \qquad \cdots\cdots(C.5)$$

式中：

$q_{h,s}$ ——燃烧试验制品时的热释放，设定为 17.2×10^3 kJ/m³(25 ℃)；

$q_{C_3H_8}$ ——燃烧丙烷时的热释放，设定为 16.8×10^3 kJ/m³(25 ℃)；

$q_{V,298}$ ——在大气压和 25 ℃条件下，排气管道的气体体积流量，根据 C.1 的规定计算得出，单位为立方米每秒(m^3/s)；

α ——空气中消耗氧气发生化学变化产生的膨胀系数(对于试验制品的燃烧，$\alpha=1.105$)；

$x_{O_2,a}$ ——包括水蒸气的氧环境摩尔分数，该数值应在试验前没有吸收水的条件下测量得出；

$x_{O_2,0}$ ——氧分析仪的初始值读数，表示为摩尔分数；

x_{O_2} ——试验期间氧分析仪的读数，表示为摩尔分数；

$x_{CO_2,0}$——试验期间二氧化碳分析仪初始值读数，表示为摩尔分数；

x_{CO_2} ——试验期间二氧化碳分析仪的读数，表示为摩尔分数；

$x_{H_2O,a}$——环境水蒸气的摩尔分数。

注：在试验最开始时减去燃烧器的热释放值可能导致 Φ_s 出现负值，这是由于燃烧气体多次充满测试室以及多次输送到集气罩等原因所致。对此可以通过将燃烧器置于室内测量其热释放，并减去所测得的与时间有关的响应而得到修正。

C.2.3 式(C.2)～式(C.5)因基于某些近似而具有以下局限性：

a) 对一氧化碳的产生量未做考虑。通常情况下此误差可被忽略。当可以测出一氧化碳浓度时，如果存在对不完全燃烧的影响需要量化的情况，其误差校正可以通过计算得出。

b) 仅部分考虑水蒸气对于流量测量和气体分析的影响，通过连续测量水蒸气分压可以得到误差校正。

c) q_{h,O_2} 的取值(17.2 kJ/m³)是一个基于大量制品的平均值，并且具备在大多数情况下可以接受的精度。除非有更精确的数值，否则应采用此数值。

C.2.4 上述误差的累计通常应小于 10%。

C.3 燃烧气体

通过测量规定气体的摩尔分数能够计算出 0.1 MPa 和 25 ℃条件下的瞬时产气速率 $q_{V,gas}$、单位为立方米每秒(m^3/s)、产气总量 V_{gas}、单位为立方米(m^3)，在 0.1 MPa 和 25 ℃条件下，按式(C.6)计算：

$$q_{V,gas}=q_{V,298}x_i \qquad \cdots\cdots(C.6)$$

$$V_{gas}=\int_0^t q_{V,gas}\mathrm{d}t \qquad \cdots\cdots(C.7)$$

式中：

$q_{V,298}$——在 0.1 MPa 和 25 ℃条件下，排气管道中的体积流量，单位为立方米每秒(m^3/s)；

x_i ——分析仪器中规定气体的摩尔分数；

t ——从开始引燃起算的时间，单位为秒(s)。

C.4 光亮度衰减

光亮度衰减由遮光系数 ε 来描述，单位为负一次方米(m^{-1})，并定义如下：

$$\varepsilon=\frac{1}{l}\ln\left(\frac{I_0}{I}\right) \qquad \cdots\cdots(C.8)$$

式中：

I_0——在无烟环境中，用具有和人眼相同光谱灵敏度的探测器，测量的平行光束的光强度；

I ——穿过一定距离烟环境的平行光束的光强度；

l ——光束穿过烟环境的距离，单位为米(m)。

烟气的瞬时遮光率 $E_{\mathrm{p,inst}}$，单位为平方米每秒($\mathrm{m^2/s}$)，总产烟量 $E_{\mathrm{p,tot}}$，单位为平方米($\mathrm{m^2}$)，由式(C.9)计算：

$$E_{\mathrm{p,inst}}=\varepsilon q_{V,\mathrm{e}} \tag{C.9}$$

$$E_{\mathrm{p,tot}}=\int_0^t \varepsilon q_{V,\mathrm{e}}\,\mathrm{d}t \tag{C.10}$$

式中：

$q_{V,\mathrm{e}}$——在实际管道温度下，排气管道中的体积流量，单位为立方米每秒($\mathrm{m^3/s}$)；

t ——从引燃开始计量的时间，即燃烧时间，单位为秒(s)。

附 录 D
(资料性附录)
激光光度计

激光光度计可作为白炽灯光度计(见 A.2.3.2)的替代品,用于测量烟气的光密度。它包含有一只输出功率为 0.5 mW～2.0 mW 的氦氖激光器,产生的激光辐射应为偏振光。图 D.1 给出了这种激光光度计的总体构成。它包括两个硅光敏二极管,其中一个是主光束探测器,另一个是补偿探测器。

电子设备的配置应使其能够提供主光束探测器和补偿光束探测器信号的比值输出。

系统包括两个滤波器固定器:其中一个用于检查光学标定,另一个直接位于激光光源之后,用于检查正常的补偿功能。校准滤光片应为玻璃材质且散射均匀,不应使用镀膜滤波器(干扰滤波器)。

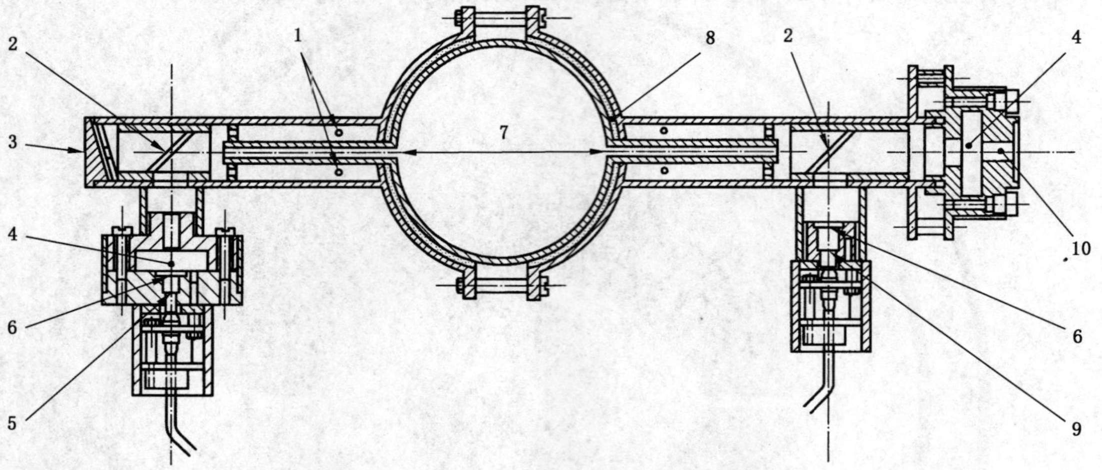

说明:

1 ——空气净化孔;
2 ——射束滤波器;
3 ——密封盖;
4 ——乳色玻璃;
5 ——主探测器;
6 ——乳色玻璃;
7 ——光程;
8 ——陶瓷纤维包覆;
9 ——补偿探测器;
10——0.5 mW 氦激光。

图 D.1 遮光率测量系统——激光光度计

ICS 27.010
F 01

中华人民共和国国家标准

GB 25324—2014
代替 GB 25324—2010

铝电解用石墨质阴极炭块单位产品能源消耗限额

The norm of energy consumption for cathode carbon block for aluminium eletrolyzation

2014-12-05 发布 2015-10-01 实施

中华人民共和国国家质量监督检验检疫总局
中国国家标准化管理委员会 发布

前 言

本标准中的4.1与4.2为强制性的，其余为推荐性的。

本标准按照GB/T 1.1—2009给出的规则起草。

本标准代替GB 25324—2010《铝电解用石墨质阴极炭块单位产品能源消耗限额》。

本标准与GB 25324—2010相比，主要变化如下：

——修改了“煅烧工序单位产品综合能耗”的计算方法，相关指标数值也进行了修改：限定值修改为≤500 kgce/t、准入值修改为≤300 kgce/t、先进值修改为≤300 kgce/t；

——修改了“成型焙烧加工工序单位产品综合能耗”相关指标数值：限定值修改为≤680 kgce/t、准入值修改为≤430 kgce/t、先进值修改为≤430 kgce/t。

本标准由国家发展和改革委员会资源节约与环境保护司、工业和信息化部节能与综合利用司、中国有色金属工业协会提出。

本标准由全国能源基础与管理标准化技术委员会(SAC/TC 20)和全国有色金属标准化技术委员会(SAC/TC 243)归口。

本标准主要起草单位：中国铝业股份有限公司贵州分公司、郑州浩宇炭素材料有限公司、宁夏宁平炭素有限责任公司、中电投宁夏青铜峡能源铝业集团有限公司、中国有色金属工业标准计量质量研究所、山西晋阳碳素股份有限公司、山西三晋碳素股份有限公司、山东兖矿炭素制品有限公司、云南铝业股份有限公司。

本标准主要起草人：王开付、张志宏、何璞睿、狄贵华、徐伟平、席兆阳、刘祯、俞成斌、吴建国、曹培峰、陈晓军、赵忠明。

铝电解用石墨质阴极炭块单位产品能源消耗限额

1 范围

本标准规定了铝电解用石墨质阴极炭块企业生产能源消耗限额的要求、计算原则、计算范围及计算方法。

本标准适用于铝电解用阴极炭块企业生产能耗的计算与考核评定，以及新建项目能耗的控制。

2 规范性引用文件

下列文件对于本文件的应用是必不可少的。凡是注日期的引用文件，仅注日期的版本适用于本文件。凡是不注日期的引用文件，其最新版本(包括所有的修改单)适用于本文件。

GB/T 2589 综合能耗计算通则

GB/T 12723 单位产品能源消耗限额编制通则

GB 17167 用能单位能源计量器具配备和管理通则

3 术语和定义

GB/T 2589 和 GB/T 12723 中界定的术语和定义适用于本文件。

4 要求

4.1 现有铝电解用石墨质阴极炭块生产企业单位产品能耗限额限定值

现有铝电解用石墨质阴极炭块生产企业单位产品能耗限额限定值应符合表 1 的规定。

表 1

指标	能耗限额限定值/(kgce/t)
煅烧工序单位产品综合能耗	≤500
成型焙烧加工工序单位产品综合能耗	≤680

4.2 新建铝电解用石墨质阴极炭块生产企业单位产品能耗限额准入值

新建铝电解用石墨质阴极炭块生产企业单位产品能耗限额准入值应符合表 2 的规定。

表 2

指标	能耗限额准入值/(kgce/t)
煅烧工序单位产品综合能耗	≤300
成型焙烧加工工序单位产品综合能耗	≤430

4.3 铝电解用石墨质阴极炭块生产企业单位产品能耗限额先进值

铝电解用石墨质阴极炭块生产企业单位产品能耗限额先进值应符合表3的规定。

表3

指标	能耗限额先进值/(kgce/t)
煅烧工序单位产品综合能耗	≤300
成型焙烧加工工序单位产品综合能耗	≤430

5 铝电解用石墨质阴极炭块产品能耗计算原则及计算方法

5.1 阴极炭块生产工艺流程

完整的阴极炭块生产工艺流程如图1所示。目前国内部分企业只有煅烧工序，部分企业只有成型、焙烧和加工工序。

5.2 考核指标

为了适用于含有不同工序的各种企业，分工序按工序单位产品综合能耗进行考核。

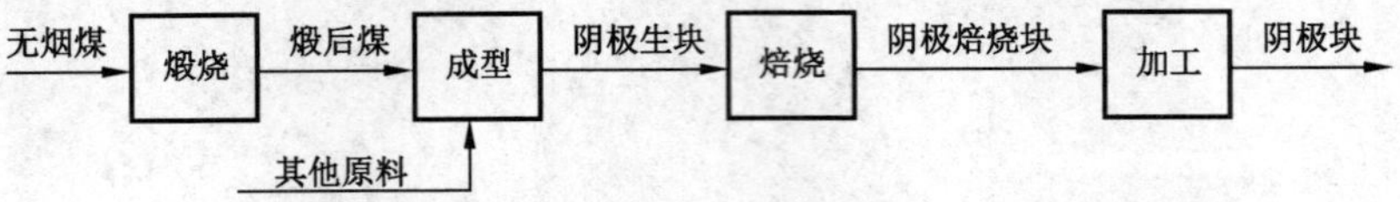

图1 阴极炭块生产工艺流程简图

5.3 计算原则

5.3.1 铝电解用石墨质阴极炭块生产企业的能源消耗

企业生产的能源消耗指用于生产活动的各种能源，包括一次能源、二次能源、耗能工质和余热资源。包括能源及耗能工质在企业内部进行贮存、转换及计量供应中的损耗，不包括批准的基建项目用能。

5.3.2 报告期内的能源消耗量

报告期内企业生产消耗能源量有三种计算方法。

方法一：报告期内企业生产消耗能源量＝企业购入能源量＋期初库存能源量－企业转供能源量－企业基建项目耗能源量－企业生活用能源量－期末库存能源量

方法二：报告期内企业生产消耗能源量＝企业诸产品工艺能耗量＋辅助和附属生产系统用能源量＋企业内部能源转换损失量

方法三：报告期内企业生产消耗能源量＝企业诸产品综合能耗量之和

5.3.3 能源实物量的计量

能源实物量的计量必须符合《中华人民共和国计量法》和GB 17167的规定。

5.3.4 各种能源折算标煤量的原则

应用基低(位)发热量等于29.307 6兆焦(MJ)的燃料称为1千克标准煤(kgce)。企业消耗的煤炭、焦炭、无烟煤、燃料油、煤气、天然气等外购能源的折算系数，应按国家规定的测定分析方法进行分析测定，按实测值换算为标准煤；不能实测的，应按能源供应部门提供的低(位)发热量进行换算；在上述条件均不具备时，可用国家统计部门规定的折算系数换算为标准煤(见附录A)。企业加工转换的二次能源及耗能工质按相应的等价热值折算。

5.3.5 余热资源计算原则

企业回收的余热，属于节约能源循环利用，在计算能耗时，应避免重复计算。余热利用装置用能计入能耗。回收能源自用部分，计入自用工序；转供其他工序时，在所用工序以正常消耗计入；回收的能源折标煤后应在回收余热的工序、工艺中扣除。如是未扣除回收余热的能耗指标，应标明"未扣余热发电""含余热发电""未扣回收余热"等字样。

5.3.6 间接综合能耗分摊原则

间接综合能耗量应根据诸产品工艺能耗量占企业生产工艺能耗总量的比例，分摊到各个产品。

5.4 计算方法

5.4.1 单位产品综合能耗

5.4.1.1 煅烧工序单位产品综合能耗

报告期内，煅烧工序生产每吨符合工艺要求煅后煤实际消耗的各种能源(折成标准煤)量与该工序分摊的辅助、附属生产系统消耗的能源量总和，并扣除回收的余热量。按式(1)计算：

$$E_{ds}=\frac{e_{mc}+e_{d}-e_{y}+e_{df}}{P_{d}} \qquad \cdots\cdots(1)$$

式中：

E_{ds}——报告期内煅烧工序单位产品综合能耗，单位为千克标准煤每吨(kgce/t)；

e_{mc}——报告期内无烟煤的烧损量，按式(2)计算，单位为千克标准煤(kgce)；

e_{d}——报告期内煅烧工序消耗的能源量，按式(3)计算，单位为千克标准煤(kgce)；

e_{y}——报告期内从煅烧工序回收的余热量，单位为千克标准煤(kgce)；

e_{df}——报告期内煅烧工序分摊的辅助附属部门能耗量，按式(10)计算，单位为千克标准煤(kgce)；

P_{d}——报告期内实收合格煅后无烟煤产量，单位为吨(t)。

报告期内无烟煤烧损量(折算为标准煤)e_{mc}按照式(2)计算：

$$e_{mc}=(P_{mc}-P_{d})\times\rho_{c} \qquad \cdots\cdots(2)$$

式中：

P_{mc}——报告期内无烟煤消耗量，单位为吨(t)；

ρ_{c}——无烟煤折标准煤系数。

报告期内煅烧工序消耗能源量 e_{d} 按照式(3)计算：

$$e_{d}=\sum_{i=1}^{n}(e_{di}\times\rho_{i}) \qquad \cdots\cdots(3)$$

式中：

e_{di}——报告期内煅烧工序消耗的第 i 种能源实物量；

ρ_{i}——报告期内第 i 种能源的折标准煤系数。

5.4.1.2 成型、焙烧、加工工序单位产品综合能耗

报告期内，经成型、焙烧、加工工序生产出每吨合格阴极加工块实际消耗的各种能源折标准煤的总

量，加分摊的辅助附属部门能耗。按式(4)计算：

$$E_{cj}=\frac{e_c+e_b+e_j+e_{cjf}}{P_j} \quad \cdots\cdots(4)$$

式中：

E_{cj}——报告期内成型焙烧加工工序单位产品综合能耗，单位为千克标准煤每吨(kgce/t)；

e_c——报告期内成型工序消耗能源量，按式(5)计算，单位为千克标准煤(kgce)；

e_b——报告期内焙烧工序消耗能源量，按式(6)计算，单位为千克标准煤(kgce)；

e_j——报告期内加工工序消耗能源量，按式(7)计算，单位为千克标准煤(kgce)；

e_{cjf}——报告期内成型、焙烧、加工工序分摊的辅助附属部门能耗量 e_{cjf} 按式(8)计算，单位为千克标准煤(kgce)；

P_j——报告期内合格加工块产量，单位为吨(t)。

报告期内成型工序消耗能源量 e_c 按式(5)计算：

$$e_c=\sum_{i=1}^{n}(e_{ci}\times\rho_i) \quad \cdots\cdots(5)$$

式中：

e_{ci}——报告期内成型工序消耗的第 i 种能源实物量。

报告期内焙烧工序消耗能源量 e_b 按式(6)计算：

$$e_b=\sum_{i=1}^{n}(e_{bi}\times\rho_i) \quad \cdots\cdots(6)$$

式中：

e_{bi}——报告期内焙烧工序消耗的第 i 种能源实物量。

报告期内加工工序消耗能源量 e_j 按式(7)计算：

$$e_j=\sum_{i=1}^{n}(e_{ji}\times\rho_i) \quad \cdots\cdots(7)$$

式中：

e_{ji}——报告期内加工工序消耗的第 i 种能源实物量。

报告期内成型、焙烧、加工工序分摊的辅助附属部门能耗量 e_{cjf} 按式(8)计算：

$$e_{cjf}=e_{cf}+e_{bf}+e_{jf} \quad \cdots\cdots(8)$$

式中：

e_{cf}——成型工序分摊的辅助附属部门能耗量，按式(10)计算，单位为千克标准煤(kgce)；

e_{bf}——焙烧工序分摊的辅助附属部门能耗量，按式(10)计算，单位为千克标准煤(kgce)；

e_{jf}——加工工序分摊的辅助附属部门能耗量，按式(10)计算，单位为千克标准煤(kgce)。

5.4.2 辅助附属部门能耗

该工序消耗能源量包括机修、检修、车队等辅助车间用能和主体车间、管理部门的照明、取暖、降温、洗澡等用能。按式(9)计算：

$$e_f=\sum_{i=1}^{n}(e_{fi}\times\rho_i) \quad \cdots\cdots(9)$$

式中：

e_f——报告期内辅助附属部门消耗能源量，单位为千克标准煤(kgce)；

n——报告期内辅助附属部门消耗的能源种数；

e_{fi}——报告期内辅助附属部门消耗的第 i 种能源实物量。

5.4.3 分摊辅助附属部门能耗

计算工序综合能耗时，分摊的辅助附属部门能耗按照式(10)计算：

$$e_{xf}=\frac{e_x}{e_d+e_c+e_b+e_j}\times e_f \qquad \cdots\cdots(10)$$

式中：

e_{xf}——报告期内某工序分摊的辅助附属部门能耗量，单位为千克标准煤(kgce)；下标 x 代表 d、c、b 和 j，分别表示煅烧工序、成型工序、焙烧工序和加工工序；

e_x ——报告期内某工序消耗的能源量，单位为千克标准煤(kgce)；下标 x 代表 d、c、b 和 j，分别表示煅烧工序、成型工序、焙烧工序和加工工序。

附 录 A
（规范性附录）
常用能源品种现行折标准煤系数和耗能工质能源等价值

A.1 常用能源品种现行折标准煤系数

表 A.1 为常用能源品种现行折标准煤系数。

表 A.1 常用能源品种现行折标准煤系数

能源		折标准煤系数及单位	
品种	单位	系数	单位
原煤	吨(t)	0.714 3	吨标准煤每吨(tce/t)
无烟煤	吨(t)	0.900	吨标准煤每吨(tce/t)
洗精煤	吨(t)	0.900	吨标准煤每吨(tce/t)
汽油	吨(t)	1.471 4	吨标准煤每吨(tce/t)
重油	吨(t)	1.428 6	吨标准煤每吨(tce/t)
柴油	吨(t)	1.457 1	吨标准煤每吨(tce/t)
电力	万千瓦小时(10^4 kW·h)	1.229	吨标准煤每万千瓦小时(tce/10^4 kW·h)
煤气(热值为 1 250×4.186 8 kJ/m^3)	万立方米(10^4 m^3)	1.786	吨标准煤每万立方米(tce/10^4 m^3)
天然气	千立方米(10^3 m^3)	1.330 0	吨标准煤每千立方米(tce/10^3 m^3)
蒸汽(98.1 kPa 饱和蒸汽)	千克(kg)	2 674.5	千焦每千克(kJ/kg)
注 1：原煤的热值按 5 000 千卡/千克计。 注 2：蒸汽折标准煤系数按热值计。 注 3：部分品种仍采用“万”为计量单位。			

A.2 耗能工质能源等价值

表 A.2 为耗能工质能源等价值。

表 A.2 耗能工质能源等价值

能源		折标准煤系数及单位	
名称	单位	热值/MJ	折标准煤/kg
新水	吨(t)	7.535 0	0.257 1
软化水	吨(t)	14.234 7	0.485 7
压缩空气	立方米(m^3)	1.172 3	0.040 0
乙炔	立方米(m^3)	243.672 2	8.314 3
注 1：新水指尚未使用的自来水。 注 2：除乙炔外，均按平均耗电计算。 注 3：乙炔按耗电石计算。			

ICS 27.010
F 01

中华人民共和国国家标准

GB 25325—2014
代替 GB 25325—2010

铝电解用预焙阳极单位产品能源消耗限额

The norm of energy consumption for prebaked anode products for aluminium eletrolyzation

2014-12-05 发布　　2015-10-01 实施

中华人民共和国国家质量监督检验检疫总局
中国国家标准化管理委员会　发布

前　言

本标准4.1条与4.2条为强制性的,其余为推荐性的。

本标准按照GB/T 1.1—2009给出的规则起草。

本标准代替GB 25325—2010《铝电解用预焙阳极单位产品能源消耗限额》。

本标准与GB 25325—2010相比,主要变化如下:

——将"成型焙烧工序综合能耗"指标分解为"成型工序单位产品综合能耗"和"焙烧工序单位产品综合能耗"指标,相关指标数值也进行了相应修改;

——修改了"煅烧工序单位产品综合能耗"的计算方法,相关指标数值也进行了修改:限定值修改为≤350 kgce/t、准入值改为≤105 kgce/t、先进值修改为≤100 kgce/t;

——修改了"组装工序单位产品综合能耗" 相关指标数值:限定值修改为≤11 kgce/t、准入值修改为≤6 kgce/t、先进值修改为≤4 kgce/t。

本标准由国家发展和改革委员会资源节约与环境保护司、工业和信息化部节能与综合利用司、中国有色金属工业协会提出。

本标准由全国能源基础与管理标准化技术委员会(SAC/TC 20)和全国有色金属标准化技术委员会(SAC/TC 243)归口。

本标准主要起草单位:中国铝业股份有限公司贵州分公司、索通发展股份有限公司、山东晨阳新型碳材料股份有限公司、中国有色金属工业标准计量质量研究所、济南万方炭素有限责任公司、中电投宁夏青铜峡能源铝业集团有限公司、济南澳海炭素有限公司、山东南山铝业股份有限公司、中国铝业股份有限公司河南分公司、云南铝业股份有限公司、包头铝业有限公司、新疆嘉润资源控股有限公司。

本标准主要起草人:王开付、张志宏、何璞睿、狄贵华、郎光辉、徐伟平、于易如、高守磊、侯振华、赵庆才、俞成斌、刘川。

铝电解用预焙阳极单位产品能源消耗限额

1 范围

本标准规定了铝电解用预焙阳极企业生产能源消耗限额的要求、计算原则、计算范围及计算方法。

本标准适用于铝电解用预焙阳极生产能耗的计算与考核评定,以及新建项目能耗的控制。

2 规范性引用文件

下列文件对于本文件的应用是必不可少的。凡是注日期的引用文件,仅注日期的版本适用于本文件。凡是不注日期的引用文件,其最新版本(包括所有的修改单)适用于本文件。

GB/T 2589 综合能耗计算通则

GB/T 12723 单位产品能源消耗限额编制通则

GB 17167 用能单位能源计量器具配备和管理通则

3 术语和定义

GB/T 2589 和 GB/T 12723 中界定的术语和定义适用于本文件。

4 要求

4.1 现有铝电解用预焙阳极生产企业单位产品能耗限额限定值

现有铝电解用预焙阳极生产企业单位产品能耗限额限定值应符合表 1 的规定。

表 1

指　　标	能耗限额限定值/(kgce/t)
煅烧工序单位产品综合能耗	≤350
成型工序单位产品综合能耗	≤30
焙烧工序单位产品综合能耗	≤130
组装工序单位产品综合能耗	≤11

4.2 新建铝电解用预焙阳极生产企业单位产品能耗限额准入值

新建铝电解用预焙阳极生产企业单位产品能耗限额准入值应符合表 2 的规定。

表 2

指　　标	能耗限额准入值/(kgce/t)
煅烧工序单位产品综合能耗	≤105
成型工序单位产品综合能耗	≤10
焙烧工序单位产品综合能耗	≤100
组装工序单位产品综合能耗	≤6

4.3　铝电解用预焙阳极生产企业单位产品能耗限额先进值

铝电解用预焙阳极生产企业单位产品能耗限额先进值应达到表 3 的规定。

表 3

指　　标	能耗限额先进值/(kgce/t)
煅烧工序单位产品综合能耗	≤100
成型工序单位产品综合能耗	≤10
焙烧工序单位产品综合能耗	≤80
组装工序单位产品综合能耗	≤4

5　铝电解用预焙阳极产品能耗计算原则及计算方法

5.1　铝电解用预焙阳极生产工艺流程图

完整的铝电解用预焙阳极生产工艺流程如图 1，由于各工序的生产可由不同的企业来完成，所以不是所有的企业都有完整的生产流程。

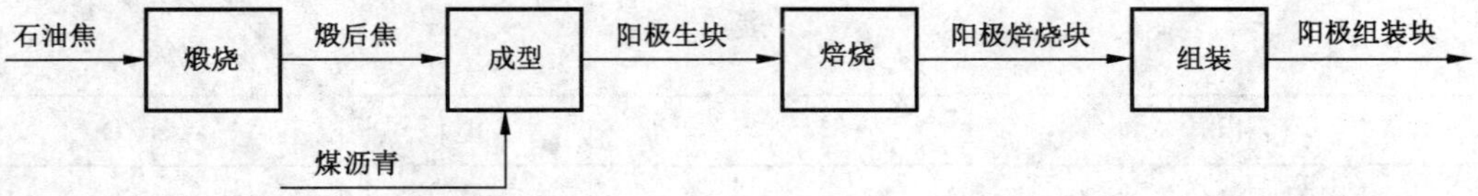

图 1　铝电解用预焙阳极生产工艺流程简图

5.2　考核指标

为了适用于含有不同工序的各种企业，铝电解用预焙阳极综合能耗分工序按工序单位产品综合能耗进行考核。

5.3　计算原则

5.3.1　铝电解用预焙阳极生产企业的能源消耗

企业生产的能源消耗指用于生产活动的各种能源，包括一次能源、二次能源、耗能工质和余热资源。包括能源及耗能工质在企业内部进行贮存、转换及计量供应(包括外销)中的损耗，不包括批准的基建项目用能。

5.3.2 报告期内的能源消耗量

报告期内企业生产消耗能源量有三种计算方法。

方法一:报告期内企业生产消耗能源量=企业购入能源量+期初库存能源量-企业转供能源量-企业基建项目耗能源量-企业生活用能源量-期末库存能源量

方法二:报告期内企业生产消耗能源量=企业诸产品工艺能耗量+辅助和附属生产系统用能源量+企业内部能源转换损失量

方法三:报告期内企业生产消耗能源量=企业诸产品综合能耗量之和

5.3.3 能源实物量的计量

能源实物量的计量必须符合《中华人民共和国计量法》和 GB 17167 的规定。

5.3.4 各种能源折算标准煤量的原则

应用基低(位)发热量等于 29.307 6 兆焦(MJ)的燃料称为 1 千克标准煤(kgce)。企业消耗的煤炭、焦炭、石油焦、燃料油、煤气、天然气等外购能源的折算系数,应按国家规定的测定分析方法进行分析测定,按实测值换算为标准煤;不能实测的,应按能源供应部门提供的低(位)发热量进行换算;在上述条件均不具备时,可用国家统计部门规定的折算系数换算为标准煤(见附录 A)。企业加工转换的二次能源及耗能工质按相应的等价热值折算。

5.3.5 余热资源计算原则

企业回收的余热,属于节约能源循环利用,在计算能耗时,应避免重复计算。余热利用装置用能计入能耗。回收能源自用部分,计入自用工序;转供其他工序时,在所用工序以正常消耗计入;回收的能源折标准煤后应在回收余热的工序、工艺中扣除。如是未扣除回收余热的能耗指标,应标明"未扣余热发电""含余热发电""未扣回收余热"等字样。

5.3.6 间接综合能耗分摊原则

间接综合能耗量应根据诸产品工艺能耗量占企业生产工艺能耗总量的比例,分摊到各个产品。

5.4 计算方法

5.4.1 单位产品综合能耗

5.4.1.1 煅烧工序单位产品综合能耗

报告期内,煅烧工序生产每吨符合工艺要求煅后焦实际消耗的各种能源(折成标准煤)量与该工序分摊的辅助、附属生产系统消耗的能源量总和,并扣除回收的余热量。按式(1)计算:

$$E_{ds}=\frac{e_{oc}+e_{d}-e_{y}+e_{df}}{P_{d}} \quad \cdots\cdots\cdots\cdots(1)$$

式中:

E_{ds} ——报告期内煅烧工序单位产品综合能耗,单位为千克标准煤每吨(kgce/t);

e_{oc} ——报告期内石油焦的烧损量,按式(2)计算,单位为千克标准煤(kgce);

e_{d} ——报告期内煅烧工序消耗的能源量,按式(3)计算,单位为千克标准煤(kgce);

e_{y} ——报告期内从煅烧工序回收的余热量,单位为千克标准煤(kgce);

e_{df} ——报告期内煅烧工序分摊的辅助附属部门能耗量,按式(11)计算,单位为千克标准煤(kgce);

P_d ——报告期内实收合格煅后焦产量，单位为吨(t)。

报告期内石油焦的烧损量 e_{oc} 按式(2)计算：

$$e_{oc}=(P_{oc}-P_d)\times\rho_{oc} \quad\cdots\cdots(2)$$

式中：

P_{oc} ——报告期内石油焦消耗量，单位为吨(t)；

ρ_{oc} ——石油焦折标准煤系数。

报告期内煅烧工序消耗的能源量 e_d 按式(3)计算：

$$e_d=\sum_{i=1}^{n}(e_{di}\times\rho_i) \quad\cdots\cdots(3)$$

式中：

e_{di} ——报告期内煅烧工序消耗的第 i 种能源实物量；

ρ_i ——报告期内第 i 种能源的折标准煤系数。

5.4.1.2 成型工序单位产品综合能耗

报告期内，成型工序生产出每吨合格阳极生块实际消耗的各种能源(折成标准煤)量与该工序分摊辅助、附属生产系统消耗的能源量之和。按式(4)计算：

$$E_{cx}=\frac{e_c+e_{cf}}{P_c} \quad\cdots\cdots(4)$$

式中：

E_{cx} ——报告期内成型工序单位产品综合能耗，单位为千克标准煤每吨(kgce/t)；

e_c ——报告期内成型工序消耗能源量，按式(5)计算，单位为千克标准煤(kgce)；

e_{cf} ——报告期内成型工序分摊的辅助附属部门能耗量，按式(11)计算，单位为千克标准煤(kgce)；

P_c ——报告期内合格阳极生块产量，单位为吨(t)。

报告期内成型工序消耗能源量 e_c 按式(5)计算：

$$e_c=\sum_{i=1}^{n}(e_{ci}\times\rho_i) \quad\cdots\cdots(5)$$

式中：

e_{ci} ——报告期内成型工序消耗的第 i 种能源实物量。

5.4.1.3 焙烧工序单位产品综合能耗

报告期内，焙烧工序生产出每吨合格阳极焙烧块实际消耗的各种能源(折成标准煤)量与该工序分摊的辅助附属部门的能源量之和。按式(6)计算：

$$E_{bs}=\frac{e_b+e_{bf}}{P_b} \quad\cdots\cdots(6)$$

式中：

E_{bs} ——报告期内焙烧工序单位产品综合能耗，单位为千克标准煤每吨(kgce/t)；

e_b ——报告期内焙烧工序消耗能源量，按式(7)计算，单位为千克标准煤(kgce)；

e_{bf} ——报告期内焙烧工序分摊的辅助附属部门能耗量，按式(11)计算，单位为千克标准煤(kgce)；

P_b ——报告期内合格焙烧块产量，单位为吨(t)。

报告期内焙烧工序消耗能源量 e_b 按式(7)计算：

$$e_b=\sum_{i=1}^{n}(e_{bi}\times\rho_i) \quad\cdots\cdots(7)$$

式中：

e_{bi} ——报告期内焙烧工序消耗的第 i 种能源实物量。

5.4.1.4 组装工序单位产品综合能耗

报告期内，组装工序生产每吨合格阳极组装块消耗的各种能源(折成标准煤)量与该工序分摊的辅助附属部门能量之和。按式(8)计算：

$$E_{zz}=\frac{e_z+e_{zf}}{P_z} \qquad \cdots\cdots(8)$$

式中：

E_{zz} ——报告期内组装工序单位产品综合能耗，单位为千克标准煤每吨(kgce/t)；

e_z ——报告期内组装工序消耗能源量，按式(9)计算，单位为千克标准煤(kgce)；

e_{zf} ——报告期组装工序分摊的辅助附属部门能耗量，按式(11)计算，单位为千克标准煤(kgce)；

P_z ——报告期内合格组装块产量，单位为吨(t)。

报告期内组装工序消耗能源量 e_z 按式(9)计算：

$$e_z=\sum_{i=1}^{n}(e_{zi}\times\rho_i) \qquad \cdots\cdots(9)$$

式中：

e_{zi} ——报告期内组装工序消耗的能源实物量。

5.4.2 辅助附属部门能耗

该工序消耗能源量包括机修、检修、车队等辅助车间用能和主体车间、管理部门的照明、取暖、降温、洗澡等用能。按式(10)计算：

$$e_f=\sum_{i=1}^{n}(e_{fi}\times\rho_i) \qquad \cdots\cdots(10)$$

式中：

e_f ——报告期内辅助附属部门消耗能源量，单位为千克标准煤(kgce)；

n ——报告期内辅助附属部门消耗的能源种数；

e_{fi} ——报告期内辅助附属部门消耗的第 i 种能源实物量。

5.4.3 分摊辅助附属部门能耗

计算工序综合能耗时，分摊的辅助附属部门能耗按式(11)计算：

$$e_{xf}=\frac{e_x}{e_d+e_c+e_b+e_z}\times e_f \qquad \cdots\cdots(11)$$

式中：

e_{xf} ——报告期内某工序分摊的辅助附属部门能耗量，单位为千克标准煤(kgce)；下标 x 代表 d、c、b 和 z，分别表示煅烧工序、成型工序、焙烧工序和组装工序；

e_x ——报告期内某工序消耗的能源量，单位为千克标准煤(kgce)；下标 x 代表 d、c、b 和 z，分别表示煅烧工序、成型工序、焙烧工序和组装工序。

附 录 A
（规范性附录）
常用能源品种现行折标准煤系数和耗能工质能源等价值

A.1 常用能源品种现行折标准煤系数

表 A.1 为常用能源品种现行折标准煤系数。

表 A.1 常用能源品种现行折标准煤系数

能源		折标准煤系数及单位	
品种	单位	系数	单位
汽油	吨(t)	1.471 4	吨标准煤每吨(tce/t)
重油	吨(t)	1.428 6	吨标准煤每吨(tce/t)
柴油	吨(t)	1.457 1	吨标准煤每吨(tce/t)
石油焦	吨(t)	1.000 0	吨标准煤每吨(tce/t)
电力	万千瓦小时(10^4 kW·h)	1.229	吨标准煤每万千瓦小时(tce/10^4 kW·h)
煤气(热值为 1 250×4.186 8 kJ/m^3)	万立方米(10^4 m^3)	1.786	吨标准煤每万立方米(tce/10^4 m^3)
天然气	千立方米(10^3 m^3)	1.330 0	吨标准煤每千立方米(tce/10^3 m^3)
蒸汽	吉焦(GJ)	0.034 12	吨标准煤每吉焦(tce/GJ)
注 1：原煤的热值按 5 000 kcal/kg 计。 注 2：蒸汽折标准煤系数按热值计。 注 3：部分品种仍采用"万"为计量单位。			

A.2 耗能工质能源等价值

表 A.2 为耗能工质能源等价值。

表 A.2 耗能工质能源等价值

能源		折标准煤系数及单位	
名称	单位	热值/MJ	折标准煤/kg
新水	吨(t)	7.535 0	0.257 1
压缩空气	立方米(m^3)	1.172 3	0.040 0
乙炔	立方米(m^3)	243.672 2	8.314 3

ICS 35.040
L 71

中华人民共和国国家标准

GB 25902.5—2014

信息技术　通用多八位编码字符集 西双版纳新傣文 32 点阵字型 第 5 部分：法杭体

Information technology—Universal multiple-octet coded character set—New Xishuang Banna Dai 32 dot matrix font—Part 5: Fahang Ti

2014-09-03 发布　　2015-07-01 实施

中华人民共和国国家质量监督检验检疫总局
中国国家标准化管理委员会　发布

前　言

GB 25902 的本部分的全部技术内容为强制性。

GB 25902《信息技术　通用多八位编码字符集　西双版纳新傣文 32 点阵字型》分为如下部分：

——第 1 部分：赫罕白体；

——第 2 部分：赫罕黑体；

——第 3 部分：温暖菲白体；

——第 4 部分：温暖菲黑体；

——第 5 部分：法杭体；

——第 6 部分：温暖菲大黑体；

——第 7 部分：勒达毕体；

……

本部分是 GB 25902 的第 5 部分。

本部分按照 GB/T 1.1—2009 给出的规则起草。

本部分依据 GB 13000《信息技术　通用多八位编码字符集（UCS）》所规定的西双版纳新傣文字符，以我国傣语地区规范的字型为基础，设计和规定了西双版纳新傣文信息系统用 32 点阵字型。

本部分由全国信息技术标准化技术委员会（SAC/TC 28）提出并归口。

本部分起草单位：中国电子技术标准化研究院、云南省少数民族语文指导工作委员会办公室、云南省西双版纳州民族语文指导工作委员会、云南省西双版纳报社、潍坊北大青鸟华光照排有限公司。

本部分主要起草人：岩温胆、和丽峰、刀福祥、陈壮、吕建春、玉康龙、熊玉有、殷建民、郗卫宁、黄姗姗。

引　言

有关字型数据的授权转让使用事宜，字型标准数据的维护、更新和修订工作，统一由归口单位负责。

地　　址：北京市东城区安定门东大街1号(北京市1101信箱)
邮　　编：100007
电　　话：010-64007689　010-84029173
传　　真：010-64007681
E-mail：citss@cesi.ac.cn

信息技术　通用多八位编码字符集　西双版纳新傣文 32 点阵字型　第 5 部分:法杭体

1 范围

GB 25902 的本部分规定了 GB 13000 中西双版纳新傣文全部图形字符的 32 点阵法杭体(参见附录 A)字型。

本部分适用于西双版纳新傣文信息处理系统中的输入、处理、输出设备,也可用于其他相关设备。

2 规范性引用文件

下列文件对于本文件的应用是必不可少的。凡是注日期的引用文件,仅注日期的版本适用于本文件。凡是不注日期的引用文件,其最新版本(包括所有的修改单)适用于本文件。

GB 13000　信息技术　通用多八位编码字符集(UCS)

3 术语和定义

下列术语和定义适用于本文件。

3.1

字形　glyph

一个可辨认的抽象图形符号,它不依赖于任何特定的设计。

3.2

字型　font

具有同一基本设计的字形图像的集合。

3.3

点阵字型　dot matrix font

以点的集合来表现图形字符的(型)形。

3.4

字序　character order

图形字符在集合中按一定规则排列的次序。

4 点阵字型的排列次序

本部分按 GB 13000 中的西双版纳新傣文排列次序排列各点阵字型。

5 标准数据的管理

为加强对信息技术产品用西双版纳新傣文字型与字模标准数据的管理,保证本部分在实施中数据的一致性和正确性。有关字型数据的授权转让的使用事宜，字型标准数据的维护、更新及修订工作，统一由归口单位负责。

6 点阵字型的表示方法

6.1 栅格

栅格由若干条等距离的垂直线与水平线相交叉而形成。

本部分规定的是 32 点阵字型，其栅格是横向 32 格，纵向 32 格。每个方格的中心定为点的中心位置。

栅格仅对构成点阵字型的各点进行定位，32 点阵的栅格如图 1 所示。

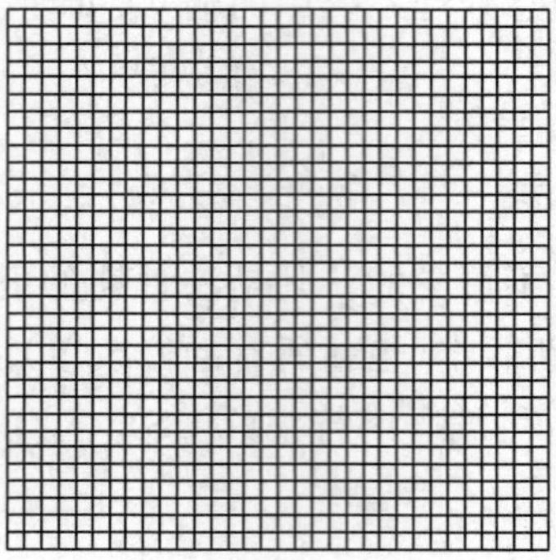

图 1 32 点阵栅格图

6.2 点

点是构成点阵字型的最小单位，以圆形或方形表示，它是位于各方格内的黑色区域。

6.3 点阵字样

西双版纳新傣文点阵字型的字样，由置于栅格内的若干个点的集合来表示。西双版纳新傣文“ᦵ”的 32 点阵法杭体字样如图 2 所示。

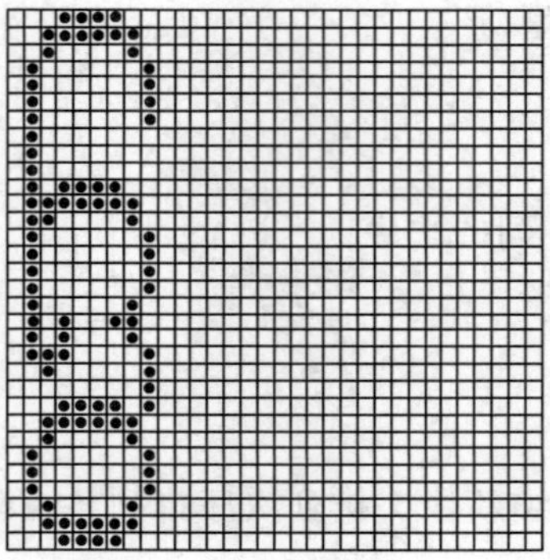

图 2 西双版纳新傣文 32 点阵法杭体“ᦵ”的字样

7 西双版纳新傣文点阵字型

7.1 字数

本部分按照 GB 13000，提供了 83 个西双版纳新傣文图形字符的点阵法杭体字型。

7.2 西双版纳新傣文字型数据

西双版纳新傣文 32 点阵字型数据的表示，见附录 B。

7.3 西双版纳新傣文 32 点阵字宽数据

西双版纳新傣文是不等宽字体，其每个字符都有各自特定的宽度，本部分提供了 83 个西双版纳新傣文 32 点阵法杭体字型宽度数据，参见附录 C。

7.4 西双版纳新傣文字型表

GB 13000 的 83 个西双版纳新傣文编码字符 32 点阵法杭体字型如下：

1980	1981	1982	1983	1984	1985	1986	1987	1988
ᦀ	ᦁ	ᦂ	ᦃ	ᦄ	ᦅ	ᦆ	ᦇ	ᦈ
1989	198A	198B	198C	198D	198E	198F	1990	1991
ᦉ	ᦊ	ᦋ	ᦌ	ᦍ	ᦎ	ᦏ	ᦐ	ᦑ
1992	1993	1994	1995	1996	1997	1998	1999	199A
ᦒ	ᦓ	ᦔ	ᦕ	ᦖ	ᦗ	ᦘ	ᦙ	ᦚ
199B	199C	199D	199E	199F	19A0	19A1	19A2	19A3
ᦛ	ᦜ	ᦝ	ᦞ	ᦟ	ᦠ	ᦡ	ᦢ	ᦣ
19A4	19A5	19A6	19A7	19A8	19A9	19AA	19AB	19B0
ᦤ	ᦥ	ᦦ	ᦧ	ᦨ	ᦩ	ᦪ	ᦫ	ᦰ
19B1	19B2	19B3	19B4	19B5	19B6	19B7	19B8	19B9
ᦱ	ᦲ	ᦳ	ᦴ	ᦵ	ᦶ	ᦷ	ᦸ	ᦹ
19BA	19BB	19BC	19BD	19BE	19BF	19C0	19C1	19C2
ᦺ	ᦻ	ᦼ	ᦽ	ᦾ	ᦿ	ᧀ	ᧁ	ᧂ
19C3	19C4	19C5	19C6	19C7	19C8	19C9	19D0	19D1
ᧃ	ᧄ	ᧅ	ᧆ	ᧇ	ᧈ	ᧉ	᧐	᧑
19D2	19D3	19D4	19D5	19D6	19D7	19D8	19D9	19DA
᧒	᧓	᧔	᧕	᧖	᧗	᧘	᧙	᧚
19DE	19DF							
᧞	᧟							

附 录 A
（资料性附录）
西双版纳新傣文法杭体

本部分的西双版纳新傣文点阵字型标准选用法杭体。法杭，即酸角果，法杭体意为“酸角果”体。此体形如酸角果，具有大方、饱满、圆润等特点，笔法干练有力，占傣文书法字体的重要一席。本字体在西双版纳、孟连及东南亚地区广泛使用，深受群众喜爱和欢迎。本字体可使用于书报正文，也用于标题和其他方面。

附 录 B

（规范性附录）

西双版纳新傣文32点阵字型数据

B.1 西双版纳新傣文点阵字型数据的表示

本部分中，西双版纳新傣文的字型可由其点阵数据来表示。每个字型的点阵数据为32×32(横行点数×纵列点数)，共1 024个二进制位，128个字节。

B.2 西双版纳新傣文点阵字型数据的记录格式

西双版纳新傣文32点阵字型数据的128个字节排列次序是以0字节开始至127个字节结束，均用十六进制表示，其记录格式如表B.1所示。

表 B.1 西双版纳新傣文点阵字型数据的记录格式

<table>
<tr><th rowspan="2">行数</th><th colspan="32">列数</th></tr>
<tr><th>0</th><th>1</th><th>2</th><th>3</th><th>4</th><th>5</th><th>6</th><th>7</th><th>0</th><th>1</th><th>2</th><th>3</th><th>4</th><th>5</th><th>6</th><th>7</th><th>0</th><th>1</th><th>2</th><th>3</th><th>4</th><th>5</th><th>6</th><th>7</th><th>0</th><th>1</th><th>2</th><th>3</th><th>4</th><th>5</th><th>6</th><th>7</th></tr>
<tr><td>0</td><td colspan="8">0字节</td><td colspan="8">1字节</td><td colspan="8">2字节</td><td colspan="8">3字节</td></tr>
<tr><td>1
2
3
4
5
6
7
8
⋮</td><td colspan="8"></td><td colspan="8"></td><td colspan="8"></td><td colspan="8"></td></tr>
<tr><td>31</td><td colspan="8">124字节</td><td colspan="8">125字节</td><td colspan="8">126字节</td><td colspan="8">127字节</td></tr>
</table>

B.3 32点阵字型数据举例

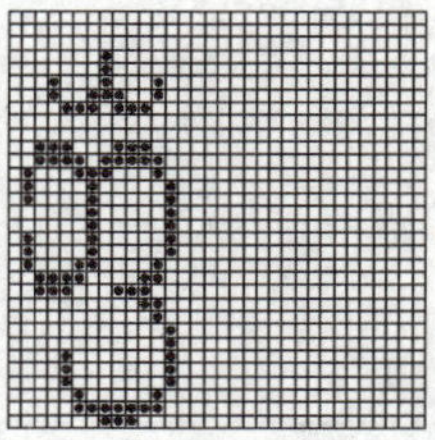
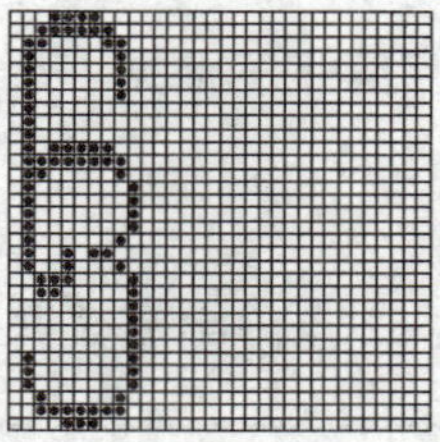
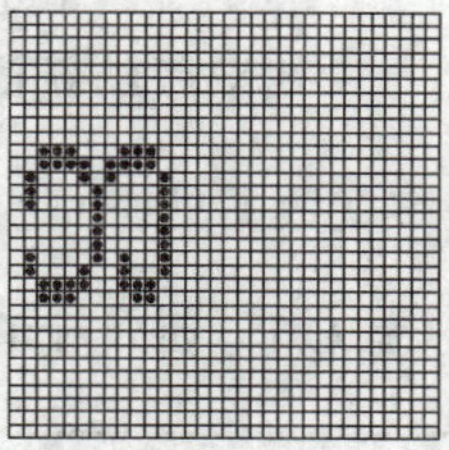
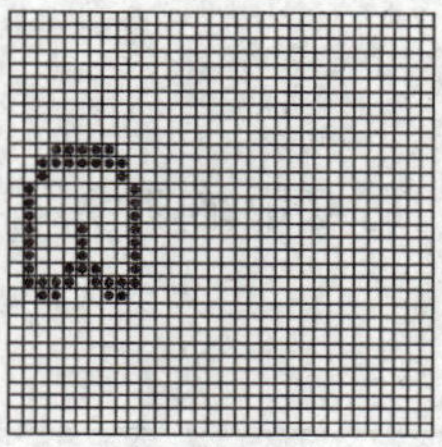

1981	198C	1998	1992
00 00 00 00	1E 00 00 00	00 00 00 00	00 00 00 00
00 00 00 00	3F 00 00 00	00 00 00 00	00 00 00 00
00 00 00 00	61 80 00 00	00 00 00 00	00 00 00 00
01 00 00 00	40 80 00 00	00 00 00 00	00 00 00 00
01 00 00 00	40 80 00 00	00 00 00 00	00 00 00 00
11 10 00 00	40 80 00 00	00 00 00 00	00 00 00 00
13 90 00 00	40 80 00 00	00 00 00 00	00 00 00 00
0E E0 00 00	40 00 00 00	00 00 00 00	00 00 00 00
00 00 00 00	40 00 00 00	00 00 00 00	00 00 00 00
00 00 00 00	40 00 00 00	00 00 00 00	00 00 00 00
38 E0 00 00	5F 00 00 00	38 E0 00 00	1F 00 00 00
3D F0 00 00	7F 80 00 00	3D E0 00 00	3F 80 00 00
47 10 00 00	60 80 00 00	45 10 00 00	20 80 00 00
42 08 00 00	40 40 00 00	42 10 00 00	40 40 00 00
42 08 00 00	40 40 00 00	42 10 00 00	40 40 00 00
02 08 00 00	40 40 00 00	02 10 00 00	40 40 00 00
02 08 00 00	40 40 00 00	02 10 00 00	44 40 00 00
42 08 00 00	40 80 00 00	02 10 00 00	44 40 00 00
42 08 00 00	4B 00 00 00	42 90 00 00	44 40 00 00
46 10 00 00	48 80 00 00	44 90 00 00	4E 40 00 00
3C 30 00 00	38 40 00 00	3C E0 00 00	7B C0 00 00
38 E0 00 00	30 40 00 00	38 60 00 00	31 80 00 00
00 30 00 00	00 40 00 00	00 00 00 00	00 00 00 00
00 10 00 00	00 40 00 00	00 00 00 00	00 00 00 00
00 08 00 00	00 40 00 00	00 00 00 00	00 00 00 00
00 08 00 00	00 40 00 00	00 00 00 00	00 00 00 00
08 08 00 00	40 40 00 00	00 00 00 00	00 00 00 00
08 08 00 00	40 40 00 00	00 00 00 00	00 00 00 00
08 08 00 00	40 40 00 00	00 00 00 00	00 00 00 00
04 10 00 00	20 80 00 00	00 00 00 00	00 00 00 00
07 F0 00 00	3F 80 00 00	00 00 00 00	00 00 00 00
01 C0 00 00	0E 00 00 00	00 00 00 00	00 00 00 00

附 录 C
（资料性附录）
西双版纳新傣文 32 点阵字宽数据

西双版纳新傣文 32 点阵字宽数据见表 C.1。

表 C.1 西双版纳新傣文 32 点阵字宽数据

代码	宽度	代码	宽度	代码	宽度	代码	宽度	代码	宽度	代码	宽度
1980	13	198E	12	199C	14	19AA	13	19BC	15	19D0	9
1981	13	198F	9	199D	13	19AB	9	19BD	15	19D1	9
1982	12	1990	13	199E	9	19B0	8	19BE	13	19D2	9
1983	9	1991	9	199F	14	19B1	9	19BF	14	19D3	9
1984	14	1992	10	19A0	14	19B2	8	19C0	14	19D4	9
1985	9	1993	10	19A1	9	19B3	9	19C1	9	19D5	10
1986	9	1994	12	19A2	9	19B4	13	19C2	9	19D6	10
1987	9	1995	11	19A3	9	19B5	11	19C3	10	19D7	14
1988	9	1996	14	19A4	9	19B6	20	19C4	10	19D8	12
1989	13	1997	14	19A5	9	19B7	9	19C5	14	19D9	9
198A	12	1998	12	19A6	12	19B8	9	19C6	9	19DA	13
198B	10	1999	9	19A7	9	19B9	8	19C7	9	19DE	12
198C	10	199A	12	19A8	9	19BA	9	19C8	8	19DF	12
198D	12	199B	14	19A9	9	19BB	14	19C9	8		

ICS 35.040
L 71

中华人民共和国国家标准

GB 25902.6—2014

信息技术　通用多八位编码字符集 西双版纳新傣文32点阵字型 第6部分：温暖菲大黑体

Information technology—Universal multiple-octet coded character set—New Xishuang Banna Dai 32 dot matrix font—Part 6: Wennuanfeidahei Ti

2014-09-03 发布　　2015-07-01 实施

中华人民共和国国家质量监督检验检疫总局
中国国家标准化管理委员会　发布

前　　言

GB 25902 的本部分的全部技术内容为强制性。

GB 25902《信息技术　通用多八位编码字符集　西双版纳新傣文 32 点阵字型》分为如下部分：

——第 1 部分：赫罕白体；

——第 2 部分：赫罕黑体；

——第 3 部分：温暖菲白体；

——第 4 部分：温暖菲黑体；

——第 5 部分：法杭体；

——第 6 部分：温暖菲大黑体；

——第 7 部分：勒达毕体；

……

本部分是 GB 25902 的第 6 部分。

本部分按照 GB/T 1.1—2009 给出的规则起草。

本部分依据 GB 13000《信息技术　通用多八位编码字符集(UCS)》所规定的西双版纳新傣文字符，以我国傣语地区规范的字型为基础，设计和规定了西双版纳新傣文信息系统用 32 点阵字型。

本部分由全国信息技术标准化技术委员会(SAC/TC 28)提出并归口。

本部分起草单位：中国电子技术标准化研究院、云南省少数民族语文指导工作委员会办公室、云南省西双版纳州民族语文指导工作委员会、云南省西双版纳报社、潍坊北大青鸟华光照排有限公司。

本部分主要起草人：刀福祥、岩温胆、和丽峰、吕建春、陈壮、玉康龙、熊玉有、李卫国、郗卫宁、黄姗姗、刘秀丽。

引　　言

有关字型数据的授权转让使用事宜，字型标准数据的维护、更新和修订工作，统一由归口单位负责。

地　　址：北京市东城区安定门东大街1号（北京市1101信箱）
邮　　编：100007
电　　话：010-64007689　010-84029173
传　　真：010-64007681
E-mail：citss@cesi.ac.cn

信息技术　通用多八位编码字符集
西双版纳新傣文32点阵字型
第6部分：温暖菲大黑体

1　范围

GB 25902 的本部分规定了 GB 13000 中西双版纳新傣文全部图形字符的32点阵温暖菲大黑体(参见附录 A)字型。

本部分适用于西双版纳新傣文信息处理系统中的输入、处理、输出设备，也可用于其他相关设备。

2　规范性引用文件

下列文件对于本文件的应用是必不可少的。凡是注日期的引用文件，仅注日期的版本适用于本文件。凡是不注日期的引用文件，其最新版本(包括所有的修改单)适用于本文件。

GB 13000　信息技术　通用多八位编码字符集(UCS)

3　术语和定义

下列术语和定义适用于本文件。

3.1

字形　glyph

一个可辨认的抽象图形符号，它不依赖于任何特定的设计。

3.2

字型　font

具有同一基本设计的字形图像的集合。

3.3

点阵字型　dot matrix font

以点的集合来表现图形字符的(型)形。

3.4

字序　character order

图形字符在集合中按一定规则排列的次序。

4　点阵字型的排列次序

本部分按 GB 13000 中的西双版纳新傣文排列次序排列各点阵字型。

5　标准数据的管理

为加强对信息技术产品用西双版纳新傣文字型与字模标准数据的管理，保证本部分在实施中数据的一致性和正确性。有关字型数据的授权转让的使用事宜，字型标准数据的维护、更新及修订工作，统一由归口单位负责。

6 点阵字型的表示方法

6.1 栅格

栅格由若干条等距离的垂直线与水平线相交叉而形成。

本部分规定的是32点阵字型，其栅格是横向32格，纵向32格。每个方格的中心定为点的中心位置。

栅格仅对构成点阵字型的各点进行定位，32点阵的栅格如图1所示。

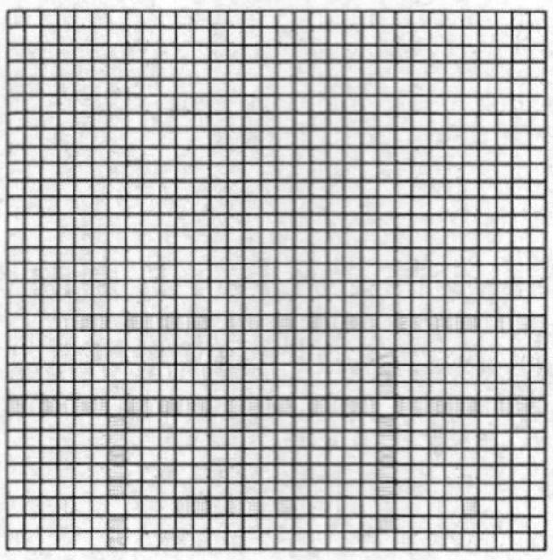

图1 32点阵栅格图

6.2 点

点是构成点阵字型的最小单位，以圆形或方形表示，它是位于各方格内的黑色区域。

6.3 点阵字样

西双版纳新傣文点阵字型的字样，由置于栅格内的若干个点的集合来表示。西双版纳新傣文“ᦵ”的32点阵温暖菲大黑体字样如图2所示。

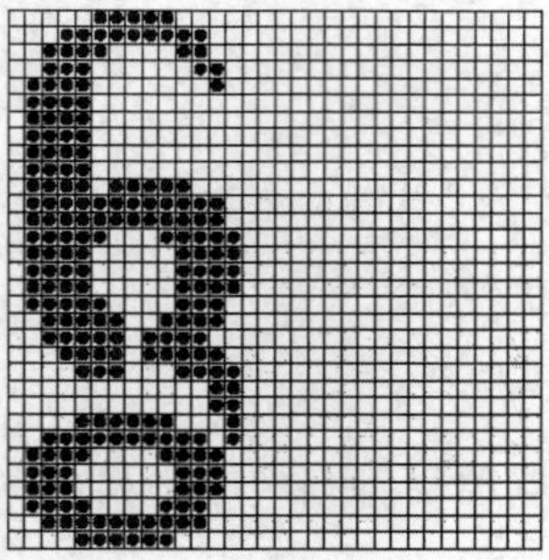

图2 西双版纳新傣文32点阵温暖菲大黑体“ᦵ”的字样

7 西双版纳新傣文点阵字型

7.1 字数

本部分按照 GB 13000，提供了 83 个西双版纳新傣文图形字符的点阵温暖非大黑体字型。

7.2 西双版纳新傣文字型数据

西双版纳新傣文 32 点阵字型数据的表示，见附录 B。

7.3 西双版纳新傣文 32 点阵字宽数据

西双版纳新傣文是不等宽字体，其每个字符都有各自特定的宽度，本部分提供了 83 个西双版纳新傣文 32 点阵温暖非大黑体字型宽度数据，参见附录 C。

7.4 西双版纳新傣文字型表

GB 13000 的 83 个西双版纳新傣文编码字符 32 点阵温暖非大黑体字型如下：

1980	1981	1982	1983	1984	1985	1986	1987	1988
ᦀ	ᦁ	ᦂ	ᦃ	ᦄ	ᦅ	ᦆ	ᦇ	ᦈ
1989	198A	198B	198C	198D	198E	198F	1990	1991
ᦉ	ᦊ	ᦋ	ᦌ	ᦍ	ᦎ	ᦏ	ᦐ	ᦑ
1992	1993	1994	1995	1996	1997	1998	1999	199A
ᦒ	ᦓ	ᦔ	ᦕ	ᦖ	ᦗ	ᦘ	ᦙ	ᦚ
199B	199C	199D	199E	199F	19A0	19A1	19A2	19A3
ᦛ	ᦜ	ᦝ	ᦞ	ᦟ	ᦠ	ᦡ	ᦢ	ᦣ
19A4	19A5	19A6	19A7	19A8	19A9	19AA	19AB	19B0
ᦤ	ᦥ	ᦦ	ᦧ	ᦨ	ᦩ	ᦪ	ᦫ	ᦰ
19B1	19B2	19B3	19B4	19B5	19B6	19B7	19B8	19B9
ᦱ	ᦲ	ᦳ	ᦴ	ᦵ	ᦶ	ᦷ	ᦸ	ᦹ
19BA	19BB	19BC	19BD	19BE	19BF	19C0	19C1	19C2
ᦺ	ᦻ	ᦼ	ᦽ	ᦾ	ᦿ	ᧀ	ᧁ	ᧂ
19C3	19C4	19C5	19C6	19C7	19C8	19C9	19D0	19D1
ᧃ	ᧄ	ᧅ	ᧆ	ᧇ	ᧈ	ᧉ	᧐	᧑
19D2	19D3	19D4	19D5	19D6	19D7	19D8	19D9	19DA
᧒	᧓	᧔	᧕	᧖	᧗	᧘	᧙	᧚
19DE	19DF							
᧞	᧟							

附 录 A
（资料性附录）
西双版纳新傣文温暖菲大黑体

本部分的西双版纳新傣文点阵字型标准选用温暖菲大黑体。温，即风猴，暖菲，即栖枝，温暖菲体意为“风猴栖枝”体。这种字体摹拟风猴在树上栖歇的形象而创，大黑体文字显示更突出。该字体流行于西双版纳、孟连、景谷、耿马及东南亚地区，深受群众喜爱和欢迎，是西双版纳新傣文最常用的字体之一。本字体可使用于书报标题字，也用于牌匾、广告和其他方面。

附 录 B
(规范性附录)
西双版纳新傣文 32 点阵字型数据

B.1 西双版纳新傣文点阵字型数据的表示

本部分中,西双版纳新傣文的字型可由其点阵数据来表示。每个字型的点阵数据为 32×32(横行点数×纵列点数),共 1 024 个二进制位,128 个字节。

B.2 西双版纳新傣文点阵字型数据的记录格式

西双版纳新傣文 32 点阵字型数据的 128 个字节排列次序是以 0 字节开始至 127 个字节结束,均用十六进制表示,其记录格式如表 B.1 所示。

表 B.1 西双版纳新傣文点阵字型数据的记录格式

<table>
<tr><th rowspan="2">行数</th><th colspan="32">列数</th></tr>
<tr><th>0</th><th>1</th><th>2</th><th>3</th><th>4</th><th>5</th><th>6</th><th>7</th><th>0</th><th>1</th><th>2</th><th>3</th><th>4</th><th>5</th><th>6</th><th>7</th><th>0</th><th>1</th><th>2</th><th>3</th><th>4</th><th>5</th><th>6</th><th>7</th><th>0</th><th>1</th><th>2</th><th>3</th><th>4</th><th>5</th><th>6</th><th>7</th></tr>
<tr><td>0</td><td colspan="8">0 字节</td><td colspan="8">1 字节</td><td colspan="8">2 字节</td><td colspan="8">3 字节</td></tr>
<tr><td>1
2
3
4
5
6
7
8
⋮</td><td colspan="8"></td><td colspan="8"></td><td colspan="8"></td><td colspan="8"></td></tr>
<tr><td>31</td><td colspan="8">124 字节</td><td colspan="8">125 字节</td><td colspan="8">126 字节</td><td colspan="8">127 字节</td></tr>
</table>

B.3 32点阵字型数据举例

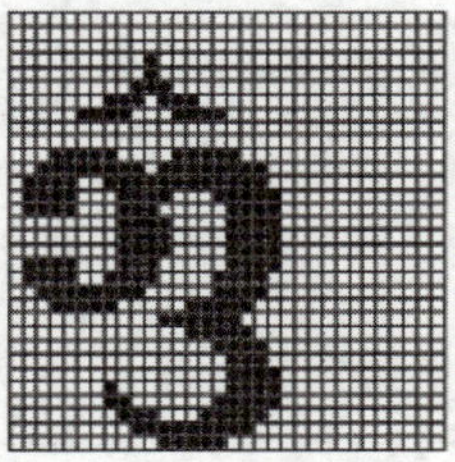
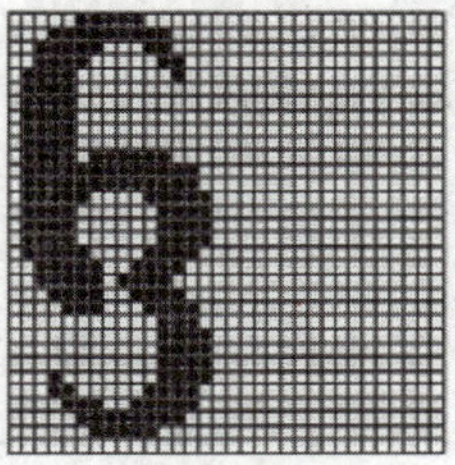

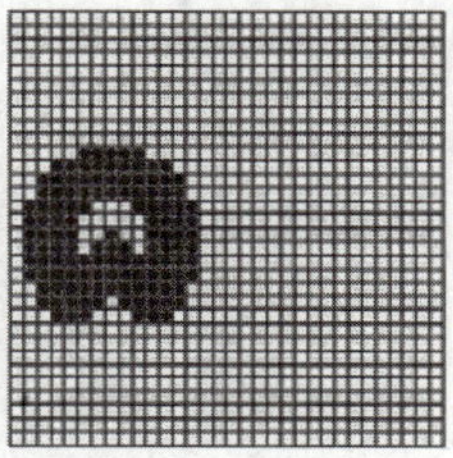

1981	198C	1998	1992
00 00 00 00	07 C0 00 00	00 00 00 00	00 00 00 00
00 00 00 00	1F F0 00 00	00 00 00 00	00 00 00 00
00 00 00 00	3E 30 00 00	00 00 00 00	00 00 00 00
00 20 00 00	3C 18 00 00	00 00 00 00	00 00 00 00
00 20 00 00	78 08 00 00	00 00 00 00	00 00 00 00
00 70 00 00	78 00 00 00	00 00 00 00	00 00 00 00
01 DC 00 00	78 00 00 00	00 00 00 00	00 00 00 00
07 8F 00 00	78 00 00 00	00 00 00 00	00 00 00 00
00 00 00 00	78 00 00 00	00 00 00 00	00 00 00 00
00 00 00 00	78 00 00 00	00 00 00 00	00 00 00 00
1F 0F 80 00	7B F0 00 00	1F 07 C0 00	07 C0 00 00
3F DF E0 00	7F FC 00 00	3F DF F0 00	1F F0 00 00
79 FF E0 00	7F FC 00 00	7F FF F0 00	3F F8 00 00
78 F1 F0 00	7C 3E 00 00	79 F8 F8 00	3F F8 00 00
78 E0 F0 00	78 1E 00 00	78 F0 78 00	7C 7C 00 00
00 F0 F0 00	78 1E 00 00	00 F0 78 00	78 3C 00 00
00 F0 F0 00	78 1E 00 00	00 F0 78 00	79 3C 00 00
00 F0 F0 00	7C 3C 00 00	78 F0 78 00	7B BC 00 00
78 E0 F0 00	3E 78 00 00	79 E4 F8 00	7F FC 00 00
79 E1 E0 00	3E F0 00 00	7F E7 F0 00	7F FC 00 00
3F C1 E0 00	1E 78 00 00	3F C7 F0 00	3F F8 00 00
1F 07 C0 00	0E 3C 00 00	1F 03 C0 00	3E F8 00 00
00 1F 80 00	00 1C 00 00	00 00 00 00	1C 70 00 00
00 07 C0 00	00 1E 00 00	00 00 00 00	00 00 00 00
00 01 E0 00	00 1E 00 00	00 00 00 00	00 00 00 00
00 00 E0 00	00 1E 00 00	00 00 00 00	00 00 00 00
00 00 F0 00	10 1E 00 00	00 00 00 00	00 00 00 00
01 00 F0 00	18 3C 00 00	00 00 00 00	00 00 00 00
01 81 F0 00	0E 7C 00 00	00 00 00 00	00 00 00 00
00 E3 E0 00	07 F8 00 00	00 00 00 00	00 00 00 00
00 7F C0 00	03 E0 00 00	00 00 00 00	00 00 00 00
00 1F 00 00	00 00 00 00	00 00 00 00	00 00 00 00

附 录 C
（资料性附录）
西双版纳新傣文 32 点阵字宽数据

西双版纳新傣文 32 点阵字宽数据见表 C.1。

表 C.1 西双版纳新傣文 32 点阵字宽数据

代码	宽度	代码	宽度	代码	宽度	代码	宽度	代码	宽度	代码	宽度
1980	20	198E	21	199C	22	19AA	21	19BC	22	19D0	14
1981	20	198F	14	199D	21	19AB	14	19BD	22	19D1	14
1982	22	1990	22	199E	14	19B0	13	19BE	21	19D2	13
1983	14	1991	14	199F	22	19B1	14	19BF	22	19D3	18
1984	22	1992	14	19A0	22	19B2	14	19C0	22	19D4	18
1985	15	1993	14	19A1	14	19B3	14	19C1	14	19D5	16
1986	15	1994	19	19A2	15	19B4	20	19C2	14	19D6	12
1987	14	1995	14	19A3	15	19B5	16	19C3	14	19D7	23
1988	14	1996	22	19A4	14	19B6	23	19C4	14	19D8	22
1989	21	1997	20	19A5	15	19B7	14	19C5	22	19D9	14
198A	20	1998	21	19A6	22	19B8	14	19C6	14	19DA	20
198B	14	1999	14	19A7	14	19B9	14	19C7	14	19DE	24
198C	15	199A	14	19A8	15	19BA	14	19C8	13	19DF	24
198D	22	199B	22	19A9	15	19BB	22	19C9	13		

ICS 35.040
L 71

中华人民共和国国家标准

GB 25902.7—2014

信息技术 通用多八位编码字符集 西双版纳新傣文 32 点阵字型 第 7 部分:勒达毕体

Information technology—Universal multiple-octet coded character set—New Xishuang Banna Dai 32 dot matrix font—Part 7:Ledabi Ti

2014-09-03 发布 2015-07-01 实施

中华人民共和国国家质量监督检验检疫总局
中国国家标准化管理委员会 发布

前　言

GB 25902 的本部分的全部技术内容为强制性。

GB 25902《信息技术　通用多八位编码字符集　西双版纳新傣文 32 点阵字型》分为如下部分：

——第 1 部分：赫罕白体；

——第 2 部分：赫罕黑体；

——第 3 部分：温暖菲白体；

——第 4 部分：温暖菲黑体；

——第 5 部分：法杭体；

——第 6 部分：温暖菲大黑体；

——第 7 部分：勒达毕体。

……

本部分是 GB 25902 的第 7 部分。

本部分按照 GB/T 1.1—2009 给出的规则起草。

本部分依据 GB 13000《信息技术　通用多八位编码字符集(UCS)》所规定的西双版纳新傣文字符，以我国傣语地区规范的字型为基础，设计和规定了西双版纳新傣文信息系统用 32 点阵字型。

本部分由全国信息技术标准化技术委员会(SAC/TC 28)提出并归口。

本部分起草单位：中国电子技术标准化研究院、云南省少数民族语文指导工作委员会办公室、云南省西双版纳州民族语文指导工作委员会、云南省西双版纳报社、潍坊北大青鸟华光照排有限公司。

本部分主要起草人：岩温胆、和丽峰、陈壮、刀福祥、吕建春、玉康龙、熊玉有、阎冰、郗卫宁、黄姗姗、冯海霞。

引　　言

有关字型数据的授权转让使用事宜，字型标准数据的维护、更新和修订工作，统一由归口单位负责。

地　　址：北京市东城区安定门东大街 1 号（北京市 1101 信箱）
邮　　编：100007
电　　话：010-64007689　010-84029173
传　　真：010-64007681
E-mail：citss@cesi.ac.cn

信息技术　通用多八位编码字符集 西双版纳新傣文32点阵字型 第7部分：勒达毕体

1　范围

GB 25902的本部分规定了GB 13000中西双版纳新傣文全部图形字符的32点阵勒达毕体（参见附录A）字型。

本部分适用于西双版纳新傣文信息处理系统中的输入、处理、输出设备，也可用于其他相关设备。

2　规范性引用文件

下列文件对于本文件的应用是必不可少的。凡是注日期的引用文件，仅注日期的版本适用于本文件。凡是不注日期的引用文件，其最新版本（包括所有的修改单）适用于本文件。

GB 13000　信息技术　通用多八位编码字符集（UCS）

3　术语和定义

下列术语和定义适用于本文件。

3.1

字形　glyph

一个可辨认的抽象图形符号，它不依赖于任何特定的设计。

3.2

字型　font

具有同一基本设计的字形图像的集合。

3.3

点阵字型　dot matrix font

以点的集合来表现图形字符的（型）形。

3.4

字序　character order

图形字符在集合中按一定规则排列的次序。

4　点阵字型的排列次序

本部分按GB 13000中的西双版纳新傣文排列次序排列各点阵字型。

5　标准数据的管理

为加强对信息技术产品用西双版纳新傣文字型与字模标准数据的管理，保证本部分在实施中数据的一致性和正确性。有关字型数据的授权转让的使用事宜，字型标准数据的维护、更新及修订工作，统一由归口单位负责。

6　点阵字型的表示方法

6.1　栅格

栅格由若干条等距离的垂直线与水平线相交叉而形成。

本部分规定的是32点阵字型，其栅格是横向32格，纵向32格。每个方格的中心定为点的中心位置。

栅格仅对构成点阵字型的各点进行定位，32点阵的栅格如图1所示。

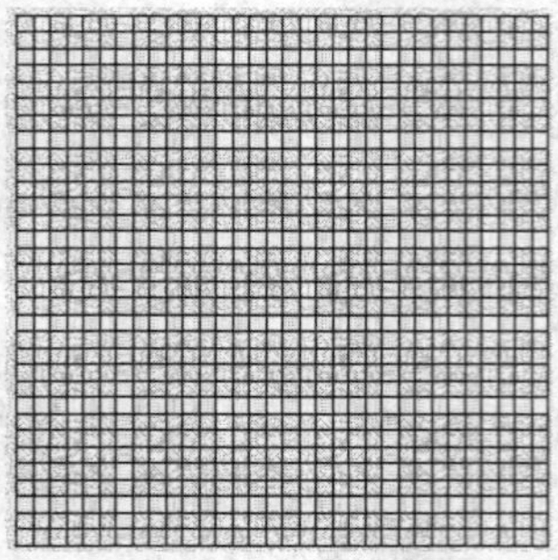

图1　32点阵栅格图

6.2　点

点是构成点阵字型的最小单位，以圆形或方形表示，它是位于各方格内的黑色区域。

6.3　点阵字样

西双版纳新傣文点阵字型的字样，由置于栅格内的若干个点的集合来表示。西双版纳新傣文“ᦀ”的32点阵勒达毕体字样如图2所示。

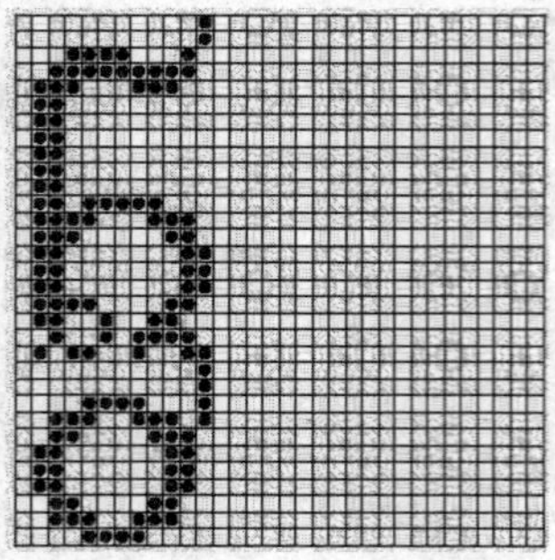

图2　西双版纳新傣文32点阵勒达毕体“ᦀ”的字样

7　西双版纳新傣文点阵字型

7.1　字数

本部分按照GB 13000，提供了83个西双版纳新傣文图形字符的点阵勒达毕体字型。

7.2 西双版纳新傣文字型数据

西双版纳新傣文 32 点阵字型数据的表示，见附录 B。

7.3 西双版纳新傣文 32 点阵字宽数据

西双版纳新傣文是不等宽字体，其每个字符都有各自特定的宽度，本部分提供了 83 个西双版纳新傣文 32 点阵勒达毕体字型宽度数据，参见附录 C。

7.4 西双版纳新傣文字型表

GB 13000 的 83 个西双版纳新傣文编码字符 32 点阵勒达毕体字型如下：

1980	1981	1982	1983	1984	1985	1986	1987	1988
ᦀ	ᦁ	ᦂ	ᦃ	ᦄ	ᦅ	ᦆ	ᦇ	ᦈ
1989	198A	198B	198C	198D	198E	198F	1990	1991
ᦉ	ᦊ	ᦋ	ᦌ	ᦍ	ᦎ	ᦏ	ᦐ	ᦑ
1992	1993	1994	1995	1996	1997	1998	1999	199A
ᦒ	ᦓ	ᦔ	ᦕ	ᦖ	ᦗ	ᦘ	ᦙ	ᦚ
199B	199C	199D	199E	199F	19A0	19A1	19A2	19A3
ᦛ	ᦜ	ᦝ	ᦞ	ᦟ	ᦠ	ᦡ	ᦢ	ᦣ
19A4	19A5	19A6	19A7	19A8	19A9	19AA	19AB	19B0
ᦤ	ᦥ	ᦦ	ᦧ	ᦨ	ᦩ	ᦪ	ᦫ	ᦰ
19B1	19B2	19B3	19B4	19B5	19B6	19B7	19B8	19B9
ᦱ	ᦲ	ᦳ	ᦴ	ᦵ	ᦶ	ᦷ	ᦸ	ᦹ
19BA	19BB	19BC	19BD	19BE	19BF	19C0	19C1	19C2
ᦺ	ᦻ	ᦼ	ᦽ	ᦾ	ᦿ	ᧀ	ᧁ	ᧂ
19C3	19C4	19C5	19C6	19C7	19C8	19C9	19D0	19D1
ᧃ	ᧄ	ᧅ	ᧆ	ᧇ	ᧈ	ᧉ	᧐	᧑
19D2	19D3	19D4	19D5	19D6	19D7	19D8	19D9	19DA
᧒	᧓	᧔	᧕	᧖	᧗	᧘	᧙	᧚
19DE	19DF							
᧞	᧟							

附 录 A
（资料性附录）
西双版纳新傣文勒达毕体

本部分的西双版纳新傣文点阵字型标准选用勒达毕体。勒，即斑鸠，达毕，即晾翅膀，勒达毕体意为“斑鸠晾翅膀”体。这种字体是以斑鸠晾晒翅膀形象摹拟而成，开笔跌宕起伏，字形华丽，曲线优美。这种字体流行于西双版纳、孟连、景谷及东南亚地区，适用于书法、封面、标题字书写，有时也用于书信撰写。

附　录　B

（规范性附录）

西双版纳新傣文 32 点阵字型数据

B.1　西双版纳新傣文点阵字型数据的表示

本部分中，西双版纳新傣文的字型可由其点阵数据来表示。每个字型的点阵数据为 32×32（横行点数×纵列点数），共 1 024 个二进制位，128 个字节。

B.2　西双版纳新傣文点阵字型数据的记录格式

西双版纳新傣文 32 点阵字型数据的 128 个字节排列次序是以 0 字节开始至 127 个字节结束，均用十六进制表示，其记录格式如表 B.1 所示。

表 B.1　西双版纳新傣文点阵字型数据的记录格式

<table>
<tr><th rowspan="2">行数</th><th colspan="32">列数</th></tr>
<tr><th>0</th><th>1</th><th>2</th><th>3</th><th>4</th><th>5</th><th>6</th><th>7</th><th>0</th><th>1</th><th>2</th><th>3</th><th>4</th><th>5</th><th>6</th><th>7</th><th>0</th><th>1</th><th>2</th><th>3</th><th>4</th><th>5</th><th>6</th><th>7</th><th>0</th><th>1</th><th>2</th><th>3</th><th>4</th><th>5</th><th>6</th><th>7</th></tr>
<tr><td>0</td><td colspan="8">0 字节</td><td colspan="8">1 字节</td><td colspan="8">2 字节</td><td colspan="8">3 字节</td></tr>
<tr><td>1
2
3
4
5
6
7
8
⋮</td><td colspan="8"></td><td colspan="8"></td><td colspan="8"></td><td colspan="8"></td></tr>
<tr><td>31</td><td colspan="8">124 字节</td><td colspan="8">125 字节</td><td colspan="8">126 字节</td><td colspan="8">127 字节</td></tr>
</table>

B.3 32 点阵字型数据举例

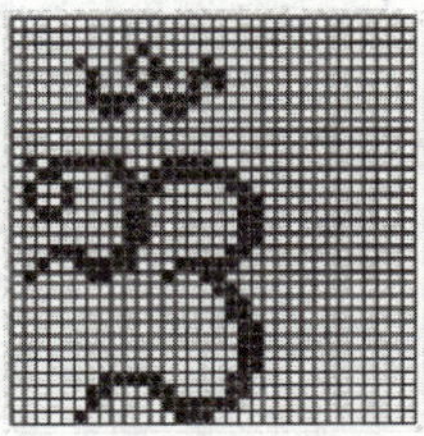
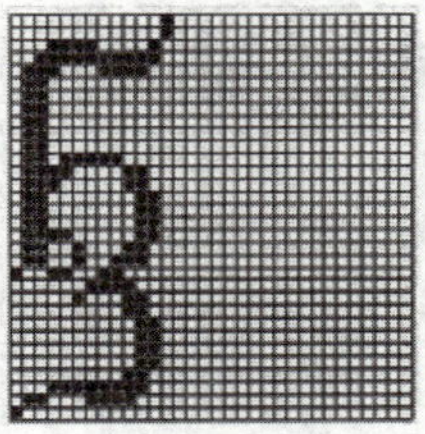
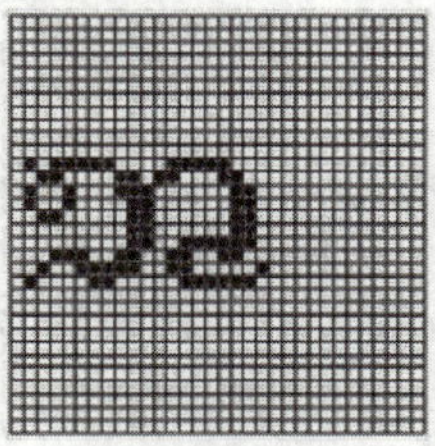
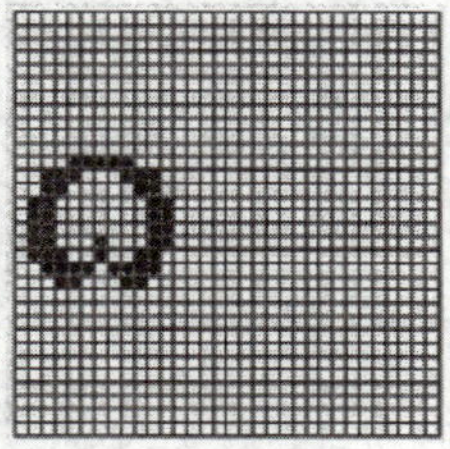

1981	198C	1998	1992
00 00 00 00	00 08 00 00	00 00 00 00	00 00 00 00
00 00 00 00	00 08 00 00	00 00 00 00	00 00 00 00
00 20 00 00	1E 10 00 00	00 00 00 00	00 00 00 00
04 51 00 00	3F F0 00 00	00 00 00 00	00 00 00 00
02 5B 80 00	71 E0 00 00	00 00 00 00	00 00 00 00
02 22 80 00	60 00 00 00	00 00 00 00	00 00 00 00
03 DE 00 00	60 00 00 00	00 00 00 00	00 00 00 00
01 8C 00 00	60 00 00 00	00 00 00 00	00 00 00 00
00 00 00 00	60 00 00 00	00 00 00 00	00 00 00 00
00 00 00 00	60 00 00 00	00 00 00 00	00 00 00 00
00 00 00 00	60 00 00 00	00 00 00 00	00 00 00 00
5F 8F 00 00	6F 80 00 00	5F 0F 80 00	0F 80 00 00
30 DF C0 00	78 60 00 00	30 D8 C0 00	38 E0 00 00
48 70 60 00	70 60 00 00	48 E0 60 00	30 60 00 00
48 60 30 00	60 30 00 00	48 60 60 00	60 30 00 00
30 60 30 00	60 30 00 00	30 60 60 00	60 30 00 00
00 60 30 00	60 30 00 00	00 60 60 00	60 30 00 00
00 60 30 00	78 30 00 00	00 67 E0 00	62 30 00 00
1C C0 60 00	64 60 00 00	1C CC C0 00	72 60 00 00
27 C7 C0 00	64 E0 00 00	27 CC 10 00	3D E0 00 00
43 09 80 00	99 80 00 00	43 07 E0 00	18 C0 00 00
00 00 C0 00	03 C0 00 00	00 00 00 00	00 00 00 00
00 00 60 00	04 60 00 00	00 00 00 00	00 00 00 00
00 00 60 00	00 60 00 00	00 00 00 00	00 00 00 00
00 00 30 00	00 30 00 00	00 00 00 00	00 00 00 00
00 00 30 00	00 30 00 00	00 00 00 00	00 00 00 00
00 00 30 00	00 30 00 00	00 00 00 00	00 00 00 00
00 00 30 00	00 30 00 00	00 00 00 00	00 00 00 00
01 F0 60 00	00 60 00 00	00 00 00 00	00 00 00 00
03 18 60 00	1F E0 00 00	00 00 00 00	00 00 00 00
02 0F C0 00	63 C0 00 00	00 00 00 00	00 00 00 00
04 07 00 00	80 00 00 00	00 00 00 00	00 00 00 00

附 录 C
（资料性附录）
西双版纳新傣文 32 点阵字宽数据

西双版纳新傣文 32 点阵字宽数据见表 C.1。

表 C.1 西双版纳新傣文 32 点阵字宽数据

代码	宽度	代码	宽度	代码	宽度	代码	宽度	代码	宽度	代码	宽度
1980	20	198E	19	199C	19	19AA	20	19BC	19	19D0	12
1981	20	198F	12	199D	19	19AB	12	19BD	19	19D1	12
1982	19	1990	20	199E	12	19B0	9	19BE	17	19D2	13
1983	12	1991	13	199F	20	19B1	12	19BF	19	19D3	12
1984	19	1992	12	19A0	20	19B2	12	19C0	19	19D4	12
1985	12	1993	12	19A1	11	19B3	12	19C1	12	19D5	12
1986	13	1994	12	19A2	13	19B4	17	19C2	12	19D6	13
1987	12	1995	12	19A3	12	19B5	12	19C3	12	19D7	18
1988	11	1996	20	19A4	12	19B6	18	19C4	13	19D8	12
1989	20	1997	20	19A5	13	19B7	13	19C5	20	19D9	12
198A	12	1998	20	19A6	19	19B8	11	19C6	12	19DA	18
198B	12	1999	13	19A7	13	19B9	12	19C7	13	19DE	19
198C	13	199A	12	19A8	12	19BA	12	19C8	9	19DF	19
198D	19	199B	19	19A9	12	19BB	19	19C9	9		

ICS 35.040
L 70

中华人民共和国国家标准

GB/T 26237.4—2014

信息技术　生物特征识别数据交换格式
第4部分:指纹图像数据

Information technology—Biometric data interchange formats—
Part 4: Finger image data

(ISO/IEC 19794-4:2005,NEQ)

2014-12-05 发布　　2015-05-01 实施

中华人民共和国国家质量监督检验检疫总局
中国国家标准化管理委员会　发布

前　言

GB/T 26237《信息技术　生物特征识别数据交换格式》分为下列 14 个部分：

——第 1 部分：框架；

——第 2 部分：指纹细节点数据；

——第 3 部分：指纹型谱数据；

——第 4 部分：指纹图像数据；

——第 5 部分：人脸图像数据；

——第 6 部分：虹膜图像数据；

——第 7 部分：签名/签字时间序列数据；

——第 8 部分：指纹型骨架数据；

——第 9 部分：血管的生物特征识别图像数据；

——第 10 部分：手形轮廓数据；

——第 11 部分：处理过的签名/签字动态数据；

——第 12 部分：脸形特性数据；

——第 13 部分：声音数据；

——第 14 部分：DNA 数据。

本部分为 GB/T 26237 的第 4 部分。

本部分按照 GB/T 1.1—2009 给出的规则起草。

本部分使用重新起草法参考 ISO/IEC 19794-4:2005《信息技术　生物特征识别数据交换格式　第 4 部分：指纹图像数据》编制，与 ISO/IEC 19794-4:2005 的一致性程度为非等效。

请注意本文件的某些内容可能涉及专利。本文件的发布机构不承担识别这些专利的责任。

本部分由全国信息技术标准化技术委员会(SAC/TC 28)提出并归口。

本部分起草单位：中国电子技术标准化研究院、长春鸿达光电子与生物统计识别技术有限公司、方正国际软件有限公司。

本部分主要起草人：袁理、霍红文、王欣、冯敬、金倩、刘爽、杨前邦。

引　言

在司法领域，经常使用自动指纹识别系统进行身份鉴别，需要指纹信息的交换。指纹图像的采集和传输是指纹信息交换的主要内容。然而在使用生物特征识别技术的用户验证和授权的应用中，来自于不同供方的设备之间几乎不能进行指纹信息的交换。造成这种现象的部分原因是供方之间在信息的采集数量和类型、采集方式和需交换的内容方面没有形成共同的约定。

GB/T 26237 的本部分是生物特征识别系统间的互操作性和数据交换标准的一部分。该标准规定了解决生物特征识别应用于各种身份鉴别应用的复杂性要求，无论应用于开放系统环境，还是单一的密闭的系统。更多有关该标准的信息见 GB/T 26237.1—2010《信息技术　生物特征识别数据交换格式　第 1 部分：框架》。

本部分是针对需要交换的原始或处理过的指/掌纹图像的各种应用而制定的，这些图像可以不受数据存储空间或传输时间等资源的限制。本部分既适用于包含了详尽图像像素信息的采集指纹的交换，也适用于经过处理的、包含少量像素和/或具有较少的灰度级别的指纹图像数据的交换。相比于 GB/T 26237的其他部分定义的适用于诸如细节、模式或者其他变量的指纹特征交换的格式，指纹图像需要更多的存储空间。然而，按照 GB/T 26237 的其他任何部分的标准格式信息记录都不能被针对另外信息类型设计的算法所使用。换言之，细节数据不能被模式比对算法所应用，模式数据也不能被细节比对算法所使用。

基于细节、模式或者其他比对方式的处理方法会产生不同的中间输出，这些方法都应先采集高质量的指纹图像，然后再缩减图像的尺寸(按字节)或者从图像中提取一组特征数据。而将采集的图像或经过处理的图像提供给供方使用，就无需考虑这些供方所使用的是基于细节，还是基于模式或其他比对算法。从而由采集的指纹图像获得的数据可以为开发人员在选择或者组合比对算法技术方面提供更多的自由空间。例如，可将注册图像存储在身份识别证件的非接触芯片中，这样证件所有者将来既可在基于细节比对算法，也可在基于模式比对算法的识别系统中进行身份鉴别。利用图像来表示指纹信息，不会受细节、模式或者其他形式的预先定义的影响。这就为实施者使用由不同设备采集、具有不同的尺寸、分辨率以及具有不同的灰度深度的图像提供了灵活性。因此使用指纹图像就可以允许每个供方实现他们自己的算法来判定两个指纹记录是否来自同一个手指。

信息技术　生物特征识别数据交换格式
第4部分：指纹图像数据

1　范围

GB/T 26237的本部分规定了一个用来从一个或多个符合ISO/IEC 19785-1 CBEFF数据结构的指/掌纹图像区域进行存储、记录和传输信息的数据记录交换格式，可用来进行指纹图像数据的交换和比较。本部分定义了可用于个体认证和鉴定的指纹图像数据交换的测量内容、格式和单位。该信息由一些必选项和可选项构成，包括扫描参数、压缩或未压缩图像以及供方规定的信息，且可以在使用自动设备和系统进行基于指纹图像区域进行鉴定和认证的组织之间进行交换。按照本部分进行编译和格式化的信息可在机读媒介上记录或使用数据通信设施进行传输。

2　规范性引用文件

下列文件对于本文件的应用是必不可少的。凡是注日期的引用文件，仅注日期的版本适用于本文件。凡是不注日期的引用文件，其最新版本(包括所有的修改单)适用于本文件。

GB/T 17235.1—1998　信息技术　连续色调静态图像的数字压缩及编码　第1部分：要求和指南(ISO/IEC 10918-1:1994,IDT)

GB/T 26237.1—2010　生物特征识别数据交换格式　第1部分：框架(ISO/IEC 19794-1:2006,MOD)

ISO/IEC 15444(所有部分)　信息技术 JPEG 2000图像编码系统[Information technology—JPEG 2000 image coding system(All parts)]

ISO/IEC 15948　信息技术　计算机图形和图像处理的便携式网络图形(PNG)：功能规范[Information technology—Computer graphics and image processing—Portable Network Graphics (PNG): Functional specification]

ISO/IEC 29794-1　信息技术　生物特征识别样本质量　第1部分：框架(Information technology—Biometric sample quality—Part 1:Framework)

3　术语和定义

GB/T 26237.1—2010界定的以及下列术语和定义适用于本文件。

3.1

采集设备空间采样率　capture device spatial sampling rate

传感器或者采集设备获取原始图像时所使用的单位距离的像素数。

3.2

指纹图像　fingerprint image

手指的指甲两边之间以及手指的第一个关节和末端之间的乳突区域。

注：即通常所说的"指纹"，它包含独一无二的脊和谷的信息。

3.3

图像空间采样率　image spatial sampling rate

图像中单位距离的像素数。

注：可以是处理所获得图像的结果。原始获得的扫描图像可能已经过二次采样处理、缩放、下采样或者其他处理。

3.4

掌　palm

手的侧面和底面具有摩擦脊的皮肤。

3.5

平面指纹图像　plain fingerprint image

手指放在平面上，且不作任何滚动所获取的图像。

3.6

滚动指纹图像　rolled fingerprint image

采集到的位于指甲两个边缘之间的图像区域。

注：这种图像通常是从指甲的一侧边缘到另外一侧使用滚动运动的形式采集到的。

3.7

垂直滚动　vertical rolls

指纹图像是由手指从指端到指甲垂直滚动采集到的图像。

注：垂直滚动与水平滚动式相对比，水平滚动定位是从指甲的一侧边缘到另外一侧采集的"滚采指纹图像"。

4　缩略语

下列缩略语适用于本文件。

CBEFF：公用生物特征识别交换格式框架(Common Biometrics Exchange Formats Frame)；

BDIR：生物特征识别数据交换格式(Biometric Data Interchange Formats)；

FIR：指纹图像记录(Finger Image Record)；

ppcm：像素/厘米(pixels per centimetre)；

ppi：像素/英寸(pixels per inch)；

ppmm：像素/毫米(pixels per millimetre)。

5　符合性

生物特征识别数据记录如果满足以下要求，则符合 GB/T 26237 的本部分：

a)　数据结构、数据值以及数据元素之间的关系符合第 8 章指纹图像记录格式规定。

b)　数据值和输入生物特征识别数据(生物特征识别数据记录由此生成)之间的关系符合第 8 章指纹图像记录格式规定。

如果一个产生数据记录的生物特征识别系统输出的所有生物特征识别数据记录符合本部分(如上定义)，并符合其系统阐明的实现符合性声明，则此生物特征识别系统符合本部分。系统并不需要生成涵盖 GB/T 26237 的所有可能的生物特征识别数据记录，只需那些实现符合性声明中阐述的数据即可。

如果一个使用生物数据记录的生物系统可读，所有数据都是服务于系统的目的，并且所有生物识别数据记录符合本部分(如上定义)，即与相关的实现符合性声明中所阐明的符合，则此生物系统就是遵从本部分。一个系统并不需要能使用涵盖本部分中所有可能的生物特征识别数据记录，只要在实现符合性声明中声明系统支持的即可。

6 数据规范

6.1 字节和位次序

每个信息项、字段或逻辑记录应至少占用一个字节。一个记录中所有的多字节数据应以大端格式(big-endian)表示,即所有多字节数据的高字节存放在存储器低地址里,低字节存放在存储器的高地址里,传输的顺序应是高字节在前,低字节在后。在一个字节里,传输顺序应是高位在前,低位在后。所有的数值均为定长无符号整型。

6.2 扫描顺序

GB/T 26237 的本部分内容的目的并不是要规定手指(或手掌)的定向、采集方式或者采集图像的扫描顺序。但是每个满足此格式标准的图像应按垂直方向采集,并在可视范围内大致水平居中。记录的图像数据应是对指纹形象采集的结果。扫描顺序(和记录数据)对指纹或者掌纹的处理顺序应是从左至右、从上到下。

图 1 描述图像的记录次序。为了描述图像中每个像素的位置,应使用参考坐标系。坐标系的原点即像素位置(0,0),应定义为图像的左上角。X 坐标(水平)正向应从图像的原点指向图像右边。Y 坐标(垂直)正向应从图像的原点指向图像底部。

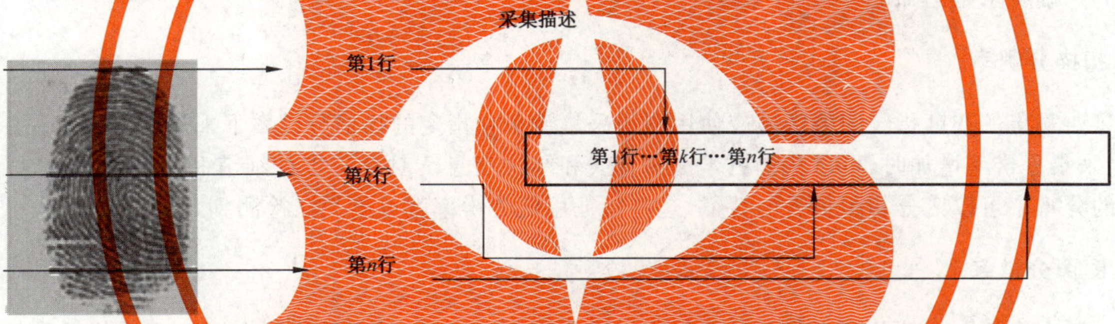

图 1 扫描顺序

7 图像采集要求

7.1 概述

图像采集要求依赖于多种因素,包括应用的需求、需要保存或交换的原始像素信息的多少、应用中精度的要求。考虑到这些因素,特定图像采集参数值可在下面描述的图像采集参数中选择一种最恰当的设置组合。总之,宜根据系统和应用需求来选择图像采集的设置等级,采集指纹图像数据的条件参见附录 B。

7.2 像素宽高比

对于所有的质量等级,指/掌图像应使用方块像素来表示,其中的像素的横向和纵向长度是相等的。这两个长度的差值宜在 1%以内,也就是说,横向与纵向像素长度比例宜介于 0.99～1.01 之间。

7.3 像素深度

像素数据的灰度精度应使用像素深度或位数来表示像素的灰度值。像素深度为3位表明有8个灰度级别;深度为8位表明有多达256个灰度级别。对于灰度数据,指定为"黑"像素的最小值应为零。指定为"白"像素的最大值应是所有位为"1"的灰度值。不过,一个图像的"最黑"像素可能是一个大于"0"的值,"最白"像素可能是一个小于最大值的值。这意味着有5位精度的"白"像素的最大值应为31或更少。使用8位精度的"最白"像素的最大值应为255或更少。像素深度范围可以从1到16位。

7.4 灰度数据

指/掌灰度图像数据可能以压缩或非压缩的形式存储、记录或传输。非压缩灰度图像记录中的图像数据部分,应包含一组原始像素信息。使用8位像素深度(256灰度级)的图像,每个像素值应使用一个字节表示。像素深度不足8位的像素值可以用按位编码二进制格式存储和传输。像素值大于255时,应使用两个无符号字节构成16位来容纳0～65 535间的数值。压缩灰度图像的编码应是某些指定的灰度压缩算法的输出,见表9。在解压时,每个像素的灰度值的表示方法应与未压缩图像相同。

7.5 动态范围

图像的灰度值应使用约定的必要精度进行编码,以满足某些特定应用的动态范围需求。这里假定应用的精确要求是已知的。

7.6 扫描分辨率

将要采集的灰度指纹图像区域应使用图像采集设备在指定的扫描分辨率下采集。在图像采集过程中,当采集分辨率增加时,可以获得更丰富的脊线和结构信息。对基于指纹细节和小特征的算法,使用更高的分辨率可以区分相距很近的特征,这些特征用低分辨率就可能无法检测到。

7.7 图像分辨率

用于交换的图像的分辨率可以是图像的扫描分辨率,也可以是经重采样、放缩、下采样或者以其他方式处理所产生图像的分辨率,这种处理过的图像应能表示指纹的脊和谷结构区域。

7.8 指纹图像定位

本部分适用于平面或者滚动指纹图像。当手指的平坦肉质部分位于图像采集区域的中心时,绝大多数比对子系统的都能运行良好。因此,当采集指纹图像时,指纹图像区域的中心宜大致在图像采集区域的中心。

对于多指验证及识别,目前有指纹扫描仪设备可以在一次采集周期内获得多指的图像。这些设备能够在一次扫描中捕捉到每只手任意两个,三个或四个相邻手指的平面图。两个大拇指和两个食指的平面图像也能够一次采集到。因此一个人的十个手指只需在采集表面放置三次就可以全部采集:右四个手指、左四个手指和两个大拇指。对于这类多指采集,手指宜均匀放置在图像采集区域中心的左右两侧。

7.9 掌纹图像定位

本部分同样适用于手掌或侧掌图像。如果手掌或侧掌的平面部分或肉质部分无论横向还是纵向上都集中在图像采集区域中心,则大部分比对子系统都能运行良好。

因此,当采集掌纹图像时,手掌或侧掌图像区域中心宜尽可能放置在图像采集面的中心区域。手掌本身可作为一个实体采集,或手掌的每个小部分也可以作为单一的图像扫描,如鱼际(拇指根部的肉质部分),腕掌(与拇指相对的肉质部分),或者指根(四个手指正下端的掌纹部分)。

8 指纹图像记录格式

8.1 记录结构

本部分定义了手指图像记录的组成。每个记录应属于一个单独对象,且应包含一个图像记录(包括一个或多个表示),此图像记录可以是一个或多个手指、多指(单个图像记录)或掌纹之中一个的图像记录。手指图像记录格式的结构见图2。

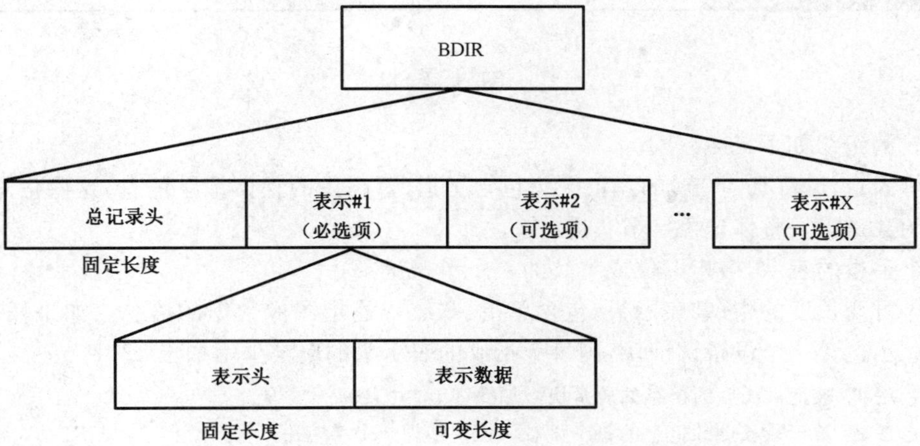

图2 指纹图像记录结构

图3详细描述了段的顺序及段的长度。采用白色显示的段是必选的,采用阴影显示的是可选的。

指纹图像总记录头	格式标识符	版本号	记录长度	指纹表示数量	认证标志	指/掌图像数量
	4	4	4	2	1	1

指纹图像表示头	表示长度	采集日期时间	采集设备技术标识	采集设备供方标识	采集设备类型标识	质量块数量
	4	9	1	2	2	1

质量块数据	认证块数量	认证块数据	指/掌位置	表示数量	度量单位	采集设备分辨率(水平)	采集设备分辨率(垂直)
5	1	3	1	1	1	2	2
图像分辨率(水平)	图像分辨率(垂直)	像素深度	图像压缩算法	印迹类型	水平线长度	垂直线长度	图像数据长度
2	2	1	1	1	2	2	2

质量块数据的组成	质量分数	质量算法供方标识	质量算法标识
	1	2	2

图3 指纹图像记录顺序及段长度

认证块数据的组成	认证机构	认证标识符
	2	1

表示数据	指纹图像数据	扩展数据块
	234,375	可变

扩展数据块的组成	类型标识代码	数据长度	数据段
	2	2	可变

图 3（续）

记录格式的组织如下：

a) 一个固定长度(16 字节)的总记录头包含了指/掌图像的整体记录信息，这些信息包括指/掌图像的数量以及整体记录字节长度。

b) 每个手指的表示，多指图像或掌纹的一个单指记录：

1) 可变长度的指/掌表示头，包含单指、掌纹或连指图像数据的信息。如果任一指纹图像表示包含一个设备认证块，则每个指纹的表示头的应至少增加至 42 字节；

注 1：被记录长度的信息的质量块增加 5 字节。

注 2：被记录长度的信息的每个设备认证块增加 3 个字节。

2) 压缩或未压缩的单指、多指或掌纹图像数据。可选择的扩展数据描述了指纹分割(多指图像情况)、注解和评论。

附录 A 提供了一个应用示例，它给出了完整的总记录头和指纹图像记录。

8.2 指纹图像总记录头

8.2.1 所需字段

表 1 列出了总记录头中的各个字段。由于总记录头长度是固定的，因此每个字段需含有信息。

8.2.2 格式标识符

格式标识符：格式标识应记录为 4 个字节，应包括三个字节“FIR”，后接空字符，作为一个空字符串结尾。

8.2.3 版本号

用于构造 BDIR 的本部分的版本号，应占用 4 个字节。版本号应由 3 个 ASCII 码构成，后接一个“0”字节，作为空字符串结束符。第 1 个和第 2 个字符表示主版本号，第 3 个字符表示修订版本号。本部分批准发布后，版本号应为“020”，表示第二版无修订。

8.2.4 记录长度

整个 BDIR 记录的总长度应存放在 4 个字节中。此值应是包括总记录头和一个或多个信息记录的 BDIR 的总长度。此记录长度依赖于一些因素。

8.2.5 指纹表示数量

BDIR 中包含的表示记录的总数量应为 2 个字节。要求最少有 1 个表示数据。在任何多于 1 个表示的指/掌纹记录中，表示记录的数量多于指/掌纹数。

表 1　总数据头

字段名称	大小	有效值	说明
格式标识符	4 字节	0x464952（'F''I''R' 0x0）	"FIR"—指纹图像记录
版本号	4 字节	0x30323000（'0''2''0' 0x0）	"020"
记录长度	4 字节	$57\sim(2^{32}-1)$	包括所有指/掌表示、质量块和认证块
表示数量	2 字节	1～672	(14 个手指位置＋11 个多指位置＋17 个手掌编码)×16 字节表示头
认证标志	1 字节	0,1	表示在信息头中是否包含设备认证块
指/掌数量	1 字节	≥1	手指或手掌信息的数量
如果认证标志（总记录头）＝0 信息数长度＝$16+\sum_{1}$(41＋5×(质量块的数量)＋图像数据长度＋扩展数据长度) 如果认证标志（总记录头）＝1 信息数长度＝$16+\sum_{1}$(41＋5×(质量块的数量)＋3×(认证块的数量)＋图像数据长度＋扩展数据长度)			

8.2.6　认证标志

此 1 个字节的认证标志应表明每个表示头是否包含认证块。值 00_{Hex} 应表明没有任何信息头包含认证块。01_{Hex} 应表明所有信息头都包含一个认证块。

注：1 个认证块目前可能包含 0 个认证(这种情况认证块中认证数量字段的值为 0)。

8.2.7　指/掌图像数量

记录中包含的指/掌数量应使用单字节记录，单次采集并包含在同一图像中的多指按 1 个指纹图像计算。

8.3　指/掌图像表示头

8.3.1　必选字段

指/掌数据的每一段都应是以指/掌表示头开始的，描述单指图像、多指图像或掌纹图像信息。对于每个这样的图像，应包含一个记录头和图像数据的表示。记录头总共应占用至少 41 或 42 个字节(取决于总记录头里的认证标志)。压缩或未压缩图像数据应紧随头部分。下一个表示(包括头部分)应紧随前一个图像表示的末端。表 2 列出了在每组指/掌图像数据前数据头包含的内容，表 3 列出了与手指表示相关各种类型的扩展数据。

表 2　指纹图像表示头记录

字段	长度	有效值	说明
表示长度	4 字节	41～(2^{32}－1)	表示长度，以字节定义，包括表示头字段
采集日期和时间 年 月 日 时 分 秒 毫秒	 2 字节 1 字节 1 字节 1 字节 1 字节 1 字节 2 字节	 1～65534 1～12 1～31 0～23 0～59 0～59 0～999	日期和时间中的每个条目应编码为二进制值
采集设备技术标识	1 字节	0～19	见表 4
采集设备供方标识	2 字节	0x0000～0xFFFF	SAC/TC 28 注册值
采集设备类型标识	2 字节	0x0000～0xFFFF	供方指定值
质量块数量	1 字节	0～10	质量块数量值为 0 表示没有 5 个字节的质量块
每个的质量：质量分数 质量算法供方标识 质量算法标识	1 字节 2 字节 2 字节	0～100,255 0x0000～0xFFFF 0x0000～0xFFFF	质量分数为 0 表示没有报告质量；255 表示没有计算质量
认证块数量	1 字节	1～10	认证块数量为 0 表示此设备没有有效的认证信息，并且也应不存在 3 个字节的认证块
认证块：认证机构 认证标识	2 字节 1 字节	0x0000～0xFFFF 0x01～0x03	SAC/TC 28 认证机构标识
指/掌位	1 字节	0～10；13～15；20～36；40～50	见表 6～表 8
表示编号	1 字节	10～15	
度量单位	1 字节	1～2	ppi 或 ppcm
扫描分辨率(水平)	2 字节	0～(2^{16}－1)	依赖于采集设备
扫描分辨率(垂直)	2 字节	0～(2^{16}－1)	依赖于采集设备
图像分辨率(水平)	2 字节	≤扫描分辨率(水平)	依赖于质量等级
图像分辨率(垂直)	2 字节	≤扫描分辨率(垂直)	依赖于等级提供
像素深度	1 字节	1～16 位	2～65536 灰度级
图像压缩算法	1 字节	0～5	见表 9
印迹类型	1 字节	0～15；20～29	见表 10
水平线长度	2 字节	0～(2^{16}－1)	依赖于采用的传感器
垂直线长度	2 字节	0～(2^{16}－1)	依赖于采用的传感器
图像数据长度	4 字节	0～(2^{32}－58)	压缩或不压缩图像数据字节数量

表3 图像及扩展数据

数据类型	字段名称	长度	有效值	说明
图像数据	指/掌图像数据	<($2^{32}-1$)字节	—	压缩或未压缩的图像数据
扩展数据块	类型标识码	2字节	0x0001～0xFFFF	分割、注解、评论或供方数据值>0x0100,供方定义扩展数据
	数据长度	2字节	0x0000～0xFFFF	
	数据段	数据字节长度	—	

8.3.2 指/掌纹数据块长度

此4字节字段应包含指/掌部分的字节长度,说明了包括头的长度和压缩或非压缩图像数据的长度的字节总数。

8.3.3 采集日期时间

采集日期和时间应以世界时间(UTC)显示设备在什么时间开始采集图像。该字段目的不是为编码记录实例化时间。采集日期和时间字段编码应符合GB/T 26237.1—2010。

8.3.4 采集设备技术标识

采集设备技术标识应使用1个字节进行编码。此字段应注明采集生物样本的采集设备技术类型。00_{Hex}值表示未知或不确定的技术。其可能值列表见表4。

表4 采集图像设备技术

标识(ID)	采集设备技术
0	未知或未描述
1	白光光学全反射棱镜
2	白光光学平面直接成像 **注**:卡扫描仪的技术类型宜编码为"白光光学的平面上直接成像"
3	白光光学非接触式
4	单色可见光全反射棱镜
5	单色可见光平面直接成像
6	单色可见光非接触式
7	单色红外光全反射棱镜
8	单色红外光平面直接成像
9	单色红外光非接触式
10	多光谱光学全反射棱镜
11	多光谱光学平面直接成像
12	多光谱光学非接触式
13	电发光
14	半导体电容

表 4（续）

标识(ID)	采集设备技术
15	半导体射频
16	半导体热感
17	压敏超声
18	机械式
19	玻璃纤维

8.3.5 采集设备供方标识

采集设备供方标识应确定生成 BDIR 的生物特征识别的机构。采集设备算法供方标识应使用 2 个字节编码，包含 CBEFF 生物特征识别组织标识(SAC/TC 28 或其他经 SAC/TC 28 批准的注册机构注册)。值为 0 应表示采集设备供方未注册。

8.3.6 采集设备类型标识

采集设备类型标识符应表示生成 BDIR 的产品类型。应由已注册的产品所有者或其他经批准的注册组织分配。值为 0 应表示采集设备类型未注册。

8.3.7 指/掌纹图像质量

8.3.7.1 总述

整个指纹图像数据的质量信息应记录在 1 个或多个块里，每个块 5 个字节。这些块中的每个块都是关于一个特定质量、供方或算法的评价。图 4 显示了多质量块的位置和记录。

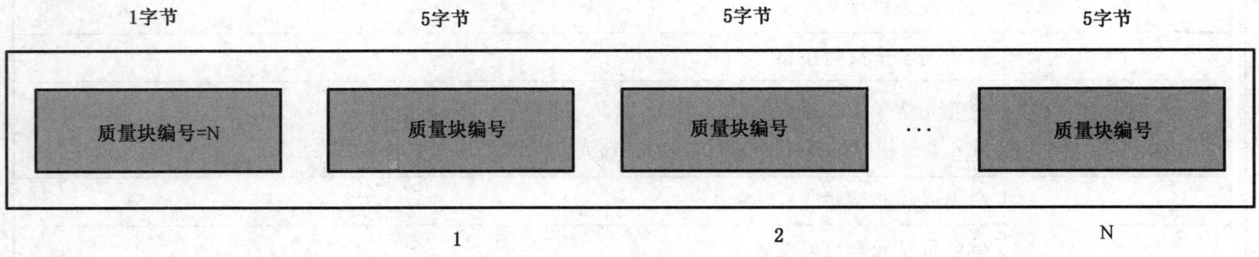

图 4 图像质量布局

8.3.7.2 质量块数量

第 1 个字节是必选的，应描述整个指纹图像数据的质量信息块的个数。其后的每个 5 字节的子块应包含具体的每个/供方/算法评价的质量的信息。值为零意味着没有试图分配质量得分值。这种情况下，不存在质量块。

8.3.7.3 质量分数

质量分数如在 ISO/IEC 29794-1 中定义的，应在每个 5 字节的块第 1 个字节中记录。它应是预测一个生物特征样本的验证性能的定量表达。质量分数的有效值为 0～100 之间的整数，值越高说明质量越好。255 为特例，表示计算质量分数失败。

8.3.7.4 质量算法供方标识

为了能够区分接受来自不同算法生成的质量值，质量值的提供者应由接下来的 2 个字节独一无二地表示。供方标识应在 SAC/TC 28 注册。

8.3.7.5 质量算法标识

此 2 个字节应规定质量算法标识的供方指定的一个整数类型的产品编码。确定用于计算质量分数的供方的算法(和版本)，并且范围应在 0～65 535。基于相同算法(同一个供方标识和算法标识)的多个质量值不应在单个描述中表示。

8.3.8 采集设备认证

8.3.8.1 总述

该多字节块包含的信息用来表明测试生物特征识别采集设备的符合性认证过程。该认证块应是由零或多个 3 字节的认证子块组成的长字段。每个认证子块应包含认证机构标识和认证方案标识。

如果在总记录头中设备认证标志的值为 0x00，应表示指纹图像记录的任何信息头中都没有采集设备认证信息。

8.3.8.2 认证数量

第 1 个字节是必选的，应含该采集设备的认证子块的数量，是无符号整数型。

8.3.8.3 认证机构标识

每个子块的前 2 个字节包含认证机构(在 SAC/TC 28 注册或在其他经 SAC/TC 28 批准的认证机构注册)的 CBEFF 生物特征识别组织标识。

8.3.8.4 认证标识

子块的最后 1 个字节应被用来确定认证采集设备的认证方案。目前认证方案标识列表见表 5。

表 5 认证方案标识

认证方案标识	说明
0x00	SC37 保留
0x01	自动指纹识别系统图像质量规范
0x02	个人身份鉴别图像质量规范
0x03	光学指纹采集仪要求和测试过程
0x04～0xff	SC37 保留

8.3.9 指/掌的位置

此 1 字节字段应包含指/掌的位置代码。代码 0 为未知手指(1 个或多个)保留。表 6 中代码 1～10 宜用于单指。代码 13 和 14 分别宜用于左手和右手的四指图像。表 7 列出了用独立或移动设备组合采集的 2 指和 3 指的指纹位置代码。代码 15 代表同时采集的两个大拇指，代码 46 代表同时采集的两个食指。对于缺指的多指指纹的采集，可使用扩展数据来注释(见 8.4.4)。

手掌图像的代码见表 8。对于全掌，采集区域宜从“掌根”位置扩展到手指的第二关节。同样，上掌采集区域宜从指根以下区域扩展到手指的第二关节。下掌将覆盖宜从“掌根”到指根的部分。

表 6 指位代码

指位	代码
未知	0
右手大拇指	1
右手食指	2
右手中指	3
右手无名指	4
右手小手指	5
左手大拇指	6
左手食指	7
左手中指	8
左手无名指	9
左手小手指	10
平面右手四指	13
平面左右四指	14
平面大拇指（2）	15

表 7 多指位代码

指位	指位代码
2 指组合	
右手食指/中指	40
右手中指/无名指	41
右手无名指/小指	42
左手食指/中指	43
左手中指/无名指	44
左手无名指/小指	45
右手食指/左手食指	46
3 指组合	
右手食指/中指/无名指	47
右手中指/无名指/小指	48
左手食指/中指/无名指	49
左手中指/无名指/小指	50

表 8 掌位代码

掌位	掌位代码
未知掌纹	20
右手全掌	21
右手侧掌	22
左手全掌	23
左手侧掌	24
右手下半掌	25
右手上半掌	26
左手下半掌	27
左手上半掌	28
右手其他	29
左手其他	30
右手指根	31
右手大鱼际	32
右手小鱼际	33
左手指根	34
左手大鱼际	35
左手小鱼际	36

8.3.10 表示数量

此 1 字节字段应包含与手有关的图像(单指、多指或者掌纹图像数据)的数量。

8.3.11 度量单位

此字段应被用于规定图像的扫描分辨率和图像分辨率的单位。字段“0x01”表示 ppi;“0x02”表示 ppcm。

8.3.12 采集设备扫描分辨率(水平)

此 2 字节字段应规定水平方向使用的扫描分辨率。度量单位字段中的值表示单位是 ppcm 还是 ppi。

8.3.13 采集设备扫描分辨率(垂直)

此 2 字节字段应规定垂直方向使用的扫描分辨率。度量单位字段中的值表示单位是 ppcm 还是 ppi。

8.3.14 图像分辨率(水平)

此 2 个字节的字段应规定在水平方向上圆形扫描分辨率。度量单位字段确定单位是 ppcm 还是 ppi。需要指出,一些扫描的组合和图像分辨率值可能导致拍摄的图像中出现重叠像素或空格。

8.3.15 图像分辨率(垂直)

此2字节字段应规定垂直方向使用的图像分辨率。计量单位字段中的值表示单位是ppcm还是ppi。需要指出,扫描分辨率值和图像分辨率值的某些组合可能导致采集图像中像素重叠或间隙。

8.3.16 像素深度

此1字节字段应包含用来表示一个像素位数的值。本字段应填写"0x01"~"0x10"的值。

8.3.17 图像压缩算法

此1个字节字段应规定记录压缩或未压缩灰度图像采用的方法。表9列出了可用的存储选项和压缩算法。未压缩的图像数据可记录在未打包或打包的格式中。当使用未打包的大于8位的灰度像素时,每个像素应记录在右对齐的一对字节中。

表9 压缩算法代码

代码	压缩算法
0	未压缩-无位包
1	未压缩-位包
2	压缩-WSQ
3	压缩-JPEG
4	压缩-JPEG 2000
5	PNG

当压缩算法代码是2,WSQ算法认证过的版本应被用于压缩8位、197 ppmm(500 ppi)的灰度图像,且压缩比率不应超过15∶1。WSQ不应被用于压缩394 ppmm(1 000 ppi)的扫描图像。

当压缩算法代码为3,GB/T 17235.1—1998中描述的JPEG压缩算法应被用于压缩8位、197 ppmm(500 ppi)的灰度图像。然而,JPEG不宜用于新的应用。保留在本部分允许对以前采集的JPEG图像进行编码。

当压缩算法代码为4,394 ppmm(1 000 ppi)扫描的8位像素深度的指/掌图像,应使用ISO/IEC 15444(所有部分)标准中规定的JPEG 2000压缩算法进行压缩。当使用该算法时,宜包含按照"1 000 ppi指纹压缩配置"中规定的JPEG 2000配置文件设置。对于压缩算法代码为5的情况,应使用ISO/IEC 15948描述的PNG算法压缩图像。

使用JPEG 2000压缩39.37 ppmm(1 000 ppi)图像时,建议压缩比不超过15∶1。这种压缩比宜被视为最高值,并被带宽和/或储存允许。较低压缩率将导致更高质量的图像,尤其是在使用较小的图像传感器设备时。对于以19.69 ppmm(500 ppi)的扫描的图像,如宜使用WSQ压缩,压缩比应不超过15∶1;对于分辨率大于19.69 ppmm(500 ppi)的图像,建议使用JPEG 2000压缩。对其他分辨率的图像,此处不推荐压缩方法。

8.3.18 印迹类型

手指或手掌图像的印迹类型应记录在此单字节字段中,见表10。其中非活体是指从卡片或其他媒体扫描的图像。非接触的活体扫描项是指手指表面不需与扫描仪板接触的图像采集方式。

表 10 指和掌印迹代码

代码	描述
0	活体平面采集
1	活体滚动采集
2	非活体平面采集
3	非活体滚动采集
4	现场印迹
5	现场描摹
6	现场拍照
7	现场提取
8	活体刮擦采集
9	垂直滚动
10	活体掌纹
11	非接触采集掌纹
12	现场掌纹印迹
13	现场掌纹描摹
14	现场掌纹拍照
15	现场掌纹提取
20	保留
21	保留
22	保留
23	保留
24	活体光学非接触平面
25	保留
26	保留
27	保留
28	其他
29	未知

8.3.19 水平线长度

此 2 字节的二进制字段应被用于规定图像单条水平线上所包含的像素数目。

8.3.20 垂直线长度

此 2 字节的二进制字段应被用于规定图像单条垂直线上所包含的像素数目。

8.3.21 像数据的长度

此 4 字节的字段应包含压缩或未压缩图像数据的字节长度。用于提供一个压缩图像数据的指针，指示扩展数据字段的第1个字节或到下一个图像信息。

8.3.22 指/掌图像数据

此字段应包含根据图像压缩算法规定格式记录的灰度图像数据。

8.4 扩展数据

8.4.1 扩展数据块功能

本条描述那些可能会被比对系统加到手指图像的附加数据。附加数据应尽量简短,以增加标准图像数据部分的存储空间。每个手指图像的扩展数据应紧随其标准图像数据。每个手指图像可能有不止一个扩展数据区。扩展数据的长度字段用于解析扩展数据。

注:无标准图像记录时,扩展数据区不能单独存在。

尽管扩展数据区允许纳入图像格式的专有数据,但目的并不是为了允许置入那些能在GB/T 26237的本部分定义的公开的备用数据信息。GB/T 26237的本部分的目的是为了提供互操作性。

8.4.2 扩展数据块结构

8.4.2.1 类型标识码

本标识码长度应为2个字节。当扩展数据区出现时,它应识别该区的格式。当2个字节都是零时是保留值,不应使用。第1个字节的值为零,第2个字节的值为非零时,应意味着扩展数据区有一个已被GB/T 26237的本部分规定的格式;目前只有分割、注解和评价格式是已规定的(见8.4.3、8.4.4和8.4.5)。第1个字节的值为非零时,应表明其格式已由供方规定且供方持有标识码。扩展数据区类型识别码见表11。

表11 扩展数据区类型编码

第一个字节	第二个字节	标识符
0x00	0x00	保留-不使用
0x00	0x01	分割
0x00	0x02	注解
0x00	0x03～0xFF	评论
0x01～0xFF 扩展数据	0x00～0xFF	供方定义扩展数据

8.4.2.2 数据长度

扩展数据段的长度应采用2个字节记录。如果匹配程序无法解码或使用某数据,可以跳至下一扩展数据类型标识字段。本长度字段统计扩展数据和类型识别字段的总长度(共4个字节)。

8.4.2.3 数据段

扩展数据的数据段由用于生成手指图像记录的设备的类型识别码定义并规定格式,或者使用本部分包含的常见扩展数据格式,以用于分割、注释或评价。

8.4.3 分割数据格式

8.4.3.1 概述

如果扩展数据类型标识码是0x0001,则扩展数据段包含每个分割的平面指纹图像的分割和图像质量数据。该扩展数据段提供了相对可靠的多指图像中分割指纹的精确位置、每个分割指纹的图像质量信息及每个分割指纹图像的位置。表 12 列出了分割扩展数据段的必选字段。

表 12 分割数据

字段			章条号	长度	有效值	说明
分割所有者和算法标识			8.4.3.2	4 字节	—	格式所有者 SAC/TC 28 分配；所有者分配的算法标示(可选 SAC/TC 28 注册)
分割质量值			8.4.3.3	1 字节	0～100、254、255	254——质量没注册； 255——质量计算失败
指纹质量算法 所有者标识			8.4.3.4	4 字节	—	格式所有者 SAC/TC 28 分配； 所有者分配(可选 SAC/TC 28 注册)
分割数量			8.4.3.5	1 字节	1～4	如果图像不可分割，则此值应为 1
手指分割数据	≥1	指位	8.4.3.6.2	1 字节	0～10	见表格 6
		指纹质量	8.4.3.6.3	1 字节	0～100、254、255	254——质量没注册； 255——质量计算失败
		坐标数	8.4.3.6.4	1 字节	2～99	需有 2 个或 2 个以上的坐标对
坐标	2,3～99	*X* 坐标	8.4.3.6.4.2	2 字节	0～($2^{16}-1$)	
		Y 坐标	8.4.3.6.4.3	2 字节	0～($2^{16}-1$)	
		手指方向	8.4.3.6.5	1 字节	0～255	

8.4.3.2 分割算法及所有者标识

分割的质量值需用评估分割准确性的方法来解析。因此，分割质量评估算法的供方(所有者)和具体标识都包含在接下来的 4 个字节中。分割质量评估算法所有者标识为 16 位格式，由 SAC/TC 28 指定的此所有者值应记录在 2 个字节中。最后 2 个字节应含有一个特定的识别符以识别分割质量评估算法。该字段包含的二进制整型的产品代码值宜在 1～65 535 范围内。本值由算法所有者指定，算法所有者也可向 SAC/TC 28 注册此值。值都为 0x00 的字节表明分割算法和供方标识未注册。

8.4.3.3 分割质量值

本字段应是衡量指纹分割准确度的估算值。它包含根据质量算法赋予图像数据的 0～100 之间二进制整型的分割质量值。值越大表示质量越高。有效值“255”应表示质量得分计算失败。有效值“254”应表明未进行分割质量计算。用于传达其他信息的扩展值宜符合 GB/T 26237 各部分的要求。

8.4.3.4 指纹质量算法及所有者标识

生物样品的质量需用评估质量的方法来解释。因此，质量评估算法供方(所有者)和具体标识包含在接下来的 4 个字节中。前 2 个字节应包含质量算法所有者的标识，此 16 位格式的持有者标识由 SAC/TC 28 指定。后 2 个字节应包含质量评估算法的特定标识，即二进制整型的产品代码，其值宜在 1～65535 之间。此值由组织指定，也可在 SAC/TC 28 注册。每个字节都为 0x00 的表示分割算法和供方标识未注册。

8.4.3.5 分割数量

此1字节字段应说明随后包含的指纹分割的数量。

8.4.3.6 指纹分割数据

8.4.3.6.1 概述

每个分割的手指图像呈现由以下字段描述。每个指纹分割都应由如下因素定义：指位、指纹质量、分割点个数和各点的坐标。矩形包围圈内，坐标点的数目宜为4个，手指的轴线和矩形应为线性关系。

8.4.3.6.2 指位

每个指纹分割的第1个信息项为从表6中选出的指位代码。

8.4.3.6.3 指纹质量

第2个字节应提供生物样品匹配性能预测的量化表示。此值由8.4.3.4中定义的算法计算得出。质量算法给出0至100之间的图像数据的图像质量值。值越大意味着质量越高。值为255应表示质量质计算失败。值为254应表示未进行质量值计算。

8.4.3.6.4 坐标对的数量

8.4.3.6.4.1 概述

第3个字节应详细说明分割图像周围的点或顶点的数量。对于一个使用矩形分割的图像，此字节应包含值“2”来表示矩形的左上角和右下角。

对于一个n边形的分割指纹，此字节应包含“n”，“n”介于3～99之间。通常情况下次一组4个值，表示一个旋转的矩形。顶点需以连续的顺序围绕多边形的周边，顺时针或者是逆时针。没有两个顶点的位置是相同的。由最后一个和第一个子字段定义的边应完整构成多边形。该多边形需简单，没有交叉的边且图形内部没有空区。矩形或多边形的每一个顶点都应使用一对坐标来表示。

8.4.3.6.4.2 *X* 坐标

此2字节应包含图像左上角相对坐标原点向右水平偏移的像素数。

8.4.3.6.4.3 *Y* 坐标

此2字节应包含图像左上角相对坐标原点向下垂直偏移的像素数。

8.4.3.6.5 手指方向

此1字节字段对手指的纵轴和向右的水平轴之间的角度进行编码。该编码的值为角度除以1.406 25(360/256)后四舍五入得到的近似整数。手指的纵轴被定义为从指间褶皱到指纹顶部的正向方向。图5显示了手指7～10的方向测量。

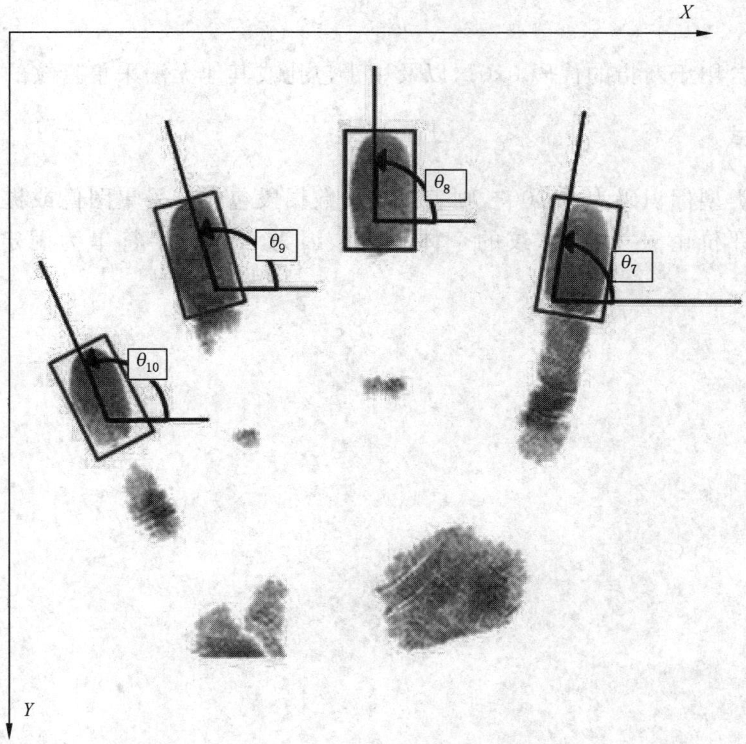

图 5　分割指纹方向

8.4.4　注解数据格式

8.4.4.1　概述

如果扩展数据类型标识码为 0x0002，则扩展数据段包含注释信息。该格式提供包含较大指纹图像（如 2 指或 4 指指纹图像）中指纹的选择信息。表 13 概括了注释数据字段。

表 13　注释数据

字段		章条号	大小	有效值	说明
注释数量		8.4.4.2	1 字节	1～4	
注释 1 个或多个	指位	8.4.4.3	1 字节	0～10;13～15; 40～50; 20～36;	见表 6～表 8
	注释代码	8.4.4.4	1 字节	1 或 2	0x01 表示残缺手指; 0x02 表示无法采集指纹的手指

8.4.4.2　注释数量

此单字节字段应包含跟随的注释的个数。每个注释将包含 2 个信息项。

8.4.4.3　指位

此单字节应包含从表 6～表 8 中选出的手指位置的代码。

8.4.4.4 注释代码

此单字节应包含用于断指的代码 0x01,以及用于包扎或其他无法采集指纹的手指的代码 0x02。

8.4.5 评价数据格式

如果扩展数据类型标识码为 0x0003,则表示扩展数据段包含与采集图像或提供图像的对象相关的 ASCII 文本信息。评价由录入指/掌纹的个体输入。因为 ASCII 字符串为固定长度,不需设置空终止符。

附 录 A
（资料性附录）
采集指纹图像数据的条件

A.1 目的

本附录除了用于指纹图像采集系统的设计人员和生物特征识别系统的设计人员外，也用于指纹图像采集系统的用户。基本上论述了从采集仪获取二维平面指纹图像的技术。本文件中的描述旨在获取高质量的指纹图像，而不是指定任何指纹采集方法。文件中的“确认”一词意思是根据对采集图像的视觉审查来做最终接收或拒绝决策。具体的决策标准不在这里定义，但提供了一些作决策的指南。建议系统设计人员和系统供方根据需要采用这些指南。本文内容不包括在无法采集指纹图像时需采取的程序和指纹图像的压缩和编码技术。

A.2 指纹图像建议

A.2.1 指纹图像采集仪建议（二维平面采集仪）

A.2.1.1 图像质量规格

建议采用满足表 5 的 1 项或多项要求的指纹图像采集设备。采集设备需要定期重新校准。如何选用具体的采集设备不在本部分涉及范围之内。采集设备重新校准的时间频度宜取决于供方、设备状况或用于什么应用，重新校准过程应该作为系统标准操作程序的一部分。

A.2.1.2 手指位置建议

传感器表面一致的手指定位，会使每次放同一手指的时候能够有获得更大的有效图像区域。也就是说，需要进行比对的图像重叠部分也就越大，这将提高验证的准确度。

指纹的中心定义为指纹最内部脊线的最高点。如果中心位于采集图像的中心，就将自动产生较大的重叠区域以进行验证。因此，建议在放置手指的时候利用显示器显示手指位置，或采用具有自动检测手指位置功能的设备为用户提供反馈信息。这将防止设备仅采集到指纹的一部分。

注意，对于某些类型的图形分类，中心不位于手指的中心。对于这种情况，可不采用上文提及的中心校准方法，见图 A.1。

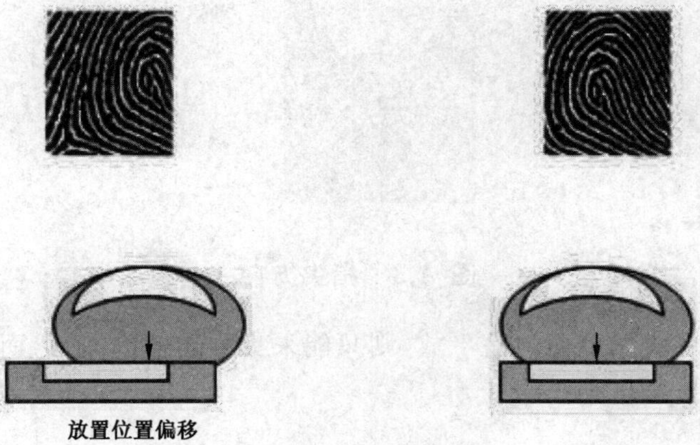

图 A.1 手指放置中心

如果手指与传感器表面的方向总是相同的，则指纹图像重叠的部分就会是一致的，见图 A.2。

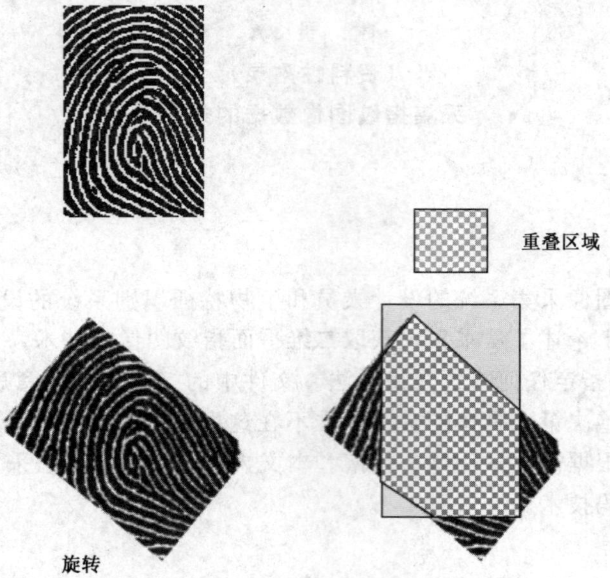

图 A.2　旋转及其重叠区域

设备宜设置标识指示用户将指尖按照同一方向放置，以防止方向偏差，见图 A.3。

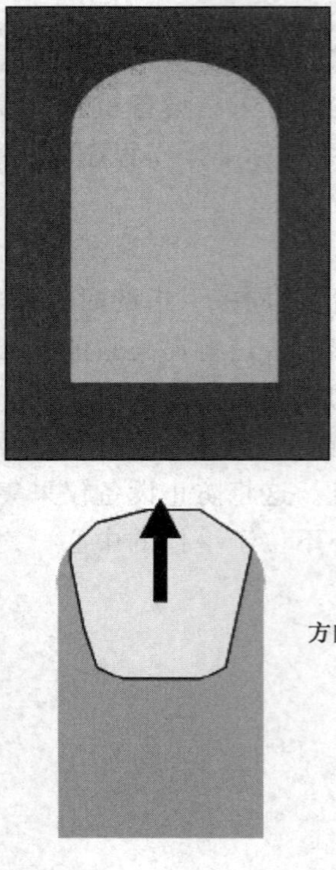

图 A.3　指尖方向

如果手指和传感器成一定角度而不是平放，则只能采集到指纹的一边，而且样本的利用率就会降低，见图 A.4。

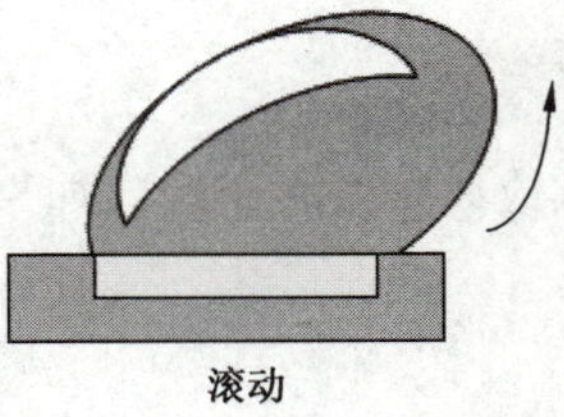

图 A.4 成一定角度的指纹采集

减少这种滚动动作对提高准确度也是很必要的。注意多个手指同时采集有利于减少这种滚动动作，见图 A.5。

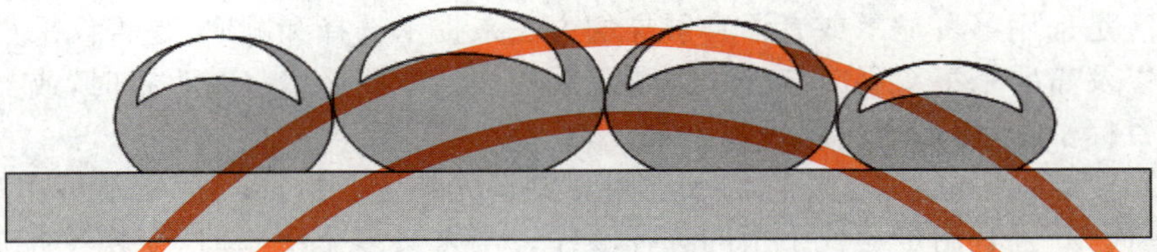

图 A.5 多指采集

自动中心检测性能或多或少的取决于检测算法的性能。另一方面，当用户被要求配合时，一旦用户熟悉了这个过程，拍指纹（同时采集四指）和手指第一个关节的位置控制就可能显著提高，见图 A.6。

图 A.6 手指第一个关节的定位条

A.2.1.3 照明、光照、激活

光学指纹传感器能够在采集指纹的时候照亮手指。然而环境光也有可能影响采集。例如顶棚光可能会进入传感器当中。可以通过提供一个罩或其他方法阻挡顶棚光来减少影响，或者使用与环境光不同波长的光照。当使用可见光用于照明传感器的情况下，开启可见光可以用于提示开始采集。

A.2.1.4 清洁采集面和残留指纹

在图像采集设备校准之前，应保证采集面上没有残留指纹。建议在采集指纹之前检查是否有残留指纹影响之后的采集。采集面上过多的污渍和残留指纹可能会严重影响指纹采集质量。传感器的清洁宜依照供方的说明和应用约定的标准操作流程进行。

A.2.1.5 湿润

采集指纹的质量可能会因手指皮肤较干而降低。如果认为个体由于手指较干而导致图像质量下降，则可以帮助手指湿润，例如对着手指哈气、触摸皮肤较湿润的部分、用湿巾或乳霜擦拭手指。

注意如果手指太过湿润，就可能在图像中采集到水汽或在传感器表面留下痕迹，需采用去除水分或其他手段使传感器表面干燥。

A.2.1.6 干燥

当手指太过湿润时，可以用干纸擦拭或风吹方式干燥。如果认为个体由于手指过于湿润导致指纹图像质量下降，可以帮助手指干燥。

A.2.1.7 缺失

可能会有一些情况，由于手指缺失或其他原因造成指纹不能被采集。根据这种情况是暂时的(骨折、损伤等)还是永久的(截肢、身体伤残等)，需要相应的方针处理这种情况。

A.2.1.8 手指选择和采集顺序

比较好的方法是采用屏幕显示或者语音引导的方法来提示选择和顺序，是否仅采集左手、仅采集右手、双手均采集，以及需要采集双手时应先采集哪只手等。当需要采集多个手指时，或支持所选手指时，宜明确告知用户目标手指，例如通过图示或图解。

在有些手指不能被采集的情况，替代输入规则需要事先约定。例如当食指不可用时，采用中指、拇指、无名指作为替代，并且宜制定替代手指的选择顺序。当采集多个手指时，变换手指应该通过各个手指之间的验证功能来进行确认。

A.2.1.9 评估指纹图像质量

所有的生物识别系统性能均高度依赖于传感器所采集的数据质量。

许多指纹采集设备目前均包含自动图像质量评估软件，以向用户提供实时反馈。与指纹图像质量相关的算法在 ISO/IEC 29794-4 中作了说明，而且被视为设备供方采用的质量评估算法的参考。

还有一种方法就是为同一个手指采集多个指纹，并进行交叉比对，看看指纹图是否能够根据设定的评分标准取得比设定值高的分数。如果可以，则质量就足够应用于目标程序。

这种方法的延伸就是从所有的交叉比对中绘制分数(见图 A.7)，平均分数最高的图像质量最好。

在登记的时候评估图像质量的好处就是能够发现用户指纹特征中的不足之处，以便于采取相应的措施(如采用不同的手指、延迟登记或考虑采用不同的模块等)。

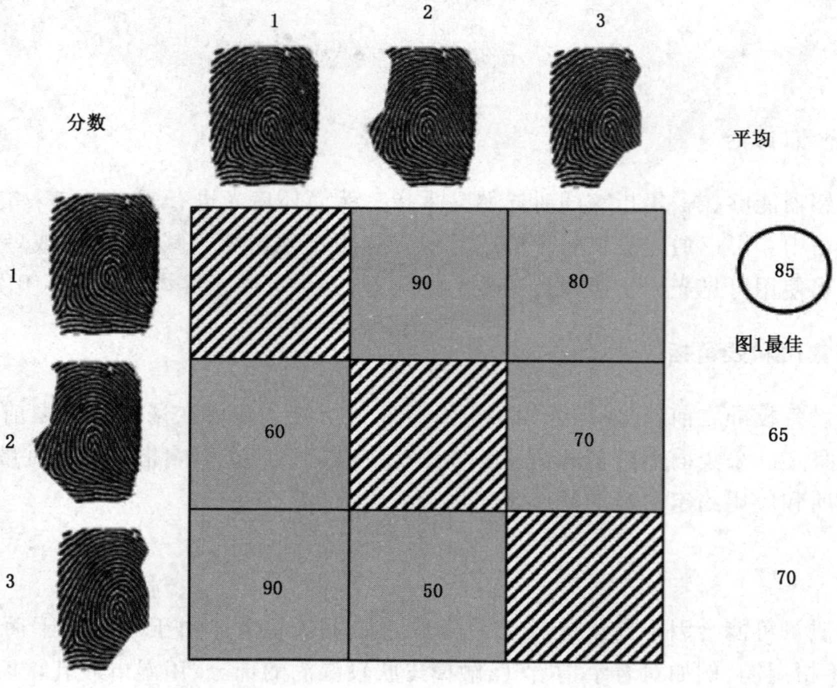

图 A.7 通过比对平均分数来选择质量最佳的指纹图像

A.2.1.10 现有数据处理

如果指纹图像是以往采集的,则有可能会通过比对过程来识别指纹。也可能会发现有人在用以前未采集的手指指纹图像来办理不同的身份证。

A.2.1.11 图像采集因素

地面或桌面到采集仪表面的高度,以及采集仪表面和桌面或地面的角度均会影响采集图像的质量。其他可能影响采集质量的因素还有:同时采集的手指数(1,2,4 等)和左右手是否同时采集。

当在多个地点进行注册的情况,使用比对设备是非常可取的,不要仅仅根据图像质量标准,还要根据采集面尺寸和采集流程。控制环境变量如采集设备的高度和角度等也有助于保证一致的采集质量。

要尤其注意对那些身材高大或者矮小、病患或残疾的人的指纹采集工作。便携式和手持式传感器可以更利于为以上人群采集高质量指纹。

传感器表面和设备自身的位置关系也会影响到采集图像的质量。通常,人们伸手是总是拇指向上小指向下。因此,将手指水平放在传感器表面时,就会有一只手指滚动(以之谷作为轴心)。同时采集四指就不会出现这样的问题,但是当选择采集仪位置时宜适当考虑以上因素和其他可用因素。

A.2.1.12 操作

在一些应用当中,尤其是那些没有操作员进行监督的应用,应该为用户提供清楚的说明,意味着显示器信息或语音指导的是可取的。这类指导信息可能包括:

- 采集宜自动开始;
- 如果设备拒绝了采集图像并要求重新采集,则重新采集的过程宜明确通知给用户;
- 如果在已定义的尝试次数后仍然采集不成功,设备宜通知用户采取其他措施。

A.2.1.13 配置样例

A.2.1.13.1 站姿单指采集

站立位置的单指指纹图像采集图示见图 A.8。

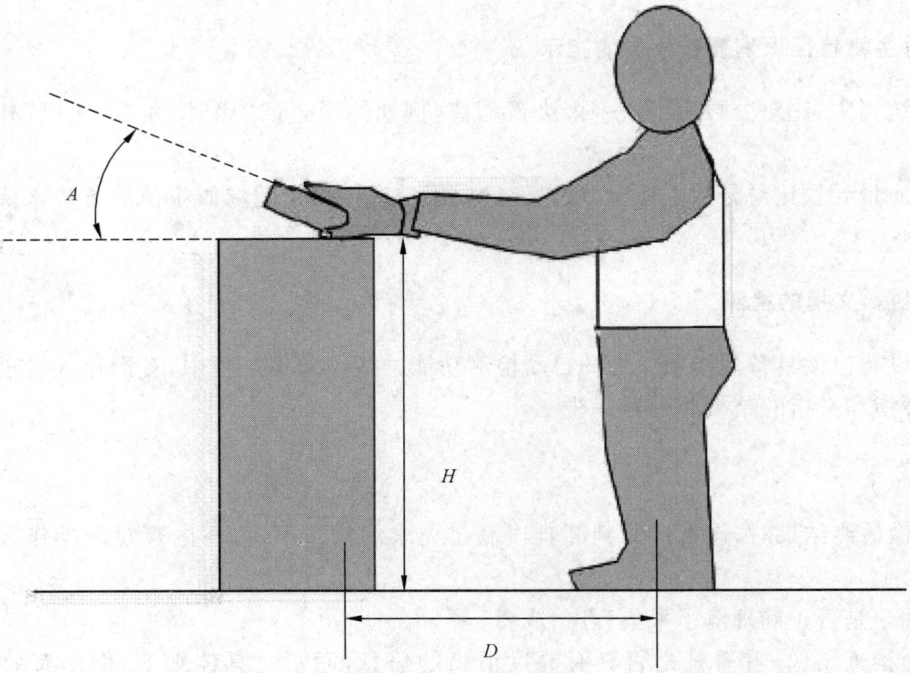

图 A.8 站立位置

如距离地面的高度(H)、角度(A)、身体和设备之间的相对位置(D)以及其他必需的项目宜在设计规格中进行说明。

A.2.1.13.2 坐姿四指采集

坐姿四指采集见图 A.9 所示,和单指采集一样。

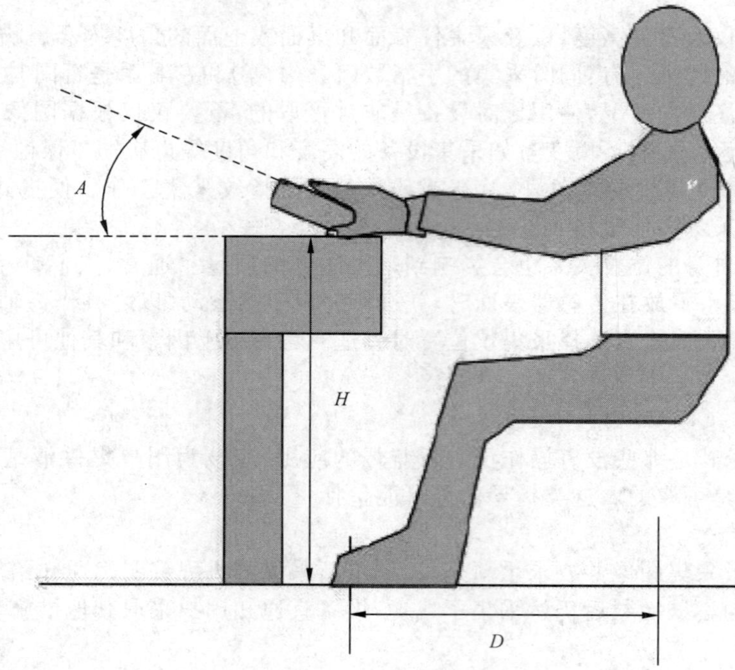

图 A.9 坐姿

A.2.1.14 其他

A.2.1.14.1 对生物特征识别操作人员的指示

在有些系统当中,比对分数有不止一个决策阈值,例如除了返回“比对”和“不比对”外,还显示“未知”决策。

当因图像质量导致比对分数不够时,可以通过向用户提供采集图像质量值的方式来降低对验证结果的质疑。

A.2.1.14.2 假指、义指的检测

指纹采集设备应该具备假指和义指的自动检测功能。指纹采集过程中,有操作人员进行观察比自我检查,消除假指和义指的结果要更好一些。

A.2.1.15 配置

采集系统做最终结果时,设备自动判断难以满足要求的情况下,以下内容对于操作人员来说尤为重要:

- 检查用户是否正确理解了采集程序;或者
- 视觉上检查图像,看看其是否具有高度清晰的信息,而不是具体细节,例如有效区域是大还是小。

A.3 图像数据原则

A.3.1 图像质量度量

和图像质量相关的算法在 ISO/IEC 29794-4 中作了规定，并且作为供方系统规范中采用的算法质量评估的参考。

有可以检测指纹图像中间区域的方法，系统供方可以考虑在系统规范中引进此法。

有可以根据细节信息可靠性来计算图像质量的方法，系统提供商可以考虑在系统规范中引进此法。

A.3.2 人机界面(显示正在采集或已采集的图像)

当用户配合的时候，使其看见已采集的图像可能会取得更好的效果。从安全角度来说，这涉及指纹图像被窥见，应避免呈现已采集的图像。这种情况下，可以用图示来代替呈现。

A.3.3 预处理

一些设备具备以下功能来获得高质量的图像：可以根据年龄、皮肤状况引起的传感器特性变化来自动变更传感器的参数。但是，为了变更传感器参数，可能会耗费较长的时间来采集。

传感器采集到的原数据可以通过处理和增强来改进可视性。但是详细的灰度信息因增强而丢失。

A.4 指纹图像质量评估软件

采集软件应具备以下特征：

- 当被采集人员将手放在采集面上时，应提示采集开始；
- 提示采集顺序；
- 根据自动质量判断功能选择高质量的图片；
- 采集失败后重新提示；
- 宜具体说明用于自动判断质量的软件(供方、产品名称、版本等)；
- 宜具体说明用于特征提取的软件；
- 宜具体说明用于验证的软件；
- 用于登记的实验性比对；
- 通过实验性比对功能选择质量最佳的图片。

A.5 执法手指尺寸推荐

以下表格提供了用于双手单指和食指、中指、无名指和小指组合的采集尺寸的原则和建议。表 A.1 中各值旨在用于执法中应用。

表 A.1 执法手指尺寸推荐

手指位置	手指代码	最大图像区域	宽度		长度	
		cm^2	cm	inch	mm	inch
未知	0	15.47	40.6	1.6	38.1	1.5
右拇指	1	15.47	40.6	1.6	38.1	1.5

表 A.1（续）

手指位置	手指代码	最大图像区域	宽度		长度	
		cm^2	cm	inch	mm	inch
右食指	2	15.47	40.6	1.6	38.1	1.5
右中指	3	15.47	40.6	1.6	38.1	1.5
右无名指	4	15.47	40.6	1.6	38.1	1.5
右小指	5	15.47	40.6	1.6	38.1	1.5
左拇指	6	15.47	40.6	1.6	38.1	1.5
左食指	7	15.47	40.6	1.6	38.1	1.5
左中指	8	15.47	40.6	1.6	38.1	1.5
左无名指	9	15.47	40.6	1.6	38.1	1.5
左小指	10	15.47	40.6	1.6	38.1	1.5
右手四指	13	61.95	81.3	3.2	76.2	3.0
左手四指	14	61.95	81.3	3.2	76.2	3.0
拇指(2)	15	61.95	81.3	3.2	76.2	3.0

A.6 可能需要的参考

对于以下问题，建议查找相关参考文献：

- 基于统计试验结果的推荐甄选手指以及顺序；
- 为获取较好比对性能而采用的最小图像尺寸；
- 统计记录和检查质量值的重要性（用于考虑校正采集顺序、标准、软件、阈值和其他）。

附　录　B
（资料性附录）
指纹图像数据记录示例

示例中的指纹图像作为数据编码程序的样本，将按本部分的要求重新设置格式。假设为左手食指，图像由活体扫描设备采集。设备技术是未知的，扫描分辨率是500 ppi，8位像素深度。图像像素规格为375×625，并且为了示例说明的目的格式化为未压缩格式。数据有1个质量块和1个认证块。本示例需要的字段在表B.1和表B.2中说明。

表B.1　总记录头示例

字段	字节	值	说明
格式标识符	4	46 49 52 00	"FIR"- 手指图像记录
版本号	4	30 32 30 00	"020"
记录长度	4	00 03 93 C9	一个手指表示由16字节的总记录头，加50字节的表示头，加234375字节的数据，共234441字节组成
表示数量	2	00 01	采集的单个指纹图像
设备认证块	1	01	认证块呈现
指/掌数量	1	01	只有左食指

表B.2　指纹图像头记录示例

字段	字节	值	说明
表示长度	4	0x00 03 93 BB	包括记录头和最大图像数据块
采集日期和时间	9	0x07D5 0C 0f 11 23 13 0000	2005年12月15日，17：35：19.000
采集设备技术标识	1	0x00	技术未知或未说明
采集设备供方标识	2	0xABCD	供方SAC/TC 28标识
采集设备类型标识	2	0x1235	供方指定标识
质量块数量	1	0x01	1个图像质量块
质量分数	1	0x3A	图像质量分数58
质量算法供方标识	2	0xABCD	供方SAC/TC 28标识
质量算法标识	2	0x1234	供方指定标识
认证块数量	1	0x01	1个认证块
认证机构标识	2	0x78AB	SAC/TC 28标识
认证标识	1	0x01	1个认证标识
指/掌位	1	0x07	左手食指
表示编号	1	00x0	首次采集

表 B.2（续）

字段	字节	值	说明
度量单位	1	0x01	ppi
扫描分辨率(水平)	2	0x01 F4	500 ppi
扫描分辨率(垂直)	2	0x01 F4	500 ppi
图像分辨率(水平)	2	0x01 F4	500 ppi
图像分辨率(垂直)	2	0x01 F4	500 ppi
像素深度	1	0x08	256 灰度级
图像压缩算法	1	0x00	未压缩(无字节压缩)
印迹类型	1	0x01	活体采集滚动
水平线长度	2	0x01 77	每水平线 375 像素
垂直线长度	2	0x02 71	625 水平线
图像数据长度	4	0x00 03 93 87	234375 字节

参 考 文 献

[1] GB/T 1988 信息技术 信息交换用七位编码字符集

[2] ISO/IEC 19785-1:2006 Information technology—Common biometric exchange formats framework (CBEFF)—Part 1: Data element specification

[3] ISO/IEC 29794-4 Information technology—Biometric sample quality—Part 4: Fingerprint Sample Quality Data

ICS 35.040
L 70

中华人民共和国国家标准

GB/T 26237.5—2014

信息技术　生物特征识别数据交换格式 第5部分：人脸图像数据

Information technology—Biometric data interchange formats—Part 5：Face image data

（ISO/IEC 19794-5：2005，NEQ）

2014-12-05 发布　　2015-05-01 实施

中华人民共和国国家质量监督检验检疫总局
中国国家标准化管理委员会　发布

前　言

GB/T 26237《信息技术　生物特征识别数据交换格式》分为下列14个部分：

——第1部分：框架；

——第2部分：指纹细节点数据；

——第3部分：指纹型谱数据；

——第4部分：指纹图像数据；

——第5部分：人脸图像数据；

——第6部分：虹膜图像数据；

——第7部分：签名/签字时间序列数据；

——第8部分：指纹型骨架数据；

——第9部分：血管的生物特征识别图像数据；

——第10部分：手形轮廓数据；

——第11部分：处理过的签名/签字动态数据；

——第12部分：脸形特性数据；

——第13部分：声音数据；

——第14部分：DNA数据。

本部分为GB/T 26237的第5部分。

本部分按照GB/T 1.1—2009给出的规则起草。

本部分使用重新起草法参考ISO/IEC 19794-5：2006《信息技术　生物特征识别数据交换格式　第5部分：人脸图像数据》编制，与ISO/IEC 19794-5：2006的一致性关系为非等效。

请注意本文件的某些内容可能涉及专利。本文件的发布机构不承担识别这些专利的责任。

本部分由全国信息技术标准化技术委员会(SAC/TC 28)提出并归口。

本部分起草单位：中国电子技术标准化研究院、中国科学院自动化研究所。

本部分主要起草人：袁理、霍红文、李子青、冯敬、金倩、易东。

引　言

人脸图像已经在身份识别方面使用了数十年。最近几年，数字人脸图像被用于包括身份检查和计算机自动人脸识别在内的多种应用中。尽管图片格式已经标准化为几种情况，比如护照和驾驶证，但仍然要规定一种数字人脸图像的标准数据格式以便满足各供应商之间的互用性。

GB/T 26237 的本部分的目的在于为要求交换人脸图像数据的人脸识别应用提供一种人脸图像格式。典型的应用有：

——用人脸图像进行身份检查，人脸图像经过充分处理以便执行身份检查人员能够确认，例如痣和伤疤这样能用于识别身份的小特征；

——通过将人和人脸图像进行比对完成身份识别；

——计算机自动人脸生物特征识别(一对多搜索)；

——计算机自动人脸生物特征验证(一对一比较)。

为了能让这些应用在各种设备上使用，包括那些需要在有限资源内进行数据存储的设备，也为了提高人脸识别的精确性，本部分不仅规定了数据格式，还规定了场景约束(光源、姿态、表情等)、图片属性(定位、拍摄设备焦距等)、数字图像属性(图像分辨率、图像尺寸等)。

本部分引入了一些图像类型以定义满足某些应用要求的分类，每一种要求都针对某一种图片类型做了具体规定。

信息技术 生物特征识别数据交换格式 第5部分:人脸图像数据

1 范围

GB/T 26237 的本部分:

——规定了一张/多张相片和人脸图像短视频流的存储、记录和传输的数据格式。规定了人脸图像拍摄时的场景约束;

——规定了人脸图像的拍摄方法;

——规定了数字人脸图像的存储格式;

——提供了人脸图像拍摄的最佳范例。

本部分适用于人脸图像数据的记录、存储和传输。

2 规范性引用文件

下列文件对于本文件的应用是必不可少的。凡是注日期的引用文件,仅注日期的版本适用于本文件。凡是不注日期的引用文件,其最新版本(包括所有的修改单)适用于本文件。

GB/T 17235.1—1998 信息技术 连续色调静态图像的数字压缩及编码 第1部分:要求和指南(ISO/IEC 10918-1:1994,IDT)

GB/T 26237.1—2010 生物特征识别数据交换格式 第1部分:框架(ISO/IEC 19794-1:2006,MOD)

GB/T 30267.1—2013 信息技术 生物特征识别应用程序接口 第1部分:BioAPI 规范(ISO/IEC 19784-1:2006,IDT)

ISO/IEC 14496-2:2004 信息技术 音频及视觉对象编码 第2部分:视觉(Information technology—Coding of audiovisual objects—Part 2:Visual)

ISO/IEC 15444(所有部分) 信息技术 JPEG 2000 图像编码系统[(Information technology—JPEG 2000 image coding system(All parts)]

ISO/IEC 15948 信息技术 计算机图形和图像处理的便携式网络图形(PNG):功能规范[Information technology—Computer graphics and image processing—Portable Network Graphics(PNG):Functional specification]

ISO/IEC 29794-1:2009 信息技术 生物特征识别样本质量 第1部分:框架(Information technology—Biometric sample quality—Part 1:Framework)

3 术语和定义

GB/T 26237.1—2010 界定的以及下列术语和定义适用于本文件。

3.1

2D 图像 2D image

在一个给定光源环境环境中,记录对被捕捉对象光源和颜色纹理的二维编码表示。

3.2

3D 图像　3D image

编码记录 3D 空间的表面的图像。

3.3

3D 点图　3D point map

对被捕捉对象的 3D 点云表示，其中每一个表面点都编码为一个三元组，分别记录 3D 空间中 x，y，z 的值。

3.4

3D 顶点表示　3D vertex representation

使用 3D 顶点和点之间的三角形来编码表示 3D 表面。

3.5

人体扫描标记点　anthropometric landmark

用于身份验证与分类的人脸标记点。

3.6

人体扫描标记点编码　anthropometric landmark code

定义人体扫描标记点的两部分编码。

3.7

笛卡尔坐标系　cartesian coordinate system

3D 正交直角坐标系。

3.8

下颚　chin

颚部中央偏下部分。

3.9

彩色图像　colour image

多通道连续光谱图像，每个通道均由一位或多位进行编码。

3.10

色域　colour space

在图像中描述像素的颜色的一种方法。

注：本文件典型地采用了 RGB，YUV 和灰度图像。

3.11

连续色调图像　continuous tone image

通道每个像素用多于 1 位表示的图像。

3.12

头顶　crown

头顶部，或者(如果去除头发和头饰)脑颅顶部可见位置。

3.13

圆柱坐标系　cylindrical coordinate system

通过半径、方位角和高度描述一个点的 3D 极坐标系。

3.14

每英寸点数　dots per inch

扫描仪和打印机分辨率的测度。

3.15

人脸图像　facial image

基于电子图像的个人肖像表示。

3.16

人脸图像类型　facial image type

满足特定规定的一类人脸图像。

3.17

标记点　feature point

一个人脸图像中被用于人脸识别算法，通常称作标记点的参考点。

示例：眼镜的位置。

3.18

鱼眼　fish eye

一种失真类型，图像的中心部分比边缘点更接近边界点。

3.19

灰度图像　greyscale image

只有一个通道的连续光谱图像，如以8位编码；也被称作单色图像或者黑白图像。

3.20

人工检查　human examination

通过脸部特征和结构，将人脸图像与一个人类个体或另一张人脸图像仔细比对确定参考者身份的人工过程。

3.21

人工验证　human verification

通过与一个人或另一人脸图像的比对确认一个人脸图像的身份。该比对为1∶1对比。

3.22

像素　pixel

图片的基本元素；2D矩阵图像表示的基本元素。

3.23

肖像　portrait

记录一个人的图片，包含整个头部、大多数情况下所有的头发、颈部以及肩膀的上半部分。

3.24

区域图像　range image

记录3D空间上表面点的数值矩阵，前两个坐标记录位置第三个坐标记录该位置的值。

3.25

红眼　red-eye

由向主体的眼睛闪红光而引发的从视网膜后血管反射的光。

3.26

纹理　texture

在给定的照明环境下亮度和/或采集的主题颜色的2D描述。

3.27

纹理透视矩阵　texture projection matrix

3×4的3D表面坐标系转换矩阵，将度量笛卡尔坐标系该变换2D纹理图像坐标系，其中该变换既利用了3D点的3D对应坐标也用了2D点的2D对应坐标。

3.28

身份验证 verification

生物特征识别系统的功能,它执行一个1对1对比。

4 缩略语

下列缩略语适用于本文件。

CBEFF:公用生物特征识别交换格式框架(Common Biometrics Exchange Formats Frame)

BDIR:生物特征识别数据交换格式(Biometric Data Interchange Formats)

DPI:每英寸像素数(Dots per inch)

FIR:指纹图像记录(Finger Image Record)

JPEG:GB/T 17235.1—1998 规定的图像压缩标准(Joint Photographic Experts Group)

JPEG 2000:ISO/IEC 15444(所有部分)中的图像的增强压缩标准(Joint Photographic Experts Group 2000)

PNG:ISO/IEC 15948 中的图像的无损压缩标准(Portable Network Graphic)

ppcm:像素/厘米(pixels per centimetre)

ppi:像素/英寸(pixels per inch)

ppmm:像素/毫米(pixels per millimetre)

5 符合性

满足下述相关规范性要求的生物特征记录数据符合本部分:

a) 数据元素的数据结构、数据类型与关系,完全正面人脸图像第6章~第9章,标记正面人脸图像第6章~第8章,第10章,后处理正面人脸图像第6章~第8章,第11章;

b) 数据值和输入生物特征识别数据记录之间的关系,完全正面人脸图像第6章~第9章,标记正面人脸图像第6章~第8章,第10章,后处理正面人脸图像第6章~第8章,第11章。

如果生物特征识别数据产生系统输出的数据满足本部分规定并在系统中附带实现一致性协议,则产生生物特征识别数据的系统可视为符合本部分。一个生物特征识别数据产生系统,其输出生物特征识别数据不需要在所有方面均满足本部分规定,但只有符合本部分的才能够包含在实现符合性协议中。

如果一个系统能够读取并使用符合本部分的数据格式并在系统中附加实现一致性协议,则该系统可视为符合本部分。系统使用的数据不需要在所有方面均满足本部分规定,但只有符合本部分的才能够包含在实现符合性协议中。

6 人脸图像的数据交换记录格式

6.1 概述

生物特征识别数据交换格式(BDIR)在本部分中具体规定了生物特征识别数据中人脸图像数据存储的格式。每个BDIR都应属于单个个体,且应包含至少一个2D图像,可选几何表示(区域图像、3D点网格,3D顶点表示)来表示一张人脸。记录结构在图1和图2中所示。

本部分中的BDIR(特别是2D人脸图像),需要通过JPEG、JPEG 2000或PNG格式进行编码。

对元素的数据记录格式进行讨论时,"字段"表示最小元素如人脸数据类型与图像数据类型,"块"代表一组场(域)如人脸信息块或图像信息块,"记录"表示包含通用文件头与一个或多个表示的数据。

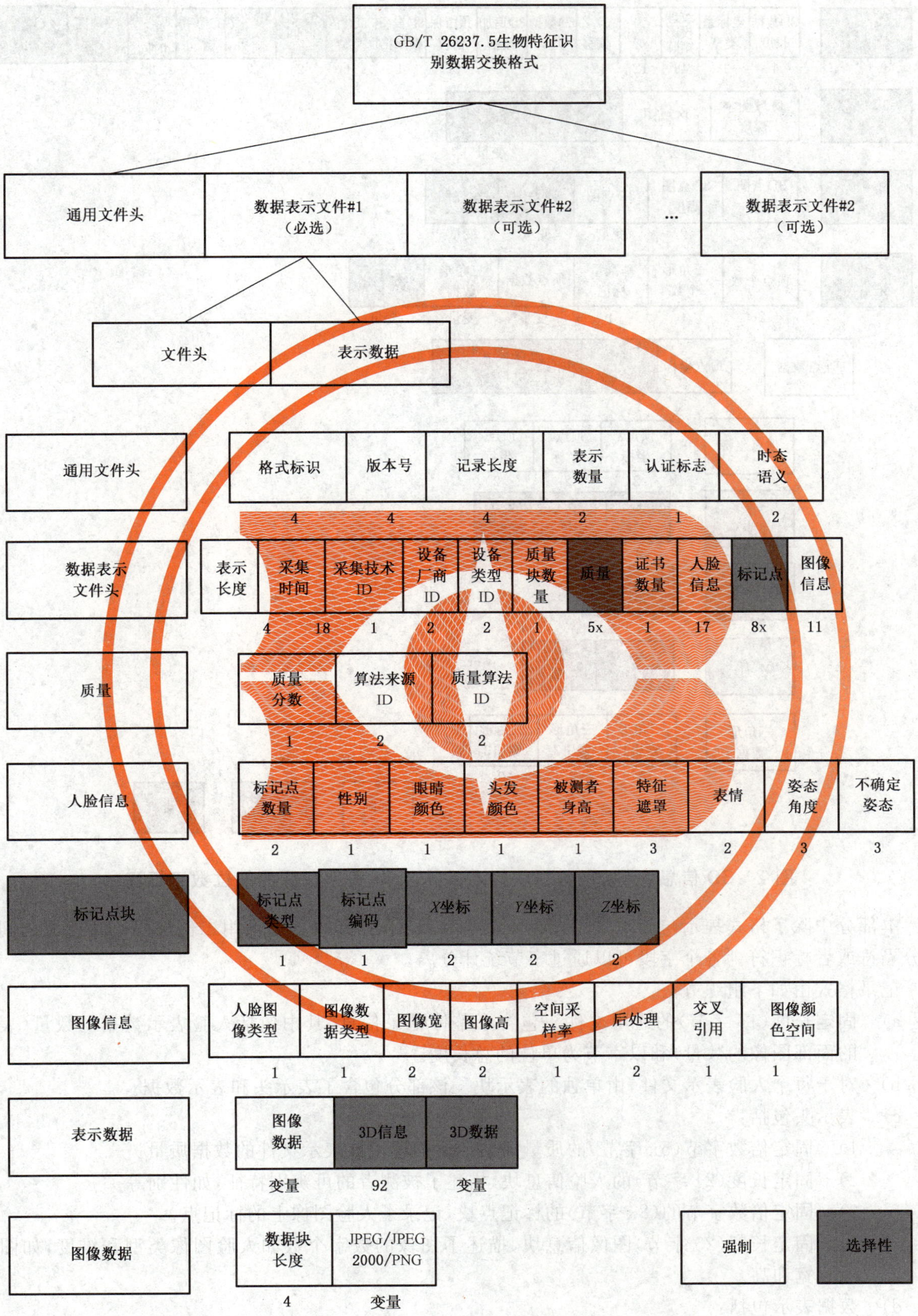

图 1　生物特征识别数据交换格式及各字段需要的位数

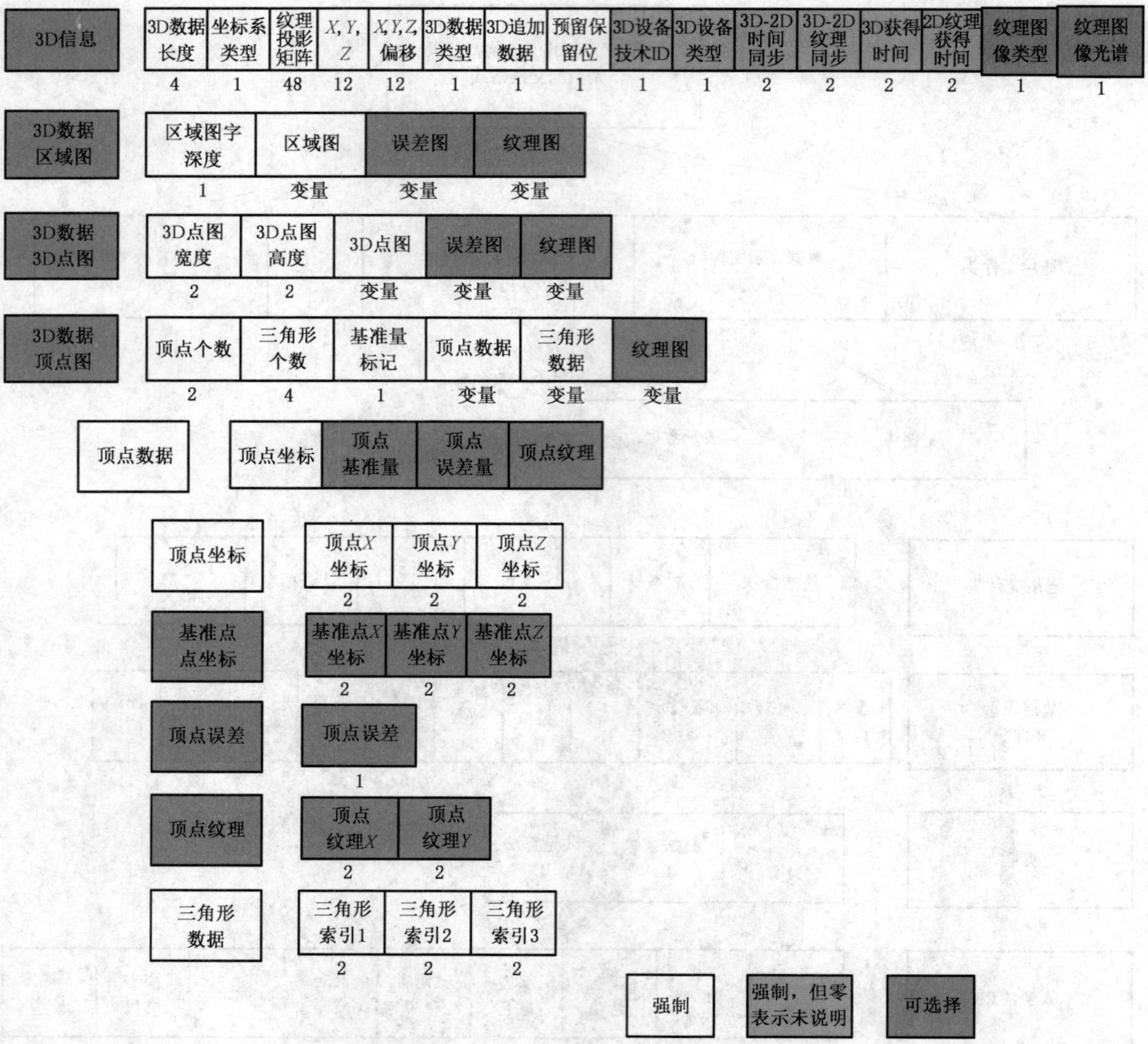

图 2　3D 信息块与 3D 数据块标准具体要求，每字段需要的位数已标记

本部分中除了格式表示与版本号用无终止符 ASCII 编码，其余数据均用二值编码。每字段之间没有分隔符或者标识符。各个字段可以通过字节统计分离。

记录格式由如下组织方法：

a) 固定长度(17 字节)的通用文件头包含了整体记录信息，其中包括人脸表示数据的数量(表示的面部图像的数量)和以字节为单位的总长度。

b) 对于每个人脸表示文件，由单独的表示块。该部分包含了表示头和表示数据。

c) 表示头包括：

   1) 固定倍数字节(5x 字节)的质量评估模块描述了该表示文件的数据质量。

   2) 固定长度(21 字节)的人脸信息块，描述了被测者的可辨别特征，如性别等。

   3) 固定倍数字节的(8x 字节)的标记点块，记录了人脸图像上的标记点。

   4) 固定长度(25 字节)图像信息块，描述了图像的数字个数如人脸图像类型和维度，如图像宽和高。

d) 数据表示包括：

   1) 图像数据包括数据编码块 JPEG、JPEG 2000 或 PNG。

   2) 对于包含 3D 信息的人脸图像类型的 3D 信息块(92 字节)描述该数据的性质。

   3) 对于包含 3D 信息的人脸图像类型的 3D 数据块描述了人脸的 3D 形状。

同一个生物特征识别被测者的多个 2D/3D 表示可以记录在单个记录中。这通过在通用文件头之后包含多个表示块实现。表示块既可以包含 2D 数据也可以包含 3D 数据。整合结构如图 3 所示。

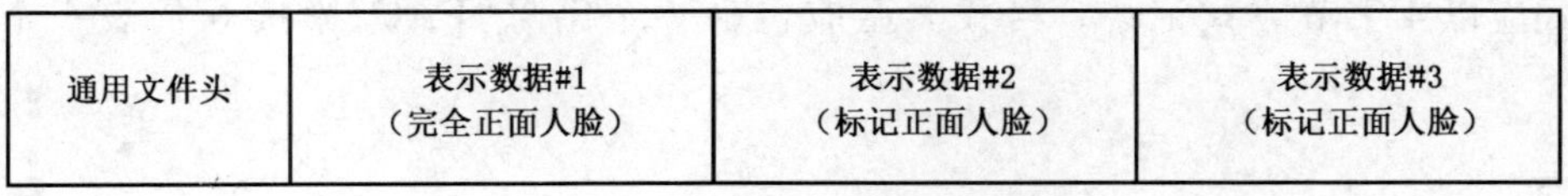

图 3　多个 2D/3D 数据表示在同一记录中的整合

6.2　数据规定

6.2.1　字节顺序

在数据记录与所有定义明确的数据块中，所有多字节数据均用高位优先格式存储。即权重高的字节存储在存储器的位置较非重要字节位置更低。例如，1 025 的值在存储器中第一个字节为 00000100，第二个字节 00000001。

6.2.2　数值

如果没有额外规定，所有的数值为定长的无符号整数值。

6.2.3　整型转换

将数值转化为整数的方法为四舍五入法，即若小数部分小于 0.5 舍去，若小数部分大于或等于 0.5 则进位。

6.2.4　未规定值的字段

在图 1 和图 2 中的数据字段是强制字段，但如果该字段编码为 0 即为未规定数值。

6.2.5　未知字段的值

一个字段被标记为“未知”，应被用来表示该字段的信息不能通过对人脸图像的检验确定。

6.3　通用文件头

6.3.1　组织

通用文件头模块由 6 个字段组成：格式标识、版本号、记录长度、表示数量、认证标志、时态语义，如表 1 所示。

表 1　通用文件头

项目名	大小	标准值	说　明
格式标识	4 字节	0x46414300（‘F’‘A’‘C’，0x0）	人脸表示数据
版本号	4 字节	0x30313000（‘0’‘1’‘0’，0x0）	ASCII 码“010”值
记录长度	4 字节	69≤数据记录长度≤$2^{32}-1$	见 6.3.4
表示数量	2 字节	1≤值≤65 535	见 6.3.5
认证标志	1 字节	0x00，0x01	见 6.3.6
时态语义	2 字节	0≤值≤65 535	见 6.3.7 表 2

6.3.2 格式标识

数据格式应以4字节方式记录。格式类型应包含3个字母“FAC”紧接0代表一个空字符串终止符。

6.3.3 版本号

用于建立BDIR的GB/T 26237.5版本号应占位4个字节。此版本号应包括3个ASCII码数字，以0字节表示字符串的终结，第一个第二个字母代表主版本号，第三个字母代表修订号。本版本的GB/T 26237.5应被编码为0x30313000，“010”，表示版本1的第0次修订。

6.3.4 记录长度

整个BDIR长度(以字节为单位)，应以4个字节记录。此记录应包括记录头和一个或多个记录BDIR长度的部分。

6.3.5 表示数量

整个生物特征识别数据的表示数量应以2个字节记录。表示数量最小为1。

6.3.6 认证标志

1字节的认证标志应指出每个表示头是否包含认证块。00Hex的值应表示没有表示数据包含认证块。01Hex的值应表示所有表示数据均含有认证块。

6.3.7 时态语义

该长度为两字节的字段应根据表2进行分配。该字段支持多种表示的存储：从一个单独记录(如一张摄影相片)，到多个不同记录(如提款机交易记录)，或者短图片序列(如等时视频序列)。

表2 时态语义的值

描 述	值
一个图像表示	0x0000
两个或多个图像表示。时间关系无具体规定	0x0001
两个或多个图像表示。在短时内的无规则间隔获取(例如：在一次摄影活动中的多张相片)	0x0002
两个或多个图像表示。图像表示在长时间内无规则间隔获取(例如：一个人一生所有拍摄的护照相片)。除非图像表示的质量已知，或者有合适的排序机制，最新的图像表示数据宜存放在第一位	0x0003
μs单位下的图像序列表示(例如，视频流中的多帧)	4≤值<65 534
短时视频中的以大于65 533 μs的间隔选取的多帧	65 534
注1：最小时间间隔为4×0.001 s=0.004 s=4 000 μs。 注2：最大时间间隔为65 533×0.001 s=65.533 s=65 533 000 μs。 注3：选取合适的视频编码方案如ITU-T H264会使编码更有效地压缩，但会增加解码的负担，因此本部分不支持。	

6.4 数据表示文件头

6.4.1 结构

表示数据头是为了描述图像的个体可判别性，每个人脸的表示数据包含在记录文件中。该块结构在图 1 中描述。

表示数据头包含了数据长度，采集日期时间，采集设备技术标识，采集设备生产商标识。之后是质量块的数量与相关的质量块。最后表示头文件中包含了证书数量字段、人脸信息块、可选的多标记点块以及图像信息块。

6.4.2 表示长度

4 字节的表示数据长度字段记录了人脸信息块、2D/3D 标记点块，图像信息块、质量块、表示数据块、3D 信息块和 3D 数据块的总长度和。

表示数据长度的最小值为 46 字节加上表示数据块的长度(以字节为单位)。其中的 46 字节由 21 字节的人脸信息块长度和 25 字节的图像信息块构成。

6.4.3 采集时间

数据头的时间和时间字段应使用世界标准时间(UTC)表示。表 3 给出的格式应使用于表示头中的任何绝对时间值。拍摄时间和日期应包含在表示头文件中而生物特征识别样本编码时间是可选字段。日期和时间字段的值应被编码为 BCD 码。

表 3　日期和时间格式

#	部分	名称	允许值	示例：2005 年 12 月 15 日，17：35：19.794 6	
				文本值	BCD 码值
1	YYYY	四位公历年份	1 900 到 9 998 9 999 为未设置	2 005	0010 0000 0000 0101
2	MM	两位月份	01 到 12 99 为未设置	12	0001 0010
3	DD	两位日期	01 到 31 99 为未设置	15	0001 0101
4	hh	两位小时 (24 小时单位)	00 到 23 99 为未设置	17	0001 0111
5	mm	两位分钟	00 到 59 99 为未设置	35	0011 0101
6	ss	两位秒钟	00 到 59 99 为未设置	19	0001 1001
7	μμμμ	四位毫秒	0000 到 9 998 9 999 为未设置	7 946	0111 1001 0100 0110

6.4.4 采集技术 ID

采集技术 ID 应以 1 字节编码，该字段应表示用于采集生物特征识别样本的设备技术类别。值 0 表示"未知或未明确"。表 4 列举了所有可能的值，附录 A 给出了拍摄人脸图像的最佳实践，附录 B 给出了拍摄相片的条件建议。

许多不同类型的采集设备或在可见光谱或在近红外(NIR)工作的。为了区分采样设备为近红外光最高位应设为 1。因此若为一个从可见光数字摄像机采集的视频帧，则采集技术 ID 应为 0x06，若在近红外采集,则视频帧应为 0x86。

表 4 日期和时间格式

描　　述	值
未知或为确定	0x00
未知来源采集的静态图片	0x01
数字静态相机采集的静态图片	0x02
扫描仪采集的静态图片	0x03
未知来源采集视频帧	0x04
模拟摄像机采集的视频帧	0x05
数字摄像机采集的视频帧	0x06
近红外相机采集的静态图像	0x07
SC 37 保留值	0x08～0x7F
设备供应商定义值	0x88～0xFF

6.4.5 设备厂商 ID

两字节的采集设备厂商 ID 应记录产生生物特征识别数据的生物特征识别组织身份。设备采集算法供应商应以两字节编码为 CBEFF 生物特征识别组织身份表示(在 SAC/TC 28 注册)。值 0 应表示该设备生产商没有记录。

6.4.6 设备类型 ID

两字节的采集设备类型 ID 应记录采集该 BDIR 的产品的类型。该类型应在注册产品拥有者或其他合法注册机构注册。值 0 应表示该采集设备类型未注册。

6.4.7 质量块数量

该字段记录了后面 5 字节质量块的数目值。值为 0 表示无需去设计质量得分,在该情况无需质量块。

6.4.8 质量得分

1 字节的质量得分,在 ISO/IEC 29794-1:2009 中定义,应是一个记录生物特征识别样本期望识别表现(预测的生物特征识别样本验证性能)的定量表达式。质量得分为 0 和 100 之间的整数,值越大表明质量越高。值 255 应用来记录特殊情况。值为 255 表明无法计算质量得分。质量得分的值符合 GB/T 30267.1—2013,其中 255 为−1。

注:GB/T 30267.1—2013 中的 BioAPI 不同于 GB/T 26237 的各部分,BioAPI 使用的是有符号整数值。

6.4.9 质量算法来源 ID

为了能够接受多种不同质量评估算法计算的质量得分,质量得分的提供者应该在该两字节字段中定义一个独有的标示。该表示应该在 SAC/TC 28 注册。

6.4.10 质量算法 ID

该两字节质量算法 ID 字段记录了质量算法提供者提供的一个整数产品代码。以此表明用于计算质量得分的质量评估算法为算法提供者的某个算法(与版本号)。该字段的值宜在 1～65 535 之间。

注：同一个算法(相同质量评估算法提供商和质量评估算法 ID)的不同质量数值不应记录于一个单独的表示中。

表 5 总结了质量相关的字段。所有的值都是定长无符号整数值,以大端法存储。

表 5 质量块的结构

描述		长度	有效值	说明
质量块的数目		1 字节	[0,255]	紧随该字段的是若干个 5 字节质量块,质量块数目由该字段的值确定
质量块	质量得分	1 字节	[0,100] 255	0:最小值; 100:最大值; 255:不能确定质量得分
	质量算法提供者 ID	2 字节	[1,65 535]	质量评估算法提供者 ID 应在 SAC/TC 28 注册
	质量算法 ID	2 字节	[1,65 535]	质量评估算法 ID 应在 SAC/TC 28 注册

6.4.11 证书数量

本部分不支持的整数应在认证数量字段填 0。

6.5 人脸信息块

6.5.1 标记点数量

2 字节的标记点数量字段应为紧随其后的标记点数据块的数目。标记点数据块的定义见 6.6。

6.5.2 性别

1 字节性别字段应以表 6 的方式表明被测者的性别。

表 6 性别编码

描述	值
未确定	0x00
男性	0x01
女性	0x02
未知	0xFF

6.5.3 眼睛颜色

1 字节的眼睛颜色字段(字段应表示眼睛虹膜的颜色)应以表 7 的方式表示。若两眼颜色不同,则以右眼颜色为标准编码。

表 7 眼睛颜色编码

描述	值
未确定	0x00
黑色	0x01
蓝色	0x02
褐色	0x03
灰色	0x04
绿色	0x05
混合色	0x06
粉色	0x07
SC 37 保留值	0x08～0xFE
其他未知值(如不能够从图像中判定,或单色图像)	0xFF

6.5.4 头发颜色

1 字节发色字段(字段应表示头发的颜色)应以表 8 的方式表示。

表 8 头发颜色编码

描述	值
未确定	0x00
无发	0x01
黑色	0x02
金色	0x03
褐色	0x04
灰色	0x05
白色	0x06
红色	0x07
SC 37 保留值	0x08～0xFE
未知或其他	0xFF

6.5.5 被测者身高

1 字节被测者身高字段(字段表示被测者的身高)应以表 9 的方式表示。

表 9 被测者身高

描述	值
未定义	0x00
被测者身高(以 cm 为单位)	0x01～0xFF

6.5.6 特征遮罩编码

3字节的特征遮罩编码是一个位编码,编码特征如表10所示。如果相关特征存在则应设为1否则为0。特征遮罩从0开始以最低位存储。最低位设为0应表示特征遮罩没有具体标明;最低位设为1表示表10所有特征遮罩都被记录,而任何一个特征遮罩编码没有记录都被记为0。

表10 特征标志

描述	值
特征已确定	0
眼镜	1
髭	2
下颚胡须	3
牙齿可见	4
瞳孔或虹膜不可见(如某只眼或两眼闭合或半闭合)	5
嘴张开	6
左眼眼影	7
右眼眼影	8
深色眼镜(医学)	9
头部遮挡	10
医学原因的特征扭曲(会影响标记点的检测)	11
SC 37 保留字段	12~23

6.5.7 表情

2字节表情字段(字段表示面部表情)应以表11的方式表示。

表11 表情编码

描述	最高字节	最低字节
未定义	0x00	0x00
自然表情(无微笑)两眼睁开,嘴巴闭合	0x00	0x01
微笑	0x00	0x02
眉毛扬起	0x00	0x03
眼睛向一侧看	0x00	0x04
眯眼	0x00	0x05
皱眉	0x00	0x06
SC 37 保留值	0x00 0x01~0x7F	0x07~0xFF 0x00~0xFF
供应商保留值	0x80~0xFF	0x00~0xFF

6.5.8 姿态角度

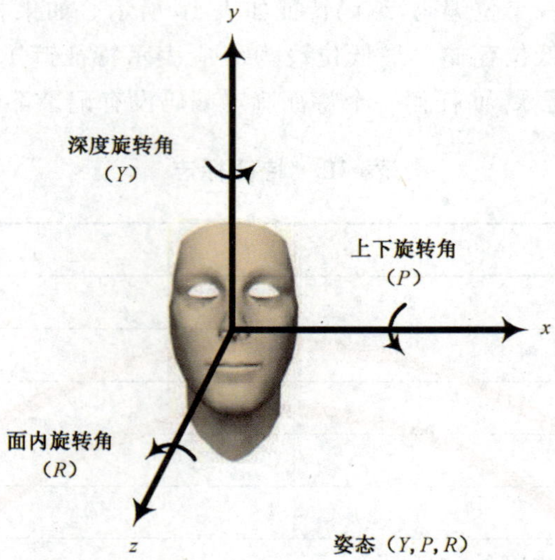

图 4 以被测者正前方为基准的姿态角的定义

6.5.8.1 概述

三字节姿态角字段(B_Y,B_P,B_R)应表示估计或测量的被测者在图像中的姿态。该字段的每个字节分别表示深度旋转、上下旋转、面内旋转的姿态角。姿态角用 Tait-Bryan 角表示。

——深度旋转角(yaw):绕 y 轴旋转角。

——上下旋转角(pitch):绕 x 轴旋转角,即水平方向内外旋转。

——面内旋转角(roll):绕 z 轴旋转角,即水平方向前后旋转。

角度均相对被测者的正前方向定义。如图 4 所示的(0,0,0)角。正前方为 xz 平面和垂直的对称轴面记作 yz 平面的交线 z 轴的方向。图 5 给出了参考例子。

沿着不同轴的连续旋转,编码以应从正面视角起按执行顺序编排。顺序应分别为面内旋转、上下旋转、深度旋转。旋转变化均在图像的 x,y 平面上。

从观察视角到正面视角的变换顺序执行。变换顺序分别为深度、上下、面内。

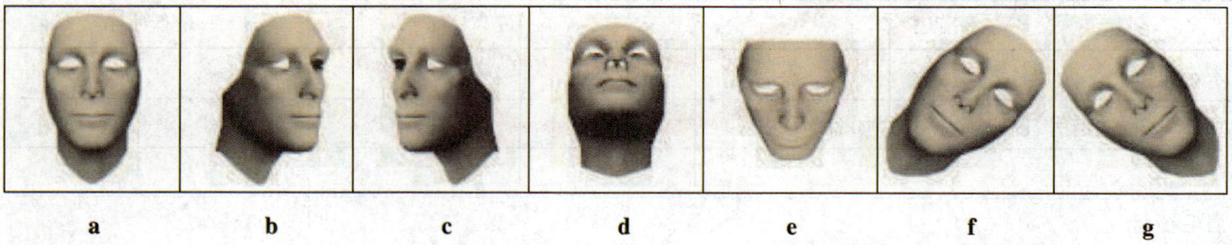

图 5 姿态角度与其编码

注:图 5 中,a~g 的旋转角度分别为(0,0,0)、(+45,0,0)、(−45,0,0)、(0,−45,0)、(0,+45,0)、(0,0,−45)和(0,0,+45)。根据 6.5.8.1~6.5.8.3 的定义,姿态角度编码(BY,BP,BR)按顺序分别为(1,1,1)、(23,1,1)、(158,1,1)、(1,158,1)、(1,23,1)、(1,1,23)。

6.5.8.2 姿态角—深度旋转

如图 4 所示,深度旋转角度 Y 为绕 y 轴旋转角度。正前方姿态深度旋转角度为 0°。正角度表示向左旋转(沿 y 轴逆时针旋转)。

深度旋转角 B_Y 编码应以字节值从 -180 到 180 除 2 求余。

——若 $180 \geqslant Y \geqslant 0$,则 $B_Y = Y/2+1$ 余数舍去。

——若 $-180 \leqslant Y < 0$,则 $B_Y = 181+Y/2$ 余数舍去。

角深度旋转角 B_Y 编码为以字节值从 -180 到 180 除 2 求余。B_Y 的最大值为 181。如果姿态角没有详细说明,则 B_Y 的值应为 0。

6.5.8.3 姿态角——上下旋转

如图 4 所示,深度旋转角度 P 为绕 x 轴旋转角度。正前方姿态深度旋转角度为 0°。正角度表示向左旋转(沿 x 轴逆时针旋转)。

深度旋转角 B_P 编码应以字节值从 -180 到 180 除 2 求余。

——若 $180 \geqslant P \geqslant 0$,则 $B_P = P/2+1$ 余数舍去。

——若 $-180 \leqslant P < 0$,则 $B_P = 181+P/2$ 余数舍去。

角深度旋转角 B_P 编码为以字节值从 -180 到 180 除 2 求余。B_P 的最大值为 181。如果姿态角没有详细说明,则 B_P 的值应为 0。

6.5.8.4 姿态角——面内旋转

如图 4 所示,深度旋转角度 R 为绕 z 轴旋转角度。正前方姿态深度旋转角度为 0°。正角度表示向左旋转(沿 z 轴逆时针旋转)。

深度旋转角 B_R 编码应以字节值从 -180 到 180 除 2 求余。

——若 $180 \geqslant R \geqslant 0$,则 $B_R = R/2+1$ 余数舍去。

——若 $-180 \leqslant R < 0$,则 $B_R = 181+R/2$ 余数舍去。

角深度旋转角 B_R 编码为以字节值从 -180 到 180 除 2 求余。B_R 的最大值为 181。如果姿态角没有详细说明,则 B_R 的值应为 0。

6.5.9 不确定姿态

3 倍数字节的姿态角不确定度(U_Y,U_P,U_R)分别表示了期望深度旋转、上下旋转、面内旋转角度的不确定度。该字段的每个字节分别按顺序表示了深度旋转、上下旋转面内旋转的不确定度。不确定度允许每个提供上提供实验不确定度。

姿态不确定度的编码(U_Y,U_P,U_R)以三字节编码。每个字节 U_k($k=Y,P,R$)分别代表某角度的不确定度,值的范围从最小值 1 到最大值 181。不确定性越高,不确定度 U_x 的值就应越大,如果不确定度没有具体表示,则 U_Y、U_P、U_R 的值应设为 0。

6.6 标记点块

6.6.1 结构

可选 8 字节标记点块定义了人脸图像中的标记点类型、编码和位置。其中标记点块的数量应在标记点数目字段具体记录。该模块的结构如表 13 所示。

标记点能够按照 ISO/IEC 14496-2:2004 附录 C 规定的 MPEG4 标记点记录或者 2 维或 3 维人体标记点记录。该标准的 6.6.6 将详细讨论人体标记点标准和 MPEG4 标记点标准之间的关系。

6.6.2 标记点类型

1 字节的标记点类型字段表示了记录了存储在标记点块的标记点类型(见表 12)。该字段应以

0x01 来表示标记点是符合 ISO/IEC 14496-2:2004 附录 C 规定的 2D 图像 MPEG4 标记点;应以 0x02 来表示标记点是 2D 图像坐标下一个人体测量 2D 标记点。最后,若该字段应以 0x03 来表示标记点为 3D 头像坐标下的人体测量 3D 标记点。其他值为 SC 37 保留字段,为将来规定的标记点类型预留。

表 12 标记点类型

描述	值	评论
MPEG4 特征	0x01	水平和竖直位置以像素为单位,值分别从 0 到图像宽度−1 与 0 到图像高度−1,*z* 坐标字段无意义
人体测量 2D 标记点	0x02	标记点是 2D 图像上的人体测量标记点,则坐标以像素为单位,值分别从 0 到图像宽度−1 与 0 到图像高度−1,*z* 坐标字段无意义
人体测量 3D 标记点	0x03	*X* 坐标,*Y* 坐标,*Z* 坐标用 2 字节值表示,固定的精度为 0.02 mm,浮动值范围为−65 534 mm～65 534 mm。标记点被认为是笛卡尔坐标系下的 3D 点。例如,值 10001 代表−65 534 mm+10 001×0.02 mm=−45 532 mm
SC 37 保留值	0x04～0xFF	为以后定义保留值

6.6.3 标记点编码

1 字节的标记点编码字段应具体指定标记点块(见表 13)存储的标记点。

对编码类型 0x01 的点,标记点的编码根据 6.6.4 记录,参见 ISO/IEC 14496-2:2004 附录 C 定义的 MPEG4 标记点标准,或 6.6.5 记录的额外的眼镜和鼻孔的标记点也应记录于该模块。

若标记点类型为 0x02 或者 0x03,即人体测量 2D 标记点或人体测量 3D 标记点,则根据 6.6.6 定义的标记点编码也应记录于该模块。

标记点的水平位置和垂直位置以特征图像坐标系或笛卡尔坐标系定义(见 6.10.2.2)。

表 13 标记点块

字段	大小	值	说明
标记点类型	1 字节	见 5.6.2	定义标记点的类型
标记点编码	1 字节	见 5.6.3	定义标记点,如左眼
X 坐标 *Y* 坐标	2 字节	见 5.6.2 表 12	定义标记点坐标。对标记点类型为 0x01 和 0x02 坐标为从左上角由 0 开始计数;对标记点类型为 0x03 表示在 3D 空间中点的坐标值
Z 坐标	2 字节	见 5.6.2 表 12	定义标记点 *Z* 坐标。对标记点类型为 0x01 和 0x02 该坐标无效。对标记点类型为 0x03 的标记点该坐标表示 3D 空间中点的 *Z* 坐标值

6.6.4 MPEG4 标记点

图 6 描述了与 ISO/IEC 14496-2:2004 附录 C 中标记点相关的标记点编码。每个标记点编码都是 A.B 的形式,采用了主值 A 和辅值 B。标记点的编码值(1 字节)为 A×16+B。

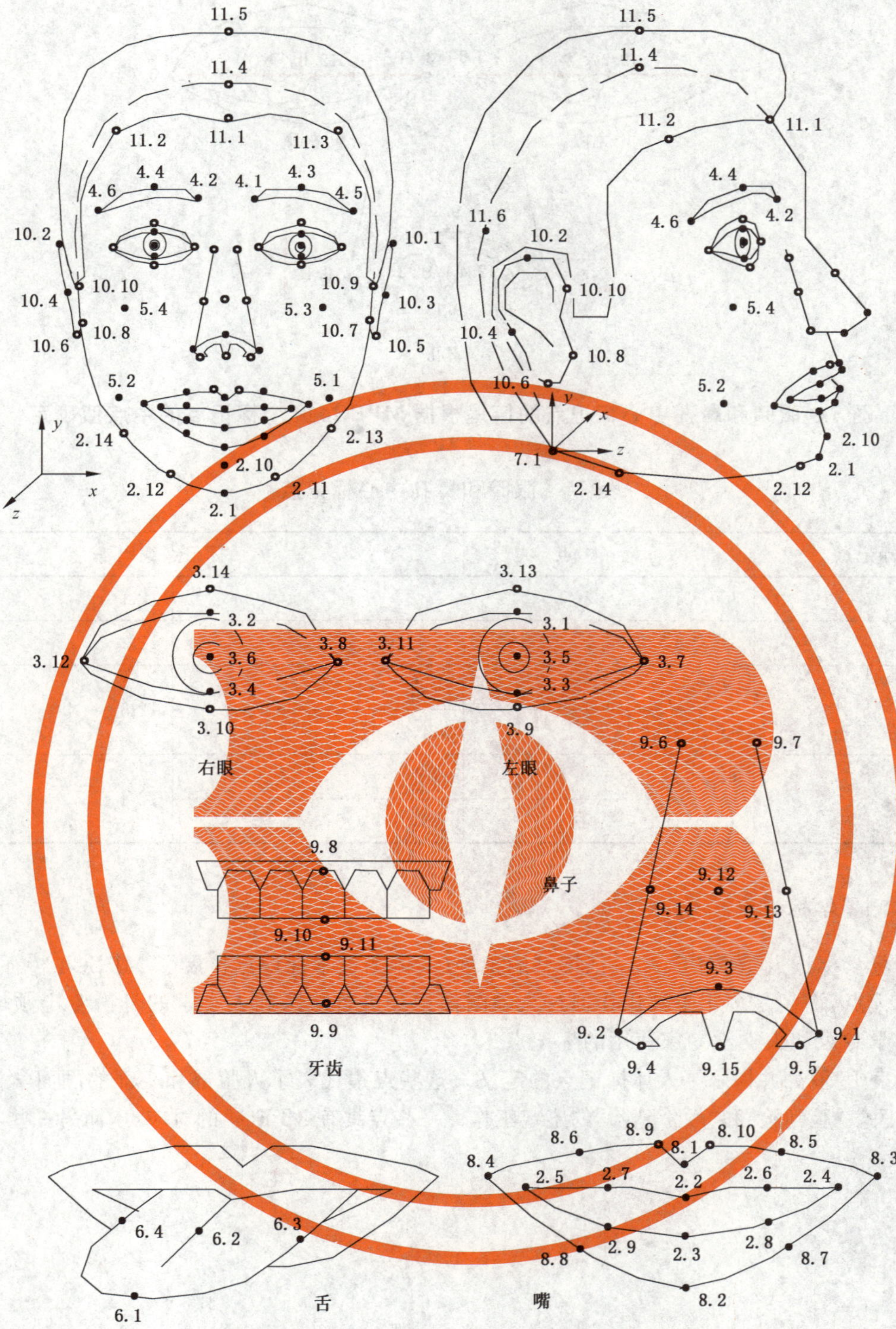

图 6　受 ISO/IEC 14496-2 规定的脸部动画参数影响的标记点

6.6.5　眼睛和鼻孔中心标记点

眼部中心标记点 12.1(左)和 12.2(右)是由两个眼角(3.7,3.11)(3.8,3.12)位置中点的横坐标与纵坐标分别确定的。左鼻孔中心标记点由鼻子标记点(9.1,9.15)中点的水平方向与(9.3,9.15)中点的垂直方向确定。在表 14 中列出了图 7 所示的两眼中点和鼻孔中心标记点的值。

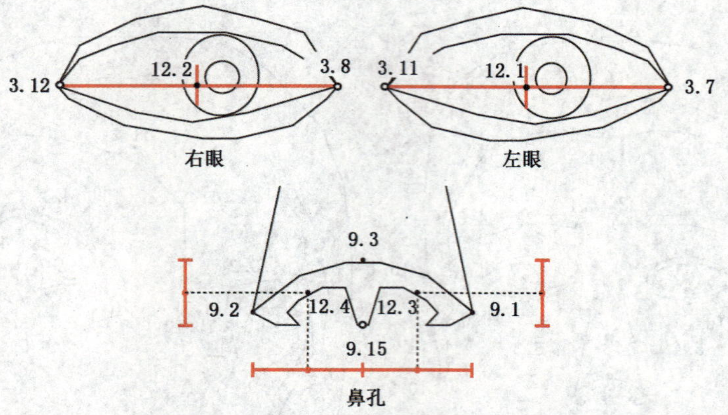

图 7 眼睛和鼻孔中心标记点的值是根据 MPEG4 几个标记点的中点值确定

表 14 眼睛和鼻孔中心标记点

<table>
<tr><th>中心标记点</th><th colspan="2">标记点中点</th><th>标记点编码</th></tr>
<tr><td>左眼</td><td colspan="2">3.7,3.11</td><td>12.1</td></tr>
<tr><td>右眼</td><td colspan="2">3.8,3.12</td><td>12.2</td></tr>
<tr><td rowspan="2">左鼻孔</td><td>水平</td><td>垂直</td><td rowspan="2">12.3</td></tr>
<tr><td>9.1,9.15</td><td>9.3,9.15</td></tr>
<tr><td rowspan="2">右鼻孔</td><td>水平</td><td>垂直</td><td rowspan="2">12.4</td></tr>
<tr><td>9.2,9.15</td><td>9.3,9.15</td></tr>
</table>

6.6.6 人体测量学标记点

人体测量学标记点是 MPEG4 特征模型的扩展(人体测量学标记点扩展了 MPEG4 特征模型)。其增加的新标记点,许多是多年来被用作通过人脸图像相片进行法医和人类学的身份鉴定领域。其中也包括被犯罪学专家和人类学专家使用的标记点。

图 8 和表 15 罗列并揭示了人体标记点的定义。这些点集代表了人脸部和头部的颅面学标记点。后者被用在法医学“脸到脸”和“颅骨到脸”的鉴定工作。一些点具有 MPEG4 的对应点,而另一些不具有。

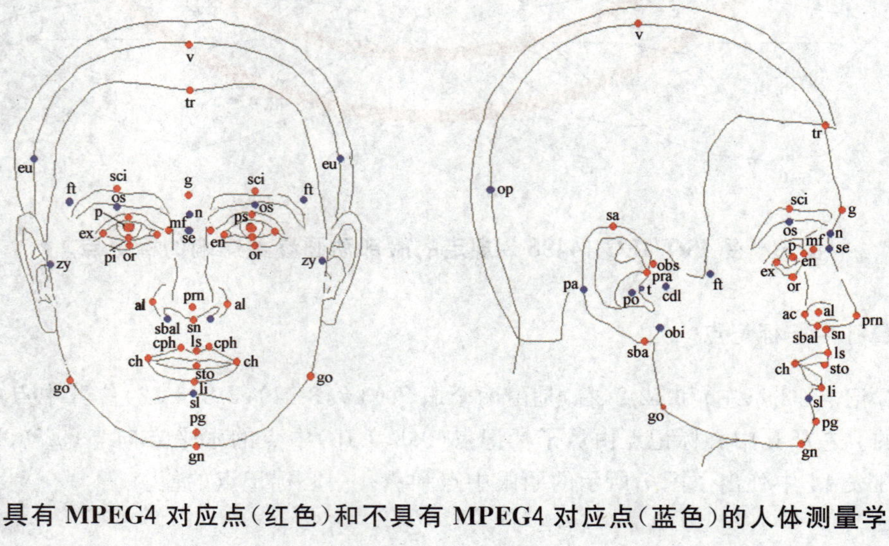

图 8 具有 MPEG4 对应点(红色)和不具有 MPEG4 对应点(蓝色)的人体测量学标记点

表 15 人体测量学标记点的具体定义

点标识	点编码	MPEG4 编码	人体测量学标记点名称	如何标记
V	1.1	11.4	头顶点	头朝水平方向时的头部最高点
G	1.2		眉间	眉毛中间最突起点
op	1.3		枕后点	枕骨部分和眉间距离最远的点
eu	1.5,1.6		颞点	颞骨区域分居脑颅两侧的最突起的点
ft	1.7,1.8		颞叶岛盖	前额的两侧部分颞线最高处
tr	1.9	11.1	发迹中点	额部发际线的和中心线相交点．
zy	2.1,2.2		颧点	两块颧骨最侧面点
go	2.3,2.4	2.15,2.16	下颚角点	下颚最侧面部分
sl	2.5		子唇	决定下嘴唇最低边界和上嘴唇的最高边界点
pg	2.6	2.1	颏下点	下颚的前部中点,位于皮肤表面颚标记点的前部
gn	2.7	2.1	颔下点	下颚骨下边界的最低中点
cdl	2.9,2.10		髁状突外点	下颚髁状突部分的最侧处
En	3.1,3.2	3.11,3.8	内眦	眼缝内部接合点
Ex	3.3,3.4	3.7,3.12	眼外角	眼缝外部结合点
P	3.5,3.6	3.5,3.6	瞳孔中心	当点头部在自然位置,眼直视时确定
Or	3.7,3.8	3.9,3.10	眶最下点	眼眶下边界的最低点
Ps	3.9,3.10	3.9,3.10	眼睑上部	上眼睑自由边界中部位置最高点
Pi	3.11,3.12	3.3,3.4	眼睑下部点	下眼睑自由边界中部位置最低点
Os	4.1,4.2		眶最上点	眼眶下边界的最高点
Sci	4.3,4.4	4.3,4.4	眉上方点	眉毛上边界中部位置最高点
N	5.1		鼻根点	鼻根和鼻额的中点
Se	5.2		鼻中隔下点	鼻额角底部最深处点
Al	5.3,5.4	9.1,9.2	鼻翼端	鼻翼云的最侧点
Prn	5.6	9.3	鼻突点	鼻尖最突出点
Sn	5.7	9.15	鼻中隔下点	鼻小柱根部中点,最低边界为鼻隔膜和上嘴唇的交汇点
Sbal	5.9,5.10		上鼻翼端	鼻翼基的下极限,其中鼻翼基融入上嘴唇的颜色
Ac	5.11,5.12	9.1,9.2	鼻翼曲线	鼻翼基曲线的最侧点
mf	5.13,5.14	9.6,9.7	上颌额点	鼻根到每个内眦的基
cph	6.1,6.2	8.9,8.10	christa 人中点	沿红色线上升的人中点
ls	6.3	8.1	唇上界点	朱红线上界的中点
l	6.4	8.2	唇下界点	朱红线下界的中点
ch	6.5,6.6	8.3,8.4	嘴角	该点位于每个唇联合处

表 15（续）

点标识	点编码	MPEG4 编码	人体测量学标记点名称	如何标记
sto	6.7		口点	虚拟点，嘴唇闭合、不漏牙齿情况下，面部中心线和水平的唇缝的交点
sa	7.1,7.2	10.1,10.2	耳上点	外耳自由边界的最顶端
sba	7.3,7.4	10.5,10.6	耳下点	耳垂自由边界的最低端
pra	7.5,7.6	10.9,10.10	耳廓前点	耳朵最前部的点，位于耳轮前部附着于头部的位置
pa	7.7,7.8		耳廓后点	耳廓自由边界的最后端
obs	7.9,7.10	10.3,10.4	中耳上点	耳轮附着于颞部的位置
obi	7.11,7.12		中耳下点	耳垂附着于颊部的位置
po	7.13,7.14		外耳门上缘中点	外耳门上边界最高点
t	8.1,8.2		耳屏点	耳屏上边界的裂痕处

人体测量标记点编码格式由 A 和 B 的组合来表示。A 表示整体标记点，代表该点属于人脸的哪个部分，如鼻子、嘴等。B 代表了某个具体的点。如果标记点在脸部为左右两个对称的，则右侧标记点始终为更大的偶数编码值。因此，所有左侧标记点为奇数，而对应的右侧点为偶数。A 和 B 的范围均为 1～15。因此标记点编码字段 A×16＋B 为 1 字节编码字段。

6.6.7 3D 人体测量标记点

3D 人体测量标记点的位置的误差宜不大于 3 mm，且点距最近的点应不得超过 3 mm。标记点可以是顶点，可以是边上的点，可以是 3D 表面上的点。

6.6.8 Z 坐标

如果标记点类型为 MPEG4 标记点或者是 2D 人体测量标记点，则该字段无效。也就是说标记点类型为 3D 人体测量标记点时，该字段连同水平和垂直位置字段表示了 3D 笛卡尔坐标系下的标记点坐标。3D 测度标记点应通过在固定的 0.02 mm 范围内将 X，Y 和 Z 坐标形成得到。注意标记点类型字段将标记点类型编码并决定 Z 坐标的表达方式。

6.7 图像信息块

6.7.1 数据结构

图像信息块描述了人脸图像的数字属性。记录文件中每个人脸图像均有一个对应的块来记录。该块的结构如图 1 所示。紧随该块之后的应是表示数据块。

6.7.2 人脸图像类型

人脸图像类型应代表存储在图像信息块的人脸图像与 3D 数据的类型，见表 16。人脸图像类型及其继承关系参见附录 D。

注：所有的正面人脸图像类型可以使完全正面人脸、标记正面人脸、后处理正面人脸，或者是完全正面人脸 3D 图像或标记正面人脸 3D 图像等类型中之一。因此不需要单独的正面人脸值的字段。

表 16　人脸图像类型编码

描述	值
基础人脸图像	0x00
完全正面人脸图像	0x01
标记正面人脸图像	0x02
后处理正面人脸图像	0x03
SC 37 保留值	0x04～0x7F
基础人脸 3D 图像	0x80
完全正面人脸 3D 图像	0x81
标记正面人脸 3D 图像	0x82
SC 37 保留值	0x83～0xFF

基础人脸图像类型定义参照第 7 章。正面人脸，完全正面人脸，标记正面人脸，后处理正面人脸的定义请分别见第 8 章～第 11 章。人脸图像类型采用了继承的概念。例如：正面人脸类型继承了所有基础脸图像类型的要求，即正面人脸图像类型遵循所有基础脸图像标准化要求。目前定义的继承结构图如图 9 所示。

若一个 2D 记录具有分别遵从基础，完全正面人脸或标记正面人脸的要求 3D 数据，则该图像类型的编码最高位为 1，即人脸图像类型编码值为 0x80 到 0x82。

对基础人脸、正面人脸、完全正面人脸、标记正面人脸和后处理正面人脸图像类型的标准化要求请分别见第 7 章～第 11 章。3D 图像类型定义分别见第 12 章～第 14 章。

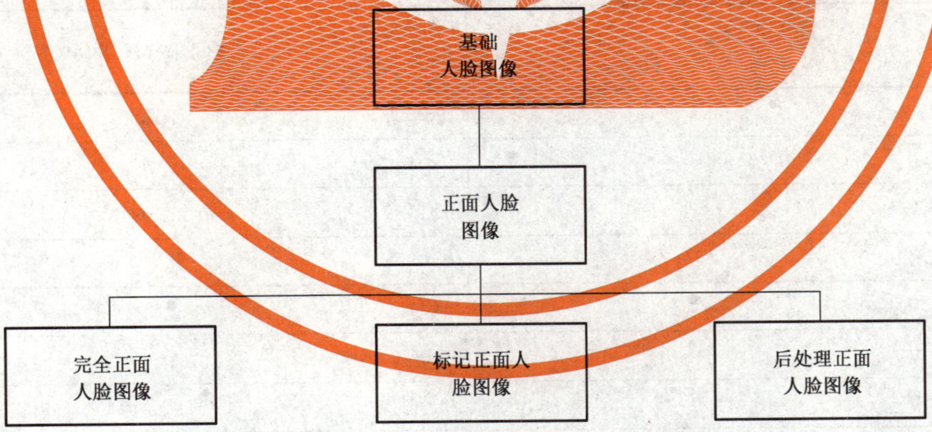

图 9　2D 人脸图像类型和继承关系图

6.7.3　图像数据类型

1 字节的图像数据字段记录了图像数据块类型编码(见表 17)。其类型即 JPEG(GB/T 17235.1—1998)、JPEG 2000[ISO/IEC 15444(所有部分)]与 PNG(ISO/IEC 15948)三者之一，应被具体指定。

对无损压缩应使用 PNG 或 JPEG 2000 无损压缩方法。对无损图像表示，应使用每通道大于 8 位的 PNG 或 JPEG 2000 的图像无损表示方法。对图像的有损表示，应使用每通道大于 8 位的JPEG 2000 无损表示方法。注意该字段不能使用“未确定”值。

表 17 图像数据类型编码

描述	值
JPEG	0x00
JPEG 2000 有损	0x01
JPEG 2000 无损	0x02
PNG	0x03
SC 37 保留值	0x04～0xFF

6.7.4 图像宽

2 字节的图像宽度字段应具体指明水平方向上图像的字节数。

6.7.5 图像高

2 字节的图像高度字段应具体指明垂直方向上图像的字节数。

6.7.6 空间采样率

对交换数据不同的具体应用，可能存在不同的最小空间采样率等级。例如：使用高空间采样率的图像能够允许进行机器通过非常小的细节特征，进行自动身份验证。1 字节的空间采样率等级字段规定了该要求。空间采样率的登记编码见表 18，其中头宽度 CC 的定义见图 13。

表 18 空间采样率等级编码

头宽度 CC mm	空间采样率等级
CC≤180	0x00
180<CC≤240	0x01
240<CC≤300	0X02
300<CC≤370	0x03
370<CC≤480	0x04
480<CC≤610	0x05
610<CC≤750	0x06
750<CC	0x07
SC 37 保留	0x08～0xFF
注：像素间两眼间距离近似为头宽的一半。	

6.7.7 后处理

由于对人脸图像的修改是不鼓励的，以下是不需要作处理的情况：

——3/4 的正脸图像需要进行旋转为全正脸图像用于人脸匹配的旧数据库；

——通过正脸图像使用隐含头部模型或相似的方法自动生成的非正脸图像。这些图像在比较或者人工浏览过程中会具有较大的优势，因为他们比原始正脸图像具有更相似的姿态；

——用于护照持有者进行身份确认的时代久远的单张图像；

——个短视频流是超分辨的，对于在监视列表中匹配单一的脸。

两字节的后处理字段规定了应用于原数据的后处理的种类。每个编码位代表的含义列于表19中，若进行了对应的处理应设为1，否则为0。面位置在最低位从0开始。所有的位数设为0则表示没有进行任何处理。

一方面，采集图像经常需要进行一些后处理，使得结果图像能够满足标准的条款。特别是正脸图像类型。另一方面，这些处理过程宜降低到最小，不能破坏原有图像的特征。表19的右侧列清楚地表明了何种后取样处理能够被应用于而不必存储为第11章规定的后处理图像类型。

表 19　后处理方法

后处理	掩码位置	需要改变为后处理图像类型
旋转(平面内)	0	否
切图	1	否
下采样	2	否
白平衡调整	3	否
压缩	4	是
差值(上采样)	5	是
对比度拉伸	6	是
姿态矫正	7	是
多视角图像	8	是
过期图像处理	9	是
超分辨率	10	是
预留位	11～15	

6.7.8　交叉引用

1字节交叉引用数据字段表示了在记录文件中多个图像的相互依赖关系，见表20。该字段特别在使用了后处理方法的情况下具有重要的作用。后处理类型的表示数据的交叉引用字段应被编码为它们原始图像的编号。记录中的第一个表示数据为0x01。

表 20　交叉引用

描述	值
图像类型为基础、标记正脸和全正脸	0x00
图像类型为后处理图像	原始图像的编号

6.7.9　图像颜色空间

1字节的图像颜色空间字段记录了图像信息块用于编码图像的颜色空间，编码方式由表21所示。0x80～0xFF为图像提供者自定义空间。应用程序开发者需要从图像提供者处获取具体的编码方案。

表 21 图像颜色空间编码

图像颜色空间	值
未规定	0x00
24 位 RGB	0x01
YUV 422	0x02
8 位灰度	0x03
48 位 RGB	0x04
16 位灰度	0x05
其他	0x08
SC 37 预留	0x07～0x7F
图像提供者自定义	0x80～0xFF

6.8 表示数据块

表示数据包括了图像数据块，3D 信息块和 3D 数据块。

6.9 图像数据块

6.9.1 数据结构

图像数据块应包含如表 22 所示的两字段。

6.9.2 图像数据长度

4 字节的字段应以字节为单位记录图像数据的长度。

6.9.3 图像数据

该长度可变字段应包括以 JPEG、JPEG 2000 或 PNG 标准进行编码的图像数据(见表 22)。

表 22 图像数据结构

字段	大小	值	说明
图像长度	4 字节	$K \leqslant$ 长度值 $\leqslant 2^{32}-53$	图像数据的长度，K 为 JPEG、JPEG 2000 或 PNG 标准头文件的最短长度
图像数据	可变	见表 17	JPEG、JPEG 2000 或 PNG 标准

6.10 3D 信息块

6.10.1 3D 图像表示类型

该 4 字节字段编码记录了 3D 信息和 3D 数据块总长度，其中包含了存在的可选字段和块的长度。

6.10.2 坐标系类型

6.10.2.1 概括

总体来说，3D 数据在设备坐标系下获得。基于关于几个设备参数的知识，可以将 3D 数据转换成真实坐标系下的值，但这有两点缺陷：

——设备依赖数据的结构会丢失(如导致数据点之间的距离变化);

——为了获得真实世界坐标系的结构可能需要插值计算。原始数据不受到保护。这些方法可能有足够广泛的应用,但本部分是为存储原始数据制定。

此外,本部分特别给出了集中存储3D数据的几种表示方法。所有的表示方法支持笛卡尔坐标系。距离数据表示额外增加了支持柱状坐标系。需要注意,坐标系统可能严格受限于不同的人脸图像类型(见第12章～第14章,并参见A.7)。

通过合适的尺度因子和变换规则(例如,被用于3D人体测量标记点),向真实世界度量坐标系进行的变换在本部分中也进行了定义(见6.10.2.2～6.10.2.3)。

坐标系类型字段通过表23中的值,规定了3D数据的坐标系类型。

表23　坐标系类型

描述	值
笛卡尔坐标系	0x00
圆柱坐标系	0x01
SC 37保留字段	0x02～0xFF

不同坐标系的定义在以下给出。

6.10.2.2　笛卡尔坐标系

在笛卡尔坐标系(见图10)中,传感器原点被用来表示笛卡尔坐标系的原点。

笛卡尔坐标系到度量笛卡尔坐标系的变换方法如下:

$$X = x \times \mathrm{ScaleX} + \mathrm{OffsetX}$$
$$Y = y \times \mathrm{ScaleY} + \mathrm{OffsetY}$$
$$Z = z \times \mathrm{ScaleZ} + \mathrm{OffsetZ}$$

注1:对某些图像类型,原始坐标系的原点应为鼻子,如表15定义的人体测量标记点。

注2:对某些图像类型头部的角度是严格规定的。通过Frankfurt水平定义的正脸姿态为XZ平面和垂直对称轴平面YZ的交线Z的方向。

人体测量点和坐标系系统,还可以通过建立如下的关系进行联系:

——对应2D图像的解剖学配准;

——通过纹理投影矩阵进行的3D距离图像和对应2D图像的匹配。

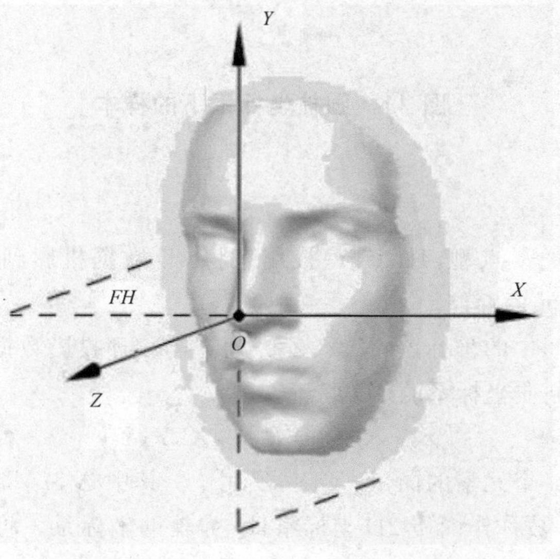

图10　笛卡尔坐标系的一个样本

6.10.2.3 圆柱坐标系

圆柱坐标系(见图 11)的点(alpha,h,r)。角度 alphα 和 h 轴定义遵循顺时针方向。

由圆柱坐标系到度量笛卡尔坐标系变换的方法如下：

$$X = r \times \mathrm{ScaleZ} \times \sin(\mathrm{alpha} \times \mathrm{ScaleX}) + \mathrm{OffsetX}$$

$$Y = h \times \mathrm{ScaleY} + \mathrm{OffsetY}$$

$$Z = r \times \mathrm{ScaleZ} \times \cos(\mathrm{alpha} \times \mathrm{ScaleX}) + \mathrm{OffsetZ}$$

ScaleX,ScaleY,ScaleZ,OffsetX,Offset 和 OffsetZ 为变换必须的系数。ScaleX 的单位为弧度。ScaleY,ScaleZ,OffsetX,Offset 和 OffsetZ 的物理单位为毫米。注意到,ScaleX,ScaleY,ScaleZ 越大表示空间采样率越低。

传感器的原点被用来当做柱状坐标系的原点。

注：对某些图像类型,圆柱坐标系的原点应为鼻子(如表 15 定义的人体测量坐标点)。

人体测量点和坐标系系统,还可以通过建立如下的关系进行联系：

——对应 2D 图像的解剖学配准；

——通过纹理投影矩阵进行的 3D 距离图像和对应 2D 图像的匹配。

圆柱坐标系到笛卡尔坐标系的变换使用了 6.10.2.3 所示变换,逆变换如 6.10.2.2 所示。

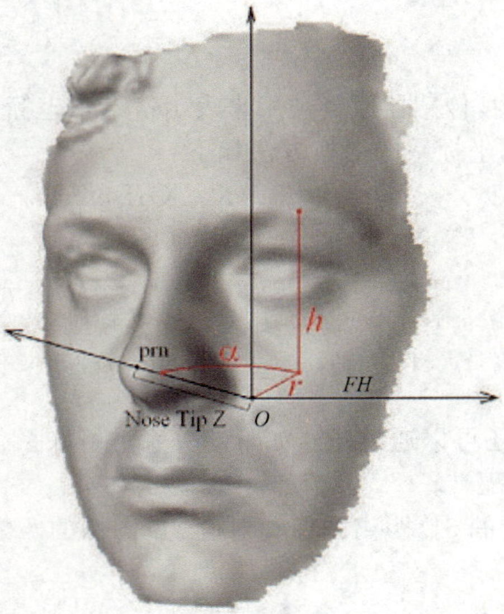

图 11 圆柱坐标系下的样本

6.10.3 纹理投影矩阵

纹理投影矩阵 P(3×4 的浮点型,48 字节)被用来将 3D 数据投影到图像数据块的 2D 纹理图像。矩阵应以列优先方式从左上元素存储。

我们可以将一个 3D 空间中的坐标点$[X,Y,Z]^T$ 通过与纹理投影数据相乘来投影到人脸数据块的 2D 纹理数据,这被称作 3D 同质坐标系的 3D 点。

$$[x,y,w]^T = P \times [X,Y,Z]^T$$

同质 3D 坐标系为一个 4 个元素的向量$[X,Y,Z,1]^T$。其中 X,Y,Z 为度量笛卡尔坐标系的坐标点。乘法的结果$[x,y,w]^T$,被称作同质 2D 坐标系,w 为辅助坐标系。将前两个元素分别除以辅助坐标系的值,可以获得纹理图像的生成的 2D 图像。因此$[x:w,y:w]$为 3D 坐标点$[X,Y,Z]^T$ 对应的纹理图像坐标点。需要注意,获取的坐标点值为浮点型。在该标准中,没有规定使之转换为整型,如何进行必要的取整或者差值操作。

如果需要，投影3D数据到纹理数据时，圆柱坐标系应转换成笛卡尔坐标系。如果有重叠现象，纹理图投影到视线中(最靠近观测者)的第一个点。

下面两个块存储了为从3D数据中计算度量深度值必须的所有数据。

6.10.4 X尺度、Y尺度、Z尺度、X偏移量、Y偏移量、Z偏移量

正如6.10.2.2和6.10.2.3指出的ScaleX,ScaleY,ScaleZ,OffsetX,OffsetY和OffsetZ为将数字坐标系转化为度量坐标系时的必须值。它们应用于GB/T 26237的本部分定义的所有3D人脸表示数据。所有值以毫米为物理单位。在笛卡尔坐标系的情况下ScaleX也以毫米为单位，在圆柱坐标系的情况下ScaleX以弧度为单位。每个因子都以4字节的浮点数值表示。

ScaleX,ScaleY,ScaleZ的值越大表示采样率越低。ScaleX,ScaleY,ScaleZ,的边界值严格受限于不同的人脸图像的类型(请见第12章～第14章，并参见A.7)。

6.10.5 3D数据类型

1字节3D人脸表示数据类型字段应记录用于表示3D数据的数据类型，如表24所示。

表24 3D数据类型

描述	值
高程图	0x00
3D点图	0x01
顶点数据	0x02
SC 37保留数据字段	0x03～0xFF

6.10.6 3D追加数据

1字节3D追加数据编码是一个位编码，每一位掩码位置应如表25所示。值为1应表示对应的3D信息存在否则不存在。因此该字段每一位为0时表示任何字段都不存在。掩码位置从0开始，最低位值权重最高。掩码值表示是否数据是否存在投影/顶点误差图或者纹理图。

表25 3D追加数据

描述	掩码位
误差图或顶点误差	0
纹理图	1
SC 37预留位	2～7

6.10.7 3D设备技术ID

和2D图像信息块中的采集设备技术ID类似，3D设备技术ID字段宜记录获得3D数据的设备技术，如表26所示。此外，权重最高的位表示应用的扫描技术为主动扫描还是被动扫描。

表 26 3D 设备技术 ID

描述	值(被动扫描技术)	值(主动扫描技术)
未确定	0x00	0x00
立体扫描	0x81	0x01
移动镭射线	无	0x02
结构光	无	0x03
彩色编码光	无	0x04
ToF	无	0x05
阴影恢复形状	0x86	0x06
SC 37 预留	0x87～0xFF	0x07～0x80

6.10.8 3D 设备类型

2 字节的 3D 设备类型字段记录了提供者定义的采集设备类型 ID。接受全零值表示 3D 设备类型未定义。应用开发者可能需要从提供者处获取具体编码。

6.10.9 3D-2D 时间同步

2 字节 3D 到 2D 图像时同步性应被用来记录 3D 数据和图像数据块中的 2D 数据之间的时间关系，如表 27 所示。它并不为额外的纹理图提供时间的参考。该字段的值表示 2D 和 3D 获得过程的时间差异，以毫秒(ms)为单位。该字段接受整值和负值。这里，负值的时间表示 3D 获得进程开始早于 2D 获得进程。以微秒(μs)为单位的时间差异记录在两个采集系统的补体系统中。因此值为 0x8001 的编码为最大的负值时间差－32 767 ms 而值为 0x7FFF 为最大的正值时间差 32 767 ms。值 0x8000 表示 3D 时同步性值未确定。

表 27 3D-2D 时间同步

描述	值
可选 2D 图像获取进程和 3D 获取进程的时间同步性差异	0x0000～0x7FFF 0x8001～0xFFFF
未确定	0x8000

6.10.10 3D-2D 纹理同步

该 2 字节 3D 到 2D 纹理时同步字段应用来记录 3D 数据和可选 2D 纹理数据之间的时间关系，如表 28 所示。该字段的值表示 2D 纹理图像和 3D 图像获得过程的时间差异，以毫秒 ms 为单位。该字段并不是指图像数据中的 2D 图像和 3D 图像的时同步性。

该字段接受整值和负值。这里，负值的时间表示 3D 获得进程开始早于 2D 获得进程。以 μs 为单位的时间差异记录在两个采集系统的补体系统中。因此值为 0x8001 的编码为最大的负值时间差－32 767 ms 而值为 0x7FFF 为最大的正值时间差 32 767 ms。值 0x8000 表示 3D 时同步性值未确定。

表 28 3D-2D 纹理同步

描述	值
可选 2D 纹理获取进程和 3D 获取进程的时间同步性差异	0x0000～0x7FFF 0x8001～0xFFFF
未确定	0x8000

6.10.11 3D 获得时间

不同的 3D 扫描技术在获取时间上差异很大，而获取时间直接影响到图像的质量（如被测者在获取过程中产生了移动）。因此 3D 图像获取时间字段被用来编码从获取过程开始到结束的时间跨度，以 ms 为单位，如表 29 所示。值 0xFFFF 表示该字段未确定数值。

表 29 3D 获得时间

描述	值
3D 图像获取时间长度（单位：ms）	0x0000～0xFFFE
未确定	0xFFFF

6.10.12 2D 纹理获得时间

3D 数据记录可选的 2D 纹理图可能也可能不与 3D 数据的获取过程同步进行。因此 2D 纹理图像的获取时间字段被用来记录 2D 纹理图像获取过程开始到终止的时间跨度，以毫秒（ms）为单位，如表 30 所示。值 0xFFFF 表示该字段未确定数值。

注：该字段并不是图像数据块中的 2D 图像获取时间。

表 30 2D 纹理图像获得时间

描述	值
2D 纹理图像获取时间长度以毫秒 ms 为单位	0x0000～0xFFFE
未确定	0xFFFF

6.10.13 纹理图像类型

1 字节的纹理图像类型字段记录了纹理图像的编码类型，如表 31 所示。若 3D 额外数据字段规定了存在纹理图，则应指出所使用的编码类型，即 JPEG、JPEG 2000 及 PNG 三者之一。对 JPEG 编码，数据应遵循 JPEG 文件交换协议格式 1.02 版。

如果 3D 追加数据字段规定了没有纹理图，则纹理图类型应设为“未确定”。

表 31 纹理图像类型

描述	值
未定义	0x00
JPEG	0x01

表 31（续）

描述	值
JPEG 2000	0x02
PNG	0x03
SC 37 保留	0x04～0xFF

6.10.14 纹理图像光谱

1 字节纹理图像光谱字段记录了获取的 6.11.9 具体定义的纹理图像的光谱，如表 32 所示。如果 3D 附加数据字段具体规定了纹理图像存在，则纹理图像光谱不应为未定义。

如果 3D 附加数据字段具体规定了没有纹理图像，则纹理图像光谱字段应为未定义。

表 32 纹理图像光谱

描述	值
未定义	0x00
可见光(380 nm～780 nm)	0x01
近红外(780 nm～1 000 nm)	0x02
短波红外(1 000 nm～1 400 nm)	0x03
其他	0x04
SC 37 保留	0x04～0xFF

6.11 3D 数据块

6.11.1 数据结构

3D 数据块包含了 3D 数据的表示文件信息。存储在 3D 数据中的三个选择为：距离图，3D 点图，或者 3D 顶点表示图像。此外，误差图、顶点误差和纹理图像也可能作为额外信息存储。

距离图非常适合编码某个视角下到物体平面或者柱面的深度值信息。根据定义，每个像素点记录一个深度值，这限制了编码表面的复杂度。虽然如此，对人脸图像特别是正脸图像，距离图是一个非常好的近似方法。距离图像可能不适合在具有更显著姿态的情况下编码深度信息。此外距离图的深度信息，较原始的 3D 点图来说，往往是经过处理的。

3D 点图像更适合交换和存储原始的、未处理过的 3D 传感器数据的方式。存储原始数据会导致表示文件较大。

顶点数据将 3D 点编码为无规则的样本间隔，往往通过稀疏编码的方式实现。由于可变的顶点采样方法，当使用顶点数据较多时，顶点数据表示能够达到较精确的表示效果。

3D 表示数据类型字段(见 6.10.5)被用来定义应用于实际记录中 3D 表示数据格式。

6.11.2 距离图像位深度

1 字节的距离图像位深度字段记录了距离图像的位深度，如表 33 所示。由于位深度也可以从 PNG 记录格式头中获得，使用该字段只是为了是解析过程更加简单。

表 33　距离图像位深度

描述	值
8 位	0x00
16 位	0x01
SC 37 保留	0x02～0xFF

6.11.3　距离图像

距离图像是二位距离数据的记录表示。距离图像应存成 PNG 格式。PNG 为 8 位和 16 位灰度表示数据提供了无损压缩的方法。PNG 编码的位率记录在 PNG 头文件中，但也应在距离图像位深度字段中给出(见 6.11.2)。因此无论 8 位还是 16 位深度编码都应从 PNG 记录头中定义。

图的长度是可变的，因为它依赖于无损压缩算法。未压缩数据的维度等于距离图像的高度乘以距离图像的宽度。这些维度都应记录在 PNG 头文件中。

6.11.4　3D 点图宽度和高度

此两字段规定了保存 3D 数据的 3D 点图的宽度和高度。两字段均为 2 字节值从 0 到 65 535 变化。

6.11.5　3D 点图

3D 点图允许存储原始的 3D 扫描数据。该块的组织方式如下。它包括 PNG 格式的 3 通道的无损压缩图像，每通道 16 位。第一个通道代表 X 轴坐标，第二个通道为 Y 轴坐标，第三个通道为 Z 轴坐标。像素值(X,Y,Z)为(0xFFFF,0xFFFF,0xFFFF)值应表示不合法 3D 点。

坐标系为任意笛卡尔坐标系。连通性没有做明确的编码。对于有效地点相邻像素位置代表了人脸表面的脸部相邻像素位置。

6.11.6　顶点数据

长度可变的顶点数据块包含了顶点坐标系块，可选的顶点标准块，可选的顶点误差快，以及可选的顶点纹理快。每一个块都有一个顶点描述列表。顶点描述的数据在顶点计数字段中给出。

每个顶点的位置由具体规定的 X 轴，Y 轴，Z 轴的坐标值表示。分别存在 X 轴，Y 轴，Z 轴字段中。在 12.3.2 中具体规定了编码表示这些位置的值。

如果标准字段标志为 0x01 则对应每个顶点的标准向量应分别在标准 X 轴，标准 Y 轴，标准 Z 轴中记录。

表 35 规定的可选顶点误差字段，记录了顶点的到标准顶点值的信息。如果在 3D 追加数据字段中存在误差图，则应给出每个顶点的误差字段。

可选的顶点纹理 X 和顶点纹理 Y 字段表示了对应特征图对应的 x 和 y 像素位置，其中(0,0)点表示特征图左上角的像素点。3D 追加数据字段中的特征图存在，则每个顶点的顶点特征 X 和定点特征 Y 值应在该字段中记录。

三角形的数量在三角形统计字段中以 4 字节方式记录。

3D 顶点数据表示允许额外规定顶点标准。该字段可以通过标准标志字段表示，如表 34 所示。

表 34 标准标志字段

描述	值
不用于顶点数据的标准信息	0x00
用于顶点数据的标准信息	0x01
SC 37 预留	0x02～0xFF

6.11.7 三角形数据

长度可变的顶点三角形数据包含了三角形描述列表。三角形的数量在三角形面统计值字段中具体记录。每个三角形都通过在顶点数据中的标记值来形成三角形。顶点记录的顺序应为逆时针方向到三角形面外。

6.11.8 误差图

可选的误差图能够被用来给出3D数据在存储之前如何被处理的信息，如表35所示。误差图应通过8位灰度图像方式被编码成PNG格式。图的长度根据无损压缩算法而改变。如果与之关联的为距离图像，则未压缩数据的维度为距离图像的高度乘以距离图像的宽度；如果与之关联的为3D点图，则未压缩图像的维度为3D点图像的高度乘以3D点图像的宽度。

坐标值 T 的范围0～199为SC 37预留值范围。$T=200$ 的编码表示深度值是正确的。$T=201$ 及以上的值表示对3D图像或相关的纹理图像进行了一些潜在的修改。

见6.11.6对3D顶点表示数据中的元素值规定。

表 35 误差图

描述	值
SC 37 预留	0～199
深度值正确	200
深度值为插值获得，插值方法不确定	201
深度值为插值获得，使用线性插值方法	202
深度值为差值获得，使用双三次差之方法	203
可选纹理图可能有错误(纹理噪声、过曝等)	204
纹理图像被后处理方法纠正(图像处理)	205
SC 37 预留	206～255

6.11.9 纹理图

可选的纹理图宜只被用来存储扫描设备在3D获取过程中获得的，脸部数据的纹理特征。因此可能与图像数据块中的标准2D图像不同，该数据含有一定几何结构。而该数据不能代替图像数据块中的标准2D图像。纹理图的结构在纹理图类型字段中具体记录。它可以被编码成8位或16位灰度或24位彩色图像。图的长度可变，依赖于压缩算法。如果与之关联的为距离图像，则未压缩数据的维度为距离图像的高度乘以距离图像的宽度；如果与之关联的为3D点图，则未压缩图像的维度为3D点图像的高度乘以3D点图像的宽度。

7 人脸图像基本类型

7.1 人脸图像基本类型之间的继承关系要求

人脸图像基本类型是所有人脸图像类型的基本类型。所有的人脸图像类型服从第7章的规范性规定。人脸图像各个类型之间的继承关系如图9所示。

7.2 人脸图像基本类型的图像数据编码要求

以下三种编码方式中的一种都可以用于人脸图像基本类型的编码。

——以JFIF文件格式编码的JPEG顺序基本码(GB/T 17235.1—1998)。

——以JP2文件格式编码的JPEG—2000第1部分码流格式[ISO/IEC 15444(所有部分)]。

——PNG(ISO/IEC 15948)标准。PNG编码不应以隔行扫描的方式使用,并且不能用于对之前被JPEG压缩过的图像进行编码。

7.3 人脸图像基本类型的图像数据压缩要求

所有的人脸图像基本类型都可以压缩的形式进行编码,但是对于压缩本身没有规范性的要求。压缩问题的进一步讨论参见A.1。

7.4 人脸图像基本类型的数据格式要求

7.4.1 头部

应规定格式标识符、版本号、记录长度、以及表征域的数目。

7.4.2 脸部

应规定表征长度和标记点的数目。

7.4.3 图像信息

人脸图像类型域应为0x00。

应规定图像的数据类型,宽度和高度。

8 正面人脸图像类型

8.1 正面人脸图像类型的继承关系要求

正面人脸图像类型是基本人脸图像类型的一个子类,因此服从第6章规定的所有规范性要求。请注意,正面人脸图像类型是不是有效的人脸图像类型,但是有助于对完正面人脸图像类型和标记正面人脸图像类型的规范性描述。因此,所有正面人脸类型的图片都必须是完正面人脸图像或者标记正面人脸图像(见6.7.2)。

8.2 正面人脸图像类型的场景要求

8.2.1 目的

本部分规定了对正面人脸图像(正面人脸图像和标记正面人脸图像)采集的场景约束条件,并且宜结合A.2来理解。

8.2.2 姿态

众所周知,姿态会对自动人脸识别系统的性能造成强烈影响。因此应使用正面人脸姿态。头部的相对于 P 轴和 Y 轴的转动应小于$\pm 5°$(见 6.5.8)。导致平面内头部旋转的姿态变化能够相对容易地通过自动人脸识别系统得到补偿,因此,头部相对于 R 轴的转动应限制在$\pm 8°$以内(见 6.5.8)。图 12 显示了一个相对于 R 轴有$\pm 8°$旋转的例子。

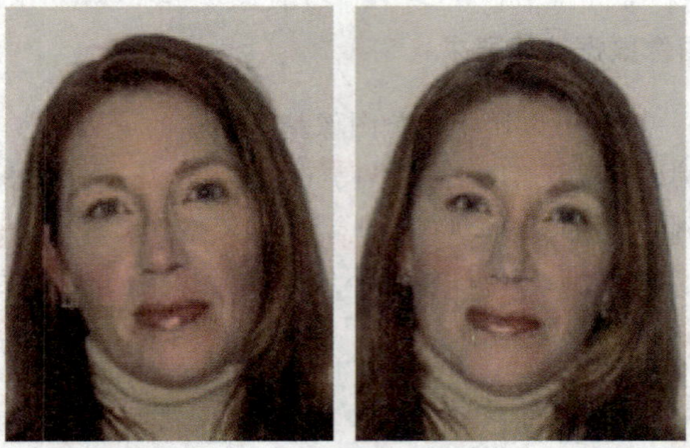

图 12 人脸图像面内旋转$+8°$(左)和$-8°$(右)

8.2.3 表情

众所周知,表情会强烈影响自动人脸识别系统的性能。建议对表情进行如下任一种方式进行分类。

a) 中性表情:不笑、两眼正常睁开、嘴巴闭着。

b) 闭嘴微笑:口腔内部和牙齿不暴露。

c) 微笑:口腔内部或牙齿外露。

d) 眉毛提升。

e) 眼睛朝远离相机的方向看。

f) 斜视。

g) 皱眉。

如上各种分类参见 A.2。

8.2.4 人脸辅助定位

在正面人脸图像中有且只有一个人脸图像。参见 A.2。

8.2.5 肩

两肩应成“正方形”正对摄像机。拍摄主题看一个肩膀而成像的“肖像照”不可用。

8.2.6 背景

在获取正面人脸图像时,背景不做规范的要求。参见 A.2。

8.2.7 主题和场景光源

光源应均匀分在脸上。从视点观察,成像光线不应有显著的方向性,进一步说明参见 A.2.7 及 A.2.8。在分别以标记点 5.3 和 5.4 为中心、以两眼间距 20% 为边长的正方形区域中,灰度强度中位值之比应在 0.5～2.0 之间。

8.2.8 高光点和镜面反射

应小心避免形成高光点(即从光线直接在脸上形成的过亮区域)。这通常是由于使用高强度聚焦光源造成的。应尽可能使用漫射光源、多重平衡光源或其他能够避免高光点形成的照明方法。

注1：实施者可以参见附录A、附录B和附录C来采取进最佳做法。

注2：通常相机中安装的“单点”闪光灯式的光源不能用来当做采集图像时的光源。宜按照符合本条款规定的要求替换为其他形式光源。

8.2.9 眼镜

眼镜宜是透明玻璃眼睛,使虹膜和瞳孔可见。这字段规定是为了排除深色或不透明的眼镜。不应佩戴有色眼镜或太阳眼镜。因为医疗理由而需要保留眼镜的情况除外;在这种情况下,应在头部结构中用深色眼镜标示符予以标明。

眼镜框不应掩盖眼睛。该框架的厚度不应超过标记点12.1和12.2之间距离的5%(左、右眼睛的中心),如图7所示。

注：请参阅A.2.5中关于这个主题的其他信息。

8.2.10 头部遮挡

在头部有遮挡的情况下,应在属性掩码中设置相关标志。

8.2.11 瞳孔和虹膜的可见性

在瞳孔和虹膜不可见的情况下,应在属性掩码中设置相关标志。

8.2.12 光斑

人脸图像中不应有光斑或者眼镜的反光。光斑不应覆盖眼睛区域。这个要求同样适用于由标记点3.8、3.2、3.12和3.4连接形成的右眼附近的多边形区域以及由标记点3.11、3.1、3.7和3.3连接形成的左眼附近的多边形区域。

8.2.13 眼罩

不应佩戴眼罩。特别声明需要保留的(例如:出于医学原因等)可以例外;在这种情况下,应在头部结构中设置左或右眼罩相应的标记位。

8.3 正面人脸图像类型的相片要求

8.3.1 目的

本条款规定了对正面人脸图像摄影捕捉方面的限制要求,包括正面人脸如想和标记正面人脸图像两种类型。本条款不是强制限定某种特定的硬件采集设备和光源系统,而是规定从这些系统的输出所必须满足的要求。本条款适用于胶片图像和数字图像,并且宜结合A.2中规定的内容。

8.3.2 对比度和饱和度

脸部皮肤的每个区块的纹理层次应清晰可见,即应有合理的对比度。从这个意义上说,整个脸部图像不应该过饱和或者欠饱和。

8.3.3 焦点和景深

图像中的主题从鼻子到耳朵、下颚到前额都应清晰。虽然这可能会导致背景失焦,但这不重要。

注：在标记的摄影条件下，为了获得最佳的面部图像，光圈宜设置在孔径能够允许的最大值之下两个(或两个以上)刻度的位置，这同样也能获得足够大的景深。

所有图片都应有足够的景深，保证能够获得对人脸 2 mm 以上的空间采样率。

对景深的进一步要求包含在 B.2 中。

8.3.4 非自然颜色

不可使用非自然颜色的灯光，如黄色、红色等。应仔细调校图像采集设备的“白平衡”。照明的灯光应保证采集到的人脸图像在在典型环境中查看时显现出自然的肌肤色调。在图像采集时，由于闪光灯距离镜头太接近而造成的“红眼效应”是不允许的。虹膜和虹膜的颜色应是可见的。

注：关于这部分的内容参见附录 B。

8.3.5 彩色或灰度增强

不能出于增强图像美感或者艺术乐趣的目而增强或抑制某一种颜色或灰度值。全光谱的各个部分都应在人脸图像的适当位置得到体现。牙齿和眼白应为清晰的浅色或白色，同时，头发等深色特征应呈现深色。

8.3.6 摄像机镜头的径向畸变

通常表现鼻子被过分放大的鱼眼效应(见 3.17)在人脸图像采集中是不允许的。

注：虽然有些失真在肖像图像采集中是常见的，但是这种由于失真而造成的变形宜限定在人能够觉察出来的范围之内。进一步讨论参见 A.2。

8.4 正面人脸图像类型的数字化要求

8.4.1 几何要求

8.4.1.1 像素纵横比

应使用能够保证像素纵横比为 1∶1 的数字相机和扫描仪来采集面部图像。也就是说，垂直方向和水平方向上每英寸长度所包含的像素数目应相等。

8.4.1.2 坐标原点在左上角

坐标原点(0,0)应设定为左上角位置，第一维正方向为从左向右，第 2D 正方向为从上向下。

8.4.2 色彩配置

8.4.2.1 颜色空间

正面人脸图像应以如下几种颜色空间来表达。

a) 24 位 RGB 颜色空间，每一个像素分别用 8 位二进制来代表红、绿、蓝各组成成分。

b) 8 位单色颜色空间，每一个像素由 8 位二进制位来表示亮度分量。

c) YUV422 颜色空间，亮度用比颜色分量多一倍的二进制位来表示。YUV422 图像通常以每 4 个字节(每字节包含 8 位二进制位)为一个单位，其中 Y 占 2 个字节，U 和 V 分别占 1 个字节。

注：为了实现相对于设备的独立性，从照相机或扫描仪得到的 RGB 图像宜转换到一个标准值的 RGB 颜色空间中，如 sRGB，这一过程可以通过使用采集设备的颜色配置文件和色彩管理功能来完成。有关设备的性能分析和色彩管理方面的信息可从国际色彩协会得到，网址：www.color.org。

8.4.3 视频隔行扫描

在获取正面人脸图像的过程中，禁止使用隔行扫描功能。所有的间行都必须空置。

8.4.4 近红外摄像机的使用

专用近红外摄影机不应用于正面人脸图像的采集。

8.5 正面人脸图像的格式要求

8.5.1 继承关系要求

应按照 7.4 中的要求规定基本人脸图像类型。此外还应规定以下的要求。

8.5.2 图像信息

正面人脸图像或者是正面人脸或者是标记正面人脸图像,并且应在图像类型域中设置相应的标记位(见 9.5.2、10.3.2)。

9 完全正面人脸图像类型

9.1 完全正面人脸图像继承关系要求

完全正面人脸图像是正面人脸图像类型的一个子类,因此,服从第 7 章和第 8 章的所有规范性要求。

9.2 完全正面人脸图像的场景要求

正面人脸图像类型是正面人脸图像类型的一个子类,因此,服从第 7 章和第 8 章的所有规范性要求。

9.3 完全正面人脸图像的成像要求

9.3.1 简介

本条款描述了整幅图像与人脸图像之间的最小相对尺寸。本条款的规定同时适用于纵向和横向模式拍摄的图像,图 13 显示了一个纵向人脸图像中头部轮廓各个尺寸的意义。除以下要求外,脸部从下颚到前额的纵向长度(如 9.3.5 中的定义)与整个宽度都应在图像中可见。

A.3.2 讨论关于整幅图像和人脸的其他一些限制。

注:9.4.1 中关于数字图像中两眼之间最小距离的规范性要求对头部的最小尺寸做了进一步的要求。更多关于图像空间率和图像采集方面的内容参见 A.3.1.1。

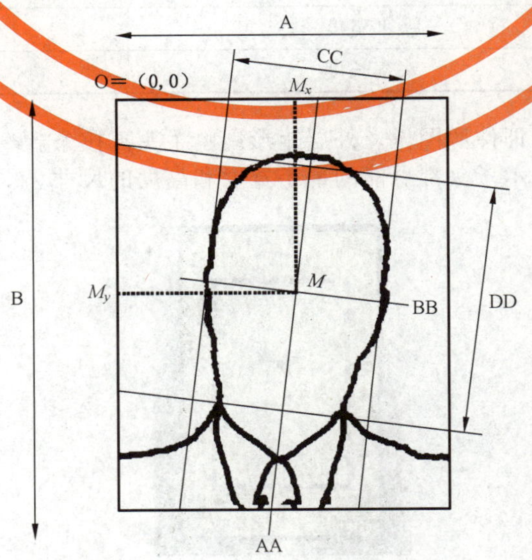

图 13 完全正面人脸图的几何尺寸定义

9.3.2 水平方向对中

假想线 AA 由嘴的近似的水平方向上的中点和鼻梁桥之间的连线定义(通常是脸部的左右对称轴)。此外,假想线 BB 由通过左、右眼中心的直线定义。假想线 AA 和 BB 的交点定义为整个脸部的中心点 M。中心点 M 的 X 坐标 M_x 应在整幅图像宽度的 45%～55%之间。

9.3.3 脸的垂直方向上的位置

中心点 M 的 Y 坐标 M_y 应在整幅图像高度的 30%～50%之间。唯一例外的是 11 岁以下儿童的脸部图像,在这种情况下,较高的上限应修改为 60%(即头部的中心点容许位于较低的位置上)。请注意,坐标系统的原点 O 在图像的左上角。

9.3.4 头部宽度

如图 13 中 CC 所示,头部的宽度定义为两条与 AA 平行的假想平行线之间的距离,且这两条平行线应分别过左右耳垂与头部的连接处。

为了确保人脸在整个图像中可见,头部的宽度应占到图像宽的 50%～75%之间。

9.3.5 头部长度

头部的长度是指假想线上下颚和前额之间的距离 DD。前额是指头前部不被头发覆盖的最顶部。

为了保证整个脸在图像中可见,脸部图像长度的最小值 DD 应占到整个图像高度的 60%～90%。唯一例外的是允许未满 11 岁的儿童其下限应调整为 50%。

9.3.6 摄影要求的总结

表 36 汇总了关于完全正面人脸图像在摄影方面的要求,如 9.3.1～9.3.5 所述。

表 36 完全正面人脸图像采集要求

条款	定义	要求
9.3.1	总体要求	头部完全可见
9.3.2	人脸水平位置	$0.45A \leqslant M_x \leqslant 0.55A$
9.3.3	人脸垂直位置	$0.3B \leqslant M_y \leqslant 0.5B$
9.3.3	人脸垂直位置(11 岁以下儿童)	$0.3B \leqslant M_y \leqslant 0.6B$
9.3.4	头部宽度	$0.5A \leqslant CC \leqslant 0.75A$
9.3.5	头部长度	$0.6B \leqslant DD \leqslant 0.9B$

图 14 展示了一个典型的证件照图像。外层矩形展示了头部按条款 9.3.4 和 9.3.5 的要求所能具有的最大尺寸。此外,内矩形显示了头部可能的最小宽度和高度的尺寸。

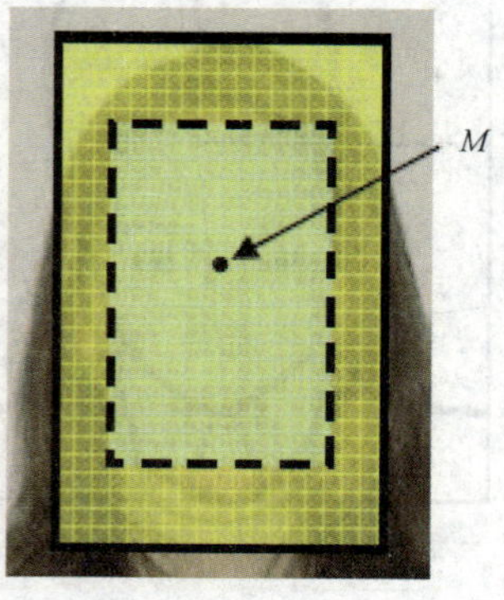

图 14 头部相对于整幅图像的宽度和高度的最大、小尺寸

9.4 完全正面人脸图像数字化的要求

9.4.1 空间采样率

为了满足最佳图像处理和图像永久存储的要求,图像的空间采样率应保证头部水平方向上至少有180个像素,或两眼中心之间有约90个像素。参见A.3.1.1关于这个问题的最佳做法。

9.4.2 采集后处理

采集后处理应仅包含平面旋转和/或人脸分割和/或降采样和/或多重压缩。

9.5 完全正面人脸图像的格式要求

9.5.1 继承关系要求

除了7.4中对基本人脸图像类型的格式要求应满足外,还应满足9.5.2规定的要求。

9.5.2 图像信息

人脸图像类型字段应指定值1。

10 标记正面人脸图像类型

10.1 标记正面人脸图像的继承性要求

标记正面人脸图像类型是正面人脸图像类型的一个子类,因此符合第7章和第8章的所有规范性要求。

10.2 标记正面人脸图像的数字化要求

10.2.1 简介

标记正面人脸图像用于存储从任何其他来源提取出来的人脸图像的信息。它在格式上继承正面人脸图像的图像格式。

在保证眼睛的中心位置相对于坐标原点有确定坐标值的要求下,标记正面人脸图像可以采用任意图像分辨率。使用标记正面人脸图像的目的是为了规范人脸图像中眼睛的坐标,以及对眼睛周围定义面积最小的图像区。使用标记正面人脸图像可以在为自动人脸识别应用保留必须信息的同时,减少图像所需存储的数据。

10.2.2 眼睛位置

要创建一个标记正面人脸图像,应确定眼窝中心或眼睛的位置坐标,即标记点12.1和12.2的坐标。这可通过以下方式予以确定:

——使用计算机检查;

——利用人工视觉检查;

——使用计算机和人工视觉检查。

10.2.3 几何特征

标记正面人脸图像是一个彩色或灰度图像,其尺寸和眼睛的位置坐标如表37所示。请注意,数值的整数化规则由5.2.3指定。

表 37 标记正面人脸图像几何属性

特征或参数	数值
图像宽度	W
图像高度	$W/0.75$
人眼 Y 坐标	$0.6W$
右侧人眼 X 坐标	$0.375W$
左侧人眼 X 坐标	$0.625W-1$
两眼间距	$0.25W$

示例：如图 15 所示。

单位为毫米

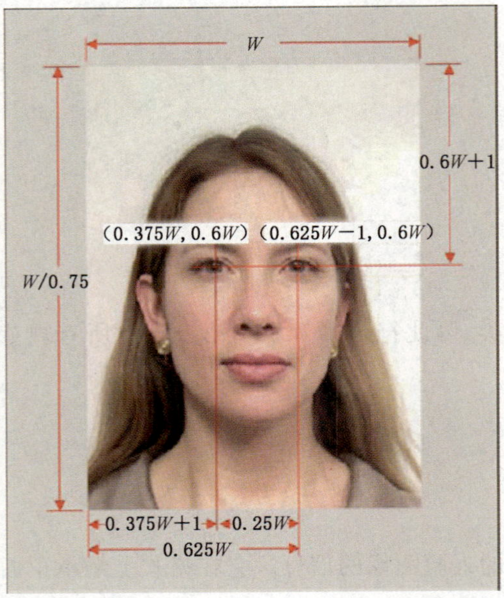

a) 标记正面人脸图像类型的几何要求

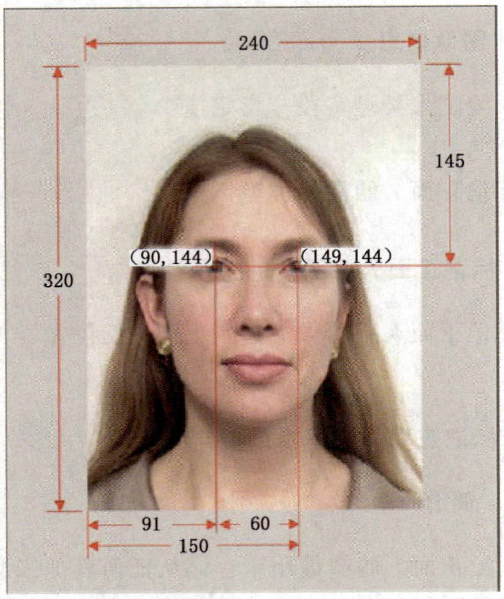

b) 图像宽度 W=240 像素的标记正面人脸图像的几何要求

图 15 标记正面人脸图像的几何要求实例

10.2.4 标记正面人脸图像的最小宽度

标记正面人脸图像的最小宽度为 240 个像素。这相当于图像的高度有 320 个像素，两眼睛的 Y 坐标为 144，X 坐标分别为 90 和 149。在这种情况下，两眼之间的距离为 60 个像素。这样的一个如图 15 所示。

坐标原点(0,0)在图像的左上角，所有的测量都是以像素为单元。

10.2.5 填充

规范的做法应是可以用任意的颜色填充图像中所有的未定义的像素。可参见 A.4.3 在这个问题上的最佳做法。

10.2.6 采集后处理

采集后处理应仅包含平面旋转和/或人脸分割和/或降采样和/或多重压缩。

10.3 标记正面人脸图像的格式要求

10.3.1 继承要求

除了7.4中对基本人脸图像类型的格式要求应满足外，还应满足10.3.2的要求。

10.3.2 图像信息

在图像信息结构的类型域应指定为值0x02。

11 后处理正面人脸图像类型

11.1 简介

后处理正面人脸图像应该能使图像更有利于人脸的自动识别。

11.2 后处理正面人脸图像继承要求

后处理正面人脸图像是正面人脸图像类型的一个子类，因此服从所有第7章“人脸图像基本类型”和第8章“正面人脸图像类型”的规范性要求。

11.3 后处理正面人脸图像格式要求

11.3.1 继承规定

除了7.4中对基本人脸图像类型的格式要求应满足外，还应满足11.3.2的要求。

11.3.2 图块参照

生物特征识别匹配器对后处理引入的人工产物会很敏感，所以宜保存处理之前的图像来与处理后的正面图像协同工作。

此外，记录所采取的后处理操作也可方便使用者在比较的基础上采取更为合理的其他的后处理操作来处理原始图像。

为了表征处理前后不同的编码之间的关系，应使用交叉引用字段，即交叉参考域不应为零。而且可以多重交叉引用原始图像。

11.3.3 图像信息

图像的类型域字段的值应设为0x03。

11.3.4 采集后处理

采集后处理标记位应设定为大于0的值。

12 3D人脸图像基本类型

12.1 3D图像基本类型继承要求

3D图像基本类型是所有3D图像类型的基类。所有的3D人脸图像都必须服从本章的规范性要求。

此外，3D图像基本类型遵循正面人脸基本类型所有的继承性要求。

所有强制性(非可选)的 3D 信息域都应被定义。请注意,当一些强制性信息域被设定了适当的值时,另外一些域可以保持非设定态。详情可见关于各个信息域的具体规范。

12.2 3D 图像基本类型的 3D 点图表示

12.2.1 坐标系统类型

表示 3D 图像基本类型的点集的坐标系类型应是 0x00,即笛卡尔直角坐标系。

12.2.2 坐标轴尺度

表示 3D 图像基本类型的 3D 点图所采用的坐标系各个坐标轴的尺度和坐标原点的偏移量都应使用固定值:

$$ScaleX = ScaleY = ScaleZ = 0.02\ mm$$
$$OffsetX = OffsetY = OffsetZ = -655.34\ mm$$

12.3 3D 图像基本类型的 3D 顶点表示

12.3.1 坐标系统类型

表示 3D 图像基本类型的点集的坐标系类型应是 0x00,即笛卡尔直角坐标系。

12.3.2 顶点坐标系坐标轴的尺度

表示 3D 图像基本类型的 3D 顶点表示采用的坐标系各个坐标轴的尺度和坐标原点的偏移量都应使用固定值:

$$ScaleX = ScaleY = ScaleZ = 0.02\ mm$$
$$OffsetX = OffsetY = OffsetZ = -655.34\ mm$$

13 完全正面人脸 3D 图像类型

13.1 继承要求

完全正面人脸 3D 图像类型继承了 3D 图像基本类型的全部要求。此外,它还继承了完全正面人脸图像类型的所有要求。

13.2 坐标系统类型

完全正面 3D 人脸图像类型坐标系统的代码应是 0x00,即笛卡尔直角坐标系。此外,坐标系统的原点应为鼻子的位置,即标记点 Prn,其定义如表 15。

13.3 3D 表示的姿态

3D 表示中头部相对于 Y 轴和 P 轴的旋转角度应在 $\pm 5°$ 之内(见 6.5.8.3 和 6.5.8.2)。由于面内的姿态变化容易被自动识别系统补偿,因此,头部在面内的旋转角度应在 $\pm 8°$ 之内(见 6.5.8.4)。

13.4 纹理投影标定精度

采集设备的标定精度应保证完全 2D 正面人脸图像和正面人脸 3D 图像投影后得到的 2D 人脸图像之间的偏移小于 1 mm。

注:这个指标并不代表在使用中有人或设备运动时的精度。在这种情况下的描述见 6.10.9。

13.5 使用深度图像表示完全正面人脸 3D 图像类型的要求

13.5.1 坐标轴尺度

存储数据深度上的分辨率取决于 Z 轴的尺度。为了保证笛卡尔坐标系中的完全正面人脸 3D 图像图像最佳质量，应将 Z 轴的最大尺度值定义为 $ScaleZ_{max}=1$ mm。

出于同样的原因，X 和 Y 轴最大的尺度值亦应定义为 $ScaleX_{max}=ScaleY_{max}=1$ mm。以保证笛卡尔坐标系中的完全正面人脸 3D 图像最佳质量。

注：在任何情况下，[ScaleY]_max 和[ScaleX]_max 所表示的都不是采样率或者成像传感器的物理测量比率。

13.5.2 面部覆盖率

3D 数据应覆盖的最小的矩形区域的尺寸为[$-1.75W$，$1.75W$]×[$-1.75W$，$2.55W$]（外部矩形区域），其坐标原点为标记点 Prm，W 是标记点 12.1 和 12.2 之间的距离（两眼中心距）。图 16 所示为高亮了外部区域的 2D 人脸图像。

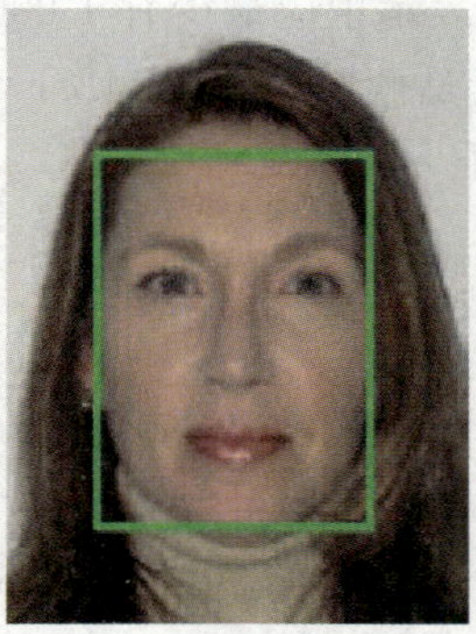

图 16　2D 人脸图像的外部区域

13.5.3 3D 图像数据的非有效点

在 13.5.2 中定义的区域中，应最多有 50%的像素为代表无效深度值的零值。此外，在[$-1.5W$，$1.5W$]×[$-1.8W$，$1.8W$]的"内区"中，应最多有 20%的像素的值为零。图 17 所示为高亮了内部区域的 2D 人脸图像。

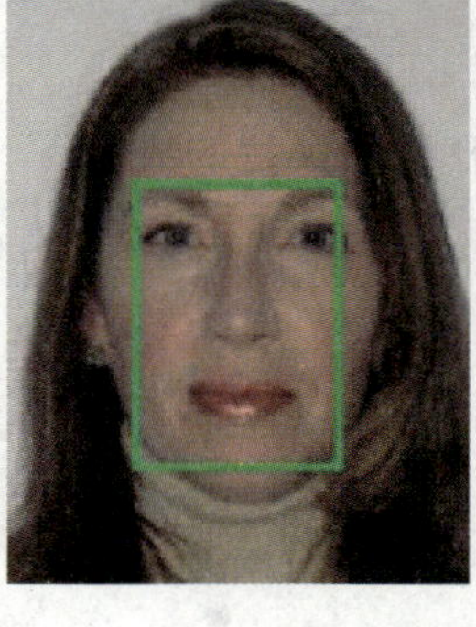

图 17　2D 人脸图像的内部区域

13.6 使用 3D 点图表示完全正面 3D 人脸图像的要求

13.6.1 3D 点图分布图的宽度和高度

3D 点图的分辨率直接取决 3D 点图分布的宽度和高度。为了使高分辨率的 3D 数据之间能够交

换,3D点图分布的最小宽度和高度应为:

$$3DPointMapWidth_{min}=140\text{ 像素}$$

$$3DPointMapHeight_{min}=170\text{ 像素}$$

13.6.2 面部覆盖率

对于生物特征识别而言,13.5.2中所定义的外部区域中应包含充分多测量点是非常重要的。因此,一个完全正面人脸3D图像的3D点图表示中应最少有70%的点有X和Y坐标,且满足$-1.75W \leqslant X \leqslant 1.75W$,$-1.75W \leqslant Y \leqslant 2.55W$。其中$W$是两眼的中心(12.1和12.2)之间的距离。

13.7 使用3D顶点表示完全正面人脸3D图像类型的要求

13.7.1 覆盖率

对于生物特征识别而言,13.5.3中所定义的内部区域中应包含充分多测量点是非常重要的。因此,一个完全正面人脸3D图像的3D顶点集表示中应最少有1 000个点有X和Y坐标,且满足$-1.5W \leqslant X \leqslant 1.5W$,$-1.8W \leqslant Y \leqslant 1.8W$。其中$W$是两眼的中心(12.1和12.2)之间的距离。另外,在内部区域80%的部分上应满足每平方厘米上至少有一个投影点。

14 标记正面人脸3D图像类型

14.1 继承要求

标记正面人脸3D图像类型继承基本类型的所有要求,如13.2~13.4中的定义。此外,它还继承了标记正面人脸图像类型的所有要求。

14.2 使用深度图像表示标记正面人脸3D图像类型的要求

使用深度图像表示标记正面人脸3D图像类型继承了使用深度图像表示完全正面人脸3D图像的所有要求,如13.5所述。

14.3 使用3D点图表示标记正面人脸3D图像类型的要求

使用3D点图表示标记正面人脸3D图像类型继承了使用3D点图表示完全正面人脸3D图像的所有要求,如13.6所述。

14.4 使用3D顶点表示标记正面人脸3D图像类型的要求

使用3D顶点表示标记正面人脸3D图像类型继承了使用3D顶点表示完全正面人脸3D图像的所有要求,如13.7所述。

附 录 A
（资料性附录）
人脸图像的最佳实践

A.1 基本人脸图像

A.1.1 目的

本部分讨论公认标准制定中的重要规范，为避免这些规范过于严格或不明确，不适用于本文件的规范性条款，宜结合第7章阅读。

A.1.2 标记点的确定

6.6定义的标记点集可以被添加到所有基本人脸图像类型的记录类型或子类型中，用来描述人脸识别算法使用的标记点位置。

标记点宜尽可能的在图像压缩前确定。

如果标记点被准确确定，它们宜包括在记录格式中，从而提供一个选项——在人脸识别处理图像环节，这些参数不必重新确定。

通常，一个计算机算法要么准确地确定标记点的位置，要么失败，并提供明显错误的或空信息。因此，一个准确的测定方法是首先由计算机自动标定标记点，接着人工核实并纠正不准确的标记点。

A.1.3 推荐的标记点

为了使得所有尺度都适合注册人脸，需要一个能覆盖表面的三个最小标记点集。为了更准确，宜标定更多的点，并且这些点宜分布在整个面部。具体地说，建议增加以下标记点到所有人脸记录中（见图6和图7）：眼睛的中点（标记点12.1和12.2）、鼻根（标记点9.4、9.5和9.15）和上嘴唇（标记点8.4、8.1和8.3）。

A.2 正面图像

A.2.1 目的

本文件讨论公认的正面图像采集的重要规范，为了避免这些规范过于严格或不明确，以致不适用于本文件的规范性条款中。宜结合第8章“正面人脸图像类型”阅读。

A.2.2 定位人脸的协助物体

用来协助人脸定位的手、胳膊等宜不可见。

A.2.3 姿态

宜使用全脸正面姿态。从正面到所有方向的头部转动角度宜不超过±5°，包括侧倾、俯仰和偏转（见6.5.8）。

A.2.4 表情

表情宜是中性（非微笑），双眼正常睁开（即不过于敞开），并闭上嘴巴（如果标记点2.2和2.3之间的距离小于图 6 中的标记点 2.3 和 8.2 距离的 50%,则嘴是闭着的)。宜尽量提供规范性图像。尽量避免带有尖下颚的微笑。应避免的表情包括:

a) 微笑;
b) 扬起的眉毛;
c) 眼睛未注视镜头;
d) 眯眼;
e) 皱眉头。

A.2.5 眼睛、眼窝不能接受的清晰度示例

眼睛、眼窝以清晰为宜。以下是不能接受的眼睛、眼窝的清晰度示例:

a) 闭上眼睛。如果虹膜和瞳孔清晰可见,则眼睛被认为是睁开的。
b) 头发覆盖眼睛。头发不得覆盖眼睛的任一部分。我们建议头发不宜覆盖右眼的标记点 3.2、3.8、3.12 和左眼的标记点 3.1、3.7 和 3.11,如图 6 所示,以及在这些点以上的 5% 双眼间距的区域。一个错误的例子如图 A.1 所示。

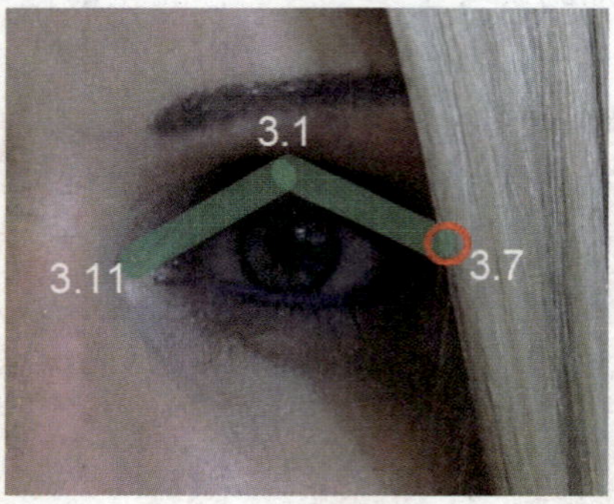

图 A.1 由于头发遮盖眼睛的错误例子

c) 眼镜框遮挡部分眼睛。如果眼镜边框覆盖了右眼的标记点 3.2、3.8、3.12 和图 6 中的左眼标记点 3.1、3.7 和 3.11,以及在这些点以上的 5% 双眼间距的区域,则说明眼镜框遮挡了眼睛的一部分。如果眼镜框是不可见或完全透明的,它们不应遮挡眼睛的任何一部分。一个错误的示例:如图 A.2 所示。

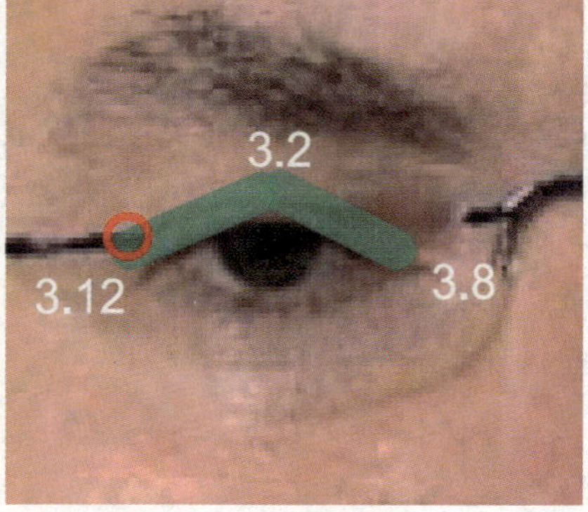

图 A.2 由于镜框遮盖眼睛的错误例子

A.2.6 眼镜

如果人平时戴眼镜,那么拍照时也宜佩戴眼镜。

如果眼镜会根据光源自动改变色彩，在拍照时宜通过调整直接或背景照明来拍摄无色彩变化的图像。只有在变色不能避免的情况下才宜摘掉眼镜。在佩戴有色眼镜的情况下，推荐在头结构中指明佩戴了暗色眼镜。

发光物体通常可以通过增加照明、主体与相机间的角度到45°或以上来避免。

A.2.7 头巾

不宜有头巾和阴影。如果不能去掉头饰，面纱或头巾(例如出于宗教原因)—在这些情况下，拍摄过程中宜尽量减少面部阴影和面部特征的遮挡。比如调整头巾位置。

A.2.8 眼窝中的阴影

眼窝中不宜有眉毛的阴影。眼睛的虹膜和瞳孔宜可见。

注：这字段规定是为了排除有闭眼(如在眨眼)或半闭的图片。

A.2.9 背景

背景对计算机人脸识别来说很重要，因为计算机人脸识别的第一步就是从背景中分割人脸从而实现注册(标记点定位)。在这种情况下宜避免一些常见问题。

A.2.9.1 背景分割

头部和背景的边界对于对象来说宜明确可区分(非常大量的头发除外)。

A.2.9.2 背景阴影

在人脸图像的背景中不宜有可见的阴影。

A.2.9.3 背景均匀

背景宜无任何装饰，并应不包含可能会导致计算机人脸定位算法失败的含直线或曲线的纹理。因此，背景宜是有统一的颜色或单一的颜色，且光线在一个方向上从亮到暗逐渐变化。

A.2.9.4 背景的例子

典型的可以提高机器人脸识别性能的背景为18%灰度且表面光滑。简单的淡色背景例如浅蓝也是可以的。白色背景可接受的前提是脸/头发和背景之间有明显的区别。

A.2.10 焦点和景深

为了采集人脸的最佳质量，标准的摄影方式为：镜头的光圈宜设置低于最大光圈两级的光圈值拍摄，以获得足够的景深。

如果相机没有自动对焦所有对象位置，则需要固定在某个特定的区域来采集所有图片。

A.2.11 灰度密度

在图像的人脸区域内，图像的动态范围宜有不少于7位的强度变化(即跨度至少有128个唯一值)。面部区域定义为从头顶到下颚，从左耳到右耳。在拍摄肤色过于浅或过于深(相对于预设的平均水平)的个别对象时，可能需要摄像机、视频数字化仪改变扫描仪设置。

A.2.12 色彩饱和度

一个24位彩色图像的色彩饱和度宜为：转换为灰度图后，在图像的人脸区域有7位的强度的变化。

A.2.13　没有不自然的颜色

灰度相片宜使用普通白炽灯光源。彩色相片宜使用色彩平衡技术，例如使用标准胶片或钨平衡的影片，及白炽照明设备等。

A.2.14　颜色校正

色彩校正使用18%的灰背景或其他建议的方法(例如，白平衡)。

A.2.15　畸变的摄像机镜头

这项规定的目的是为了克服焦距导致的径向畸变。对于一个标准的相片采集系统，当对象与照相机的距离是1.5 m～2.5 m时，摄像机镜头的焦距宜为中距远摄镜头。对于35 mm摄影则意味着焦距宜在90 mm～130 mm之间。对于其他底片/传感器建议使用的焦距是2～3倍底片/传感器的对角线长度。

图A.3显示了一个例子，表明与对象的距离和镜头长度对拍摄的图像的影响。

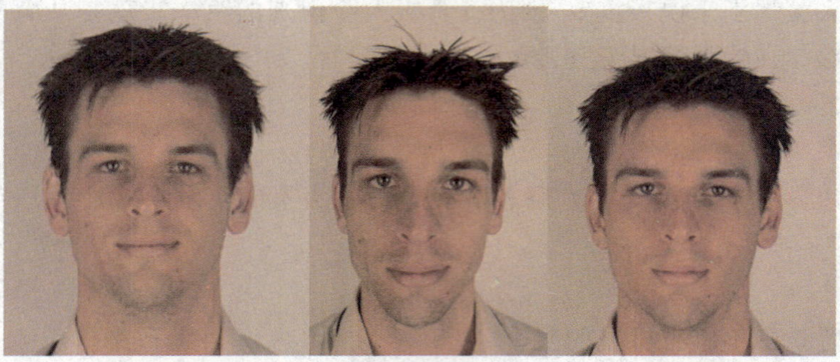

图A.3　对于一个给定的拍摄距离，正确的(左)和不正确的(中间、右)焦距的选择

A.3　完全正面人脸图像

A.3.1　完全正面人脸图像的量化标准

A.3.1.1　相片的空间采样率

为了人脸检测和永久存储都达到最佳方式，建议全图像的最低空间采样为：头部的宽度为240个像素，相应的大约从左眼中心到右眼中心为120个像素。即一共420像素的最小全图像宽度和525像素的全图像高度。

——对于头部宽度20 mm(约0.78 inch)的相片，建议扫描仪空间采样率是每厘米120点(约每英寸300点)；

——对于头部宽度13 mm(约0.5 inch)的相片，建议扫描仪空间采样率是每厘米189点(约每英寸480点)；

——对于头部高度(从下颚到头顶)25 mm(约1 inch)的相片，使用典型的头部几何比4∶5，相当于一个平均宽度大约是20 mm(约0.8 inch)的头。相当于一个扫描仪的空间采样率是每厘米117点(约每英寸300点)率。

因此，当使用符合尺寸的扫描仪肖像相片纸时，彩色扫描仪的空间采样率通常宜设定为300 dpi。

另一方面，如果按照每厘米120像素(300 ppi)扫描相片，最低90像素眼睛间距应对应8 mm的眼睛间距。同样的，最低120像素眼睛间距应对应约10 mm的眼睛间距。

A.3.1.2　后处理

宜避免多次压缩来产生完全正面人脸图像。

A.3.2　旅行证件的使用完全正面人脸图像的最佳实践

A.3.2.1　对象高度域

宜采取5.5.5中的规定来定义对象高度。

A.3.2.2　图像的宽高比

对于一个完全正面人脸图像，宽高比(图片宽度∶图片高度)宜介于1∶1.25和1∶1.34之间。

这个范围包含了NIST对于通缉犯脸部相片的最佳实践宽高比1∶1.25，大部分护照相片的1∶1.28，以及许多用于驾驶执照相片的1∶1.33。

A.3.2.3　相对于图像大小的头大小

对于一个完全正面人脸图像(如图13所示)，图像宽度∶头宽的比例(即A∶CC)宜介于7∶5和2∶1之间，因为这符合了众多的驾驶执照及国际护照机构的要求。

对于有很多头发的情况下，这个限制比在相片中包含整个发际的规定更重要。

对于青少年和成年人，全脸正面姿态下的头顶至下颚的部分宜占图像垂直长度的70%～80%，这个范围符合绝大多数的驾驶执照及国际护照机构的要求。

对于儿童，通常来说是小于11岁的，为了保持图像质量以避免失真如鱼眼(见3.17)或模糊，可以接受头大小是图像区域的50%。

A.3.2.4　最佳拍照做法总结

为方便起见，表A.1总结了A.2.3及A.3.2.2～A.3.2.3的几何约束和姿态约束。

表A.1　旅行证件的完全正面人脸图像的总结

条款	定义	建议
A.2.3	姿态	±5°的从正面的旋转
A.3.2.2	图像宽高比	1.25≤B/A≤1.34
A.3.2.3	头部宽度	1.4CC≤A≤2CC
A.3.2.3	头部长度	0.7B≤DD≤0.8B
A.3.2.3	头部长度(小于11岁的儿童)	0.5B≤DD≤0.8B

图A.4是几组拍摄旅行证件用的样本图像和样本相片的指导方针。

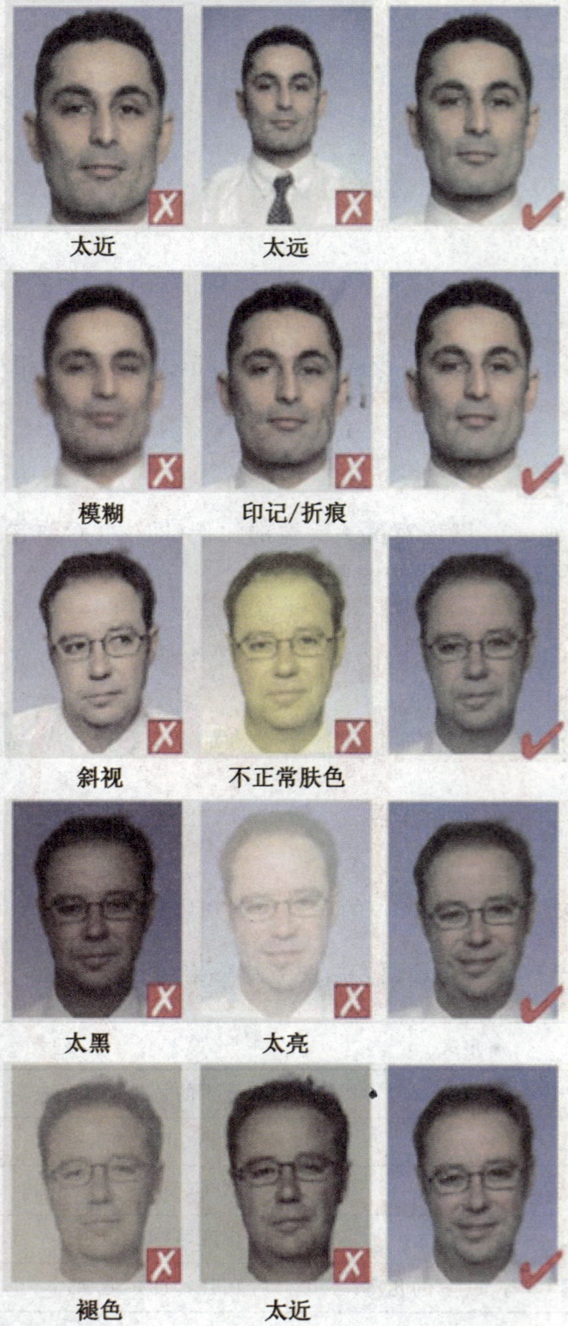

照片质量

照片必须具备：

- 不超过6个月；
- 宽35 mm～45 mm；
- 头和肩保持正确姿势以确保脸部能够占70%～80%的相片大小；
- 调整焦距使图像清晰；
- 没有墨水印记和折痕。

照片必须具备：

- 直接在相机前拍摄；
- 肤色自然；
- 合适的光照和对比度；
- 由高质量相纸高分辨率下打印数码相机拍摄的照片必须是高品质彩色照，并且是高质量照片纸打印。

图 A.4 (45 张图像)—旅行证件制作的最佳示例

风格和照明

照片必须具备：

- 色彩自然；
- 眼睛张开，清晰可见，无头发遮挡眼睛；
- 脸部自然面对相机，没有注视某人肩膀（肖像风格）或斜视，且脸部轮廓清晰可见；
- 普通浅色背景；
- 采取与均匀照明，不显示阴影，或闪光反射在脸上，且没有红眼。

图 A.4（续）

黑暗的有色眼镜　　镜片闪光反射

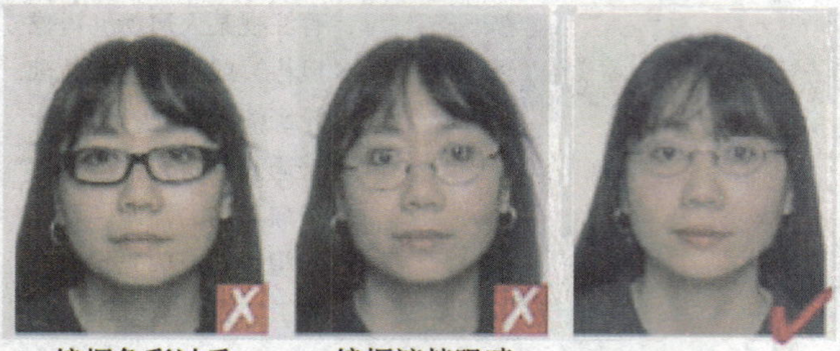

镜框色彩过重　　镜框遮挡眼睛

眼睛和头部覆盖物

如果你佩戴眼镜：

- 照片中你的眼睛需清晰可见且非眼镜区域无闪光反射；不佩戴有色眼镜（如果可能，避免佩戴镜框色彩过重的眼镜——如果有尽可能佩戴浅色镜框的眼镜）；
- 确信镜框未遮挡眼睛的任何区域。

戴帽子　　戴盖式帽子

头部覆盖：

- 从下巴底部到额头顶部，以及面部轮廓两边缘都必须全部清晰可见，除宗教信仰外均不允许遮挡。

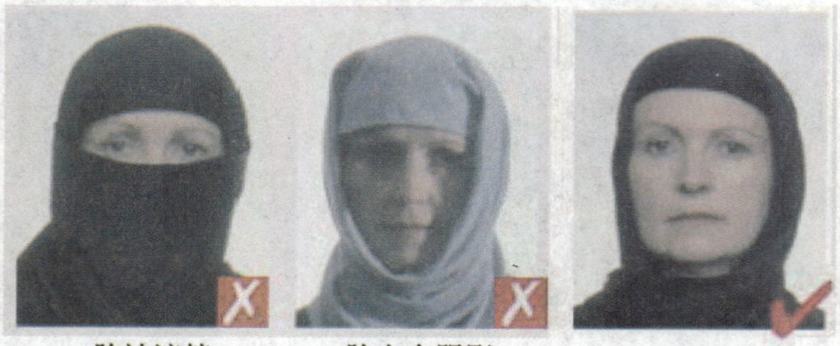

脸被遮挡　　脸上有阴影

头部覆盖：

- 从下巴底部到额头顶部，以及面部轮廓两边缘都必须全部清晰可见，除宗教信仰外均不允许遮挡。

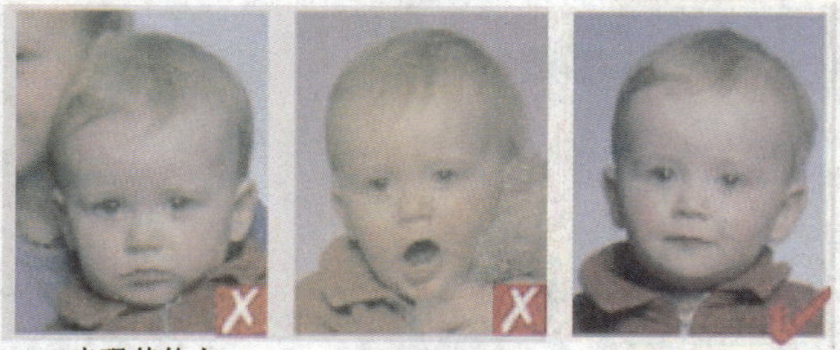

出现其他人　　嘴巴张开并且娃娃离脸太近

图 A.4（续）

A.3.3 完全正面人脸图像压缩

A.3.3.1 压缩-不感兴趣的区域

完全正面人脸图像压缩后的识别性能如图 A.5 和图 A.6 所示，这些人脸从澳大利亚外交事务和贸易部门的护照机构取得。试验中使用了 1 000 人(原护照和真实影像)的配对。

这些图像最初是在 300 dpi 下扫描的，其几何特征宽高为标准护照相片的尺寸：416×536 像素，且头部的尺寸满足第 9 章。原始的未压缩图像的平均大小大约是 669 KB。测试中的图片用 JPEG 压缩到平均 71 KB，然后为了测试的需要，用 JPEG 和 JPEG 2000 进行了解压和重压缩。

由于初始进行了压缩，测试图像是 JPEG 格式，但是压缩比仅为 10：1，相对较低，能满足相应的性能，所以可以忽略。

一组完全正面人脸图像被压缩后，同一组未压缩的图像进行匹配。正确匹配概率的秩 1 统计作为一个压缩级别函数。秩 1 统计是指在一对多的搜索中，最高匹配分数对应正确匹配结果的次数(假定肯定有一个正确的匹配)。这是一个数据库大小的函数，并且这个统计常用于人脸一对多的搜索。

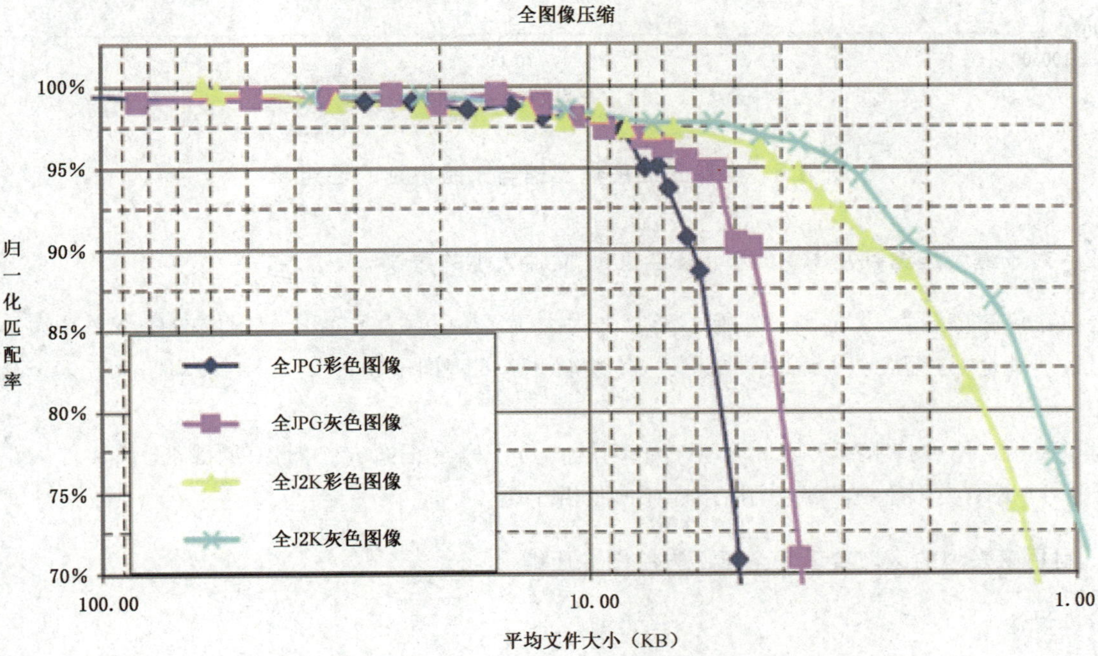

图 A.5 全脸正面图像压缩与人脸识别的性能(1)

在图 A.5 和图 A.6 中，“归一化匹配率”是指在每个压缩因子(每个文件大小级)下的正确匹配，除以在零压缩下的正确匹配，然后乘以 100%得到一个百分比。也就是说，100%意味着压缩不影响该技术的匹配能力。50%意味着在某个压缩等级下，1 000 次一对多的搜索尝试中只有 50%的正确匹配。“平均文件大小”是指压缩文件的大小。

这项分析的主要意义在于得到压缩后的图像相关于无压缩的图像，其匹配性能会大范围下降(大于 1%～2%)的最大压缩率。

这两个图同时还表明：

——当压缩文件的大小小于 10 KB 时性能快速下降；

——在这一分析中 JPEG 2000 的表现较 JPEG 更好。

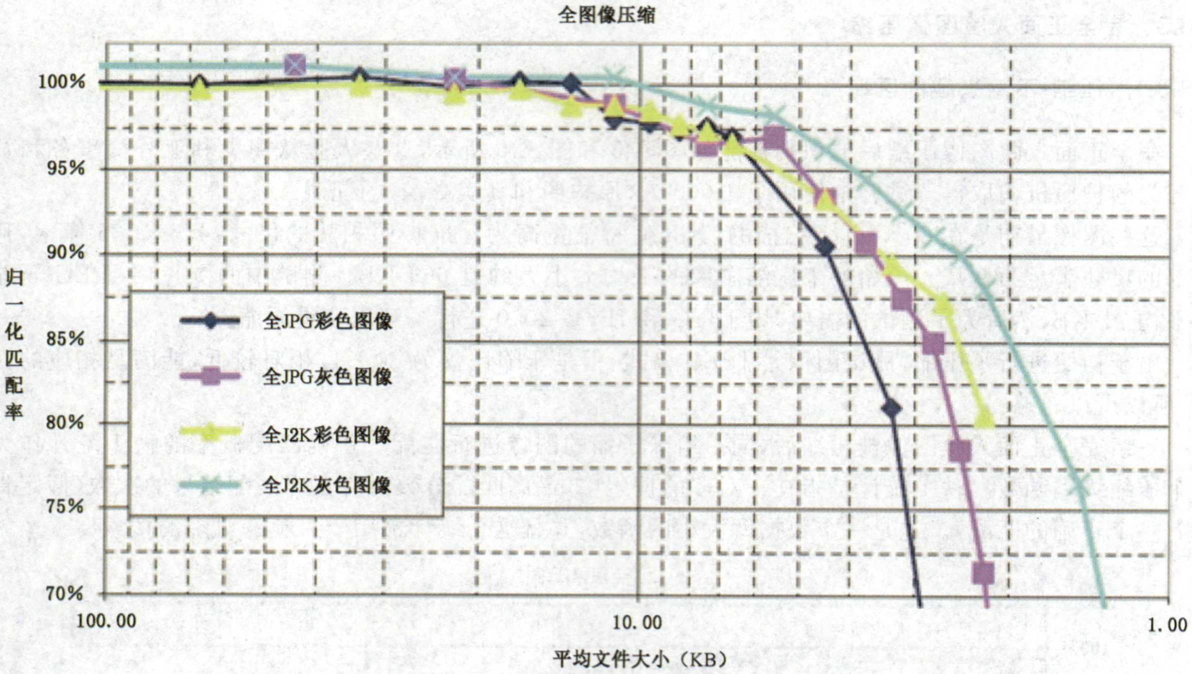

图 A.6 全脸正面图像压缩与人脸识别的性能(2)

A.3.3.2 对于最大压缩以及 JPEG 和 JPEG 2000 文件大小的建议

这项建议的依据为:大范围的性能下降定义为大于 2%。这意味着压缩图像的最小文件大小和压缩比例必须满足:与无最小压缩的图像相比,其性能下降的范围不超过 2%。结果均四舍五入至最接近的 1 K。

为了使用这两种技术来实现自动地一对多搜索,对于完全正面人脸图像的压缩图像文件大小平均宜不低于 11 KB,类似于在测试中用的图像(护照相片)。

A.3.4 利用感兴趣的区域实现完全正面人脸图像压缩

A.3.4.1 讨论

当能更精确的定位眼睛时,一张完全正面人脸图像或标记正面人脸图像能被进一步压缩,可以使用成熟的人眼定位算法,或使用手工人眼校正。

JPEG 2000 能用来实现“感兴趣区域”(ROI)压缩,因为这项技术在 ISO JPEG200 标准中明确说明且在 JPEG 2000 软件库中得到良好的定义。

JPEG 2000 ROI 编码可以用来获得更小的文件。用来匹配的人脸图像的内区域能被压缩到一个低比率,而图像的外区域能被压缩到一个更高的比率。这样得到的图像更小,但用来识别的部分保持了高质量,其余的部分也能被直观查看。不用知道 ROI 区域的位置,一个支持 ROI 的标准 JPEG 2000 解码器能解码一张 ROI 图像。

不建议在没有使用人手工校正的计算机注册方式下使用“感兴趣区域”压缩。

A.3.4.2 内外区域,全图像

值得注意的是,通过在人脸区域定义内部和外部区域可以实现额外的压缩。

示例:比如一张 300 dpi 完全正面人脸图像,一个内部区域被定义为整张脸区域,从头顶到下颚,从耳朵到耳朵。

以上的分析表明,JPEG 2000 的 60∶1 的压缩比保持了匹配性能。如果在内部区域用 50∶1,那么 200∶1 能用在外部区域,质量下降,但直观查看是可以接受的。对于一张彩色的,300 dpi,35×45 mm 的 JPEG 2000 图像(413×531 像素,658 KB 未压缩),240×320(230.4 KB)的内部区域,如图 A.7 所示。

——200∶1 外部区域:(658－230.4 KB)/200＝2.14 KB

——50∶1 内部区域:(230.4 KB)/50＝4.61 KB

总文件大小:2.14＋4.61＝6.75 KB。文件大小减少:约 40%

图 A.7 所示,图 A.7a)为未压缩的图像,显示了内部区域的边界。图 A.7b)为 JPEG 2000 ROI 压缩后的图像。

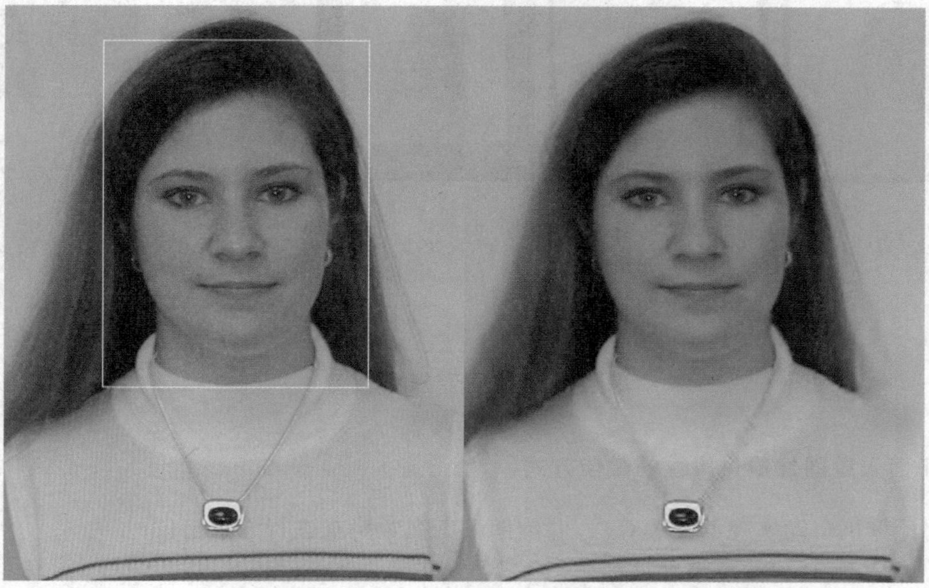

a) 未压缩　　b) 利用"感兴趣区域"压缩

图 A.7 图像未压缩和利用"感兴趣区域"压缩的示例

A.4 标记正面人脸图像

A.4.1 标记正面人脸图像大小

正如第 10 章中讨论,标记正面人脸图像的宽度定义了人脸的几何变量,使用的是眼睛位置的坐标。它的最小宽度是 240 像素,对应到眼睛之间距离是 60 像素。没有最大值。

在仿射变换中的插值法可能会影响人脸识别性能。例如:如果一家公司选择使用双眼间距是 70 像素而另外一家选择 60 像素时,可能会产生不必要的问题。因此,为了使得标记正面人脸图像保持一致性,建议指定宽度为 240 像素。示例在表 A.2 中给出。

表 A.2 标记图的推荐宽度

宽	眼睛间距
240	60
480	120
720	180

A.4.2 创建标记正面人脸图像

图 A.8 给出一个示例，说明转换一张图片为标记正面人脸图像的步骤。在创建一个 240 像素宽的人脸标记正面人脸图像时，原始图像图 A.8a)旋转到双眼水平对齐图 A.8b)。然后图像均匀的缩放，以便人眼中心间距为 60 像素图 A.8c)。最后图像被平移和裁剪图 A.8d)，使得第一只眼坐标为(89,144)即从图像左上角(0,0)向右 89 像素，向下 144 像素。其中填充边界的黑色像素可以是任何颜色。

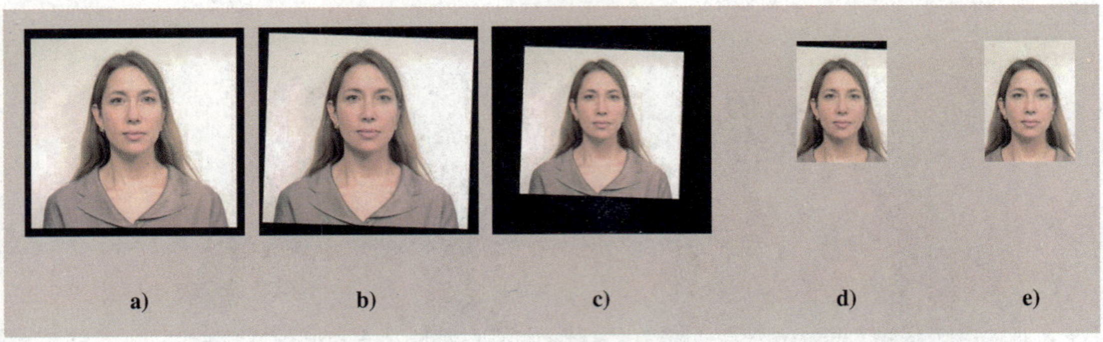

图 A.8 仿射变换和裁剪

A.4.3 标记正面人脸图像量化属性的最佳方式

推荐使用计算机自动实现的相关算法，并辅助人工视觉检查进行人眼定位。

规范的做法是，用任何颜色填补该区域。

推荐在仿射变换的缩放和旋转阶段用双线性或其他先进的插值和采样方法。

A.4.3.1 后处理

宜避免多次压缩得到标记正面人脸图像。

A.4.4 标记正面人脸图像压缩

A.4.4.1 压缩-不感兴趣的区域

图 A.9 和图 A.10 所示的是标记正面人脸图像压缩后的人脸识别性能结果。这些人脸图片从澳大利亚外交和贸易部的护照机构获得。试验中，使用了 1 000 人(原始和现在)的匹配结果。

参见 A.3.3 的压缩实验。对于 A.3.3 讨论的全正面图像的实验在标记正面人脸图像上再进行一次，如图 A.9 和图 A.10 所示。

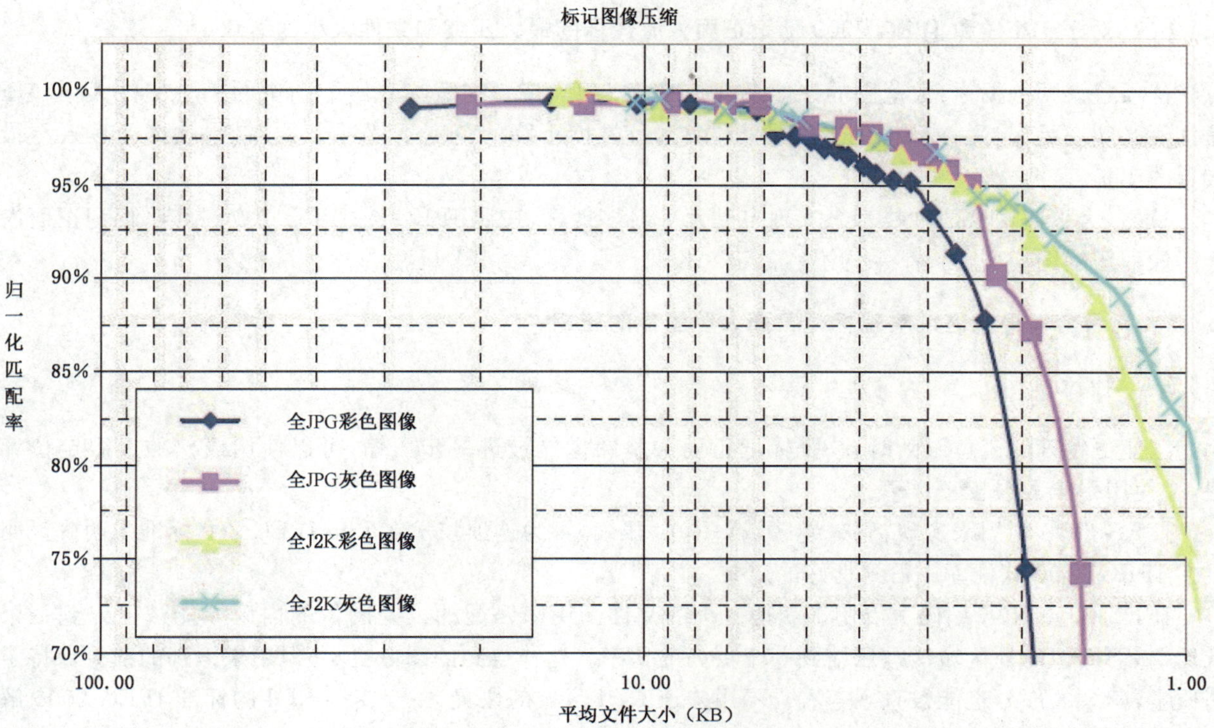

图 A.9　配准的图像压缩与人脸识别的性能(1)

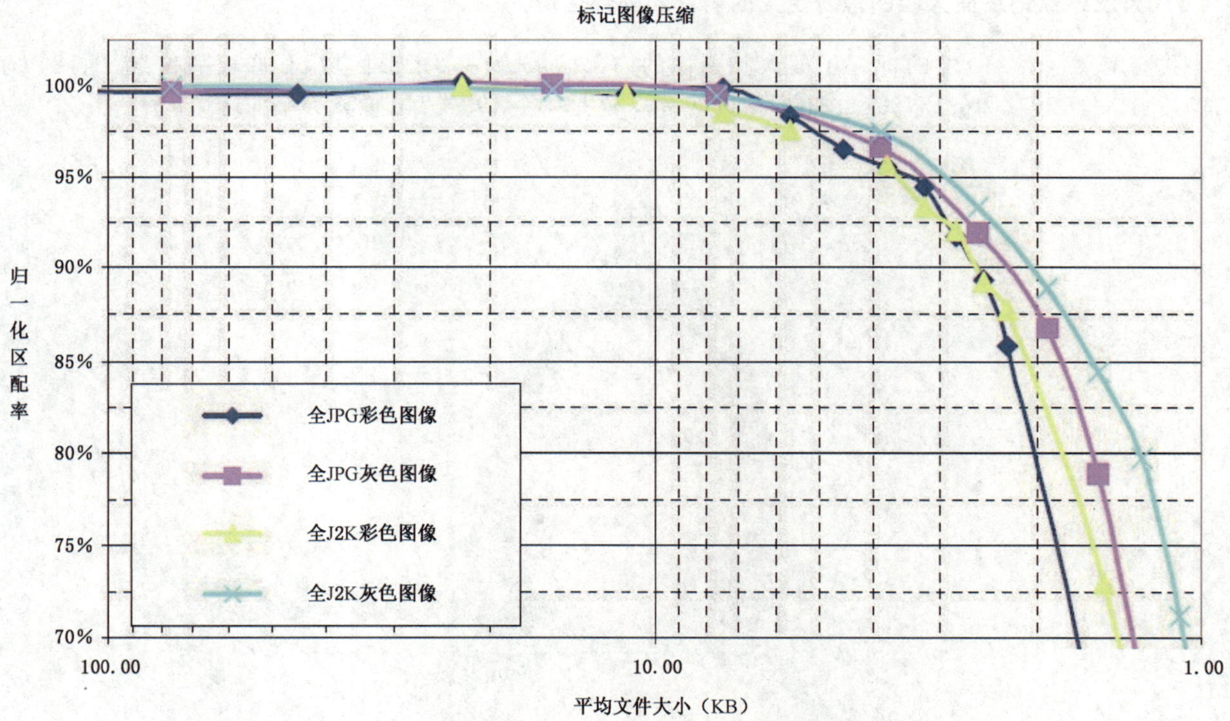

图 A.10　配准的图像压缩与人脸识别的性能(2)

图 A.9 和图 A.10 表明：

——当压缩文件小于 8 KB 时性能下降迅速。

——在分析中 JPEG 2000 格式比 JPEG 较好。

A.4.4.2　对于 JPEG 和 JPEG 2000 标记正面人脸图像的最大压缩和文件大小的建议

这项建议的依据为:大范围的性能下降定义为大于 2%。这意味着压缩图像的最小文件大小和压缩比例必须满足:与无(或最小压缩的图像相比,其性能下降的范围不超过 2%。结果均四舍五入至最接近的 1 K。

总之,为了使用这两种技术来实现自动地一对多搜索,按照 JPEG 或 JPEG 2000 标准,标记正面人脸图像的压缩图像文件大小平均不宜低于 9 KB。

A.4.5　利用感兴趣的区域实现标记正面人脸图像的压缩

A.4.5.1　探讨

当能更精确的定位眼睛时,一张标记正面人脸图像能被进一步压缩,可以使用成熟的人眼定位算法,或使用手工人眼校正。

JPEG 2000 能用来实现"感兴趣区域"(ROI)压缩,因为这项技术在 ISO JPEG 200 标准中明确说明且在 JPEG 2000 软件库中得到良好的定义。

JPEG 2000 ROI 编码可以用来获得更小的文件。用来匹配的人脸图像的内区域能被压缩到一个低比率,而图像的外区域能被压缩到一个更高的比率。这样得到的图像更小,但用来识别的部分保持了高质量,其余的部分也能被直观查看。不用知道 ROI 区域的位置,一个支持 ROI 的标准 JPEG 2000 解码器能解码一张 ROI 图像。

不建议在没有使用人手工校正的计算机注册方式下使用"感兴趣区域"压缩。

A.4.6　为压缩标记正面人脸图像所定义的内部和外部区域

我们定义一个 240 宽的标记正面人脸图像的内部区域为一个矩形区域,其像素的位置(24,24),(215,24),(24,263)和(215,263),如图 A.11 所示。这是一个 192×240 像素大小的区域。

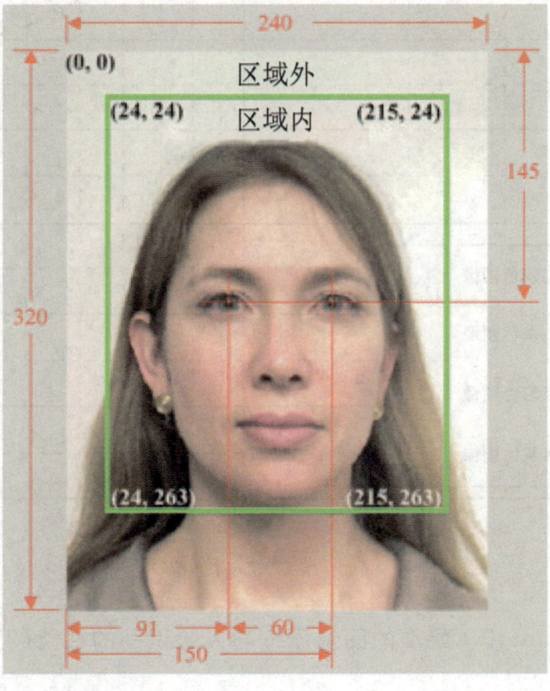

图 A.11　配准的图像建议的感兴趣区域

图 A.11 显示当宽度 $W=240$ 时内部区域的尺度。内部区域的广义坐标为$(0.1W,0.1W)$,$(0.9W-1,$

0.1W)，(0.1W，1.1W－1)，和(0.9W－1，1.1W－1)。

外部区域是不包含内部区域的其他完整图像区域，面积是 240×320－192×240＝30 720 像素，或(75－45)×3 KB＝90 KB 字节，每一个像素占 3 个字节。

这里没有提供如上感兴趣区域的压缩图像和标记正面人脸图像的性能结果比较。

A.5 完全正面人脸 3D 图像类型的最佳实践

除了第 13 章的规定外，完全正面人脸 3D 图像的最佳实践还包括以下要求。

A.5.1 完全正面人脸 3D 图像类型 2D 部分的最佳实践

完全正面人脸图像类型的最佳实践宜被实现。

A.5.2 兼容性考虑

目前在该领域，许多实现只符合基础标准。因此，如果对于应用领域来说互操作性是最重要的话，最好的做法是在同一人脸记录中存储完全正面人脸 3D 图像的 2D 部分作为完全正面人脸图像。这使得上述实现能够安全的读取完全正面人脸图像，且提高了互操作性。

A.5.3 3D 表示的姿态

头部正面的旋转宜小于±5°(见 6.5.8.3)。

A.5.4 3D 到 2D 图像的时空同步

3D 到 2D 图像的时空同步域宜被指明，且不宜用 0xFFFF(未指定)来填充。

A.5.5 3D 获取时间

3D 获取时间宜被指定，即不宜用 0xFFFF(未指定)来填充。

A.5.6 使用距离图像表示完全正面人脸 3D 图像类型的最佳实践

A.5.6.1 ScaleX，ScaleY 和 ScaleZ

存储的深度数据的分辨率很大部分取决于 ScaleZ。为了保证质量，对全正面距离图像类型，宜定义最大值为 $\text{ScaleZ}_{\max}=0.8$ mm。

同样的，在直角坐标系内，对完全正面人脸 3D 图像，宜定义其最大值 $\text{ScaleX}_{\max}=\text{ScaleY}_{\max}=0.8$ mm。

A.5.6.2 深度图像中的非有效点

在 12.5 中定义的区域，最高 20％的深度图像的像素宜有一个零值，表明一个非有效的深度值。此外，在“内部区域”，在直角坐标系内定义为[－1.5W，1.5W]×[－1.8W，1.8W]，其中标记点 Prn 是原点在最高 10％的像素，宜有一个零值，表明非有效的深度值。在这里，W 是标记点 12.1 和 12.2(眼睛的中心)间的距离，如 6.6.5 定义。

A.5.7 使用 3D 点状图的完全正面人脸 3D 图像类型的最佳实践

A.5.7.1 3D 点状图的宽度和高度

作为一个使用 3D 点状图表示的 3D 图像类型的最佳实践要求 3D 点状图的最小尺寸宜为：

$$\text{3DPointMapWidth}_{\min}=175\ \text{像素},$$

$$3DPointMapHeight_{min}=213\text{ 像素}。$$

A.5.7.2 脸部覆盖

作为使用3D点状图表示的3D图像类型的最佳实践宜要求最少90%的点的 X 和 Y 坐标满足 $-1.75W \leqslant X \leqslant 1.75W$ 且 $-1.75W \leqslant Y \leqslant 2.55W$，在直角坐标系中标记点Prn是原点，其中 W 是标记点12.1和12.2(眼睛的中心)间的距离，如6.6.5定义。

A.5.8 使用3D顶点表示的全正面3D图像类型的最佳实践

A.5.8.1 人脸覆盖

作为使用3D顶点表示的3D图像类型的最佳实践宜要求有最少1 500个点的 X 和 Y 坐标满足 $-1.5W \leqslant X \leqslant 1.5W$ 且 $-1.8W \leqslant Y \leqslant 1.8W$，在直角坐标系中标记点Prn是原点，其中 W 是标记点12.1和12.2(眼睛的中心)间的距离，如第6.6.5定义。其中，宜至少有一个顶点投影到平均每平方厘米的内部区域上，覆盖了90%的内部区域。

A.6 标记正面人脸3D图像的最佳实践

除了第14章的要求，标记正面人脸3D图像的最佳实践还需满足以下的要求。

A.6.1 标记正面人脸3D图像的2D部分的最佳实践

宜满足标记正面人脸图像的最佳实践。

A.6.2 兼容性考虑

目前在该领域，许多实现只符合基础标准。因此，如果对于应用领域来说互操作性是最重要的话，最好的做法是在同一人脸记录中存储标记正面人脸3D图像的2D部分作为图标正面图像。这使得上述实现能够安全的读取配准的正面图像，且提高了互操作性。

A.6.3 3D表示的姿态

头部从正面的旋转宜小于±5°。

A.6.4 3D到2D图像的时空同步性

3D到2D图像的时空同步域宜被指定，且不宜以0xFFFF(未指定)来填充。

A.6.5 3D获取时间

3D获取时间域宜被指定，即不宜以0xFFFF(未指定)来填充。

A.6.6 使用深度图像的标记正面人脸3D图像的最佳实践

宜满足A.5.6指出的最佳实践。

A.6.7 使用3D点图的标记正面人脸3D图像的最佳实践

宜满足A.5.7指出的最佳实践。

A.6.8 使用3D顶点表示的标记正面人脸3D图像的最佳实践

宜满足A.5.8指出的最佳实践。

A.7 3D图像类型的强制性要求和最佳实践的总结

A.7.1 基本人脸3D图像类型的规范坐标系和姿态要求(表A.3)

表A.3 基本人脸3D图像类型的规范坐标系和姿态要求

	深度3D	3D点状图	3D顶点
笛卡尔坐标系	支持	支持	支持
圆柱坐标系	支持	不支持	不支持
坐标变化的缩放和平移值	支持	不支持,固定的缩放比例和平移	不支持,固定的缩放比例和平移
姿态的限制(深度旋转,上下旋转,面内旋转)	没有	没有	没有

A.7.2 完全正面人脸3D图像类型的规范坐标系和姿态要求(表A.4)

表A.4 完全正面人脸3D图像类型的规范坐标系和姿态要求

	深度3D	3D点状图	3D顶点
笛卡尔坐标系	鼻子在原点处	鼻子在原点处	鼻子在原点处
圆柱坐标系	不支持	不支持	不支持
坐标变化的缩放和平移值	支持	不支持,固定的缩放比例和平移	不支持,固定的缩放比例和平移
姿态的限制(深度旋转,上下旋转,roll)	(±5,±5,±8)	(±5,±5,±8)	(±5,±5,±8)

A.7.3 标记正面人脸3D图像类型的规范坐标系和姿态要求(表A.5)

表A.5 标记正面人脸3D图像类型的规范坐标系和姿态要求

	深度3D	3D点状图	3D顶点
笛卡尔坐标系	鼻子在原点处	鼻子在原点处	鼻子在原点处
圆柱坐标系	不支持	不支持	不支持
坐标变化的缩放和平移值	支持	不支持,固定的缩放比例和平移	不支持,固定的缩放比例和平移
姿态的限制(深度旋转,上下旋转,面内旋转)	(±5,±5,±8)	(±5,±5,±8)	(±5,±5,±8)

A.7.4 完全正面人脸3D图像类型的最佳实践坐标系和姿态要求(表A.6)

表A.6 完全正面人脸3D图像类型的最佳惯例坐标系和姿态要求

	深度3D	3D点状图	3D顶点
笛卡尔坐标系	鼻子在原点处	鼻子在原点处	鼻子在原点处
圆柱坐标系	不支持	不支持	不支持

表 A.6（续）

	深度 3D	3D 点状图	3D 顶点
坐标变化的缩放和平移值	支持	不支持，固定的缩放比例和平移	不支持，固定的缩放比例和平移
姿态的限制（深度旋转，上下旋转，面内旋转）	(±5,±5,±5)	(±5,±5,±5)	(±5,±5,±5)

A.7.5 标记正面人脸 3D 图像类型的最佳实践坐标系和姿态要求（表 A.7）

表 A.7 标记正面人脸 3D 图像类型的最佳惯例坐标系和姿态要求

	深度 3D	3D 点状图	3D 顶点
笛卡尔坐标系	鼻子在原点处	鼻子在原点处	鼻子在原点处
圆柱坐标系	不支持	不支持	不支持
坐标变化的缩放和平移值	支持	不支持，固定的缩放比例和平移	不支持，固定的缩放比例和平移
姿态的限制（深度旋转，上下旋转，面内旋转）	(±5,±5,±5)	(±5,±5,±5)	(±5,±5,±5)

附 录 B
（资料性附录）
拍摄相片的条件

B.1 范围

本附录为用于识别的人脸图片拍摄方法提供专业的指导(也就是最好的实践)。这些人脸图片可用于自动人脸识别系统的识别或者人工的识别。这个指导将为照相馆,摄影店以及其他能拍摄护照、签证或其他身份证件的人脸图片的机构提供指导。这些机构可以用传统的印刷式图片或电子式人脸图片提供用于正面人脸识别的符合本部分要求的图片。本附录还将指导照相亭的设计和运营者如何拍摄符合标准规则的人脸图片。本附录还是应用开发人员、应用概要标准开发人员等在需要本部分时的合适参考材料。

有很多因素能够影响人脸识别系统的工作性能,包括每个人的外貌比如他或她的脸部特征、发型、装饰品;还有采集条件比如照相机的视野、焦距、景深、背景和光源。相比个人的外貌,采集条件对人脸识别系统的准确率的潜在影响更大并且是可控的。

本附录为如何直接通过模拟相机、数字相机或者摄像机直接获得 2 维(2D)的人脸图片提供建议,它也为如何通过传统的图片打印和数字扫描提供建议[获取 3 维(3D)的图片不在讨论范围之内]。

本附录还是应用开发人员、应用概要标准开发人员等在需要本部分时的合适参考材料。

B.2 摄影建议

B.2.1 概述

本章为在肖像照相馆、摄影店、照相亭、注册办公室或者其他设备拍摄(获取)人脸图片提供建议。这个指导的目的是保证人脸图片放在合适的位置、光源均匀、没有阴影、没有过亮的点、眼睛处没有高光以符合本部分的要求。

B.2.2 对照相馆或摄影店的建议

一个照相馆或者摄影店一般是由专业人员运营的设施,装备有模拟相机或数字相机、多个可调光源、一个合适的背景条件或者有背景幕布和调整拍照者位置的机械以得到高质量的肖像相片。本条为这些设施的拥有者或运营者在需要拍摄符合此标准要求的图片提供专业的指导。照相馆或摄影店不能以任何方式修改图片。这些重要的图片不能被修改。

B.2.2.1 推荐的对象位置与对象距离摄像机的距离

照相机到对象的距离宜在 1.2 m～2.5 m 之间,如图 B.2 所示。如果距离再近一点的话想调整光源使得没有阴影会比较困难。

预聚焦镜头到对象眼睛的距离可以保证合适的焦距和景深,选择一个恰当的光圈可以保证景深至少有 10 cm 或者大约是对象鼻子到耳朵的距离。镜头的景深取决于焦距,它的有效光圈和焦距。距离已经调整好的镜头小于焦距或者大于焦距的点源将会发生模糊,模糊的程度将被“散光圈”描述。如果散光圈的最大直径是被限制的,比如说被 CCD 图片传感器相邻点的间隔限制,那么能够提供可以接受的聚焦的图片的最佳焦距平面的前部和后部可以被确定。最佳焦距平面的前部和后部的距离的和为景深(D_{DoF}),如图 B.1 所示。

$$D_{DoF}=D_{front}+D_{rear}$$

$$D_{front}=\frac{cFs(s-f)}{f^2+cF(s-f)}$$

$$D_{rear}=\frac{cFs(s-f)}{f^2-cF(s-f)}$$

式中:

D_{front} ——前焦距,从最佳焦距平面到聚焦效果能被接受的离镜头最近的平面;

D_{rear} ——后焦距,从最佳焦距平面到聚焦效果能被接受的离镜头最远的平面;

c ——散光圈的直径;

s ——镜头到对象平面(对象的眼睛)的距离;

$F=\frac{f}{a}$——F-stop,镜头透镜焦距 f 被除以有效镜头光圈(透镜孔径)a。

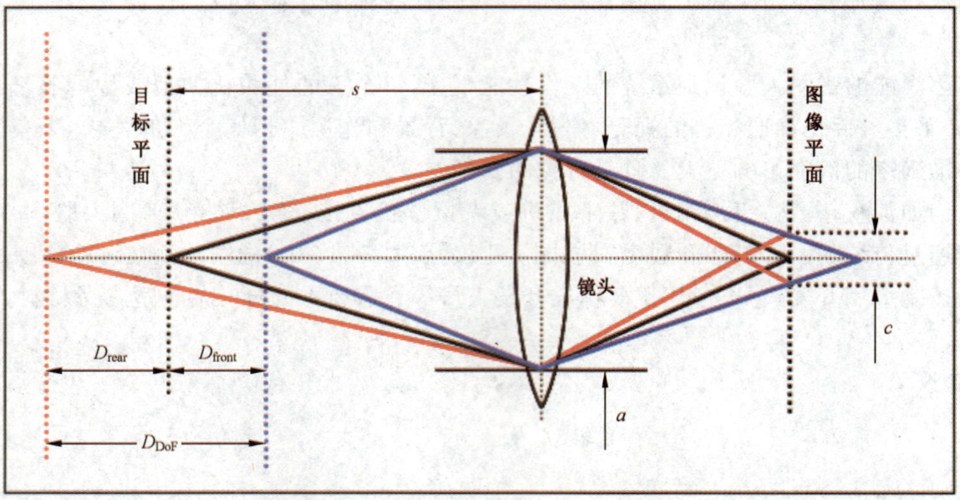

图 B.1 景深计算的示意

在调节照相机与拍摄对象的相对位置时宜注意:

——照相机的最佳高度是与对象的眼睛同高。可以用一个高度可调的小凳或者三角架来调整高度;

——被拍摄对象宜眼睛直视照相机、保持头部直立、肩膀垂直于照相机。头部的偏转宜符合 8.2.2 的要求。

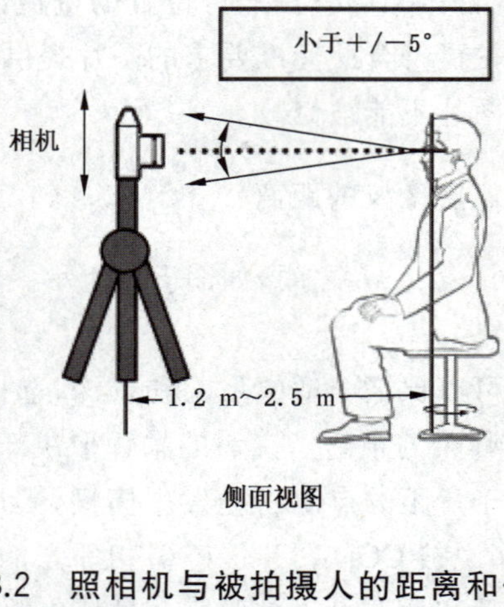

图 B.2 照相机与被拍摄人的距离和位置

B.2.2.2　拍摄对象各点曝光值的例子

图 B.3 说明了对拍摄对象脸部 4 个点的曝光值(EV)的衡量情况，这 4 个点分别是左右脸颊、额头、下颚。可以在被拍摄对象处放置一个入射光式曝光表并且把仪表对这照相机方向。4 个仪表的读数相差宜在 1 EV 以内。如果读数相差不在 1 EV 以内，则光源宜根据拍摄对象与相机连线调整得更对称一些。

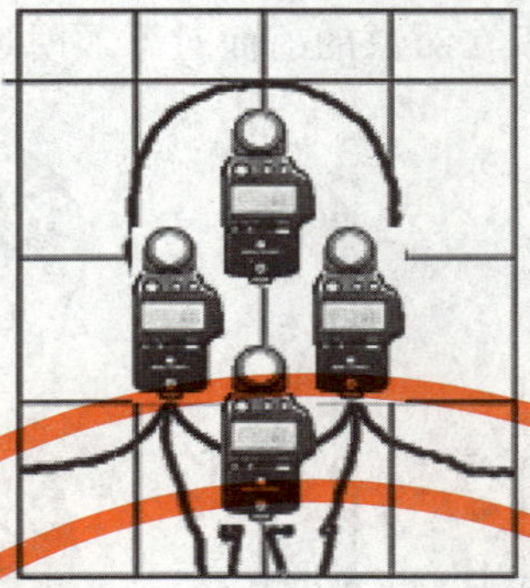

图 B.3　四个测量曝光值的入射光式曝光表的位置

EV 衡量的是快门速度与 F 制光圈结合起来对曝光的影响。对于一个 ISO 100 的胶片速度或者等价的摄像传感器灵敏度，EV 为 0 代表快门速度为 1 s 光圈为 F1.0。1 EV 的变化相当于 1 F 制光圈的增减或者曝光时间加倍或减半。

B.2.2.3　照相馆或者摄影店配置的例子

B.2.2.3.1　概述

下面描述的三个例子适用于照相馆，一些提供证件照的服务的照相洗印加工商家。例 1 是一个单光源的安排方式，其中的反光板是为了提供更加平衡的光源。例 2 是一个两个光源的安排方式，这里的反光板位置稍低能够给被拍摄对象下颚以下的位置提供光源。例 3 与例 2 相同，但是在被拍摄对象的后方还有一个光源来消除背景中的阴影。下面还提供了一些照相机和拍摄对象位置的建议。

B.2.2.3.2　例 1：单光源情况下合适的光源安排

在这种安排中，如图 B.4 所示，使用了一个单光源和多个反光板来使被拍摄对象的光源均匀。带灯光反射罩的光源宜放置在照相机与被拍摄对象连线向上大约 35°的地方，并且要直接照向被拍摄对象的脸，与照相机与被拍摄对象连线之间的夹角要小于 45°。一个反光板宜放置在被拍摄对象的对面来防止脸上有阴影。另外，还可以选择性地在脸的侧面再放置一个反光板来照亮下颚附近的区域。

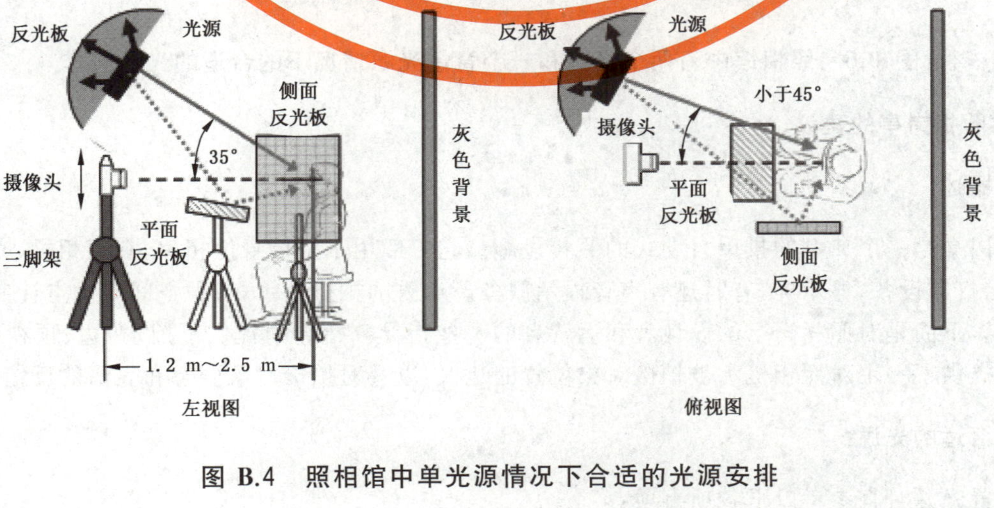

图 B.4　照相馆中单光源情况下合适的光源安排

B.2.2.3.3 例 2:两个光源情况下的合适的光源安排

图 B.5 说明了第二个例子使用里两个光源的情况。两个带灯光反射罩的光源宜放置在照相机与被拍摄对象连线向上大约 35°的地方,并且要直接照向被拍摄对象的脸,两个光源与照相机与被拍摄对象连线之间的夹角都宜小于 45°。这种安排会使阴影的边沿更柔和并且使被拍摄对象脸上的光照更加的均衡。还可以选择性地放置一个反光板在对象的前面对下颚附近提供更多光源。

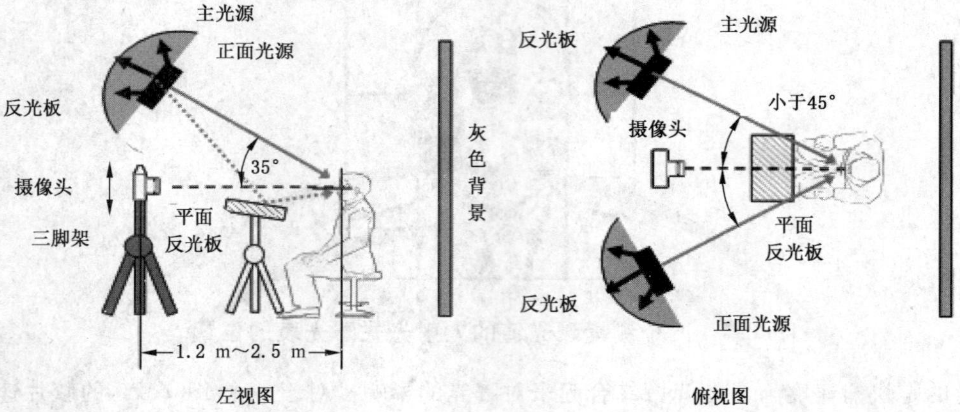

图 B.5 照相馆中两个光源情况下合适的光源安排

B.2.2.3.4 例 3:两个光源和一个背景光源情况下的合适的光源安排

如前面例 2 中所显示,宜使用背景光源消除人脸后面背景的阴影。如图 B.6 所示,背景光源宜对准背景,并且直接在被拍摄对象的后方和下方。

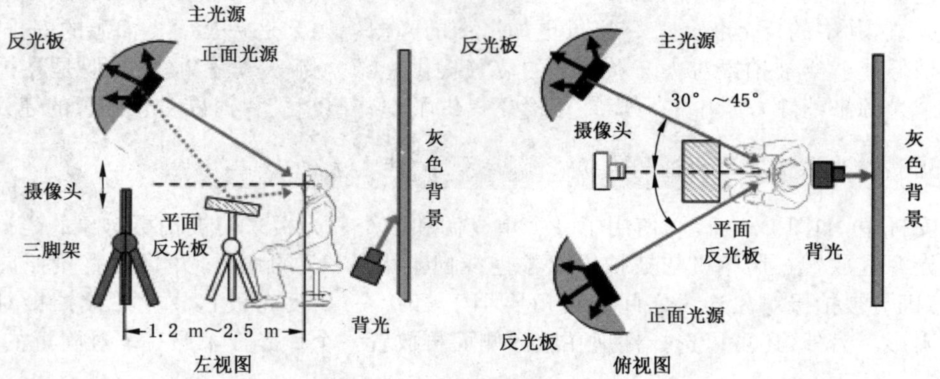

图 B.6 照相馆中有两个光源和一个背景光源情况下的合适的光源安排

B.2.3 对照相岗亭的建议

B.2.3.1 概述

照相岗亭是一个典型的投币自助式的照相设施。它一般用于拍摄身份相片,有照相机、光源、凳子,单色背景,打印设备,显示屏,有时还有声音提示服务。优秀的拍摄技术,节省空间等优点让照相岗亭被广泛应用。下面是对照相岗亭的设计者和运营者的一些指导。指导中提供了前、两边、顶视角的设置,本条中还提供了一个对照相机和被拍摄对象位置的建议,以及对拍摄对象姿态和表情的反馈。

B.2.3.2 合适的光源

在设置光源时宜参考以下各项事项:

——在分光板的后方放置多个光源，并且对称地放在照相机的上方。这将对被拍摄对象的脸提供更均匀的光源，并且避免大部分强光和阴影的问题。将背景灯放置在背景和被拍摄对象的中间比较低的位置。

——将前方的光源放置在照相机与被拍摄对象连线向上大约 35°的地方，避免被拍摄对象眼镜反光。

——除了直接在被拍摄对象背面的墙壁以外其他内部的墙壁都宜是白色。白色的墙壁能够成为反光板是的垂直方向和水平方向的光源比较均衡。

——照相岗亭内部的光源在运行时宜打开，这样通常可以解决在弱光条件下出现的红眼问题。

——为了消除被拍摄对象下颚附近的阴影，宜用直接或间接的光源从前方和下方照射被拍摄对象。

——为了保证照相岗亭不受外面光源的影响，宜用一个不透光的门脸遮光。

B.2.3.3 相片配置实例

图 B.7 是照相岗亭中被拍照人、照相机、光源的推荐位置。

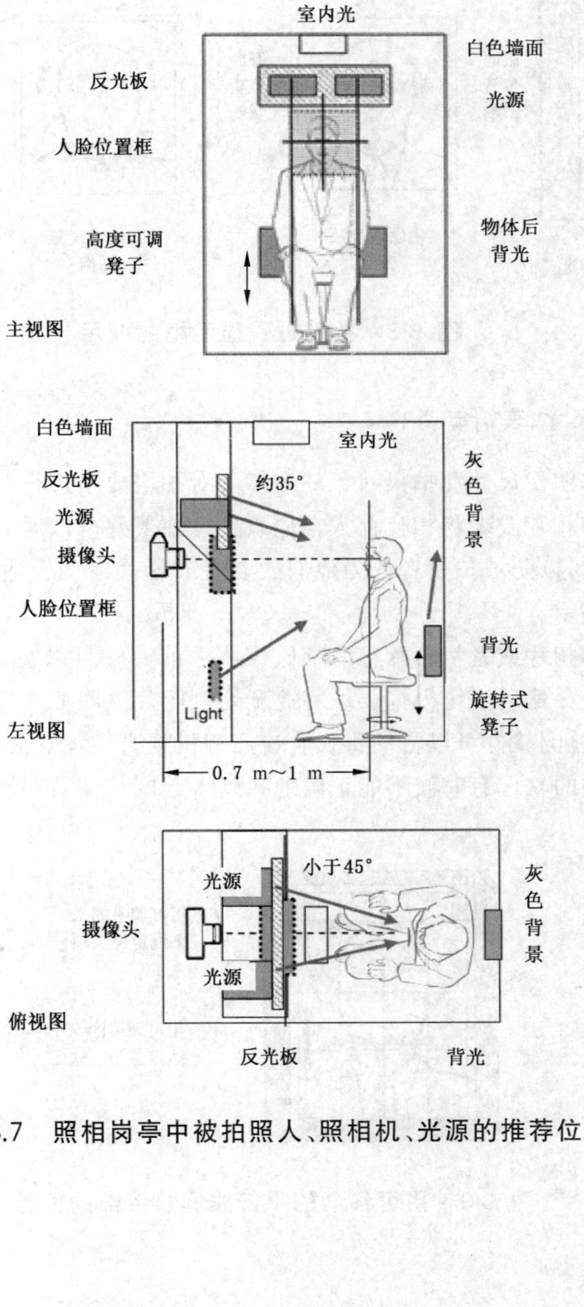

图 B.7 照相岗亭中被拍照人、照相机、光源的推荐位置

B.2.3.4 照相机和拍摄对象的位置

可以使用镜子和实时监视器给被拍照对象反馈来调整被拍摄对象的姿态和位置。

——照相岗亭中宜有实时显示器显示被拍摄对象的脸部图片。这种显示装置可以是一面镜子或者是左右颠倒的实时录像监控。显示装置中宜有一个框能被拍摄者确定他或者她的整个头部是可见的、他或她的眼睛在合适的高度、他或她的脸在照相机镜头的中央。这样的框如图 B.8 所示。

——宜提供一个高度可以调节的椅子或者小凳使被拍摄者能够面对镜头并且调节他的眼睛到合适的高度。

——照相机到被拍摄者的距离大概在 0.7 m～1.0 m 之间。

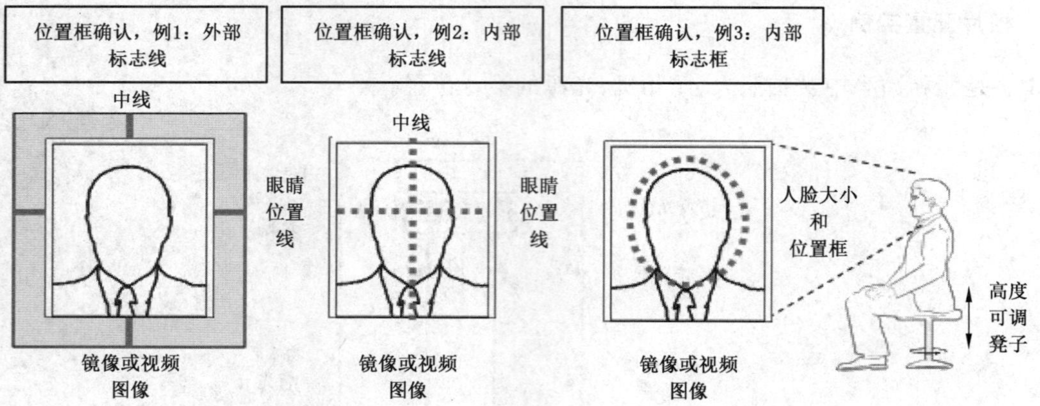

图 B.8 头部位置显示框的使用

B.2.3.5 使用 GUI 图像尺寸、表情等调节

在拍摄人脸时宜根据图像尺寸和拍摄对象的表情等对拍摄要素进行调节。

——被拍摄者在打印相片或者将相片存入存储媒体之前最好可以看到一个图片预览以便于让他们再一次拍摄图片，以防被拍摄者认为他们的姿态或者表情不合适。照相岗亭宜对可接受的姿态和表情提供提示。

——被拍摄者在打印相片或者将相片存入存储媒体之前最好可以在预览相片中确认他/她头顶和下巴底部的位置。然后系统根据要求缩放和切割图片。图 B.9 提供了对预览相片的说明。

——作为选择，人脸检测软件可以自动将人脸在照相机视野中缩放和居中还确保人脸在合适的位置。考虑到这样的软件有时候不能正确地找到人脸的位置，因此最好为人工的调整提供一个预览图片。

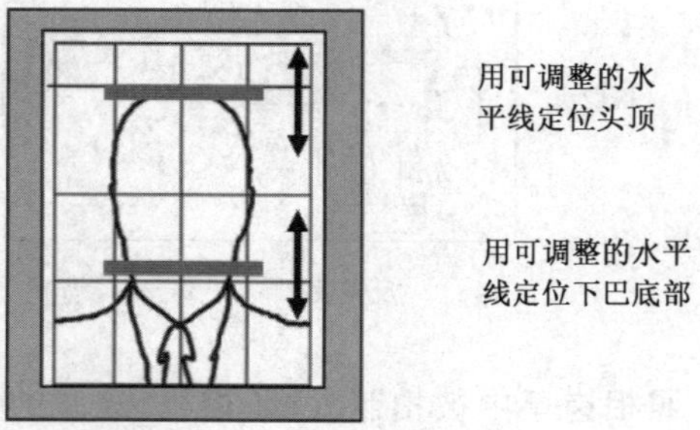

图 B.9 用可移动的平行线调整头部的位置

B.2.4 对注册办公室的建议

B.2.4.1 概述

本部分的一个主要应用是身份证,尤其是机读旅行证件(MRTDs)。在这些应用中,申请者的图片是由自己提供或者是在一个注册办公室的“现场注册场景”中拍摄的。对于第一种情况可以参见 B.2.1 和 B.2.2。对于另外的情况可以参考下面对注册办公室中现场的建议,在这种环境中空间狭小是最大的问题。尽管如此,相片质量仍然宜尽量与前面推荐的在照相馆拍摄的相片一致,尤其是相片将用于 MRTDs 的时候。

B.2.4.2 合适的光源

在注册办公室中的最好的安排如图 B.10 所示,被拍摄对象和背景被两个漫散光源照亮,这两个光源被安装在一个操控台上以便能够合适地放在对应的注册办公室中。这个装置可以被安装在地板上或者墙壁上。这些光源宜同时闪光以保证较高的快门速度以防止又被拍摄者的移动引起的模糊。同时,办公室中宜使用窗帘或者百叶窗来避免太阳直射。

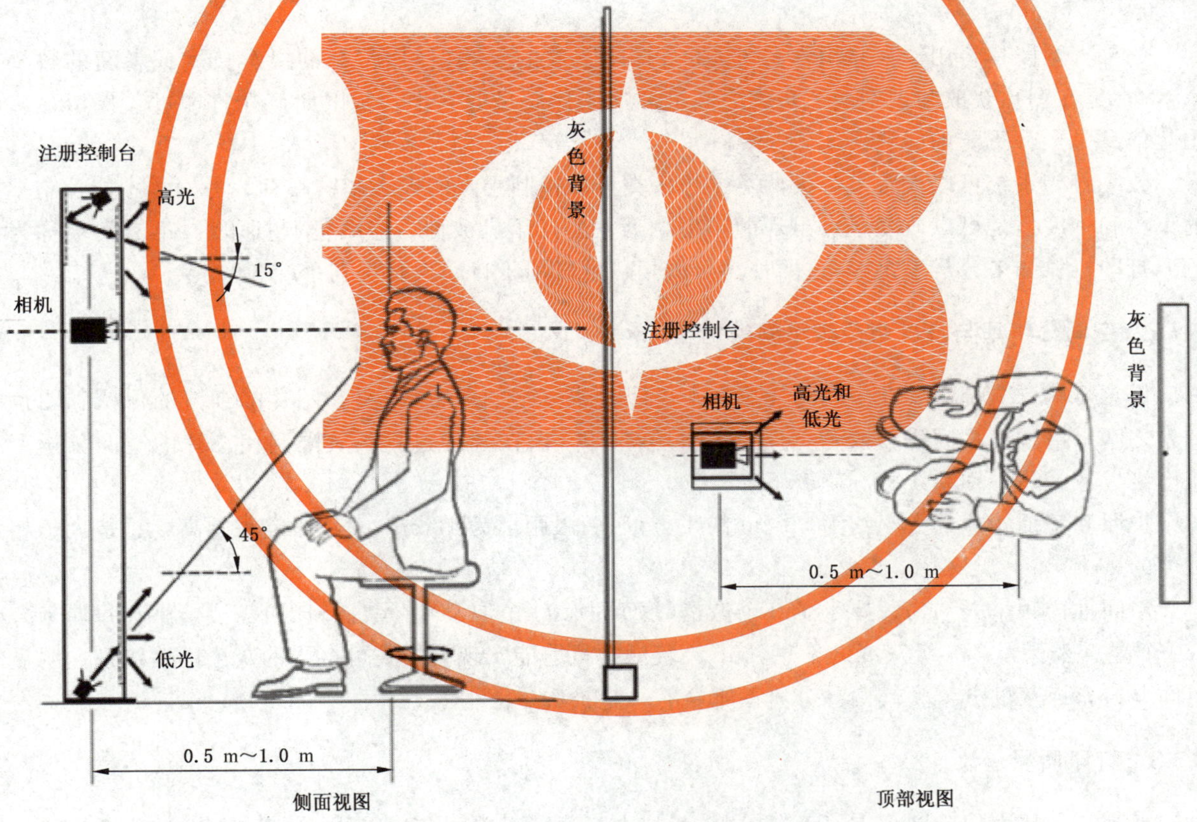

图 B.10 注册办公室中被拍摄对象、照相机、光源的推荐位置

B.2.4.3 照相机与被拍摄者的位置

在调节照相机和被拍摄者位置时宜注意:

——可以通过实时摄像监控来给被拍摄者提供反馈来控制被拍摄者的位置和姿态。在相片进入下一步处理之前宜给被拍摄者提供一个相片预览,被拍摄者如果觉得表情不合适可以选择重新拍摄。

——宜为儿童准备可旋转、可调节高度的凳子或者备用的坐垫，使他们能够正对照相机并且调整眼睛到合适的高度。

——照相机到被拍摄对象距离为 0.5 m～1.0 m。

B.2.4.4 操作员支持

在拍摄过程中，操作员宜提供以下支持：

——操作员通过实时录像监控的反馈可以调整被拍摄者的位置和姿态。在相片进入下一步处理之前宜给被拍摄者提供一个相片预览，被拍摄者如果觉得表情不合适可以选择重新拍摄。

——在相片被下一步处理之前操作员宜核准该相片的质量。这个过程可以用人脸图片质量检测软件辅助进行，这个软件可以自动检测图片的质量来保证图片符合注册要求或标准的要求。B.5 提供了这个软件的详细信息以及两个用户界面的例子。

B.3 打印准则

B.3.1 概述

如果人脸图片将用于人脸识别系统，那么打印图片的步骤(使用传统的摄影技术或者新的数字技术)常常是在图片获取和识别两个步骤之间最影响图片质量的一步。所以如何在打印过程保留最多的图片信息是十分重要的问题。

数字打印系统可以大致被分为两类：(1)一类可以控制墨点的大小和密度；(2)另一类不能控制墨点的大小和密度但是可以改变墨点出现的频率。第一类打印机被称为连续色调打印机，第二类被称为半色调打印机。如果分辨率足够，这两种输出的相片可以用于自动人脸识别系统。

B.3.2 空间分辨率与灰度级分辨率间的均衡

任意打印方式都需要在空间分辨率和灰度级分辨率之间取舍，即要在图片的细节的保留和图片的像素之间平滑程度之间进行取舍。理想状态是，打印人脸图片的过程不宜限制使图片的空间分辨率或灰度级以致人脸识别系统的准确率下降。

护照和签证相片的大小约为 50 cm 的正方形、两眼距离为 12 cm，并且假定头的高度总是大于相片高度的一半。

空间抽样频率大约为每厘米 120 个像素(每英寸 300 个像素)。黑白打印机需要能够在每厘米打印 160 个墨点来保留 256 级灰度的信息，256 级灰度是目前能实现的损失可接受的灰度准确级别。明显地空间分辨率或灰度分辨率或两种分辨率都会有一定损失。

B.3.3 打印质量建议

因为打印技术的范围太广，所以在这个建议中不可能涵盖所有打印技术。再者，即使这个建议能够涵盖所有的打印技术但是打印纸的质量也会严重影响打印图片的质量。因此，下面的条款并非为某一种打印技术提出建议而是描述打印结果的外观和从打印出的图片扫描电子图片的最低质量要求。

B.3.3.1 分辨率和色调分离度

任何人脸图片打印过程都最好能够提供平滑的能够准确表达脸部细节，比如皱纹和痣，且脸部直径至少要有 1 cm。来自深色肤色和浅色肤色的被拍摄对象的皮肤颜色都最好能够准确打印出来，并且最好没有明显高光点或阴影。脸部的细节最好能够被平滑地表示出来不能出现色调分离或者假轮廓。色调分离是图片中平滑的细节出现颜色的跳变。

B.3.3.2　饱和度

除了在眼镜(或者类似镜子)的物体反射出高光的地方,图片其他任何地方不宜是完全的黑色或者白色。也就是说,任何背景和服装的部分都不宜是全白并且阴影部分的细节最好也要明显。

B.3.3.3　花云纹图案或明显的斑点

电子化打印的图片经常会带来一些假象比如说云纹,某些特殊的打印过程会加重这些假象的发生。使用的打印技术打印出的图片在被文件扫描仪以每厘米 120 像素(每英寸 300 像素)或更低像素扫描时不宜出现云纹。如果图片是被定期半色调处理方式打印的,那么扫描图片的时候几乎总是会发生云纹现象。所以使用这种用半色调还模拟连续色调的喷墨或者激光打印机的时候宜选择非周期半色调方法。另外,打印过程不宜让裸眼看出点阵模式。

B.3.4　使用图片模板

为了帮助对打印图片质量进行评估,给 acceptance agent 或者其他负责评估图片质量的个人提供一个透明的模板是很有效的。这个模板能够显示头部的大小和偏转(面内旋转),当它叠加在图片上的时候可以帮助判断上传的图片是否符合要求。一个由加拿大公民和移民部提供的一个模板例子(尺寸比真实模板缩小了)和指导如图 B.11 所示。

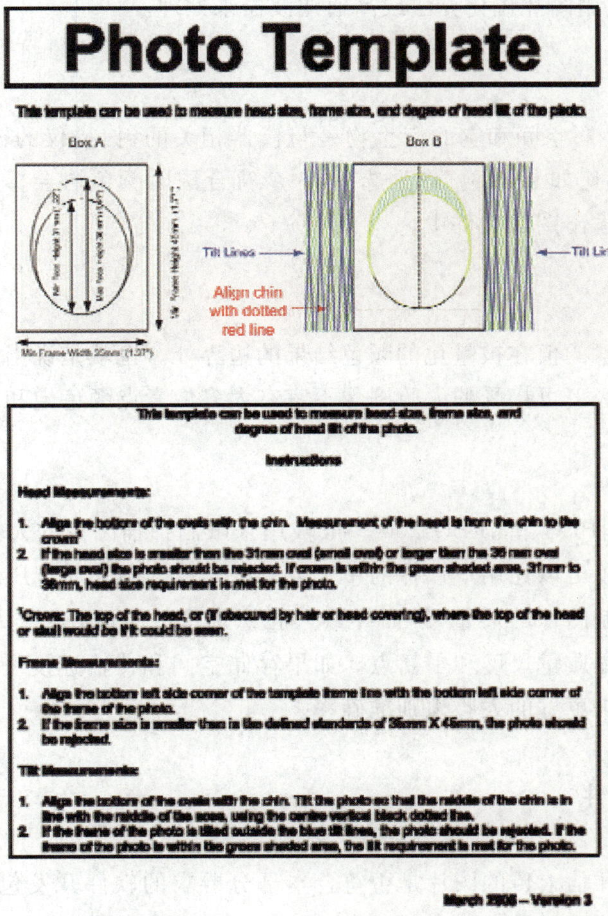

图 B.11　图片模板的示例(由加拿大公民和移民部提供)

B.4 扫描指导

B.4.1 概述

这个指导的目的是使打印出的人脸图片被扫描成电子图片时能够尽可能地保留全部的用于人脸识别的信息。为了能够保留打印出来的彩色图片的信息，扫描时应该在至少三个光谱范围中使用足够高的空间采样频率，一般使用红色、绿色和蓝色三个光谱范围。

B.4.2 抽样频率和量化级别

对于典型的签证和护照相片来说最小的空间抽样频率是每厘米120像素(每英寸300像素)，两眼之间的距离是120像素。量化级别宜至少是每个颜色256个灰度级，每个像素三种颜色。

B.4.3 空间分辨率

空间分辨率是对图像细节表达能力的一种衡量方法，虽然它与抽样频率有关但是空间分辨率与抽样频率是不同的。对空间分辨率的衡量方法一般式调制传递函数。为了保证脸部的细节被保留，扫描仪的调制传递函数在每毫米6圈的空间频率上宜至少为20%。此外，扫描仪的空间分辨率在两个坐标轴上宜是类似的，并且不宜用图片锐化算法或高通滤波器来处理。

B.4.4 输出色彩空间

因为红-绿-蓝(RGB)色彩空间和它的衍生物是与仪器相关的，扫描仪的输出宜被转换到定义明确的与仪器无关的色彩空间，比如sRGB。作为选择，一个符合国际颜色协会标准(ICC)的扫描仪本地空间的颜色规则可以放置在输出图像文件中。

B.4.5 颜色饱和

颜色饱和是有很多像素的值在被量化的颜色结果的边界处。也就是说当用8位表示一个颜色时像素点的值是0级或者255级。可接受的人脸图像不宜有太多像素点颜色饱和。

B.4.6 图像压缩

有损图像压缩技术如JPEG和JPEG 200一般被用来限制扫描图像的大小。一些扫描仪的制造商或者软件设计者已经加入了可以让用户选择的单个或有限个数的图片质量压缩比率平衡点。如果选择很高的压缩比将严重地限制图片的质量，继而导致人脸识别率的下降，参见A.3.3。因此，用户应该根据扫描图片的质量适当选择质量尺度和平衡点。如果存储空间和传输速度受限程度不大，那么提供比较大的高质量图片能够带来更好的人脸识别准确率。

B.5 人脸图片质量评估软件

现在已经有一些用于评估上传的图片是否符合本部分要求的软件开发包。代表性地说，这些产品既提供的多种衡量人脸图片质量的方法也提供单个的与整体质量结合的方法，这些产品能够自动判断上传的人脸图片是否符合某种应用的要求。一些衡量方法包括人脸大小、人脸居中、对比度、焦距、背景纹理、一致性、光源一致性和头部的偏转都已经包含在这类产品中。这些衡量方法与人类对质量的感知相关或者可以由人工设置阈值自动判断符合的要求的图片。人脸图片质量评估软件对人工对图片质量的筛选有很大帮助，图片的来源可以是照相馆、照相岗亭或注册办公室。两个此类产品用户交互界面(GUI)的例子如图 B.12 所示。

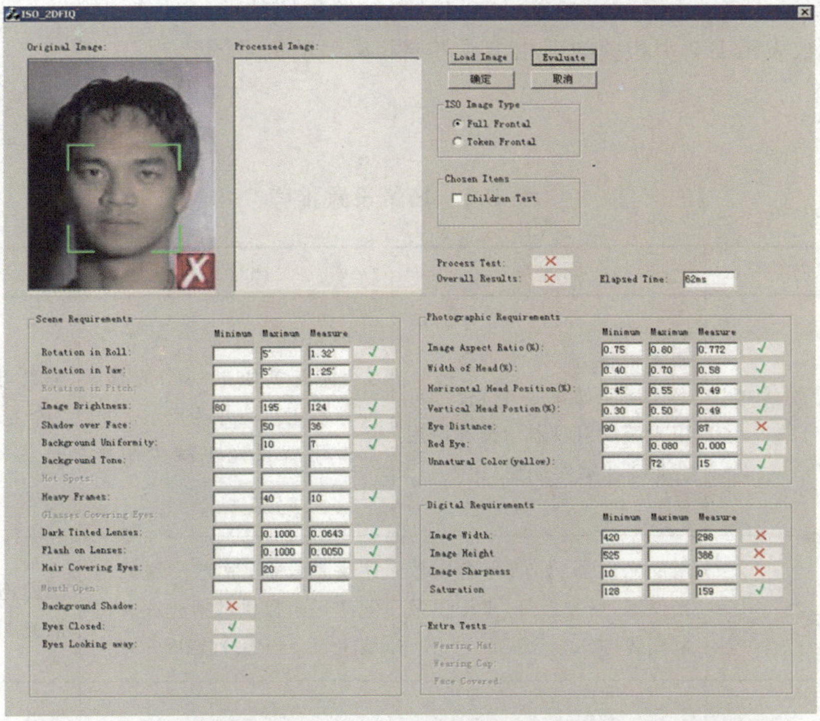

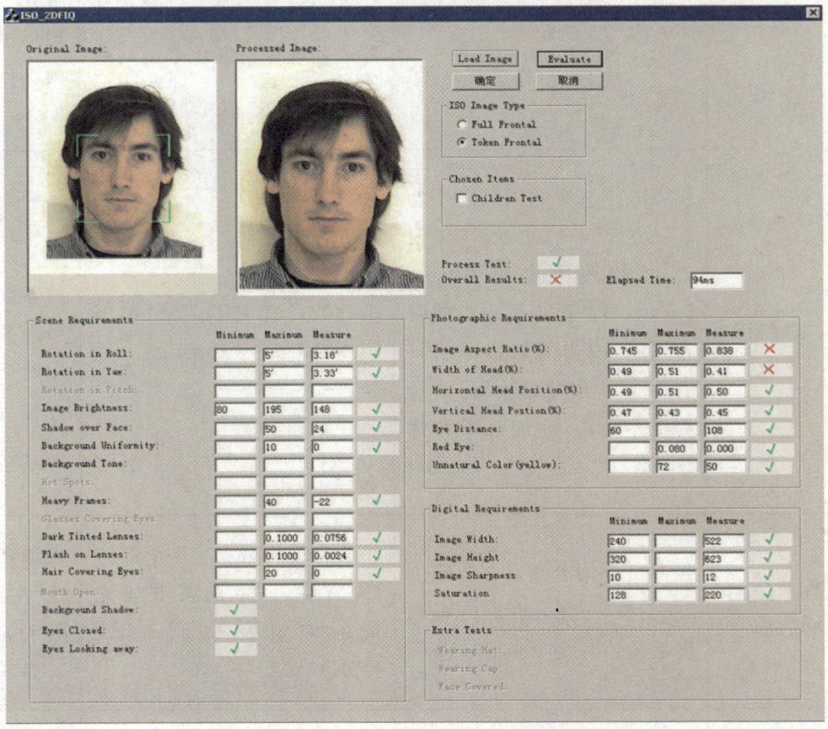

图 B.12　两个图片质量评估软件的图形界面

B.6 建议的表格

B.6.1 概述

表 B.1～表 B.4 总结了大多数对场景设施、拍照、拍照后图片的处理的建议。下面的内容附有相关章条。PS 和 PB 数表示 B.7 中相关的照相馆或者照相岗亭的例子图片。

B.6.2 场景设置

表 B.1 场景设置推荐

类别	内容	图片集	图片棚	登记处
光源	光线数目(见 8.2.8)	如果可能,用大于或等于 2 个光源。如果一个光源,可用光源反射仪器。推荐使用背景光来减少阴影(PS1)	如果可能,用大于或等于 2 个光源。如果一个光源,推荐使用白墙作为反射。推荐使用背景光来减少阴影(PB1)	如果可能,用大于或等于 2 个光源。推荐使用背景光来减少阴影
	光源方法(见 8.2.8)	用反光仪器(如散光伞),散光仪器,反光板等,来提供散射光线(PS2)(PS3)	用反光仪器,散光仪器或白泡沫板来提供散射光线。白墙也可以(PB2)(PB3)	用白泡沫板来提供上,下散光源
	颜色温度	推荐 4 500 K～6 500 K	推荐 4 500 K～6 500 K。用白或灰墙保持颜色平衡。减少外界光源	推荐 4 500 K～6 500 K。用白或灰墙保持颜色平衡。用相关方法减少户外光
	频闪灯数目	推荐大于 7 个频闪灯用于外部闪光,14 个用于内在闪光。(拍照距离 1.2 m～2.5 m)不推荐小型相机的内在闪光,因为其数目一般只有 10。所以数目不够,而且提供差光源(比如红眼和背景阴影)	推荐数目宜大于 7 个(拍照距离 0.7 m～1.0 m)	推荐数目宜大于 10 个(拍照距离 0.5 m～1.0 m)。用两个平衡频闪灯
	光源一致性(见 8.2.7)	光源宜平均分布。4 个部位(左右脸、下颚、前额)的曝光度的差值宜小于 1 EV(PS4)	光源宜平均分布。4 个部位(左右脸、下颚、前额)的曝光度的差值宜小于 1 EV(PB4)	光源宜平均分布。4 个部位(左右脸、下颚、前额)的曝光度的差值宜小于 1 EV
	光源布局	偏离主光轴 30°～45°,35°相对于主光轴仰角(PS5)	对称位置。偏离主光轴 30°～45°,35°相对于主光轴仰角(PB5)	在主光轴上或下方。通常 15°上方或者 45°下方

表 B.1（续）

类别	内容	图片集	图片棚	登记处
被拍摄对象	姿势角度（小于 ± 5°）（见8.2.2）	给被拍摄对象提供关于姿势的简单的提示。相机位置应该与脸在同一水平线上。与眼和鼻子的上部的连线垂直。相机的高度可通过三角架调整（PS6）	给被拍摄对象提供关于姿势的简单的提示。相机位置应该与脸在同一水平线上。与眼和鼻子的上部的连线垂直。高度可通过对象的凳子进行调节。对象也能通过镜子来调整到正确的姿势。推荐表情的指导（PB6）	给被拍摄对象提供关于姿势的简单的提示。相机位置应该与脸在同一水平线上。与眼和鼻子的上部的连线垂直。高度可通过对象的凳子进行调节。操作者和对象也能用观察监视器来检查合适的位置
	肩膀定位（见8.2.5）	给被拍摄对象建议（PS7）	被拍摄对象也能通过镜子来调整到正确的姿势。在对象前面的内墙暗示其推荐的肩膀姿势。可以重新拍图片如果没拍好（PB7）	给被拍摄对象建议。操作者和对象可以在拍摄前后进行姿势的调整。可以重新拍图片如果没拍好
	脸部尺寸调整	为了防止拍摄之后没有尺寸的调整，在拍摄之前脸部的尺寸或位置宜先确认。调整可以通过：(1)对象与相机的距离或缩放的大小；(2)相机的高度与位置	为了防止拍摄之后没有尺寸的调整，在拍摄之前脸部的尺寸或位置宜先确认。调整可以通过：(1)缩放的大小；(2)座椅的高度	在操作者预测和质量评估软件输出结果的基础上，操作者宜确认脸的尺寸与位置。调整可以通过对象与相机的距离或缩放的大小。对于垂直的位置，可以调整座椅
	推荐表情（中性的，无笑，眼睛展开同时嘴巴闭上）（见8.2.3，并参见A.2.4）	给被拍摄对象建议（PS8）	被拍摄对象也能通过镜子来调整到正确的表情。可以重新拍图片如果没拍好（PB8）	给被拍摄对象建议。操作者和对象也能用观察监视器来检查合适的表情。可以重新拍图片如果没拍好
	眼镜（在正常使用或者医学原因是可正常使用）	给被拍摄对象建议。调整光线和对象之间的角度来减少反强光（PS9）	被拍摄对象也能通过镜子来调整到正确的角度。可以重新拍图片如果没拍好（PB9）	给被拍摄对象建议。操作者和对象也能用观察监视器来检查合适的角度。可以重新拍图片如果没拍好
背景	背景颜色（参见A.2.9.4）	灰、浅蓝、白、灰白	灰、白、灰白	灰、浅蓝、白、灰白
	背景一致性	平的。一个均一的或者只有一个由于背景光导致渐变的颜色模式	平的。一个均一的或者只有一个由于背景光导致渐变的背景光	平的

表 B.2 拍摄推荐

类别	内容	图片集	图片棚	登记处
相机设置	快门速度	快门速度(1/60～1/250)宜足够快来防止运动的抖动,除非电子光源时主要的光源。相机宜固定,比如三角架(PS10)	快门速度(1/60～1/250)宜足够快来防止运动的抖动,除非电子光源是主要的光源	快门速度(1/60～1/250)宜足够快来防止运动的抖动,除非电子光源是主要的光源
	白平衡(参见A.2.14)	人工调整。与灰色一起调整从而能够合适的调整白平衡(PS11)	人工调整。与灰色一起调整从而能够合适的调整白平衡(PS11)	拍摄前自动调整
	过/未曝光(见8.3.2)	与曝光表一起检查。用18%灰测试表用以合适的曝光调整(PS12)	设置系统时调整曝光。用18%灰测试表用以合适的曝光调整	设置系统时调整曝光。用18%灰测试表用以合适的曝光调整
	相机-对象距离(参见A.2.15)	1.2 m～2.5 m(PS13)	0.7 m～1.0 m(PB13)	0.5 m～1.0 m
	焦距长度(35 mm模式)(参见A.2.15)	常规到中等电子图片镜头(50 mm～130 mm)(拍摄距离1.2 m～2.5 m)	常规到中等电子图片镜头(40 mm～100 mm)(拍摄距离0.7 m～1.0 m)	微广角到中等电子图片镜头(36 mm～100 mm)(拍摄距离0.5 m～1.0 m)
	分辨率(见8.3.3)	大于2像素/mm	大于2像素/mm	大于2像素/mm
	脸部尺寸调整(见8.3)	脸部位置分数宜在相机的取景器里可见。这样可使拍照者能保证距离和缩放在拍摄之前是合适的	一个镜子或者直播的可以显示分数的监视器可以被用。这样合适的调整就可以被采用了	一个镜子或者直播的可以显示分数的监视器可以被用。这样合适的调整就可以被采用了

B.6.3 在图片被拍摄之后

表 B.3 打印和扫描推荐

类别	内容	图片集	图片棚
打印	颜色和密度	牙齿和眼白应是纯白或浅色,深色发应是深色	牙齿和眼白应是纯白或浅色,深色发应是深色
	分辨率	图片宜较为逼真。分辨率应能足够分辨脸部小于1 mm直径的细节	图片宜较为逼真。分辨率应能足够分辨脸部小于1 mm直径的细节
	脸部尺寸调整	数字:用应用软件来确定头和下颚的位置。模拟:打印时调整缩放大小模式	数字:用监视器来确定头和下颚的位置。模拟:拍摄之前调整缩放大小模式

表 B.3（续）

类别	内容	图片集	图片棚
扫描	颜色和密度(见 8.3.5 和 8.4.2.1)	牙齿和眼白应是纯白或浅色,深色发应是深色。24 位 RGB 用于设备独立的颜色空间。不宜用手接触	
	空间采样(参见 A.3.1.1)	每毫米 12 个像素(300 ppi)	
	修剪(见 8.4.1.1)	像素宜保持 1∶1 比例	
	脸部图片尺寸调整(见 9.3,并参见 A.3.2)	如果有需要,只用双线性或者双立体方法或其他上采样算法来调整或者旋转人脸图片。重采样宜仅用来降低图片的像素维度而不是提高	
打印和扫描		不适用,当在数字产品链里实时的录入时。印有身份验证文件(比如护照,身份证)是由最终文档的安全要求和能满足那些要求(比如激光雕刻)的技术所驱动的	
质量评估	几何要求	如果经过裁剪的头部图像满足几何要求和登记机关的要求时,宜用质量评测软件进行检查。两眼间距和头部定位宜是最主要的自动检查的范例	
	对象限制	如果图片满足对对象的要求(比如姿势)和登记机关的要求时,宜用质量评测软件进行检查	
	场景限制	如果图片满足对场景的要求(比如背景颜色)和登记机关的要求时,宜用质量评测软件进行检查	
	对摄影的要求	如果图片满足对摄影的要求(比如去模糊)和登记机关的要求时,宜用质量评测软件进行检查	

B.6.4 摄影质量

表 B.4 摄影质量推荐

类别	内容	图片集	图片棚
摄影质量	光源的均一型(见 8.2.8)	a) 4 个部位(左右脸,下颚,前额)的曝光度的差值宜小于 1 EV。(PS4) b) 宜用反光仪器(如散光伞),散光仪器,反光板等,来提供散射光线。(PS2) c) 用曝光表来精确测量正确的曝光度。不允许过曝光	a) 4 个部位(左右脸,下颚,前额)的曝光度的差值宜小于 1EV。(PB4) b) 宜用反光仪器,散光仪器或白泡沫板来提供散射光线。白墙也可以。(PB2) c) 不允许过曝光
	脸部阴影(见 8.2.12)	a) 偏离主光轴 30°～45°,35°相对于主光轴仰角。(PS5) b) 如果出现阴影,在阴影前置反射板。 c) 4 个部位(左右脸,下颚,前额)的曝光度的差值宜小于 1 EV(PS1)(PS4)	a) 最好将主要光偏离对象-相机轴小于 45°的夹角直接打到对象的脸上。宜使用 2 个以上光源。 b) 4 个部位(左右脸,下颚,前额)的曝光度的差值宜小于 1 EV
	背景阴影(参见 A.2.9.2)	用背景光来减少对象对吼的可见阴影	用背景光来减少对象对吼的可见阴影。白墙能够反射部分光来照亮这些阴影
	眼镜反光(见 8.2.9)	给对象建议。调整光线和对象之间的角度来减少反强光(PS9)	对象也能通过镜子来调整到正确的角度。可以重新拍图片如果没拍好(PB9)

B.7 实验数据

B.7.1 照相馆和照相岗亭人脸相片的人脸识别实验结果

人脸识别实验在理想光源和实际光源下进行，实际光源包括机场向下照射引起阴影的光源。实验中符合标准要求的条件包括被拍摄对象条件(姿态、表情、眼镜等)，拍摄设备(照相机、光源、背景灯)和其他四种光源条件：最优光源、差的机场光源、改进的机场光源、照相岗亭。

总被拍摄对象有160个，图片拍摄条件如表B.5所示。护照相片的宽高比为1∶129图片像素为420×540，这个图片尺寸是日本外务省中图片的常用尺寸。这些测试图片被用JPEG压缩至80 K大小。在每一种光源条件下所有的图片都用不同的人脸识别产品与最好的用于识别图片相比较。识别效果的评估指标是Rank 1中的累积匹配率(CMR)。

表 B.5 摄影条件下的光源安排

光源条件	光源	摄影设备	拍摄距离
最佳尝试	来自3个方向的前光并在对像的下颚下放置反光板	单反数字相机，$f=60$ mm($f=35$ mm～70 mm缩放镜头)	2.4 m
差的机场照明	过顶向下光源	单反数字相机，$f=60$ mm($f=35$ mm～70 mm缩放镜头)	1.7 m
改善机场光源	单点前光和过顶向下光源，普通光源，无反射板	单反数字相机，$f=60$ mm($f=35$ mm～70 mm缩放镜头)	1.7 m
图片棚	多光源，来自至少3个a方向包括非直接光源(散射光源)和一个背景光源	固定焦距长度数字相机($f=40$ mm)	0.7 m

下面是实验结果，这些结果还被总结在表B.6中。

比较最优光源和差的机场光源的结果，差的机场光源的CMR值很低：40%～80%。

为了提高人脸识别率，减少脸部的阴影十分有效(改进的机场光源)。

最优光源和照相岗亭光源相比CMR没有大的差距。

表 B.6 不同光源条件下人脸识别率比较

光源条件、注册图像与识别图像	累积匹配率/%
最优光源与较差机场光源(亮度不足或阴影)	40～80
最优光源与改善机场光源	约100
最优光源和照相岗亭光源相比	100
注：累计匹配率这里是指排序为1的匹配率。统计上人脸识别准确率不确定度为3%。不确定度定义于B.1.1，ISO/IEC 19795-1(参考文献[2])中的第3章。	

B.8 摄影示例

B.8.1 概述

下面用一些在照相馆和照相岗亭中的不同光源条件下例子来说明表格和 B.6 中的图片建议。

B.8.2 照相馆拍摄示例

a) 照相馆的推荐拍摄要求,见表 B.7。

表 B.7 照相馆推荐拍摄要求

种类	光源	测试者	背景	相机设置
照相馆(见 B.2.1 照相馆推荐设置)	两个灯,每个灯利用一个灯光反射器进行光线分散,单一背景,灯对称并与测试者呈 45°分布。仰角为 35°,ΔEV=0.2(垂直,水平均为 0.2 EV)。正面反射器,颜色温度为 5 200 K	拍摄者宜指引测试者。位置调整根据相机预览屏幕上的位置进行指导。高度通过凳子或三角架调整。相机与测试者距离为 1 m	灰色	手动,F11,1/125 s,f=75 mm,根据曝光表与颜色温度表测量(f:35 mm 相机等效焦距)

b) 照相馆中的拍照示例

图 B.13 为在不推荐条件下得到的图片示例。

<table>
<tr><td>类别</td><td>项目</td><td colspan="3">图片示例</td></tr>
<tr><td rowspan="4">光源</td><td rowspan="2">光源数目(PS1)</td><td>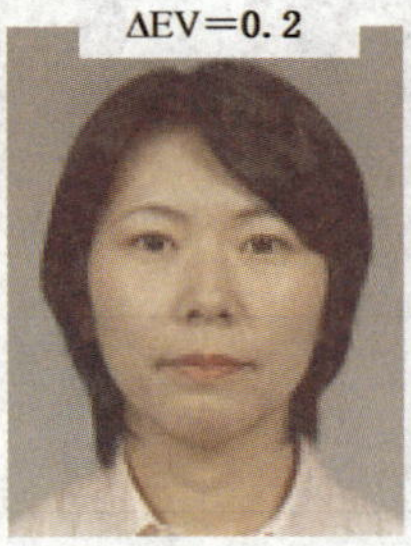</td><td></td><td>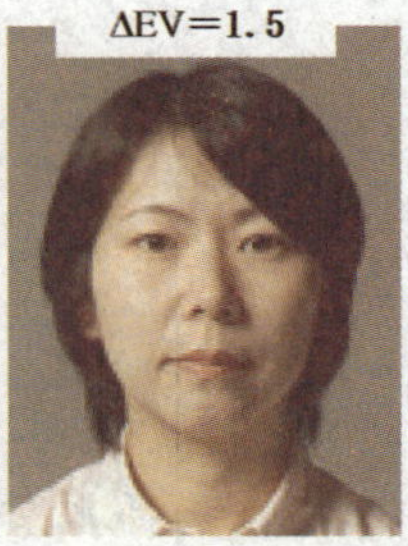</td></tr>
<tr><td>两个光源和背景光源</td><td>单光源和侧面反光板</td><td>单光源(没有侧面反光板)[NR]</td></tr>
<tr><td rowspan="2">扩散光源(PS2)</td><td></td><td></td><td></td></tr>
<tr><td>灯光反射罩</td><td>没有灯光反射罩</td><td>照相机闪光灯</td></tr>
</table>

图 B.13 不推荐条件下拍摄结果的示例

类别	项目	图片示例		
光源	反光板(PS3)		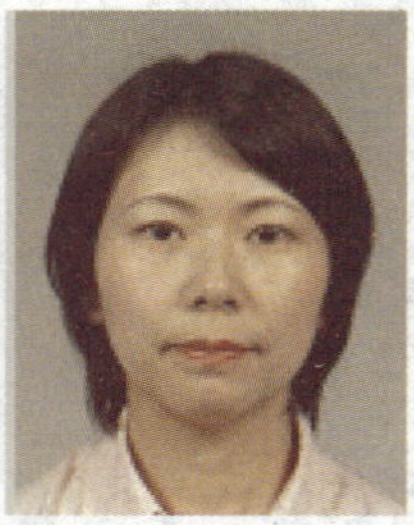	
		两个光源和正面反光板	两个光源没有正面反光板	
	光源一致性(左右曝光值不一样)(PS4)	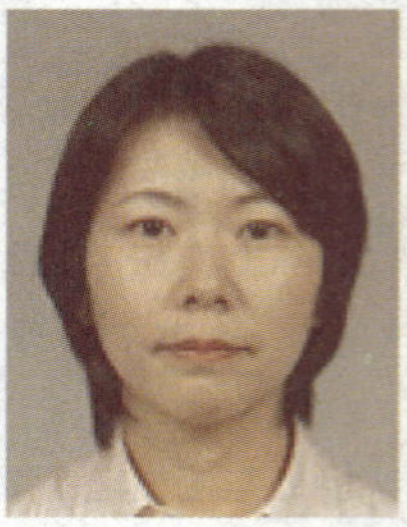	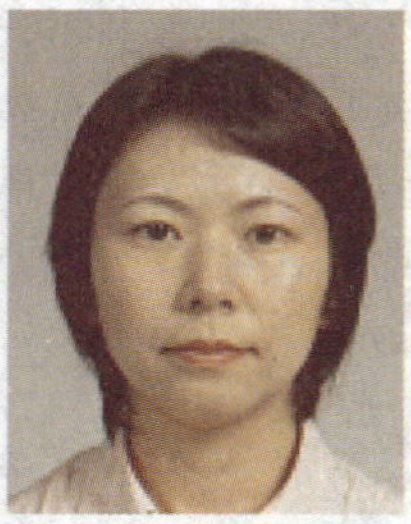	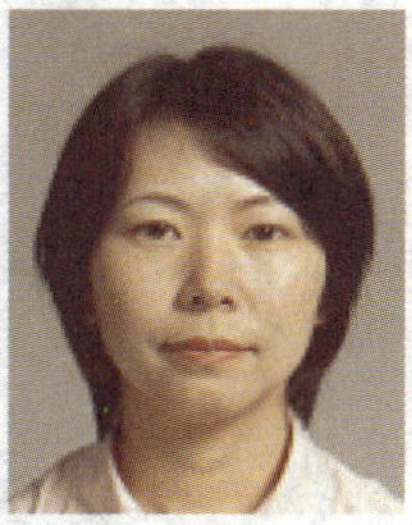
	光源安排(PS5)	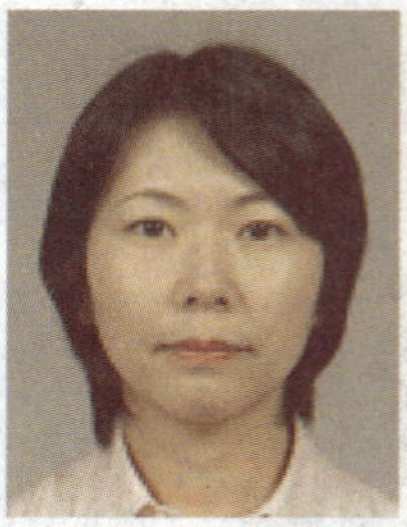	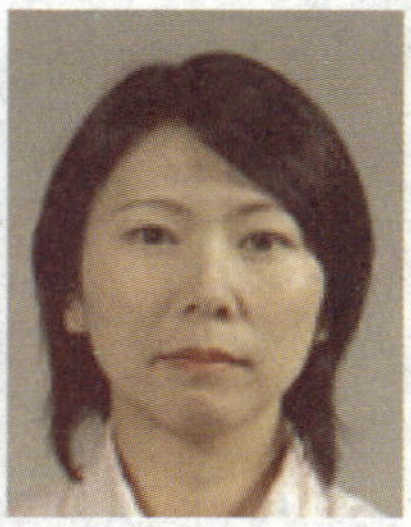	
		45°对称	左边 75° 右边 45° [NR]	
			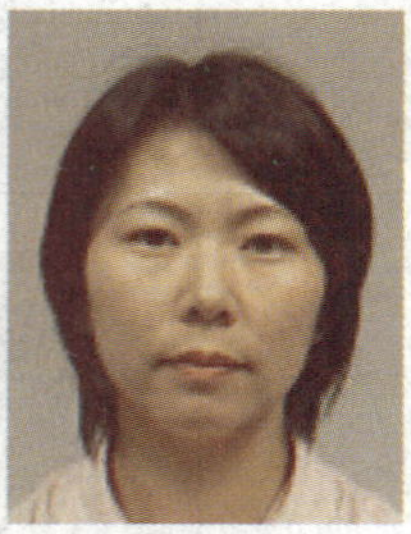	
		提高的角度:35°	提高的角度:70° [NR]	

图 B.13（续）

类别	项目	图片示例		
光源	光源安排(PS5)		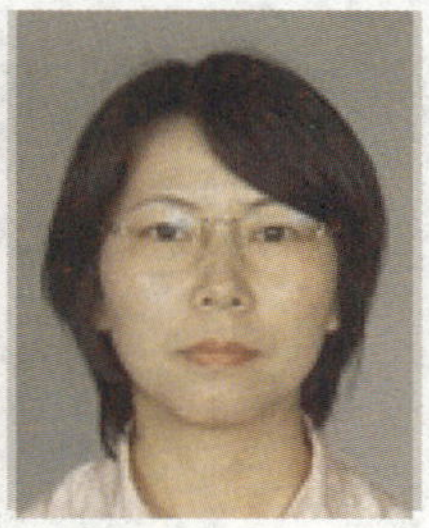	
		提高的角度:35°	提高的角度:0°眼镜上的高光[NR]	
被拍摄人	姿态角度(PS6)			
		调整了照相机高度	没有调整照相机高度	
		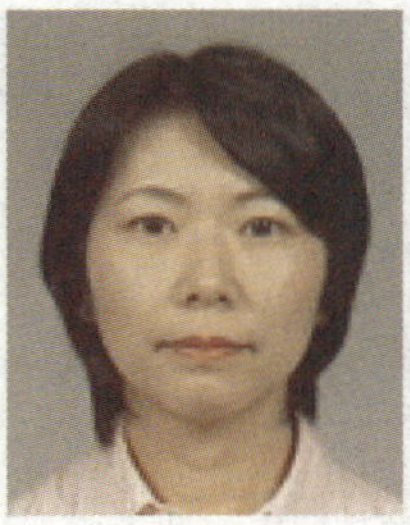		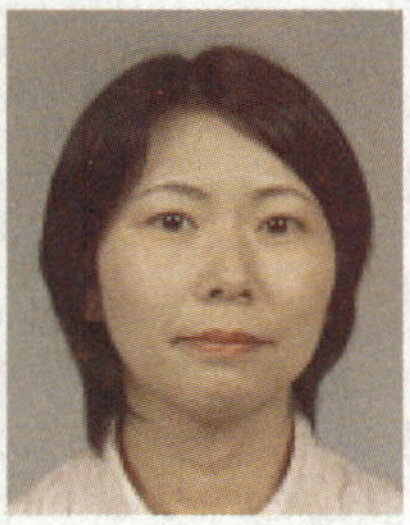
		有指导	鼻梁倾斜	面部方向错误(看向右边)[NR]
	肩膀位置(PS7)			
		与照相机垂直	不与照相机垂直	

图 B.13（续）

类别	项目	图片示例		
被拍摄人	表情(PS8)			
		有指导	没有指导(眼睛注视方向错误)[NR]	
		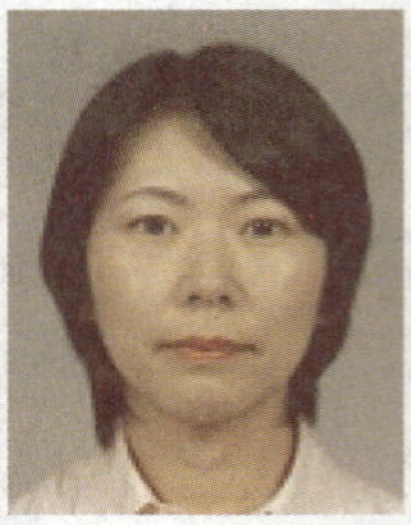		
		有指导	没有指导(微笑)[NR]	
	眼镜上的高光(PS9)		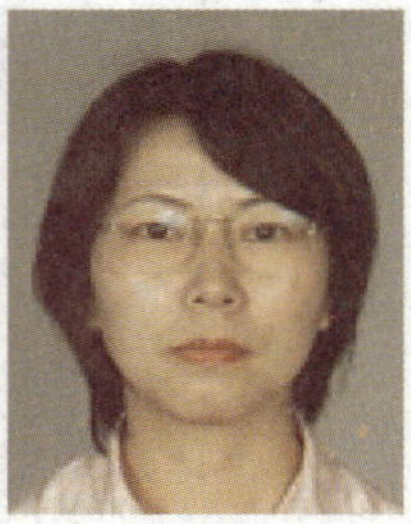	
		将头调整到直立	没有将头调整到直立	
	快门速度(PS10)			
		1/125 s	1/300 s(同步较差)[NR]	

图 B.13(续)

<table>
<tr><th>类别</th><th>项目</th><th colspan="3">图片示例</th></tr>
<tr><td rowspan="9">被拍摄人</td><td rowspan="5">白平衡(PS11)</td><td>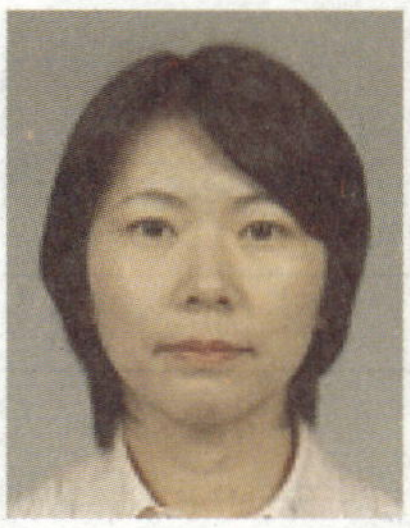</td><td></td><td>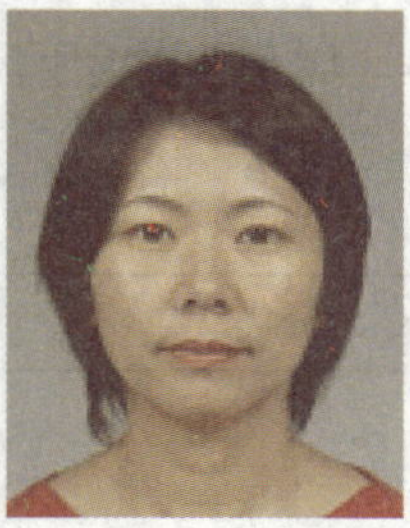</td></tr>
<tr><td colspan="3">不宜使用自动白平衡,因为会受衣服的影响</td></tr>
<tr><td>手动设定</td><td>手动设定(红色衣服)</td><td>自动[NR]</td></tr>
<tr><td></td><td></td><td></td></tr>
<tr><td>正确调整到 5 200 K(标准)</td><td>错误调整到比较低的色温[NR]</td><td>错误调整到比较高的色温[NR]</td></tr>
<tr><td rowspan="2">曝光(PS12)</td><td></td><td></td><td></td></tr>
<tr><td>正确曝光</td><td>超过 1 EV [NR]</td><td>降低 1 EV [NR]</td></tr>
<tr><td rowspan="2">相机到被拍摄人的距离(PS13)</td><td>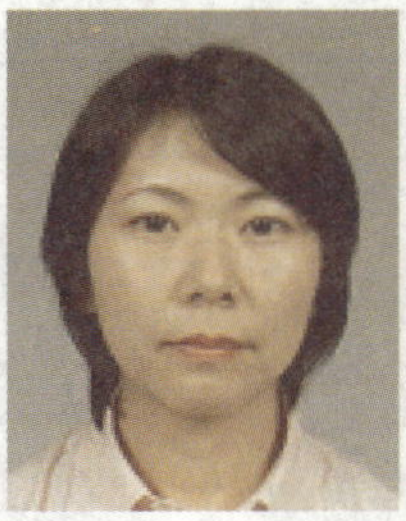</td><td>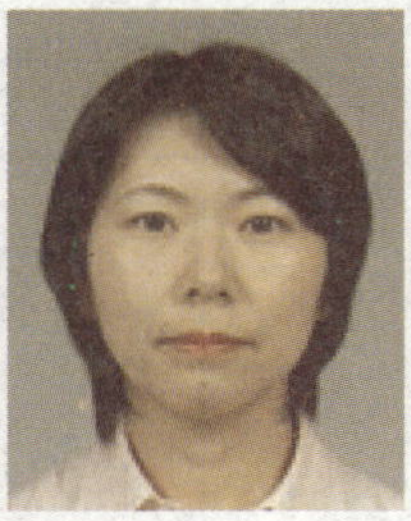</td><td>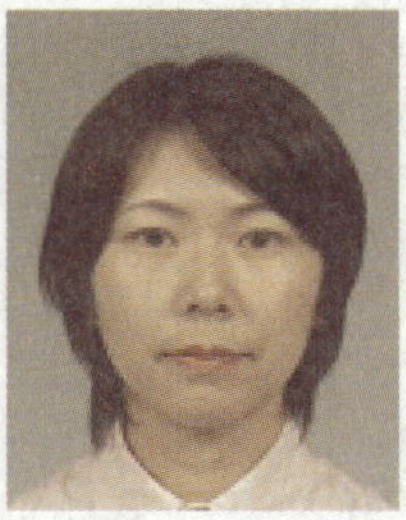</td></tr>
<tr><td>1.2 m(f=50 mm)</td><td>1.5 m(f=75 mm)</td><td>2.5 m(f=130 mm)</td></tr>
</table>

图 B.13(续)

B.8.3 照相岗亭中的相片示例

a) 照相岗亭中的拍照建议见表 B.8。

表 B.8 照相岗亭中的推荐拍摄条件

分类	光源	被拍摄对象	背景	相机条件
照相岗亭(B.2.2 对照相岗亭的推荐)	四种扩散的光源(单背景光)对称角度为 25°的光,抬高角度为 35°。(水平 0.0 EV,垂直 0.4 EV)白色的墙作为正面和侧面的反光板。色温为 5 200 K	自动指导,带有人脸位置模板的半镜面用于在拍摄时调整姿态和拍摄完后的确认。用小凳调整高度。照相机到被拍摄对象的距离是 0.7 m	灰色	F5,6,1/125 s,f=40 mm,用系统中的曝光表和色温表测量 (f:等效 35 mm 胶片的焦距)

b) 照相岗亭中的图片示例见图 B.14。

<table>
<tr><th>类别</th><th>项目</th><th colspan="3">图片示例</th></tr>
<tr><td rowspan="6">光源</td><td rowspan="4">光源数目(PB1)</td><td>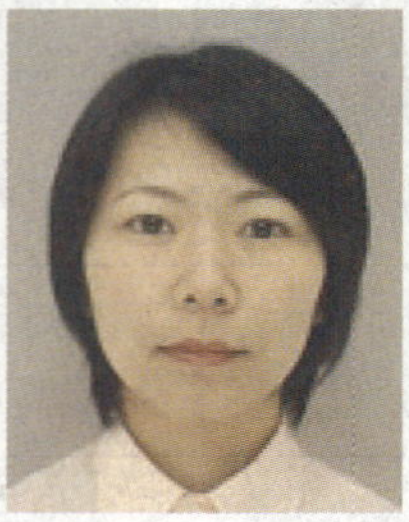</td><td>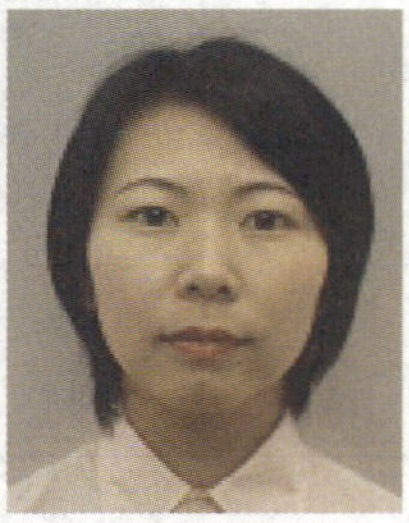</td><td></td></tr>
<tr><td>三个光源</td><td>单光源(没有下颚的光源)[NR]</td><td></td></tr>
<tr><td>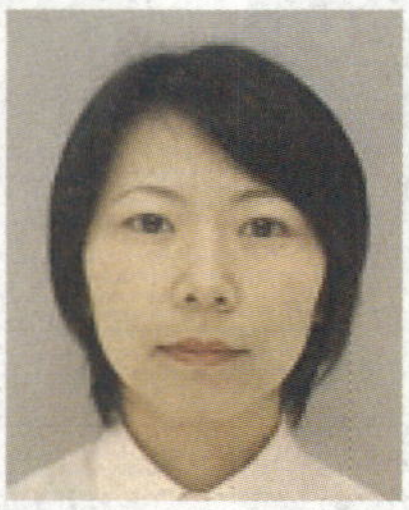</td><td>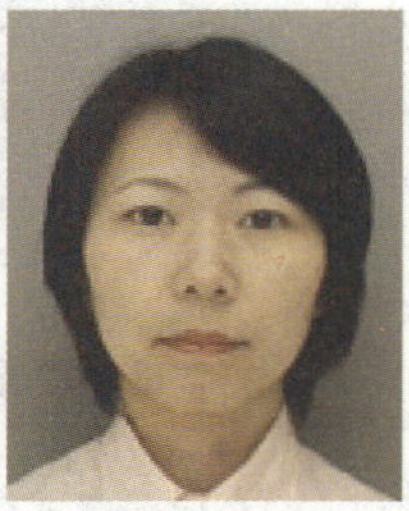</td><td></td></tr>
<tr><td>有背景光</td><td>没有背景光</td><td></td></tr>
<tr><td rowspan="2">扩散的光源(PB2)</td><td></td><td></td><td></td></tr>
<tr><td>扩散的光源</td><td>不是扩散的光源(阴影)[NR]</td><td></td></tr>
</table>

图 B.14 照相岗亭中的图片示例

类别	项目	图片示例		
光源	反光板(PB3)	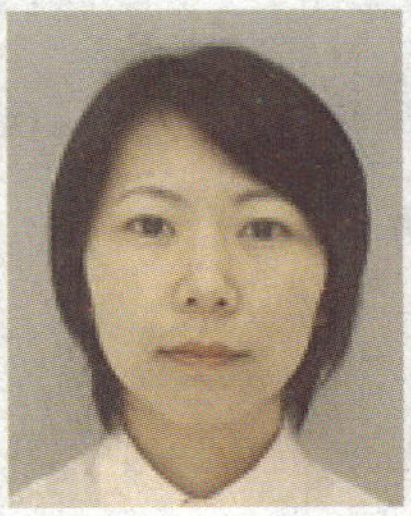	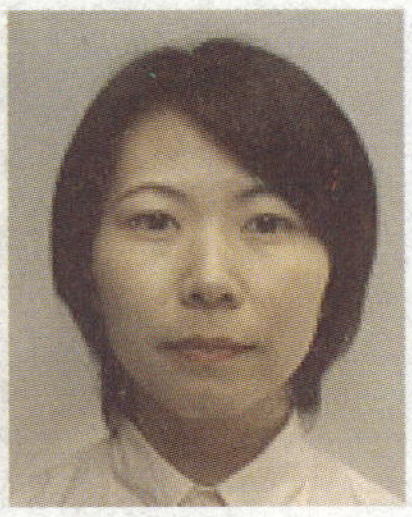	
		白色的墙作为反光板	暗色的墙没有反光板[NR]	
	光源均衡(PB4)			
		对称均衡光源	没有对称均衡光源[NR]	
	光源安排(PB5)		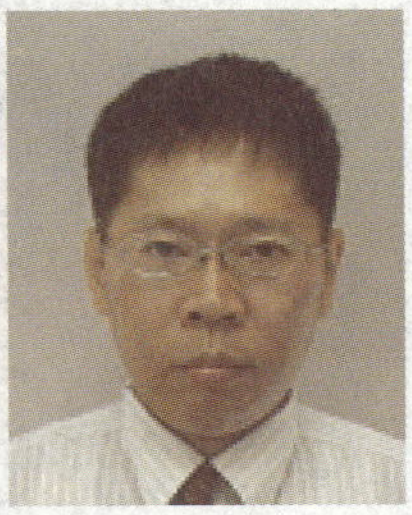	
		提高角度 35°	提高角度 70° [NR]	

		手动设定	手动设定(红色衣服)	

图 B.14（续）

类别	项目	图片示例		
被拍摄对象	姿态角度(PB6)			
		正确调整到 5 200 K(标准)	错误调整到比较低的色温[NR]	错误调整到比较高的色温[NR]

		用小凳调整高度	没有调整高度(方向向上)[NR]	
	肩膀位置(PB7)			
		在指导下垂直于照相机	没有指导(朝右)[NR]	
	确认表情(PB8)	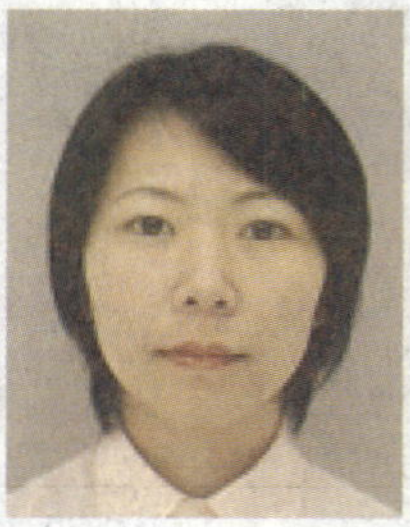	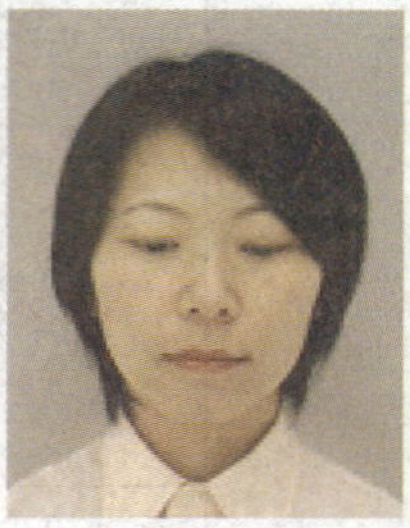	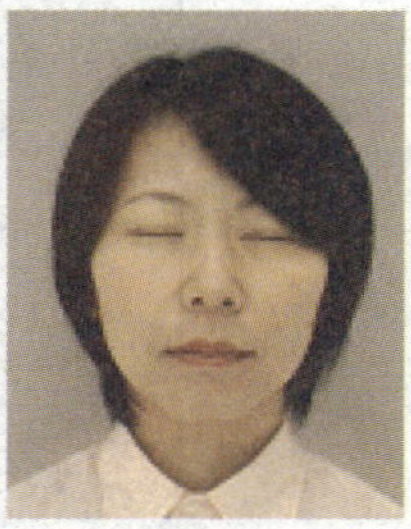
		重新拍摄	没有重新拍摄(眼睛方向错误)[NR]	没有重新拍摄(闭眼)[NR]

图 B.14(续)

<table>
<tr><th>类别</th><th>项目</th><th colspan="3">图片示例</th></tr>
<tr><td rowspan="4">被拍摄对象</td><td rowspan="2">眼镜上的高光(PB9)</td><td></td><td></td><td></td></tr>
<tr><td>调整头部位置后减少眼镜上高光</td><td>眼镜上高光[NR]</td><td></td></tr>
<tr><td rowspan="2">照相机到被拍摄人距离(PB10)</td><td>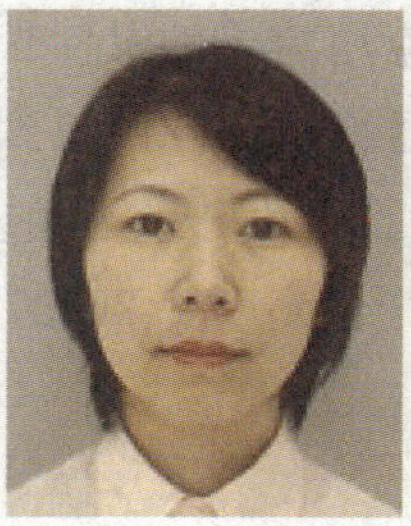</td><td>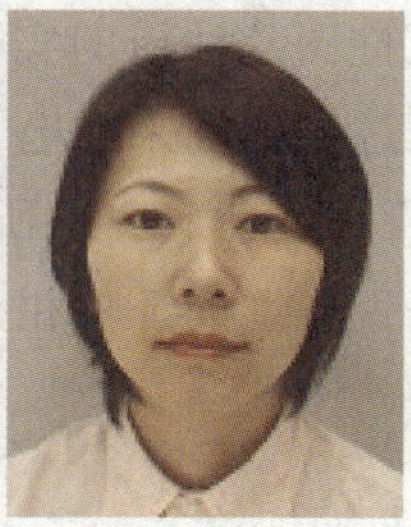</td><td></td></tr>
<tr><td>0.7 m</td><td>0.5 m[NR]</td><td></td></tr>
</table>

图 B.14(续)

附 录 C
（资料性附录）
实 验 研 究

C.1 针对用于旅行证件规范和数据分析的正面图像注册实验研究

C.1.1 用于分析的规范和数据

本研究采用参数和允许偏差为以下之一：

——GB/T 26237 的本部分和国际民航联合组织(ICAO)建议所要求的精确偏差；

——根据 ICAO 针对证件图片注册的实际应用建议的灵活偏差。

用于此研究的数据是通过大范围采样电子通行证证件照得到。数据由 4 个高贡献量的电子护照签发国的政府提供，如表 C.1 所示。此研究中所有的图片已经为相应国家各自的护照签发中获准。

此项研究主要着眼于是否典型的证件相片符合 GB/T 26237 的本部分中的具体设置，尤其在以下方面：

——姿态；

——眼间距离(像素数量)；

——面部相对水平位置；

——面部相对垂直位置；

——头到图像的宽度比；

——头到图像的高度比。

表 C.1 用于分析的实际图像数据

国家(数据集)	图像数量	像素尺寸(宽×高)	格式
0	1 000	413×531	JPEG
A	1 988	384×480	JPEG
B	1 911	449×599	JPEG
C	2 229	416×536	JPEG

由护照获取的人脸图像数据已经根据本部分设定的允许误差进行了相互的比较。

C.1.2 实验结果

C.1.2.1 眼间距离

本部分设定 180 个像素为最小正面脸宽度。相对应约 90 个像素的双眼中心间距(见 9.4.1)。图 C.1 为四种样本数据集的双眼间距分布。

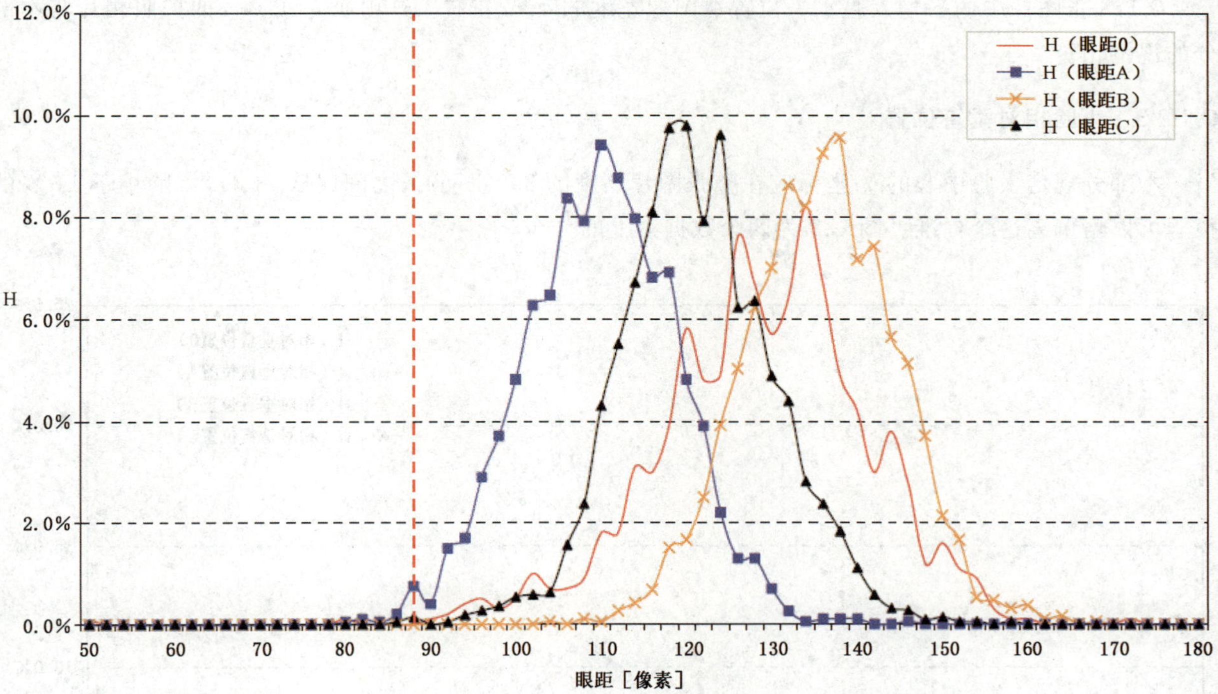

图 C.1　四国所发布电子护照上归一化眼间距分布，红色虚线代表 80 个像素，与整个正面照大致相关

在几乎所有的情况下对头的宽度都是有要求的。双眼的平均间距为 123 像素～124 像素。

C.1.2.2　人脸相对水平位置

本部分规定人脸 M 的中心的 X 坐标应在图像宽度的 45%～55%之间（见 9.3.2）。图 C.2 为四组数据集样本的人脸水平位置归一化分布。

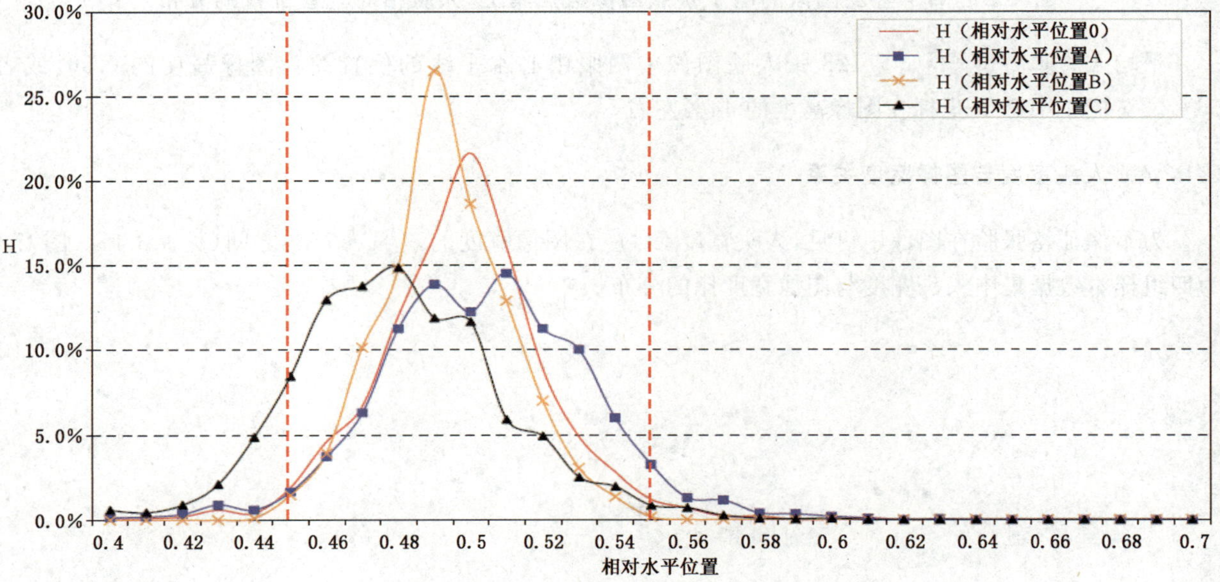

注：人脸水平位置归一化分布的具体限制如本部分中所描述。

图 C.2　四个签发国家电子护照数据集中，人脸水平位置归一化分布

7 128 张图像中的平均人脸水平位置在图像宽度的49%左右。这项研究95.4%的护照相片与本部分的规范相符。

C.1.2.3 人脸相对垂直位置

本部分规定人脸中心的 Y 坐标应在整张图片高度的30%～50%之间(见9.3.3),年龄小于11岁的孩子可以略偏离这个标准。图C.3为四个数据集上的分布。

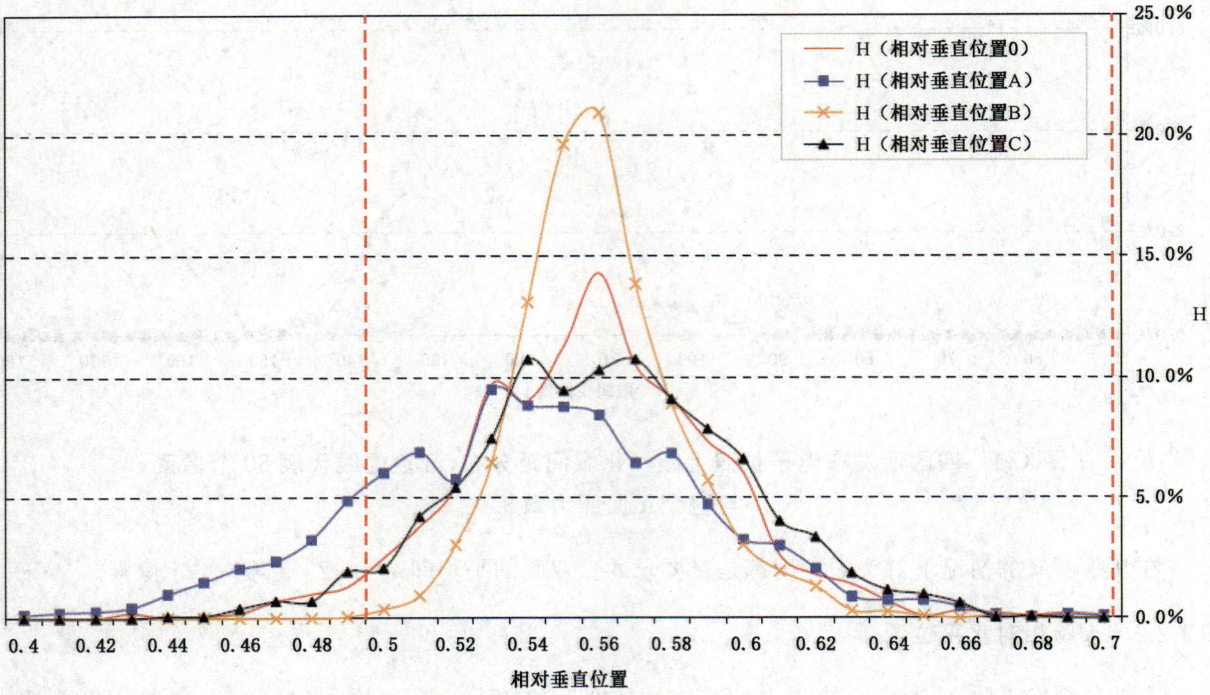

图C.3 四个签发国家的电子护照图像数据集上,人脸相对垂直位置的分布

平均人脸垂直位置,如7 128张人脸图像中两眼中心水平线的位置约为图像高度的0.56,或者56%。对应于中心 Y 坐标在图像高度的44%左右。

C.1.2.4 人头宽度与图像宽度关系

为了保证整张脸在图像中可见,人头宽度CC应在图像宽度的50%～75%之间(见9.3.4)。图C.4为四组样本数据集中人头宽度与图像宽度比的分布。

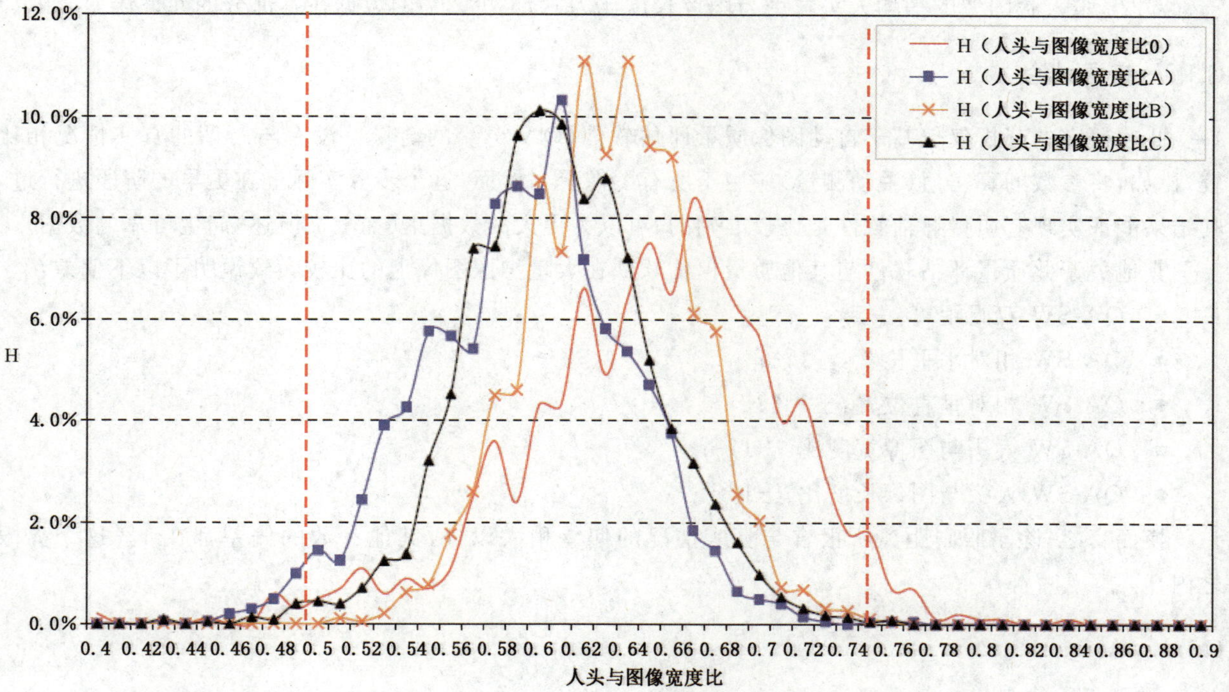

图 C.4　四个签发国家的电子护照图像数据集上，人头与图像宽度比的分布

7 128 张人脸图像的平均人头宽度与图像宽度比为 0.62，四种分布中的大部分图像符合本部分的要求。

C.1.2.5　人头长度与图像高度的关系

为了保证整张脸在图像中可见，本部分规定整张正面脸图像中头顶到下颚位置 DD 应在图像长度的 60%～90%之间(见 9.3.5)。图 C.5 为四组样本数据集中人头长度与图像长度比的分布。

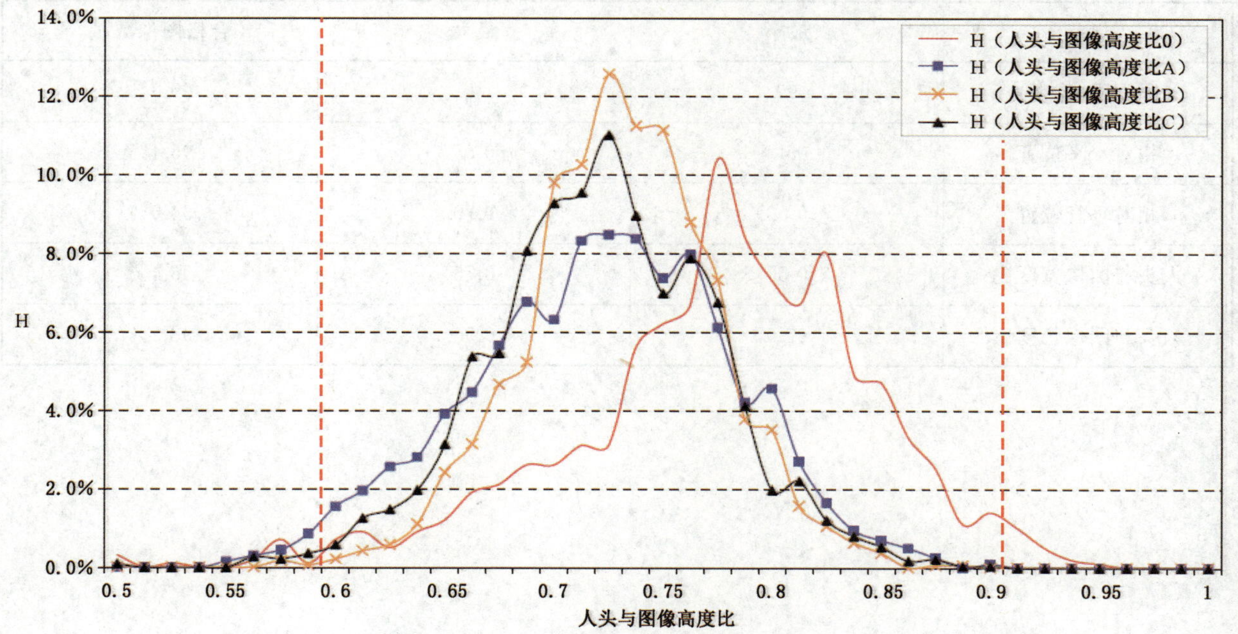

图 C.5　四个签发国家的电子护照图像数据集上，人头与图像长度比的分布

7 128 张人脸图像的平均人头宽度与图像长度比为 0.73,98.2%的数据在本部分的允许误差之内。

C.1.3 错误讨论

此项研究的分析仅仅基于自动图像质量评估软件(QA-SW)的衡量。没有与所谓的真实情况相比较,比如,将参数的真实值(手动测量)应用于所有图像上。然而,这个步骤实际上在更早的阶段进行过,其结果能证实现有质量评估软件是比较准确的,可以为更大的数据集(如上文所述)产生可靠的数据。

其他关于此质量评估软件与其他质量评估软件在大量护照图像上的比较大致说明了以下偏差:

- QA-SW 双眼距离:+5%;
- QA-SW 相对水平位置:±1%;
- QA-SW 相对垂直位置:±1%;
- QA-SW 人头与图像宽度比:±1%;
- QA-SW 人头与图像长度比:±1%。

换而言之,除了眼睛距离所报告与真实情况的偏差稍大以外,其他参数的偏差都在 1%这个界限之内。

C.1.4 总结

本附录主要研究了人脸在证件照的比对应用中的重要几何参数。这项研究的结果基于对质量评估软件自动图像分析所得到的评测数据。即使软件测试得到的个人的结果有可能出错,基于约 7 200 张图像的数据集所得到的实验结果仍然是可靠的。

综上,以上分析说明在现有技术条件下,在本部分所设阈值可以应用到实际情况中。表 C.2 和图 C.6 总结了这些结果。由于这项研究所用的数据来自四个主要的电子护照签发国家,其结果在此分析上具有代表性。

表 C.2 样本与 GB/T 26237 的本部分要求之间的兼容性总结

规范	最小	最大	合格图像数量
眼间距(像素)	90		99.9%
相对水平位置	0.45	0.55	95.4%
相对垂直位置	0.50	0.70	94.0%
人头与图像宽度比	0.50	0.75	98.4%
人头与图像长度比	0.60	0.90	98.2%

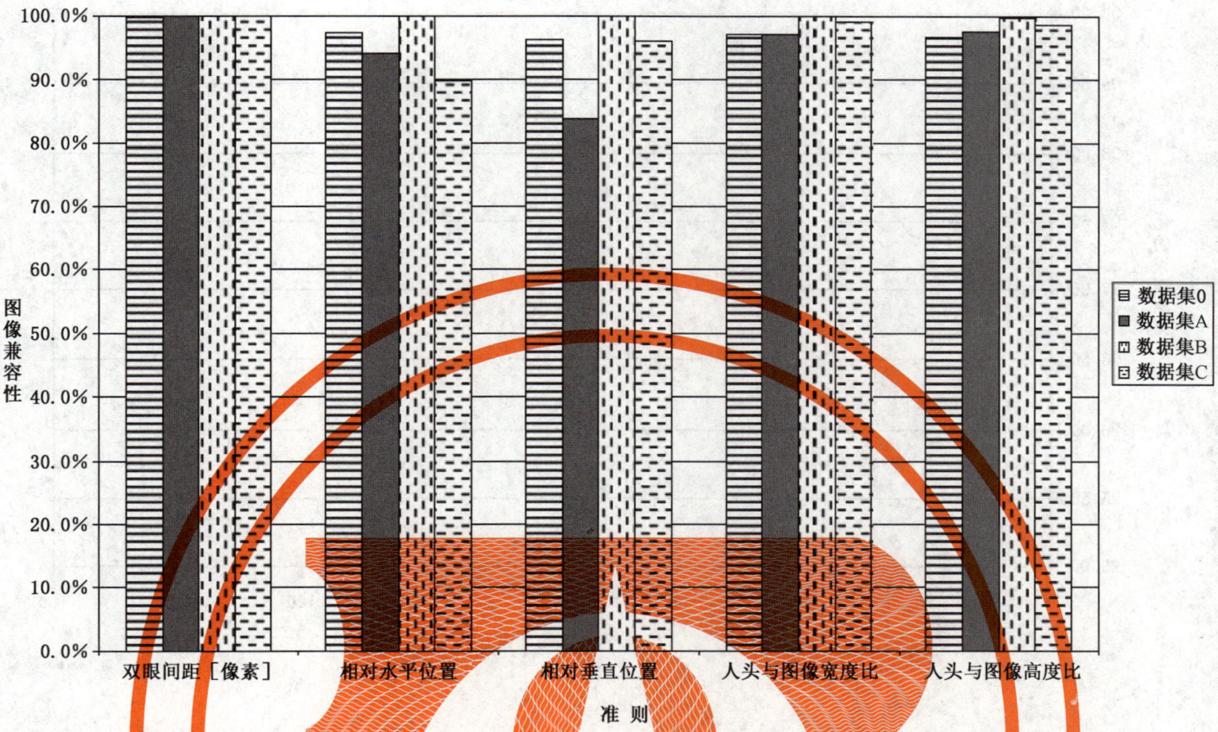

注：允许偏差根据8.3确定的。

图 C.6 测试集上 7 128 张来自四个签发国的护照相片的兼容率

C.2 关于双眼间距与头部姿态对生物匹配性能影响的实验研究

C.2.1 双眼间距

两眼(即相片的空间采样)之间的距离被认为是成功地运用面部识别的最重要的指标之一。为了量化“眼睛之间的像素”对人脸识别性能的影响,使用一种人脸比较算法,对不同分辨率的图像进行了对比实验。如图 C.7 所示,面部识别率随着眼睛距离的增大而提高。这些结果同样可以作为一对多搜索识别的依据(排序数据)。

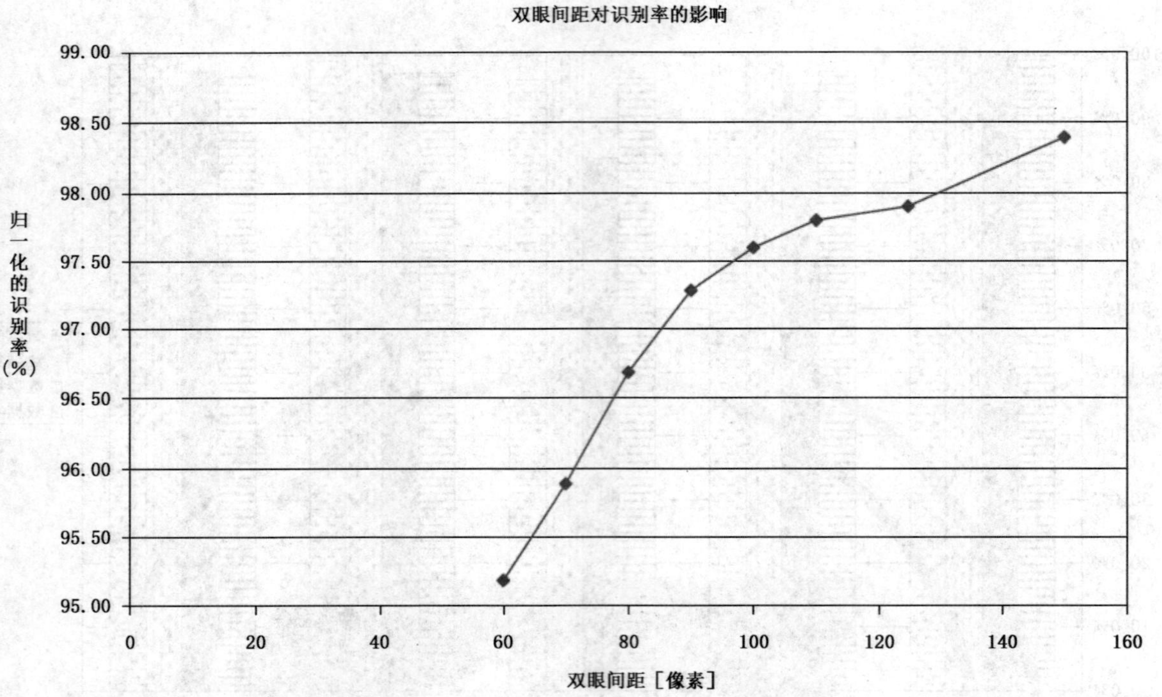

图 C.7 纵轴:归一化识别率;横轴:在错误拒绝率为 0.1%时的两眼间距

C.2.2 姿态(头部旋转)

自动面部识别系统允许对存在一定角度的面部图像进行有效地补偿。如图 C.8 所示,面部识别率受到了平面内(旋转轴)旋转的影响。

这个测试中运用了来自于"Feret Color"数据库的 994 个库图像与 736 个待识别图像。首先,将所有图像(库图像与待识别图像)进行旋转,使其角度为零。然后,将所有待测试图像旋转+5°,而库图像旋转−5°,并进行识别实验。同理,在 10°、−10°、15°、−15°这样几个角度上进行同样的实验。由此,待识别图像与库图像之间的夹角分别为 0°、15°、20°、30°。图 C.9 在一些样本上表明了旋转对面部识别率的影响。

本实验利用错误拒绝率为 0.1%处的识别率,和 0°旋转为基准,测试由旋转造成的识别率损失。其他所有正确识别率均按照此基准归一化为在错误拒绝率为 0.1%处的识别率。

需要注意的是,根据 GB/T 26237 的本部分中±10°为最大允许误差,这种设置代表了最差的情况。所以在规定范围内,旋转角度带对识别率的影响相对此实验会小得多,如图 C.9 所示。

很明显,标准库内几乎不会出现大于±8°的性能损失,这个结论同样可以应用于一对多搜索性能上(由排序第一度量)。一般来说,自动人脸识别软件卖主会为人头平面内旋转配置允许偏差。在这个测试中所应用的软件允许一张图片的人头有小于或等于 10°的旋转,相当于图像之间 20°的姿态偏差。这也是测试中±15°偏差会导致性能恶化的原因。

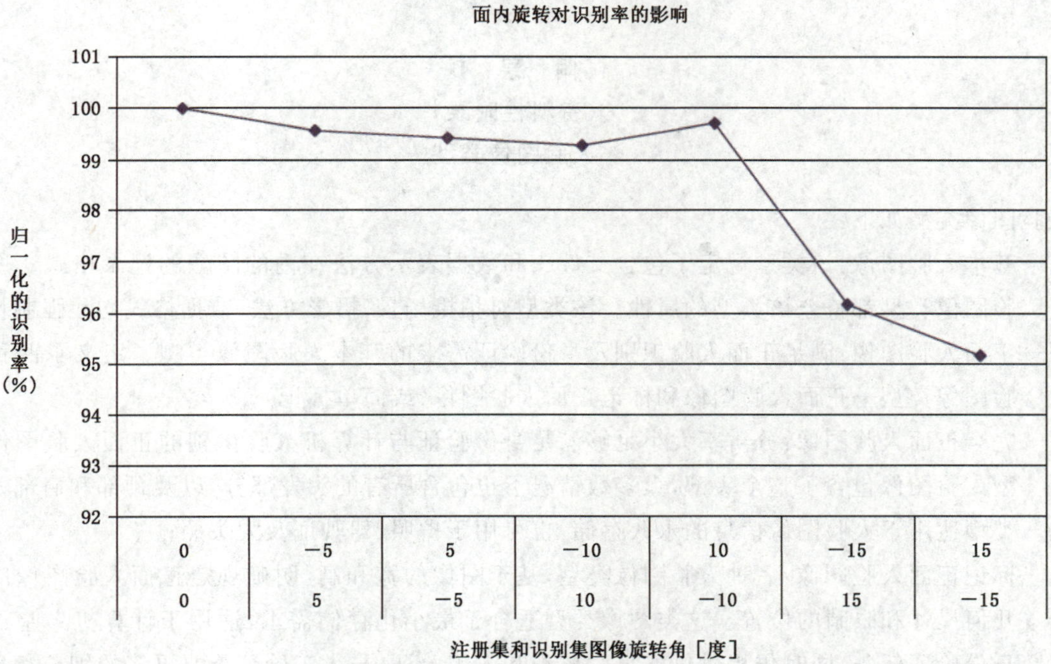

注：在错误拒绝率为 0.1%时的相应准确率，其横轴为旋转角度。

图 C.8 平面内头部旋转对自动面部识别性能的影响

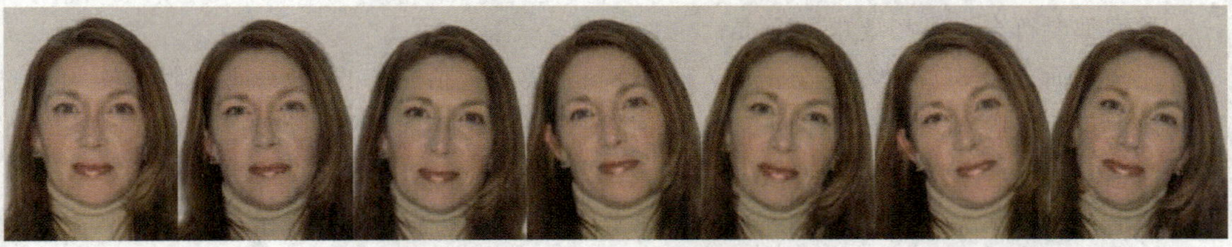

注：人脸旋转角度分别为 0°、+5°、−5°、+10°、−10°、+15°、−15°（从左到右）。

图 C.9 平面内头部旋转的样本图片示例

C.2.3 姿态（上下旋转和深度旋转）

自动人脸识别系统在解决面部姿态的上下和左右变化上有着比平面内的旋转更大的困难。这个结论从 22 个受试者和每个人的 35 个大于标准规定的上下左右偏移的姿态上的测试结果得出，其人脸识别性能相对于标准范围内的人脸样本有着明显下降。

附　录　D
（资料性附录）
人脸图像类型

人脸图像类型如下：

——基本人脸图像：该类型规定了包含文件头和数据表示方法在内的图像的记录格式。所有的人脸图像类型都符合该类型的属性。该类型对拍摄场景、摄影方法、数据格式均无强制性规定；

——正面人脸图像：满足正面人脸识别及身份验证需求的基本人脸图像类型。定义了两种正面人脸图像类型—正面人脸图像和标记正面人脸图像（或简单标记）；

——完全正面人脸图像：分辨率大小足够满足身份验证与计算机人脸识别的正面人脸图像。该类型人脸图像包含了整个头部，大多数情况下也包含所有的头发部分，以及颈部和肩部。该图像类型适用于人脸图像信息的永久存储，也可用于护照、驾驶证及大头照；

——标记正面人脸图像：一种人脸图像类型，基于图像的宽和高，明确规定正面人脸图像以具体的几何尺寸和眼睛的位置。这类图像类型适合于最小化存储需求，适用于计算机人脸识别譬如身份验证任务，同时仍提供供方自主核查和人工验证（与人工验证需要更多的细节相比）性能；

——后处理正面人脸图像：对采集的人脸图像通过数字后处理技术进行修改，使得人脸图像更适于自动人脸识别。这种后处理正面人脸图像类型被认为是人脸图像的交换格式；

——基本人脸 3D 图像：基本 3D 人脸图像是所有 3D 人脸图像类型的基础。所有的 3D 人脸图像类型都要符合该类型要求的标准；

——完全正面人脸 3D 图像：完全正面人脸 3D 图像类型包括完整的 2D 图像和附加的 3D 信息；

——标记正面人脸 3D 图像：标记正面人脸 3D 图像在标记正面人脸图像的基础上，额外增加了 3D 信息。

表 D.1 揭示了各个人脸图像类型之间的继承关系。例如正面人脸图像继承了基本人脸图像的性质，即所有基本人脸图像类型的标准规定也都适用于正面人脸图像。图 D.1 概括描述了本部分对场景、摄影方法、数字化与格式标准的要求。

表 D.1　各个人脸图像类型间的继承关系

人脸图像类型	继承自	规定章节号	参考条款
基本人脸图像	无	1、2、3、4、6、7	A.1
正面人脸图像	基本人脸图像	8	A.2
完全正面人脸图像	正面人脸图像	9	A.3
标记正面人脸图像	正面人脸图像	10	A.4
后处理正面人脸图像	正面人脸图像	11	

图 D.1 给出了本部分中人脸图像类型中场景，摄像方式，数字化和格式的总体要求。

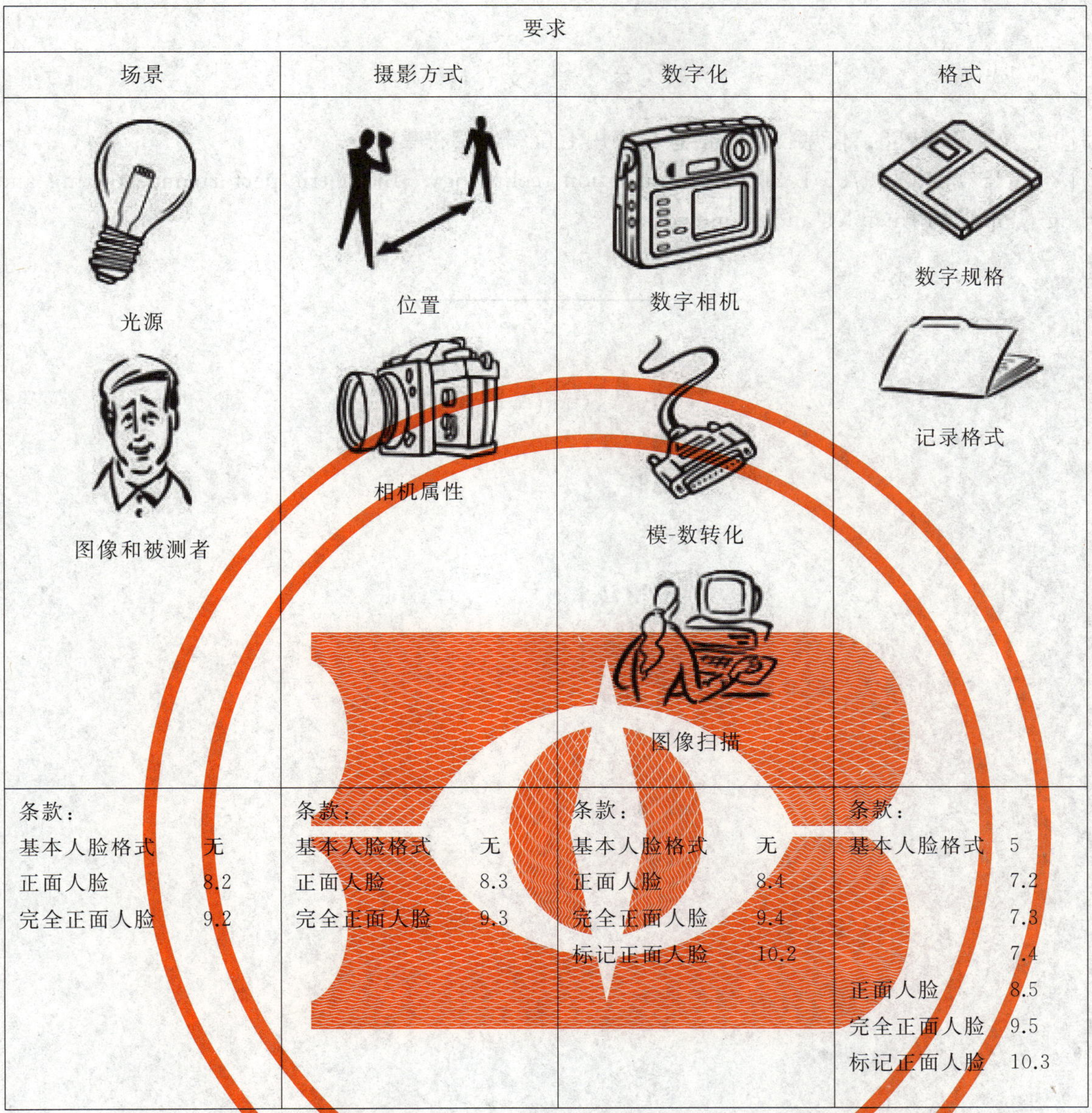

图 D.1 GB/T 26237 的本部分对人脸图像标准规定

参 考 文 献

[1] GB/T 1988 信息技术 信息交换用七位编码字符集

[2] ISO/IEC 19795-1:2006 Information technology—Biometric performance testing and reporting—Part 1:Principles and framework

ICS 35.040
L 70

中华人民共和国国家标准

GB/T 26237.6—2014

信息技术　生物特征识别数据交换格式
第6部分：虹膜图像数据

**Information technology—Biometric data interchange formats—
Part 6：Iris image data**

（ISO/IEC 19794-6：2005，NEQ）

2014-12-05 发布　　2015-05-01 实施

中华人民共和国国家质量监督检验检疫总局
中国国家标准化管理委员会　发布

前　言

GB/T 26237《信息技术　生物特征识别数据交换格式》分为以下 14 个部分：

——第 1 部分：框架；

——第 2 部分：指纹细节点数据；

——第 3 部分：指纹型谱数据；

——第 4 部分：指纹图像数据；

——第 5 部分：人脸图像数据；

——第 6 部分：虹膜图像数据；

——第 7 部分：签名/签字时间序列数据；

——第 8 部分：指纹型骨架数据；

——第 9 部分：血管的生物特征识别图像数据；

——第 10 部分：手形轮廓数据；

——第 11 部分：处理过的签名/签字动态数据；

——第 12 部分：脸形特性数据；

——第 13 部分：声音数据；

——第 14 部分：DNA 数据。

本部分为 GB/T 26237 的第 6 部分。

本部分按照 GB/T 1.1—2009 给出的规则起草。

本部分使用重新起草法参考 ISO/IEC 19794-6:2005《信息技术　生物特征识别数据交换格式　第 6 部分：虹膜图像数据》制定，与 ISO/IEC 19794-6:2005 的一致性程度为非等效。

请注意本文件的某些内容可能涉及专利。本文件的发布机构不承担识别这些专利的责任。

本部分由全国信息技术标准化技术委员会(SAC/TC 28)提出并归口。

本部分起草单位：中国电子技术标准化研究院、中国科学院自动化研究所。

本部分主要起草人：袁理、霍红文、孙哲南、冯敬、金倩、谭铁牛。

引　言

目前，不同供方的设备之间虹膜信息的交换主要通过传递完整的人眼图像。尽管有些应用能够处理未经压缩的全尺寸人眼图像，但由于受存储空间和带宽的限制，成本相对较高。GB/T 26237 的本部分定义了虹膜信息交换所采用的紧凑表示形式。

本部分的附录 A 给出了获取虹膜图像的一些建议。

信息技术　生物特征识别数据交换格式
第6部分:虹膜图像数据

1　范围

GB/T 26237的本部分规定了虹膜图像数据的交换格式,该格式主要用于虹膜图像这一生物特征的注册、验证和识别系统。虹膜图像信息可以存储为以下形式:

——按照ISO/IEC 15444(所有部分)或ISO/IEC 15948协议压缩得到的灰度值组成的数组;

——按照ISO/IEC 15444(所有部分)或ISO/IEC 15948协议压缩得到的灰度值组成的数组,且其内容是经过裁剪的以下区域:经过裁剪得到的以虹膜中心为数组中心的感兴趣区域、带有非虹膜区域掩码的感兴趣区域、双目虹膜区域、双目裁剪虹膜区域,或者带有非虹膜区域掩码的双目虹膜感兴趣区域。

本部分不包括:

——相机光学规范的要求;

——虹膜图像光度特性的要求;

——虹膜设备的注册过程、工作流程和使用的要求。

2　规范性引用文件

下列文件对于本文件的应用是必不可少的。凡是注日期的引用文件,仅注日期的版本适用于本文件。凡是不注日期的引用文件,其最新版本(包括所有的修改单)适用于本文件。

GB/T 26237.1—2010　生物特征识别数据交换格式　第1部分:框架(ISO/IEC 19794-1:2006,MOD)

ISO/IEC 15444(所有部分)　信息技术　JPEG 2000　图像编码系统[Information technology—JPEG 2000 image coding system(All parts)]

ISO/IEC 15948　信息技术　计算机图形和图像处理的便携式网络图形(PNG):功能规范[Information technology—Computer graphics and image processing—Portable Network Graphics (PNG):Functional specification]

3　术语和定义

GB/T 26237.1—2010界定的以及下列术语和定义适用于本文件。

3.1

紧凑表示法　compact representation

一种数据记录,该数据记录包含了被压缩成适合特定应用大小的图像。

注:在本部分中,典型的有损紧凑表示的范围是2 KB~6 KB。A.1给出所有记录类型大小的推荐范围。

3.2

灰度　grey scale

只包含光照亮度信息的连续单色调影像。

3.3

虹膜 iris

人眼前部由肌肉组织、结缔组织、色素细胞组成的，主要用来控制瞳孔收缩的彩色环形生理组织。

3.4

虹膜外边界 limbus

虹膜与巩膜邻接边界。

3.5

边距 margin

在虹膜图像中，拟合虹膜的外边界所得到的圆与图像边界的最近距离，以像素为单位，可以写成有序对格式：(水平边距，垂直边距)。

示例：($0.6R$，$0.2R$)表示图像的左右边距应为 $0.6R$，上下边距应为 $0.2R$，R 是虹膜外边界半径。

注：本文件的边距，除非特殊声明，都是以拟合虹膜外边界所得到的圆的半径为单位来定义。

3.6

调制传递函数 modulation transfer function

特定空间频率下图像调制与对应目标调制的比率。

3.7

瞳孔 pupil

人眼中心用来控制光线进入的圆孔状区域，用其定义虹膜内边界。

3.8

取整函数 round

数学函数，round(x)是对 x 四舍五入取整。

3.9

巩膜 sclera

虹膜外围一般呈现为白色的生理组织。

3.10

空间频率 spatial frequency

测量单位距离内正弦曲线强度模式多久重复一次。

4 缩略语

下列缩略语适用于本文件。

BDIR：生物特征识别数据交换记录(Biometric Data Interchange Record)；

ICS：实现符合性声明(Implementation Conformance Statement)；

JPEG 2000：ISO/IEC 15444(所有部分)中的图像的增强压缩标准(Joint Photographic Experts Group 2000)；

PNG：ISO/IEC 15948 中的图像的无损压缩标准(Portable Network Graphic)；

R：虹膜半径(Iris Radius)；

VGA：宽为 640 像素，高为 480 像素的图像(Video Graphics Array)。

5 符合性

声称符合本部分的生物特征识别记录数据应满足如下要求：

——其数据结构、数据值、数据元素之间的关系符合第 7 章规定；

——数据值和生成生物特征识别数据记录的输入数据之间关系符合第 6 章规定。

一个生成生物特征识别数据记录的系统，如果像在其关联的实现符合性声明(ICS)里声称的那样，其输出的所有生物特征识别数据记录都符合本部分的要求(以上定义)，则该系统是符合本部分的。一个系统不需要能够生成符合本部分所有要求的生物特征识别数据记录，只需要能够生成那些在 ICS 声称的能够被该系统支持的生物特征识别数据记录。

一个使用生物特征识别数据记录的系统，如果像在其关联的 ICS 里声称的那样，为了达到系统的预期目的，其能够读入、使用所有符合本部分要求(以上定义)的生物特征识别数据记录，那么该系统和本部分是一致的。一个系统不需要能够使用符合本部分所有要求的生物特征识别数据记录，只需要能够使用那些在 ICS 里声称的能够被该系统支持的生物特征识别数据记录。

6 虹膜图像内容规范

6.1 概述

本章从语义内容方面定义本部分所允许的虹膜图像要满足的一系列要求，涉及图像几何结构、图像预处理、图像压缩协议、图像格式和图像数据的维度。按照图像的层级关系，本部分涉及的虹膜图像分为八类，其相关定义见表 1。虹膜图像的类别及其相关结构信息将在第 7 章中给出其对应的二值编码格式。

表 1 虹膜图像类别

类别/名称	居中化	边距		宽和高(像素)	图像大小	图像压缩	
		水平	垂直			类型	方法
IMAGE_TYPE_MONOCULAR_UNCROPPED(单目非裁剪虹膜图像)	否	$\geqslant 0.6R$	$\geqslant 0.2R$	未指定	可变的	无	未指定
					可变的	无损	PNG 或 JPEG 2000
					可变的	有损	JPEG 2000
IMAGE_TYPE_MONOCULAR_VGA(单目 VGA 虹膜图像)	否	$\geqslant 0.6R$	$\geqslant 0.2R$	$W=640$，$H=480$	307.2(KB)	无	未指定
					典型值 100～200(KB)	无损	PNG 或 JPEG 2000
					可变的	有损	JPEG 2000
IMAGE_TYPE_MONOCULAR_CROPPED(单目裁剪虹膜图像)	是	$=0.6R$	$=0.2R$	未指定	可变的	无	未指定
					典型值 40～70(KB)	无损	PNG 或 JPEG 2000
					典型值 8～24(KB)(紧致)	有损	JPEG 2000
IMAGE_TYPE_MONOCULAR_CROPPED_AND_MASKED(单目裁剪掩码虹膜图像)	是	$=0.6R$	$=0.2R$	未指定	可变的	无	未指定
					典型值 20～50(KB)	无损	PNG 或 JPEG 2000
					2～6(KB)(紧致)	有损	JPEG 2000
IMAGE_TYPE_BINOCULAR_UNCROPPED(双目非裁剪虹膜图像)	否	$\geqslant 0.6R$[a]	$\geqslant 0.2R$	未指定	未指定	无	未指定
						无损	PNG 或 JPEG 2000
						有损	JPEG 2000

表 1（续）

类别/名称	居中化	边距		宽和高（像素）	图像大小	图像压缩	
		水平	垂直			类型	方法
IMAGE_TYPE_BINOCULAR_VGA（双目 VGA 虹膜图像）	否	$\geqslant 0.6R$	$\geqslant 0.2R$	$W=2\ 352$ $H=1\ 728$	4064.256(KB)	无	未指定
						无损	PNG 或 JPEG 2000
						有损	JPEG 2000
IMAGE_TYPE_BINOCULAR_CROPPED（双目裁剪虹膜图像）	是	$=0.6R$[b]	$=0.2R$	未指定	未指定	无	未指定
						无损	PNG 或 JPEG 2000
						有损	JPEG 2000
IMAGE_TYPE_BINOCULAR_CROPPED_AND_MASKED（双目裁剪掩码虹膜图像）	是	$=0.6R$	$=0.2R$	未指定	未指定	无	未指定
						无损	PNG 或 JPEG 2000
						有损	JPEG 2000

注 1：不推荐对空间采样率小于 40pixels/mm 的 IMAGE_TYPE_MONOCULAR_UNCROPPED 和 IMAGE_TYPE_BINOCULAR_UNCROPPED 进行有损压缩。

注 2：典型的 IMAGE_TYPE_MONOCULAR_CROPPED 和 IMAGE_TYPE_MONOCULAR_CROPPED_AND_MASKED 假设虹膜半径为 120 个像素，其他大小在表中列为可变的，用于反映空间采样率和虹膜大小的变化。

[a] 双目非裁剪虹膜图像和双目 VGA 虹膜图像中，两个虹膜外边界拟合到的两个圆都要满足边距要求。

[b] 双目裁剪虹膜图像和双目裁剪掩码虹膜图像中，两个虹膜外边界拟合到的两个圆的垂直边距都要满足要求，左边的圆满足左侧边距要求，右边的圆满足右侧边距要求。

6.2 单目非裁剪虹膜图像

单目非裁剪虹膜图像应包含单个人眼的光栅扫描图像，如图 1 所示。图像数组大小没有限制，但是其上下边距应至少为 $0.2R$，左右边距应至少为 $0.6R$，R 是虹膜半径，并且不要求虹膜中心对应图像中心。

图像数据可采用无压缩或压缩格式。当无压缩时它应是一个单色像素组成的二维数组。图像数据以行优先的形式存储，最低位地址对应图像的左上角元素。

如果进行图像压缩，则宜尽可能采用无损压缩。如果图像是隔行扫描模式，不应使用 PNG 压缩协议。如果采用 JPEG 2000 压缩协议，则图像数据应以 JPEG 2000 格式保存。

单目非裁剪虹膜图像的类型应在第 7 章所定义的记录结构里的对应位置上以 1 标识，如表 4 所示。

6.3 单目 VGA 虹膜图像

单目 VGA 虹膜图像是单目非裁剪虹膜图像的一个特例，图像宽应为 640 像素，高应为 480 像素。

单目 VGA 虹膜图像应采用 PNG 或者 JPEG 2000 进行无损压缩，或者按照 JPEG 2000 进行有损压缩。

单目 VGA 虹膜图像的类型应在第 7 章所定义的记录结构里的对应位置上以 2 标识，如表 4 所示。

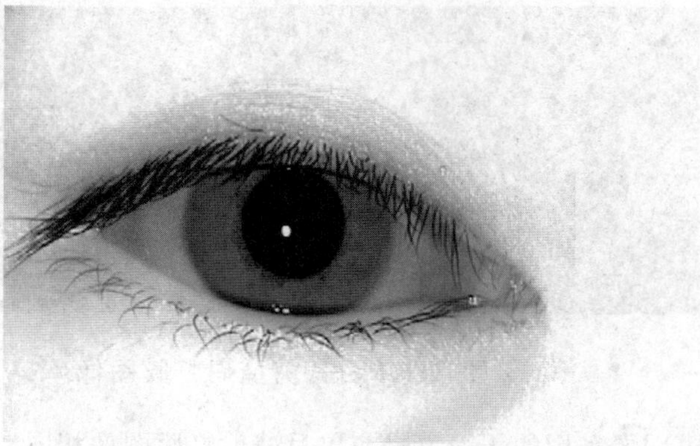

图 1 单目非裁剪虹膜图像或者单目 VGA 虹膜图像

6.4 单目裁剪虹膜图像

单目裁剪虹膜图像是对单目非裁剪虹膜图像进行裁剪得到的。它一定程度上减少了存储空间。

裁剪后应使虹膜区域处于裁剪图像的中心区域，即裁剪图像的中心应是虹膜区域中心，如图 2 所示。

单目裁剪虹膜图像应满足上下边距 $0.2R$，左右边距 $0.6R$，R 是虹膜半径。边界像素应为传感器的真实读数，而不应为其他的替代值。

在图像采集阶段缺失的虹膜区域的像素值应置 0。如果虹膜区域数据全部或者大部分缺失，则不宜生成虹膜特征记录，宜重新采集新的图像。

单目裁剪虹膜图像采用的压缩方式与非裁剪虹膜图像相同。

单目裁剪虹膜图像的类型应在第 7 章所定义的记录结构里的对应位置上以 3 标识，如表 4 所示。

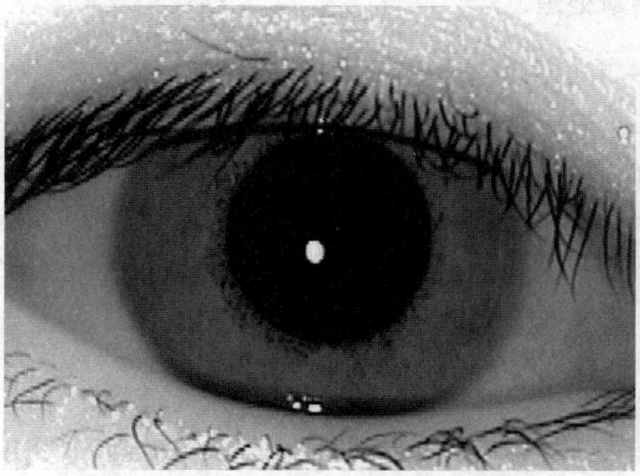

图 2 单目裁剪虹膜图像

6.5 单目裁剪掩码虹膜图像

6.5.1 概述

单目裁剪虹膜图像通过掩码操作得到可进行高比例压缩的单目裁剪掩码虹膜图像。掩码操作主要是针对五个区域：上眼皮区域、下眼皮区域、巩膜区域、虹膜缺失区域以及其他噪声区域。其中至少有一个区域应进行掩码操作。经过掩码操作后的图像区域应是只有单一灰度值的四邻域连通区域，如图 3 所示。具体实现可以在采用参考文献[1]的虹膜定位方法得到虹膜粗略定位结果后进行裁剪。

图 3　单目裁剪掩码虹膜图像

单目裁剪掩码虹膜图像采用的压缩方式与单目裁剪虹膜图像相同,每个像素的位深度都应为 8 位。

单目裁剪掩码虹膜图像的类型应在第 7 章所定义的记录结构里的对应位置上以 7 标识,如表 4 所示。

注:掩码操作仅仅有利于图像压缩,掩码区域的灰度值并不能用于稳定的虹膜分割。经过图像压缩后,掩码区域的灰度值可能被改变。

6.5.2　巩膜掩码区域

巩膜掩码区域,是虹膜外边界和上下眼皮所包围的区域,其灰度值应设置为固定值 200。

6.5.3　眼皮掩码区域

上下眼皮掩码区域的灰度值应设置为固定值 128。

上眼皮区域应向上一直扩展到图像上边界,下眼皮区域应向下一直扩展到图像下边界。上下眼皮区域应向左右方向一直扩展到图像的左边界和右边界。

6.5.4　裁剪掩码虹膜图像平滑处理

在裁剪掩码虹膜图像中,考虑图像压缩操作的影响,虹膜区域和眼皮掩码区域之间的过渡带、巩膜掩码区域和眼皮掩码区域之间的过渡带,及虹膜区域和巩膜掩码区域之间的过渡带应局部平滑处理。

平滑方法应为:在生成裁剪掩码虹膜图像后,应采用低通滤波器进行平滑。一个图像像素,以它为中心的 7×7 区域内只要有一个掩码值,该像素的灰度值应使用其 7×7 邻域区域加权和代替,权值模板为 7×7 的二项核 K,定义如下:

$$K=\frac{1}{64\times 64}UU^{T},\text{其中 } U=[1\ 6\ 15\ 20\ 15\ 6\ 1]$$

对边界平滑像素的计算应在掩码操作之后,在其他的灰度值操作之前。对于既属于虹膜区域和巩膜掩码区域的过渡带,又属于虹膜区域或巩膜掩码区域和眼皮掩码区域的过渡带的像素,其灰度值需采用眼皮掩码区域平滑操作的结果。对于属于虹膜缺失掩码区域和其他任何掩码区域的过渡带,其灰度值应采用虹膜缺失掩码区域平滑操作的结果。

6.5.5　虹膜缺失掩码区域

虹膜缺失掩码区域是采集过程中产生的部分虹膜缺失区域,其灰度值应设置为固定值 0。

6.5.6　其他噪声掩码区域

其他掩码区域是指除了眼皮、巩膜以外的被其他噪声所遮挡的区域。包括:镜框遮挡区域、睫毛遮挡区域、阴影遮挡区域、光斑遮挡区域等,其灰度值应设置为固定值 240。

6.6 双目非裁剪虹膜图像

双目非裁剪虹膜图像是一幅包含同一个人两个人眼的光栅扫描图像，如图 4 所示。图像数组的大小没有限制，但是要求两个人眼都应满足上下边距至少 $0.2R$，左右边距至少 $0.6R$，R 是虹膜半径。并且不要求图像中心化。

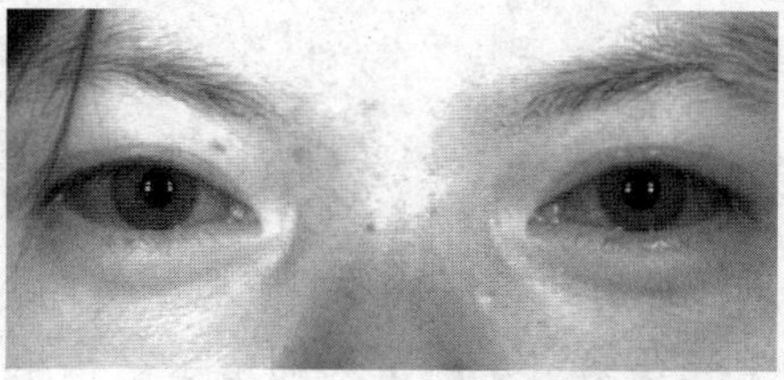

图 4　双目非裁剪虹膜图像或者双目 VGA 虹膜图像

双目非裁剪虹膜图像采用的压缩方式与单目裁剪虹膜图像相同。

双目非裁剪虹膜图像的类型应在第 7 章所定义的记录结构里的对应位置上以 8 标识，如表 4 所示。

6.7 双目 VGA 虹膜图像

双目 VGA 虹膜图像是双目非裁剪虹膜图像的一个特例，它采用 VGA 格式，图像分辨率为 1 920×960 像素。

双目 VGA 虹膜图像的压缩可采用 PNG 无损压缩协议，或者 JPEG 2000 有损压缩协议。

双目 VGA 虹膜图像的类型应在第 7 章所定义的记录结构里的对应位置上以 9 标识，如表 4 所示。

6.8 双目裁剪虹膜图像

双目裁剪虹膜图像是对双目非裁剪虹膜图像进行裁剪得到的。它一定程度上减少了存储空间。具体实现可以在采用参考文献[1]的虹膜定位方法得到两个虹膜的定位结果后进行裁剪。

裁剪后应使得两个虹膜区域的瞳孔中心连线的中点处于双目裁剪图像的中心，并且与水平方向夹角应为 0°，如图 5 所示。

图 5　双目裁剪虹膜图像

双目裁剪虹膜图像要求两个虹膜区域都应满足上下边距 $0.2R$，左右边距 $0.6R$，R 是虹膜半径。边距区域的像素值应是传感器的真实读数，不能用其他值代替。

在图像采集阶段缺失的虹膜区域的像素值应置 0。如果虹膜区域数据全部或者大部分缺失，则不宜生成虹膜特征记录，宜重新采集新的图像。

双目裁剪虹膜图像采用的压缩方式与双目非裁剪虹膜图像相同。

双目裁剪虹膜图像的类型应在第 7 章所定义的记录结构里的对应位置上以 10 标识，如表 4 所示。

6.9 双目裁剪掩码虹膜图像

双目裁剪虹膜图像通过掩码操作得到的双目裁剪掩码虹膜图像可进行高比例压缩。双目裁剪掩码虹膜图像可以按照 6.5 的要求分别对单个虹膜区域进行掩码操作得到。掩码区域的分类和平滑操作与 6.5 中相同。经过掩码操作得到的双目掩码虹膜图像如图 6 所示。

图 6　双目裁剪掩码虹膜图像

注 1：眼皮掩码区域的边界与掩码虹膜图像不同。每个人眼的内侧的眼皮掩码区域应延伸到与另一个人眼的眼皮区域相交。

双目裁剪掩码虹膜图像采用的压缩方式与双目裁剪虹膜图像相同。

双目裁剪掩码虹膜图像的类型应在第 7 章所定义的记录结构里的对应位置上以 11 标识，如表 4 所示。

注 2：掩码操作仅仅有利于图像压缩，掩码区域的灰度值并不能用于稳定的虹膜分割。经过图像压缩后，掩码区域的灰度值可能被改变。

7　虹膜图像格式规范

7.1　概述

虹膜图像获取的规范参见附录 A。

虹膜图像格式规范定义了支持存储虹膜图像相关信息的数据头和数据格式。除特殊声明，所有数值应是固定长度的无符号整型数据。所有的数据头信息都应按高端字节到低端字节的顺序进行存储。当出现位数据定义时，位 1 应表示最低有效位。符号位应采用 2 的补码。

7.2　头部和相机相对转动角度可选估计

7.2.1　头部转动角度估计

在双目虹膜图像数据采集系统中，头部的转动角度容易估计。例如，可以求得双目瞳孔中心连线与图像系统水平轴线的夹角作为头部转动角度的估计。这个角度可以作为双目瞳孔中心连线和相机水平轴线的角度。为便于计算，一般以双目瞳孔中心连线的中点为原点，从相机里看，相对水平方向逆时针方向为正向的坐标系中表示该角度。

注：头部转动角度的估计也可不用双目瞳孔中心的位置信息。

7.2.2　虹膜转动不确定度

虹膜转动不确定度是对虹膜转动角度最大转动误差的估计，它依赖于图像系统本身，应是一个大于零的角度值。如果转动信息不可用，则虹膜转动不确定度应置为 $FFFF_{Hex}$。

7.3　虹膜图像生物特征识别数据记录结构

表 2 给出了虹膜图像生物特征识别数据记录的组成结构。一条数据记录应只对应同一个个体的虹膜图像信息，包括图像数目、人眼个数和数据记录长度。一条数据记录应包括单目或双目信息。如果采集设备不能确定左右眼，则应将人眼类别(人眼标识)设置为“未知”，例如 SUBJECT_EYE_LABEL_UNDEF＝0＝00_{Hex}。

每张虹膜图像数据前面的字节用来存放虹膜表达数据头信息，包括图像序列号、图像种类、图像大小、图像原点、图像质量和转动角度。如果需要的话，应通过填补额外的位信息用来标识每幅虹膜图像整型数据的结束。

表 2　虹膜图像生物特征识别数据记录结构

序号	内容		类型	描述
1	虹膜记录数据头		结构体,见表 3	与采集设备有关的信息,数据记录中数据项的个数,数据记录的大小(字节数)
2	图像 1	虹膜表达数据头	结构体,见表 4	图像 1 的数据头。包括第一个人眼的图像数目,眼的标号,虹膜图像的类别,虹膜图像的质量,转动角度和不确定度,图像数据的长度 L_1
3		虹膜图像数据	无符号字符型	图像 1 的图像数据
4	图像 2	虹膜表达数据头	见表 4	图像 2 的数据头。图像数据的长度 L_2
5		虹膜图像数据	无符号字符型	图像 2 的图像数据
6	图像…	…	…	…

7.4　虹膜记录头结构

7.4.1　虹膜记录常规数据头结构

虹膜记录常规数据头应包括本条记录的记录格式标识、版本号、记录长度、虹膜表达的个数、证书标识、眼的数目等,具体见表 3。

表 3　虹膜记录常规数据头结构

序号	内容	长度	数据值	描述
1	格式标识	4 字节	49495200_{Hex} ('I''I''R' 00_{Hex})	应使用 4 个字节格式标识,以“0”作为字符串结尾。前 3 个字节“IIR”代表“Iris Image Record”
2	版本号	4 字节	30323000_{Hex} ('0''2''0' 00_{Hex})	GB/T 26237.1—2010 中定义的虹膜数据的协议版本号,应占 4 字节。应包括 3 个 ASCII 码和字符串结尾“0”。第 1、2 字节为主版本号,第 3 字节为副版本号
3	记录长度	4 字节	$<(2^{32}-1)$	整个虹膜数据记录的大小(字节数),应占 4 字节。包括数据头和一个或多个虹膜表达
4	虹膜表达的个数	2 字节	1 … 65535	本条记录里虹膜表达的个数,应占 2 字节。最小值为 1
5	证书标识	1 字节		1 字节的证书标识,应标识每个虹膜表达头是否包括证书块。00_{Hex}应表示所有虹膜表达头都不包含证书块。01_{Hex}应表示所有虹膜表达头公用一个证书块。一个证书块可以包含 0 个证书(此时,证书块中对应位置的值为 0)
6	眼的数目	1 字节	0,1,2,3	0:所有图像中眼的类型都未知; 1:单目(左眼或者右眼); 2:双目(两幅存储); 3:双目(同幅存储); 这一项之后就是第一个虹膜表达的信息

7.4.2　虹膜表达数据头结构

7.4.2.1　数据结构

虹膜表达数据头应指明图像数据表达长度、采集日期和时间、采集设备的技术标识、采集设备供方标识、采集设备型号标识、质量块、证书块、虹膜表达的序号、眼睛类型标识、虹膜图像种类、图像格式、虹膜图像属性标识位、图像宽度、图像高度、位深度、距离、人眼转动角度、转动不确定度、虹膜中心参数、虹膜半径参数、图像大小、虹膜形变率、瞳孔偏心率、佩戴饰物标识、成像光源波长、活体检测块等。具体信息见表 4。

表 4　虹膜表达数据头结构

序号	数据项	长度	数据值	描述
1	数据表达长度	4 字节		定义数据表达的字节数,包括数据表达头
2	采集日期和时间	9 字节		采用国际时间 UTC 表示,应占 9 个字节。它的取值要符合 GB/T 26237.1 协议
3	采集设备技术标识	1 字节	0 (00_{Hex}):未知或未指定; 1(01_{Hex}):CMOS/CCD	应占 1 个字节,标识采集设备所采用技术的类别。00_{Hex}表示未知技术或者未说明技术。其取值见表 6
4	采集设备供方标识	2 字节		标识生产设备和生成生物特征识别数据记录(BDIR)的供方所属的生物特征识别组织;采集设备算法供方标识应采用 2 个字节的 CBEFF 生物特征识别组织标识(SAC/TC 28 或其他经 SAC/TC 28 授权的组织)。全 0 表示采集设备供方未注册
5	采集设备类型标识	2 字节		应标识生成 BDIR 的设备类型。由注册供方或其他授权的供方分配。全 0 应表示采集设备的类型未注册
6	质量块	1～n 字节		应包含最开始的 1 字节无符号整型数据,用来标识质量块个数信息;后跟 0 个或多个子质量块。 每个子质量块包含以下信息: ——质量分数; ——质量评价算法的供方标识; ——质量评价算法的标识。 质量分数宜表示虹膜表达之间的相对预测分数,是一个无符号整型数据,占用 1 字节。其取值为: ——0～100,高数值代表高质量; ——255(FF_{Hex})表示质量分数计算失败。 质量评价算法供方标识给出了质量评价算法的供方信息,是一个在 SAC/TC 28 注册过或者经 SAC/TC 28 授权的 CBEFF 生物特征识别组织的标识,应占 2 字节。全 0 应表示质量评价算法供方的类型未注册。质量评价算法的标识给出了生成质量分数的算法的信息,由质量评价算法的提供者或经过认证的授权者分配。全 0 表示质量评价算法的类型未注册

表 4（续）

序号	数据项	长度	数据值	描述
7	证书块	1 字节	00_{Hex}	应包含最开始的 1 字节无符号整型数据，用来标识子证书块个数信息；后跟 0 个或多个子证书块。本部分不支持证书块，应设置为固定值 00_{Hex}
8	虹膜表达的序号	2 字节	1…n，n 是虹膜表达的总个数	虹膜表达的序列号
9	眼睛类型标识	1 字节	SUBJECT _ EYE _ UNDEF ＝ 0 (00_{Hex})	标识个体眼睛
			SUBJECT _ EYE _ RIGHT ＝ 1 (01_{Hex})	右眼
			SUBJECT _ EYE _ LEFT ＝ 2 (02_{Hex})	左眼
			SUBJECT_EYE_BINOCLUAR ＝3(03_{Hex})	双目同幅存储
10	虹膜图像种类	1 字节	IMAGE_TYPE_MONOCULAR_UNCROPPED＝1(01_{Hex})	单目非裁剪虹膜图像，大小不限
			IMAGE_TYPE_MONOCULAR_VGA＝2(02_{Hex})	单目 VGA 虹膜图像，640×480 像素
			IMAGE_TYPE_MONOCULAR_CROPPED＝3(03_{Hex})	单目裁剪虹膜图像，图像中心为虹膜中心，边距为($0.6R$，$0.2R$)
			IMAGE_TYPE_MONOCULAR_CROPPED_AND_MASKED＝7(07_{Hex})	单目裁剪掩码虹膜图像
			IMAGE_TYPE_BINOCULAR_UNCROPPED＝8(08_{Hex})	双目非裁剪虹膜图像，大小不限
			IMAGE_TYPE_BINOCULAR_VGA＝9(09_{Hex})	双目 VGA 虹膜图像，2 352×1 728
			IMAGE_TYPE_BINOCULAR_CROPPED＝10($0A_{Hex}$)	双目裁剪虹膜图像，图像中心为虹膜中心，边距为($0.6R$，$0.2R$)
			IMAGE_TYPE_BINOCULAR_CROPPED_ AND_ MASKED＝11($0B_{Hex}$)	双目裁剪掩码虹膜图像
				所有种类的具体规范标准见表 5
11	图像格式	2 字节	IMAGEFORMAT _ MONO _ RAW ＝2(0002_{Hex}) IMAGEFORMAT _ MONO _ JPEG 2000＝10($000A_{Hex}$) IMAGEFORMAT _ MONO _ PNG＝14($000E_{Hex}$)	图像数据的格式

表 4（续）

序号	数据项	长度	数据值	描述
12	虹膜图像属性标识位	1 字节	位 1～2：例如，最不重要位 ORIENTATION_UNDEF＝0 HORZ_ORIENTATION_BASE＝1 HORZ_ORIENTATION_FLIPPED＝2 位 3～4： ORIENTATION_UNDEF＝0 VERT_ORIENTATION_BASE＝1 VERT_ORIENTATION_FLIPPED＝2 位 5～6： SCAN_TYPE_CORRECTED＝0 SCAN_TYPE_PROGRESSIVE＝1 SCAN_TYPE_INTERLACE_FRAME＝2 SCAN_TYPE_INTERLACE_FIELD＝3 位 7～8： PREVIOUS_COMPRESSION_UNDEF＝0 PREVIOUS_COMPRESSION_NONE＝1 PREVIOUS_COMPRESSION_LOSSY＝2	水平方向 垂直方向 扫描类型 压缩历史
13	图像宽度	2 字节	>0 WIDTH_UNDEF＝0	以像素为单位
14	图像高度	2 字节	>0 HEIGHT_UNDEF＝0	以像素为单位
15	位深度	1 字节	>0 INTENSITY_DEPTH_UNDEF＝0	每个色彩通道的位深度
16	距离	2 字节	$2 \cdots 2^{16}-2$ RANGE_UNASSIGNED＝0 RANGE_FAILED＝1 RANGE_OVERFLOW＝$2^{16}-1$	相机镜头光心到虹膜的距离，以毫米为单位； 距离的计算不考虑焦距改变而造成的放大率因素

表 4（续）

序号	数据项	长度	数据值	描述
17	人眼转动角度	2 字节	0…$FFFE_{Hex}$ ROLL_ANGLE_UNDEF =$FFFF_{Hex}$	转动角度=round(65535×角度/360) mod 65535,无符号短整型。角度的定义见 7.2.1
18	转动不确定度	2 字节	0…$FFFE_{Hex}$ ROLL_UNCERTAIN_UNDEF =$FFFF_{Hex}$	转动不确定度=round(65535×不确定度/180),无符号短整型。其中,0≤不确定度<180。不确定度的定义见 7.2.2
19	虹膜中心最小 *X*	2 字节	1…65535 COORDINATE_UNDEF=0	虹膜中心(*X*,*Y*)中 *X* 的预置最小值,以像素为单位
20	虹膜中心最大 *X*	2 字节	1…65535 COORDINATE_UNDEF=0	虹膜中心(*X*,*Y*)中 *X* 的预置最大值,以像素为单位
21	虹膜中心最小 *Y*	2 字节	1…65535 COORDINATE_UNDEF=0	虹膜中心(*X*,*Y*)中 *Y* 的预置最小值,以像素为单位
22	虹膜中心最大 *Y*	2 字节	1…65535 COORDINATE_UNDEF=0	虹膜中心(*X*,*Y*)中 *Y* 的预置最大值,以像素为单位
23	虹膜最小半径	2 字节	1…65535 COORDINATE_UNDEF=0	虹膜半径预置最小值,以像素为单位
24	虹膜最大半径	2 字节	1…65535 COORDINATE_UNDEF=0	虹膜半径预置最大值,以像素为单位
25	图像大小	4 字节	1…4294967295	图像数据的大小,以字节为单位
26	虹膜形变率	2 字节	(DEFORMATION_RATIO,DEFORMATION_RATIO) DEFORMATION_RATE:1…255 DEFORMATION_UNDEF=0	(左眼,右眼)瞳孔半径与虹膜半径比值的归一化值
27	瞳孔偏心率	2 字节	(ECCENTRICITY_RATIO,ECCENTRICITY_RATIO) ECCENTRICITY_RATIO:1…255 ECCENTRICITY_UNDEF=0	(左眼,右眼)瞳孔中心和虹膜中心之间的距离与虹膜半径比值的归一化值
28	佩戴饰物标识	2 字节	(EYE_WEAR_XXXX,EYE_WEAR_XXXX) EYE_WEAR_BARE=1(1_{Hex}) EYE_WEAR_GLASSES=2(2_{Hex}) EYE_WEAR_HARD_LENS=3(3_{Hex}) EYE_WEAR_SOFT_LENS=4(4_{Hex}) EYE_WEAR_COLOR_LENS=5(5_{Hex}) EYE_WEAR_UNDEF=0(0_{Hex})	(左眼,右眼)佩戴饰物标识 无饰物 普通光学眼镜 硬质地隐形眼镜 软质地隐形眼镜 彩色花纹隐形眼镜 未知

表 4（续）

序号	数据项	长度	数据值	描述
29	成像光源波长	2 字节	1…65535 LIGHT_WAVELENGTH_UN-DEF＝0	成像光源的波长，以纳米（nm）为单位
30	活体检测块	1～n 字节		应包含最开始的 1 个字节无符号整型数据，用来标识活体检测块的个数信息；后跟 0 个或多个子活体检测块。 每个子活体检测块包含以下信息： a)活体检测分数；b)活体检测算法的供方标识；c)活体检测算法的标识。 活体检测分数是虹膜表达之间的相对预测分数，是一个无符号整型数据，应占用 1 字节。其取值为：0～100，高数值代表高活体置信度，255(FF_{Hex})表示活体检测分数计算失败。 活体检测算法供方标识给出了活体检测算法的供方信息，是一个在 SAC/TC 28 注册过或者经 SAC/TC 28 授权的 CBEFF 生物特征识别组织的标识，占 2 字节。全 0 表示活体检测算法供方的类型未注册； 活体检测算法的标识给出了生成质量分数的算法的信息，由活体检测算法的提供者或经过认证的授权者分配。全 0 表示活体检测算法的类型未注册

7.4.2.2 虹膜图像类别

虹膜图像类别参数标识虹膜图像类别，应占用一个字节，并且应符合表 5 的要求。

表 5　虹膜图像类别

类别标识	名称	支撑条款
1	单目非裁剪虹膜图像	6.2
2	单目 VGA 虹膜图像	6.3
3	单目裁剪虹膜图像	6.4
7	单目裁剪掩码虹膜图像	6.5.1～6.5.4
8	双目非裁剪虹膜图像	6.6
9	双目 VGA 虹膜图像	6.7
10	双目裁剪虹膜图像	6.8
11	双目裁剪掩码虹膜图像	6.5.1～6.5.4，6.9

7.4.2.3 虹膜定位参数

在表 4 中序号 19～24 的虹膜半径和中心的优选取值范围用以指导虹膜定位和分割。它因采集设备,图像大小以及景深的不同而有所差异。这个优选范围能加速虹膜的定位和分割,一定程度上也能够防止定位和分割的错误。注意,错误的取值范围会造成定位和分割失败。如果有必要的话,后续的子过程也可以使用该参数。

7.4.2.4 图像数据

图像数据的大小应保存在虹膜表达数据头的结尾,其后紧跟图像数据。

7.4.3 虹膜表达数据头常量

虹膜表达数据头中特定常量的说明详见表 6。

表 6 虹膜表达数据头常量

常量	描述	表 4 中字段
*_UNDEF	用在其他常量中表示该参数没有定义	可变的
ORIENTATION_UNDEF	图像方向没有定义	12
HORZ_ORIENTATION_BASE	标识图像与人眼的相对左右顺序(例如,左眼的鼻尖侧或者右眼的太阳穴侧对应图像的左边)	12
VERT_ORIENTATION_BASE	眼的上部对应图像的上部	12
HORZ_ORIENTATION_FLIPPED	镜面图像的左右顺序,与 HORZ_ORIENTATION_BASE 相反	12
VERT_ORIENTATION_FLIPPED	与 VERT_ORIENTATION_BASE 相反	12
SCAN_TYPE_CORRECTED	标识由单行或隔行扫描得到的人工图像已经被矫正过	12
SCAN_TYPE_PROGRESSIVE	图像获取采取单行扫描模式	12
SCAN_TYPE_INTERLACE_FRAME	图像获取采取隔行扫描模式(奇偶场交错)	12
SCAN_TYPE_INTERLACE_FIELD	图像获取采取隔行扫描模式,但是只用了单场(奇场或偶场)	12
PREVIOUS_COMPRESSION_NONE	图像未被压缩或已经经过无损压缩	12
PREVIOUS_COMPRESSION_LOSSY	图像已经经过有损压缩	12
PREVIOUS_COMPRESSION_UNDEF	图像压缩历史未知	12
IMAGEFORMAT_MONO_RAW	未压缩的单色黑白图像	11
IMAGEFORMAT_MONO_JPEG 2000	JPEG 2000(ISO/IEC 15444(所有部分))压缩过的单色图像,采用 J2P 格式保存	11
IMAGEFORMAT_MONO_PNG	PNG(ISO/IEC 15948)压缩过的单色图像	11
IMAGE_QUAL_FAILED	图像质量评价失败	6
RANGE_UNASSIGNED	不估计采集距离	16
RANGE_FAILED	估计采集距离失败	16
RANGE_OVERFLOW	估计的采集距离超过 $2^{32}-2$	16

附　录　A
（资料性附录）
虹膜图像获取

A.1　调制传递函数和空间采样率

当空间频率为 2 circles/mm 时，虹膜图像采集系统的调制传递函数不宜小于 0.6。虹膜数字图像的空间采样频率宜达到至少 10 pixels/mm。

A.2　压缩范围

表 A.1 来自于参考文献[4]IREX 报告书的图 1，它显示在给定图像数据记录的大小，不同应用(1∶1的验证模式或 1∶N 的识别模式)所对应的最佳虹膜图像类别，针对的是单目虹膜图像。

表 A.1　虹膜记录大小与虹膜图像类别的关系

配置		目标记录的大小							
任务	推荐的虹膜图像种类和压缩格式	2 kB	4 kB	8 kB	16 kB	32 kB	64 kB	128 kB	256 kB
A11	IMAGE_TYPE_MONOCULAR_UNCROPPED,PNG无损压缩或JPEG 2000								
A11	IMAGE_TYPE_MONOCULAR_VGA(640x480),PNG无损压缩或JPEG 2000								
A11	IMAGE_TYPE_MONOCULAR_CROPPED，PNG无损压缩								
A11	IMAGE_TYPE_MONOCULAR_CROPPED_AND_MASKED,PNG无损压缩								
1∶N	IMAGE_TYPE_MONOCULARCROPPED，JPEG 2000								
1∶N	IMAGE_TYPE_MONOCULAR_CROPPED_AND_MASKED，JPEG 2000								
1∶1	IMAGE_TYPE_MONOCULAR_CROPPED, JPEG 2000								
1∶1	IMAGE_TYPE_MONOCULAR_CROPPED_AND_MASKED,JPEG 2000								

A.3 聚焦质量

图像的聚焦质量宜达到能够使图像保持在特定分辨率的水平。图 A.1 给出了一幅代表性的高聚焦度和高分辨率的虹膜图像。注意,图像压缩或离焦会降低图像质量。参考文献[3]的附录给出一种判断图像聚焦程度的算法,它给出[0,100]的聚焦分数。

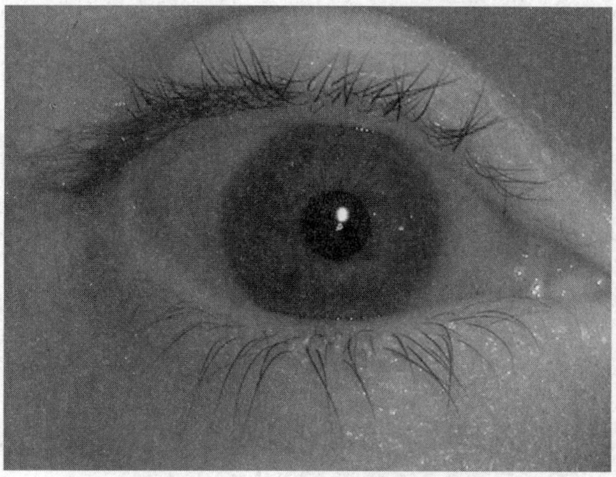

图 A.1 高聚焦质量的虹膜图像

A.4 对比度

在虹膜图像里,虹膜区域和巩膜区域、虹膜区域和瞳孔区域宜有明显的灰度级别差。如图 A.2 示,虹膜图像宜有充分的对比度能够反映虹膜纹理。

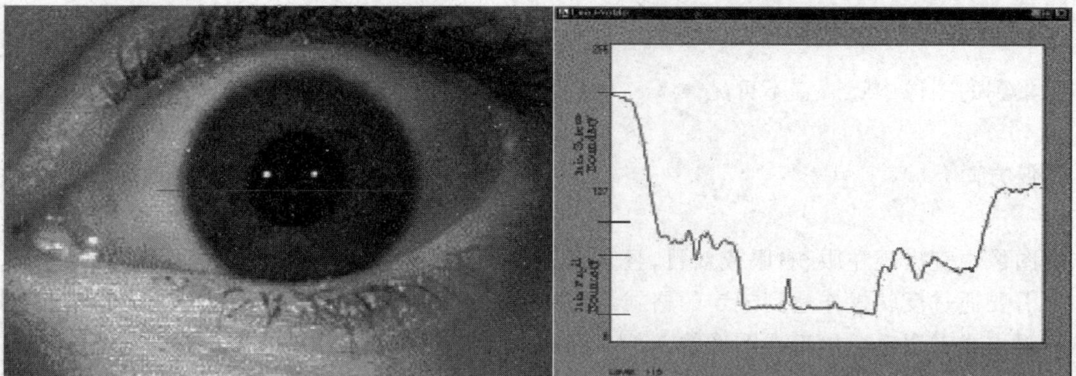

图 A.2 虹膜图像和指示线上的灰度剖面图

A.5 可见虹膜

图像中宜至少有 50%的虹膜可见,也就是没有被光斑、眼皮、睫毛或其他物体遮挡。在实际应用中,有些人群的虹膜区域不能达到这个要求,可适当调整。

A.6 图像灰度级别

图像的灰度宜至少有256个等级，每个灰度值至少占1个字节(8位)，提供至少7位的有用灰度信息。反射光斑区域的灰度值宜设置为饱和度(最大灰度值)或者0；瞳孔、虹膜和巩膜区域的灰度值宜介于0和最大灰度值之间。根据实际图像的情况可以适当调整这些推荐值。

A.7 光源

系统宜采用700 nm～900 nm的近红外光源。这个范围是根据实际应用给出的推荐值，也可以采用其他的光源，例如在将来的系统中可以考虑采用可见光。为避免"红眼"效应，光源中心和瞳孔中心的连线与虹膜相机的光轴之间的夹角宜至少达到5°。光源宜安装在相机的两侧或者下侧，以避免由上眼皮遮挡而产生阴影。

A.8 像素长宽比

图像采集系统宜生成长度和宽度相等的方形像素。其长度和宽度的相对差异宜小于1%，即像素的长宽比宜在0.99～1.01之间。

A.9 光学失真

图像采集系统的设计宜和参考文献[2]中的标准光学系统设计原则一致，尽可能不出现光学失真，包括球面像差、色差、像散现象和彗形像差。

A.10 噪声

在采集到的图像中噪声宜不可见。

A.11 图像方向

虹膜图像中宜出现左眼、右眼或双目，且宜遵从以下典型格式。

如果需要通过反转操作达到规定的格式，要在数据头中对应的指示项标明。图像的典型格式如下：

——眼皮或者眉毛要出现在图像的上部分区域；

——右眼的泪腺要出现在图像右侧；左眼的泪腺出现在图像左侧；

——双目图像中，左眼在图像的右侧，右眼在图像的左侧。

A.12 虹膜呈现

为了获得最佳的识别性能和最好的交互性能，在虹膜呈现的过程中宜考虑以下实际问题：

——头部宜尽量处于垂直状态，保证左右虹膜中心连线与水平轴的夹角在－10°～10°之间。双目采集设备可以估计这个角度；

——采集过程中，眼睛宜尽可能睁大，使得系统能够采集到尽可能大的虹膜裸露区域；

——过度的瞳孔放大会影响注册的质量，而瞳孔直径小于或等于7 mm的虹膜图像宜被显示出来；

——过度的人眼斜视会导致采集到的虹膜图像变形，宜被显示出来；

——为了保证得到最优的注册质量，注册时宜摘掉眼镜，以减小错误不匹配率；

——在注册、验证或识别时，宜摘掉硬质地或者软质地的隐形眼镜。

A.13 质量分数

如果生物特征识别样本的质量分数能够从虹膜表达中得到，那么图像获取的目的就是所有的虹膜表达能够获得最大的质量分数。质量分数宜定量地描述了虹膜表达的可用性，同时也预测了样本在识别系统中的性能。质量分数依赖多个质量因子，包括分辨率、对比度和图像噪声程度等。所有样本质量分数的平均值可以预测系统的验证和识别性能。对于来自同一只眼的特定的虹膜图像对，它们的质量分数表示该图像对对整个系统预测性能的贡献。

参 考 文 献

[1] Daugman, John and Downing, Cathryn, "Effect of severe image compression on iris recognition performance," IEEE Trans. on Information Forensics and Security, 3(1): 52-61, March 2008.

[2] Smith, Warren J. Modern Optical Engineering The Design of Optical Systems. McGraw-Hill Inc., New York, 1990.

[3] Daugman, John, "How iris recognition works", IEEE Trans. on Circuits and Systems for Video Technology, 14(1): 21-30, January 2004.

[4] Grother, P., Tabassi, E., Quinn, G.W., and Salamon, W., IREX Interoperable Iris Exchange I: Performance of Iris Recognition Algorithms on Standard Images. NIST Interagency Report 7629, 2009.

[5] ISO/IEC 29109-1 Information technology—Conformance testing methodology for biometric data interchange formats defined in ISO/IEC 19794—Biometric Data Format Standard—Part 1: Generalized conformance testing methodology

[6] ISO/IEC 29794-1 Information technology—Biometric sample quality—Part 1: Framework

ICS 35.040
L 70

中华人民共和国国家标准

GB/T 26237.8—2014

信息技术　生物特征识别数据交换格式　第8部分：指纹型骨架数据

Information technology—Biometric data interchange formats—Part 8: Finger pattern skeletal data

(ISO/IEC 19794-8:2011,NEQ)

2014-09-03 发布　　2015-02-01 实施

中华人民共和国国家质量监督检验检疫总局
中国国家标准化管理委员会　发布

前　言

GB/T 26237《信息技术　生物特征识别数据交换格式》拟分为下列14个部分：

——第1部分：框架；

——第2部分：指纹细节点数据；

——第3部分：指纹型谱数据；

——第4部分：指纹图像数据；

——第5部分：人脸图像数据；

——第6部分：虹膜图像数据；

——第7部分：签名/签字时间序列数据；

——第8部分：指纹型骨架数据；

——第9部分：血管图像数据；

——第10部分：手形轮廓数据；

——第11部分：处理过的签名/签字动态数据；

——第12部分：脸形特性数据；

——第13部分：声音数据；

——第14部分：DNA数据。

本部分为GB/T 26237的第8部分。

本部分按照GB/T 1.1—2009给出的规则起草。

本部分使用重新起草法参考ISO/IEC 19794-8:2011《信息技术　生物特征识别数据交换格式　第8部分：指纹型骨架数据》编制，与ISO/IEC 19794-8:2011的一致性程度为非等效。

请注意本部分的某些内容可能涉及专利。本部分的发布机构不承担识别这些专利的责任。

本部分由全国信息技术标准化技术委员会(SAC/TC 28)提出并归口。

本部分起草单位：浙江中正智能科技有限公司、中国电子技术标准化研究院、方正国际软件(北京)有限公司。

本部分主要起草人：霍红文、刘中秋、杨前邦、冯敬。

信息技术　生物特征识别数据交换格式
第8部分:指纹型骨架数据

1　范围

GB/T 26237的本部分规定了基于指纹型骨架模式的指纹识别数据交换格式,适用于自动指纹识别的各种应用领域。

2　规范性引用文件

下列文件对于本文件的应用是必不可少的。凡是注日期的引用文件,仅注日期的版本适用于本文件。凡是不注日期的引用文件,其最新版本(包括所有的修改单)适用于本文件。

GB/T 1988—1998　信息技术　信息交换用七位编码字符集(eqv ISO/IEC 646:1991)

GB/T 16649.6—2001　识别卡　带触点的集成电路卡　第6部分:行业间数据元(idt ISO/IEC 7816-6:1996)

GB/T 26237.1—2010　信息技术　生物特征识别数据交换格式　第1部分:框架(ISO/IEC 19794-1:2006,MOD)

GB/T 26237.2—2011　信息技术　生物特征识别数据交换格式　第2部分:指纹细节点数据(ISO/IEC 19794-2,NEQ)

GB/T 28826.2—2014　信息技术　公用生物特征识别交换格式框架　第2部分:生物特征识别注册机构的操作程序(ISO/IEC 19785-2:2006,NEQ)

ISO/IEC 7816-11:2004　识别卡　集成电路卡　第11部分:基于生物特征识别方法的身份验证(Identification cards—Integrated circuits cards—Part 11:Personal verification through biometric methods)

3　术语和定义

GB/T 26237.1—2010界定的以及下列术语和定义适用于本文件。

3.1

汗孔　sweat pore

皮肤上允许汗液流出以参与控制体温的微小敞开。

4　代号和缩略语

BDB　生物特征识别数据块(Biometric Data Block);

BER　基本编码规则(Basic Encoding Rules);

BIT　生物特征识别信息模板(Biometric Information Template);

CBEFF　公用生物特征识别交换格式框架(Common Biometric Exchange Formats Framework);

DO　数据对象(Data Object);

ppcm　每厘米像素数(pixels per centimeter)。

5 符合性

生物特征数据记录如果满足以下要求，则符合 GB/T 26237 的本部分：

a) 该记录的数据结构、数据值、数据元素之间的关系，满足第 7 章所述的指纹型骨架数据记录格式相关规定，以及第 8 章所述的指纹型骨架数据卡格式相关规定；

b) 该记录数据值与产生该记录的输入生物特征数据之间的关系，满足第 7 章所述的指纹型骨架数据记录格式相关规定，以及第 8 章所述的指纹型骨架数据卡格式相关规定。

如果一个系统在其应用符合性声明中声明其输出的所有生物特征数据记录符合上述要求，那么该系统产生的生物特征数据记录符合本部分。

如果一个系统在其应用符合性声明中声明能读出且使用符合本部分的所有生物特征数据记录，那么该系统符合本部分。

注：系统产生、使用的生物特征数据记录应符合其声明符合的本部分中的条款，而不要求其符合本部分的所有条款。

6 指纹型骨架数据的测定

6.1 概述

指纹交换数据是基于脊线的型骨架表示的。当最大差异不超过脊线宽度四分之一时，不同骨架生成算法产生的结果不会对互操作性产生影响。为了得到一个合格的指纹骨架，需要先对原始指纹图像进行降噪和规范化处理。骨架线元素的方向编码包含在交换数据记录里，骨架线的起始点和末梢点记录为真实或虚拟的细节点。骨架线起始点到结束点之间的连线编码为连续的方向变化。

本章将介绍细节点特征，并描述骨架线的编码定义。

6.2 细节点

6.2.1 细节点类型

在指纹图像中，细节点是一条脊线结束处的点，或者是一条脊线分离成两条脊线处的点。

每个细节点都有与之相关的“类型”。细节点的类型主要有两种：脊线端点，用两位的二进制值“01”表示；脊线分叉点或分裂点，用两位的二进制值“10”表示。三个或更多的脊线相交叉而形成的点，将被视为脊线分叉点。

描述脊线骨架需要使用“真实细节点”和“虚拟细节点”的概念。在指纹图像中，虚拟细节点并不是一个真正的端点或分叉点，而是结束或延续骨架线所必需的点。虚拟细节点有两种类型：虚拟端点和虚拟分叉点。

在指纹图像的边缘区域，以及因图像质量过低导致不能测定脊线和细节点的区域，需使用虚拟端点来描述骨架线端点。虚拟端点还可以用来对一个闭环进行编码，参见表 A.1。虚拟端点用两位的二进制值“00”表示。

描述骨架线时，某些情况下需要在脊线上插入一个虚拟细节点。例如，在描述一个没有真实细节点的闭环时，就需要使用虚拟细节点；另外，在用高精度的大曲率曲线来描述脊线时，也需要使用虚拟细节点，见 6.3.4 注 2 关于最大曲率的注。这些点被称为“虚拟延续”，并用两位的二进制值“11”表示，参见附录 A 表 A.1。

6.2.2 细节点的位置和坐标系统

用来表示指纹细节点位置的坐标系是笛卡尔坐标系统。点的位置用(x,y)坐标表示，观察图 1 中手指的潜指纹时，x 向右增加，y 向下增加，与手指方向相反。这一点与多数成像及图像处理用法一致。观察手指时，x 从右到左增加，见图 1。所有的 x 和 y 值都是非负值。对于指纹型骨架记录格式，分辨率在记录头中规定，见 7.4。对于指纹型骨架卡格式，细节点的 x 和 y 坐标应是米制单位，常规格式中每个单位表示百分之五毫米，压缩格式中每个单位表示十分之一毫米，即：

1 单位＝0.05 mm（常规格式）或 0.1 mm（压缩格式）。

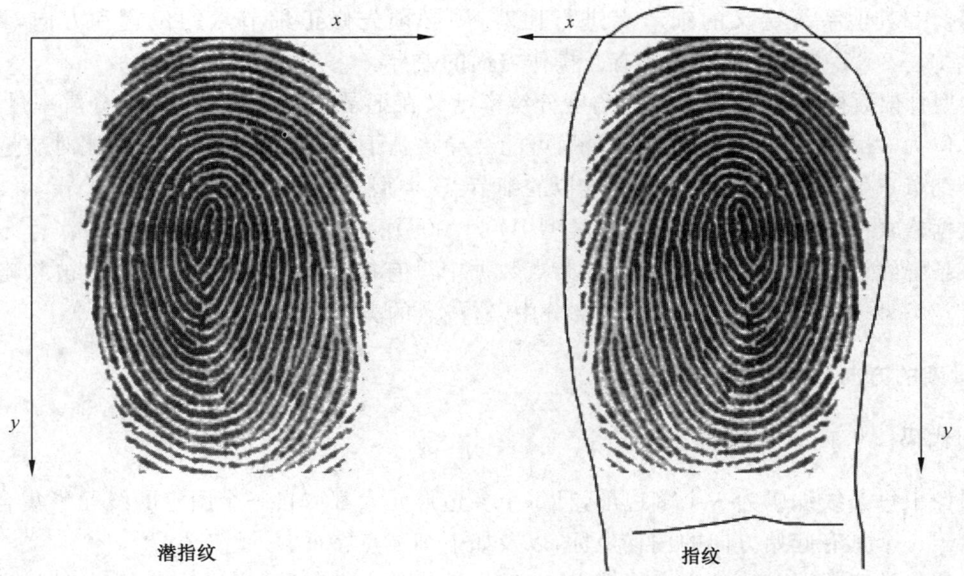

图 1　坐标系统

脊线端点应满足该点只有一个邻点像素，且该邻点像素属于骨架。

注：在 GB/T 26237.2—2011 的一些格式类型中，脊线端点的位置可以参考脊线前面谷线的分叉点来定义。

一个脊线分叉点的位置定义为脊线骨架线的分叉处，即分叉点的位置是三条或多条脊线相交处。

虚拟端点的位置定义，应参考真实端点的位置定义。

“虚拟延续”类型的细节点位置，不宜用于比对算法。比对算法宜只分析真实细节点的位置和角度信息。虚拟细节点宜仅用于骨架重构，并可支持后续的重构模式分类。为了提高脊线描述的精度，可以指定骨架上任何位置的点。

6.2.3　角度约定

细节点的角度定义为从水平正半轴开始沿逆时针方向增加的角度。细节点角度范围应与记录头中定义的角度数据字段的位宽度相适应。

脊线骨架端点的方向定义为脊线末端的切线与水平向右方向所成的角。

在脊线分叉点，三条脊线分支交汇于一点，两条包围谷线末端的脊线形成一个锐角。脊线分叉点的方向定义为这条脊线的切方向与水平向右方向所成的角。

超过三个分叉的脊线的方向，应参照真实脊线端点加以定义。

虚拟端点的方向，应参照实际端点的定义。

“虚拟延续”类型的细节点方向，不宜用于比对算法。比对算法宜只分析真实细节点的位置和角度信息。虚拟细节点宜仅用于骨架重构，并可支持后续的重构模式分类。其方向可以指定为交汇和流出方向的平均值，或者流出的方向，参见附录 A 表 A.1。

6.2.4 与 GB/T 26237.2—2011 中指纹细节点数据的差异

在 GB/T 26237.2—2011 卡格式，格式类型"0006"中，对细节点位置和方向的定义与 GB/T 26237 的本部分是一致的，如下：

——脊线分叉处的细节点，编码为一个脊线骨架分叉点；

——脊线结束处的细节点，编码为一个脊线骨架端点。

如果需要和其他系统定义的细节点进行比对，则必须先修正细节点的位置和方向，可能因此与 GB/T 26237.2—2011 中其他格式类型有互操作方面的差异。

在指纹型骨架数据记录中，细节点的角度分辨率定义在记录头中。最小的角度分辨率量化为 16 级，每个量化单位为 22.5°。低于 64 级的分辨率，可能会导致基于细节点的比对算法的比对质量下降。

在指纹细节点数据格式中，没有定义虚拟的细节点(类型 ID 为"00"和"11")。

在本数据格式中，没有定义为"其他"(类型 ID 为"00")的细节点类型。

超过三条脊线汇聚的分叉点，在指纹细节点数据中没有提及，因此在记录时可能被忽略，也可能被编码为"其他"类型。在 GB/T 26237 的本部分中，这些点的类型定义为分叉点。

6.3 脊线骨架的方向编码

6.3.1 方向代码

骨架图像中每条线编码为一个多边形，且每个多边形元素都取自一个固定的线元素集合，见 6.3.4。这些线开始于一个具有起始方向的偏移坐标，以及如下细节点特征：

——细节点类型(两位："00"为虚拟端点；"01"为脊线端点；"10"为脊线分叉点；"11"为虚拟延续)；

——细节点方向(位深定义在记录头中，范围根据位深量化为 0°～360°)；

——x 坐标(位深定义在记录头中)；

——y 坐标(位深定义在记录头中)；

——方向元素的数目(8 位)。

连续多边形元素，是根据其相对上一元素方向的变化或其第一个元素相对于细节点方向的变化(需要规范化或四舍五入到方向编码的范围)和分辨率来定义的。每个元素的长度都是一个方向变化函数，见 6.3.4：

——方向变化(位深度和分辨率定义在记录头中。数据类型是一个有符号整数，但最小负数不用于方向变化。例如 4 位的位深和 32 级方向，有符号整数范围从 −7～7，规范化的角度范围是 −39.375°～+39.375°)；

——在高曲率脊线的情况下，方向元素宜以较高的空间分辨率存储。因此，可以在两种不同的分辨率之间进行切换；

注：如一条线的编码开始于一般分辨率。在编码过程中，在最小负数首次出现时，切换到高级分辨率；在第二次出现最小负数时，则切换回一般分辨率，参见表 A.2。

——继续跟踪方向变化，直至到达折线终点；

——线终点的细节点类型(两位："00"为虚拟端点，"01"为脊线端点，"10"为脊线分叉点，"11"为虚拟延续)。

如果脊线结束于一个虚拟端点(类型编号"00")，则该脊线上细节点的相对位置如下：

——通过函数 min(3，floor($4l/S_n$))把细节点相对位置 l/S_n 规范化到 0～3，并存储为两位的有符号整数。这里 l 是细节点和最后一个线元素之间的距离，S_n 是最后一个线元素的步长，见图 2；

——如果脊线以一个实际的细节点("01"或"10")结束，或者被虚拟延续打断("11")，为了使得直线对齐操作的计算开销较小，宜以如下方式进行：如果以前存储的线终点类型已经和起始字节对齐，该细节点数据通过附加的方向和位置完成；在未对齐的终点类型上，则是由方向和位置之后的下一个字节开始重复；

——如果之前存储的线终点的细节点类型不是从对齐的字节开始，则重复下一个字节；在此对齐过程中任何未设置值的位用零填充；

——细节点方向(位深定义在记录头中，范围根据位深量化为 0°～360°)；

——x 坐标(位深定义在记录头中)；

——y 坐标(位深定义在记录头中)。

如果结束细节点是虚拟延续(类型编号“11”)，则线的描述如下：

——后续方向的元素数目(8 位)以及方向元素；

——对每条线的编码，最后一个字节的未使用位都宜用“0”填充，使得下一条线的编码可以从一个对齐字节开始。

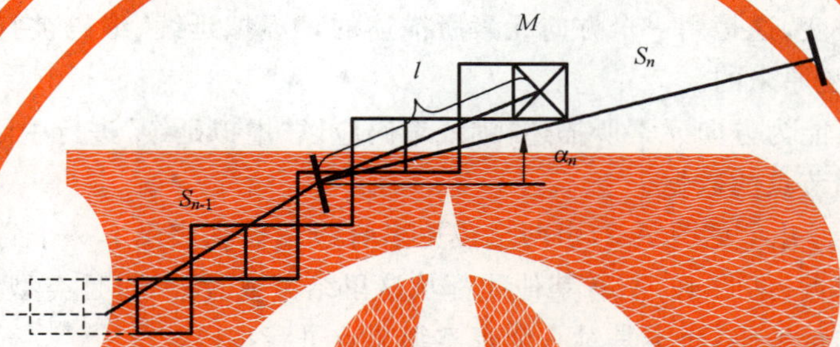

图 2　多边形线元素上细节点相对位置是比率 l/S_n，S_n 是经过细节点 M 的线元素长度，l 是起点 S_n 到细节点 M 的距离，α_n 是 S_n 的角度

6.3.2　骨架线编码总规则

为使编码尺寸尽量小，骨架线应从真实细节点(类型“01”或“10”)开始。

不限制使用虚拟延续细节点和高分辨率模式。

注：可以用虚拟延续细节点或高分辨率模式来描述脊线。可以选择一种方法来描述高曲率曲线同时使用其他方法标记经过分歧点、中心点、三角点或曲率极值点的线。但是这些额外的描述将增加编码的大小，且不利于互操作。

在记录中，不应假设线端点的先后顺序。

骨架线编码应仅用于脊线有足够质量的图像区域，参见图 A.3。

注：“一位质量图”的定义：在没有编码的脊线附近图像区域，质量为 0 或不足；而在有编码的脊线附近图像区域，质量为 1 或足够。如果扩展数据区中有更多的质量数据，则可以另外定义多位质量图。

要判断骨架线编码的描述质量，需要将重构的脊线与原始指纹图像中脊线进行比较。重构的脊线应在脊线位置和结构上，能够描述原始指纹图像。判断规则如下：

——重构后的骨架线多边形元素，应在脊线区域内；且描述了脊线的大部分长度，例如至少 50%。范围阈值设置在 5%左右是适当的。该阈值取决于应用系统对重构和比较的质量要求；

——重构的骨架线的任何部分都不应在任何其他脊线区域中，而只能在它所描述的脊线区域中；

——重构的骨架线应保持脊线的拓扑结构。

6.3.3 构建方向元素

为构造两个连续多边形要素之间的方向变化 α_i，见图 3 和图 4，首先围绕当前点画一个圆，其半径等于多边形元素的长度，并获取该圆与前进方向上脊线的交点。指向该点的方向应按方向编码位深进行规范化处理，并存储此方向和前一个线元素的方向之差。此时，新得到的多边形元素的终点及其方向就可以作为下一个多边形元素的起点及其方向。

至此，方向元素的构建都是使用独立于方向的步长。而对于依赖方向的步长，则应将上面描述的圆取代为在 6.3.4 中定义的依赖性步长。

为了避免出现错误整合叠加的情况，每个出发点都必须具有较高计算准确性，即其分辨率应至少是细节点空间分辨率的 100 倍。

如果在脊线结束时进行了线性扩展，以满足多边形元素长度的要求，则该线的编码应以结束细节点的类型来结束。对于一个真正细节点的结束，其方向和终点坐标被储存；而对于一个虚拟细节点的结束，其在当前步骤相对细节点的位置被存储。

如果脊线的方向改变，这是用一个方向元素所描述的，“虚拟延续”编码被打断，新的线路编码应从同一点出发，而不是重复原来的。

若骨架方向改变不能为方向元素所描述，则线编码应以“虚拟延续”进行中断，且新的线编码应从同一点开始且不重复该细节点的数据。

一个分叉点，见图 4，并参见图 A.2，由两个或更多脊线编码来表示。一个脊线经过分叉点，但是该位置并没有真正的细节点，见图 4。所有其他线都从这里结束或者开始，且类型为“分叉”。宜使用通过分叉点的最直的脊线进行编码，而不是对一个真实细节点进行编码。

注：最直的脊线可能是占主导地位的线，即使 GB/T 26237 的本部分对其重复编码也不会导致不同的编码。同时各分支脊线可能从分叉点变为端点。例如，根据传感器状态，某些图像中分叉点就是端点，且有主线从中穿过。

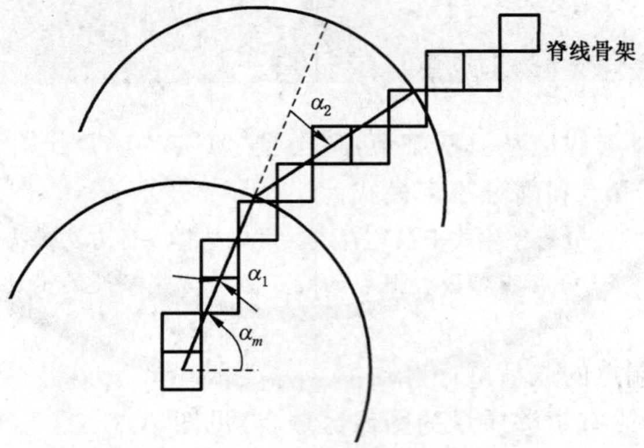

说明：

α_m：起始方向 6(脊线端点方向)；

α_1：第一次方向变化 0；

α_2：第二次方向变化－3。

图 3　从骨架端点开始的方向编码，方向变化用 4 位表示

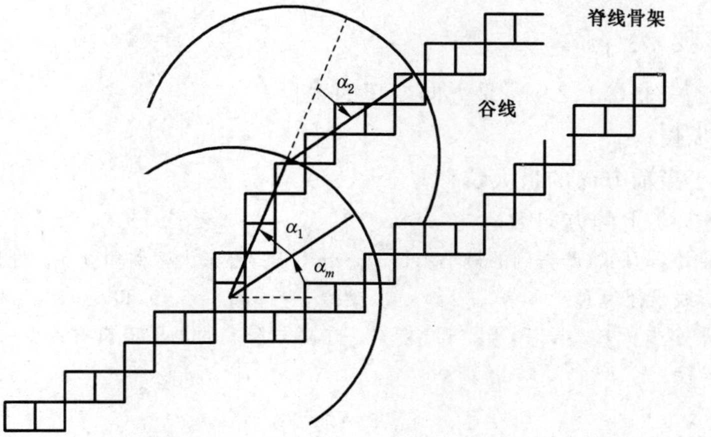

说明：

α_m：起始方向 3(谷线端点方向)；

α_1：第一次方向变化＋3；

α_2：第二次方向变化－3。

图 4　从骨架分叉点开始的方向编码，方向变化用 4 位表示

6.3.4　方向元素的长度

在大多数步骤中，方向的变化都是直线或接近直线。随着小方向变化上增加步长和减少角度范围，方向元素的数量随之减少。

依赖方向变化的步长大小，见图 5，以及分辨率可由 4 个参数描述：

——方向数目 N_π(π 或 180°范围)。该参数指示角分辨率，例如，当 $N_\pi=32$，角分辨率为 5.625°；

——通过 1 个方向编码元素的位深度，可以得到每一步骤中可能方向的数量。由于角变化是基于 0 对称，故角范围为式(1)：

$$\alpha_{\max}=\pm(180°/N_\pi)(2^{\text{bit-depth}-1}-1) \qquad \cdots\cdots(1)$$

注 1：因为角度有 5.625°的限制，且位深有 4 位的限制，则最大弯曲度为 $\alpha_{\max}=\pm 39.375°$。

——直行步长 S_s；

——最大位移垂直于当前方向 S_p。此值相对于直行步长 S_s 以 $256\times S_p/S_s$ 存储于记录头中。若记录头中 $256\times S_p/S_s$ 置 0，则所有方向元素使用常量步长 S_s。

依赖方向的步长设计特点是：

——常量角分辨率，即前后折线线元角度变化 α_n 是常量

$$|\alpha_i-\alpha_{i\pm1}|=\text{常数}\ i\in\{\cdots,-2,-1,0,1,2,\cdots\}。$$

——常量空间精度(对所有方向变化)，即前后步距离或变化是常量：$|\vec{r}_i-\vec{r}_{i\pm1}|=$常数，其中 $i\in\{\cdots,-2,-1,0,1,2,\cdots\}$。

在此条件下的每一步骤中，所有可能方向 $\vec{r}_i$ 的终点都位于两个拱上，如图 5 所示。因此依赖于方向的步长 $|\vec{r}_i|$ 定义为式(2)：

$$|\vec{r}_i|=\begin{cases}\dfrac{(S_s^2+4S_p^2)}{4S_p}\sin(2\varphi-|\alpha_i|), & S_p>0\\ S_s, & S_p=0\end{cases} \qquad \cdots\cdots(2)$$

当前方向和步向量 $\vec{r}_i$ 之夹角 α_i 定义为式(3)：

$$\alpha_i = 180°i/N_\pi \quad \cdots\cdots(3)$$

其中：

——$\varphi=\arctan(2S_p/S_s)$；

——$i\in\{\cdots,-2,-1,0,1,2,\cdots\}$是方向变化的数目；

——S_s 是直行步长；

——S_p 是垂直于当前方向的最大位移；

——N_π 为 π 或 180°上的方向数。

注 2：多边形最大曲率与从式(2)得到的最小步长 $r_{\min}=r(\alpha_{\max})$在最大弯曲角度 $\alpha_{\max}$ 处出现。常量折角 $\alpha_{\max}$ 和常量元长 $r_{\min}$ 的折线半径为 $R=180°r_{\min}/(\pi\alpha_{\max})$。当 $S_s=16$，$S_p=3.75$，和 $\alpha_{\max}=39.375°$，在 100 ppcm 分辨率下，可以得到的最小步长 $r_{\min}=3.9$，半径 5.7 像素。在高分辨率的水平步长将减少一半，$r_{\min}=1.95$，从而获得了 285 像素的半径。

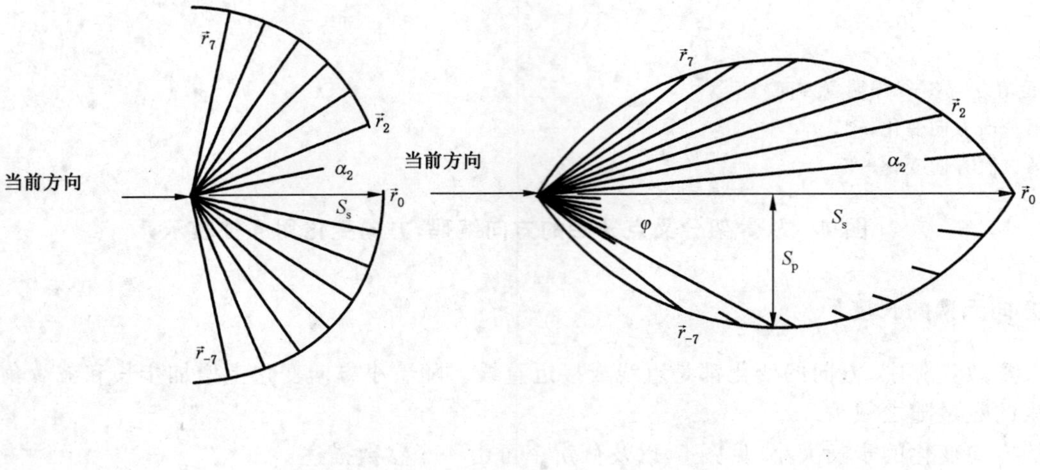

a)　　　　b)

说明：

图 a)：$S_p=0$，使用常数步长，角分辨率为 11.25°；

图 b)：$S_p>0$，步长在小角度弯曲处增大，在大弯曲角度减小。

注：这里再次对 15 个方向进行编码，取较高的分辨率 5.625°。

图 5 依赖于方向变化的步长

6.4 骨架线邻近索引

6.4.1 相邻线

骨架线描述了沿其方向上的一维空间连接。邻近的骨架线则给出了该线的垂直方向。因此，任何比对算法在分析和比较二维图像时，每个编码线和其周边相邻线之间的毗邻联系都是非常有用的。这个毗邻联系可以由每个编码线的邻近列表给出，参见附录 A 表 A.4。

如两条编码脊线满足下列条件，则该两条线互为相邻线：

a) 如果他们围绕的某条谷线的同一部分，且谷线的该部分满足

　1) 是一段连续(不低于谷宽)的谷；或

　2) 与两条脊线中的一条等长(即因另一条脊线太短而不符合条件 1)。

b) 整个图像区域质量足够且连续，并且支持符合条件 a)的脊-谷-脊结构。

6.4.2 记录相邻线索引

线索引是编码线的序号，且新线可以开始于任何类型的细节点(包括"虚拟延续细节点")。

对于一条索引序号为 L 的线，可以得到其一系列的相邻线索引 A_i。为了使得两条线之间的相邻关系只记录一次，只有 $A_i \leqslant L$ 时，才将线 A_i 计作线 L 的相邻线。线 L 的相邻线索引宜用降序方式排序：

$$L, A_1, \cdots, A_n, \text{其中 } L \geqslant A_1, A_1 \geqslant A_2, \cdots, A_{n-1} \geqslant A_n$$

其中 n 是相邻线数。因为一条线可能是自己的相邻线，如在一个 U 型转弯时，序列中第一个数 A_1 可以等于 L。但由于重复罗列相邻线关系无意义，所以任何其他索引都应该不同，即 $A_{i-1} > A_i$。

线 L 与任一相邻线 A_i 的差可以通过下面的索引差列表得到：

$$L - A_1, A_1 - A_2, \cdots, A_{n-1} - A_n$$

对于任一条线，下面的数据应被记录：

——该线的相邻线数；

——该线的索引差列表。

按记录中骨架线的编码顺序，所有编码骨架线的邻近索引数据共同构成了为骨架线索引表。

骨架线邻近索引数据应以记录索引表项数的单字节位深开始，后接相邻线索引表，该索引表应满足之前单字节位深中指定的字节数长度。

7 指纹型骨架数据记录格式

7.1 模式记录格式概述

本章的记录格式包含指纹型骨架交换数据用于公共和扩展的字段。除格式标识符和标准版本号应为符合 GB/T 1988—1998 的编码字符串外，所有数据皆为二进制格式。本记录格式没有分隔符或字段标签，整个字段按字节数解析。

表 1 是指纹型骨架模式数据记录格式的参考字段。脊线数、中心和三角数据的数据格式可选择性扩展。表 1 没有表示分区质量信息和汗孔位置数据的数据格式。

表 1 指纹型骨架数据记录格式摘要

	字段	尺寸	值	摘要
总记录头	格式标识符	4 字节	0x46534b00 ('FSK' 0x0)	FSK 代表指纹型骨架记录
	本部分版本号	4 字节	0x30323000 ('020'0x0)	该数字表明 GB/T 26237 的本部分的第二个版本是用于构建虹膜图像数据记录，且放入 4 个字节中。这个版本号应由 3 个符合 GB/T 1988—1998 的编码数字和作为空字符串符的 0 字节组成
	总记录长度字节	4 字节		
	记录中手指视图数目	2 字节	1～255	
	认证标志	1 字节		0x00：视图中不含有认证记录； 0x01：视图中含有认证记录

表 1(续)

		字段		尺寸	值	摘要
视图体(每个视图一个)	视图头(每个视图一个)	视图长度		4 字节		视图长度字段表示视图的字节长度,包含视图头字段
		采集日期和时间		9 字节		采集日期和时间以协调世界时表示,编码格式在 GB/T 26237.1—2010 中给定
		采集设备技术标识		1 字节	0～20	表 2
		采集设备供应商 ID		2 字节	0x0000～0xFFFF	按 GB/T 28826.2—2014 要求进行注册的 ID
		采集设备类型 ID		2 字节	0x0000～0xFFFF	由供应商定义
		质量块数目		1 字节	0～255	该字段紧随 5 字节质量块,由其值体现。 其值为 0 表示没有质量分数,质量块也不出现
		质量块	质量分数	1 字节	0～100,255	0:最低分;100:最高分; 255:计算质量分数失败
			质量算法供应商 ID	2 字节	0x0000～0xFFFF	按 GB/T 28826.2—2014 要求进行注册的 ID
			质量算法 ID	2 字节	0x0000～0xFFFF	
		认证数字		1 字节	0x00～0xFF	0x00 表示无认证信息
		认证记录	认证授权方 ID	2 字节	0x0000～0xFFFF	
			认证计划 ID	1 字节	0x00～0xFF	表 3
		手指方位		1 字节	0～10	表 4
		视图号码		1 字节	0～15	
		指纹型分辨率(单位为 ppcm)		1 字节	1～255	推荐 100 ppcm
		扫描方式		1 字节	0～3,8,24,28,29	表 5
		x 方向骨架图像大小		2 字节		单位:像素
		y 方向骨架图像大小		2 字节		单位:像素
		方向代码起点和终点坐标位深		1 字节	8～16	推荐 8
		方向代码起点和终点方向位深		1 字节	4～8	推荐 6
		方向代码中方向位深		1 字节	3～8	推荐 4
		方向代码步长 S_s		1 字节	1～255	推荐 16
		相对垂直步长 $256\times S_p/S_s$		1 字节	1～255	推荐 60
		相对垂直步长 $256\times S_p/S$		1 字节	1～255	推荐 60
		在 180°方向数 N_π		1 字节	1～255	推荐 32

表 1（续）

<table>
<tr><th colspan="2"></th><th>字段</th><th>尺寸</th><th>值</th><th>摘要</th></tr>
<tr><td rowspan="9">视图体(每个视图一个)</td><td rowspan="9">视图头(每个视图一个)</td><td>指纹型骨架数据块的长度</td><td>2 字节</td><td></td><td></td></tr>
<tr><td>指纹型骨架数据的长度</td><td>2 字节</td><td></td><td></td></tr>
<tr><td>指纹型骨架数据模式</td><td>预留字段</td><td></td><td></td></tr>
<tr><td>脊线附近索引数据长度</td><td>2 字节</td><td></td><td></td></tr>
<tr><td>脊线附近索引数据</td><td>预留字段</td><td></td><td></td></tr>
<tr><td>扩展数据块长度</td><td>2 字节</td><td></td><td>0x0000 为没有扩展区域</td></tr>
<tr><td>扩展数据区域类型代码</td><td>2 字节</td><td>0x00～0xFF</td><td rowspan="3">如果扩展数据块的长度不等于 0,则每个扩展数据区域可能包含特定供应商的数据,以下一个或多个(在任何顺序):
——脊线数数据;
——中心和三角数据;
——块质量数据;
——汗孔位置数据;
——骨架结构数据</td></tr>
<tr><td>扩展数据区域长度</td><td>2 字节</td><td></td></tr>
<tr><td>扩展数据</td><td>由前一字段的值确定</td><td></td></tr>
</table>

7.2 记录组织

记录组织如下:

——记录头固定长度为 15 字节,包含记录的整体信息,包括手指视图的数量和以字节为单位的全部记录长度;

——单个手指记录的组成:

- 一个可变长度的表示头,包含有关单个手指的数据信息;
- 可变长度的指纹型骨架描述;
- 扩展数据块,包含扩展数据块长度和零个或多个扩展数据区。

所有多字节量皆以高位字节先传先存。位的顺序是与字节顺序一样,即最重要的位是在最低位地址中。所有数值都是定长整型量。

7.3 总记录头

7.3.1 概述

指纹型骨架数据记录应当有且只有一个总记录头。总记录头包含描述生成该数据的设备信息和特征信息。

7.3.2 格式标识符

指纹型骨架数据的格式标识符记录在头 4 个字节。GB/T 26237 的本部分中,格式标识符应包括三个符合 GB/T 1988—1998 的编码字符“FSK”,紧跟一个字符串结束符‘\0’。

7.3.3 版本号

用于记录 GB/T 26237 的本部分版本的版本号应置于 4 个字节中。此版本号由三个符合

GB/T 1988—1998 的编码数字组成,紧跟一个字符串结束符'\0'。第一个和第二个字符表示主要修订号,第三字符则表示小版本号。GB/T 26237 的本部分版本号为"010",一个字符'0',一个字符'1'和一个'0',均为符合 GB/T 1988—1998 的字符。

7.3.4 总记录长度

整个记录的长度用 4 个字节表示,包含总记录头和一个或多个视图记录。

7.3.5 手指视图数

整个记录中的手指视图记录总数,应记录在 2 个字节中,视图数最小为 1。

7.3.6 认证标志

一个字节的认证标志应表示每个视图头是否包含一个认证记录。该标志为 0x00 表示视图中没有认证记录。该标志为 0x01 表示所有的视图中都包含认证记录。

注:认证记录可能包含 0 个认证,该情况下在认证记录中的认证数字字段值为 0。

7.4 单指记录格式

7.4.1 指纹型骨架视图记录头

7.4.1.1 概述

指纹型骨架视图记录头应从提供该手指信息的数据区开始。每一手指的指纹型骨架数据记录中都应有一个记录头。指纹型骨架视图记录头占据以下所述的 37 个字节。

注:允许多个单指的记录以不同的数据来表示相同的手指。

7.4.1.2 视图长度

视图长度字段表示整个视图的字节长度,包含视图头字段。

7.4.1.3 采集日期和时间

采集日期和时间字段应指示本视图何时采集,时间用协调世界时表示。采集日期和时间字段由 9 个字节组成,其值的编码格式在 GB/T 26237.1—2010 中给定。该字段用于指示视图采集的日期和时间,而非对记录进行实例化的时间。

7.4.1.4 采集设备技术标识符

采集设备技术标识符编码长度应为 1 个字节。该字段应指示采集设备用于采集生物特征样本的技术类型。值为 0x00 表示未知或未定义技术。具体定义见表 2。

表 2 采集设备技术标识符

采集设备技术标识符	设备技术分类
0	未知或未定义
1	白光光学 TIR
2	白光直视平面 注:卡阅读器的技术类型为"白光直视平面"

表 2（续）

采集设备技术标识符	设备技术分类
3	白光光学非接触
4	单色可见光光学 TIR
5	单色可见光直视平面
6	单色可见光非接触
7	单色 IR 光学 TIR
8	单色 IR 光学直视平面
9	单色 IR 光学非接触
10	多光谱光学 TIR
11	多光谱光学直视平面
12	多光谱光学非接触
13	电子光源
14	半导体电容
15	半导体 RF
16	半导体热敏
17	压感
18	超声
19	机械
20	玻璃纤维

7.4.1.5 采集设备供应商 ID

采集设备供应商 ID 应记录在两个字节中。它应是确定能生产生物特征识别产品的组织，且已经按 GB/T 28826.2—2014 的要求进行注册。零值表明采集设备厂商未注册。

7.4.1.6 采集设备类型 ID

采集设备类型 ID 应记录在两个字节中。它应是确定能生产生物特征识别产品的组织，且已经按 GB/T 28826.2—2014 的要求进行注册的机构加以分发。零值的情况表明采集设备类型未注册。

7.4.1.7 手指质量

7.4.1.7.1 概述

质量记录包含一个长度字段，后面紧随 0 或质量块。

7.4.1.7.2 质量块数

第一个字节是强制性的，应包含总体手指图像数据质量信息的块数。随后的 5 个字节应包含特定的质量、供应商、算法信息。其值为 0 表示没有质量分数，也没有质量块。

7.4.1.7.3 质量分数

质量分数是对生物特征样品的匹配性能进行预测的定量表达。质量分数有效值为 0～100 之间的整数,值越高表示质量越好。质量分数为 255 是特殊情况,表明是计算质量分数的失败尝试。在同一个视图中,相同算法不允许得出多个质量分数。

7.4.1.7.4 质量算法供应商 ID

为使质量分数的接受者能区分不同算法产生的质量分数,应在接下来的两个字节中记录质量算法的供应商 ID。该供应商 ID 应已按照 GB/T 28826.2—2014 的要求进行注册。

7.4.1.7.5 质量算法 ID

之后的两个字节应表示一个质量算法 ID,该 ID 由质量算法供应商分配,该供应商应已按照 GB/T 28826.2—2014 的要求进行注册。质量算法 ID 应该在 1～65535 的范围内。

7.4.1.8 采集设备认证

7.4.1.8.1 概述

采集设备认证字段是一个多字节认证记录,包含用于检测生物特征采集设备的符合性认证程序信息。如果在总记录头中的采集设备认证标志为 0x00,则表示在指纹型骨架记录的任何视图头记录中,都没有采集设备认证信息。

7.4.1.8.2 认证数量

第一个字节是必需的,且应包含采集设备成功认证的数量。该字节后面为 3 个字节的认证信息块。如果第一个字节为 0x00,则表明该采集设备没有经过认证且后面没有认证块。

7.4.1.8.3 认证授权 ID

认证授权 ID 以 2 个字节表示。认证授权方应是根据特定采集设备质量规格对设备进行认证的机构。认证授权 ID 应已按照 GB/T 28826.2—2014 的要求进行注册。

7.4.1.8.4 认证计划 ID

认证块的最后一个字节应表示认证采集设备的认证计划。当前认证计划在表 3 中列出。

表 3 认证计划 ID

认证计划 ID	标准参考
0x01	相关的 AFIS 系统图像质量规范(参见参考文献[1])
0x02	相关的个人比对图像质量规范
0x03	相关的光学指纹扫描器技术要求和测试程序

7.4.1.9 手指位置

如表 4 所示的手指位置数据应记录在一个字节。该字节的代码可以参见参考文献[2]。

表 4 手指方位代码

手位	代码
未知手指	0
右手拇指	1
右手食指	2
右手中指	3
右手无名指	4
右小指	5
左拇指	6
左手食指	7
左中指	8
左手无名指	9
左小指	10

7.4.1.10 视图编号

在总记录中,如果一个以上的指纹型骨架记录来自同一手指,则每个记录都应具有唯一的编号。手指位置和视图编号的组合应能唯一识别总记录中给定指纹型骨架记录。来自同一个手指的多种手指型骨架记录应使用数字编号的增加来表示,并从零开始。如果每个手指只有一个指纹型骨架记录,则这一字段应设置为0。视图编号应记录在1个字节中。

7.4.1.11 标定图像的分辨率

标定手指图像的分辨率在 x 和 y 方向应一致,并应记录在1个字节中。

7.4.1.12 扫描方式

用于生成指纹型骨架数据的手指图像的扫描方式,应记录在1个字节中。该字节的代码如表5所示。该字节的代码可以参见参考文献[2]。其中"刮擦式"类型标识来自通过在一个小传感器滑动手指产生的影像流的记录数据。

表 5 扫描方式代码

描述	代码
平面活体扫描	0
滚动活体扫描	1
平面非活体扫描	2
滚动非活体扫描	3
隐印指印	4
隐印指印临摹	5
隐印指印照片	6

表 5（续）

描述	代码
隐印指印提取	7
刮擦	8
垂直滚动	9
保留代码	10～23
非接触式活体光学平面	24
保留代码	25～27
其他	28
未知	29

7.4.1.13 *x* 方向的骨架图像尺寸

骨架图像在 x 方向的像素数应记录在两个字节中。

7.4.1.14 *y* 方向的骨架图像尺寸

骨架图像在 y 方向的像素数应记录在两个字节中。

7.4.1.15 方向代码起点和终点坐标位深

用于表示在骨架方向代码描述中的起点和终点的 x 和 y 坐标的位深，用 1 个字节记录。

7.4.1.16 方向代码起点和终点方向位深

用于表示在骨架方向代码描述中的起点和终点方向的位深，用 1 个字节记录。

7.4.1.17 方向代码方向位深

用于表示在骨架方向代码中方向的位深，用 1 个字节记录。

7.4.1.18 方向代码步长

在每个方向代码中当前方向的最大步长 S_s，应记录在 1 个字节中。

7.4.1.19 方向代码垂直步长

方向代码的垂直步长为对 $256\times S_p/S_s$ 四舍五入后的结果，应记录在 1 个字节中。

7.4.1.20 在 180°上的方向数

方向代码的角度分辨率，记录为在 180°方向上的数量 N_π，应记录在 1 个字节中。

7.4.1.21 指纹型骨架数据块长度

指纹型骨架数据块的长度应记录在两个字节中，以字节数表示。该长度应包含任何完成指纹型骨架数据最后一个字节所必需的填充位。

7.4.2 指纹型骨架数据块

7.4.2.1 概述

单个手指的指纹型骨架数据块应包含两个部分:指纹型骨架数据和骨架线邻近索引数据。每一部分都与对应的长度标识一起存储。

7.4.2.2 指纹型骨架数据长度

指纹型骨架数据长度应记录在两个字节中,以字节数表示。该长度应包含任何完成指纹型骨架数据最后一个字节所必需的填充位。

7.4.2.3 指纹型骨架数据

单个手指的指纹型骨架数据应按照6.2和6.3的规定加以记录。

7.4.2.4 骨架线邻近索引数据长度

骨架线相邻的索引数据长度应记录在两个字节中,以字节数表示。该长度应包含任何完成指纹型骨架数据最后一个字节所必需的填充位。

7.4.2.5 骨架线相邻的索引数据

骨架线邻近索引数据应按照6.4的规定加以记录。

7.5 扩展数据

7.5.1 概述

指纹型骨架数据记录的扩展数据允许添加比对设备可能需要用到的额外数据。这一数据块应尽可能的小,因为它会增加标准格式下指纹型骨架数据存储区的数据量。每个视图扩展数据都紧跟其标准指纹型骨架数据,并按照扩展数据块长度进行记录。单指视图可以有多个扩展数据区,此时扩展数据块长度将是多段扩展数据长度的总和。数据块长度是扩展数据存在的指示信号。

注:若无纹型骨架数据记录的标准部分,则扩展数据区不能单独使用。

7.5.2 公用扩展数据字段

7.5.2.1 扩展数据块长度

指纹型骨架数据记录应包含扩展数据块长度。此字段表示存在扩展数据,且占用2个字节。零值(0x0000十六进制)表明,没有扩展数据且该文件将结束,或继续下一视图。非零值则表明从下一个字节开始的扩展数据长度。

7.5.2.2 扩展数据字段类型代码

扩展数据字段类型代码应记录为两个字节,并应区分供应商定义的扩展数据字段格式。两个字节的零值为保留值,不能被使用。

第一字节为零、第二字节非零时,表明扩展数据字段的格式定义按照GB/T 26237的本部分的要求。

非零值的第一字节则用供应商代码来说明供应商指定的格式，由供应商维护该代码。

如果视图扩展数据块长度为零，则表明没有扩展数据，应取消该字段。

表 6 总结了扩展数据字段类型代码。

注：如果供应商定义的扩展数据是存在的，而标准生物特征识别数据头不支持该供应商或产品类型，那么扩展数据和供应商之间的关联即不存在。

表 6 扩展数据字段类型代码

第一个字节	第二个字节	定义
0x00	0x00	保留字段
0x00	0x01	脊线计数数据(7.5.3)
0x00	0x02	中心点和三角点数据(7.5.4)
0x00	0x03	带状质量数据(7.5.5)
0x00	0x04	汗孔位置数据(7.5.6)
0x00	0x05	指纹型骨架结构数据(7.5.7)
0x00	0x06～0xFF	保留字段
0x01～0xFF	0x00	保留字段
0x01～0xFF	0x01～0xFF	由供应商定义的扩展数据

7.5.2.3 扩展数据字段长度

扩展数据字段长度包括扩展数据字段类型代码和数据字段的长度，应记录在两个字节中。若比对算法不能解码或者使用这些数据，则该值用于跳到下一个扩展数据。如果视图的扩展数据块长度为零，则意味着没有扩展数据，该字段不应出现。

7.5.2.4 扩展数据字段

扩展数据字段由生成指纹型骨架数据记录的设备或 GB/T 26237 的本部分的公用扩展数据格式所定义，分别见 7.5.3、7.5.4、7.5.5、7.5.6 和 7.5.7 中的规定。如果视图的扩展数据字段长度为零，则表示没有扩展数据，该字段不应出现。

7.5.3 脊线计数数据格式

7.5.3.1 概述

如果扩展数据字段类型代码是 0x0001，则扩展数据字段包含了脊线计数信息。该格式包含两个细节点间指纹脊线数信息，为可选项。每个脊线计数都应与一对在 7.4.2 中定义的包含在指纹型骨架数据字段的细节点相关联，非指纹型骨架数据字段的细节点不应包含脊线计数信息。图 6 中细节点 A 和 B 之间的脊线数是 1，而细节点 B 和 C 之间的脊线数是 2。

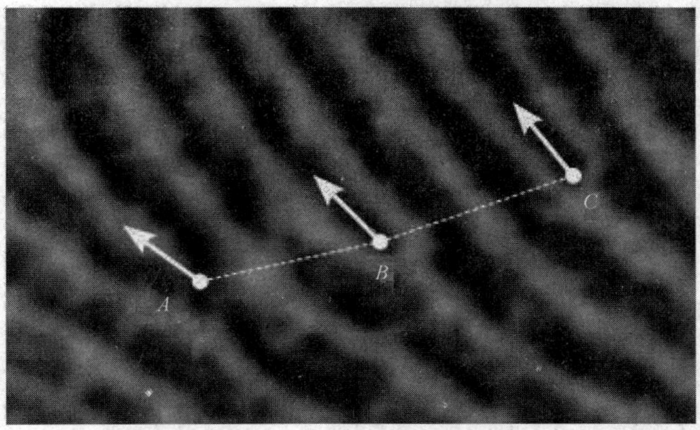

图 6　脊线计数示例

7.5.3.2　脊线数计算提取方法

脊线数字段从表示脊线提取方法的单字节开始。对于特定中心细节点来说，脊线计数常采用以下两种方法之一：

——提取在每个 4 角区域（或象限）中最相近细节点的脊线数；

——提取在每个 8 角区域（或 45°位置）中最相近细节点的脊线数。

脊线数提取方法字段应当写明使用的提取方法，如表 7 所示。

表 7　脊线数计算提取方法代码

脊线数计算提取方法数值	提取方法	说明
0x00	非特殊	没有任何假设关于脊线数的提取方法，也没有他们的记录顺序，特别是脊线数可能不是最近邻细节点之间的
0x01	4 邻域附近（象限）	对于使用的每中心细节点，脊线数数据由四个象限最近邻细节点提取到得，且每个中心细节的脊线数被列在一起
0x02	8 邻域附近（45°位置）	对于使用的每个中心细节点，脊线数数据是由 8 个 45°位置最近邻细节点提取到的，并且每个中心细节点的脊线数被列在一起

如果使用上述的具体提取方法，则脊线数应以下列方式列出：

——所有某个中心细节点的脊线数应列在一起；

——细节点中心应是在三个字节脊线数数据中的第一个细节点；

——如果给定的象限或 45°位置最近的细节点，和细节点索引、脊线计数字段一起记录的脊线数字段设置为零。因此对每个中心细节点，都将有四象限法的脊线数和 8 个 45°位置法的脊线数被记录；

——没有任何最近细节点顺序的假设。

7.5.3.3　脊线数数据

脊线数数据应用 3 字节列表表示。第一和第二个字节是索引号，记录指纹型骨架数据区坐标系中当前的两个细节点。第三个字节是1个由这两个细节点连线所经过的脊线计数。

如果在给定的4角或8角区域没有相邻细节点，则脊线数数据的3字节元素所记录的第一个细节点索引字段置成中心细节点索引号，第二个细节点索引字段设置成255，脊线数字段也设置成255。对于每个中心细节点，应将4角法的脊线数记录为4，8角法的脊线数记录为8。

脊线数数据应按序号升序列出。由于细节点以特定的几何次序列出，不应假设各种脊线计数之间存在几何关系。

7.5.3.4 脊线数据格式摘要

脊线数的数据格式应如图7所示：

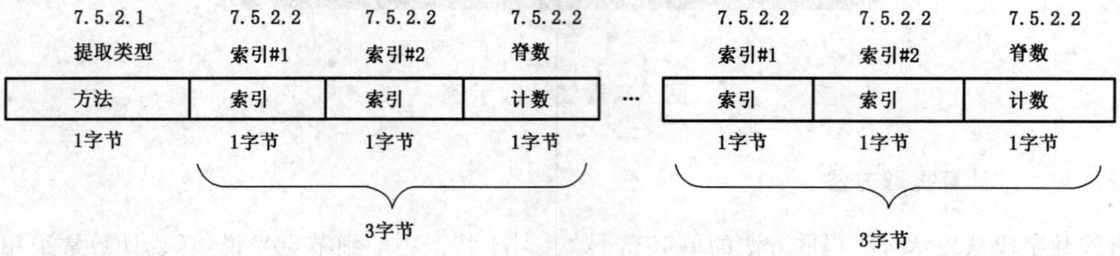

图7 脊线数的数据格式

7.5.4 中心点和三角点的数据格式

7.5.4.1 概述

如果扩展数据字段类型代码为0x0002，则扩展数据字段中将包含中心点和三角点的信息。该格式提供在原始指纹图像上有关三角点和中心点的位置特征的可选信息。中心点和三角点由指纹脊线的总体格局确定。对于任何指纹，都有可能没有或有若干个中心点和三角点。中心点和三角点可能包括也可能不包括角度信息。

三角点和中心点的信息记录方式如下。第一个字节记录包含的中心点数量，有效值为0～15。

7.5.4.2 中心点数量

中心点数量应由该字节的低4位记录，有效值为0～15。该字节的高4位应保留以便未来修订时使用。在GB/T 26237的本部分中，高4位的值为0。

7.5.4.3 中心点信息类型

中心点信息类型应记录在存储中心点位置x坐标的2个字节的两个最高位。“01”表示中心点有角度信息，“00”则表示没有与中心点类型相关的角信息。如果该值是“00”，则该中心点的角度字段不应出现。

7.5.4.4 中心点位置

如果最内部的弯曲脊线包含脊线端点，那么弯曲脊线靠近端点的最大曲率处即为中心点位置。如果中心点是脊线的U形弯，并不包含脊线端点，那么弯的末端即中心点位置。

中心点的x坐标应记录在前两个字节的低14位。y坐标应放在随后两个字节的低14位，这两个字节的高两位应保留以便未来修订时使用。在GB/T 26237的本部分中这些位的值应为0。坐标在记录文件头中提到的分辨率下以像素为单位。

7.5.4.5 中心点角度

如果中心点有明显的方向角，则该角度应记录在中心点信息中，因为这决定了中心点的类型。如果有脊线或者一个脊线群指向中心点，那么中心点应该有方向。

一个中心点角度定义为脊线在尽可能靠近中心点位置的切入角。切入角指向U形脊线开口方向。

中心点角度应以1.40625°，即360/256为单位，记录在1个字节中。中心点角度自水平坐标轴向右开始，沿逆时针方向递增。其值应为0和255之间的非负值，例如中心点角度16表示22.5°。如果中心点的信息类型是0，见7.5.4.3，那么中心点角度字段不应出现。

7.5.4.6 三角点数量

三角点的数量应在该字节的低4位，有效值为从0～15。该字节的高4位保留。在GB/T 26237的本部分中，高4位的值应设置为0。

7.5.4.7 三角点信息类型

三角点的信息类型，应记录在两个三角点位置 x 坐标的两个字节的高位上。“01”表示三角点有角度信息，“00”则表明没有角度信息。如果此字段是“00”，则角度字段不应出现。

7.5.4.8 三角点位置

三角点的位置由3个分歧点的空间位置决定，这3个分歧点都位于开始分开的脊线之间，分别将原本平行或接近平行的脊线在接近一个三角形区域时分开。

三角点的 x 坐标应记录在前两个字节的低14位，y 坐标应记录在随后两个字节的低14位。这两个双字节的高两位作为保留位，用于未来修订时使用。在GB/T 26237的本部分中这些位的值应为0。坐标在记录文件头中提到的分辨率下以像素为单位。

7.5.4.9 三角点角度

三角点角度应从脊线分开处指向平行线，即应从三角形区域内部指向外部。

三角点的3个角度属性，应分别记录在1个字节中，并以1.406 25°，即(360/256)°为单位。角度应从水平坐标轴向右开始，沿逆时针方向递增。其值应为0～255之间的非负值。如果三角点信息类型是0，见7.5.4.7，则该字段不应出现。如果因噪声或图像剪裁而导致无法从图像提取这3个角度，则应使用其他相同三角的信息加以填充。

7.5.4.10 中心点和三角点格式

中心点格式如图8所示，三角点格式如图9所示。

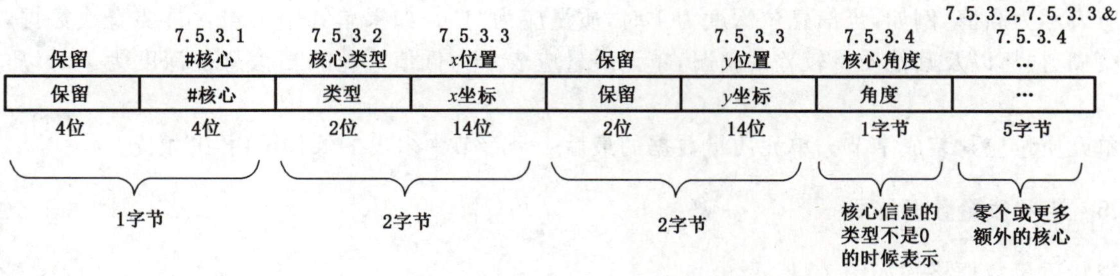

图8 中心点格式

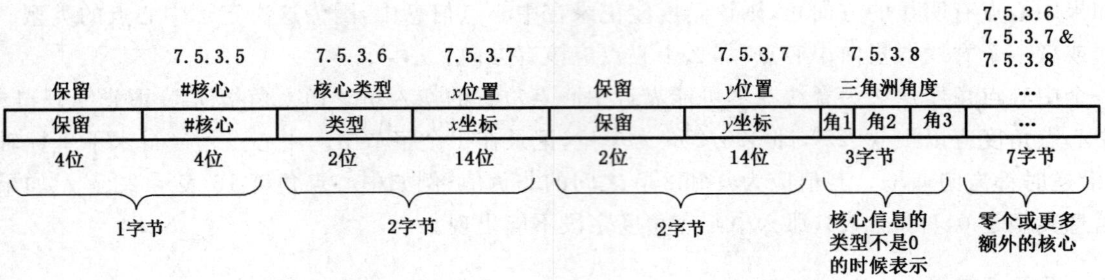

图 9 三角点格式

7.5.5 带状质量数据

7.5.5.1 概述

如果扩展数据字段类型代码为 0x0003,则扩展数据字段将包含带状质量数据。该格式提供了原始指纹图像上定义的网格中每个单元内指纹图像质量的可选信息。每个单元的质量取决于脊线、空间扭曲和其他特征的再现度、清晰度。

带状质量数据应按如下规定加以表示。其前 3 个字节应包含单元格的横向像素数、纵向像素数和质量信息的位深度。这些尺寸字节后应为每个单元的质量标识。所有单元的大小宜相同,每一行或每一列的最后单元可以例外。如果单元的宽度或高度不是图像的宽度和高度的因数,则每一行或每一列的最后单元尺寸可能小于记录值。

7.5.5.2 单元宽度和高度

单元中 x 方向的像素数应记录在一个字节中,允许的值是 1～255。单元中 y 方向的像素数应记录在一个字节中,允许的值是 1～255。

7.5.5.3 单元质量信息的位深度

单元质量信息的位深度应记录在一个字节中。此值即用来表示单个单元质量的位数。

7.5.5.4 单元质量数据

对指纹图像的每个单元的质量应由不少于一位的信息加以表示。单元格的质量数据,应按通常的“光栅”顺序存储——从左到右,从上到下。如果单元内指纹图像较为清晰并且包含重要脊线数据,单元质量应表示为高值,例如,当信息位深度为 1 时,质量应为“1”。如果单元中不包含重要脊线数据,或者脊线模糊、损坏以及其他质量较差的情况,单元质量应表示为低值,例如,当信息位深度为 1 时,质量应为“0”。

单元质量应封装成字节。单元质量数据的最后一个字节中多出的低位可由“0”填充。

7.5.5.5 带状质量数据格式

带状质量数据格式如图 10 所示。

7.5.4.1 单元宽度	7.5.4.1 单元高度	7.5.4.2 信息深度	7.5.4.3 单元质量数据	
x单元大小	y单元大小	深度	单元质量位	00…0
1字节	1字节	1字节	数据位	填充位

图 10 带状质量数据格式

7.5.6 汗孔位置数据

7.5.6.1 概述

汗孔的位置、尺寸和形状是独特的特征，可以加强对模式细节的核查。带有汗孔的指纹图像清晰可见，如图 11 所示。指纹图像可能包含多达 2 700 个汗孔。它们的大小形状和位置可以作为指纹对比的依据。在本部分中只编码了沿骨架线的汗孔位置。

图 11 有汗孔的指纹片段

沿骨架线的汗孔编码以包含 2 字节分辨率和 1 字节描述元素位深度的 3 个字节头开始。之后是对每条脊线的一系列汗孔距离的描述，见 7.4.2。

7.5.6.2 汗孔位置分辨率

汗孔位置分辨率的描述存储为 2 个字节。推荐最低值为 200 ppcm。

7.5.6.3 汗孔距离信息深度

汗孔距离信息深度存储为 1 个字节。有效范围是 2～8 位，推荐最小值为 4。

7.5.6.4 汗孔位置描述

每条脊线汗孔距离的描述应从值 00…0 开始，用一系列的汗孔距离单元沿脊线来描述汗孔位置。值 00…1 至 11…0 表示了汗孔之间的连续距离。值 11…1 表示没有汗孔距离达到 11…0。因此，在 7.5.6.2 中的汗孔位置分辨率下，7.5.6.3 中每个单元的位深度有效距离范围为从 1～($2^{bit-depth}-2$)。汗孔位置数据的最后一位，应按照要求将汗孔位置数据的最后一个字节中的低位用零值填充。

7.5.6.5 汗孔位置格式

汗孔位置数据格式如图 12 所示。

7.5.5.1 位置分辨率	7.5.5.2 信息深度	7.5.5.3 汗孔位置说明	
分辨率 [ppmm]	深度	距离单元	00…0
2字节	1字节	数据位	填充位

图 12 汗孔位置数据格式

7.5.7 指纹型骨架结构数据

7.5.7.1 概述

对于一些比对算法，可以按照所有结束于真实细节点的脊线来提取。但是当需要对整个脊线进行重建以寻找靠近末端细节点的骨架线描述时，为找到这些分叉线必须进行大范围的查找，尤其是需要找到所有分叉脊线的情况。

如需重建一条脊线，应先提供最后方向单元的方向、最后一步的步长和分辨率水平等信息。

如需确定穿过某一分叉点的脊线，应先获得该脊线的编号。如需重建这条以分叉点所在位置为开始端点的脊线，应先提供相应的元素方向和分辨率等级。

以位深度开始的骨架结构数据应存储线索引。位深度应存储在 1 个字节，值应在 4～16 之间变化。下面的结构信息应与真实骨架线中的细节点和数据的顺序相同。结构信息宜存储在数据压缩包中，且读取时根据字节计数，无需记录分隔符或字段标记。

如果一条脊线的结束处为真实细节点，则按以下顺序进行数据存储：

——结构数据单元的类型，类型 0 表示线结束，其存储位深度应为 1；

——最后一个多边形线元素(图 2 中的 α_n)与方向元素编码(N_π/π)有相同的角分辨率，其存储位深度应为 $2N_\pi-1$；

——线元素特征点的相对位置为[S_s-1，floor($S_s l/S_n$)]，其中 l 是最后一个线元素和细节点之间的距离，S_n 是最后一个线元素的步长，见图 2。其存储位深度应为 S_s-1；

——正常水平分辨率的值为 1，高分辨率为 0。其存储位深度应为 1。

对于每个分叉点存储：

——结构数据元素的类型，1 表示脊线在这里分叉。其存储位深度应为 1；

——线的编号，应从 0 开始索引。该值保存为 8 位；

——线元素号，应从 0 开始索引。其存储位深度定义在骨架结构数据的第 1 个字节中；

——最后一个多边形线元素(图 2 中的 α_n)与方向元素编码(N_π/π)有相同的角分辨率，其存储位深度应为 $2N_\pi-1$；

——线元素特征点的相对位置为[S_s-1，floor($S_s l/S_\mathrm{n}$)]，其中 l 是最后一个线元素和细节点之间的距离，S_n 是最后一个线元素的步长，见图 2。其存储位深度应为 S_s-1；

——正常水平分辨率的值为 1，高分辨率为 0。其存储位深度应为 1。

上述的 S_n 代表笔直的步长而 N_π 是在 π 或 180°方向上的方向数，二者都应在头文件中定义。

在脊线开始处的细节点编码类型“脊线结束”不应写入骨架的结构数据；而脊线结束处的细节点编码类型“脊线结束”应写入骨架的结构数据(类型 0)。对于在脊线开始处的细节点编码类型“脊线分叉”，应存储分叉信息(类型 1)；而对于在脊线结束处的细节点编码类型“脊线分叉”，则应首先存储脊线结束信息(类型 0)，然后是分叉信息(类型 1)。

7.5.7.2 指纹型骨架结构数据格式

指纹型骨架结构数据格式如图 13 所示。

深度指数	…	型线结束	方向	相对位置	分辨率水平	…
深度N_{idx}	…	0	方向	位置	水平	…
1字节	…	1位	N_d位	N_p位	1位	…
	…	每一个脊线末端的实际细节				…

…	分叉型	行数	单元数	方向	相对位置	分辨率水平	…
…	1	数	数	方向	位置	水平	…
…	1位	8位	N_{idx}位	N_d位	N_p位	1位	…
…			对于每个分叉				…

…	
…	00…0
…	填充位
…	

图 13 指纹型骨架结构数据格式

其中：

——N_d 是存储 $2N_\pi-1$ 的必须位深度，例如，当 $N_\pi=32$，$N_d=6$ 位；

——N_p 是存储 N_s-1 的必须位深度，例如，当 $N_s=16$，$N_p=4$ 位；

——N_{idx} 是存储线索引的必须位深度。该数字在结构数据的第 1 个字节中给出。

8 指纹型骨架数据卡格式

8.1 概述

GB/T 26237 的本部分为指纹型骨架数据定义了两种与卡相关的编码格式：正常尺寸的格式和紧凑尺寸的格式。如果应用于卡外(off-card)比对，则本章的格式可以成为 ISO/IEC 7816-11:2004 规定的生物特征信息模板的一部分；或者，如果应用于卡内(on-card)比对，应规定验证命令数据字段。

这两种卡格式分别有各自的固定参数集，见 8.2 和 8.3。这些固定值不应包括在卡格式中。

指纹型骨架数据卡格式由指纹型骨架数据块和可选附加特征组成。

注：对于记录格式，这些参数应在记录头设置，见 7.3。

8.2 正常尺寸的指纹型骨架格式

对于正常尺寸格式，其记录格式头由以下值确定：

——方向代码起始和终止点的分辨率	200 ppcm
——方向代码起始和终止点在 x 方向的位深度	11
——方向代码起始和终止点在 y 方向的位深度	11
——方向代码起始点的位深度和终止方向	8
——方向代码中的位深度方向	4
——方向代码的步长 S_s	24
——相对垂直步长 $256\times S_p/S_s$	60
——在 180°方向上的编号 N_π	32

8.3 紧凑尺寸的指纹型骨架格式

对于紧凑尺寸格式,其记录格式头由以下值确定:

——方向代码起始和终止点的分辨率	100 ppcm
——方向代码起始和终止点在 x 点的位深度	8
——方向代码起始和终止点在 y 点的位深度	8
——方向代码起始点的位深度和终止方向	6
——方向代码中的位深度方向	4
——方向代码的步长 S_s	16
——相对垂直步长 $256\times S_p/S_s$	60
——在 180°方向上的编号 N_π	32

8.4 指纹型骨架数据块

8.4.1 概述

一个单指指纹型的型骨架数据块有两部分组成:指纹型骨架数据和骨架线附近索引数据。每个部分的记录应符合以下描述:

8.4.2 在 *x*,*y* 坐标下的骨架图像尺寸

骨架图像像素在 x 方向的尺寸应储存为 2 字节,在紧凑尺寸格式下分辨率为 100 ppcm,在正常尺寸格式下 200 ppcm。

骨架图像像素在 y 方向的尺寸应储存为 2 字节,在紧凑尺寸格式下分辨率为 100 ppcm,在正常尺寸格式下 200 ppcm。

8.4.3 指纹型骨架数据的长度

指纹型骨架数据的长度(以字节表示)应该被记录为两个字节,且该长度应包括需要进行必要的位填以完成指纹型骨架数据的最后一个字节。

8.4.4 指纹型骨架数据

针对单一手指的指纹型骨架数据应该按 6.2 中的定义的和 8.2 中的定义进行编码。如果对骨架线的排序是没有必要的,则他们的顺序可以是任意的。

8.4.5 骨架线邻近索引数据的长度

骨架线邻近索引数据的长度(以字节表示)应该被记录为两个字节,且该长度应包括需要进行必要的位填以完成指纹型骨架数据的最后一个字节。

8.4.6 骨架线邻近索引数据

针对单一手指的骨架线邻近索引数据应该按 6.4 中的定义进行记录。

8.5 对紧凑尺寸卡格式的 *x*,*y* 坐标扩展

如果骨架图像尺寸的 x 值大于 255,则方向代码必须进行排序。该排序应按方向代码的起始点位置的 x 坐标升序进行。

如果骨架图像尺寸的 y 值大于 255,则方向代码必须进行排序。该排序应按方向代码的起始点位置的 y 坐标升序进行。

x 方向尺寸或 y 方向尺寸至多只能有一个可以大于 255,不可以两个同时超过。

可以描述在8位位深度,100 ppcm的分辨率下,2.55 cm×2.55 cm规格的图像,该尺寸基本覆盖了目前所有用来捕捉平面上指纹图像压痕的传感器。对于轧制压痕,指纹图像面积的尺寸要求约为2.5 cm×5 cm。

方向代码按起始点的 x 位置排序,但只是 x 坐标的最低有效字节被储存,相当于模(256)计算。当升序冲突时,该卡可以将所有下列条目加上256,来重建坐标值的原始序列。所以坐标值可以伴随着2.55 cm×∞(无限大)范围被储存于1个字节。

例如:

原始序列:

60 76 277 333 581 797 860 986 1000

存储顺序:

60 76 21 77 69 29 92 219 231

对每个升序冲突,将下列条目加上256:

\+ 0 0 256 256 512 768 768 768 768

重建序列:

60 76 277 333 581 797 860 986 1000

终止点位置的 x 坐标的最有效字节按照方向代码,并增加了每个步骤的位移进行重建。

同样的构建原则也适用于 y 坐标。

8.6 卡格式附加功能的使用

卡格式中,除了手指型骨架数据,可能还存在其他的功能。在这种情况下,应使用在ISO/IEC 7816-11:2004描述的和在GB/T 16649.6—2001中定义的生物特征数据模板(标签“7F2E”)。表8显示了该生物特征数据模板及其嵌入式数据对象。

如果附加了私有数据,那么标准格式(标签“90”~“93”)中的生物特征数据应该被封装在标签为“A1”的DO中。

表8 生物特征数据模板

标签	长度	值			必要性
“7F2E”	可变	生物特征数据模板			
		标签	长度	值	
		“90”	可变	按8.2或8.3指纹型骨架数据,依赖于指定的格式所有者/格式类型	强制性的
		“91”	可变	按7.5.3脊线数据	可选择的
		“92”	可变	按7.5.4中心点数据	可选择的
		“93”	可变	按7.5.4三角点数据	可选择的
		“94”	可变	按7.5.5单元质量数据	可选择的
		“95”	可变	按7.5.6汗孔位置数据	可选择的
		“96”	可变	按7.5.7骨架结构数据	可选择的
		“81’/’A1”	可变	标准格式的生物特征数据	可选择的
		“82’/’A2”	可变	专有格式的生物特征数据	可选择的
注:如果标签“81”的DO已经被使用了,那么按8.2和8.3的数据无法封装。					

8.7 比对参数和卡功能

8.7.1 概述

生物特征比对算法参数用于指示具体值的执行，这些值是当计算和结构化生物特征验证数据时外部世界的观测值。它们可以被编码为嵌入在生物特征比较参数模板中的数据对象。

对指纹型骨架数据格式，比对参数和卡功能是最大数据规格和编码在“生物特征算法参数”里的特征处理指标，见表9。标签“B1”参见ISO/IEC 7816-11:2004。

表9 生物特征识别算法参数

标签	长度	值		
“B1”	可变	生物特征识别算法参数模板		
		标签	长度	值
		“81”	2	最大数据规格
		“83”	1	特征处理指标，见表10

8.7.2 最大数据规格

对一个特定的卡而言，其所能接受的指纹型骨架描述最大数据长度，是受限于各种因素的，例如缓冲区限制和计算能力限制等。

被接受的最大数据规格因此是一个依赖于其实现过程的值，因此应注明“最大数据规格”(标签“81”，值为2字节)，该值应包含在“生物特征算法参数”中，见表9。

如果指纹型骨架数据记录的长度超过了某张卡能接受的最大数值，则宜采取必要的截断措施。截断应分为2个步骤。首先，应先淘汰质量差的指纹骨架线；如果数据记录长度仍然太大，则截断应从描述某区域的脊线凸包的外层骨架开始剥离。

对于满足卡预期的最大数据规格，应该使用表10中的最大数据规格进行DO输出。

如果该DO不在传感器单元中，则最大数据量是没有限制的。

8.7.3 卡功能的表示

如果一张可以进行卡内比对的卡支持一种或多种额外的特征，那么它的功能应使用DO“特征处理指标”来表示(标签“83”，值为1字节)。DO见表10。

表10 生物特征处理指标的编码

b8	b7	b6	b5	b4	b3	b2	b1	意义
							1	脊线支持
						1		核心点支持
					1			三角点支持
				1				单元质量支持
			1					汗孔位置支持
		1						骨架结构数据支持
x	x							RFU(默认值:0)

8.8 模式卡格式摘要

表 11 是对指纹型骨架数据卡格式字段的提供一个参考。对脊线数、核心点、三角点数据、区域质量信息和汗孔位置数据的可选扩展数据格式不在表 11 中。

表 11 模式卡格式摘要

字段	规格	值	备注
标签	可变		
长度	可变		
x 下骨架图像规格	2 字节		以像素为单位
y 下骨架图像规格	2 字节		以像素为单位
指纹型骨架数据长度	2 字节		以字节为单位
指纹型骨架数据	在前一个字段		
骨架线附近索引数据长度	2 字节		以字节为单位
骨架线附近索引数据	在前一个字段		

附 录 A
（资料性附录）
指纹型骨架数据示例

A.1 概述

下面编码例子中的字段值是根据6.3.4中的推荐。这些推荐值等同于8.3中紧凑尺寸卡格式相关描述：$S_s=16$，$S_p=3.75$，对细节点和方向元素的角度分辨率=5.625°。

依赖于方向的步长按6.3.4中提供的计算方法。对低分辨率模式：

$r_0=1.60$，$r_1=1.46$，$r_2=1.31$，$r_3=1.14$，$r_4=0.97$，$r_5=0.78$，$r_6=0.59$，$r_7=0.39$ mm。

对高分辨率模式：

$r_0=0.80$，$r_1=0.73$，$r_2=0.65$，$r_3=0.57$，$r_4=0.48$，$r_5=0.39$，$r_6=0.30$，$r_7=0.20$ mm。

表A.1～表A.4描述了一个编码例子。表格的第一列为图，细节点的编号在第二列。依次连接各表格中第六列的字节，即可得到图中脊线结构的指纹型骨架数据。图例说明参见图A.1。

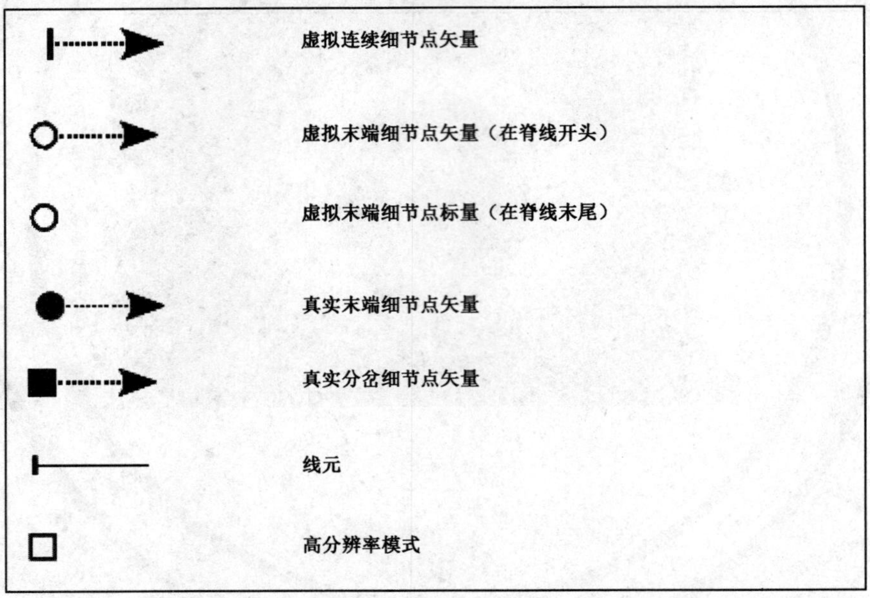

图A.1 图例说明

A.2 虚拟延续

表A.1虚拟延续细节点类型例子。这个没有真实细节点的闭环以虚拟延续点 C_1 为起始点，以虚拟末端 V_3 为结束点。为了描述高曲率，插入了虚拟延续点 C_2，图例参见图A.1。

表 A.1　虚拟延续细节点

图	细节点编号	类型	值	位数	字节值	绝对方向	步长/mm
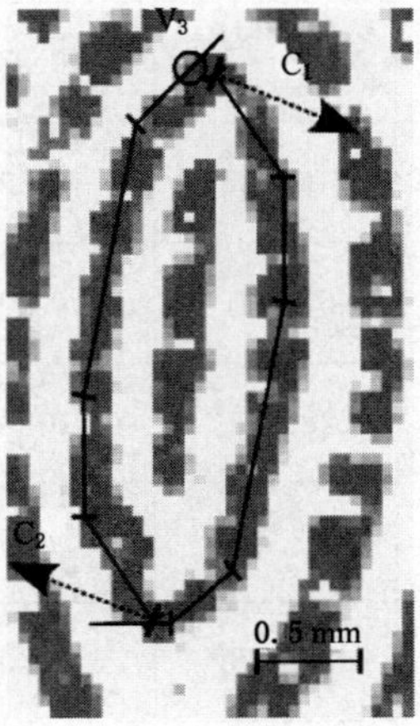	C_1	虚拟延续类型	3	2			
		方向	60	6	0xFC	337.500°	
		x 坐标	10	8	0x0A		
		y 坐标	3	8	0x03		
		线元数	5	8	0x05		
		线元	−6	4		303.750°	0.59
		线元	−6	4	0xAA	270.000°	0.59
		线元	−2	4		258.750°	1.31
		线元	−7	4	0xE9	219.375°	0.39
		线元	−7	4		180.000°	0.39
	C_2	虚拟延续类型	3	2			
		字节对齐	0	2	0x9C		
		虚拟延续类型	3	2			
		方向	28	6	0xDC	157.500°	
		x 坐标	7	8	0x07		
		y 坐标	29	8	0x1D		
		线元数	4	8	0x04		
		线元	−6	4		123.750°	0.59
		线元	−6	4	0xAA	90.000°	0.59
		线元	−2	4		78.750°	1.31
		线元	−6	4	0xEA	45.000°	0.59
	V_3	虚拟末端类型	0	2			
		脊线上相对位置	2	2			
		字节对齐	0	4	0x20		

A.3　高分辨率模式

表 A.2 是高分辨率模式示例。高分辨率模式用来描述一条高曲率脊线。当开始描述曲线时，高分辨率模式从切换为高分辨率（值−8）时开始，在切换为低分辨率之后又恢复为全步长（下一个值−8），见 6.3.1。图例参见图 A.1。

表 A.2　高分辨率模式

图	细节点编号	类型	值	位数	字节值	绝对方向	步长/mm
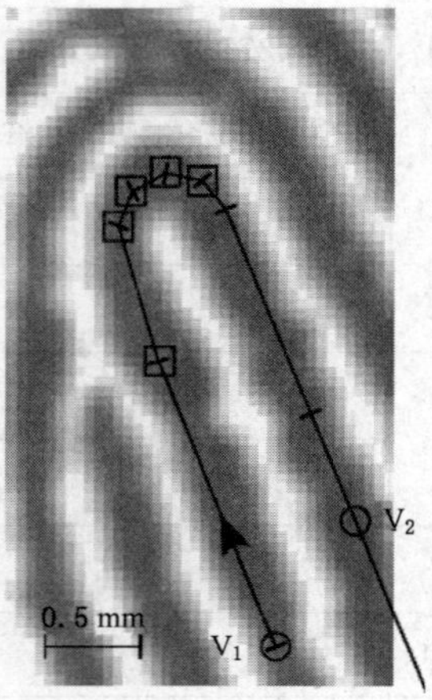	V_1	虚拟延续类型	0	2	0x14		
		方向	20	6		112.500°	
		x 坐标	14	8	0x0E		
		y 坐标	33	8	0x21		
		线元数	10	8	0x0A		
		线元	0	4	0x08	112.750°	1.60
		切换为高分辨率	−8	4			0.73
		线元	−1	4	0xF9	106.875°	0.20
		线元	−7	4		67.500°	0.20
		线元	−7	4	0x99	28.125°	0.20
		线元	−7	4		348.750°	0.20
		线元	−7	4	0x98	309.375°	0.20
		切换为低分辨率	−8	4			
		线元	−3	4	0xD0	292.500°	1.14
		线元	0	4		292.500°	1.60
	V_2	虚拟末端类型	0	2	0x10		
		脊线上相对位置	1	2			
		字节对齐	0	4			

A.4　分叉点

表 A.3 是分叉细节点类型例子。这个例子编码两条脊线：一条是穿过分叉点，但不包括细节点；另一条则是从分叉点开始。这两条编码脊线形成了分叉点，参见图 A.2。图例参见图 A.1。

表 A.3 分叉细节点

图	细节点编号	类型	值	位数	字节值	绝对方向	步长/mm
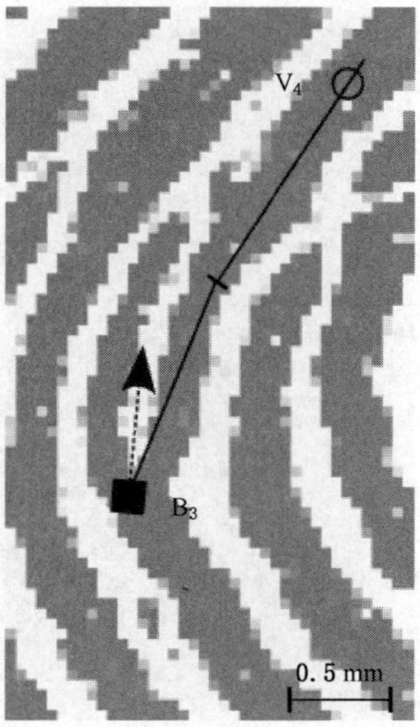	B_3	真实分叉点类型	2	2	0x8F		
		方向	15	6		84.375°	
		x 坐标	6	8	0x06		
		y 坐标	24	8	0x18		
		线元数	2	8	0x02		
		线元	−3	4	0xDE	67.500°	1.14
		线元	−2	4		56.250°	1.31
	V_4	虚拟末端类型	0	2	0x10		
		脊线上相对位置	1	2			
		字节对齐	0	4			
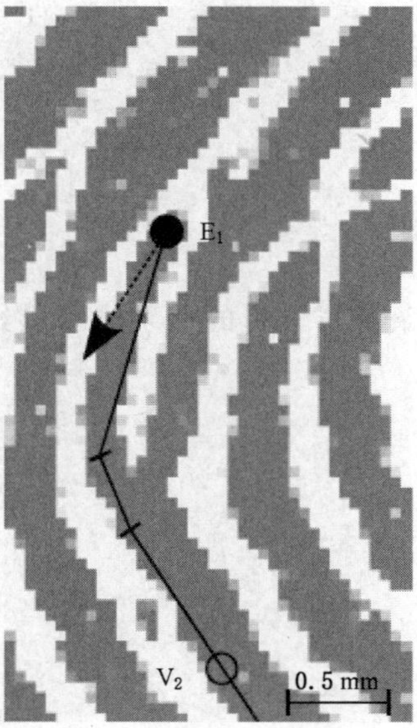	E_1	真实末端点类型	1	2			
		方向	42	6	0x6A	236.250°	
		x 坐标	8	8	0x08		
		y 坐标	11	8	0x08		
		线元数	3	8	0x03		
		线元	+3	4		253.125°	1.14
		线元	+7	4	0x37	292.500°	0.39
		线元	+2	4		303.750°	1.31
	V_2	虚拟末端点类型	0	2			
		脊线上相对位置	1	2			
		字节对齐	0	0	0x21		

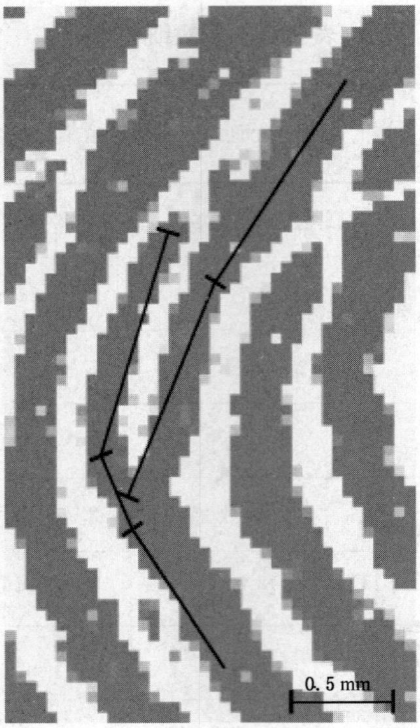

图 A.2 两条编码脊线形成分叉点,参见表 A.3

A.5 骨架线邻近索引

为了生成图 A.3 中的指纹图像的骨架邻近索引,所有索引和其与邻近脊线的联系在表 A.4 中列出。对每一条脊线,其相邻的编号较低脊线指标按编号的降序来选择和排序(表 A.4 的第 2 列)。那么随后的脊线索引和其邻近脊线索引之间的差别就可以计算了(表 A.4 第 4 列):

$L-A_1, A_1-A_2, \cdots, A_n-1-A_n,$

注: L 是线的序列号(线索引),

A_i 是邻近脊线索引,i 从 $1\sim n$,

n 是邻近项的数目。

表 A.4 第 3 列所记录的数据是邻近脊线的条数,第 4 列记录的是每一条脊线索引的差别。这里给出邻近索引的列表:

0 1 1 1 1 1 2 2 2 1 2 1 2 1 1

骨架线邻近索引数据以索引列表中的元素位数为开端,这个列表记录在一个字节里:0x04。

这个开端后面是邻近索引列表(1),和开端所给出的位数包装成字节(这里是 4):

0x01,0x11,0x11,0x22,0x21,0x21,0x10

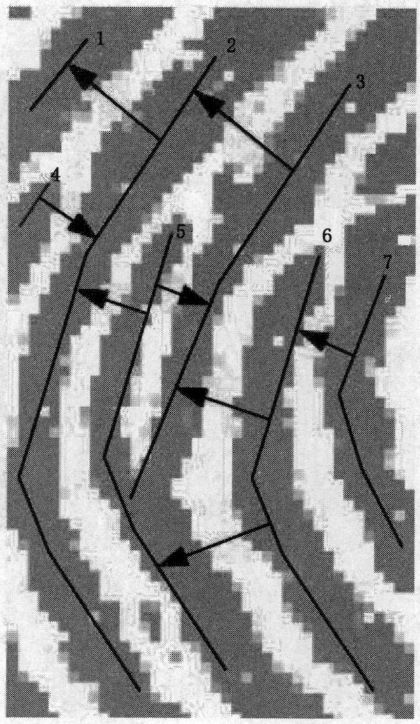

图 A.3 骨架线序列号,箭头指向相邻的较小序列号的脊线

表 A.4 对图 A.3 的指纹图像生成邻近索引数据

脊线序列号 L	邻近索引(向下排序)N	邻近条目数 n	后续序号区别
1		0	
2	1	1	1
3	2	1	1
4	2	1	2
5	3,2	2	2,1
6	5,3	2	1,2
7	6	1	1

A.6 质量图

由于只对脊线显示足够好的图像区域进行骨架线编码,所以隐含地定义了一种 1 位图。附近没有编码脊线的图像区域时,它的质量是 0(不充分);而附近有编码脊线的图像区域时,它的质量是 1(充分)。所以靠缩放和消除脊线间的差别,从重构的骨架线演化出二值图像是很容易的,见图 A.3。一个更复杂的算法可能也会使用虚拟末端点,因为它们刚好处于充分和不充分的过度状态。此外,由于扩展数据区域中的带状质量数据的存在,一种多位数的图像也有可能被定义。

图 A.4 中,左图是原始指纹图像。由用圆圈表示虚拟末端点的指纹型骨架数据(中图)重构出一个骨架图像,再由该重构骨架生成一个二值化图像,分辨率为 25 ppcm(右图)。使用表中推荐的值,这个例子的结果是生成 417 字节大小的指纹型骨架数据字段。

图 A.4 质量图

附 录 B
（资料性附录）
数据记录示例

B.1 数据记录示例

采集器 ID＝0x00B5，这些值应已按 GB/T 28826.2—2014 注册并由供应商确定。

指纹型骨架分辨率：*X* 和 *Y* 轴上均为 100 ppcm；图像大小是 20×35 像素。

指纹为匿名、平面活体采集得到；指纹质量最好能达到 90%；7 条脊线上的 4 个真实细节点列在下表；没有私有特征数据。

指纹型骨架数据记录格式和紧凑尺寸指纹型骨架卡格式中，指纹型骨架数据的长度都应为 41 个字节（表 B.1 中列出了指纹型骨架数据）。

表 B.1 指纹型骨架数据

脊线 ID	类型	值	位数	字节值
1	虚拟末端点类型	0	2	0x29
	方向	41	6	
	x 坐标	4	8	0x04
	y 坐标	1	8	0x01
	线元数	1	8	0x01
	线元	0	4	0x01
	虚拟末端点类型	0	2	
	脊线上相对位置	1	2	
	虚拟末端点类型	0	2	
	脊线上相对位置	1	2	
2	虚拟末端点类型	0	2	0x27
	方向	39	6	
	x 坐标	4	8	0x0a
	y 坐标	3	8	0x03
	线元数	4	8	0x04
	线元	3	4	0x33
	线元	3	4	
	线元	7	4	0x72
	线元	2	4	
	虚拟末端点类型	0	2	0x10
	脊线上相对位置	1	2	
	字节对齐	0	4	

表 B.1（续）

脊线 ID	类型	值	位数	字节值
3	真实分叉点类型	2	2	0x8F
	方向	15	6	
	x 坐标	6	8	0x06
	y 坐标	24	8	0x18
	线元数	2	8	0x02
	线元	−3	4	0xDE
	线元	−2	4	
	虚拟末端点类型	0	2	0x10
	脊线上相对位置	1	2	
	字节对齐	0	4	
4	真实末端点类型	1	2	0x6A
	方向	42	6	
	x 坐标	2	8	0x02
	y 坐标	8	8	0x08
	线元数	1	8	0x01
	线元	0	4	0x00
	虚拟末端点类型	0	2	
	脊线上相对位置	0	2	
5	真实末端点类型	1	2	0x6A
	方向	42	6	
	x 坐标	8	8	0x08
	y 坐标	11	8	0x0B
	线元数	3	8	0x03
	线元	+3	4	0x37
	线元	+7	4	
	线元	+2	4	
	虚拟末端点类型	0	2	0x21
	脊线上相对位置	1	2	
	字节对齐	0	0	
6	真实末端点类型	1	2	0x6A
	方向	42	6	
	x 坐标	8	8	0x08
	y 坐标	11	8	0x0B
	线元数	3	8	0x03

表 B.1（续）

脊线 ID	类型	值	位数	字节值
6	线元	+3	4	0x37
	线元	+7	4	
	线元	+2	4	
	虚拟末端点类型	0	2	0x21
	脊线上相对位置	1	2	
	字节对齐	0	0	
7	虚拟末端点类型	0	2	0x32
	方向	50	6	
	x 坐标	19	8	0x13
	y 坐标	13	8	0x0D
	线元数	3	8	0x03
	线元	−6	4	0xA7
	线元	7	4	
	线元	2	4	
	虚拟末端点类型	0	2	0x21
	脊线上相对位置	1	2	

参考文献

［1］ MTR 050000016R1 (Mitre Technical Report), Test Procedures for Verifying IAFIS Image Quality Requirements for Fingerprint Scanners and Printers, April 2005

［2］ ANSI/NIST ITL 1—2007, Data format for the interchange of fingerprint, facial, & other biometric information (NIST special publication 500—271)

ICS 35.020
L 70

GB

中华人民共和国国家标准

GB/T 26237.9—2014

信息技术　生物特征识别数据交换格式　第9部分:血管图像数据

Information technology—Biometric data interchange formats—Part 9: Vascular image data

(ISO/IEC 19794-9:2007,NEQ)

2014-07-08 发布　　2014-12-01 实施

中华人民共和国国家质量监督检验检疫总局
中国国家标准化管理委员会　发布

前　言

GB/T 26237《信息技术　生物特征识别数据交换格式》分为以下14个部分：

——第1部分：框架；

——第2部分：指纹细节点数据；

——第3部分：指纹型谱数据；

——第4部分：指纹图像数据；

——第5部分：人脸图像数据；

——第6部分：虹膜图像数据；

——第7部分：签名/签字时间序列数据；

——第8部分：指纹型骨架数据；

——第9部分：血管图像数据；

——第10部分：手形轮廓数据；

——第11部分：处理过的签名/签字动态数据；

——第12部分：脸形特性数据；

——第13部分：声音数据；

——第14部分：DNA数据。

本部分为GB/T 26237的第9部分。

本部分按照GB/T 1.1—2009给出的规则起草。

本部分使用重新起草法参考采用国际标准ISO/IEC 19794-9:2007《信息技术　生物特征识别数据交换格式　第9部分：血管图像数据》制定。本部分与ISO/IEC 19794-9:2007的一致性程度为非等效。

请注意本文件的某些内容可能涉及专利。本文件的发布机构不承担识别这些专利的责任。

本部分由全国信息技术标准化技术委员会(SAC/TC 28)提出并归口。

本部分起草单位：中国电子技术标准化研究院、浙江维尔科技股份有限公司。

本部分主要起草人：赵波、冯敬、陆捷、袁理、霍红文、应骏。

信息技术 生物特征识别数据交换格式 第9部分：血管图像数据

1 范围

GB/T 26237 的本部分规定了血管生物特征图像的身份识别或身份验证技术所用的图像交换格式，可用于血管图像数据的交换和压缩。交换格式由必选项和可选项组成，包括扫描参数、压缩或未压缩图像说明以及供应商的特定信息(其符合性测试方法见附录 A)。

本部分规定的信息交换格式可以记录在机器可读的媒体上，也可以在数据通信设备上进行传输。

2 符合性

生物特征识别应用如果满足以下要求，则符合本部分：

a) 具备提取和交换血管生物特征数据的能力；

b) 能够对本部分定义的血管生物特征数据进行编码和解码；

c) 能够对本部分定义的用于传输和(或)接收血管数据的参数数据进行编码和解码。

在获取血管图像时，由于不同技术对人体部位的大小要求不一样，因此本部分推荐的图像质量评测准则应与具体的生物特征识别技术保持一致。此外，单独在标准格式里指定血管图像在空间上所需的最小分辨率是不合理的，因此本部分未定义血管图像在空间上的最小分辨率。

3 规范性引用文件

下列文件对于本文件的应用是必不可少的。凡是注日期的引用文件，仅注日期的版本适用于本文件。凡是不注日期的引用文件，其最新版本(包括所有的修改单)适用于本文件。

GB/T 1988—1998 信息技术 信息交换用七位编码字符集(eqv,ISO/IEC 646:1991)

GB/T 17235(所有部分) 信息技术 连续色调静态图像的数字压缩及编码[ISO/IEC 10918(all parts)]

GB/T 26237.1—2010 信息技术 生物特征识别数据交换格式 第1部分：框架(ISO/IEC 19794-1:2006,MOD)

GB/T 28826.1—2012 信息技术 公用生物特征识别交换格式框架 第1部分：数据元素规范(ISO/IEC 19785-1,MOD)

ISO/IEC 14495(所有部分) 信息技术 连续色调静止图像的无损和接近无损压缩[Information technology—Lossless and near-lossless compression of continuous-tone still images(all parts)]

ISO/IEC 15444(所有部分) 信息技术 JPEG 2000 图像编码系统 [Information technology—JPEG 2000 image coding system(all parts)]

4 术语和定义

GB/T 26237.1—2010 中界定的术语和定义以及下列术语和定义适用于本文件。

4.1

采集 capture

从个体获取血管生物特征图像数据。

4.2

质心 centroid

质量的中心。

注：质心是血管轮廓图像中可以作为坐标原点的位置。

4.3

背 dorsal

手指或手的背面。

4.4

感兴趣区域 region of interest

ROI

血管生物特征图像中的有效区域。

4.5

血管生物特征图像 vascular biometric image

原始的或经过处理的血管图像。这些图像包含血管的物理特征，用以识别或验证人的身份。

4.6

血管图像头记录 vascular image header record

由本部分定义的血管图像数据格式中的头数据结构所包含的信息。

4.7

腹面 ventral

手指或手的掌面。

4.8

血管生物特征图像记录 vascular biometric image record

VIR

由本部分定义的血管生物特征图像记录，该记录标明了本部分规定的所有数据记录。

5 缩略语

nm：纳米(nanometer)；

ppcm：像素数每厘米(pixels per centimeter)；

VIR：血管生物特征图像记录(vascular biometric image record)。

6 约定

6.1 字节和位顺序

记录和血管图像的元素如果以多字节表示，则编码应为大尾端格式(big-endian format)，即最高有效字节放在低地址上，传输的顺序也是先传输较高有效字节，低有效字节在最后。字节内也是按照先最高有效位后最低有效位传输。所有数值都是定长的无符号整型。

6.2 扫描顺序

符合本部分的原始血管图像数据是二维位图数据，这些数据是通过对人体感兴趣区域从左上角扫描至右下角获得的。本部分定义了人体部位标准姿势下图像传感器的扫描方向为沿着正 X 轴和正 Y 轴方向，详见 7.9 中的定义。人体部位（手指、手背或手掌）标准姿势见 7.8。若在标准姿势下扫描图像，对象坐标系的 X、Y 轴平行于图像坐标系的 X、Y 轴。图像坐标系的 X 方向定义为从左到右的扫描方向，Y 方向为从上到下。此外，标准姿势下还假设对象的 Z 轴平行于图像设备的 Z 轴。

扫描顺序应为光栅扫描顺序，即像素沿 X 轴从左到右、沿 Y 轴从上到下。为了让对象坐标系与图像坐标系保持一致，血管生物特征图像数据定义的坐标原点可能不在图像左上角，但如果坐标原点没有详细说明，则认为是图像左上角。

7 血管图像采集要求

7.1 空域分辨率

对血管图像采集的要求依赖于多种因素，如应用的类型、需要保留和交换的像素信息以及目标性能等。另一个需要考虑的要求是采集血管图像的人体部位的实际大小有可能变化很大，例如手指静脉采集设备的分辨率比手掌静脉采集设备的高。因此，本部分不指定最小分辨率，空域分辨率应以每厘米所含的像素数表示。

7.2 像素位数

图像应最少有 128 个灰度级的动态范围，每个灰度值至少用一个字节表示，并至少提供 7 位有效灰度信息。图像可以使用两个或多个字节表示灰度值。

7.3 光照

采集血管图像应使用波长为 700 nm～1 200 nm 的近红外光照射皮肤。光源与皮肤切平面的夹角在 VIR 中未做说明，因为反射式成像使用漫射光代替直射光以避免镜面反射。在本部分中，目标图像可以是透射式成像，也可以是反射式成像。在两个或多个光源照射的情况下需要指明各光源的波长。

7.4 像素长宽比

默认像素长宽比为 1∶1。如果像素不是正方形的，则应说明长宽比。

7.5 规范化投影

采集的图像应是人体部位的正射投影。如果原始图像不是人体部位的正射投影，则需要转化为正射投影。任何光学系统造成的几何畸变应在生成血管生物特征图像记录之前消除。

7.6 图像存储格式

血管图像以下列形式中的一种传送或存储。

7.6.1 原始格式

图像是一个指定长和宽的矩形数组，每个像素至少 8 位，且没有图像头。单色图像的每个像素用一个或多个字节表示；彩色图像每个像素有 3 个分量，每个分量由一个或多个字节组成，分别表示红、绿和蓝(RGB)。图像的主导顺序为行,最低地址对应图像左上角。如果像素灰度值多于一个字节,则以大尾端顺序存储。

7.6.2 无损压缩格式

如果使用无损压缩,图像数据应根据 ISO/IEC 14495 的 JPEG_LS 无损压缩算法或 ISO/IEC 15444 的 JPEG2000 压缩算法压缩。

7.6.3 有损压缩格式

如果使用有损压缩,图像数据应根据 GB/T 17235 的 JPEG 压缩算法或 ISO/IEC 15444 的 JPEG2000 压缩算法压缩。若使用这些压缩算法,推荐压缩比例为 4∶1 或更小。

7.6.4 多通道图像格式

利用多通道摄像机可以获得三个或更多通道的图像。这种情况下,像素值可能不直接与具体的颜色相关,而是与具体的物理特性相关。采集到的多通道图像应根据 ISO/IEC 15444 中描述的 JPEG2000 压缩算法存储。

7.7 图像区域

血管生物特征识别技术可以从人体不同部位获取图像,包括手指、手背和手掌等。获取图像的部位应在格式中指明,另外左手或右手、哪一个手指(拇指、食指、中指、无名指和小指)也应在格式中指明。本部分为利用人体其他部位识别的未来技术设置了保留字段。

7.8 标准姿势

本部分定义了获取图像的人体部位的标准姿势。基于这些标准姿势,7.9 定义了对象(人体的目标部位)坐标系。

7.8.1 手背

手背的标准姿势是将手背朝向采集设备,使得手背的切平面平行于图像的坐标平面,以产生手背的正射图像。手背的标准姿势示例见图 1。在标准姿势情况下,摄像机方向平行于手背坐标系的 Z 轴。手背坐标系定义见 7.9.1。

7.8.2 手掌

手掌不应弯曲,每个手指边界都应在摄像机范围内且手指伸直。手掌标准姿势示例见图 2。在标准姿势情况下,摄像机方向平行于手掌坐标系的 Z 轴,手掌坐标系定义见 7.9.2。

7.8.3 手指

手指的标准姿势是一个伸直的手指。为清楚起见,本部分中手指的“正面”定义为手指的腹面。手指标准姿势的示例见图 3。

7.8.4 未来特征的标准姿势

本格式为利用人体其他部位的未来技术而定义的保留姿势。

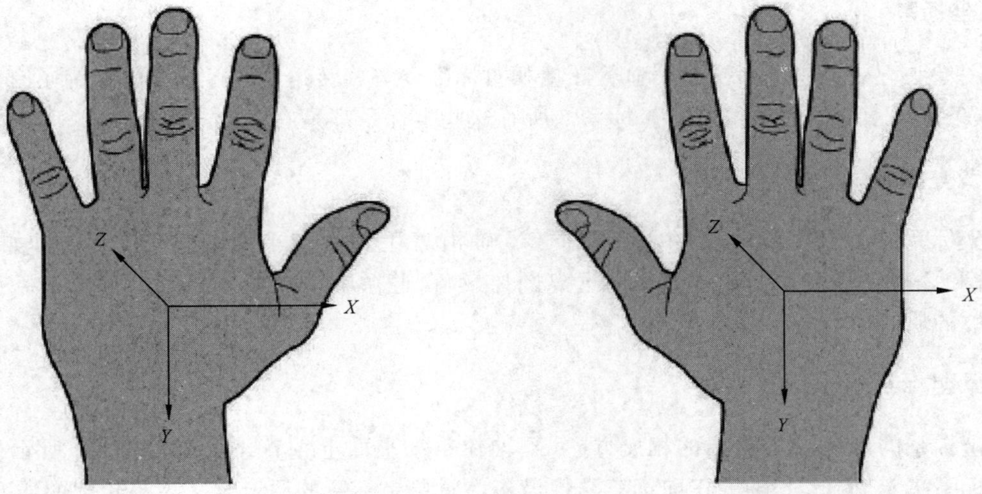

图 1　右手欧式坐标系中手背血管识别的标准姿势

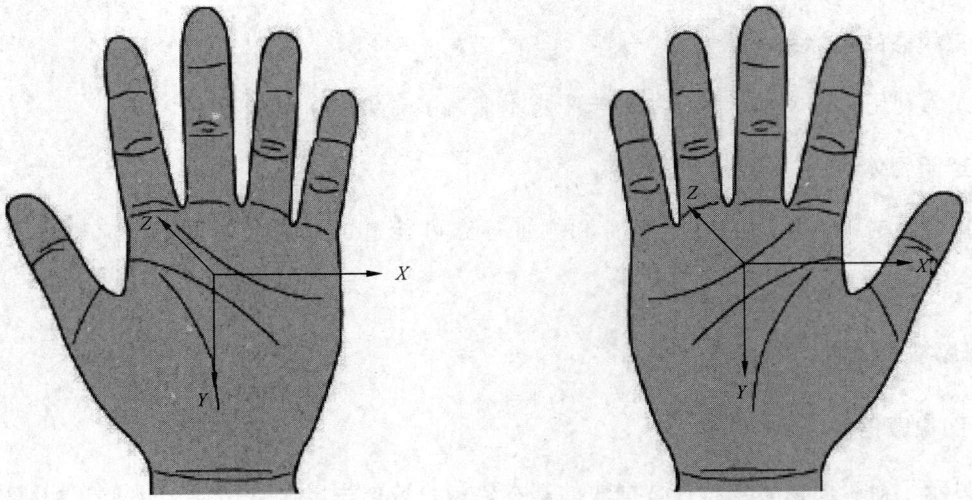

图 2　右手欧式坐标系中手掌血管识别的标准姿势

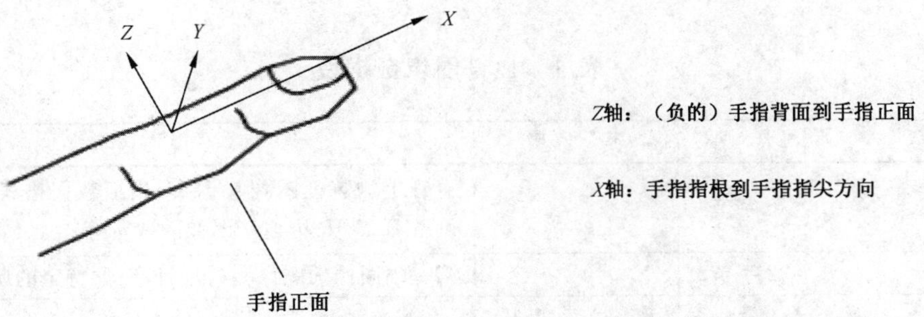

图 3　右手欧式坐标系中手指血管识别的标准姿势

7.9 对象坐标系

血管图像头记录提供了一个指明血管图像相对标准姿势旋转角度的可选字段。为了有效地说明这个角度，本条定义了对象(目标部位)坐标系。所有这些坐标系都是右手欧式坐标系。

7.9.1 手背坐标系

手背坐标系的 Y 轴沿着中指的相反方向，X 轴沿着手背的切平面垂直于 Y 方向，如图 1 所示。X 轴、Y 轴和 Z 轴两两正交。Z 轴的正向远离图像设备，遵循右手欧式坐标系。对象坐标系的原点定义为手轮廓的质心。

7.9.2 手掌坐标系

手掌坐标系的 Y 轴沿着中指的相反方向，X 轴在手掌平面上垂直于 Y 轴，如图 2 所示。Z 轴由右手欧式坐标系决定，因此 Z 轴的正向远离图像设备。对象坐标系的原点定义为手轮廓的质心。

7.9.3 手指坐标系

X 轴定义为指根到指尖的方向，如图 3 所示。Z 轴垂直于 X 轴且远离正面。X 轴、Y 轴和 Z 轴两两正交，方向遵循右手欧式坐标系。手指坐标系的原点定义为手指轮廓的质心。

7.9.4 未来模态的坐标系

本格式为利用人体其他部位识别的未来技术保留了对象坐标系。

7.9.5 不透明物体造成的屏蔽

一些人造不透明物体，如戒指、刺青和绷带等有可能造成血管成像屏蔽。应避免使用屏蔽血管图像。

8 血管图像格式说明

8.1 血管图像数据块

表 1 显示了血管图像生物特征数据块的基本架构。数据块以血管图像记录头开始，该记录头包含数据块的常规信息，例如图像采集设备标识以及数据格式版本信息。记录头后面是一个或多个血管图像块，每个图像块由图像头和图像数据组成。图像头包括图像的所有特定信息，如身体部位、旋转角度和成像条件。图像头数据以大尾端格式存储，即最高有效字节放在低地址上。附录 B 是血管图像数据的一个实例。

表 1 血管图像数据块

内 容	大 小	类 型	说 明
血管图像记录头	26 字节		血管生物特征图像数据头，包括数据格式版本信息、采集设备 ID、VIR 中血管图像的数量等
血管图像头	32 字节		第一幅图像的图像头，包括该图像特定的所有信息
图像数据		无符号字符型	
⋮			⋮
血管图像头	32 字节		最后一幅图像的图像头
图像数据		无符号字符型	

8.2 血管图像记录头

血管图像记录头定义了血管图像数据块中图像的常规信息，例如版本号、记录块总长度、采集设备以及数据块中图像的数量。记录头格式如表2所示。

表2 血管图像记录头

内容	大小	类型	说明
格式标识符	4字节	无符号字符型	‘V’‘I’‘R’0x00(血管图像记录)
格式版本	4字节	无符号字符型	‘n’‘n’‘n’0x00头格式版本，可能分为主次版本
记录长度	4字节	无符号整型	数据记录的总字节数
采集设备ID	2字节	无符号短整型	由采集设备供应商分配的采集设备ID
图像数量	2字节	无符号短整型	血管图像记录块包含的图像数
保留	9字节		

8.2.1 格式标识符

格式标识符由字符“VIR”和一个空字符组成。

格式所有者应依据GB/T 28826.1—2012的要求对BDB格式进行设置，格式类型应设为一个十进制数字或十六进制数字。

8.2.2 版本号

版本号用4个字节表示。由3个数字和1个紧跟的字节结束符“0”组成。前两个字符表示主版本号，第三个字符表示次版本号。当前版本号020表示第二版没有修正。

8.2.3 记录长度

记录的总字节数存储在4个字节内。该值包含记录头和图像头的记录块总长度。

8.2.4 图像数量

血管图像的数量存储在2个字节内。要求图像记录块中的所有图像来自同一个采集设备。如果两幅图像由不同设备采集，那么应该保存在不同的记录块中。

8.2.5 认证标志

单字节的认证标志标明了每一图像头是否包含认证块。“0”表示所有图像均不包含认证块，“1”表示所有图像都包含认证块。

注：认证块可能有0个认证(这种情况下，认证块中认证数量的值为0)。

8.3 血管图像头

每个血管图像数据块中的图像都有一个描述图像特定信息的血管图像头，其结构如表3所示。

表 3　血管图像头

<table>
<tr><th colspan="2">字　段</th><th>类　型</th><th>大　小</th><th>说　明</th></tr>
<tr><td colspan="2">采集时间</td><td>无符号字符型</td><td>9 字节</td><td>BCD 编码格式的日期和时间</td></tr>
<tr><td colspan="2">采集设备技术 ID</td><td>无符号字符型</td><td>1 字节</td><td>采集设备的技术类型；
0 表示未知或未指定；
CAPTURE_DEVICE_TECHNOLOGY_UNDEF=0(0x00)</td></tr>
<tr><td colspan="2">采集设备厂商 ID</td><td>无符号短整型</td><td>2 字节</td><td>采集设备厂商 ID 应能辨识生物识别记录产品的厂商，这些厂商应在有关登记机关注册过。0 表示采集设备供应商未登记。
CAPTURE_DEVICE_VENDOR_UNDEF=0(0x0000)</td></tr>
<tr><td colspan="2">采集设备型号 ID</td><td>无符号短整型</td><td>2 字节</td><td>供应商分配给采集设备的型号 ID，
CAPTURE_DEVICE_TYPE_UNDEF=0(0x0000)</td></tr>
<tr><td colspan="2">质量块个数</td><td>无符号字符型</td><td>1 字节</td><td>该字段后紧随 5 字节的质量块，块质量为 0 表示没有给该块指定质量分数，这种情况下，质量块是不存在的</td></tr>
<tr><td rowspan="3">质量块</td><td>质量分数</td><td>无符号字符型</td><td>1 字节</td><td>质量分数是血管图像匹配能力的一个量化表示。
0:最低；
100:最高；
254:未量化；
255:量化失败</td></tr>
<tr><td>质量算法供应商 ID</td><td>无符号短整型</td><td>2 字节</td><td>在有关登记机关登记的供应商 ID，
当质量分数=254 时，值为 0；否则值区间为 1～65 535</td></tr>
<tr><td>质量算法 ID</td><td>无符号短整型</td><td>2 字节</td><td>供应商提供的算法 ID(可选)</td></tr>
<tr><td colspan="2">认证数量</td><td>无符号字符型</td><td>1 字节</td><td>0 表示无认证信息</td></tr>
<tr><td colspan="2">图像类型</td><td>无符号短整型</td><td>2 字节</td><td>TYPE_UNDEF=0(0x00)；
TYPE_HAND_BACK=1(0x01)；
TYPE_PALM=2(0x02)；
TYPE_FINGER_BACK=3(0x03)；
TYPE_FINGER_FRONT=4(0x04)</td></tr>
<tr><td colspan="2">记录长度</td><td>无符号整型</td><td>4 字节</td><td>图像块(包括图像头和图像数据)的总长度</td></tr>
<tr><td colspan="2">图像宽度</td><td>无符号短整型</td><td>2 字节</td><td>图像宽度(像素)</td></tr>
<tr><td colspan="2">图像高度</td><td>无符号短整型</td><td>2 字节</td><td>图像高度(像素)</td></tr>
<tr><td colspan="2">像素位数</td><td>无符号字符型</td><td>1 字节</td><td>像素值的位数，值范围为 7～16</td></tr>
<tr><td colspan="2">图像位置和属性的位字段</td><td>无符号短整型</td><td>2 字节</td><td>1～2:方向
DIR_UNDEF=0
DIR_RIGHT=1
DIR_LEFT=2
3～5:手指索引
F_UNDEF=0
F_THUMB=1
F_INDEX=2</td></tr>
</table>

表 3（续）

字　段	类　型	大 小	说　明
图像位置和属性的位字段	无符号短整型	2 字节	F_MIDDLE=3 F_RING=4 F_LITTLE=5 6～7:成像方法 IMAGING_UNDEF=0 IMAGING_TRANSPARENCY=1 IMAGING_REFLECTANCE=2 8～10:图像翻转 FLIP_UNDEF=0 FLIP_NONE=1 FLIP_HORIZONTAL=2 FLIP_VERTICAL=3 FLIP_VERTICAL_HORIZONTAL=4
旋转角度	无符号短整型	2 字节	标准姿势中的图像沿 Z 轴的旋转角度,单位为归一化到16 位无符号型的角度 (unsigned short)round[65536×(angle%360)/360]
图像格式与压缩	无符号短整型	2 字节	图像类型与压缩 IMAGE_COMP_UNDEF=0(为 0x00) IMAGE_MONO_RAW=1(0x0001) IMAGE_RGB_RAW=2(0x0002) IMAGE_MONO_JPEG=3(0x0003) IMAGE_RGB_JPEG=4(0x0004) IMAGE_MONO_JPEG_LS=5(0x0005) IMAGE_RGB_JPEG_LS=6(0x0006) IMAGE_MONO_JPEG2000=7(0x0007) IMAGE_RGB_JPEG2000=8(0x0008) IMAGE_MULTI_JPEG2000=9(0x0009)
光照类型	无符号字符型	1 字节	光照类型应当是下来类型之一或下列类型的组合: ILLUM_UNDEF=0 (0x00); ILLUM_NIR=1 (0x01); ILLUM_MIR=2 (0x02); ILLUM_VISIBLE=4 (0x04); ILLUM_OTHERS=128 (0x80)。 如果适合,2 个或以上光照类型将使用常量的或来指定
图像背景定义	无符号字符型	1 字节	该标志表示背景定义。如果背景经过处理并被设为单调,则该字段值应设为: IMAGE_BACKGROUND_MONO;否则该字段应设为: IMAGE_BACKGROUND_UNDEF=0(0x00); IMAGE_BACKGROUND_UNDEF=1(0x01)
水平分辨率	无符号短整型	2 字节	水平分辨率(ppcm) H_SCAN_RES_UNDEF=0(0x00)

表 3（续）

字　段	类　型	大 小	说　明
垂直分辨率	无符号短整型	2 字节	垂直分辨率(ppcm) V_SCAN_RES_UNDEF=0(0x00)
像素长宽比	无符号短整型	2 字节	像素长宽比，第 1 个字节指定 y，第 2 个字节指定 x。例如 0x0304 表示长宽比为 3∶4，如果该值未定义(0x0000)，则默认长宽比为 1∶1。 ASPECT_RATIO_UNDEF=0(0x0000)
保留		7 字节	

8.3.1　采集时间

该字段注明了图像采集的日期和时间，而不是生成记录的时间。

日期和时间应为协调世界时(UTC)，协调世界时也用于图像头的绝对时间。采集时间应包含在图像头里，生物特征示例的编码时间也可以附加在图像头里。日期和时间的格式如表 4 所示。

表 4　采集时间格式

序　号	成　员	名　称	允许值	示例 2005 年 12 月 15 日 星期四 17:35:19.7946	
				文本	编码
1	YYYY	四位数公历年	1 900～9 998 9 999～未分配	2005	0010 0000 0000 0101
2	MM	两位数月份	1～12 99～未分配	12	0001 0010
3	DD	两位数日期	1～31 99～未分配	15	0001 0101
4	hh	两位数小时	0～23 99～未分配	17	0001 0111
5	mm	两位数分钟	0～59 99～未分配	35	0011 0101
6	ss	两位数秒	0～59 99～未分配	19	0001 1001
7	uuuu	四位数十倍毫秒	0～9 998 9 999～未分配	7 946	0111 1001 0100 0110

8.3.2　采集设备技术 ID

采集设备技术 ID 编码为 1 字节。该字段标明采集生特征物样本的设备技术类型。0 表示未知或未指定，表 5 列出了可能的值。

表 5　采集设备技术 ID

采集设备技术 ID	设备技术类型
0	未知或未指定
1	CCD/CMOS 摄像头

8.3.3　**采集设备厂商 ID**

采集设备厂商 ID 应能辨识制作生物特征识别记录产品的厂商，这些厂商在有关登记机关登记注册。ID 为 0 表示采集设备供应商未登记。

8.3.4　**采集设备型号 ID**

采集设备型号 ID 编码为 2 字节。0 表示采集设备类型 ID 未知。该字段值由供应商决定，开发人员可以从供应商处获取该值。

8.3.5　**质量块**

8.3.5.1　**质量块数量**

质量块的第一个字节是必不可少的，该字节指明了整个图像数据中的质量块数量。随后的质量块(每一个质量块都是 5 个字节)应包含具体的质量/供应商/算法信息以供评估。0 表示无图像质量信息记录。

8.3.5.2　**质量分数**

质量分数是血管图像验证能力的一个量化表示。有效的质量分数在 0～100 之间，值越大质量越好。值为 255 则表示质量评测失败，无质量分数。

8.3.5.3　**质量算法供应商 ID**

该字段为 2 个字节，唯一确定了质量分数供应商，可以为用户区分不同算法的质量分数。

8.3.5.4　**质量算法 ID**

质量算法 ID 标明了质量算法供应商的产品代码(见 GB/T 28826.1—2012)，即供应商用来计算质量分数的算法(和版本)，质量算法 ID 在 1～65 535 之间。

8.3.6　**认证数**

由于本部分不支持认证，该字段值应设为 0。

8.3.7　**图像类型**

该字段指明了人体血管图像采集部位。图像采集部位主要有 4 种类型：

——手背类型：手背的扫描图像；

——手掌类型：手掌的扫描图像；

——手指正面类型：手指正面的扫描图像；

——手指背面类型：手指背面的扫描图像。

图 4 给出了图像采集部位的类型。

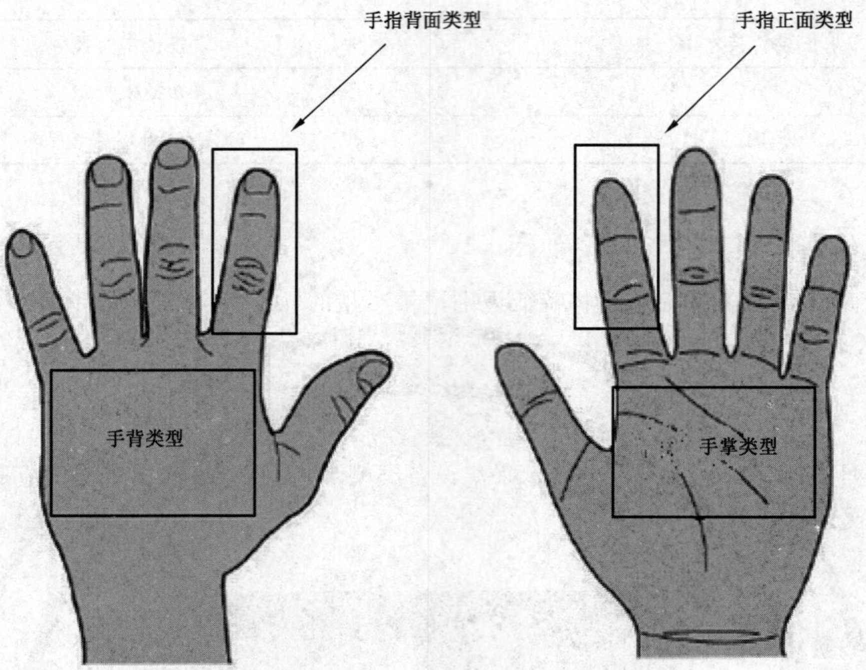

图 4　图像采集部位类型说明

8.3.8　图像记录长度

该字段标明了图像块的总长度，包括图像头和图像数据。

8.3.9　图像宽度与长度

这两个字段标明了图像的水平和垂直大小(像素数)，每个字段两个字节。

8.3.10　像素位数

该字段标明了灰度图像或彩色图像中每个像素的位数。

8.3.11　图像位置与属性字段

该字段是必选的，指明了位置、方向和对象属性。前两位指明左手或右手。如果图像类型为手指，则第 3～5 位指明是拇指、食指、中指、无名指或小指。第 6～7 位指明图像是透射成像或是反射成像。第 8～10 位指明图像是否翻转，如果翻转如何被翻转。

8.3.12　旋转角度

该字段可选，指明图像沿 Z 轴的旋转角度。角度单位应是一个 16 位有符号整数。

8.3.13　图像格式

该两个字节的字段指明图像是单色的还是彩色的，以及图像的压缩方式(见 GB/T 17235)。当前可用的压缩标准有 JPEG、JPEG_LS 和 JPEG2000。

8.3.14 光照类型

该字段是可选的,指定了采集设备的照明光源。类型有近红外(NIR)、中红外(MIR)和可见光。照明类型基于光源波长进行分类:可见光波长在400 nm～750 nm;NIR波长在750 nm～5 000 nm;MIR波长在5 000 nm～25 000 nm。

8.3.15 图像背景

该字段标明图像背景是否被处理过。如果图像背景经过处理并设为单色,则该字段应设为IMAGE_BACKGROUND_MONO(0x01),否则该字段应设为IMAGE_BACKGROUND_UNDEF(0x00)。其他可用的值可能在后续版本中定义。

8.3.16 水平分辨率

该字段标明了水平方向的分辨率(ppcm)。如果水平分辨率未指定,则该字段应设为H_SCAN_RES_UNDEF=0(0x0000)。

8.3.17 垂直分辨率

该字段标明了垂直方向的分辨率(ppcm)。如果垂直分辨率未指定,则该字段应设为V_SCAN_RES_UNDEF=0(0x0000)。

8.3.18 像素长宽比

该字段标明了像素的长宽比。第1个字节指定Y,第2个字节指定X。例如0x0304表示长宽比为3∶4,如果该值未定义(0x0000),则默认长宽比为1∶1。

8.3.19 血管图像头常量

图像头结构中的常量如表6所示。

表6 图像头常量定义

常量	说明
UNDEF	参数未定义
TYPE_HAND_BACK	采集图像的部位是手背
TYPE_PALM	采集图像的部位是手掌
TYPE_FINGER_BACK	采集图像的部位是手指背面
TYPE_FINGER_FRONT	采集图像的部位是手指正面
DIR_RIGHT	右手被扫描,适用于手指、手掌和手背
DIR_LEFT	左手被扫描,适用于手指、手掌和手背
F_THUMB F_INDEX F_MIDDLE F_RING F_LITTLE	识别扫描的手指: F_THUMB 大拇指 F_INDEX 食指 F_MIDDLE 中指 F_RING 无名指 F_LITTLE 小拇指

表 6（续）

常　量	说　明
IMAGING_TRANSPARENCY	成像方法为透明成像
IMAGING_REFLECTANCE	成像方法为反射成像
FLIP_NONE	与标准姿势一致
FLIP_HORIZONTAL	与标准姿势相比水平翻转
FLIP_VERTICAL	与标准姿势相比垂直翻转
FLIP_VERTICAL_HORIZONTAL	与标准姿势水平和垂直都翻转
IMAGE_MONO_RAW	图像原始数据格式，长度和宽度由原始图像长度和宽度决定，该格式没有头，每个像素只有一个灰度值，图像左上角对应第一个像素，以行为顺序
IMAGE_RGB_RAW	图像原始数据格式，长度和宽度由原始图像长度和宽度决定，该格式没有头，每个像素至少以连续的 3 个字节表示，分别表示红、绿、蓝灰度的值。图像左上角对应第一个像素，以行为顺序
IMAGE_MONO_JPEG	单色图像，使用 JPEG 算法压缩
IAMGE_RGB_JPEG	彩色图像，使用 JPEG 算法压缩
IMAGE_MONO_JPEG_LS	单色图像，使用 JPEG_LS 算法压缩
IMAGE_RGB_JPEG_LS	彩色图像，使用 JPEG_LS 算法压缩
IMAGE_MONO_JPEG2000	单色图像，使用 JPEG2000 算法压缩
IMAGE_RGB_JPEG2000	彩色图像，使用 JPEG2000 算法压缩
IMAGE_MULTI_JPEG2000	图像有多于 3 个通道（多通道）并使用 ISO/IEC 15444 指定的 JPEG2000 算法压缩
ILLUM_NIR	使用近红外采集图像，近红外的波长为 700 nm～5 000 nm
ILLUM_MIR	使用中型红外采集图像，中型红外的波长为 5 000 nm～25 000 nm
ILLUM_VISIBLE	使用可见光采集图像
ILLUM_OTHERS	使用其他照明方法采集图像
IMAGE_BACKGROUND_MONO	图像背景经过处理且被设置为单色

附 录 A
（规范性附录）
符合性测试方法

本附录基于GB/T 26237.1—2010中一致性测试方法，适用于血管图像数据交换格式的符合性测试方法。

A.1 符合性要求表格

符合性要求如表A.1所示。

表 A.1 符合性要求(GB/T 26237.9—2014)

ID	引用	总结	级别	状态	IUT支持	范围	结果
R-1	6.1	记录长度、血管生物特征图像数据，如果编码为多字节，则以大尾端格式表示	1	M		N/A	
R-2	6.1	传输顺序为最高有效字节最先，最低有效字节最后，字节内也类似	3C	0～1		N/A	N/T
R-3	6.2	扫描顺序为光栅扫描顺序	3C	0～1		N/A	N/T
R-4	7.1	图像的空域分辨率以每厘米的像素数表示	3C	0～1		N/A	N/T
R-5	7.2	图像应最少有128灰度级的动态范围，每个灰度至少一个字节(8位)，至少7位有效灰度信息	1	M		N/A	
R-6	7.5	图像应为人体部位的正射投影图像	3C	0～1		N/A	N/T
R-7	7.6.2	如果使用无损压缩，图像数据应根据ISO/IEC 14495的JPEG_LS无损压缩算法或ISO/IEC 15444的JPEG2000压缩算法压缩	3C	0～1		N/A	N/T
R-8	7.6.3	如果使用有损压缩，图像数据应根据GB/T 17235的JPEG压缩算法或ISO/IEC 15444的JPEG2000压缩算法压缩	3C	0～1		N/A	N/T
R-9	7.6.4	通过多通道采集的图像应根据ISO/IEC 15444中描述的JPEG2000压缩算法存储	3C	0～1		N/A	N/T
R-10	7.7	获取图像的部位应在格式中指明	1	M		N/A	
R-11	7.7	左手、右手以及手指(拇指、食指、中指、无名指和小指)应在格式中指明	1	M		N/A	
R-12	8.2.1	格式标识由3个七位编码字符"VIR"和一个空字符组成	1	M		N/A	
R-13	8.2.2	版本号用四个字节表示。由3个七位编码字符数字和紧跟的一个0字节结束符组成。前两个字符表示主版本，第3个字符表示次版本。当前版本号010表示第一版没有修正	1	M		N/A	
R-14	8.2.3	记录的总字节数存储在4个字节内	1	M			

表 A.1（续）

ID	引用	总结	级别	状态	IUT支持	范围	结果
R-9	7.6.4	通过多通道采集的图像应根据 ISO/IEC 15444 中描述的 JPEG2000 压缩算法存储	3C	0～1		N/A	N/T
R-10	7.7	获取图像的部位应在格式中指明	1	M		N/A	
R-15	8.2.3	这个值是包含记录头和图像头的记录块的总长度	2	M			
R-16	8.2.4	血管图像的数量存储在 2 个字节内	2	M			
R-17	8.2.5	单字节的认证标志标明了每一图像头是否包含认证块。0 表示所有图像均不包含认证块；1 表示所有图像都包含认证块	1	M			
R-18	8.3.1	该字段注明了图像采集的日期和时间，此字段不记录瞬时采集时间	3C	M			
R-19	8.3.1	日期和时间应为协调世界时（UTC），协调世界时（见表 4）也用于图像头的绝对时间。采集时间应包含在图像头里，生物特征示例的编码时间也可以附加在图像头里。日期和时间应为 BCD 格式	1	M			
R-20	8.3.2	采集设备技术 ID 编码为 1 字节。该字段标明采集生物样本的设备技术类型。0 表示未知或未指定	1	M			
R-21	8.3.3	采集设备厂商 ID 应能辨识制作生物识别记录产品的厂商，这些厂商在有关登记机关登记注册	1	M			
R-22	8.3.4	采集设备型号 ID 编码为 2 字节。0 表示设备类型 ID 未知	1	M			
R-23	8.3.5.1	第一个字节是必不可少的，该字节指明整个图像数据中的质量块数量。随后的每 5 个字节的质量块应包含具体的质量/供应商/算法信息以供评估	1	M			
R-24	8.3.5.1	0 表示无 5 字节的图像质量信息记录	2	M			
R-25	8.3.5.2	质量分数是血管图像验证能力的一个量化表示。有效的质量分数在 0～100 之间，值越大质量越好。255 表示质量评测失败	1	0			
R-26	8.3.5.3	为使用户区分不同算法的质量分数。该字段两个字节应能唯一确定质量分数供应商，这些厂商在有关登记机关登记注册	1	0			
R-27	8.3.5.4	质量算法 ID 标明了质量算法供应商的产品代码，即供应商用来计算质量分数的算法（和版本），质量分数在 1～65 535 之间	1	0			
R-28	8.3.6	由于本部分不支持认证，该字段值应设为 0	1	M			
R-29	8.3.8	该字段标明了图像块的总长度，包括图像头和图像数据	1	M			
R-30	8.3.8	该字段标明了图像块的总长度，包括图像头和图像数据	2	M			
R-31	8.3.9	这两个字段标明了图像的水平和垂直大小（像素），每个字段两个字节	1	M			
R-32	8.3.10	该字段标明灰度图或 RGB 图每个像素的位数	1	M			

表 A.1（续）

ID	引用	总　结	级别	状态	IUT支持	范围	结果
R-33	8.3.11	该字段是必需的，指明位置、方向和对象属性。前两位指明左手或右手	1	M		N/A	
R-34	8.3.12	该字段可选，指明图像沿 Z 轴的旋转角度。角度单位是归一化到16位的有符号整数，即(unsigned short)round[65536×(angle%360)/360]	1	0			
R-35	8.3.13	这两个字节的字段指明是单色还是彩色图像，以及图像的压缩方式	1	M			
R-36	8.3.14	该字段是可选字段，指定采集设备的照明光源。类型有近红外(NIR)、中型红外(MIR)和可见光。照明类型基于光源波长进行分类，可见光波长在 400 nm～750 nm；NIR 波长在 750 nm～5 000 nm；MIR 波长在 5 000 nm～25 000 nm	1	0		N/A	
R-37	8.3.15	该字段标明图像背景是否被处理过，如果图像背景经过处理并设为单色，则该字段应设为 IMAGE_BACKGROUND_MONO (0x01)，否则该字段应设为 IMAGE_BACKGROUND_UNDEF (0x00)	1	M		N/A	
R-38	8.3.16	该字段标明了水平方向的分辨率(ppcm)。如果水平分辨率未指定，则该字段应设为 H_SCAN_RES_UNDEF＝0(0x0000)	1	M		N/A	
R-39	8.3.17	该字段标明了垂直方向的分辨率(ppcm)。如果垂直分辨率未指定，则该字段应设为 V_SCAN_RES_UNDEF＝0(0x0000)	1	M		N/A	
R-40	8.3.18	该字段标明了像素的长宽比。 第 1 个字节指定 Y，第 2 个字节指定 X。例如 0x0304 表示长宽比为 3∶4，如果该值未定义(0x0000)，则默认长宽比为 1∶1	1	M		N/A	

A.2　符合性测试声明

表 A.2 是本部分血管图像生物特征识别符合性测试声明表。

表 A.2　符合性测试声明(GB/T 26237.9—2014)

测试号	段	要求ID	级	字段名	运算	操作数	测试注意	状态	IUT支持	支持范围	测试结果
1	血管图像记录头	R-12	1	格式标识符	EQ	0x56495200		M		N/A	
1.1	血管图像记录头	R-1	1	格式标识符	NEQ	0x00524956	1	M		N/A	
2	血管图像记录头	R-13	1	格式版本	EQ	0x30323000		M		N/A	

表 A.2(续)

测试号	段	要求ID	级	字段名	运算	操作数	测试注意	状态	IUT支持	支持范围	测试结果
2.1	血管图像记录头	R-1	1	格式版本	NEQ	0x00303230	1	M		N/A	
3	血管图像记录头	R-14	1	记录长度	EQ	48～4294967295		M			
3.1	血管图像记录头	R-15	2	记录长度	EQ	读取的总字节数	2	M		N/A	
3.2	血管图像记录头	R-15	2	记录长度	EQ	期望的总字节数	2	M		N/A	
5	血管图像记录头	R-16	1	图像数量	EQ	0～65535		M			
5.1	血管图像记录头	R-16	2	图像数量	C	图像大小		M		N/A	
6	血管图像记录头	R-17	1	认证标记	EQ	0		M			
7.1	血管图像头	R-19	1	采集时间(第1～2字节)	EQ	1900～9999BCD格式		M			
7.2	血管图像头	R-19	1	采集时间(第3字节)	EQ	01～12,99BCD格式		M			
7.3	血管图像头	R-19	1	采集时间(第4字节)	EQ	01～31,99BCD格式		M			
7.4	血管图像头	R-19	1	采集时间(第5字节)	EQ	00～23,99BCD格式		M			
7.5	血管图像头	R-19	1	采集时间(第6字节)	EQ	00～59,99BCD格式		M			
7.6	血管图像头	R-19	1	采集时间(第7字节)	EQ	00～59,99BCD格式		M			
7.7	血管图像头	R-19	1	采集时间(第8～9字节)	EQ	0000～9999BCD格式		M			
8	血管图像头	R-20	1	采集设备技术ID	EQ	0～255		M			
9	血管图像头	R-21	1	采集设备供应商ID	EQ	0～65535		M			
10	血管图像头	R-22	1	采集设备型号ID	EQ	0～65535		M			
11	血管图像头	R-23	1	质量块数量	EQ	0～255		M			
11.1	血管图像头	R-24	2	质量块数量	EQ	0		M			
12	血管图像头	R-25	1	质量分数	EQ	0～255		M			
13	血管图像头	R-26	1	质量算法供应商ID	EQ	0～65535		M			
14	血管图像头	R-27	1	质量算法ID	EQ	0～65535		M			
15	血管图像头	R-28	1	认证个数	EQ	0		M			
16	血管图像头	R-10	1	图像类型	MO	{0,1,2,3,4}		M		N/A	
17	血管图像头	R-29	1	图像记录长度	EQ	24～4294967295		M			
17.1	血管图像头	R-30	2	图像记录长度	EQ	24+图像大小	3	M		N/A	
18	血管图像头	R-31	1	图像宽度	EQ	0～65535		M			
19	血管图像头	R-30	1	图像高度	EQ	0～65535		M			
20	血管图像头	R-5 R-32	1	图像位数	EQ	7～16		M			

表 A.2（续）

测试号	段	要求ID	级	字段名	运算	操作数	测试注意	状态	IUT支持	支持范围	测试结果
21	血管图像头	R-11 R-33	1	图像位置和属性位字段	EQ	位 1～2:0～2 位 3～5:0～5 位 6～7:0～2 位 8～10:0～4		M		N/A	
22	血管图像头	R-34	1	旋转角度	EQ	0～65535		0			
23	血管图像头	R-35	1	图像格式与压缩	EQ	0～9		M			
24	血管图像头	R-36	1	光照类型	EQ	{0,1,2,3,4,5,6,7,128,129,130,131,132,133,134,135}		0		N/A	
25	血管图像头	R-37	1	图像背景定义	EQ	{0,1}		M		N/A	
26	血管图像头	R-38	1	水平分辨率	EQ	0～65535		M			
27	血管图像头	R-39	1	垂直分辨率	EQ	0～65535		M			
28	血管图像头	R-40	1	像素长宽比	EQ	0～65535		M			

附　录　B
（资料性附录）
血管图像数据包示例

本附录是一个血管图像数据包的示例，如表 B.1 所示。

表 B.1　血管图像数据包示例

字　　节	值	说　　明
1～4	56 49 52 00	‘V’‘I’‘R’0x00（血管图像记录）
5～8	30 32 30 00	格式版本(2.0)
9～12	00 01 00 48	记录总长度
13～14	00 01	数据块包含一副图像
15	00	无标志可用
16～24	00 00 00 00 00 00 00 00 00	保留
25～33	20 05 12 25 17 35 19 79 46	采集时间是 2005 年 12 月 25 日 17 时 35 分 19 秒 794.6 毫秒
34	01	采集设备 CCD/CMOS 摄像头
35～36	00 00	采集设备供应商 ID 未知
37～38	00 00	采集设备类型 ID 未知
39	00	无质量分数
40	00	无认证信息
41～42	00 02	图像类型掌纹
43～46	00 01 00 30	图像块包括头块总长度
47～48	01 00	图像宽度 256 像素
49～50	01 00	图像高度 256 像素
51	08	像素为 8 灰度级
52～53	00 C1	右手反射成像，无翻转
54～55	00 00	没有旋转
56～57	00 01	单色原始图像
58	01	近红外照明
59	01	图像背景设为单色
60～61	00 00	水平分辨率未知
62～63	00 00	垂直分辨率未知
64～65	03 04	3∶4 长宽比
66～72	00 00 00 00 00 00 00	保留
73～65608	图像数据	以行为顺序的图像数据

ICS 35.020
L 70

中华人民共和国国家标准

GB/T 26237.10—2014

信息技术　生物特征识别数据交换格式 第10部分:手型轮廓数据

Information technology—Biometric data interchange formats—Part 10:Hand geometry silhouette data

(ISO/IEC 19794-10:2007,MOD)

2014-07-08 发布　　2014-12-01 实施

中华人民共和国国家质量监督检验检疫总局
中国国家标准化管理委员会　发布

前　言

GB/T 26237《信息技术　生物特征识别数据交换格式》分为以下14个部分：

——第1部分：框架；

——第2部分：指纹细节点数据；

——第3部分：指纹型谱数据；

——第4部分：指纹图像数据；

——第5部分：脸形图像数据；

——第6部分：虹膜图像数据；

——第7部分：签字/签名时序数据；

——第8部分：指纹型骨架数据；

——第9部分：血管图像数据；

——第10部分：手型轮廓数据；

——第11部分：处理过的签字/签名动态数据；

——第12部分：脸形特性数据；

——第13部分：声音数据；

——第14部分：DNA数据。

本部分为GB/T 26237的第10部分。

本部分按照GB/T 1.1—2009给出的规则起草。

本部分使用重新起草法修改采用国际标准ISO/IEC 19794-10:2007《信息技术　生物特征识别数据交换格式　第10部分：手型轮廓数据》。

本部分与ISO/IEC 19794-10:2007相比，修改了下列内容：

——增加了第5章缩略语；

——其他编辑性修改。

请注意本文件某些内容有可能涉及专利，本文件的发布机构不应承担识别这些专利的责任。

本部分由全国信息技术标准化技术委员会(SAC/TC 28)提出并归口。

本部分起草单位：中国电子技术标准化研究院、长春鸿达信息科技股份有限公司。

本部分主要起草人：赵波、冯敬、王欣、袁理、霍红文、刘爽。

引　言

GB/T 26237的本部分规定了一种手型记录数据交换格式,以支持各种基于手型信息辨识或验证的自动化设备和系统的信息交换。该格式由必选项和可选项组成,包括数据采集参数、标准化的手的位置以及供方特定的信息。

本部分定义了特定数据格式,但并不规定特定的算法。例如,一个用户可以在一个供方的系统上注册,而在另一个供方的系统上验证。

本部分的具体实现受存储空间的约束(例如智能卡应用)。如果在具体实现时减少了手型轮廓视图的存储数量,则可能会降低系统的互操作性。

信息技术　生物特征识别数据交换格式 第10部分：手型轮廓数据

1　范围

GB/T 26237的本部分规定了生物特征识别领域中用于记录、储存和传输手型轮廓的数据交换格式。

本部分规定了手型轮廓数据交换的内容、格式以及手型轮廓的计量单位。

本部分的信息格式适用于人体生物特征识别信息交换，可以由机读介质记录或者通过系统间的数据通信进行传输。

本部分不包括对图像采集和手具体位置的要求。

2　符合性

满足下述规范性要求的生物特征识别数据块符合本部分：

——数据块的结构满足本部分的格式要求；

——从同一手型采集到的数据具有内部一致性。

3　规范性引用文件

下列文件对于本文件的应用是必不可少的。凡是注日期的引用文件，仅注日期的版本适用于本文件。凡是不注日期的引用文件，其最新版本(包括所有的修改单)适用于本文件。

GB/T 1988　信息技术　信息交换用七位编码字符集(GB/T 1988—1998，eqv，ISO/IEC 646：1991)

GB/T 28826.1　信息技术　公用生物特征识别交换格式框架　第1部分：数据元素规范(GB/T 28826.1—2012，ISO/IEC 19785-1：2007，MOD)

ISO/IEC 19784-1　信息技术　生物特征识别应用程序接口　第1部分：BioAPI规范(Information technology—Biometric application programming interface—Part1：BioAPI specification)

4　术语和定义

下列术语和定义适用于本文件。

4.1

生物特征数据块　biometric data block；BDB

符合规定格式的数据块，包含一个或者多个生物特征样本或生物特征模板。

注：本部分中BDB包括单手或双手手型轮廓，以及单手或者双手手型轮廓的多个视图。

4.2

生物特征样本　biometric sample

生物特征识别设备获取的信息，例如手型轮廓。

4.3

拍摄设备视角　camera point of view

可以获取手型轮廓的拍摄设备的有效位置与方向。

注：由于可能使用算法转换或手持扫描技术(比如可移动的线性阵列),因此拍摄设备的有效位置需要特别指定。

4.4

采集　capture

从用户获得生物特征样本的过程。

4.5

弗里曼链码　Freeman chain code;FCC

一种描述对象轮廓的简洁方法。

注：由 Herbert Freeman 首次提出。

4.6

图像分辨率　image resolution

图像中单位距离内的像素数。

4.7

现场采集　live capture

通过用户和生物特征识别系统之间的交互来获取生物特征样本的过程。

4.8

手型轮廓视图记录　hand geometry view record;HGVR

包含采集到的手型轮廓数据的数据块。

注：数据块包含元数据、轮廓数据以及扩展数据。

4.9

像素　pixel

图像的基本元素,包含于图像元素的 $n \times m$ 矩阵中,其中 n 是水平分量;m 是垂直分量。

4.10

采集面　platen

采集图像时手放置的平面。

注：平面经常包括定位装置,使手指的放置位置具有可重复性。

4.11

侧视图　side-view

从手的拇指侧边或者小指侧边采集到的数据。

4.12

侧视图参考平面　side-view reference plane

映射侧视图的物理平面或虚拟平面。

4.13

指尖　tip

指甲或手指肉质部分的最尾端部分。

注：如图 3a)所示。

4.14

俯视图　top-view

从掌心或手背采集的数据。

4.15

蹼　web

手掌连接两指根的部分。

注：如图 3a)所示。

5 缩略语

下列缩略语适用于本文件。

BIR:生物特征识别信息记录(biometric information record);

BDB:生物特征识别数据块(biometric data block);

CBEFF:公用生物特征识别交换格式框架(common biometric exchange format framework);

FCC:弗里曼链码(Freeman chain code);

HGVR:手型轮廓视图记录(hand geometry view record);

SB:安全数据块(security block);

SBH:标准生物特征头(standard biometric header)。

6 概述

6.1 字节顺序

在BDB的传输和存储过程中,多字节数据的较高位应在较低位之前。即在一个位按0~7命名的字节中,7是“最高位”(MSB most significant bit),0是“最低位”(LSB least significant bit)。

注:这种编码通常称为“大尾端”编码或“网络字节”顺序。

6.2 使用FCC进行数据压缩

为了节省空间,手型轮廓应使用弗里曼链码(FCC)进行记录。

注:这种表示法沿轮廓周长的每个像素只需要2~3位来表示,FCC一直被用来表示黑白轮廓。

FCC的每个元素应紧接着其前面的元素存放,不考虑字节边界。如必要,数据末尾应用0补齐,以保证BDB的长度是字节的整数倍。

本部分支持FCC的两种格式:

——8方向FCC,使用3位描述从一个像素到其相邻像素的方向;

——4方向FCC,去掉了8方向FCC的对角线方向,采用2位描述一个像素到其相邻像素的方向。

生物特征数据块包含的轮廓数据是以物体为中心的FCC,而不是以网格为中心,见图1。

a) 以物体为中心8方向FCC=4,4,4,7,7,0,2,2　　b) 以网格为中心8方向FCC=4,4,4,5,7,7,7,0,1,2,2,3

图1 以物体为中心和以网格为中心的FCC(开始或结束点显示为正方形,中间的点为圆形)

6.3 CBEFF格式和格式类型

本部分规定的BDB格式兼容于GB/T 28826.1规定的CBEFF BIR。手型轮廓BIR的结构见图2,其中CBEFF SBH是必选的;CBEFF SB是可选的。

CBEFF SBH	手形轮廓 生物特征数据块	CBEFF SB

图 2　手型轮廓 BIR 格式

注：CBEFF 保存的数据，使得手型轮廓 BIR 数据在验证[电子签名或者信息认证代码(MAC)]时保持了完整性和/或原始性。

CBEFF 格式类型代码——16 位值 0x0018(16 进制 18 或十进制 24)被分配为本部分的指定数据记录代码。该代码应该包含在 CBEFF 的标准生物特征头 SBH 中，本部分指定的数据记录都应使用该代码。

7　手型轮廓采集要求

7.1　概述

本部分不会指定采集数据的方法以及如何按照这个步骤去采集手型轮廓。然而在获取和处理数据以后，每个手型轮廓数据都应该有一个方向，见图 3a)俯视图和图 3b)侧视图。

7.2　手方向

左手和右手的手型轮廓都应该采用图 3a)或图 3b)的方向来描述。

注：如果手型轮廓从左手上提取，则轮廓应是图 3a)的镜像图。

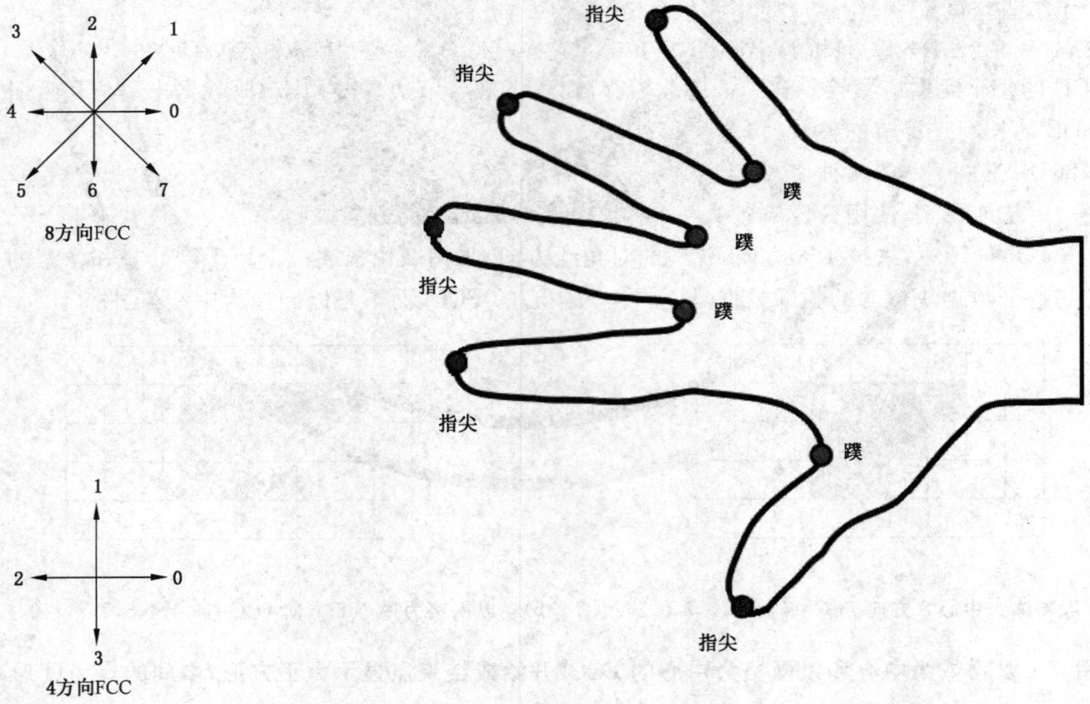

a)　俯视图标准手型方向

图 3　图像中标准手型的方向

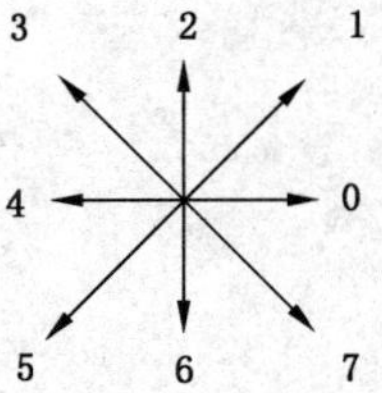

8方向FCC

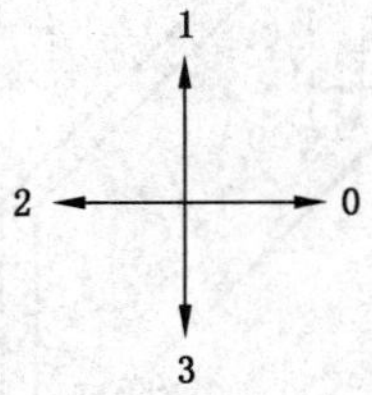

4方向FCC

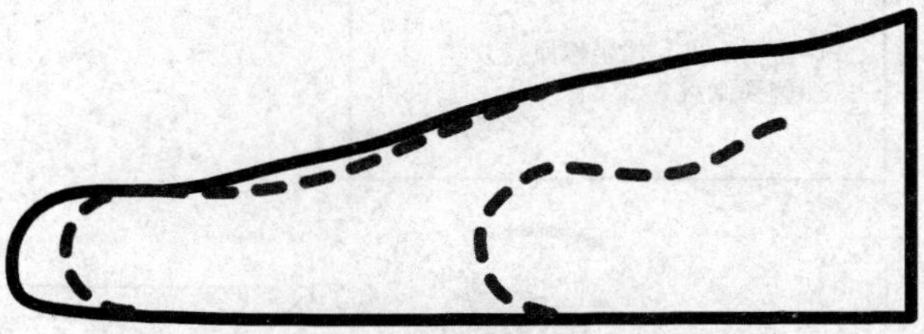

b) 侧视图标准手型方向

图 3(续)

7.3 高宽比

高宽比应是 1∶1，容许误差±2%。

注 1：下面是计算高宽比的一个例子：假设一个 25 mm 间距的网格放在拍摄设备的中心线处，网格垂直于中心线坐标轴。采集图像的高宽比可以通过统计原始图像的±25 mm 之间的网格线的像素数来计算。如果该系统统计了 X 方向上 100 个像素和 Y 方向上 108 个像素，则该系统与理想的 1∶1 高宽比相比较有 8%的误差。

注 2：高宽比只和存储数据的数字特征相关，而和扫描设备的物理特性无关。

7.4 手型轮廓表述

为了获得最佳的手型轮廓识别性能和互操作性，手型轮廓的表述需要遵循一些必达的要求。手位置、采集面设计和光学系统设计的可选“最佳实践”参见附录 B。

必达的要求包括：

——起始点应为轮廓的右上角(见图 1)，后续点应沿着轮廓的逆时针方向进行统计；

——轮廓应是一个闭合的区域；

——轮廓的起始点出现两次，即第一个点和最后一个点，其他任何时候轮廓不会再通过起始点；

——右边的列(见图 1)应是垂直的，即倒数第二点应直接出现在起始点下面，且起始点右边不应再有任何点。

7.5 坐标系

光学成像系统中，系统的互操作性受拍摄设备相对于手的位置影响。因此，本部分包含了记录图像采集设备的观察点的字段。本条定义的坐标系用于记录拍摄设备观察点。

图 4 显示了拍摄设备观察点、采集面和侧视图参考面之间的关系。球坐标原点(0,0,0)是俯视光轴和采集面的交点。侧视原点与球坐标原点有关，是侧视光轴和侧视参考平面的交点。采集面与侧视参考平面形成一个直角。

采用光学成像的图像系统，俯视光轴应垂直于采集面，同时侧视光轴应垂直于侧视参考平面。

注：要求正交的原因是，如果光轴偏离标准正交方位则会导致系统互操作性降低。

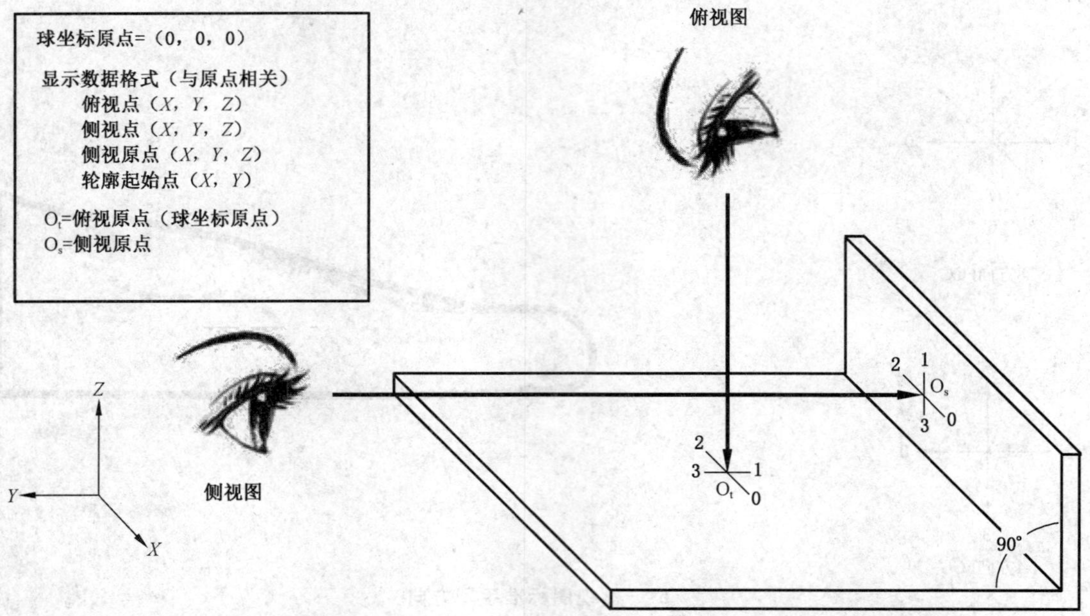

图 4 连接俯视和侧视图像的坐标系(俯视和侧视的 4 方向 FCC 描述)

8 手型轮廓数据交换格式(BDB 格式)

手型轮廓数据应符合 BDB 通用格式的要求,包括基本数据和扩展数据。除了格式标识符和版本号是以 0 为结束符的 GB/T 1988 字符串,其他所有的数据应使用二进制格式描述,无记录分离符或标记字段,且各字段以字节计数来解析。

本部分中规定的 BDB 格式应嵌入在与 CBEFF 兼容的 BIR 中(见 6.3)。

BDB 的结构如下:

——1 个固定长度的 15 字节记录头,包含整体记录的信息;

——1 个或多个可变长度的 HGVRs,每个都包含单独的手型轮廓数据。

CBEFF BIR 中 BDB 的结构见图 5,CBEFF SBH 是必选的;CBEFF SB 是可选的。

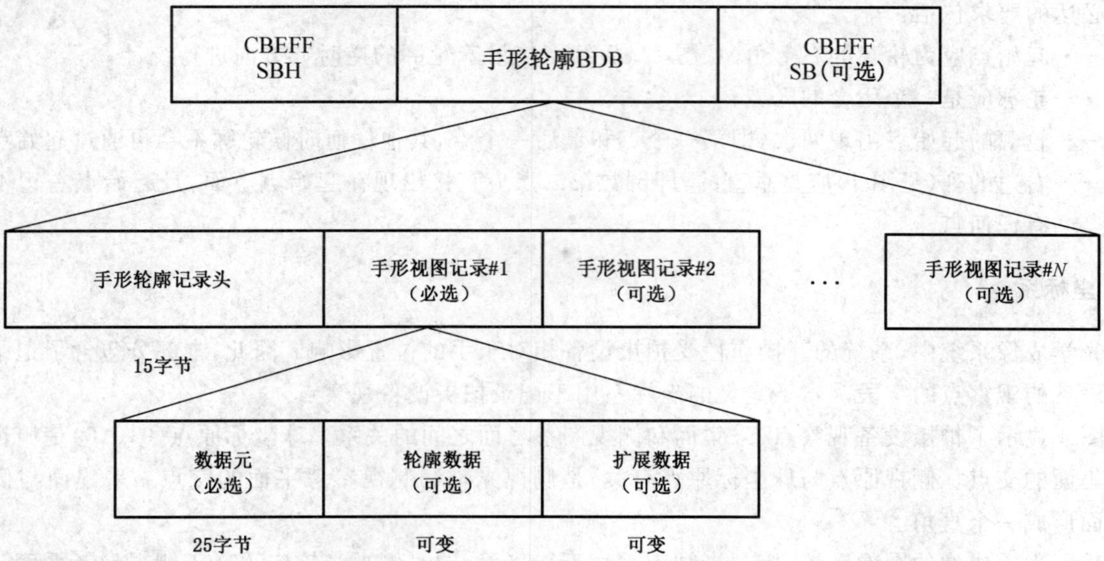

图 5 手型轮廓数据的 BDB 结构图

8.1 总记录头

总记录头的格式见表 1。

表 1 手型轮廓总记录头

字段	长度	有效值	说明
格式标识符	4 字节	0x484E4400 ('H' 'N' 'D' 0x00)	"HND"-Hand Geometry Record 手型记录
版本号	4 字节	0x30313000 ('0''1''0' 0x00)	当前版本号是 1,修定版本号是 0
记录长度	4 字节		BDB 的总长度,包括头和多个手型视图记录
手型视图记录数	1 字节		记录中 HGVRs 的个数
保留位	2 字节		默认为 0

8.1.1 格式标识符

生物特征数据块应以 3 个 GB/T 1988 字符"HND"和一个值为 0 的字节作为结束符来表示。

8.1.2 版本号

本部分中用于建立 BDB 的版本号应使用 4 个字节来描述。包括 3 个 GB/T 1988 字符以及一个值为 0 的字节作为结束符。第一个和第二个字符代表主版本号,第 3 个字符代表修订版本号。本部分的版本号为'010',表示第一版无修订。

8.1.3 记录长度

BDB 的总长度为 4 字节,包括总记录头以及一个或多个 HGVR(见 8.2)。

8.1.4 HGVRs 数量

应使用 1 个字节的 HGVRs 字段来记录 BDB 中包含的手型轮廓数据个数,同一个手的多个轮廓应分别统计。相同 HGVR 索引(见 8.2.2)的俯视图和侧视图也应分别统计。

8.1.5 保留位

这些字节没有被使用,仅是一个占位符预留将来使用。这些字节默认值为 0。

8.2 手型轮廓视图记录(HGVR)

HGVR 包含一个手的单个视图的元数据、轮廓数据和扩展数据。手型轮廓视图记录由 25 个字节固定长度的元数据、可变长的轮廓数据和可选的可变长的扩展数据组成。数据项位置和内容见表 2。附录 A 提供了一个手型轮廓数据包的示例。

表 2 手型视图记录

字段	长度	有效值	说明
HGVR 长度	2 字节		包括元数据、轮廓数据和扩展数据
HGVR 索引	1 字节		用于连接一次采集的多个图片
手型标识符	1 字节		位映射字段
手型完整性	1 字节		位映射字段
数据分辨率	1 字节	0,1～255	每厘米的像素数 0＝未知
畸变	1 字节		有符号值,增量 0.1%; 0x80＝未知
手型轮廓质量	3 字节	0x0000XX	两个高位字节是 0,低字节的有效取值范围在 0～100
拍摄设备 X 坐标	1 字节	－128～127	距离用有符号数表示,8 方向 FCC 中的方位 4 和 4 方向 FCC 中的方位 2 作为正向位移; X 坐标＝位移(mm)/4; X 坐标大于 126 都记为 127; －128 表示未知; X 坐标小于－126 的都记为－127
拍摄设备 Y 坐标	1 字节		距离用有符号数表示,8 方向 FCC 中的方位 2 和 4 方向 FCC 中的方位 1 作为正向位移; Y 坐标＝位移(mm)/4; Y 坐标大于 126 都记为 127; －128 表示未知; Y 坐标小于－126 的都记为－127
拍摄设备 Z 坐标	1 字节		到采集面的距离; Z 坐标＝位移(mm)/4; 255 表示未知; 大于或等于 254 都记为 254
目标 X 坐标	1 字节		距离用有符号数表示,8 方向 FCC 中的方位 4 和 4 方向 FCC 中的方位 2 作为正向位移; X 坐标＝位移(mm)/4; X 坐标大于 126 都记为 127; －128 表示未知; X 坐标小于－126 的都记为－127
目标 Y 坐标	1 字节		距离用有符号数表示,8 方向 FCC 中的方位 2 和 4 方向 FCC 中的方位 1 作为正向位移; Y 坐标＝位移(mm)/4; Y 坐标大于 126 都记为 127; －128 表示未知; Y 坐标小于－126 的都记为－127

表 2（续）

字段	长度	有效值	说　明
目标 Z 坐标	1 字节		用有符号数表示到采集面的距离； Z 坐标＝位移(mm)/4； Y 坐标大于 126 都记为 127； －128 表示未知； Y 坐标小于－126 的都记为－127
手型轮廓起始点 X 坐标	1 字节		距离用有符号数表示，8 方向 FCC 中的方位 4 和 4 方向 FCC 中的方位 2 作为正向位移； X 坐标＝位移(mm)/4； X 坐标大于 126 都记为 127； －128 表示未知； X 坐标小于－126 的都记为－127
手型轮廓起始点 Y 坐标	1 字节		距离用有符号数表示，8 方向 FCC 中的方位 2 和 4 方向 FCC 中的方位 1 作为正向位移； Y 坐标＝位移(mm)/4； Y 坐标大于 126 都记为 127； －128 表示未知； Y 坐标小于－126 的都记为－127
数据压缩算法	1 字节	0～1	0＝8 方向 FCC； 1＝4 方向 FCC
手型采集技术	1 字节	0～2	0＝不详； 1＝光学镜头； 2＝线性扫描； 3～255 预留
扩展数据长度	2 字节		HGVR 扩展数据的长度
保留位	3 字节		默认为 0
手型轮廓数据	可变		手型轮廓数据块
扩展数据	可变		CBEFF 格式相关

8.2.1 HGVR 长度

用 2 个字节描述，应是 HGVR 包含元数据、轮廓数据和视图扩展数据在内的总长度。

8.2.2 HGVR 索引

该 1 字节字段应在采集手型轮廓时即分配给 HGVR。

注：如果同时获取了几个 HGVR，则通常(不是必需)给这些 HGVR 分配相同的索引；如果 HGVR 是分开获取的，则分配不同的索引。

8.2.3 手型标识符

应使用 1 个字节的手型标识符字段来描述手和拍摄设备的方位。0～4 位表示系统对哪些手指成像，位值描述系统对该手指成像与否。该字段的位映射如图 6 所示。

视图指示位	手位	拇指位	食指位	中指位	无名指位	小指位
第 7 位　第 6 位	第 5 位	第 4 位	第 3 位	第 2 位	第 1 位	第 0 位

图 6　手型标识符字段的位映射图

本字段表明扫描哪只手，以及从哪个方向上扫描。

第 5 位表示轮廓是描述右手(0)还是左手(1)。第 7 位和第 6 位共同表示手型视图的方向：

——00 手掌方向的俯视图；

——01 手背方向的俯视图；

——10 拇指方向的侧视图；

——11 小指方向的侧视图。

示例：用两指成像设备从右手背面采集的食指和中指的俯视轮廓，其手型标识符值是 0x4C(二进制 01001100)。

8.2.4　手型完整性

应使用 1 个字节的手型完整性字段来描述手型轮廓是否有手指缺失或受损、或手难以放置到采集面上。位值为 0 表示没有已知的问题，位值为 1 表示存在问题。第 6 位和第 5 位默认为 0。该字段的位映射如图 7 所示：

手位			拇指位	食指位	中指位	无名指位	小指位
第 7 位	第 6 位	第 5 位	第 4 位	第 3 位	第 2 位	第 1 位	第 0 位

图 7　手型完整性字段的位映射图

第 5 位～第 6 位在本部分的本版本中是不确定位，在本版本的 BDB 中，由生产者设置为 0，使用者应忽略该两位。

8.2.5　数据分辨率

应使用 1 个字节的数据分辨率字段来描述手型轮廓的分辨率(像素数每厘米)。该分辨率同时适用于水平和垂直分辨率，0 表示未知。

8.2.6　畸变

该字段为一个有符号字节，描述采集手型轮廓的系统的几何畸变。畸变是图像点位置偏离实际点位置造成的。这里用距离镜头中心线 7.62 cm 处的偏移量的百分比来衡量畸变程度。为了增加记录值的易区分性，在计算过程中用百分比的 10 倍计算。图 8 显示了在特定半径下的畸变，在特定半径区域内应能够得到的典型成人手型轮廓。图 9 为桶形畸变和枕形畸变。

计算畸变公式：

$$畸变 = 100 \times \frac{R_{\text{apparent}} - R_{\text{ideal}}}{R_{\text{ideal}}} \times 10$$

式中：

R ——到镜头中心线半径(距离)；

R_{apparent}——采集仪器测量的半径；

R_{ideal} ——理想采集设备(无几何畸变和视差)测量的半径。

由于公式假设畸变是关于光轴对称的，因此任何距离光轴与采集面的交点 7.62 cm 的点都可以测量畸变。测试图像中适合测量畸变的点，通常位于光轴和采集面交点的上下左右 7.62 cm 像素处。

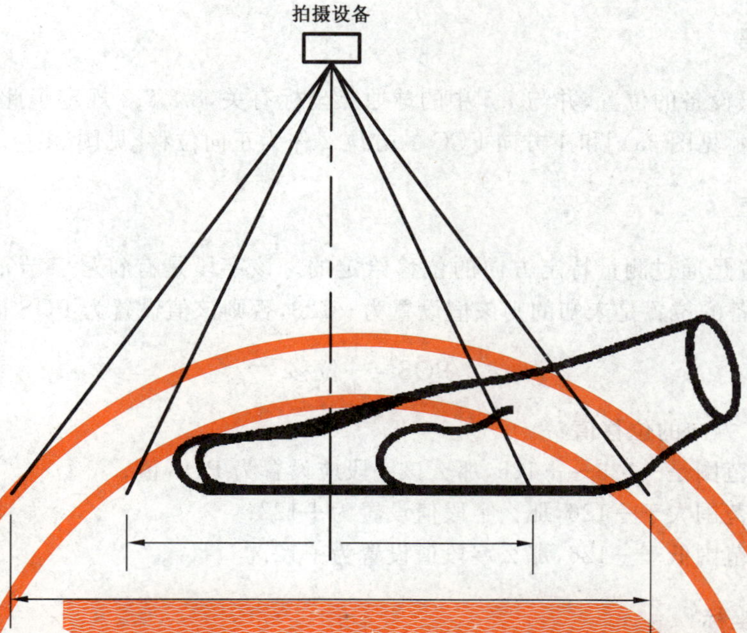

图 8　光学畸变测量关注区域

图 9　光学畸变符号法则(虚线圆为 7.62 cm 的理想半径)

示例：假设把一个网格放在拍摄设备前成像，并把网格的一个交点放置到透镜中心线的位置，格子的边长是 24.5 mm，拍摄设备的分辨率是 5 像素/mm。则在无失真的情况下，到中心线的第 3 个网格交点的距离是 3×25.4×5＝381 像素。如果实际测量距离是 400 个像素，则畸变被描述为 100×(400－381)/381＝5%。由于畸变值被乘 10 倍存储，所以这个数据相应被存储为 50(0x32，Hex)。

8.2.7　手型轮廓质量

手型轮廓数据质量的值应介于 0 和 100 之间，或是按照 ISO/IEC 19784-1 的 BioAPI_QUALITY 定义的-1、-2 编码。该值是手型轮廓质量的整体体现，代表了原始图像的质量、边缘提取和其他附加操作等所有可能影响到手型轮廓数据质量的因素。100 代表最高质量，0 代表最低的质量(0 也代表一个未知的质量)。比较算法可使用该值来确定其验证的准确性。

该字段的 2 个高位字节为预留，本部分的版本设置为 0。

8.2.8 拍摄设备 *X* 坐标

8.2.8.1 *X* 坐标编码

该字段描述拍摄设备的位置,并与7.5中的球原点坐标有关,8.2.8.2规定了此字段的编码方式,用8方向FCC的方位4[见图3a)]和4方向FCC的方位2作为正向位移[见图3b)]。

8.2.8.2 *X* 坐标取值

拍摄设备的位置是通过测量特定方向的位移给定的。该字段是有符号字节,取值范围为−128~+127。如果拍摄设备的位置是未知的则该值设置为−128,否则该值设置为POS值:

$$\mathrm{POS}=\frac{1}{4}\text{位移}$$

式中POS为X方向的位移值:

——如果POS范围是−126~+126,那么该字段应设置为POS值;

——如果POS范围大于+126,那么字段值设置为+127;

——如果POS范围低于−126,那么字段值设置为−127。

8.2.9 拍摄设备 *Y* 坐标

该字段描述拍摄设备的位置,并与7.5中的球原点坐标有关。8.2.8.2规定了此字段的编码方式,用8方向FCC的方位2[见图3a)]和4方向FCC的方位1作为正向位移[见图3b)]。

8.2.10 拍摄设备 *Z* 坐标

该无符号字节描述拍摄设备的位置,方向与采集面垂直。注意该字节只描述距离而不描述方向。该字节应按照如下公式计算:

$$Z-\mathrm{POS}=\frac{1}{4}\text{位移}$$

该字节的值范围为0~253。值254是一个特例,代表摄拍摄设备的位置是一个未知数或者是一个大于253的数。值255表示一个未知的拍摄设备的Z坐标,包括可移动的线性阵列的使用。

8.2.11 目标 *X* 坐标

该字段描述拍摄目标的位置,与7.5中的球原点坐标有关。8.2.8.2规定了此字段的编码方式,用8方向FCC的方位4[见图3a)]和4方向FCC的方位2作为正向位移[见图3b)]。

8.2.12 目标 *Y* 坐标

该字段描述拍摄目标的位置,与7.5中的球原点坐标有关。8.2.8.2规定了此字段的编码方式,用8方向FCC的方位2[见图3a)]和4方向FCC的方位1作为正向位移[见图3b)]。

8.2.13 目标 *Z* 坐标

该字段描述拍摄目标的位置,与7.5中的球原点坐标有关。

8.2.8.2规定了此字段的编码方式,用距采集平面以上的高度作为正向位移,距采集平面以下的深度为负向位移。

8.2.14 手型轮廓起始点 *X* 坐标

该字段描述 7.4 定义的手型轮廓起始点的位置，与 7.5 中定义的视图原点有关。8.2.8.2 规定了此字段的编码方式，用 8 方向 FCC 的方位 4[见图 3a)]和 4 方向 FCC 的方位 2 作为正向位移[见图 3b)]。

8.2.15 手型轮廓起始点 *Y* 坐标

该字段描述 7.4 定义的手型轮廓起始点的位置，与 7.5 中定义的视图原点有关。8.2.8.2 规定了此字段的编码方式，用 8 方向 FCC 的方位 2[见图 3a)]和 4 方向 FCC 的方位 1 作为正向位移[见图 3b)]。

8.2.16 数据压缩算法

目前只支持 8 方向 FCC 和 4 个方向 FCC 的压缩算法，分别由 0 和 1 分别代表。

8.2.17 手型扫描技术

该 1 字节字段描述原始数据采集的传感器技术，其有效值为：

——0 = 未指明；

——1 = 光学采集；

——2 = 线性扫描；

——3 ～ 255 保留。

8.2.18 扩展数据长度

2 个字节，描述扩展数据块的长度。值为 0 表示没有扩展数据。

8.2.19 保留位

这些字节没有被使用，仅是一个占位符预留给将来使用。

本部分的本版本中，这些字节由 BDB 生产者设置为 0，BDB 使用者应忽略这些字节。

8.2.20 手型轮廓数据

手型轮廓数据的格式在 8.2 中描述。该数据长度是 HGVR 长度(在 HGVR 头中指定；见 8.2.1)减去头长度(25 个字节)再减去扩展数据块长度(表示视图记录头；见 8.2.18)后的长度。

8.2.21 扩展数据

该字段是为系统供方特定应用或专用数据保留的。CBEFF 数据中的产品编号(见 6.3)应唯一标识系统供方、生产者、所有者和设备编码类型。8.2.18 中规定了该扩展数据字段的长度。

附 录 A
（资料性附录）
手型轮廓数据包示例

A.1 手型轮廓数据包

手型轮廓数据包示例参见表 A.1。

表 A.1 手型轮廓数据示例

字段	字节位置	值(十六进制)	说明
格式标识符	1～4	48 4E 44 00	“HND”手型轮廓记录
版本号	5～8	30 31 30 00	“010”-版本 01，修订版本 0
记录长度	9～12	00 00 01 96	记录的总长度＝406 字节
手型视图记录数	13	01	记录包含 1 个 HGVR
保留位	14～15	XX XX	未定义
HGVR 长度	16～17	01 87	HGVR 长度＝391 字节
HGVR 索引	18		
手型标识符	19	4F	右手背俯视图，含食指、中指、环指、小指
手型完整性	20	00	无问题
分辨率	21	15	21 像素/mm
畸变	22	E7	畸变为－2.5％
手型轮廓质量	23～25	00 00 4B	手型轮廓质量值为 75
拍摄设备 *X* 坐标	26	00	8 方向 FCC 的 4 方位上，拍摄设备中心位于光轴和采集面交点 0×4＝0 mm 处
拍摄设备 *Y* 坐标	27	00	8 方向 FCC 的 2 方位上，拍摄设备中心位于光轴和采集面交点 0×4＝0 mm 处
拍摄设备 *Z* 坐标	28	4C	拍摄设备在采集面上方是 304 mm 处(0x4C 等于十进制的 76,76×4＝304)
目标 *X* 坐标	29	00	目标的 *X* 坐标也是 0，与拍摄设备 *X* 坐标相同，拍摄设备与采集面垂直
目标 *Y* 坐标	30	00	目标的 *Y* 坐标也是 0，与拍摄设备 *Y* 坐标相同，拍摄设备与采集面垂直
目标 *Z* 坐标	31	00	目标在采集面上
手型轮廓起始点 *X* 坐标	32	E9	8 方向 FCC 的方位 4 方向上，轮廓起始点的 *X* 坐标位于俯视坐标原点－92 mm 处(－92/4＝－23，就是二进制 0xE9)

表 A.1（续）

字段	字节位置	值(十六进制)	说明
手型轮廓起始点 Y 坐标	33	0D	8 方向 FCC 的方位 2 方向上，轮廓起始点的 X 坐标位于俯视坐标原点＋52 mm 处(52/4＝13，也就是 0x0D)
数据压缩算法	34	00	8 方向的 FCC
手型采集技术	35	01	光学拍摄设备
扩展数据长度	36～37	00 06	6 字节扩展数据
保留位	38～40	XX XX XX	字节未定义
手型轮廓数据	41～400	XX XX XX...	手型轮廓数据为 360 字节 该字段长度计算方式如下： HGVR 是 391 个字节，减去 HGVR 元数据 25 个字节，减去扩展数据 6 个字节。 这相当于 960 个数据点
扩展数据	401～406	XX XX XX...	

附 录 B
（资料性附录）
最佳实践

B.1 目的

本部分定义了在 BDB 中记录手型轮廓数据的格式。本附录是一套数据采集的最佳实践建议。

B.2 手位置和采集面设计

——手应平放在采集面上，将手指伸展开直到让掌蹼清晰可见；

——戒指或其他饰物应以同样的方式放在相同的位置（例如，在获取轮廓的时候，戒指面应该朝上）；

——应使手指分开，以保证相邻手指蹼以上的轮廓不粘连；

——这不意味着要强制蹼的定位，但是建议手指不要被定位装置（定位装置是采集设备中协助固定手的装置）、采集面上的碎片或破损的采集面割破而流血；

——手套、袖口以及其他可能改变手型轮廓大小和形状的物品，应将其移走；

——在数据获取时，轮廓不应受到环境光影响；

——在整个系统中，手放置的位置应通过使用定位装置来控制，如图 B.1 所示。两指系统可省略无名指和小指的定位装置。

单位为毫米

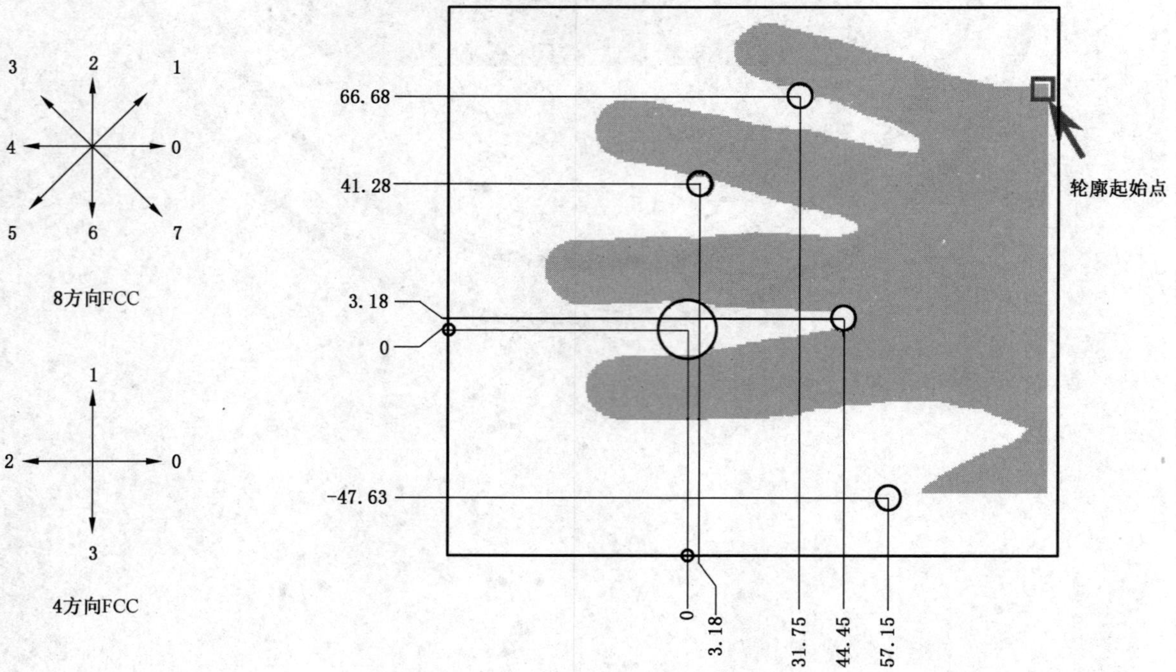

图 B.1 手指定位装置的建议位置

B.3 最佳光学设计

B.3.1 几何畸变

经由透镜成像的手轮廓图像可能会含有光学畸变(单镜系统比多镜系统的畸变大)。要求手轮廓的畸变应控制在1%以下,轮廓应该不受球形畸变、梯形畸变、散射畸变和形像差畸变的影响。

B.3.2 拍摄设备Z坐标

拍摄设备和采集面的距离也影响轮廓获取。如果拍摄设备的定位靠近采集面,目标物在拍摄设备中心的成像会较好,而在目标物在拍摄设备边缘的成像将被拉长并扭曲。拍摄设备和采集面的有效距离应为21 cm～28 cm。

B.3.3 拍摄设备角度

由于视差造成了同一轮廓中不同手指的相对宽度的改变,而视差与拍摄设备角度有关,但拍摄设备的角度也可以通过改变指尖或蹼的位置而改变。拍摄设备的角度将影响手指长度的测量。这种影响是因为手在三维空间中的特性;指尖是圆的,并且用户在每次采集数据的时候指尖的位置会有微小的变化。蹼可能会紧贴采集面或者轻微翘起(轻微翘起的情况通常由于关节炎发作,因此需要重点考虑)。当拍摄设备和采集面不是正交的时候,这些影响都会加剧。成像轴和采集面的夹角应小于0.5°。

B.3.4 拍摄设备中心线

即使拍摄设备到采集面的距离大致相同,拍摄设备中心位置不同也会造成同一幅图像中手指相对大小的改变。拍摄设备中心线应该垂直于采集面,但是不应该正对着食指。如果正对着食指,由于视差的缘故,食指会看起来非常细,小指会相对较粗。所以拍摄设备的位置应该是在FCC方位2偏离2 cm和方位0偏离1.5 cm处,见图B.1(这个点应该位于食指和环指中间的定位销处)。每个方向误差的范围应在±0.7 cm之内。

B.3.5 轮廓终止线

手型轮廓识别系统通常设计有一个固定的成像区域,这意味着一些非常大的手可能会超过成像的范围,虽然不推荐,但是在接近手指或接近手腕的位置形成轮廓也是可以接受的。垂直轮廓终止线见图3a)。垂直轮廓终止线与图B.1中最大的定位装置的距离应大于8 cm。

B.3.6 侧视图数据

为收集更多有价值的数据,光学系统宜设计为既能获取俯视图又能够获取侧视图。

ICS 23.020.30
J 74

中华人民共和国国家标准

GB/T 26610.2—2014

承压设备系统基于风险的检验实施导则 第2部分：基于风险的检验策略

Guideline for implementation of risk-based inspection of pressure equipment system—Part 2: Risk-based inspection plan

2014-05-06 发布　　2014-12-01 实施

中华人民共和国国家质量监督检验检疫总局
中国国家标准化管理委员会　发布

前　言

GB/T 26610《承压设备系统基于风险的检验实施导则》分为5个部分：

——第1部分：基本要求和实施程序；

——第2部分：基于风险的检验策略；

——第3部分：风险的定性分析方法；

——第4部分：失效可能性定量分析方法；

——第5部分：失效后果定量分析方法。

本部分为GB/T 26610的第2部分。

本部分按照GB/T 1.1—2009给出的规则起草。

本部分由全国锅炉压力容器标准化技术委员会(SAC/TC 262)提出并归口。

本部分起草单位：中国特种设备检测研究院、国家质量监督检验检疫总局特种设备安全监察局、合肥通用机械研究院、中国石油化工股份有限公司、中国石油天然气股份有限公司、中国石油化工股份有限公司燕山分公司、中国石油天然气股份有限公司独山子石化分公司、中海石油化学股份有限公司、中海壳牌石油化工有限公司、中石油石家庄炼化分公司、上海特种设备监督检验技术研究院、广东省特种设备检测院、南京锅炉压力容器检验研究院、江苏省特种设备安全监督检验研究院无锡分院。

本部分主要起草人：贾国栋、王辉、李志峰、邵珊珊、李军、关卫和、胡明东、何承厚、陈轩、戴澄、杨瑞平、罗传武、杨瑞增、吕胜杰、罗晓明、郑炯、姜海一、业成、费宏伟、徐鹏、王笑梅。

承压设备系统基于风险的检验实施导则 第2部分:基于风险的检验策略

1 范围

GB/T 26610的本部分规定了承压设备系统基于风险的检验策略(包括检验时间、检验类型、检验方法和检验有效性等)的制定方法。

本部分适用于GB/T 26610.1所指的承压设备系统。

2 规范性引用文件

下列文件对于本文件的应用是必不可少的。凡是注日期的引用文件,仅注日期的版本适用于本文件。凡是不注日期的引用文件,其最新版本(包括所有的修改单)适用于本文件。

GB/T 26610.1 承压设备系统基于风险的检验实施导则 第1部分:基本要求和实施程序

GB/T 26610.3 承压设备系统基于风险的检验实施导则 第3部分:风险的定性分析方法

GB/T 26610.4—2014 承压设备系统基于风险的检验实施导则 第4部分:失效可能性定量分析方法

GB/T 26610.5—2014 承压设备系统基于风险的检验实施导则 第5部分:失效后果定量分析方法

3 术语和定义

GB/T 26610.1界定的以及下列术语和定义适用于本文件。

3.1

检验有效性 inspection effectiveness

对检验效果的定性分级评价,从高度有效到无效分为5个等级。

3.2

腐蚀回路 corrosion circuit

在一个系统中,具有相同材料类别、相似操作条件和相同损伤模式的一组设备回路。

3.3

置信度 confidence

根据来自母体的一组子样(即观测值),对表征母体的参数进行估计的统计可信程度。

4 总则

4.1 基本原则

检验策略的制定应以控制设备的风险可接受为目标,重点关注潜在损伤模式、损伤速率以及失效模式。

4.2 人员及单位要求

检验策略的制定人员应具有足够的工艺流程、材料、腐蚀、检验等知识背景和实践经验，并经过风险评估专业培训合格。检验策略的制定单位(风险评估单位)应建立相应的质量控制程序。

4.3 通用流程

4.3.1 风险分析计算

采用本部分制定检验策略前，应分别按照 GB/T 26610.4 和 GB/T 26610.5 的规定对承压设备进行失效可能性和失效后果等级的定量分析计算，按照 GB/T 26610.1 的规定确定承压设备的风险。风险的定性分析可用于定量分析前设备的筛选分析，按 GB/T 26610.3 的规定进行。

4.3.2 确定风险可接受水平

风险可接受水平由使用单位根据自身实际情况确定，但应满足 GB/T 26610.1 的规定，同时应考虑政府关于人员安全的基本要求和使用单位的社会责任。

4.3.3 制定检验策略

根据设备的风险和风险可接受水平，按照本部分的要求制定检验策略。

4.3.4 安全阀及换热管束检验策略

安全阀的检验策略见附录 A，换热管束的检验策略见附录 B。

4.4 主要内容

检验策略一般包括以下内容：

a) 检验时间(或基于检验时间确定的检验范围)；

b) 检验类型；

c) 检验方法和检验有效性。

5 检验时间

检验时间点一般分为评估时间点、本次停机检修时间点和预计的下次停机检修时间点。检验时间的确定应以在预计的下次停机检修时间点，设备的风险位于可接受水平之下为目标：

a) 如果在本次停机检修时间点之前，设备的风险已达到或超过风险可接受水平，应立即实施检验；

b) 如果在预计的下次停机检修时间点之前，设备的风险已达到或超过风险可接受水平，应在本次停机检修时间点实施检验。

设备检验时间的确定按照以上原则进行，也可以参照附录 C 确定。若同一设备的不同部件检验时间不同，则根据最近检验时间点确定设备整体的检验时间。

6 检验类型及选择原则

6.1 检验类型

6.1.1 容器的检验类型：

a) 停机内部检验;

b) 停机外部检验;

c) 在线检验。

6.1.2 管道的检验类型:

a) 停机外部检验;

b) 在线检验。

6.2 检验类型的选择原则

6.2.1 容器检验类型的选择原则:

a) 首次检验:具备条件时应进行停机内部检验,否则进行停机外部检验或在线检验。

b) 非首次检验:具备条件时优先选择停机内部检验,否则进行停机外部检验或在线检验。

6.2.2 管道检验类型的选择原则:

具备条件时优先选择停机外部检验,否则进行在线检验。

6.3 在线检验的选用原则

如果不具备停机检验的条件,且在线检测方法的有效性能够达到检验策略提出的有效性级别要求,可以选用在线检验。

7 检验方法和检验有效性

7.1 检验方法

7.1.1 根据设备潜在的损伤模式及其严重程度确定检验方法和比例。检验部位应选择损伤模式发生可能性最高的区域。如果实施在线检验,选择检验方法时还应考虑从设备外部检测内部缺陷的能力和温度等操作条件对检验有效性的影响。

7.1.2 首次检验时,检验内容不仅包括使用环境下可能发生的损伤检验,还应补充对制造、安装质量的检验抽查。

7.1.3 若设备的风险以失效后果为主导,还应当考虑其他的风险控制措施。

7.2 检验有效性

7.2.1 检验有效性分级

7.2.1.1 确定检验有效性应考虑下列因素:

a) 检验类型;

b) 设备或部件的结构类型;

c) 损伤模式及失效模式;

d) 损伤速率或敏感性;

e) 检测方法和频次;

f) 受检区域的可检程度。

7.2.1.2 检验有效性分为 5 个级别,见表 1。

表 1 检验有效性分级

检验有效性级别	描 述
高度有效	某种检验方法准确识别某种损伤实际状态的置信度为80%～100%
中高度有效	某种检验方法准确识别某种损伤实际状态的置信度为60%～80%
中度有效	某种检验方法准确识别某种损伤实际状态的置信度为40%～60%
低度有效	某种检验方法准确识别某种损伤实际状态的置信度为20%～40%
无效	某种检验方法准确识别某种损伤实际状态的置信度小于20%

7.2.2 检验有效性的选取原则

对于高风险的设备，应采用中高度有效及以上级别的检验方法；对于中风险和中高风险的设备，应采用中度有效及以上级别的检验方法；对于低风险的设备可以采用低度有效及以上级别的检验方法。各种检测方法对应的检验有效性级别见表2和表3。

表 2 停机检测方法及有效性

检测方法	失效形式						
	减薄	表面裂纹	近表面裂纹	微裂纹/微孔	金相组织变化	尺寸变化	氢鼓泡
目视检测	1,2,3	2,3	×	×	×	1,2,3	1,2,3
纵波超声检测	1,2,3	×	×	×	×	×	1,2
横波超声检测	×	2,3	1,2,3	3,×	×	×	×
TOFD	2,3	2,3	2,3	3,×	×	×	1,2
射线成像检测	1,2,3	3,×	3,×	×	×	×	×
荧光磁粉	×	1,2	3,×	×	×	×	×
渗透	×	1,2,3	×	×	×	×	×
声发射	×	(针对活性裂纹)2,3	(针对活性裂纹)2,3	×	×	×	3,×
涡流	1,2	1,2	1,2	3,×	×	×	×
漏磁	1,2	×	3,×	×	×	×	×
尺寸测量	1,2,3	×	×	×	×	1,2	×
金相	×	2,3	2,3	2,3	1,2	×	×
超声导波	1,2,3	×	×	×	×	×	×

注：1为高度有效；2为中高度有效；3为中度有效；×为低度有效或无效。

表 3　在线检测方法及有效性

检测方法	失效形式						
	减薄	表面裂纹	近表面裂纹	微裂纹/微孔	金相组织变化	尺寸变化	氢鼓泡
脉冲涡流测厚	1,2,3	×	×	×	×	×	×
高温纵波超声检测	1,2,3	×	×	×	×	×	1,2
高温横波超声检测	×	2,3	1,2,3	3,×	×	×	×
高温磁粉	×	1,2	3,×	×	×	×	×
在线声发射监测	×	(针对活性裂纹)2,3	(针对活性裂纹)2,3	×	×	×	3,×
超声导波	1,2,3	×	×	×	×	×	×
注：1 为高度有效；2 为中高度有效；3 为中度有效；× 为低度有效或无效。							

8　检验策略的实施

8.1　使用单位应当根据检验策略，制定检验计划。检验机构应当根据检验策略和检验计划，结合现场条件，制定具体的检验方案并实施检验。

8.2　检验机构在检验过程中应详细记录检验结果，并由风险评估单位将检验结果与风险评估结果进行对比验证。

8.3　对于评估中由于某一种损伤模式导致的失效可能性大于或等于 4 的设备，若在检验实施过程中该损伤模式得到验证，则应扩大同一腐蚀回路中设备的检验比例。

8.4　在预计的下次停机检修时间点前，风险评估单位应根据本次检验和风险评估的对比验证结果、年度检查的结果，以及腐蚀检查和监测结果，更新评估数据，进行再评估。

附　录　A
（规范性附录）
安全阀检验策略

A.1　符号

$C_{f,j}^{prd}$ ——与第 j 种超压情况相关的安全阀开启失效后果，元；
C_{l}^{prd} ——安全阀泄漏失效后果，元；
j ——某一种超压情况；
ndc ——超压情况次数；
$P_{f,j}^{prd}$ ——与第 j 种超压情况相关的安全阀开启失效造成的设备超压泄漏可能性，失效次数/年；
P_{l}^{prd} ——安全阀泄漏可能性，失效次数/年；
$risk_{f,j}^{prd}$——第 j 种超压情况下安全阀开启失效风险，元/年；
$risk_{f}^{prd}$——所有超压情况下安全阀开启失效的总风险，元/年；
$risk_{l}^{prd}$——安全阀泄漏风险，元/年；
$risk^{prd}$——安全阀总风险，元/年。

A.2　基于风险的校验时间

A.2.1　安全阀风险计算

A.2.1.1　安全阀开启失效风险的计算：

a）某一种超压情况下安全阀开启失效的风险按式(A.1)计算：

$$risk_{f,j}^{prd}=P_{f,j}^{prd}\times C_{f,j}^{prd} \qquad \cdots\cdots(A.1)$$

b）所有超压情况下安全阀开启失效的总风险按式(A.2)计算：

$$risk_{f}^{prd}=\sum_{j=1}^{ndc}P_{f,j}^{prd}\times C_{f,j}^{prd}=\sum_{j=1}^{ndc}risk_{f,j}^{prd} \qquad \cdots\cdots(A.2)$$

式中，$P_{f,j}^{prd}$按 GB/T 26610.4—2014 附录 K 计算，$C_{f,j}^{prd}$按 GB/T 26610.5—2014 附录 A 计算。

A.2.1.2　安全阀泄漏风险按式(A.3)计算：

$$risk_{l}^{prd}=P_{l}^{prd}\times C_{l}^{prd} \qquad \cdots\cdots(A.3)$$

式中，P_{l}^{prd} 按 GB/T 26610.4—2014 附录 K 计算，C_{l}^{prd} 按 GB/T 26610.5—2014 附录 B 计算。

A.2.1.3　安全阀风险按式(A.4)计算：

$$risk^{prd}=risk_{f}^{prd}+risk_{l}^{prd} \qquad \cdots\cdots(A.4)$$

A.2.2　最长校验时间

安全阀经过校验重新投入使用后，其最长校验时间为风险达到设定的可接受水平所对应的时间。

A.3　校验时间的调整

在校验过程中发现诸如裂纹、腐蚀等问题，检验人员可视其严重程度，以及对安全阀功能的影响程度适当缩短其校验时间，若存在的问题严重影响安全阀正常运行，且难以修复的，则应向使用单位提出更换建议，详见表 A.1。

表 A.1 校验时间调整表

序号	校验发现的问题		处理方式
1	密封面磨损	轻度	不影响校验时间
		中度	缩短校验时间
		重度	缩短校验时间
		重度且无法修复	更换
2	阀盖，调节螺杆腐蚀粘连无法修复		更换
3	阀体内部腐蚀		视其严重程度缩短校验时间或更换
4	阀座、阀芯损坏严重		更换
5	密封压力达不到试验要求		更换
6	调节圈锈死		更换
7	阀座裂纹		更换
8	调节螺母锈死		更换
9	阀瓣裂纹		更换
10	弹簧断裂		更换
11	出口堵死，无法清除		更换
12	阀体不接触介质部位裂纹		视其严重程度缩短校验时间或更换

附　录　B
（规范性附录）
换热管束检验策略

B.1　符号

β ——Weibull 形状参数；
η ——Weibull 特征寿命参数，年；
C_{f}^{tube} ——管束失效后果，元；
$C_{f,plan}^{tube}$ ——基于管束计划更换周期下的管束失效后果，元；
$cost_{bundle}$ ——管束更换费用，元；
$cost_{env}$ ——管束泄漏导致的环境影响费用，元；
$cost_{insp}$ ——管束检验费用，元；
$cost_{maint}$ ——管束检维修费用，包括抽出管束和准备好检验或更换的费用，元；
$cost_{prb}(tr)$ ——管束计划更换周期内，管束更换的费用，元/年；
$cost_{prod}$ ——停车对管束进行维修或更换导致的生产损失，元；
$cost_{total}(tr)$ ——管束计划更换周期内，管束更换计划的总费用，元/年；
$D_{sd,plan}$ ——计划停机检修管束所需要的时间，天；
ERL ——管束预期剩余服役年限，年；
ESL_{n} ——管束预期服役年限，年；
$ESL_{fail,n}$ ——管束计划更换周期内，管束失效的平均服役年限，年；
$ESL_{pass,n}$ ——管束计划更换周期内，管束没有失效的平均服役年限，年；
EIR_{t1}^{t2} ——在本次停机检修时间和预计的下次停机检修时间 t_1 和 t_2 之间预期风险增量，元/年；
$\Gamma(x)$ ——关于 x 的 Γ 方程；
LEF ——管束预期服役年限的延寿因子；
MTTF ——平均无故障工作时间，年；
N ——换热器管束历次更换数量；
PBL_{adj} ——基于检验修正的管束预期服役年限，年；
P_{f}^{tube} ——管束失效概率，次/年；
$P_{f,max}^{tube}$ ——基于使用单位风险可接受水平得到的最大可接受失效概率，次/年；
r ——换热器历次失效的管束数量；
$rate_{red}$ ——管束故障导致的产能下降百分比，%；
ROR ——收益率；
RWT_{f} ——失效指数，定义为剩余壁厚的分数；
$risk_{f}^{tube}$ ——管束失效风险，元/年；
$risk_{f}^{tube}(tr)$ ——在管束计划更换周期内，管束失效风险，元/年；
$risk_{tgt}$ ——风险可接受水平，元/年；
t_{rate} ——管束的减薄速率，mm/年；
t ——时间，年；
t_{dur} ——管束的服役时间，年；
$tadj_{dur}$ ——管束调整后的服役时间，年；

tr ——管束计划更换周期,年;

$t_{dur,i}$ ——换热器中第 i 个管束的服役时间,年;

$\bar{t}_{insp}$ ——换热管实测平均壁厚,mm;

$\bar{t}_{orig}$ ——换热管制造平均壁厚,mm;

t_s ——管束计划更换周期优化的时间步长,天;

$unit_{prod}$ ——装置每天的生产利润,元/天。

B.2 最大可接受失效概率

换热管束最大可接受失效概率是换热管失效后果、使用单位设定的风险可接受水平的函数,其关系见式(B.1):

$$P_{f,max}^{tube}=\frac{risk_{tgt}}{C_f^{tube}} \qquad \text{(B.1)}$$

B.3 检验时间

在换热管束风险达到使用单位设定的风险可接受水平 $risk_{tgt}$ 的日期前应对其实施检验,选择的检验有效性应保证换热管束运行至下次停机检修时间点时,其风险不超过可接受水平。

B.3.1 检验时间的初始值

检验时间的初始值按式(B.2)计算:

$$t=\eta\cdot(-\ln[1-P_f^{tube}])^{\frac{1}{\beta}} \qquad \text{(B.2)}$$

其中:

取 $P_f^{tube}=P_{f,max}^{tube}$;$\beta$ 取默认值 3;η 按式(B.3)和式(B.4)计算,结果取小值:

a) 利用平均无故障工作时间计算,见式(B.3):

$$\eta=\frac{MTTF}{\Gamma\left(1+\frac{1}{\beta}\right)} \qquad \text{(B.3)}$$

b) 利用特定的管束历史情况计算,见式(B.4):

$$\eta=\left(\sum_{i=1}^{N}\frac{t_{dur,i}^{\beta}}{r}\right)^{\frac{1}{\beta}} \qquad \text{(B.4)}$$

B.3.2 首检情况下的检验时间

一般取式(B.2)中检验时间初始值的一半。

B.3.3 有检验历史情况下的检验时间

B.3.3.1 对于主导损伤模式为均匀腐蚀的管束,根据管束壁厚测量结果预估将来的失效日期,其计算程序如下:

a) 换热管束的壁厚减薄速率可以根据其制造平均壁厚和上次检验实测平均壁厚按式(B.5)进行计算:

$$t_{rate}=\frac{\bar{t}_{orig}-\bar{t}_{insp}}{t_{dur}} \qquad \text{(B.5)}$$

b) 根据剩余壁厚分数确定失效时间点,按式(B.6)计算基于检验修正的管束预期服役年限 PBL_{adj}:

$$PBL_{adj}=\frac{RWT_f\cdot\bar{t}_{orig}}{t_{rate}} \qquad \text{(B.6)}$$

剩余壁厚分数 RWT_f 默认值为 0.75，也可以自行赋值。

B.3.3.2 若无法获取壁厚减薄速率计算所需要的换热管壁厚数据，或者损伤模式不仅仅是均匀腐蚀，则根据自上次检验以来管束预期剩余服役年限 ERL，计算基于检验修正的管束预期服役年限 PBL_{adj}：

$$PBL_{adj} = t_{dur} + ERL \qquad \cdots\cdots(B.7)$$

B.3.3.3 若根据式(B.6)或式(B.7)确定了基于检验修正的管束预期服役年限，则通过增加基于检验修正的管束预期服役年限作为另外的失效点，按式(B.8)可以确定管束修正的 Weibull 特征寿命参数：

$$\eta_{mod} = \left(\frac{1}{r}\sum_{i=1}^{N} t_i^{\beta}\right)^{\frac{1}{\beta}} \qquad \cdots\cdots(B.8)$$

B.3.3.4 将 η_{mod} 代替式(B.2)中的 η，则可计算出有检验历史情况下的检验时间。

B.3.4 管束延寿措施的影响

换热管束检验之后的延寿方法以及管束预期服役年限延寿因子 LEF 见表 B.1，根据式(B.9)以及 LEF 值计算调整后的服役时间 $tadj_{dur}$：

$$tadj_{dur} = (1 - LEF)\,t_{dur} \qquad \cdots\cdots(B.9)$$

式(B.9)中，实际的管束服役时间 t_{dur} 可以根据其最初安装日期以及实施延寿处理时的检验日期计算，见式(B.10)：

$$t_{dur} = \text{实施延寿处理的检验日期} - \text{最初安装日期} \qquad \cdots\cdots(B.10)$$

调整后的安装日期可以根据实施延寿处理的检验日期减去调整后的服役时间 $tadj_{dur}$ 计算见式(B.11)：

$$\text{调整后的安装日期} = \text{实施延寿处理的检验日期} - tadj_{dur} \qquad \cdots\cdots(B.11)$$

表 B.1 管束延寿方法

延寿方法	管束预期服役年限延寿因子 LEF
堵管	0.10
管束旋转 180°	0.50
更换部分管子	0.50
更换全部管子	0.75
更换备用管束	1.00

B.4 经济成本分析确定换热管束检验或更换策略

B.4.1 在本次停机检修时间点，换热管束不实施检验或者不更换，直至预计的下次停机检修时间点所造成的预期风险增量 EIR_{t1}^{t2} 可以根据式(B.12)进行计算：

$$EIR_{t1}^{t2} = C_f^{tube}\left[1 - \left(\frac{1 - P_f^{tube}(t_2)}{1 - P_f^{tube}(t_1)}\right)\right] \qquad \cdots\cdots(B.12)$$

式中：

t_1——本次停机检修时间点；

t_2——预计的下次停机检修时间点。

B.4.2 根据式(B.12)计算实施检验或者更换的费用与不采取措施造成的风险增量进行比较，若检验或者更换的成本低于预计的风险增量，则应进行检验或更换，判断条件如下：

$$(\mathrm{cost}_{\mathrm{insp}} + \mathrm{cost}_{\mathrm{maint}}) \cdot (1 + \mathrm{ROR}) < \mathrm{EIR}_{t1}^{t2} \tag{B.13}$$

$$(\mathrm{cost}_{\mathrm{bundle}} + \mathrm{cost}_{\mathrm{maint}}) \cdot (1 + \mathrm{ROR}) < \mathrm{EIR}_{t1}^{t2} \tag{B.14}$$

若满足式(B.13)则检验，若满足式(B.14)则更换。

B.5 管束最优更换周期

B.5.1 一般原则

换热管束失效产生的所有相关费用与周期性计划停机更换管束的所有相关费用总和最小时，管束更换周期值最优。

B.5.2 造成非计划停机的失效风险

管束计划更换周期内，管束失效风险按式(B.15)来计算：

$$\mathrm{risk}_{f}^{\mathrm{tube}}(\mathrm{tr}) = C_{f}^{\mathrm{tube}} \cdot P_{f}^{\mathrm{tube}}(\mathrm{tr}) \tag{B.15}$$

式(B.15)中，C_{f}^{tube} 按式(B.16)计算得到：

$$C_{f}^{\mathrm{tube}} = \mathrm{cost}_{\mathrm{prod}} + \mathrm{cost}_{\mathrm{env}} + \mathrm{cost}_{\mathrm{bundle}} + \mathrm{cost}_{\mathrm{maint}} \tag{B.16}$$

B.5.3 计划停机的管束更换费用

管束计划更换周期内，管束更换费用按式(B.17)来进行计算：

$$\mathrm{cost}_{\mathrm{prb}}(\mathrm{tr}) = C_{f,\mathrm{plan}}^{\mathrm{tube}} \cdot [1 - P_{f}^{\mathrm{tube}}(\mathrm{tr})] \tag{B.17}$$

式(B.17)中，$C_{f,\mathrm{plan}}^{\mathrm{tube}}$ 按式(B.18)计算：

$$C_{f,\mathrm{plan}}^{\mathrm{tube}} = \mathrm{unit}_{\mathrm{prod}} \cdot \left(\frac{\mathrm{rate}_{\mathrm{red}}}{100}\right) \cdot D_{\mathrm{sd,plan}} + \mathrm{cost}_{\mathrm{env}} + \mathrm{cost}_{\mathrm{bundle}} + \mathrm{cost}_{\mathrm{maint}} \tag{B.18}$$

B.5.4 总费用的优化

管束预期服役年限内，总费用按式(B.19)计算：

$$\mathrm{cost}_{\mathrm{total}}(\mathrm{tr}) = \frac{\mathrm{risk}_{f}^{\mathrm{tube}}(\mathrm{tr}) + \mathrm{cost}_{\mathrm{prb}}(\mathrm{tr})}{365.24 \cdot \mathrm{ESL}_{n}} \tag{B.19}$$

管束预期服役年限按式(B.20)计算：

$$\mathrm{ESL}_{n} = \mathrm{ESL}_{\mathrm{fail},n} + \mathrm{ESL}_{\mathrm{pass},n} \tag{B.20}$$

管束计划更换周期内，管束失效的平均服役年限和没有失效的平均服役年限分别按照式(B.21)和式(B.22)计算：

$$\mathrm{ESL}_{\mathrm{fail},n} = \mathrm{ESL}_{\mathrm{fail},n-1} + \mathrm{tr}_{n}(P_{f,n}^{\mathrm{tube}} - P_{f,n-1}^{\mathrm{tube}}) \tag{B.21}$$

$$\mathrm{ESL}_{\mathrm{pass},n} = t_{n}(1 - P_{f,n}^{\mathrm{tube}}) \tag{B.22}$$

B.5.5 计算程序

总费用达到最小的时间即为换热管束最优更换周期，按如下步骤确定其最优更换周期：

a) 选择时间步长 t_s 和增量数目 n。时间步长的单位为天，最大值为 7。增量数目 n 的初始值为 1，每次的增量均为 1，表示为 $n=n+1$。

b) 确定管束计划更换周期 tr_n，可通过增量数目 n 与时间步长 t_s 相乘得到，见式(B.23)：

$$\mathrm{tr}_{n} = n \cdot t_{s} \tag{B.23}$$

c) 根据式 $P_{f,n}^{\mathrm{tube}}(\mathrm{tr}_n) = 1 - \exp\left[-\left(\frac{\mathrm{tr}_n}{\eta_{\mathrm{mod}}}\right)^{\beta}\right]$，计算当增量为 n 时，在计划更换周期内的管束失效概

率 $P_{f,n}^{tube}(tr_n)$，式中的时间单位为年。

d) 根据式(B.21)计算在计划更换周期前，可能会发生失效的管束平均服役年限 $ESL_{f,n}$。

e) 根据式(B.22)计算在计划更换周期前，不会发生失效的管束平均服役年限 $ESL_{p,n}$。

f) 根据式(B.20)计算管束预期服役年限 ESL_n，注意起始条件为 $n=1$，$tr=t_s$，$ESL_{f,n-1}=0.0$。

g) 根据式(B.15)计算计划更换周期内的管束失效风险 $risk_f(tr)$。

h) 根据式(B.17)计算计划更换周期内的管束更换费用 $cost_{prb}(tr)$。

i) 根据式(B.19)计算计划更换周期下管束预期服役年限内的总费用 $cost_{total}(tr)$。

j) 增量增加 1($n=n+1$)，重复 B.5.5 b)～B.5.5 i)的计算过程，直到计算出 $cost_{total}(tr)$最小值为止。

k) 管束最佳更换周期 t_{opt} 为 $cost_{total}(tr)$最小时的 tr 值。

附　录　C
（资料性附录）
推荐的检验范围

C.1　容器的检验范围见表C.1。

表C.1　容器的检验范围

本次停机检修时间点的风险等级	检　验　范　围	
	一般保守程度	较高保守程度
高风险	100%	100%
中高风险	≥60%	≥75%
中风险	≥40%	≥50%
低风险	≥20%	≥25%

C.2　管道的检验范围见表C.2。

表C.2　管道的检验范围

本次停机检修时间点的风险等级	检　验　范　围	
	一般保守程度	较高保守程度
高风险	100%	100%
中高风险	≥50%	≥60%
中风险	≥30%	≥40%
低风险	≥10%	≥20%

C.3　按照表C.1和表C.2给出的范围实施的检验，包括本次停机检修时间点实施的停机检验和其他时间的在线检验。

C.4　首次检验时，建议按照较高保守程度确定检验范围。

C.5　确定检验范围时，应保证覆盖所有腐蚀回路，并优先抽检满足以下条件的设备：

a）失效可能性大于或等于3的；

b）材质劣化和环境开裂敏感性较高的；

c）有衬里的；

d）超过设计寿命的。

C.6　对于在本次停机检修时间点前为高风险的设备，应在停机前采取在线检验或监测等措施降低风险。

C.7　对于在预计的下次停机检修时间点前为高风险的设备，在本次停机检修时间点到下次停机检修时间点之间，应采取在线检验等措施降低风险。

ICS 23.020.30
J 74

中华人民共和国国家标准

GB/T 26610.3—2014

承压设备系统基于风险的检验实施导则 第3部分:风险的定性分析方法

Guideline for implementation of risk-based inspection of pressure equipment system—Part 3: Qualitative approach to risk

2014-05-06 发布　　2014-12-01 实施

中华人民共和国国家质量监督检验检疫总局
中国国家标准化管理委员会　发布

前　言

GB/T 26610《承压设备系统基于风险的检验实施导则》分为5个部分：

——第1部分：基本要求和实施程序；

——第2部分：基于风险的检验策略；

——第3部分：风险的定性分析方法；

——第4部分：失效可能性定量分析方法；

——第5部分：失效后果定量分析方法。

本部分为GB/T 26610的第3部分。

本部分按照GB/T 1.1—2009给出的规则起草。

本部分参考了API RP 581《基于风险的检验》，并结合我国的实际情况制定。

本部分由全国锅炉压力容器标准化技术委员会(SAC/TC 262)提出并归口。

本部分起草单位：合肥通用机械研究院、中国特种设备检测研究院、福建特种设备检测研究院、中国石油化工股份有限公司、中国石油天然气股份有限公司、中国石油化工股份有限公司茂名分公司、大连西太平洋石油化工有限公司。

本部分主要起草人：陈学东、艾志斌、杨铁成、胡久韶、顾望平、贾国栋、王辉、李光海、谢国山、王笑梅、张志超、何承厚、李信伟、韩建宇、曲豫。

承压设备系统基于风险的检验实施导则 第3部分:风险的定性分析方法

1 范围

GB/T 26610的本部分给出了针对石油化工装置承压设备系统进行风险定性分析的方法,其他工业承压设备系统实施的风险定性分析也可参照采用。

本部分适用于GB/T 26610.1所指的承压设备系统。

2 规范性引用文件

下列文件对于本文件的应用是必不可少的。凡是注日期的引用文件,仅注日期的版本适用于本文件。凡是不注日期的引用文件,其最新版本(包括所有的修改单)适用于本文件。

GB/T 26610.1 承压设备系统基于风险的检验实施导则 第1部分:基本要求和实施程序

3 术语和定义

GB/T 26610.1界定的以及下列术语和定义适用于本文件。

3.1

设备因子 equipment factor

EF

与装置(单元或工段)中可能发生失效的设备总数相关的表征数值。

3.2

损伤因子 damage factor

DF

装置(单元或工段)中潜在的损伤机理种类的量化表征。

3.3

检验因子 inspection factor

IF

当前检验程序的有效性及其对识别装置(单元或工段)中潜在损伤机理的能力的量化表征。

3.4

维护状态因子 maintenance condition factor

MCF

被评估装置(单元或工段)的设计制造水平、企业管理和维护程序运行的有效性的量化表征。

3.5

工艺因子 process factor

PF

装置(单元或工段)运行连续性、工艺稳定性和安全保护装置可靠性的量化表征。

3.6

机械设计因子　mechanical design factor

MDF

装置(单元或工段)设计规范的先进性及与现行标准的符合性的量化表征。

3.7

燃烧与爆炸后果　damage consequence

可燃性介质泄放到环境中引起着火与爆炸造成的各种损失的量化表征。

3.8

燃烧与爆炸后果等级　damage consequence category

根据化学因子、破坏量值因子、状态因子、自燃因子、压力因子和安全防护因子的组合所确定的后果等级类别。

3.9

化学因子　chemical factor

CF

介质发生燃烧的可能性的量化表征,由可燃因子和反应因子组成。

3.10

可燃因子　flash factor

FF

介质固有的可燃性的量化表征。

3.11

反应因子　reaction factor

RF

介质暴露于一点火源时发生反应的可能性(稳定性)的量化表征。

3.12

损伤量值因子　damage quantity factor

DQF

失效事件发生后,装置中的可燃介质最大程度泄放导致的破坏程度的量化表征。

3.13

状态因子　state factor

SF

介质泄放到大气中被闪蒸成蒸汽的难易度程度的量化表征。

3.14

自燃因子　auto-ignition factor

AF

介质泄漏后自行燃烧的可能性的量化表征。

3.15

压力因子　pressure factor

PRF

失效事件发生后,介质泄放到环境中的快慢程度的量化表征。

3.16

安全防护因子　credit factor

CRF

装置在设计、制造过程所赋予的安全特性的量化表征。

3.17

中毒后果　toxic consequence

有毒介质泄放到环境中引起的中毒造成的各种损失的量化表征。

3.18

中毒后果类别等级　toxic consequence category

根据中毒量值因子、扩散因子、安全防护因子以及人口因子的组合所确定的后果等级类别。

3.19

中毒量值因子　toxic quantity factor

TQF

失效事件发生后，装置中的有毒介质最大程度的泄放导致的破坏程度的量化表征。

3.20

扩散因子　dispersibility factor

DLF

介质扩散能力的量化表征。

3.21

人口因子　population factor

PPF

失效事件发生后，可能受到某一有毒介质泄放影响的人数的量化表征。

4　总则

4.1　定性分析的程序

分析前应首先确定被评估装置(单元或工段)的物理边界和介质特性，然后按第5章确定其失效可能性，按第6章确定其失效后果，按第7章确定其风险等级。

4.2　一般原则

4.2.1　当装置(单元或工段)中有若干种主要的介质时，应根据介质种类分别计算该装置的失效后果，并确定风险级别，以风险级别最高的结果作为该装置最终的风险级别。

4.2.2　在进行风险的定性分析时，为保证评估结果的一致性，当某一问题有多种可选答案时，应选择其中的一种，而不是使用插值。

4.3　定性分析的应用

4.3.1　风险的定性分析方法可以单独应用，也可以和定量方法结合起来使用。在受条件限制无法进行全部定量风险分析时，可通过定性分析方法筛选出定性风险相对较高的部分进行定量风险分析，再依据定量风险分析的结果制定基于风险的检验策略。

4.3.2　进行不同装置(单元或工段)定性风险对比时需要考虑装置(单元或工段)中的设备数量，只有设备数量相近的装置(单元或工段)才能进行对比。

5　失效可能性评估

5.1　失效可能性的评估步骤

5.1.1　根据被评估装置(单元或工段)的具体情况，分别对下列6个因子进行赋值或计算：

a) 设备因子(EF);
b) 损伤因子(DF);
c) 检验因子(IF);
d) 维护状态因子(MCF);
e) 工艺因子(PF);
f) 机械设计因子(MDF)。

5.1.2 将上述6个因子的值相加,计算失效可能性因子,按表1确定失效可能性等级(即图1风险矩阵图的纵轴)。

表1 失效可能性等级

失效可能性因子	失效可能性等级
0～15	1
16～25	2
26～35	3
36～50	4
51～75	5.

5.2 各因子的赋值或计算方法

5.2.1 设备因子(EF)

根据被评估装置(单元或工段)中可能发生失效的设备总数对设备因子(EF)进行赋值,其最大值为15:

a) 对完整的装置进行评估(可能发生失效设备数量大于150台),取EF=15;
b) 对装置中的某个单元进行评估(可能发生失效设备数量为20台～150台),取EF=5;
c) 对装置中的某个工段进行评估(可能发生失效设备数量小于20台设备),取EF=2。

5.2.2 损伤因子(DF)

判断装置(单元或工段)中是否存在发生某种损伤机理的可能性,并分别赋值:

a) 存在导致碳钢或低合金钢发生腐蚀开裂的可能性,取DF1=5;
b) 存在因低温、回火脆化或其他原因可能引起碳钢发生脆性断裂的可能性,取DF2=4;
c) 存在发生热疲劳或机械疲劳的可能性,取DF3=4;
d) 存在发生高温氢腐蚀的可能性,取DF4=3;
e) 存在由于工艺原因引发奥氏体不锈钢应力腐蚀开裂的可能性,取DF5=3;
f) 存在发生局部腐蚀的可能性,取DF6=3;
g) 存在发生全面腐蚀的可能性,取DF7=2;
h) 存在发生蠕变损伤的可能性,取DF8=1;
i) 存在材料退化(如σ相析出、渗碳、珠光体球化等)的可能性,取DF9=1;
j) 存在已经识别的其他损伤机理的可能性,取DF10=1。

将DF1～DF10相加,计算损伤因子(DF),其最大值为20。

5.2.3 检验因子(IF)

5.2.3.1 根据容器检验历史对IF1进行赋值:

a) 按要求进行定期检验,检验方案符合有关规范要求,有现场监控装置(如泄漏报警、视频监控等),取 IF1=－5;

b) 仅进行过部分宏观(肉眼)检查和超声测厚等,取 IF1=－2;

c) 未进行过有效检验,取 IF1=0。

5.2.3.2 根据管道检验历史对 IF2 进行赋值:

a) 按要求进行定期检验,检验方案符合有关规范要求,有现场监控装置,取 IF2=－5;

b) 仅进行过部分宏观(肉眼)检查和超声测厚等,取 IF2=－2;

c) 未进行过有效检验,取 IF2=0。

5.2.3.3 根据检验方案对 IF3 进行赋值:

a) 已识别出设备的全部损伤机理,并全部制定了有针对性的检验方案,取 IF3=－5;

b) 仅对部分已识别的损伤机理制定了针对性的检验方案,取 IF3=－2;

c) 检验方案不满足上述各项要求,取 IF3=0。

5.2.3.4 将 IF1～IF3 相加,计算检验因子(IF),其最小值为－15,但其绝对值不得超过损伤因子(DF)。

5.2.4 维护状态因子(MCF)

5.2.4.1 根据企业的管理水平对 MCF1 进行赋值:

a) 企业管理水平明显优于现行有关工业标准、规范,取 MCF1=0;

b) 企业管理水平接近现行有关工业标准、规范,取 MCF1=2;

c) 企业管理水平明显低于现行有关工业标准、规范,取 MCF1=5。

5.2.4.2 根据装置设计与制造水平对 MCF2 进行赋值:

a) 装置的设计与制造水平明显优于现行有关工业标准、规范,同时业主提出了更严格的要求,取 MCF2=0;

b) 装置的设计与制造水平接近现行有关工业标准、规范,取 MCF2=2;

c) 装置的设计与制造水平明显低于现行有关工业标准、规范,取 MCF2=5。

5.2.4.3 根据装置维修方案的有效性对 MCF3 进行赋值:

a) 装置的维修方案明显优于现行有关工业标准、规范,同时业主提出了更严格的要求,取 MCF3=0;

b) 装置的维修方案接近现行有关工业标准、规范,取 MCF3=2;

c) 装置的维修方案水平明显低于现行有关工业标准、规范,取 MCF3=5。

5.2.4.4 将 MCF1～MCF3 相加,计算检验因子(MCF),其最大值为 15。

5.2.5 工艺因子(PF)

5.2.5.1 根据平均每年的计划或非计划停工次数对 PF1 进行赋值:

a) 0 次～1 次,取 PF1=0;

b) 2 次～4 次,取 PF1=1;

c) 5 次～8 次,取 PF1=3;

d) 9 次～12 次,取 PF1=4;

e) 多于 12 次,取 PF1=5。

5.2.5.2 根据工艺稳定性对 PF2 进行赋值:

a) 工艺非常稳定,不存在造成反应失控的可能性或其他不安全因素,取 PF2=0;

b) 存在一定的操作异常的可能性,取 PF2=1;

c) 存在导致设备损伤加速的可能性或其他不安全因素,取 PF2=3;

d) 工艺本身非常不稳定,极易失控,取 PF2=5。

5.2.5.3 根据保护装置可靠性,如是否会因为介质结垢或堵塞导致安全阀等失效,对 PF3 进行赋值:

a) 运行状况清洁,发生堵塞的可能极小,取 PF3=0;
b) 有轻微结垢或堵塞的可能,取 PF3=1;
c) 有明显结垢或堵塞的可能,取 PF3=3;
d) 在使用过程中,发现过保护装置损坏的情况,取 PF3=5。

5.2.5.4 将 PF1～PF3 相加,计算工艺因子(PF),其最大值为 15。

5.2.6 机械设计因子(MDF)

5.2.6.1 根据设备设计、制造、维护与现行标准、规范的符合性对 MDF1 进行赋值:

a) 所有设备均按现行标准、规范进行设计与维护,取 MDF1=0;
b) 所有设备均按其建造时的有效标准、规范进行设计与维护,取 MDF1=2;
c) 设备未按现行标准、规范进行设计,取 MDF1=5。

5.2.6.2 根据工艺对 MDF2 进行赋值:

a) 工艺是通用的且符合现行标准与规范设计条件,取 MDF2=0;
b) 工艺独特或所有工艺设计条件均为极端条件,取 MDF2=5。

5.2.6.3 将 MDF1 和 MDF2 相加,机械设计因子(MDF),其最大值为 10。

6 失效后果评估

6.1 失效后果的分类

失效后果分为:

a) 燃烧与爆炸后果;
b) 中毒后果。

6.2 失效后果评估原则

当某一介质泄漏仅产生燃烧与爆炸后果或中毒后果,仅需要针对实际存在的失效后果进行评估,作为最终的失效后果等级(图 1 风险矩阵图的水平轴);当介质泄漏产生两种失效后果时,如果其中一种后果带来的风险占明显主导地位时,只需确定主导风险的后果而不必考虑另一种后果,否则应对两种失效后果分别进行评估,并以其中较严重的失效后果等级作为最终的失效后果等级。

6.3 燃烧与爆炸后果等级的评估方法

6.3.1 评估步骤

6.3.1.1 根据被评估装置(单元或工段)的具体情况,分别对下列 6 个因子进行赋值或计算:

a) 化学因子(CF);
b) 损伤量值因子(DQF);
c) 状态因子(SF);
d) 自燃因子(AF);
e) 压力因子(PRF);
f) 安全防护因子(CRF)。

6.3.1.2 将上述 6 个因子的值相加,计算燃烧与爆炸后果因子,按表 2 确定燃烧与爆炸后果等级。

表 2 燃烧与爆炸后果等级

燃烧与爆炸后果因子	燃烧与爆炸后果等级
0～19	A
20～34	B
35～49	C
50～79	D
>79	E

6.3.2 各因子的赋值或计算方法

6.3.2.1 化学因子(CF)

6.3.2.1.1 根据介质的可燃性，对可燃因子(FF)进行赋值，见表 3。

表 3 可燃因子 FF

可 燃 性	可燃因子 FF
不会燃烧	0
需要加热才可点燃	1
在环境温度较高的情况下可以点燃	2
在各种环境温度下可以迅速点燃的液体和固体	3
在常温常压下迅速或完全汽化，或是可以迅速分散在空气中，可以迅速燃烧	4

6.3.2.1.2 根据介质的反应危害，对反应因子(RF)进行赋值，见表 4。

表 4 反应因子 RF

反 应 危 害	反应因子 RF
通常情况下稳定，即使暴露于明火中也不反应，并且不与水反应	0
通常情况下稳定，但是可能在加热加压的条件下变得不稳定，或可以与水发生反应	1
在加热加压条件下发生剧烈化学变化，或与水剧烈反应，可能与水混合后发生爆炸	2
可以在某些条件下(如被加热或与水反应等)发生爆炸	3
可以在常温常压下迅速发生爆炸	4

6.3.2.1.3 根据可燃因子和反应因子，按表 5 确定化学因子(CF)。若 FF＝0 或 RF＝0，取 CF＝0。

表 5 化学因子 CF

可燃因子 FF	反应因子 RF			
	1	2	3	4
1	7	9	12	15
2	10	12	15	20
3	12	15	18	25
4	13	15	20	25

6.3.2.2 损伤量值因子(DQF)

根据在单一失效事件中可能泄漏的可燃介质最大存量,对损伤量值因子(DQF)进行赋值,见表 6。

表 6 损伤量值因子 DQF

被泄放的介质量/kg	损伤量值因子 DQF
<450	15
450～900	20
901～4 500	25
4 501～13 600	28
13 601～36 300	31
36 301～91 000	34
91 001～318 000	37
318 001～454 000	39
454 001～908 000	41
908 001～4 540 000	45
>4 540 000	50

6.3.2.3 状态因子(SF)

根据介质标准大气压下的沸点温度,对状态因子(SF)进行赋值,见表 7。

表 7 状态因子 SF

沸腾温度/℃	状态因子 SF
<−73	8
−73～38	6
39～121	5
122～204	1
>204	−3

6.3.2.4 自燃因子(AF)

若介质的工作温度低于其自燃温度,取 AF=-10;否则根据标准大气压下介质的沸点温度对自燃因子(AF)进行赋值,见表 8。

表 8 自燃因子 AF

沸点温度/℃	自燃因子 AF
<-18	3
-18~150	7
>150	13

6.3.2.5 压力因子(PRF)

若设备中的介质为气体且处于大于 1 MPa 压力下或设备中的介质为液体,取 PRF=-10,否则 PRF=-15。

6.3.2.6 安全防护因子(CRF)

根据以下条件对 CRF1~CRF10 进行赋值:

a) 如果按相关设计规范设置了气体泄漏探测报警装置,取 CRF1=-1,否则 CRF1=0;

b) 如果设备在惰性气氛内正常运行,取 CRF2=-1;否则取 CRF2=0;

c) 如果消防系统在重大事故中是安全的(如消防水系统在爆炸后保持完整),取 CRF3=-1,否则 CRF3=0;

d) 如果该区域的设备隔离能力可远程控制,取 CRF4=-1,否则 CRF4=0;

e) 如果在最关键设备(一般为工作压力最高的设备)周围有防爆墙,取 CRF5=-1,否则 CRF5=0;

f) 如果存在能在失效事件发生后 5 min 内处理不少于 75%存量介质的应急系统,且其可靠性达 90%及以上,取 CRF6=-1,否则 CRF6=0;

g) 如果在结构和电缆上均已敷设了耐火材料且耐火等级符合相关技术规范,取 CRF7=-1;如果仅在结构或电缆上敷设了耐火材料,取 CRF7=0.95,否则 CRF7=0;

h) 如果消防水持续供给能力超过 4 h,取 CRF8=-1,否则 CRF8=0;

i) 如果安装有固定式泡沫消防系统,取 CRF9=-1,否则 CRF9=0;

j) 如果装置的所有区域设置消防水监控器,取 CRF10=-1,否则 CRF10=0。

将 CRF1~CRF10 相加,计算安全防护因子(CRF)。

6.4 中毒后果等级的评估方法

6.4.1 评估原则

在评估中毒后果时,仅考虑瞬时剧烈效应引起的后果,而不考虑较缓慢扩散可能引起的慢性中毒。

6.4.2 评估步骤

6.4.2.1 根据被评估装置(单元或工段)的具体情况,分别对以下 4 个因子进行赋值或计算:

a) 中毒量值因子(TQF);

b) 扩散因子(DI);

c) 安全防护因子(CRF);

d) 人口因子(PPF)。

6.4.2.2 将上述4个因子的值相加,计算中毒后果因子,按表9确定中毒后果等级。

表9 中毒后果等级

中毒后果因子	中毒后果等级
<10	A
10~19	B
20~29	C
30~39	D
>39	E

6.4.3 各因子的赋值或计算方法

6.4.3.1 中毒量值因子(TQF)

6.4.3.1.1 根据某单一泄漏事件中可能损失的有毒介质的最大存量对TQF1进行赋值,见表10。

表10 TQF1

被泄放的介质量/kg	TQF1
<450	15
450~4 500	20
4 501~45 000	27
>45 000	35

6.4.3.1.2 根据介质对健康的危害,对TQF2进行赋值,见表11。

表11 TQF2

介质对健康的危害	TQF2
暴露可能导致不适,但是仅可能有轻微持续性伤害	−20
高浓度或持续性暴露可能导致暂时失去行为能力或可能造成持续性伤害	−10
短时间的暴露可能导致严重的暂时性或持续性伤害	0
短时间的暴露可能会导致死亡或重大持续性伤害	20

6.4.3.1.3 将TQF1和TQF2相加,计算中毒量值因子(TQF)。

6.4.3.2 扩散因子(DIF)

根据标准大气压下介质的沸点温度,对扩散因子(DIF)进行赋值,见表12。

表 12　扩散因子 DIF

标准沸点/℃	扩散因子 DIF
＜1	1
1～29	0.5
30～65	0.3
66～93	0.1
94～150	0.05
＞150	0.03

6.4.3.3　安全防护因子(CRF)

6.4.3.2.1　如果被评估装置安装了探测器,可有效及时探测出毒性介质泄漏,取 CRF1＝－1,否则 CRF1＝0。

6.4.3.2.2　根据以下条件对 CRF2 进行赋值:

a)　如果盛装毒性介质的主要容器可以根据有毒介质探测仪的泄漏报警而自动启动隔离,取 CRF2＝－25;

b)　如隔离为远程手工执行,取 CRF2＝－5;

c)　如隔离为手工执行,取 CRF2＝－1;

d)　其他情况取 CRF2＝0。

6.4.3.2.3　如已安装的水幕或其他减缓系统被证明能有效减缓 90%以上介质泄漏,取 CRF3＝－5,否则 CRF3＝0。

6.4.3.2.4　将 CRF1～CRF3 相加,计算安全防护因子(CRF)。

6.4.3.4　人口因子(PPF)

根据距泄漏点 400 m 半径范围内的日间平均人数,对人口因子(PPF)进行赋值,见表 13。

表 13　人口因子 PPF

400 m 半径范围内的日间平均人数/人	人口因子 PPF
＜10	0
10～100	7
101～1 000	15
1 001～10 000	20

7　风险等级的确定

当被评估装置(单元或工段)的失效可能性等级和失效后果等级确定后,将其组合在一个 5×5 的风险矩阵图(见图 1)中确定被评估装置的风险级别。

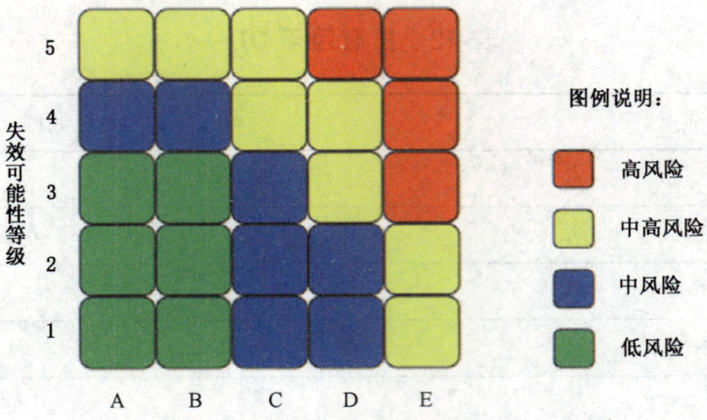

图 1 风险矩阵

ICS 23.020.30
J 74

中华人民共和国国家标准

GB/T 26610.4—2014

承压设备系统基于风险的检验实施导则 第4部分：失效可能性定量分析方法

Guideline for implementation of risk-based inspection of pressure equipment system—Part 4: Quantitative analysis approach of failure likelihood

2014-05-06 发布

2014-12-01 实施

中华人民共和国国家质量监督检验检疫总局
中国国家标准化管理委员会 发布

前 言

GB/T 26610《承压设备系统基于风险的检验实施导则》分为5个部分：

——第1部分：基本要求和实施程序；

——第2部分：基于风险的检验策略；

——第3部分：风险的定性分析方法；

——第4部分：失效可能性定量分析方法；

——第5部分：失效后果定量评价方法。

本部分为GB/T 26610的第4部分。

本部分按照GB/T 1.1—2009给出的规则起草。

本部分参考了API RP 581《基于风险的检验》，并结合我国的实际情况制定。

本部分由全国锅炉压力容器标准化技术委员会(SAC/TC 262)提出并归口。

本部分起草单位：合肥通用机械研究院、中国特种设备检测研究院、中国石油化工股份有限公司、中国石油天然气股份有限公司、中国石油化工股份有限公司广州分公司、中国石油化工股份有限公司齐鲁分公司、广州市特种设备检测研究院、浙江省特种设备检测研究院。

本部分主要起草人：陈学东、艾志斌、贾国栋、刘汇源、胡久韶、吕运容、王辉、史进、陈照和、王建军、陈轩、李群友、王笑梅、高亮、叶伟文、刘富君。

本部分为首次制定。

承压设备系统基于风险的检验实施导则
第 4 部分:失效可能性定量分析方法

1 范围

GB/T 26610 的本部分规定了承压设备系统基于风险的检验(以下简称 RBI)过程中失效可能性的定量分析方法。

本部分适用于 GB/T 26610.1 中所指的承压设备系统。

2 规范性引用文件

下列文件对于本文件的应用是必不可少的。凡是注日期的引用文件,仅注日期的版本适用于本文件。凡是不注日期的引用文件,其最新版本(包括所有的修改单)适用于本文件。

GB 18306 中国地震动参数区划图

GB/T 19624—2004 在用含缺陷压力容器安全评定

GB/T 26610.1 承压设备系统基于风险的检验实施导则 第 1 部分:基本要求和实施程序

GB/T 26610.5—2014 承压设备系统基于风险的检验实施导则 第 5 部分:失效后果定量评价方法

3 术语和定义、符号

3.1 术语和定义

GB/T 26610.1 界定的术语和定义适用于本文件。

3.2 符号

下列符号适用于本文件。

B ——设备或管道拟服役时间占剩余寿命的百分数;

F ——失效概率;

F_E ——设备修正系数;

F_G ——同类设备平均失效概率;

F_L ——超标缺陷影响系数;

F_M ——管理系统评价系数;

T_{act} ——实际厚度,mm;

T_n ——设备或管道拟连续服役时间,年;

T_{SL} ——剩余寿命,年。

4 缩略语

下列缩略语适用于本文件。

TMF:技术模块因子(Technical Module Factor)
HB:氢鼓泡(Hydrogen Blistering)
HIC:氢致开裂(Hydrogen Induced Cracking)
SOHIC:应力导向氢致开裂(Stress Oriented Hydrogen Induced Cracking)
SCC:应力腐蚀开裂(Stress Corrosion Cracking)
SSCC:硫化物应力腐蚀开裂(Sulfide Stress Corrosion Cracking)
ClSCC:氯化物应力腐蚀开裂(Chloride Stress Corrosion Cracking)
PASCC:连多硫酸应力腐蚀开裂(Polythionic Acid Stress Corrosion Cracking)
CUI:保温层下腐蚀(Corrosion Under Insulation)
MAWP:最高允许工作压力(Maximum Allowable Working Pressure)
OP:操作压力(Opration Pressure)
CA:腐蚀裕量(Corrosion Allowance)
MEA:乙醇胺(Mono Etobaccool Amine)
DIPA:二异丙醇胺(Diisopropanolamine)
DEA:二乙醇胺(Diethylamine)
MDEA:甲基二乙醇胺(Methyl Diethanol Amine)
DGA:二甘醇胺(Diethylene Glycol Amine)
PWHT:焊后热处理(Post Weld Heat Treatment)
HTHA:高温氢蚀(High Temperature Hydrogen Attack)
FMR:现场金相复型(Field Metallographic Replication)
AUBT:高级超声反向散射技术(Advanced Ultrasonic Backscatter Technique)

5 失效可能性定量分析程序

设备失效可能性的定量分析程序如下:

a) 确定同类设备平均失效概率、设备修正系数、管理系统评价系数和超标缺陷影响系数,按式(1)计算失效概率 F:

$$F = F_{G} \times F_{E} \times F_{M} \times F_{L} \qquad \cdots\cdots (1)$$

具体计算步骤参见附录A。其中,计算管理系统评价系数时,应先按照附录B对企业的管理系统进行评价。

b) 根据失效概率计算结果,按照表1确定失效可能性等级。

表1 失效可能性等级划分

失效可能性等级	失效概率 F
1	$0.000\ 00 < F \leqslant 0.000\ 01$
2	$0.000\ 01 < F \leqslant 0.000\ 10$
3	$0.000\ 10 < F \leqslant 0.001\ 00$
4	$0.001\ 00 < F \leqslant 0.010\ 00$
5	$0.010\ 00 < F \leqslant 1.000\ 00$

6 同类设备平均失效概率

根据被评价设备的类型，按照表 2 选取同类设备平均失效概率。

表 2 推荐的同类设备平均失效概率值

设备类型		泄漏频率			
		6 mm	25 mm	100 mm	破裂
储存类容器		4×10^{-5}	1×10^{-4}	1×10^{-5}	6×10^{-6}
反应类容器		1×10^{-4}	3×10^{-4}	3×10^{-5}	2×10^{-6}
塔器		8×10^{-5}	2×10^{-4}	2×10^{-5}	6×10^{-6}
过滤器		9×10^{-4}	1×10^{-4}	5×10^{-5}	1×10^{-5}
热交换器	壳程	4×10^{-5}	1×10^{-4}	1×10^{-5}	6×10^{-6}
	管程	4×10^{-5}	1×10^{-4}	1×10^{-5}	6×10^{-6}
常压储罐		4×10^{-5}	1×10^{-4}	1×10^{-5}	2×10^{-5}
空气冷却器		2×10^{-3}	3×10^{-4}	5×10^{-8}	2×10^{-8}
DN 20 mm 管子		1×10^{-5}	—	—	3×10^{-7}
DN 25 mm 管子		5×10^{-6}	—	—	5×10^{-7}
DN 50 mm 管子		3×10^{-6}	—	—	6×10^{-2}
DN 100 mm 管子		9×10^{-7}	6×10^{-7}	—	7×10^{-8}
DN 150 mm 管子		4×10^{-7}	4×10^{-7}	—	7×10^{-8}
DN 200 mm 管子		3×10^{-7}	3×10^{-7}	8×10^{-8}	2×10^{-8}
DN 250 mm 管子		2×10^{-7}	3×10^{-7}	8×10^{-8}	2×10^{-8}
DN 300 mm 管子		1×10^{-7}	3×10^{-7}	3×10^{-8}	2×10^{-8}
DN 400 mm 管子		1×10^{-7}	2×10^{-7}	2×10^{-8}	2×10^{-8}
DN>400 mm 管子		6×10^{-8}	2×10^{-7}	2×10^{-8}	1×10^{-8}
离心泵		6×10^{-2}	5×10^{-4}	1×10^{-4}	—
往复泵		0.7	0.01	0.001	0.001
离心压缩机		—	1×10^{-3}	1×10^{-4}	—
往复式压缩机		—	6×10^{-3}	6×10^{-4}	—

7 设备修正系数

7.1 设备修正系数的组成

设备修正系数由以下 4 个因子组成：

a） 技术模块因子；

b） 通用条件因子；

c） 机械因子；

d) 工艺因子。

各因子的主要构成如图1所示。

7.2 计算步骤

设备修正系数的计算步骤如下：

a) 分别按照7.3～7.6确定技术模块因子、通用条件因子、机械因子和工艺因子；

b) 将技术模块因子、通用条件因子、机械因子、工艺因子数值相加，按照表3确定设备修正系数。

表3 设备修正系数

各因子数值总和	设备修正系数 F_E
<−1.0	各因子数值总和绝对值的倒数
−1.0～1.0	1.0
>1.0	各因子数值总和

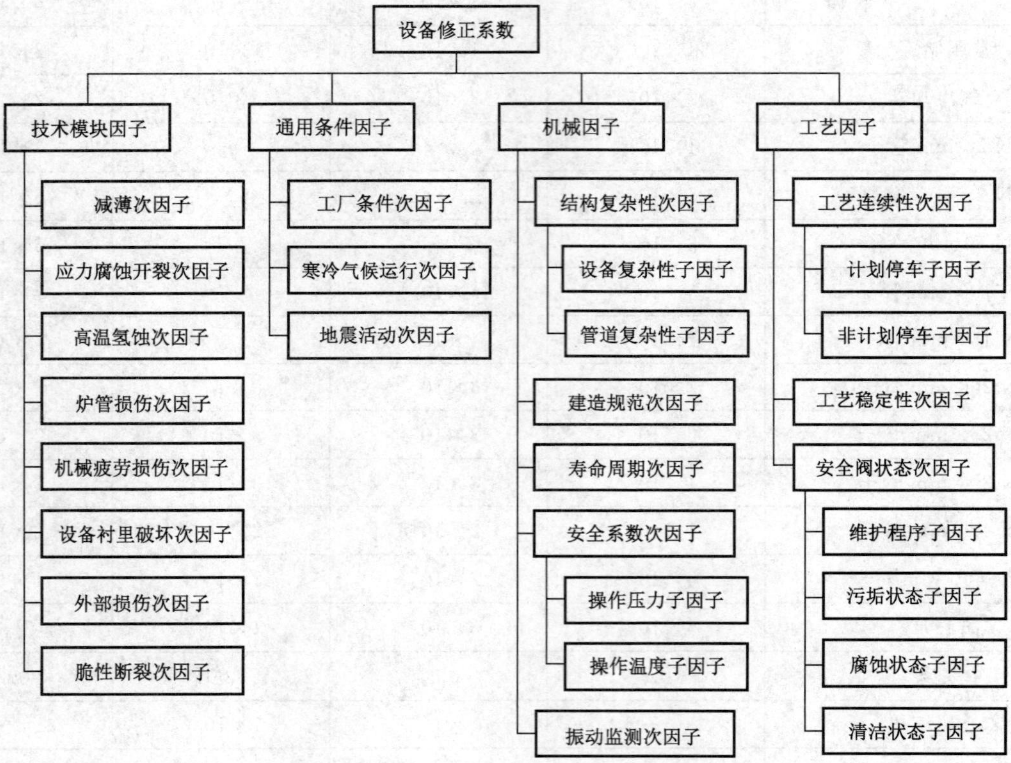

图1 设备修正系数的构成

7.3 技术模块因子

7.3.1 技术模块因子由减薄次因子、应力腐蚀开裂次因子、高温氢蚀次因子、炉管损伤次因子、机械疲劳次因子、设备衬里破坏次因子、外壁损伤次因子和脆性断裂次因子构成，用于评价潜在的损伤机理对失效可能性的影响，主要考虑以下2个因素：

a) 运行环境导致的材料损伤程度；

b) 检验程序对识别或检测损伤程度的有效性。

7.3.2 技术模块因子的分析包括以下5个步骤：

a) 确定潜在的损伤机理；

b) 预测每种损伤机理的损伤程度并确定严重程度指数；

c) 评价检验程序对识别或检测损伤程度的有效性；

d) 根据严重程度指数和检验程序的有效性(包括检验次数)分别按照附录C～附录J确定每种损伤机理对应的次因子；

e) 将所有损伤机理的次因子相加得到最终的技术模块因子。

各种损伤机理对损伤因子的确定方法见附录C～附录J。

7.3.3 对确定存在某种损伤机理的设备，根据以下几方面的信息或资料来评估设备的损伤程度：

a) 公开发表的数据；

b) 试验室数据；

c) 现场测试数据；

d) 同类设备的使用经验；

e) 以往的检验数据。

7.3.4 如未发现损伤机理，则该设备的技术模块因子为－2。

7.3.5 对于确定可能存在内部均匀腐蚀损伤的设备，腐蚀速率的取值至少为0.025 4 mm/年。

7.4 通用条件因子

7.4.1 通用条件因子的组成

通用条件因子的组成如下：

a) 工厂条件次因子；

b) 寒冷气候运行次因子；

c) 地震活动次因子。

将上述3个次因子的数值相加，即为通用条件因子。

7.4.2 工厂条件次因子

工厂条件次因子的评价主要考虑以下因素：

a) 企业管理的总体状况；

b) 对装置进行日常维护管理的措施和效果；

c) 是否存在油漆脱落、保温破损和蒸汽泄漏情况及严重程度。

按照表4对工厂条件次因子进行评级和赋值。

表4 工厂条件次因子赋值

装置条件	级别	赋值
高于现行工业标准要求	A	－1.0
满足现行工业标准大致要求	B	0
略低于现行工业标准大致要求	C	1.5
明显低于现行工业标准大致要求	D	4.0

7.4.3 寒冷气候运行次因子

寒冷气候运行次因子可以根据装置现场的最低平均日温度确定。按照表5对寒冷气候运行次因子进行赋值。对于室内装置，则应考虑最低室内温度。

表 5　寒冷气候运行次因子的赋值

冬季温度	赋值
4 ℃以上	0
－7 ℃～4 ℃	1.0
－29 ℃～－7 ℃以下	2.0
－29 ℃以下	3.0

7.4.4　地震活动次因子

地震活动次因子可以根据 GB 18306 中装置所在的地震动反应谱特征周期分区确定。按照表 6 对地震活动次因子进行赋值。

表 6　地震活动次因子赋值

地震动反应谱特征周期区	赋值
1 区	0
2 区	1.0
3 区	2.0

7.5　机械因子

7.5.1　机械因子的组成

机械因子的组成如下：

a)　结构复杂性次因子；

b)　建造规范次因子；

c)　寿命周期次因子；

d)　安全系数次因子；

e)　振动监测次因子。

将上述 5 个次因子的数值相加，即为机械因子。

7.5.2　结构复杂性次因子

7.5.2.1　结构复杂性次因子的分类

结构复杂性次因子分为以下 2 个子因子：

a)　设备复杂性子因子；

b)　管道复杂性子因子。

上述 2 个子因子分别适用于设备和管道。

7.5.2.2　设备复杂性子因子

设备复杂性子因子根据设备上的接管数量来确定。所有在用和停用的外径大于或等于 50 mm 的接管和人孔都应计算在内。根据设备的接管数量，按照表 7 对设备复杂性子因子进行赋值。

表 7　设备复杂性子因子

设备类型	接管数量			
塔——全部	<20	20～35	36～46	>46
塔——一半	<10	10～17	18～23	>23
压缩机	2	3～6	7～10	>10
热交换器——壳程	<7	7～12	13～16	>16
热交换器——管程	<4	4～8	9～11	>11
泵	—	2～4	>4	—
罐	<7	7～12	13～16	>16
赋值	−1.0	0	1.0	2.0

7.5.2.3　管道复杂性子因子

管道复杂性子因子的计算主要考虑下列因素：

a)　法兰连接面数量(n_1)：管段上的每组法兰连接面复杂性系数为 10.0；

b)　注入点数量(n_2)：每个注入点增加的复杂性系数为 20.0；

c)　支管数量(n_3)：以三通而不是注入点的形式接入被评价管段的任何管线(包括排液管、混合三通、安全阀支管等)都被认为是一条支管，每条支管的复杂性系数为 3.0；

d)　阀门数量(包括除安全阀外的所有阀门，n_4)：每个阀门复杂性系数为 5.0。

管线总复杂性系数 n 按式(2)计算：

$$n=(n_1\times 10.0)+(n_2\times 20.0)+(n_3\times 3.0)+(n_4\times 5.0) \qquad \cdots\cdots(2)$$

每米管长的复杂性系数等于总复杂性系数 n 除以管段的长度 L，按照表 8 对每一管段的复杂性子因子进行赋值。

表 8　管道复杂性子因子

复杂性系数/m^{-1}	赋值	复杂性系数/m^{-1}	赋值
$n/L<0.1$	−3.0	$2.0<n/L\leqslant 3.5$	1.0
$0.1<n/L\leqslant 0.5$	−2.0	$3.5<n/L\leqslant 6.0$	2.0
$0.5<n/L\leqslant 1.0$	−1.0	$6.0<n/L\leqslant 10.0$	3.0
$1.0<n/L\leqslant 2.0$	0	$n/L>10.0$	4.0

7.5.3　建造规范次因子

根据表 9 对设备的建造规范次因子进行赋值。

表 9　建造规范次因子

所依据规范的状况	类　别	赋　值
设备满足规范的最新版本	A	0
设备制造后，有关规范已进行了重大修改	B	1.0

表 9（续）

所依据规范的状况	类　别	赋　值
制造这个设备时还没有正式规范，或未按当时规范制造这类设备	C	5.0
注："C"类设备的赋值可以根据可靠的行业实践经验在 2.0～10.0 范围内进行调整。		

7.5.4　寿命周期次因子

根据设备的已服役年限与设计寿命的比值，按照表 10 对寿命周期次因子进行赋值。设计时未给出设计寿命的设备，设计寿命一般设为 20 年。

表 10　寿命周期次因子

已服役年限与设计寿命的比值/%	赋　值
0～7	2.0
8～75	0
76～100	1.0
＞100	4.0

7.5.5　安全系数次因子

7.5.5.1　安全系数次因子的组成

安全系数次因子的组成如下：

a）操作压力子因子；

b）操作温度子因子。

将上述 2 个子因子的数值相加，即为安全系数次因子。

7.5.5.2　操作压力子因子

根据操作压力与设计压力的比值 m，按照表 11 对操作压力子因子进行赋值。

表 11　操作压力子因子

m＝操作压力/设计压力	数　值
$m>1.0$	5.0
$0.9<m\leqslant1.0$	1.0
$0.7<m\leqslant0.9$	0
$0.5<m\leqslant0.7$	−1.0
$m<0.5$	−2.0

7.5.5.3　操作温度子因子

根据设备的材质和操作温度，按照表 12 对操作温度子因子进行赋值。

当操作温度高于−20 ℃并低于表 12 中给出的相应材质的上限温度时，赋值为 0。

表 12 操作温度子因子

操作温度	赋 值
碳钢：＞288 ℃	2.0
1%～5%Cr 钢：＞343 ℃	2.0
5%～9%Cr 钢：＞399 ℃	2.0
304/316 不锈钢：＞816 ℃	2.0
所有钢材：＜－20 ℃	1.0

7.5.6 振动监测次因子

根据设备的振动监测状态，按照表 13 对动设备(泵和压缩机)的振动监测次因子进行赋值。

表 13 泵与压缩机的振动监测次因子

监测状态	赋值	
	泵	压缩机
无振动监控程序	0.5	1.0
定期振动监控	－2.0	0
在线振动监控	－4.0	－2.0

7.6 工艺因子

7.6.1 工艺因子的组成

工艺因子的组成如下：

a) 工艺连续性次因子；

b) 工艺稳定性次因子；

c) 安全阀状态次因子。

将上述 3 个次因子的数值相加，即为工艺因子。

7.6.2 工艺连续性次因子

7.6.2.1 工艺连续性次因子的组成

工艺连续性次因子的组成如下：

a) 计划停车子因子；

b) 非计划停车子因子。

将上述 2 个子因子的数值相加，即为工艺连续性次因子。

7.6.2.2 计划停车子因子

计划停车包括计划中的按标准运行程序所实行的所有停车。根据过去 3 年里每年计划内停车次数的平均值，按照表 14 对计划停车子因子进行赋值。

表 14　计划停车子因子

每年计划内停车次数	赋　值
0～1	−1.0
1.1～3	0
3.1～6	1.0
>6	1.5

7.6.2.3　非计划停车子因子

根据过去 3 年里每年非计划停车次数的平均值，按照表 15 对非计划停车子因子进行赋值。

表 15　非计划停车子因子

每年非计划停车的次数	赋　值
0～1	−1.5
1.1～3	0
3.1～6	2.0
>6	3.0

7.6.3　工艺稳定性次因子

根据以下 6 方面因素来评价装置工艺稳定性，并按照表 16 对工艺稳定性次因子进行赋值：

a)　化学工艺是否特别复杂；
b)　该工艺是否包括任何放热反应或异常苛刻的操作温度或压力；
c)　该工艺是否在本厂或其他企业引发过重大事故；
d)　该工艺是否涉及任何未经验证的工艺技术或设计概念，或者该工艺的管道或设备是否要求采用特殊的材料来建造；
e)　控制系统是否满足现行标准；是否包括具有适当安全特性的计算机控制；是否需要和/或配备了紧急停车系统和控制系统备用电源；
f)　相关工艺操作人员是否经过了工艺培训。

表 16　工艺稳定性次因子

稳定性评价	赋　值
比平均工艺更稳定	−1.0
与平均工艺稳定性相当	0
比平均工艺稳定性低	1.0
明显低于平均工艺稳定性	2.0

7.6.4　安全阀状态次因子

7.6.4.1　安全阀状态次因子的组成

安全阀状态次因子的组成如下：

a） 维护程序子因子；

b） 污垢状态子因子；

c） 腐蚀状态子因子；

d） 清洁状态子因子。

将上述4个子因子数值相加，即为安全阀状态次因子。

7.6.4.2 维护程序子因子

根据安全阀实际的维护状态，按照表17对维护程序子因子进行赋值。

表17 维护程序子因子

安全阀维护状态	类别	赋值
延期维护的安全阀小于5％	A	－1.0
延期维护的安全阀占大于或等于5％且小于15％	B	0
延期维护的安全阀占大于或等于15％且小于25％	C	1.0
延期维护的安全阀大于或等于25％	D	2.0

7.6.4.3 污垢状态子因子

根据工艺流体的结垢趋势，按照表18对安全阀的污垢状态子因子进行赋值。

表18 污垢状态子因子

结垢趋势	类别	赋值
没有大量结垢	A	0
具有聚合物或其他结垢物质，在系统的一些部分有过偶然堆积的现象	B	2.0
易结垢，在安全阀和/或系统的其他部件上有过沉积物频繁堆积的现象	C	4.0

7.6.4.4 腐蚀状态子因子

根据工艺流体是否具有腐蚀性和防腐蚀设计，按照表19对腐蚀状态子因子进行赋值。

表19 腐蚀状态子因子

腐蚀状态	赋值	
	无防腐蚀设计	有防腐设计
是	3	0
否	0	0

7.6.4.5 清洁状态子因子

对于无结垢趋势、无腐蚀物质或其他污染物的工艺流体，按照表20对清洁状态子因子进行赋值。

表 20 清洁状态子因子

清洁状态	赋 值
是	−1.0
否	0

8 管理系统评价系数

8.1 按照如下步骤确定管理系统评价系数：

a) 按照附录 B 对企业的管理系统进行评价；

b) 根据图 2 给出的半对数曲线，将管理系统评价分值转换为管理系统评价系数。

8.2 一般情况下，同一个企业不同装置的管理系统评价系数应该是相同的。该系数对被评估的所有设备作用相同，不改变各设备间的相对风险排序。

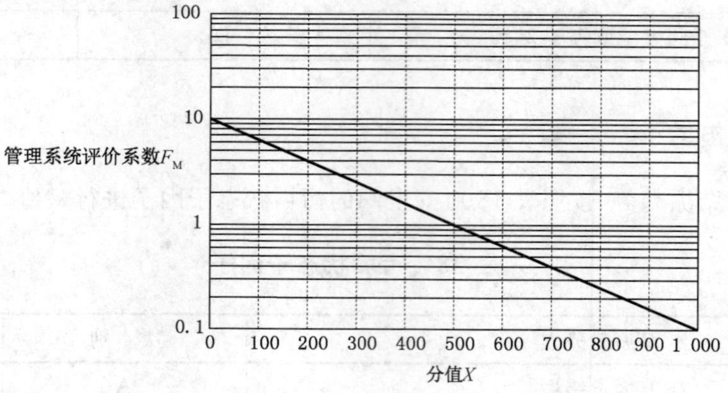

说明：

$F_M = 10^{1-\frac{X}{500}}$。

图 2 管理系统评价分值与管理系统评价系数的关系

9 超标缺陷影响系数

9.1 超标缺陷影响系数的确定

当设备中存在超标缺陷时，应根据设备的原始制造质量及服役过程中是否存在与时间相关的退化机理，确定超标缺陷影响系数。

9.2 设备在服役过程中不存在与时间相关的退化机理时超标缺陷影响系数的确定

9.2.1 设备中不存在超标缺陷时，取 $F_L = 1.0$。

9.2.2 设备中存在超标缺陷时，根据下述条件对超标缺陷影响系数进行赋值：

a) 超标缺陷在设备定期检验规程允许的范围内，或对其进行合于使用评价合格且安全系数大于 2 时，取 $F_L = 1.0$；

b) 对超标缺陷进行合于使用评价合格且安全系数小于 2 时，取 $F_L = 1.5$；

c) 对超标缺陷进行合于使用评价不合格时，取 $F_L = 500$。

9.3 设备在服役过程中存在与时间相关的退化机理时超标缺陷影响系数的确定

根据服役条件、可能存在的损伤机理、拟服役时间 T_n 和剩余寿命 T_{SL} 的比值，按照表 21 对超标缺陷影响系数进行赋值。设备的剩余寿命可以根据合于使用评价或成熟的工程经验进行估算。

表 21　设备在服役过程中存在与时间相关的退化机理时的超标缺陷影响系数

服役条件	损伤机理	B	F_L
高温、疲劳、特殊介质作用环境	常温疲劳 常温疲劳+腐蚀 常温特殊介质 SCC	≤0.5	1
		0.5<B≤0.8	5
		0.8<B≤1	10
		>1	50
	高温蠕变 高温疲劳 高温材质劣化	≤0.5	1
		0.5<B≤0.8	5
		0.8<B≤1	50
		>1	500
	高温+介质腐蚀	≤0.5	1
		0.5<B≤0.8	5
		0.8<B≤1	20
		>1	100
注：$B=\frac{T_n}{T_{SL}}\times 100\%$。			

附 录 A
（资料性附录）
失效概率计算表

失效概率的计算参照表 A.1 进行。

表 A.1 失效概率计算表

同类设备平均失效概率					
1	设备类型				
	破裂口尺寸	6 mm	25 mm	100 mm	破裂
2	从表 2 中选择同类设备不同破裂口的平均失效概率				
设备修正系数					
第 1 步 技术模块因子					
3	识别的损伤机理				
	a) 减薄/腐蚀(是/否)局部(是/否) b) 高温氢蚀(HTHA)(是/否) c) 应力腐蚀开裂(SCC)(是/否)	a)	b)	c)	
注：4～7 项用于记录应用于技术模块的某些基本信息。并非每个模块都需要所有项，并且提供的以下数据并非是每个技术模块要求的所有数据					
4	设备在当前工况条件下的服役年限				
	a) 估算/实测损伤速率 b) Nelson 曲线 c) SCC 裂纹尺寸或敏感性				
5	确定检验有效性(A、B、C、D、E)				
	最高有效性检验次数				
6	按照附录 C～附录 J 确定每种潜在的损伤机理对应的次因子				
7	冗余设计的修正				
8	高度可靠腐蚀速率数据的校正				
9	修正的技术模块因子				
10	确定技术模块因子(如果未识别出明确的损伤机理，则输入－2)				
第 2 步 通用条件因子					
11	根据表 4 对工厂条件次因子进行赋值				
12	根据表 5 对寒冷气候运行次因子进行赋值				
13	根据表 6 对地震活动次因子进行赋值				

表 A.1（续）

同类设备平均失效概率		
14	确定通用条件因子	
第 3 步　机械因子		
结构复杂性次因子		
15	根据设备上的接管数量按表 7 对设备复杂性子因子进行赋值	
16	法兰连接面数量×10	
17	注入点数量×20	
18	支管数量×3	
19	阀门数量×5	
20	管道长度(m)	
21	根据 16、17、18、19 项右栏之和/管道长度(m)的计算结果按表 8 对管道复杂性子因子进行赋值	
22	确定结构复杂性次因子(15 与 21 项右栏之和)	
23	根据表 9 对建造规范次因子进行赋值	
24	根据表 10 对寿命周期次因子进行赋值	
安全系数次因子		
25	根据表 11 对操作压力子因子进行赋值	
26	根据表 12 对操作温度子因子进行赋值	
27	确定安全系数次因子(25 和 26 项右栏之和)	
28	根据表 13 对动设备的振动监测次因子进行赋值	
29	确定机械因子(22、23、24、27 和 28 项右栏之和)	
第 4 步　工艺因子		
30	根据表 14 对计划停车子因子进行赋值	
31	根据表 15 对非计划停车子因子进行赋值	
32	确定工艺连续性次因子(30 和 31 项右栏之和)	
33	根据表 16 对工艺稳定性次因子进行赋值	
34	根据表 17 对安全阀维护程序子因子进行赋值	
35	根据表 18 对安全阀结垢状态子因子进行赋值	
36	根据表 19 对安全阀腐蚀状态子因子进行赋值	
37	根据表 20 对安全阀清洁状态子因子进行赋值	
38	确定安全阀状态次因子(34、35、36、37 项右栏之和)	
39	确定工艺因子(32、33、38 项右栏之和)	
40	确定设备修正系数(10、14、29、39 项右栏之和)	
管理系统评价系数		

表 A.1（续）

同类设备平均失效概率					
41	按附录 B 进行的管理系统评估结果和图 2 确定管理系统评价系数				
超标缺陷影响系数					
42	根据第 9 章确定超标缺陷影响系数				
调整的失效概率					
43	破裂口尺寸	6 mm	25 mm	100 mm	破裂
	同类设备平均失效概率×设备修正系数×管理系统评价系数×超标缺陷影响系数				

附　录　B
（规范性附录）
管理系统评价工作手册

B.1　概述

从安全生产责任制、工艺安全信息、工艺危害性分析、安全检查、变更管理、操作规程、安全作业、人员培训、检验和维护、投用前的安全检查、应急措施、事故调查、分包管理、安全生产管理系统评估等14个方面对企业的管理系统进行评价，各方面需要回答的问题数及分值见表B.1。根据表B.2～表B.15计算上述14个方面的得分并求和，即可得到管理系统评价分值。

B.2　一般要求

B.2.1　管理系统评价一般采用面谈和问卷调查等形式进行，被评估企业参与调查的人员应来自于管理决策层、运行（操作）、维护、安全管理、检验检测、教育培训和设计等单位或部门。

B.2.2　对被指定的面谈人员，应从总管理系统评价系统中选取一组或多组与其专业知识相符的问题进行调查。对于每一个评分项，若完全做到，则获得100%的分数，若基本做到，则获得50%的分数；若基本未做到或未做到，则得0分。

B.2.3　完成管理系统评价，一般情况下至少需要进行4次面谈。调查人员应比较不同面谈人员的各种回答，并通过对相关书面程序、文件及记录进行实物审查来证实这些回答，针对每个问题获得唯一最符合实际的答案。

表B.1　问题数及分值分配

项目	主题	问题数	总分值	实际得分值
1	安全生产责任制	7	80	
2	工艺安全信息	9	80	
3	工艺危害性分析	7	95	
4	安全检查	4	40	
5	变更管理	6	70	
6	操作规程	7	120	
7	安全作业	5	80	
8	人员培训	10	60	
9	检验和维护	7	95	
10	投用前的安全检查	7	90	
11	应急措施	6	75	
12	事故调查	2	40	
13	分包管理	5	40	
14	安全生产管理系统评估	4	35	
总计		86	1 000	

表 B.2　安全生产责任制

1　安全生产责任制		满分	实评分
1.1	企业的安全生产责任制度符合国家法律法规的规定，并适时修订	18	
1.2	安全生产管理机构的设计符合国家法律法规的规定，并适合企业的具体情况	8	
1.3	安全生产管理人员的配备适合企业的具体情况	10	
1.4	安全生产管理人员的责任和权限的规定清晰明确	20	
1.5	定期对安全生产管理人员进行考核，考核结果与经济效益挂钩	10	
1.6	具有完善的针对安全生产责任制的监督、检查制度，并切实执行	10	
1.7	安全生产责任制的宣贯方式： a)　纳入质量手册(1 分)； b)　张贴于各作业区(1 分)； c)　作为操作规范和章程的一部分(1 分)； d)　在所有主要培训课程中涉及(1 分)	4	
总分数		80	

表 B.3　工艺安全信息

2　工艺安全信息		满分	实评分
2.1	使用或加工的化学品均有数据记录，包含以下内容： a)　化学品的数据记录标明有关物理、化学性质(6 分)； b)　化学品的数据记录标明化学品的最大存储量(4 分)； c)　化学品的数据记录提供给操作、维护人员和分包方的有关人员(2 分)	12	
2.2	具有保证材料的接收和使用符合有关规定的质量控制程序	8	
2.3	能在现场获取以下资料的书面最新版本： a)　操作过程的化学原理概要(4 分)； b)　工艺参数的安全上下限范围(4 分)； c)　工艺参数偏离安全范围所导致安全事故后果(4 分)	12	
2.4	工艺流程框图或工艺流程简图齐全，并能在现场获取	5	
2.5	现场配备所有装置的工艺和仪表框图(P&ID)	5	
2.6	具有设备的设计制造符合相关的规范、标准的书面见证	13	
2.7	设备具有完善的书面记录，包含下述内容： a)　材料(2 分)； b)　设计规范和标准(2 分)； c)　电性能类别(1 分)； d)　安全泄放系统的设计及其依据(2 分)； e)　通风系统的设计(1 分)； f)　安全保护装置(包括联锁、监测和紧急控制系统)(2 分)	10	
2.8	具有保证工艺管理人员拥有与其责任相关的工艺安全方面的知识的规定，并切实执行	10	
2.9	上述资料、信息编撰成册，妥善保存	5	
总分数		80	

表 B.4　工艺危害性分析

3　工艺危害性分析		满分	实评分
3.1	涉及危险化学品的装置在过去5年中,进行了正式工艺危害性分析的比例	8	
3.2	建立了进行工艺危害性分析的优先级排序方法,该方法考虑了以下因素: a)　有毒、易燃、易爆化学品的数量(2分); b)　危险化学品的毒性和反应性等级(3分); c)　设备周围的人口密度(1分); d)　工艺的复杂性(1分); e)　恶劣的操作条件,或可能引起腐蚀/侵蚀的条件(1分)	8	
3.3	已进行的工艺危害性分析针对以下要素: a)　工艺的危险性(3分); b)　以往的意外事件/事故(确认其中潜在的灾难性事故)(4分); c)　对危险品的工程控制与管理控制,及两者的相互关系(3分); d)　工程与管理失控所致的后果(3分); e)　设备的位置(1分); f)　人的因素(2分); g)　因失控对人员安全及健康影响的定性评估(2分)	18	
3.4	最近进行的工艺危险性分析的人员素质: a)　组长在相关技术领域经验丰富(5分); b)　组长受过工艺危险性分析的正规培训(4分); c)　至少一个组员是所分析工艺方面的专家(3分); d)　评估组独立性强,至少一个组员未参与所评价装置的设计(3分); e)　评估组在工作中体现了良好的职业纪律(3分)	18	
3.5	具有正规的质量体系,可以保证工艺危险性分析中提出的问题建议被及时采纳和执行,结果形成书面记录或报告。质量体系中: a)　制定了纠正和预防措施的进度时间表(5分); b)　具有跟踪措施和手段(8分); c)　将处理工艺危害性分析所提出的建议的决议及其执行情况通报给所有的操作、维修和其他有关人员(5分)	18	
3.6	已经完成和将要进行的工艺危害性分析所采用的方法适合所评价工艺的复杂性	18	
3.7	确定工艺危险性后,对失效可能性及后果进行定性或定量分析	7	
总分数		95	

表 B.5　安全检查

4　安全检查		满分	实评分
4.1	过去5年中,进行了正式安全检查的装置的比例	10	
4.2	安全检查的级别(以下选项选择其一): a)　上级组织的安全检查(6分); b)　同级相互间的安全检查(4分); c)　基层自发的安全检查(2分)	6	

表 B.5(续)

4 安全检查		满分	实评分
4.3	安全检查的频率(以下选项选择其一): a) 至少每年1次(6分); b) 每2年1次(4分); c) 每3年1次(2分); d) 少于3年1次(0分)	6	
4.4	具有正规的质量体系,可以保证安全检查中提出的问题建议被及时采纳和执行,结果形成书面记录或报告。质量体系中: a) 制定了纠正和预防措施的进度时间表(5分); b) 具有跟踪措施和手段(8分); c) 将处理安全检查所提出的建议的决议及其执行情况通报给所有的操作、维修和其他有关人员(5分)	18	
总分数		40	

表 B.6 变更管理

5 变更管理		满分	实评分
5.1	具有书面的变更管理程序	11	
5.2	变更管理程序包含以下内容: a) 设备的"物理"变更,如扩产、设备维修、仪表或报警系统更新等(2分); b) 工艺中化学品(进料、催化剂、溶剂等)的变更及其参数调整(2分); c) 工艺条件(如操作温度、操作压力、产量等)的变动(2分); d) 操作程序(开停车程序、装置定员标准或分工等)的重大变动(2分)	8	
5.3	对设备的"临时"变更进行管理: a) 对设备的"临时"变更有清晰的定义和解释(8分); b) 临时变更设备有明确清晰的标志(1分)	9	
5.4	变更管理程序明确规定了工艺系统发生变更后应采取的措施(以下各项均为1.5分): a) 对操作单元进行危险性分析; b) 更新有关的操作规程; c) 更新有关的维修程序及检测计划; d) 修改P&IDs、操作参数的范围、材料数据、有关的工艺安全信息; e) 通知工艺变更范围的所有操作和维护人员(包括分包方),必要时进行培训; f) 审核工艺变更对上下游相关设备的影响	9	
5.5	审核变更对设备及材料的失效机理或速度所产生的影响	15	
5.6	维修或更换采用的新材料经过正规审核,确认其满足工艺的要求	18	
总分数		70	

表 B.7 操作规程

6 操作规程		满分	实评分
6.1	操作规程明确规定每个操作人员的岗位职责	26	
6.2	操作规程包含以下操作注意事项： a) 首次开车(3 分)； b) 正常和紧急情况下的操作(4 分)； c) 正常停车(2 分)； d) 紧急停车(4 分)； e) 避免偏离安全操作范围的步骤，以及偏离安全操作范围的后果(3 分)； f) 维修后的开车(2 分)； g) 安全系统及其作用(3 分)； h) 工艺介质中的化学品的特性及其危害性(3 分)； i) 防止人身暴露于化学品的措施，包括控制措施及个人防护设备(3 分)； j) 接触化学品后应采取的措施(3 分)	30	
6.3	操作规程简明扼要	12	
6.4	所有装置的操作及维护人员都能获得书面的操作程序、规程	8	
6.5	具备健全的程序，确保各班次间交接相关信息	22	
6.6	操作规程的审核频率(以下选项选择其一)： a) 至少每年 1 次，或只要工艺发生更改即进行审核(12 分)； b) 每 2 年 1 次(6 分)； c) 仅在重大工艺变更时审核(3 分)； d) 尚未建立审核计划(0 分)	12	
6.7	操作规程的评价频率(以下选项选择其一)： a) 至少每 6 个月 1 次(10 分)； b) 每年 1 次(5 分)； c) 每 3 年 1 次(2 分)； d) 尚未进行评价(0 分)	10	
	总分数	120	

表 B.8 安全作业

7 安全作业		满分	实评分
7.1	对以下可能存在危险的作业，建立严格的安全作业措施： a) 高温作业(3 分)； b) 中断流程(3 分)； c) 锁闭/开锁(3 分)； d) 进入受限制的区域(3 分)； e) 打开工业设备或管道的作业(3 分)； f) 进入设备的作业(3 分)； g) 车辆进入作业区(3 分)； h) 吊装(2 分)； i) 特殊危险品的处理(如有毒、放射性物质等)(6 分)； j) 在用设备的检修与维护(3 分)	32	

表 B.8（续）

7 安全作业		满分	实评分
7.2	7.1 中所列的安全作业实施前需要工作授权书或作业许可	12	
7.3	在质量体系中，要求至少每 3 年对所有安全作业制度进行正式评审，在必要时进行更新，具有按时对安全作业制度进行正式评审的见证件	12	
7.4	安全作业制度执行情况的评审和通报频率(以下选项选择其一)： a) 至少每 3 个月 1 次(12 分)； b) 每 6 个月 1 次(6 分)； c) 每年 1 次(3 分)； d) 尚未进行评审(0 分)	12	
7.5	进行了作业环境是否符合人机工程标准的审查	12	
总分数		80	

表 B.9 人员培训

8 人员培训		满分	实评分
8.1	具有对新进人员进行一般性培训(如安全操作、作业手册等)的书面程序，并切实执行	7	
8.2	具有对新进操作、维护人员进行针对其岗位的岗前培训的书面程序，并切实执行	10	
8.3	岗前培训包含以下内容： a) 工艺过程及其安全性的概述(1 分)； b) 操作规程(1.5 分)； c) 应急措施(1.5 分)； d) 安全作用审批(1 分)； e) 安全装置(1 分)； f) 安全作业措施(1 分)； g) 基本技能(1 分)	8	
8.4	对安全生产管理人员进行培训	8	
8.5	对安全作业措施审批人员进行培训	9	
8.6	对培训效果的考核方式(以下选项选择其一)： a) 进行理论考试和操作技能考核(6 分)； b) 仅进行操作技能考核(3 分)； c) 征求培训教师的意见(1 分)； d) 不进行考核(0 分)	6	
8.7	(再)培训的频次(以下选项选择其一)： a) 至少每 3 年 1 次(4 分)； b) 仅当主要操作工艺变更时进行再培训(1 分)； c) 不进行培训(0 分)	4	

表 B.9（续）

8 人员培训		满分	实评分
8.8	人均培训时间（以下选项选择其一）： a） 10 天/年或更长（2 分）； b） 3 天/年～9 天/年（1 分）； c） 少于 3 天/年（0 分）	2	
8.9	有系统的方法获取员工的培训需求： a） 建立了确认培训需求的程序（2 分）； b） 进行定期评审（1 分）	3	
8.10	采取适宜的培训方式： a） 颁发培训证书（0.5 分）； b） 使用合适的培训教材和资料（1 分）； c） 采用合适的工具和一起进行“实践”训练（1 分）； d） 记录培训时间（0.5 分）	3	
总分数		60	

表 B.10 检验和维护

9 检验和维护		满分	实评分
9.1	书面检验计划内容全面	19	
9.2	检验的频率和内容满足相关法规的要求	20	
9.3	所有的检验、试验和维修都形成书面记录或报告，并及时存档	11	
9.4	预防性维护程序全面、合理： a） 强调所有和安全相关的关键的设备、零部件（3 分）； b） 采用检查表、检验清单（2 分）； c） 及时完成维护工作（2 分）； d） 根据检测反馈信息，及时更改程序（2 分）； e） 确认、追踪和完成维修（2 分）	11	
9.5	具有完善的缺陷返修程序，并切实执行	11	
9.6	具有完善的设备改造、更换程序，并切实执行	11	
9.7	设备档案完整，并妥善保存	12	
总分数		95	

表 B.11 投用前的安全检查

10 投用前的安全检查		满分	实评分
10.1	质量体系中有对新建或重大改造的装置应在设计阶段进行工艺危害性分析的规定，并切实执行	14	
10.2	具有对投用前进行审查以确认操作过程的制定、检验规程的制定、维护规程的制定、安全和应急规程的制定、人员培训、采纳工艺危害性分析中提出的建议等已经完成的规定，并切实执行	14	

表 B.11（续）

10 投用前的安全检查		满分	实评分
10.3	具有在投用前进行检验的相关规定，并切实执行： a) 设备按照设计规范和制造商的建议进行安装(5.5分)； b) 对检验中发现的问题采取纠正措施并有相应的跟踪措施(5.5分)； c) 出具正式的检验报告(3分)	14	
10.4	具有对涉及高危害化学品的设备进行泄漏检查的规定，并切实执行	14	
10.5	具有对控制装置进行检查的规定，并切实执行	12	
10.6	具有对安全保护装置(如安全阀、连锁器、检漏设备等)进行检查的规定，并切实执行	14	
10.7	具有对上述检查结果及设备合格证书必须整理归档的规定，并切实执行	18	
总分数		90	

表 B.12 应急措施

11 应急措施		满分	实评分
11.1	建立了适用于各种可能紧急情况的应急预案	20	
11.2	应急预案完整、可靠，包括以下要素： a) 制定协调人员及其相应职责(3分)； b) 紧急疏散程序和紧急疏散路线(3分)； c) 紧急操作规程(3分)； d) 紧急疏散后对人员的清点(0.5分)； e) 救援和医疗(3分)； f) 对火灾和其他紧急情况的首选处理措施(3分)； g) 对危险品的控制(3分)； h) 调查和抢救计划(1分)； i) 清理和重建计划(0.5分)	20	
11.3	对应急预案定期进行检查和修订，考虑以下因素： a) 变更管理程序包括变更对应急计划的可能影响(6分)； b) 根据最新工艺危害性分析结果，确认新发现的危险源是否导致应急计划的改变(6分)	12	
11.4	设置应急中心	6	
11.5	设有通告或解释应急预案的人员，并将其名单粘贴于控制室、安全办、应急中心等处	6	
11.6	定期进行应急预案的演习	11	
总分数		75	

表 B.13 事故调查

12 事故调查		满分	实评分
12.1	规定了协助进行事故调查的人员，包括受过事故调查技术培训的人员、工艺员或熟悉工艺过程的人员、检验人员、其他技术人员等	13	
12.2	在过去一年里，将所有事故报告或结论及其纠正预防措施都通报到公司(厂)内其他车间	27	
总分数		40	

表 B.14 分包管理

13 分包管理		满分	实评分
13.1	对分包方进行评价，包括以下内容： a) 审查分包方的安全、健康程序文件(3 分)； b) 审查分包方从事相关工作的经验(3 分)； c) 审查分包方具备安全高效完成其工作的经验和技能的见证件(3 分)	9	
13.2	所有分包方(包括维修、检修、重大技术改造或特种作业等)都受分包评价程序的控制	6	
13.3	对分包方进行安全教育，包括以下内容： a) 分包方的工作和工艺流程中的所有潜在危险源(2 分)； b) 安全作业措施(2 分)； c) 进/出作业场所的控制程序(3 分)； d) 应急预案中的相关部分(3 分)	10	
13.4	召开工作会议，明确工作范围、安全要求、质量保证等	10	
13.5	定期对分包方的人员培训和管理情况进行评估	5	
总分数		40	

表 B.15 安全生产管理系统评估

14 安全生产管理系统评估		满分	实评分
14.1	对安全生产管理系统进行评估的频率(以下各项选择其一)： a) 每年 1 次(5 分)； b) 每 2 年 1 次(3 分)； c) 未进行评估(0 分)	5	
14.2	已经制定针对上次评估要求的改进计划	10	
14.3	(最近一次)评估组的人员素质： a) 经过评估的正式培训； b) 深入了解所评估的体系	10	
14.4	(最近一次)评估的深度和广度符合工厂实际情况	10	
总分数		35	

附　录　C
（规范性附录）
减薄次因子确定

C.1　范围

本附录用于存在腐蚀减薄机理设备的技术模块因子中减薄次因子的确定。

所有设备都应确定其减薄次因子。

C.2　基本数据

C.2.1　必需数据

表 C.1 给出了设备至少进行了一次有效检测后，确定其减薄次因子所需的基本数据。

表 C.1　确定减薄次因子所需的基本数据

基本数据	说　明
厚度 t/mm	投入使用时的实测最小厚度
服役年限 a/年	设备的服役年限。如果工艺条件发生变化并可能导致腐蚀速率发生较大改变，则服役年限应从工艺改变的时间算起，厚度则应为改变时的最小壁厚
腐蚀裕量/mm	设计时给出的腐蚀裕量或投入使用时的实际壁厚余量
腐蚀速率 r/(mm/年)	根据可靠的厚度数据计算的当前腐蚀速率。如果根据目前相对较短的时间间隔的实测厚度差计算出的"短期"腐蚀速率明显不同于根据更长时间间隔的实测厚度差计算出的"长期"腐蚀速率，则应用"短期"腐蚀速率进行评估。如果没有实测腐蚀速率，则估计的腐蚀速率可参考相关的资料或专家建议来确定
减薄类型	10%以上表面积受到腐蚀且壁厚变化小于 1.27 mm 的腐蚀现象定义为全面腐蚀； 10%以下表面积受到腐蚀且壁厚变化大于或等于 1.27 mm 的腐蚀现象定义为局部腐蚀
运行温度/℃	运行期间(考虑正常和异常运行条件)预计的最高运行温度
OP/MPa	操作压力，预计的最高运行压力(一般为安全阀的整定压力)
MAWP/MPa	用来确定最小允许壁厚的压力(可用设计压力代替)
检验有效性	对设备进行的每次检验活动的有效性类别
检验次数	服役期间已进行的有效性不低于"中度有效"的检验活动的总次数
在线监测	采用的在线监测方法的类型，如腐蚀探针、挂片、定点测厚等
腐蚀减薄机理	确定设备潜在的减薄机理
材料类别	设备/管道的材料类别
是否存在注入/混合点(是/否)	对管道来说，确定管路中是否存在注入点或混合点
注入/混合点检测等级	对有注入或混合点的管路，是否针对这些部位的局部腐蚀进行了高度有效检测
盲管段腐蚀的检测类型	对有盲管的管路，是否针对盲管局部腐蚀进行了高度有效的检测

C.2.2 附加数据

如果没有可靠的实测腐蚀速率，则按表 C.2 中的步骤来确定推荐的腐蚀速率。

表 C.2 确定推荐的腐蚀速率步骤

步　骤	措　施
1	为回答表 C.3 中所列的筛选问题收集数据
2	回答表 C.3 中的筛选问题
3	为 2 中识别出的适用的减薄机理补充收集基本数据表中规定的数据

C.3 基本假设

在基本数据表定义的时间期限内，腐蚀速率基本恒定。检测越彻底和检测越频繁，且持续进行在线监测，则腐蚀速率大于预计值的可能性更小。

C.4 减薄次因子的确定

图 C.1 中给出了确定减薄次因子的流程图。

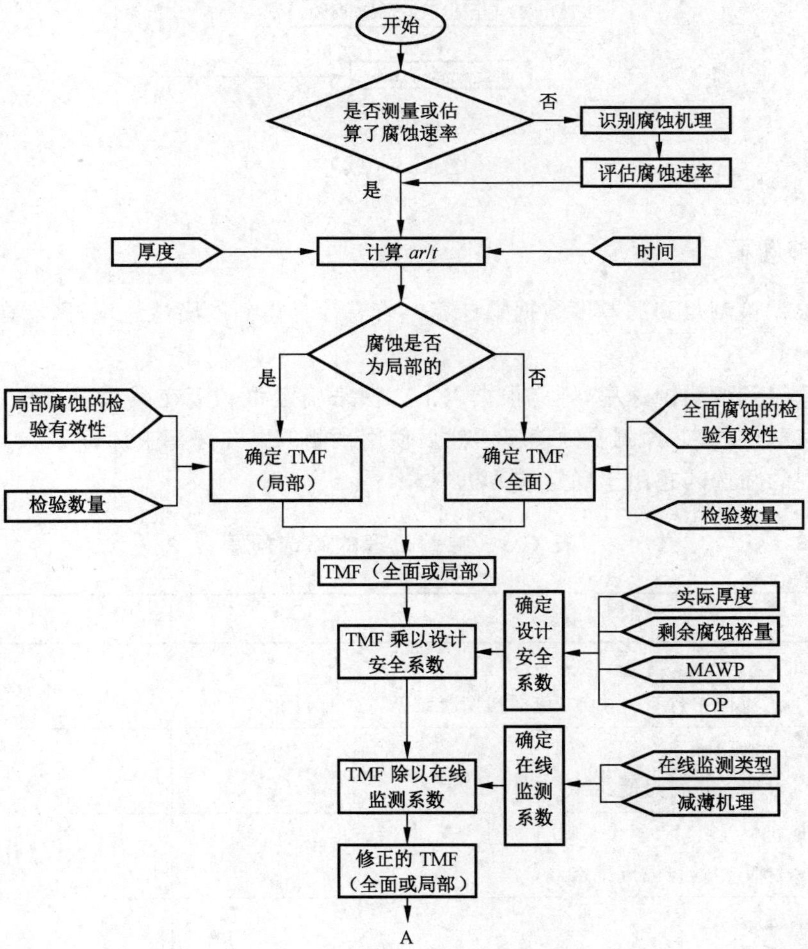

图 C.1 减薄次因子的确定

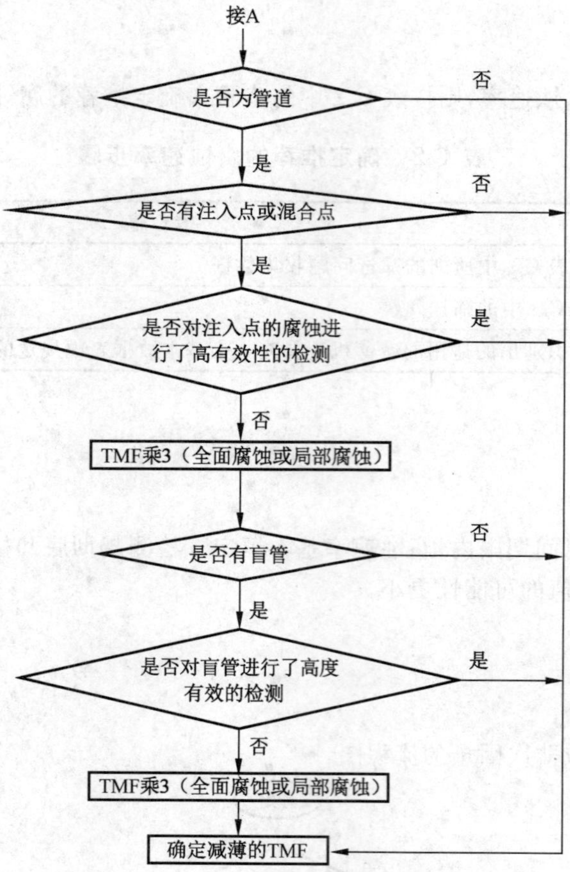

图 C.1（续）

C.4.1 腐蚀速率的确定

腐蚀速率应根据检测得到的厚度数据来计算。若有计算得到的腐蚀速率，则应在确定 ar/t 时采用（转到 C.5.2）。

如果没有计算得到的腐蚀速率，则应根据以下方法来确定每一潜在减薄机理推荐的腐蚀速率。根据表 C.3 来确定减薄机理，并预测腐蚀速率。然后使用预测的腐蚀速率来计算 ar/t。

表 C.3 中所列的筛选问题用于确定减薄机理。

表 C.3 减薄机理的筛选问题

筛选问题	措 施
1） 盐酸(HCl)腐蚀 工艺中含有 HCl？工艺流体中含有自由水(包括初始凝结条件)？pH 值＜7.0？	全部为"是"，转到 C.5
2） 高温硫化物/环烷酸腐蚀 工艺中有含硫化物的油吗？运行温度＞204 ℃？	两者都为"是"，转到 C.6
3） 高温 H_2S/H_2 腐蚀 工艺中含有 H_2S 或 H_2 吗？运行温度＞204 ℃？	两者都为"是"，转到 C.7
4） 硫酸(H_2SO_4)腐蚀 工艺中含有硫酸吗？	"是"，转到 C.8

表 C.3（续）

筛选问题	措 施
5） 氢氟酸（HF）腐蚀 工艺流体中含有 HF 吗？	“是”，转到 C.9
6） 酸性水腐蚀 有含 H_2S 的自由水吗？	“是”，转到 C.10
7） 胺腐蚀 设备暴露于处理胺（MEA、DEA、DIPA、MDEA）的酸气下吗？	“是”，转到 C.11
8） 高温氧化 温度≥482 ℃吗？存在氧气吗？	两者都为“是”，转到 C.12

C.4.2 *ar/t* 的计算

ar/t 为腐蚀减薄的严重程度指数，是影响设备失效的重要参数。根据表 C.1 中所述的时间（*a*）、腐蚀速率（*r*）和厚度（*t*）数据来计算 *ar/t*。该数值相当于因减薄而造成的壁厚损失的比例。

C.4.3 减薄类型的确定

应根据对设备/管道已进行的有效检测来确定减薄类型（全面腐蚀或局部腐蚀）。在无检测结果的情况下可按表 C.4 来确定设备的减薄类型（全面或局部）。如果全面减薄和局部减薄两者均有可能，则将减薄类型指定为局部减薄。确定的减薄类型将用来判断已进行的检测的有效性。

表 C.4 减薄类型

<table>
<tr><th colspan="2">筛选问题</th><th>类 型</th></tr>
<tr><td colspan="2">盐酸（HCl）腐蚀</td><td>局部</td></tr>
<tr><td rowspan="2">高温硫化物/环烷酸腐蚀</td><td>TAN≤0.5</td><td>全面</td></tr>
<tr><td>TAN>0.5</td><td>局部</td></tr>
<tr><td colspan="2">高温 H_2S/H_2 腐蚀</td><td>全面</td></tr>
<tr><td rowspan="6">硫酸（H_2SO_4）腐蚀</td><td>碳钢：不大于 0.61 m/s</td><td rowspan="3">全面</td></tr>
<tr><td>不锈钢：不大于 1.22 m/s</td></tr>
<tr><td>较高合金：小于或等于 1.83 m/s</td></tr>
<tr><td>碳钢：>0.61 m/s</td><td rowspan="3">局部</td></tr>
<tr><td>不锈钢：>1.22 m/s</td></tr>
<tr><td>较高合金：>1.83 m/s</td></tr>
<tr><td colspan="2">氢氟酸（HF）腐蚀</td><td>局部</td></tr>
<tr><td rowspan="2">酸性水腐蚀</td><td>不大于 0.61 m/s</td><td>全面</td></tr>
<tr><td>>0.61 m/s</td><td>局部</td></tr>
</table>

表 C.4（续）

筛选问题		类　型
胺腐蚀	富胺：不大于 1.52 m/s	全面
	贫胺：不大于 6.09 m/s	
	富胺：>1.52 m/s	局部
	贫胺：>6.09 m/s	
高温氧化		全面

C.4.4　检验有效性等级

根据能否有效地发现减薄和正确地预测腐蚀速率来定义检测活动的有效性等级。

表 C.5 和表 C.6 分别给出了针对全面减薄和局部减薄的进入设备内部和仅在设备外部进行的检测活动有效性等级确定的实例。

C.4.5　最高类别有效性的检测数量的确定

根据表 C.5 和表 C.6 确定在指定时间期限内进行的每一次检测活动的有效性等级，最高等级有效性检测的数量将用来确定减薄次因子。可以将多次较低有效性等级的检测等效为一次较高有效性等级的检测：

a)　两次及以上“中高度有效”检测等效于一次“高度有效”检测；

b)　两次及以上“中度有效”检测等效于一次“中高度有效”检测。

表 C.5　检验有效性等级——全面减薄

检验有效性等级	内部检测	外部检测
高度有效	50%～100%表面检查（拆卸部分内件），并进行测厚	覆盖 50%～100%区域超声扫查或射线检测
中高度有效	内壁不低于 20%表面检查（不拆卸内件）和外部超声测厚	不低于 20%超声波扫查（自动或人工）或断面射线检测或者外部的点测厚
中度有效	内壁目视检查，不进行测厚	检验比例 2%～3%，外部超声波测厚抽检和很少或无内部目视检查
低度有效	只有外部点测厚读数	少量测厚，有正式检测计划
无效	无检测	随机测厚，无正式检测计划

表 C.6　检验有效性等级——局部减薄

检验有效性等级	内部检测	外部检测
高度有效	100%目视检查（拆卸内部填料、塔盘等）和测厚	在腐蚀工程师或专家指定的区域内 50%～100%自动超声波扫查，或断面射线检测
中高度有效	100%目视检查（部分拆卸内件），包括人孔、接管等和测厚	在腐蚀工程师或专家指定的区域内 20%自动超声波扫查，或者 50%断面射线检测
中度有效	不超过 20%目视检查和超声测厚	在腐蚀工程师或专家指定的区域内 20%自动超声波扫查，或者断面射线检测和超声测厚

表 C.6（续）

检验有效性等级	内部检测	外部检测
低度有效	不检测	局部超声测厚或断面射线检测，腐蚀工程师或者专家不指定区域
无效	不检测	局部超声测厚，腐蚀工程师或者专家不指定区域

C.4.6 腐蚀减薄次因子的确定

根据计算的 ar/t 和最高等级有效性检测活动的次数按表 C.7 来确定腐蚀减薄次因子。

表 C.7 减薄次因子

检测次数	1 次					2 次				3 次				4 次				5 次				6 次			
	检验有效性					检验有效性				检验有效性				检验有效性				检验有效性				检验有效性			
ar/t 严重程度指数	无效	低度有效	中度有效	中高度有效	高度有效	低度有效	中度有效	中高度有效	高度有效	低度有效	中度有效	中高度有效	高度有效	低度有效	中度有效	中高度有效	高度有效	低度有效	中度有效	中高度有效	高度有效	低度有效	中度有效	中高度有效	高度有效
0.02	1	1	1	1	1	1	1	1	1	1	1	1	1	1	1	1	1	1	1	1	1	1	1	1	1
0.04	1	1	1	1	1	1	1	1	1	1	1	1	1	1	1	1	1	1	1	1	1	1	1	1	1
0.06	1	1	1	1	1	1	1	1	1	1	1	1	1	1	1	1	1	1	1	1	1	1	1	1	1
0.08	1	1	1	1	1	1	1	1	1	1	1	1	1	1	1	1	1	1	1	1	1	1	1	1	1
0.10	2	2	1	1	1	1	1	1	1	1	1	1	1	1	1	1	1	1	1	1	1	1	1	1	1
0.12	6	5	3	2	1	4	2	1	1	3	1	1	1	2	1	1	1	2	1	1	1	1	1	1	1
0.14	20	17	10	6	1	13	6	1	1	10	3	1	1	7	2	1	1	5	1	1	1	4	1	1	1
0.16	90	70	50	20	3	50	20	4	1	40	10	1	1	30	5	1	1	20	2	1	1	14	1	1	1
0.18	250	200	130	70	7	170	70	10	1	130	35	3	1	100	15	1	1	70	7	1	1	50	3	1	1
0.20	400	300	210	110	15	290	120	20	1	260	60	5	1	180	20	2	1	120	10	1	1	100	6	1	1
0.25	520	450	290	150	20	350	170	30	20	240	80	6	1	200	30	2	1	150	15	2	1	120	7	1	1
0.30	650	550	400	200	30	400	200	40	4	320	110	9	2	240	50	4	2	180	25	3	2	150	10	2	2
0.35	750	650	550	300	80	600	300	80	10	540	150	20	5	440	90	10	4	350	70	6	4	280	40	5	4
0.40	900	800	700	400	130	700	400	120	30	600	200	50	10	500	140	20	8	400	110	10	8	350	90	9	8
0.45	1050	900	810	500	200	800	500	160	40	700	270	60	20	600	200	30	15	500	160	20	15	400	130	20	15
0.50	1200	1100	970	600	270	1000	600	200	60	900	360	80	40	800	270	50	40	700	210	40	40	600	180	40	40
0.55	1350	1200	1130	700	350	1100	750	300	100	1000	500	130	90	900	350	100	90	800	260	90	90	700	240	90	90
0.60	1500	1400	1250	850	500	1300	900	400	230	1200	650	250	210	1000	450	220	210	900	360	210	210	800	300	210	210
0.65	1900	1700	1400	1000	700	1600	1105	670	530	1300	880	550	500	1200	700	530	500	1100	640	500	500	1000	600	500	500

注 1：找到带有计算的 ar/t 值或下一较高值的行，或者在行之间使用插值。

注 2：确定最高检验有效性的检测次数的相应栏下的次因子。

C.4.7 减薄次因子的修正

C.4.7.1 安全系数的修正

按照表 C.8 确定安全系数。

用安全系数乘以 TMF 即得到一个修正的 TMF。

表 C.8 安全系数的确定

MAWP/OP $T_{act}/(T_{act}-CA)$	安全系数
1.0～1.5	1.0
＞1.5	0.5

C.4.7.2 在线监测的修正

根据表 C.9 确定在线监测修正系数。如果采用了一种以上的监测方法，系数不能累加，应使用其中的最大系数。将 TMF 除以该系数即得到一个修正的 TMF。TMF 为 1 的情况该系数不适用。

表 C.9 在线监测修正系数的确定

<table>
<tr><th colspan="2">减薄机理</th><th>关键工艺变量监测</th><th>腐蚀探头</th><th>腐蚀挂片</th></tr>
<tr><td colspan="2">盐酸腐蚀</td><td>10(带探头时为 20)</td><td>10</td><td>2</td></tr>
<tr><td colspan="2">高温硫/环烷酸腐蚀</td><td>10</td><td>10</td><td>2</td></tr>
<tr><td colspan="2">高温 H_2S/H_2 腐蚀</td><td>1</td><td>10</td><td>1</td></tr>
<tr><td rowspan="6">硫酸腐蚀</td><td>碳钢:不大于 0.91 mm/s</td><td rowspan="3">20</td><td rowspan="3">10</td><td rowspan="3">2</td></tr>
<tr><td>不锈钢:不大于 1.52 mm/s</td></tr>
<tr><td>高合金:不大于 2.13 mm/s</td></tr>
<tr><td>碳钢:＞0.91 mm/s</td><td rowspan="2">10(带探头时为 20)</td><td>10</td><td>1</td></tr>
<tr><td>不锈钢:＞1.52 mm/s</td><td>10</td><td>1</td></tr>
<tr><td>高合金:＞2.13 mm/s</td><td>10</td><td>10</td><td>1</td></tr>
<tr><td colspan="2">氢氟酸腐蚀</td><td>10</td><td>1</td><td>1</td></tr>
<tr><td rowspan="2">酸性水腐蚀</td><td>不大于 6.10 mm/s</td><td>20</td><td>10</td><td>2</td></tr>
<tr><td>＞6.10 mm/s</td><td>10</td><td>2</td><td>2</td></tr>
<tr><td rowspan="2">胺</td><td>不大于 6.10 mm/s</td><td>20</td><td>10</td><td>2</td></tr>
<tr><td>＞6.10 mm/s</td><td>10</td><td>10</td><td>1</td></tr>
<tr><td colspan="2">氧化</td><td>20</td><td>1</td><td>1</td></tr>
<tr><td colspan="5">注：关键工艺变量主要包括:氧含量、pH、水含量、流速、Fe 含量、温度、压力、H_2S 含量、CN 浓度等。</td></tr>
</table>

C.4.7.3 注入点/混合点的修正

注入点/混合点定义为将化学品(包括水)加到主工艺流体的一个点。满足以下 3 个条件之一的为腐蚀性注入点/混合点：

a) 可能产生汽化蒸汽的液态流体和蒸汽的混合；

b) 水出现在一种或两种流体中；

c) 混合流体的温度低于组合流体的露点。

对含有腐蚀性注入点或混合点的管道，修正系数定为3，用TMF乘以3。如果已专门对注入点/混合点进行了高度有效的腐蚀检测，则无需进行修正。

C.4.7.4 盲管段的修正

盲管段定义为断续工作(如启动、停车或连续工作以外的再生循环等期间使用)的管道。对含有盲管的管道修正的方法是将TMF乘以系数3。如果采用了高度有效的检测来查明盲管中可能出现的局部腐蚀，则无需进行修正。

C.4.7.5 用极限分析理论(凹坑理论)确定失效可能性等级(仅针对局部减薄)

对已经存在局部减薄的设备可依据GB/T 19624—2004中5.8进行凹坑评定。根据 G_0 计算结果按表C.10确定修正系数(用于对减薄TMF的修正)：

表C.10 凹坑理论修正

评定结果	Z/B	G_0	局部减薄失效可能性
免于评定	≤0.1	≤0.1	1
	(0.1,0.2]		2
	(0.2,0.3]		3
	(0.3,0.5]		4
评定通过	≤0.2	(0.1,0.2]	2
		(0.2,0.28]	3
	(0.2,0.3]	(0.1,0.2]	3
		(0.2,0.3]	4
		>0.3	5
	(0.3,0.5]	(0.1,0.2]	4
		>0.2	5
评定不通过	—	—	5

C.5 盐酸(HCl)腐蚀

C.5.1 基本数据

用表C.11中所列数据来估算材料在稀盐酸中的腐蚀速率。更高浓度的酸不属于本节的考虑范围。图C.2给出了确定腐蚀速率的步骤。如果没有可靠的实测数据，则应咨询知识丰富的工艺专家。

C.5.2 盐酸腐蚀速率的确定

用表C.12～表C.16来估算暴露于各种稀盐酸中材料的腐蚀速率。

表 C.11 盐酸腐蚀分析所需基本数据

基本数据	说　明
材料类别	确定设备或管道的材料类别
pH 值	对于碳钢和 300 系列不锈钢，建议用 pH 值来估算稀浓度下的腐蚀速率。如果 Cl^- 的浓度已知，则可使用表 C.12 估算其 pH 值。但是注意中和剂的存在可提高 pH 值
Cl^- 浓度	对于高合金材料，使用 Cl^- 浓度来估算腐蚀速率
最高温度/℃	确定该设备/管道中出现的最高温度。它可能是最高工艺温度，但也应考虑局部加热条件，如日照或伴热管的作用
空气或氧化剂是否存在(是或否)	空气(氧气)的存在可以提高腐蚀速率，特别对合金 400 和合金 B-2。其他氧化剂，如三价铁离子、二价铜离子对这些合金也有类似的作用

表 C.12 Cl^- 浓度与 pH 值的关系

氯离子浓度(质量分数)/$\times10^{-6}$	pH
3 601～12 000	0.5
1 201～3 600	1.0
361～1 200	1.5
121～360	2.0
36～120	2.5
16～35	3.0
6～15	3.5
3～5	4.0
1～2	4.5
<1	5.0
注：默认为没有碱性介质(NH_3，胺，苛性碱)存在。	

表 C.13 碳钢推荐的盐酸腐蚀速率(mm/年)

pH	温　度/℃			
	<38	38～66	67～93	>93
0.5	25.37	25.37	25.37	25.37
0.80	22.86	25.37	25.37	25.37
1.25	10.16	25.37	25.37	25.37
1.75	5.08	17.78	25.37	25.37
2.25	2.54	7.62	10.16	14.22
2.75	1.52	3.30	5.08	7.11
3.25	1.02	1.78	2.54	3.56
3.75	0.76	1.27	2.29	3.18

表 C.13（续）

pH	温　度/℃			
	＜38	38～66	67～93	＞93
4.25	0.51	1.02	1.78	2.54
4.75	0.25	0.76	1.27	1.78
5.25	0.18	0.51	0.76	1.02
5.75	0.10	0.38	0.51	0.76
6.25	0.08	0.25	0.38	0.51
6.80	0.05	0.13	0.18	0.25

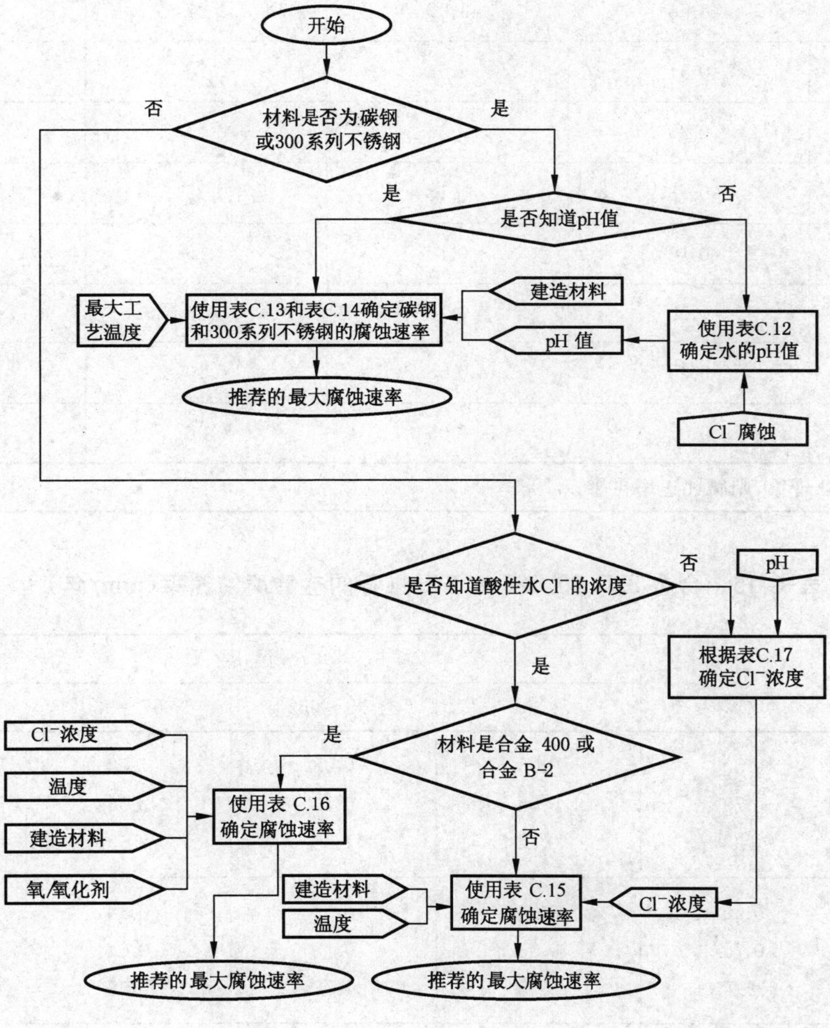

图 C.2　盐酸腐蚀速率的确定

表 C.14 300 系列不锈钢推荐的盐酸腐蚀速率(mm/年)

pH	温 度/℃			
	<38	38～66	67～93	>93
0.5	22.86	25.37	25.37	25.37
0.80	12.70	25.37	25.37	25.37
1.25	7.62	12.70	17.78	25.37
1.75	3.81	6.60	10.16	12.70
2.25	2.03	3.56	5.08	6
2.75	1.27	1.78	2.54	3.05
3.25	0.76	1.02	1.27	1.65
3.75	0.51	0.64	0.76	0.89
4.25	0.25	0.38	0.51	0.64
4.75	0.13	0.18	0.25	0.30
5.25	0.10	0.13	0.15	0.18
5.75	0.08	0.10	0.13	0.15
6.25	0.05	0.08	0.10	0.13
6.80	0.03	0.05	0.08	0.10
注：如果存在点蚀现象,则腐蚀速率再乘以 10。				

表 C.15 合金 825、20、625、C-276 推荐的盐酸腐蚀速率(mm/年)

合金	Cl^- 浓度(质量分数)/%	温 度/℃			
		<38	38～66	67～93	>93
合金 825 和合金 20	0.50	0.03	0.08	1.02	5.08
	0.75	0.05	0.13	2.03	10.16
	1.0	0.25	1.78	7.62	25.37
合金 625	0.50	0.03	0.05	0.38	1.91
	0.75	0.03	0.13	0.64	3.18
	1.0	0.05	1.78	5.08	10.16
合金 C-276	0.50	0.03	0.05	0.20	0.76
	0.75	0.03	0.05	0.38	1.91
	1.0	0.05	0.25	1.52	7.62

表 C.16　合金 B-2 和合金 400 推荐的盐酸腐蚀速率(mm/年)

合金	Cl^-浓度(质量分数)%	温度/℃							
		<38		38～66		67～93		>93	
		有氧/氧化物存在吗?							
		否	是	否	是	否	是	否	是
合金 B-2	0.50	0.03	0.1	0.03	0.1	0.05	0.2	0.1	0.41
	0.75	0.03	0.1	0.03	0.1	0.13	0.51	0.51	2.03
	1.0	0.05	0.2	0.13	0.51	0.25	1.02	0.64	2.54
合金 400	0.50	0.03	0.1	0.08	0.3	0.76	3.05	7.62	25.37
	0.75	0.05	0.25	0.13	0.51	2.03	8.13	20.32	25.37
	1.0	0.48	1.02	0.64	2.54	3.81	15.24	22.86	25.37

C.6　高温硫化物和环烷酸腐蚀

C.6.1　基本数据

表 C.17 中所列数据要求用来确定高温硫化物和环烷酸环境中推荐的腐蚀速率。图 C.3 给出了确定腐蚀速率的步骤。如果没有精确的测量数据,应请教知识丰富的工艺专家。

表 C.17　高温硫化物和环烷酸腐蚀分析所需基本数据

基本数据	说　明
材料类别	确定设备/管道的材料类别,对于 316 不锈钢,如不知道 Mo 含量,假定其小于 2.5%
最高温度/℃	确定工艺流体的最高温度
流体的硫含量	确定设备中流体的硫含量
总酸值(TAN)	确定待评估设备/管道中的液态烃相的 TAN
流度	确定该设备/管道中的最大流速,对设备而言应考虑接管中的流速

C.6.2　高温硫化物和环烷酸腐蚀速率的确定

根据表 C.18～表 C.27 来确定环烷酸腐蚀速率的估算值。当设备材料为国产 20 钢类(含 20R、20g、Q245R)或 16Mn 类(含 16Mn、16MnR、Q345R)时,腐蚀速率建议按表 C.19 选取。当介质中不含环烷酸时,高温硫化物腐蚀速率根据修正的 McConomy 曲线确定。存在环烷酸腐蚀时,如流速大于30 m/s,则腐蚀速率应该用相应表中选取的数据乘以 5。

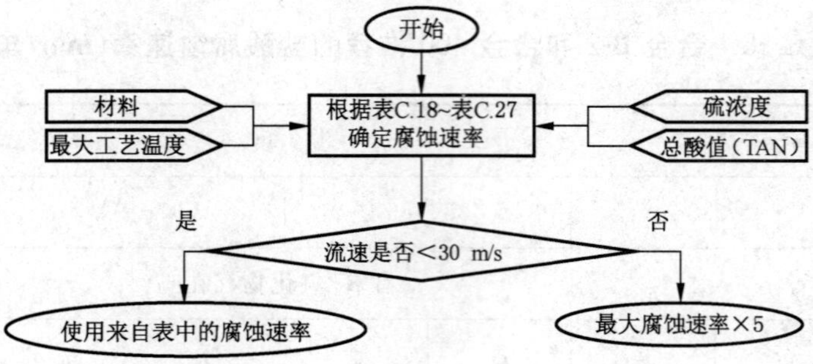

图 C.3　高温硫化物和环烷酸腐蚀速率的确定

表 C.18　碳钢推荐的高温硫化物和环烷酸腐蚀速率(mm/年)

硫(质量分数)%	TAN mg/g	温　度/℃							
		≤232	233～260	261～288	289～316	317～343	344～371	372～398	399～427
0.2	0.3	0.03	0.08	0.18	0.38	0.51	0.89	1.27	1.52
	0.65	0.13	0.38	0.64	0.89	1.14	1.40	1.65	1.91
	1.5	0.51	0.64	0.89	1.65	3.05	3.81	4.57	5.08
	3.0	0.76	1.52	1.52	3.05	3.81	4.06	6.10	6.10
	4.0	1.02	2.03	2.54	4.06	4.57	5.08	7.11	7.62
0.4	0.3	0.03	0.10	0.25	0.51	0.76	1.27	1.78	2.03
	0.65	0.13	0.25	0.38	0.64	1.02	1.52	2.03	2.29
	1.5	0.20	0.38	0.64	0.89	1.27	1.91	2.29	2.79
	3.0	0.25	0.51	0.89	1.27	1.78	2.54	3.05	3.30
	4.0	0.51	0.76	1.27	1.78	2.29	3.05	3.56	4.06
0.6	0.3	0.03	0.13	0.25	0.64	1.02	1.52	2.29	2.54
	0.65	0.13	0.25	0.38	0.76	1.27	2.03	2.79	3.30
	1.5	0.25	0.38	0.76	1.27	2.03	2.54	3.30	3.81
	3.0	0.38	0.76	1.27	2.03	2.54	3.05	3.56	4.32
	4.0	0.64	1.02	1.52	2.54	3.05	3.81	4.57	5.08
1.5	0.3	0.05	0.13	0.38	0.76	1.27	2.03	2.79	3.30
	0.65	0.18	0.25	0.51	0.89	1.40	2.54	3.30	3.81
	1.5	0.38	0.51	0.89	1.40	2.54	3.05	3.56	4.32
	3.0	0.51	0.76	1.40	2.16	2.79	3.81	4.32	5.08
	4.0	0.76	1.14	1.91	3.05	3.56	4.57	5.08	6.60
2.5	0.3	0.05	0.18	0.51	0.89	1.40	2.41	3.30	3.81
	0.65	0.18	0.25	0.76	1.14	1.52	3.05	3.56	4.32
	1.5	0.38	0.51	1.02	1.52	1.91	3.56	4.32	5.08
	3.0	0.51	0.89	1.52	2.29	3.05	4.32	5.08	6.60
	4.0	0.89	1.27	2.03	3.05	3.81	5.08	6.60	7.11
3.0	0.3	0.05	0.20	0.51	1.02	1.52	2.54	3.56	4.06
	0.65	0.20	0.38	0.64	1.14	1.65	3.05	3.81	4.32
	1.5	0.51	0.64	0.89	1.65	3.05	3.81	4.57	5.08
	3.0	0.76	1.52	1.52	3.05	3.81	4.06	6.10	6.10
	4.0	1.02	2.03	2.54	4.06	4.57	5.08	7.11	7.62

表 C.19　20 钢和 16 Mn 钢推荐的高温硫化物和环烷酸腐蚀速率(mm/年)

硫(质量分数)%	TAN mg/g	温度/℃							
		≤230	231～250	251～275	276～300	301～325	326～350	351～375	376～400
0.2	0.3	0.03	0.12	0.18	0.38	0.50	0.87	1.24	1.52
	0.65	0.13	0.49	0.64	0.89	1.13	1.37	1.61	1.90
	1.5	0.50	0.73	0.89	1.64	3.01	3.73	4.45	5.06
	3.0	0.75	1.46	1.53	3.03	3.76	3.98	5.94	6.08
	4.0	1.01	2.19	2.55	4.03	4.51	4.98	6.93	7.60
0.4	0.3	0.03	0.17	0.25	0.51	0.75	1.24	1.73	2.02
	0.65	0.13	0.30	0.38	0.64	1.01	1.49	1.98	2.28
	1.5	0.20	0.49	0.64	0.88	1.25	1.87	2.23	2.78
	3.0	0.25	0.67	0.89	1.26	1.76	2.49	2.97	3.29
	4.0	0.50	0.97	1.27	1.77	2.26	2.99	3.47	4.05
0.6	0.3	0.03	0.18	0.25	0.64	1.01	1.49	2.23	2.53
	0.65	0.13	0.30	0.38	0.75	1.25	1.99	2.72	3.29
	1.5	0.25	0.55	0.76	1.26	2.01	2.49	3.21	3.80
	3.0	0.38	0.97	1.27	2.02	2.51	2.99	3.47	4.31
	4.0	0.64	1.22	1.52	2.52	3.01	3.74	4.45	5.06
1.5	0.3	0.05	0.24	0.38	0.75	1.25	1.99	2.72	3.29
	0.65	0.18	0.36	0.51	0.88	1.38	2.49	3.21	3.80
	1.5	0.38	0.67	0.89	1.39	2.51	2.99	3.47	4.31
	3.0	0.51	1.04	1.40	2.14	2.76	3.73	4.21	5.06
	4.0	0.76	1.46	1.92	3.03	3.52	4.48	4.95	6.58
2.5	0.3	0.05	0.33	0.51	0.88	1.38	2.36	3.21	3.80
	0.65	0.18	0.48	0.76	1.13	1.50	2.99	3.47	4.31
	1.5	0.38	0.73	1.02	1.51	1.89	3.49	4.21	5.06
	3.0	0.51	1.16	1.53	2.27	3.01	4.23	4.95	6.58
	4.0	0.88	1.58	2.04	3.03	3.76	4.98	6.43	7.09
3.0	0.3	0.05	0.34	0.51	1.01	1.50	2.49	3.47	4.05
	0.65	0.20	0.49	0.64	1.13	1.63	2.99	3.71	4.30
	1.5	0.50	0.73	0.89	1.64	3.01	3.73	4.45	5.06
	3.0	0.75	1.58	1.79	3.03	3.76	3.98	5.94	6.58
	4.0	1.01	2.19	2.55	4.03	4.52	4.98	6.93	7.60

表 C.20　1.25Cr 和 2.25Cr 钢推荐的高温硫化物和环烷酸腐蚀速率(mm/年)

硫(质量分数)%	TAN mg/g	温度/℃							
		≤232	233～260	261～288	289～316	317～343	344～371	372～398	399～427
0.2	0.3	0.03	0.03	0.10	0.18	0.33	0.53	0.64	0.76
	0.65	0.08	0.20	0.38	0.51	0.64	0.76	0.89	1.02
	1.5	0.25	0.38	0.51	0.76	1.52	1.91	2.29	2.54
	3.0	0.38	0.76	0.76	1.52	1.91	2.16	3.05	3.05
	4.0	0.51	1.02	1.27	2.03	2.54	3.05	3.56	4.06

表 C.20(续)

硫(质量分数)%	TAN mg/g	温度/℃ ≤232	233~260	261~288	289~316	317~343	344~371	372~398	399~427
0.4	0.3	0.03	0.05	0.13	0.25	0.51	0.76	0.89	1.02
	0.65	0.08	0.13	0.20	0.38	0.51	0.76	1.02	1.14
	1.5	0.10	0.20	0.38	0.51	0.64	1.2	1.14	1.40
	3.0	0.13	0.25	0.51	0.64	0.89	1.27	1.52	1.65
	4.0	0.25	0.38	0.64	0.89	1.14	1.52	1.78	2.03
0.8	0.3	0.03	0.08	0.15	0.38	0.64	1.02	1.14	1.27
	0.65	0.08	0.13	0.20	0.51	0.76	1.14	1.40	1.52
	1.5	0.13	0.20	0.38	0.64	1.02	1.27	1.65	1.91
	3.0	0.18	0.38	0.64	1.02	1.27	1.52	1.78	2.16
	4.0	0.30	0.51	0.76	1.27	1.52	1.91	2.29	2.54
1.5	0.3	0.05	0.08	0.20	0.38	0.76	1.27	1.40	1.65
	0.65	0.10	0.13	0.25	0.51	1.02	1.40	1.65	1.91
	1.5	0.15	0.25	0.51	0.76	1.27	1.65	1.78	2.03
	3.0	0.25	0.38	0.76	1.14	1.52	1.91	2.16	2.54
	4.0	0.38	0.51	0.89	1.52	1.91	2.29	2.54	3.30
2.5	0.3	0.05	0.10	0.23	0.51	0.89	1.40	1.65	1.91
	0.65	0.10	0.13	0.38	0.64	1.02	1.52	1.78	2.03
	1.5	0.18	0.25	0.51	0.76	1.14	1.78	2.03	2.54
	3.0	0.25	0.38	0.76	1.14	1.52	2.03	2.54	3.05
	4.0	0.38	0.64	1.02	1.52	2.03	2.54	3.05	3.56
3.0	0.3	0.05	0.10	0.25	0.51	0.89	1.52	1.78	2.03
	0.65	0.13	0.20	0.38	0.64	1.02	1.78	1.91	2.16
	1.5	0.25	0.38	0.51	0.76	1.52	1.91	2.29	2.54
	3.0	0.38	0.76	0.76	1.52	1.91	2.16	3.05	3.05
	4.0	0.51	1.02	1.27	2.03	2.54	3.05	3.56	4.06

表 C.21 5Cr 钢推荐的高温硫化物和环烷酸腐蚀速率(mm/年)

硫(质量分数)%	TAN mg/g	温度/℃ ≤232	233~260	261~288	289~316	317~343	344~371	372~398	399~427
0.2	0.7	0.03	0.03	0.05	0.10	0.15	0.20	0.25	0.38
	1.1	0.05	0.08	0.10	0.15	0.25	0.25	0.38	0.51
	1.75	0.18	0.25	0.38	0.51	0.64	0.89	1.14	1.27
	3.0	0.25	0.38	0.51	0.76	1.02	1.14	1.27	1.52
	4.0	0.38	0.51	0.76	1.02	1.27	1.52	1.78	2.03
0.4	0.7	0.03	0.05	0.08	0.13	0.20	0.25	0.38	0.51
	1.1	0.05	0.08	0.10	0.15	0.25	0.38	0.51	0.64
	1.75	0.05	0.10	0.15	0.20	0.38	0.51	0.64	0.76
	3.0	0.10	0.15	0.20	0.25	0.38	0.51	0.76	0.89
	4.0	0.15	0.20	0.25	0.25	0.51	0.64	0.89	1.02

表 C.21 （续）

硫(质量分数)%	TAN mg/g	温度/℃							
		≤232	233～260	261～288	289～316	317～343	344～371	372～398	399～427
0.75	0.7	0.03	0.05	0.10	0.15	0.25	0.38	0.58	0.64
	1.1	0.05	0.10	0.15	0.20	0.38	0.51	0.64	0.76
	1.75	0.10	0.15	0.20	0.25	0.38	0.51	0.76	0.89
	3.0	0.15	0.20	0.25	0.25	0.51	0.64	0.89	1.02
	4.0	0.20	0.25	0.25	0.38	0.51	0.76	1.02	1.27
1.5	0.7	0.03	0.05	0.13	0.20	0.38	0.51	0.76	0.89
	1.1	0.08	0.13	0.25	0.38	0.51	0.76	0.89	1.02
	1.75	0.13	0.25	0.38	0.51	0.76	0.89	1.02	1.14
	3.0	0.25	0.38	0.51	0.76	0.89	1.02	1.14	1.27
	4.0	0.38	0.51	0.76	0.89	1.02	1.27	1.52	1.78
2.5	0.7	0.03	0.08	0.15	0.23	0.38	0.51	0.89	1.02
	1.1	0.13	0.18	0.25	0.38	0.51	0.64	1.02	1.14
	1.75	0.18	0.25	0.38	0.51	0.64	0.89	1.14	1.27
	3.0	0.25	0.38	0.51	0.76	1.02	1.14	1.27	1.52
	4.0	0.38	0.51	0.76	1.02	1.27	1.52	1.78	2.03
3.0	0.7	0.05	0.08	0.15	0.25	0.38	0.64	0.89	1.02
	1.1	0.13	0.18	0.25	0.38	0.51	0.76	1.02	1.14
	1.75	0.18	0.25	0.38	0.51	0.64	0.89	1.14	1.27
	3.0	0.25	0.38	0.51	0.76	1.02	1.14	1.27	1.52
	4.0	0.38	0.51	0.76	1.02	1.27	1.52	1.78	2.03

表 C.22 7Cr 钢推荐的高温硫化物和环烷酸腐蚀速率(mm/年)

硫(质量分数)%	TAN mg/g	温度/℃							
		≤232	233～260	261～288	289～316	317～343	344～371	372～398	399～427
0.2	0.7	0.03	0.03	0.03	0.05	0.10	0.15	0.18	0.20
	1.1	0.03	0.05	0.08	0.13	0.18	0.20	0.25	0.38
	1.75	0.10	0.18	0.25	0.38	0.51	0.64	0.76	0.89
	3.0	0.18	0.25	0.38	0.51	0.64	0.76	0.89	1.14
	4.0	0.25	0.38	0.51	0.64	0.76	0.89	1.14	1.52
0.4	0.7	0.03	0.03	0.05	0.10	0.13	0.20	0.25	0.38
	1.1	0.03	0.05	0.10	0.13	0.20	0.25	0.38	0.38
	1.75	0.05	0.10	0.13	0.15	0.25	0.38	0.38	0.51
	3.0	0.08	0.13	0.15	0.23	0.30	0.38	0.51	0.51
	4.0	0.10	0.15	0.23	0.25	0.38	0.51	0.51	0.64
0.8	0.7	0.03	0.03	0.08	0.10	0.15	0.25	0.38	0.38
	1.1	0.05	0.08	0.10	0.15	0.25	0.38	0.38	0.51
	1.75	0.08	0.10	0.15	0.25	0.30	0.38	0.51	0.64
	3.0	0.10	0.15	0.25	0.30	0.38	0.51	0.64	0.76
	4.0	0.13	0.25	0.30	0.38	0.51	0.64	0.76	0.89

表 C.22（续）

硫(质量分数)%	TAN mg/g	温 度/℃							
		≤232	233～260	261～288	289～316	317～343	344～371	372～398	399～427
1.5	0.7	0.03	0.05	0.08	0.15	0.20	0.38	0.38	0.51
	1.1	0.05	0.08	0.15	0.25	0.38	0.38	0.51	0.64
	1.75	0.08	0.15	0.25	0.38	0.51	0.51	0.64	0.76
	3.0	0.15	0.25	0.38	0.51	0.51	0.64	0.76	0.89
	4.0	0.25	0.38	0.51	0.51	0.64	0.76	0.89	1.14
2.5	0.7	0.03	0.05	0.10	0.15	0.23	0.38	0.51	0.64
	1.1	0.15	0.18	0.23	0.25	0.38	0.51	0.64	0.76
	1.75	0.18	0.23	0.25	0.38	0.51	0.64	0.76	0.89
	3.0	0.23	0.25	0.38	0.51	0.76	0.89	0.89	1.02
	4.0	0.25	0.38	0.51	0.76	0.89	1.02	1.27	1.40
3.0	0.7	0.03	0.05	0.10	0.18	0.25	0.38	0.51	0.64
	1.1	0.05	0.10	0.18	0.25	0.38	0.51	0.64	0.76
	1.75	0.10	0.18	0.25	0.38	0.51	0.64	0.76	0.89
	3.0	0.18	0.25	0.38	0.51	0.64	0.76	0.89	1.14
	4.0	0.25	0.38	0.51	0.64	0.76	0.89	1.14	1.52

表 C.23 9Cr 钢推荐的高温硫化物和环烷酸腐蚀速率(mm/年)

硫(质量分数)%	TAN mg/g	温 度/℃							
		≤232	233～260	261～288	289～316	317～343	344～371	372～398	399～427
0.2	0.7	0.03	0.03	0.03	0.05	0.08	0.10	0.13	0.15
	1.1	0.03	0.05	0.05	0.10	0.10	0.13	0.15	0.20
	1.75	0.05	0.10	0.13	0.20	0.25	0.38	0.38	0.51
	3.0	0.08	0.15	0.25	0.30	0.38	0.51	0.51	0.64
	4.0	0.13	0.20	0.30	0.38	0.51	0.64	0.76	0.76
0.4	0.7	0.03	0.03	0.05	0.08	0.10	0.15	0.18	0.20
	1.1	0.03	0.03	0.05	0.10	0.13	0.18	0.20	0.25
	1.75	0.05	0.05	0.08	0.13	0.20	0.20	0.25	0.25
	3.0	0.08	0.08	0.13	0.20	0.25	0.25	0.30	0.38
	4.0	0.10	0.13	0.20	0.25	0.25	0.30	0.38	0.38
0.8	0.7	0.03	0.03	0.05	0.08	0.13	0.20	0.23	0.25
	1.1	0.03	0.05	0.08	0.13	0.20	0.25	0.25	0.25
	1.75	0.05	0.08	0.13	0.20	0.25	0.25	0.25	0.38
	3.0	0.08	0.13	0.20	0.25	0.25	0.38	0.38	0.38
	4.0	0.13	0.20	0.25	0.25	0.38	0.38	0.51	0.51
1.5	0.7	0.03	0.03	0.05	0.10	0.15	0.25	0.25	0.38
	1.1	0.03	0.05	0.08	0.13	0.18	0.25	0.38	0.38
	1.75	0.05	0.10	0.10	0.15	0.20	0.30	0.38	0.51
	3.0	0.08	0.15	0.13	0.20	0.25	0.38	0.51	0.51
	4.0	0.13	0.20	0.25	0.30	0.38	0.51	0.51	0.64

表 C.23（续）

硫(质量分数)%	TAN mg/g	温　度/℃							
		≤232	233～260	261～288	289～316	317～343	344～371	372～398	399～427
2.5	0.7	0.03	0.03	0.08	0.13	0.18	0.25	0.38	0.38
	1.1	0.03	0.05	0.10	0.15	0.20	0.25	0.38	0.38
	1.75	0.05	0.10	0.13	0.20	0.25	0.38	0.38	0.51
	3.0	0.08	0.15	0.25	0.30	0.38	0.51	0.51	0.64
	4.0	0.13	0.20	0.30	0.38	0.51	0.64	0.76	0.76
3.0	0.7	0.03	0.03	0.08	0.13	0.20	0.25	0.38	0.38
	1.1	0.05	0.08	0.13	0.20	0.25	0.38	0.38	0.51
	1.75	0.08	0.13	0.25	0.30	0.38	0.51	0.51	0.64
	3.0	0.13	0.20	0.30	0.38	0.51	0.64	0.76	0.76
	4.0	0.18	0.23	0.38	0.51	0.64	0.76	0.89	1.02

表 C.24　12Cr 钢推荐的高温硫化物和环烷酸腐蚀速率(mm/年)

硫(质量分数)%	TAN mg/g	温　度/℃							
		≤232	233～260	261～288	289～316	317～343	344～371	372～398	399～427
0.2	0.7	0.03	0.03	0.03	0.03	0.03	0.03	0.05	0.05
	1.1	0.03	0.03	0.03	0.03	0.03	0.05	0.10	0.13
	1.75	0.05	0.05	0.05	0.10	0.10	0.13	0.20	0.25
	3.0	0.13	0.25	0.38	0.51	0.64	0.76	0.64	1.02
	4.0	0.25	0.38	0.51	0.64	0.76	0.64	1.02	1.14
0.4	0.7	0.03	0.03	0.03	0.03	0.03	0.05	0.08	0.08
	1.1	0.03	0.03	0.03	0.03	0.03	0.05	0.08	0.08
	1.75	0.03	0.05	0.05	0.05	0.05	0.10	0.13	0.13
	3.0	0.05	0.08	0.08	0.08	0.08	0.13	0.25	0.38
	4.0	0.08	0.10	0.13	0.20	0.25	0.30	0.38	0.51
0.8	0.7	0.03	0.03	0.03	0.03	0.03	0.05	0.08	0.10
	1.1	0.03	0.03	0.03	0.03	0.03	0.05	0.08	0.10
	1.75	0.05	0.05	0.10	0.13	0.15	0.15	0.18	0.20
	3.0	0.08	0.08	0.13	0.20	0.25	0.30	0.38	0.51
	4.0	0.10	0.13	0.13	0.20	0.25	0.38	0.51	0.64
1.5	0.7	0.03	0.03	0.03	0.03	0.05	0.08	0.10	0.13
	1.1	0.03	0.03	0.03	0.03	0.05	0.08	0.10	0.13
	1.75	0.05	0.05	0.08	0.13	0.18	0.20	0.25	0.25
	3.0	0.08	0.08	0.13	0.20	0.25	0.30	0.38	0.51
	4.0	0.13	0.20	0.25	0.30	0.38	0.51	0.64	0.76
2.5	0.7	0.03	0.03	0.03	0.03	0.05	0.08	0.13	0.15
	1.1	0.03	0.03	0.03	0.03	0.05	0.08	0.13	0.15
	1.75	0.05	0.13	0.18	0.23	0.25	0.30	0.38	0.38
	3.0	0.08	0.20	0.25	0.38	0.51	0.51	0.64	0.76
	4.0	0.13	0.25	0.38	0.51	0.64	0.76	0.89	1.02

表 C.24（续）

硫（质量分数）%	TAN mg/g	温　度/℃							
		≤232	233～260	261～288	289～316	317～343	344～371	372～398	399～427
3.0	0.7	0.03	0.03	0.03	0.03	0.05	0.10	0.13	0.15
	1.1	0.03	0.03	0.03	0.03	0.05	0.10	0.13	0.15
	1.75	0.08	0.13	0.18	0.23	0.25	0.30	0.38	0.38
	3.0	0.10	0.20	0.25	0.38	0.51	0.51	0.64	0.76
	4.0	0.13	0.25	0.38	0.51	0.64	0.76	0.89	1.02

表 C.25　不含 Mo 的奥氏体不锈钢推荐的高温硫化物和环烷酸腐蚀速率（mm/年）

硫（质量分数）%	TAN mg/g	温　度/℃							
		≤232	233～260	261～288	289～316	317～343	344～371	372～398	399～427
0.2	1.0	0.03	0.03	0.03	0.03	0.03	0.03	0.03	0.03
	1.5	0.03	0.03	0.03	0.03	0.03	0.03	0.03	0.03
	3.0	0.03	0.03	0.03	0.03	0.05	0.08	0.10	0.10
	4.0	0.03	0.03	0.03	0.05	0.08	0.10	0.13	0.15
0.4	1.0	0.03	0.03	0.03	0.03	0.03	0.03	0.03	0.03
	1.5	0.03	0.03	0.03	0.03	0.03	0.03	0.03	0.03
	3.0	0.03	0.03	0.03	0.03	0.05	0.08	0.10	0.10
	4.0	0.03	0.03	0.03	0.05	0.08	0.10	0.13	0.15
0.8	1.0	0.03	0.03	0.03	0.03	0.03	0.03	0.03	0.03
	1.5	0.03	0.03	0.03	0.03	0.03	0.03	0.03	0.03
	3.0	0.03	0.03	0.03	0.05	0.08	0.10	0.13	0.15
	4.0	0.03	0.05	0.05	0.10	0.15	0.20	0.25	0.30
1.5	1.0	0.03	0.03	0.03	0.03	0.03	0.03	0.03	0.03
	1.5	0.03	0.03	0.03	0.03	0.03	0.03	0.03	0.03
	3.0	0.03	0.03	0.03	0.05	0.08	0.10	0.13	0.15
	4.0	0.03	0.05	0.05	0.10	0.15	0.20	0.25	0.30
2.5	1.0	0.03	0.03	0.03	0.03	0.03	0.03	0.03	0.03
	1.5	0.03	0.03	0.03	0.03	0.03	0.03	0.03	0.03
	3.0	0.03	0.05	0.05	0.10	0.15	0.20	0.25	0.30
	4.0	0.03	0.05	0.10	0.18	0.25	0.36	0.43	0.51
3.0	1.0	0.03	0.03	0.03	0.03	0.03	0.03	0.03	0.05
	1.5	0.03	0.03	0.03	0.03	0.03	0.05	0.05	0.05
	3.0	0.03	0.05	0.05	0.10	0.15	0.20	0.25	0.30
	4.0	0.03	0.05	0.10	0.18	0.25	0.36	0.43	0.51
注：不含 Mo 的奥氏体不锈钢包括 304、304L、321、347 等。									

表 C.26　Mo 含量<2.5%的 316 不锈钢推荐的高温硫化物和环烷酸腐蚀速率(mm/年)

硫(质量分数)%	TAN mg/g	温　度/℃							
		≤232	233～260	261～288	289～316	317～343	344～371	372～398	399～427
0.2	0.2	0.03	0.03	0.03	0.03	0.03	0.03	0.03	0.03
	3.0	0.03	0.03	0.03	0.03	0.03	0.05	0.05	0.05
	4.0	0.03	0.03	0.03	0.05	0.10	0.13	0.18	0.25
0.4	0.2	0.03	0.03	0.03	0.03	0.03	0.03	0.03	0.03
	3.0	0.03	0.03	0.03	0.03	0.05	0.05	0.05	0.05
	4.0	0.03	0.03	0.05	0.08	0.10	0.13	0.18	0.25
0.8	0.2	0.03	0.03	0.03	0.03	0.03	0.03	0.03	0.03
	3.0	0.03	0.03	0.03	0.03	0.05	0.05	0.05	0.08
	4.0	0.03	0.03	0.05	0.08	0.13	0.13	0.18	0.25
1.5	0.2	0.03	0.03	0.03	0.03	0.03	0.03	0.03	0.03
	3.0	0.03	0.03	0.03	0.03	0.08	0.08	0.08	0.10
	4.0	0.03	0.03	0.08	0.13	0.13	0.13	0.18	0.25
2.5	0.2	0.03	0.03	0.03	0.03	0.03	0.03	0.03	0.03
	3.0	0.03	0.03	0.03	0.05	0.08	0.08	0.10	0.13
	4.0	0.03	0.03	0.08	0.13	0.13	0.15	0.20	0.25
3.0	0.2	0.03	0.03	0.03	0.03	0.03	0.03	0.03	0.05
	3.0	0.03	0.03	0.03	0.05	0.10	0.13	0.13	0.15
	4.0	0.03	0.05	0.08	0.13	0.13	0.15	0.20	0.25

注：Mo 含量小于 2.5%的不锈钢包括 316、316L、316H 等。

表 C.27　Mo 含量≥2.5%的 316 不锈钢和 317 不锈钢推荐的高温硫化物和环烷酸腐蚀速率(mm/年)

硫(质量分数)%	TAN mg/g	温　度/℃							
		≤232	233～260	261～288	289～316	317～343	344～371	372～398	399～427
0.2	4.0	0.03	0.03	0.03	0.03	0.03	0.03	0.03	0.03
	5.0	0.03	0.03	0.03	0.03	0.03	0.05	0.10	0.13
	6.0	0.03	0.03	0.03	0.05	0.10	0.13	0.18	0.25
0.4	4.0	0.03	0.03	0.03	0.03	0.03	0.03	0.03	0.03
	5.0	0.03	0.03	0.03	0.03	0.05	0.10	0.10	0.13
	6.0	0.03	0.03	0.05	0.08	0.10	0.13	0.18	0.25
0.8	4.0	0.03	0.03	0.03	0.03	0.03	0.03	0.03	0.03
	5.0	0.03	0.03	0.03	0.03	0.05	0.10	0.10	0.13
	6.0	0.03	0.03	0.05	0.08	0.10	0.13	0.18	0.25
1.5	4.0	0.03	0.03	0.03	0.03	0.03	0.03	0.03	0.03
	5.0	0.03	0.03	0.03	0.03	0.05	0.08	0.13	0.18
	6.0	0.03	0.03	0.08	0.13	0.13	0.13	0.18	0.25
2.5	4.0	0.03	0.03	0.03	0.03	0.03	0.03	0.03	0.03
	5.0	0.03	0.03	0.03	0.05	0.08	0.10	0.13	0.18
	6.0	0.03	0.03	0.08	0.13	0.13	0.15	0.20	0.25
3.0	4.0	0.03	0.03	0.03	0.03	0.03	0.03	0.03	0.05
	5.0	0.03	0.03	0.03	0.05	0.08	0.10	0.13	0.18
	6.0	0.03	0.05	0.08	0.13	0.13	0.15	0.20	0.25

C.7 高温 H_2S/H_2 腐蚀

C.7.1 基本数据

用表 C.28 中所列数据来确定高温 H_2S/H_2 环境中的腐蚀速率。图 C.4 给出了确定腐蚀速率的步骤。如果没有准确的实测数据，则应通过咨询知识和经验丰富的专家来确定。

C.7.2 高温 H_2S/H_2 腐蚀速率的确定

在 H_2S/H_2 环境中推荐的腐蚀速率使用表 C.29～表 C.34 来确定。

表 C.28 高温 H_2S/H_2 腐蚀分析所需的基本数据

基本数据	说　明
材料类别	确定设备/管道的材料类别
烃的类型	“石脑油”代表石脑油和轻质馏分(例如煤油、柴油、航空燃料油) “瓦斯油”代表所有其他烃类(常压瓦斯油和更重的油)以及不含烃的 H_2
最高温度/℃	确定最高工艺温度
蒸汽的 H_2S 含量	确定蒸汽中的 H_2S 含量(摩尔分数%)

表 C.29 碳钢、1.25Cr 钢和 2.5Cr 钢推荐的高温 H_2S/H_2 腐蚀速率(mm/年)

H_2S(摩尔分数)%	烃的类型	温　度/℃											
		218	246	274	302	329	357	385	413	441	468	496	524
0.002	石脑油	0.03	0.03	0.03	0.03	0.05	0.08	0.1	0.15	0.2	0.25	036	0.46
	瓦斯油	0.03	0.03	0.03	0.05	0.08	0.13	0.18	0.25	0.36	0.51	0.66	0.86
0.003 5	石脑油	0.03	0.03	0.03	0.05	0.1	0.15	0.2	0.3	0.41	0.56	0.74	0.94
	瓦斯油	0.03	0.05	0.08	0.1	0.18	0.28	0.41	0.56	0.79	1.04	1.4	1.8
0.008	石脑油	0.03	0.03	0.05	0.08	0.13	0.18	0.28	0.38	0.53	0.74	0.97	1.27
	瓦斯油	0.03	0.05	0.1	0.15	0.23	0.36	0.53	0.74	1.04	1.4	1.85	2.39
0.035	石脑油	0.03	0.05	0.08	0.13	0.23	0.33	0.48	0.69	0.97	1.3	1.7	2.21
	瓦斯油	0.05	0.1	0.15	0.25	0.41	0.64	0.91	1.3	1.8	2.44	3.3	4.32
0.08	石脑油	0.03	0.05	0.1	0.18	0.25	0.41	0.58	0.84	1.17	1.57	2.08	2.79
	瓦斯油	0.05	0.1	0.2	0.33	0.51	0.76	1.12	1.6	2.21	3.05	4.06	5.08
0.30	石脑油	0.05	0.08	0.15	0.25	0.38	0.58	0.86	1.22	1.68	2.29	3.05	3.81
	瓦斯油	0.08	0.15	0.28	0.46	0.74	1.12	1.63	2.31	3.3	4.32	5.84	7.62
0.75	石脑油	0.05	0.1	0.18	0.28	0.43	0.66	0.97	1.37	1.91	2.54	3.3	4.32
	瓦斯油	0.1	0.18	0.3	0.53	0.81	1.24	1.83	2.54	3.56	4.83	6	8.38
1	石脑油	0.08	0.13	0.2	0.33	0.53	0.81	1.19	1.7	2.36	3.3	4.2	5.59
	瓦斯油	0.13	0.23	0.38	0.66	1.02	1.55	2.26	3.3	4.57	6.1	7.87	10.41

表 C.30　5Cr-0.5Mo 钢推荐的高温 H_2S/H_2 腐蚀速率(mm/年)

H_2S(摩尔分数)%	烃的类型	温度/℃											
		218	246	274	302	329	357	385	413	441	468	496	524
0.002	石脑油	0.03	0.03	0.03	0.03	0.03	0.05	0.08	0.1	0.15	0.2	0.28	0.36
	瓦斯油	0.03	0.03	0.03	0.05	0.08	0.1	0.15	0.2	0.3	0.41	0.53	0.69
0.003 5	石脑油	0.03	0.03	0.03	0.05	0.08	0.13	0.18	0.23	0.33	0.46	0.58	0.76
	瓦斯油	0.03	0.03	0.05	0.1	0.15	0.23	0.33	0.46	0.64	0.84	1.12	1.45
0.008	石脑油	0.03	0.03	0.05	0.05	0.1	0.15	0.23	0.3	0.43	0.58	0.79	1.02
	瓦斯油	0.03	0.05	0.08	0.13	0.18	0.28	0.43	0.61	0.84	1.12	1.47	1.93
0.035	石脑油	0.03	0.05	0.08	0.1	0.18	0.25	0.38	0.56	0.76	1.04	1.37	1.78
	瓦斯油	0.05	0.08	0.13	0.2	0.33	0.51	0.74	1.04	1.45	1.96	2.54	3.3
0.08	石脑油	0.03	0.05	0.08	0.13	0.2	0.33	0.48	0.69	0.94	1.27	1.68	2.16
	瓦斯油	0.05	0.1	0.15	0.25	0.41	0.61	0.91	1.3	1.78	2.39	3.3	4.06
0.30	石脑油	0.03	0.08	0.13	0.2	0.3	0.48	0.69	0.99	1.35	1.83	2.41	3.05
	瓦斯油	0.08	0.13	0.23	0.38	0.58	0.89	1.32	1.85	2.54	3.56	4.57	6.1
0.75	石脑油	0.05	0.08	0.13	0.23	0.36	0.53	0.79	1.12	1.52	2.06	2.79	3.56
	瓦斯油	0.08	0.15	0.25	0.43	0.66	1.02	1.47	2.08	2.79	3.81	5.08	6.86
1	石脑油	0.05	0.1	0.18	0.28	0.43	0.66	0.97	1.37	1.91	2.54	3.3	4.32
	瓦斯油	0.1	0.18	0.3	0.53	0.81	1.24	1.83	2.54	3.56	4.83	6	8.38

表 C.31　7Cr 钢推荐的高温 H_2S/H_2 腐蚀速率(mm/年)

H_2S(摩尔分数)%	烃的类型	温度/℃											
		218	246	274	302	329	357	385	413	441	468	496	524
0.002	石脑油	0.03	0.03	0.03	0.03	0.03	0.05	0.08	0.1	0.15	0.2	0.25	0.33
	瓦斯油	0.03	0.03	0.03	0.05	0.05	0.1	0.13	0.2	0.28	0.36	0.48	0.64
0.003 5	石脑油	0.03	0.03	0.03	0.05	0.08	0.1	0.15	0.23	0.3	0.41	0.53	0.71
	瓦斯油	0.03	0.03	0.05	0.08	0.13	0.2	0.28	0.41	0.58	0.76	1.02	1.32
0.008	石脑油	0.03	0.03	0.03	0.05	0.1	0.13	0.2	0.28	0.41	0.53	0.71	0.94
	瓦斯油	0.03	0.05	0.08	0.1	0.18	0.25	0.38	0.56	0.76	1.02	1.35	1.75
0.035	石脑油	0.03	0.03	0.05	0.1	0.15	0.25	0.36	0.51	0.71	0.94	1.24	1.63
	瓦斯油	0.03	0.08	0.13	0.2	0.3	0.46	0.69	0.97	1.32	1.8	2.39	3.05
0.08	石脑油	0.03	0.05	0.08	0.13	0.2	0.3	0.43	0.61	0.86	1.17	1.52	1.98
	瓦斯油	0.05	0.08	0.15	0.23	0.38	0.56	0.84	1.17	1.63	2.18	2.79	3.81
0.30	石脑油	0.03	0.05	0.1	0.18	0.28	0.43	0.64	0.89	1.24	1.68	2.21	2.79
	瓦斯油	0.08	0.13	0.2	0.33	0.53	0.81	1.19	1.7	2.36	3.3	4.32	5.59

表 C.31（续）

H_2S(摩尔分数)%	烃的类型	温度/℃											
		218	246	274	302	329	357	385	413	441	468	496	524
0.75	石脑油	0.05	0.08	0.13	0.2	0.33	0.48	0.71	1.02	1.4	1.88	2.49	3.3
	瓦斯油	0.08	0.13	0.23	0.38	0.61	0.91	1.35	1.93	2.54	3.56	4.83	6.1
1	石脑油	0.05	0.08	0.15	0.25	0.41	0.61	0.89	1.24	1.73	2.34	3.05	4.06
	瓦斯油	0.1	0.18	0.28	0.48	0.76	1.14	1.68	2.39	3.3	4.57	5.84	7.62

表 C.32　9Cr 钢推荐的高温 H_2S/H_2 腐蚀速率(mm/年)

H_2S(摩尔分数)%	烃的类型	温度/℃											
		218	246	274	302	329	357	385	413	441	468	496	524
0.002	石脑油	0.03	0.03	0.03	0.03	0.03	0.05	0.08	0.1	0.13	0.18	0.23	0.3
	瓦斯油	0.03	0.03	0.03	0.03	0.05	0.08	0.13	0.18	0.25	0.33	0.43	0.58
0.003 5	石脑油	0.03	0.03	0.03	0.05	0.05	0.1	0.15	0.2	0.28	0.38	0.48	0.64
	瓦斯油	0.03	0.03	0.05	0.08	0.13	0.18	0.28	0.38	0.53	0.71	0.94	1.22
0.008	石脑油	0.03	0.03	0.03	0.05	0.08	0.13	0.18	0.25	0.36	0.51	0.66	0.86
	瓦斯油	0.03	0.03	0.05	0.1	0.15	0.25	0.36	0.51	0.69	0.94	1.24	1.63
0.035	石脑油	0.03	0.03	0.05	0.1	0.15	0.23	0.33	0.46	0.64	0.86	1.14	1.5
	瓦斯油	0.03	0.05	0.1	0.18	0.28	0.43	0.61	0.89	1.22	1.65	2.18	2.79
0.08	石脑油	0.03	0.05	0.08	0.1	0.18	0.28	0.41	0.56	0.79	1.07	1.4	1.83
	瓦斯油	0.05	0.08	0.13	0.23	0.33	0.51	0.76	1.07	1.5	2.01	2.79	3.56
0.30	石脑油	0.03	0.05	0.1	0.18	0.25	0.41	0.58	0.81	1.14	1.55	2.03	2.54
	瓦斯油	0.05	0.1	0.18	0.3	0.48	0.76	1.09	1.55	2.16	3.05	3.81	5.08
0.75	石脑油	0.03	0.08	0.1	0.18	0.3	0.46	0.66	0.94	1.3	1.73	2.29	3.05
	瓦斯油	0.08	0.13	0.2	0.36	0.56	0.84	1.24	1.75	2.44	3.3	4.32	5.59
1	石脑油	0.05	0.08	0.15	0.23	0.36	0.56	0.81	1.14	1.6	2.16	2.79	3.81
	瓦斯油	0.08	0.15	0.25	0.43	0.69	1.04	1.52	2.18	3.05	4.06	5.33	7.11

表 C.33　12Cr 钢推荐的高温 H_2S/H_2 腐蚀速率(mm/年)

H_2S(摩尔分数)%	温度/℃											
	218	246	274	302	329	357	385	413	441	468	496	524
0.002	0.03	0.03	0.03	0.03	0.05	0.08	0.1	0.13	0.15	0.23	0.28	0.36
0.003 5	0.03	0.03	0.03	0.03	0.05	0.08	0.1	0.15	0.2	0.28	0.36	0.46
0.008	0.03	0.03	0.03	0.05	0.05	0.1	0.13	0.18	0.23	0.3	0.38	0.48
0.035	0.03	0.03	0.03	0.05	0.08	0.1	0.15	0.23	0.3	0.38	0.48	0.64

表 C.33（续）

H_2S(摩尔分数)%	温　度/℃											
	218	246	274	302	329	357	385	413	441	468	496	524
0.08	0.03	0.03	0.03	0.05	0.08	0.13	0.18	0.25	0.33	0.43	0.56	0.69
0.3	0.03	0.03	0.05	0.08	0.1	0.15	0.23	0.3	0.41	0.53	0.69	0.86
0.75	0.03	0.03	0.05	0.08	0.13	0.18	0.25	0.33	0.46	0.58	0.76	0.97
1.0	0.03	0.05	0.08	0.1	0.18	0.25	0.33	0.46	0.64	0.81	1.07	1.35

表 C.34　300 系列不锈钢推荐的高温 H_2S/H_2 腐蚀速率（mm/年）

H_2S(摩尔分数)%	温　度/℃											
	218	246	274	302	329	357	385	413	441	468	496	524
0.002	0.03	0.03	0.03	0.03	0.03	0.03	0.03	0.03	0.03	0.03	0.05	0.05
0.003 5	0.03	0.03	0.03	0.03	0.03	0.03	0.03	0.03	0.03	0.05	0.05	0.08
0.008	0.03	0.03	0.03	0.03	0.03	0.03	0.03	0.03	0.05	0.05	0.08	0.08
0.035	0.03	0.03	0.03	0.03	0.03	0.03	0.03	0.03	0.05	0.08	0.08	0.1
0.08	0.03	0.03	0.03	0.03	0.03	0.03	0.03	0.03	0.05	0.08	0.1	0.13
0.3	0.03	0.03	0.03	0.03	0.03	0.03	0.03	0.03	0.08	0.1	0.13	0.15
0.75	0.03	0.03	0.03	0.03	0.03	0.03	0.03	0.05	0.08	0.1	0.13	0.15
1.0	0.03	0.03	0.03	0.03	0.03	0.03	0.05	0.05	0.1	0.13	0.18	0.23

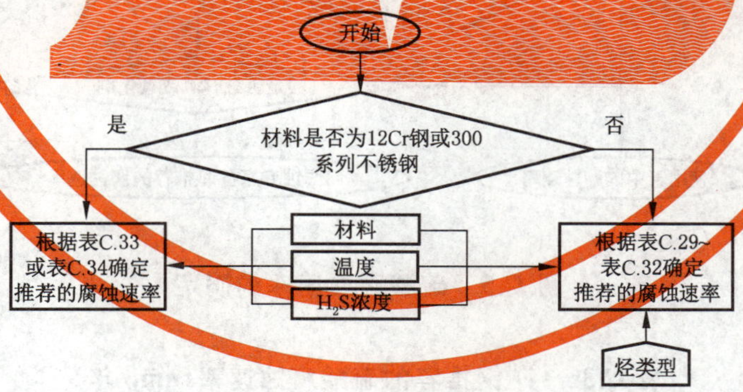

图 C.4　高温 H_2S/H_2 腐蚀速率的确定

C.8　硫酸(H_2SO_4)腐蚀

C.8.1　基本数据

表 C.35 中给出了用来确定硫酸环境推荐的腐蚀速率的数据要求。如果没有准确的实测数据，则应通过咨询知识和经验丰富的专家来确定。

表 C.35　硫酸腐蚀分析所需的基本数据

基本数据	说　明
材料类别	确定设备/管道的材料类别
酸的浓度（质量分数）/%	确定该设备/管道中出现的硫酸的浓度
最高温度/℃	确定该设备/管道中出现的最高温度。应考虑局部加热如太阳照射或伴热管线的效应
酸的流速/fps	确定该设备/管道中酸的最高流速。尽管容器中的状态基本是静止的，但也应考虑在接管（进口、出口等）处的酸速度
存在氧气或氧化剂吗？（是或否）	确定酸中是否含有氧或氧化剂。该数据仅当材料类别为合金 2 时才需要。对于碳钢和其他合金，表中的腐蚀速率假设酸不含氧气/氧化剂

C.8.2　最大估算腐蚀速率的确定

利用表 C.35 中的基本数据，确定表 C.36～表 C.41 相应表格中材料类别的最大估算腐蚀速率。合金 B-2 的腐蚀速率在有氧化剂（如氧气或三价铁离子）时会显著增加，这种情况在表 C.41 中没有反映出来，需要向腐蚀工程师咨询确定合金 B-2 的腐蚀速率。确定硫酸中最大估算腐蚀速率所需的步骤流程见图 C.5。

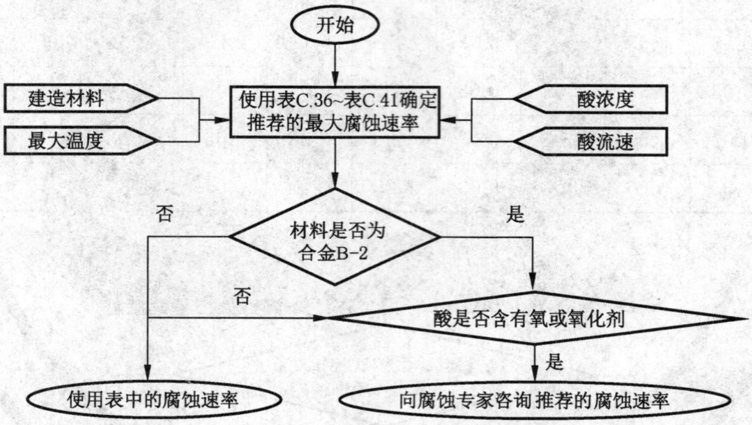

图 C.5　硫酸腐蚀速率的确定

表 C.36　碳钢推荐的硫酸腐蚀速率（mm/年）

硫酸浓度（质量分数）%	温度 ℃	流速/(m/s)								
		0	1	2	3	4.5	6.5	8.5	11.5	12
100	6	0.13	0.18	0.23	0.3	1.14	1.52	1.91	2.41	3.05
	15	0.3	0.36	0.43	0.51	1.65	2.16	2.79	3.56	4.32
	33	1.27	1.4	1.52	1.78	6.86	9.14	11.43	14.73	18.29
	50	2.54	3.81	5.08	7.62	25.37	25.37	25.37	25.37	25.37

表 C.36（续）

硫酸浓度(质量分数)%	温度℃	流　速/(m/s)								
		0	1	2	3	4.5	6.5	8.5	11.5	12
98	6	0.1	0.15	0.2	0.25	0.89	1.14	1.52	1.91	2.29
	15	0.13	0.25	0.38	0.51	2.03	2.79	3.56	4.57	5.59
	33	0.38	0.64	1.02	1.52	7.37	9.91	12.45	16.26	19.81
	50	1.02	2.03	3.05	6	25.37	25.37	25.37	25.37	25.37
96	6	0.2	0.25	0.3	0.38	1.52	2.03	2.79	3.3	4.06
	15	0.38	0.51	0.64	1.02	4.32	5.59	6.86	8.89	10.92
	33	0.64	1.02	1.52	2.54	12.7	16.51	20.83	25.37	25.37
	50	1.27	2.54	5.08	12.7	25.37	25.37	25.37	25.37	25.37
93.5	6	0.25	0.38	0.51	0.64	3.05	4.06	5.08	6.6	8.38
	15	0.51	0.64	1.02	1.78	8.64	11.43	14.48	18.8	23.11
	33	0.76	1.02	1.91	3.3	16.26	21.59	25.37	25.37	25.37
	50	1.52	3.05	6	15.24	25.37	25.37	25.37	25.37	25.37
91	6	0.38	0.64	1.14	1.78	8.13	10.92	13.72	18.03	22.1
	15	0.64	1.02	2.03	3.05	17.78	23.88	25.37	25.37	25.37
	33	0.89	1.52	2.54	5.08	23.88	25.37	25.37	25.37	25.37
	50	1.78	3.81	7.62	20.32	25.37	25.37	25.37	25.37	25.37
87	6	0.51	0.76	1.27	2.03	9.65	12.7	16	20.57	25.37
	15	0.76	4.06	7.62	10.67	17.53	23.37	25.37	25.37	25.37
	33	1.14	11.43	21.59	25.37	25.37	25.37	25.37	25.37	25.37
	50	2.03	25.37	25.37	25.37	25.37	25.37	25.37	25.37	25.37
83	6	0.51	0.64	0.89	1.14	5.33	7.11	8.89	11.68	14.48
	15	0.76	1.27	2.54	3.81	17.27	23.11	25.37	25.37	25.37
	33	1.02	2.54	5.08	10.16	25.37	25.37	25.37	25.37	25.37
	50	2.03	5.08	10.16	25.37	25.37	25.37	25.37	25.37	25.37
78	6	0.38	0.51	0.51	0.64	2.79	3.81	4.83	6	7.62
	15	0.51	1.02	1.78	3.05	14.48	19.3	24.13	25.37	25.37
	33	0.76	1.52	3.05	6	25.37	25.37	25.37	25.37	25.37
	50	1.52	3.05	7.62	22.86	25.37	25.37	25.37	25.37	25.37
72.5	6	0.25	0.38	0.51	0.64	3.3	4.32	5.59	7.11	8.89
	15	0.38	0.76	1.27	2.54	12.45	16.51	20.57	25.37	25.37
	33	0.64	1.27	2.54	5.08	24.89	25.37	25.37	25.37	25.37
	50	1.27	2.54	6	20.32	25.37	25.37	25.37	25.37	25.37

表 C.36（续）

硫酸浓度(质量分数)%	温度 ℃	流速/(m/s)								
		0	1	2	3	4.5	6.5	8.5	11.5	12
67	6	0.51	0.76	1.02	1.52	7.11	9.4	11.68	15.24	18.8
	15	0.76	1.27	2.54	4.32	21.08	25.37	25.37	25.37	25.37
	33	1.27	2.54	4.57	7.62	25.37	25.37	25.37	25.37	25.37
	50	2.54	5.08	10.16	25.37	25.37	25.37	25.37	25.37	25.37
62	6	1.91	2.16	2.54	3.05	14.48	19.3	24.13	25.37	25.37
	15	3.05	4.32	6	10.16	25.37	25.37	25.37	25.37	25.37
	33	5.08	7.62	15.24	22.86	25.37	25.37	25.37	25.37	25.37
	50	12.7	19.05	25.37	25.37	25.37	25.37	25.37	25.37	25.37

表 C.37　304 系列不锈钢推荐的硫酸腐蚀速率(mm/年)

硫酸浓度(质量分数)%	温度								
	≤30 ℃			31 ℃～50 ℃			51 ℃～70 ℃		
	0.61 m/s	1.83 m/s	2.13 m/s	0.61 m/s	1.83 m/s	2.13 m/s	0.61 m/s	1.83 m/s	2.13 m/s
96～100	0.13	0.25	0.38	0.51	1.02	1.52	5.08	10.16	15.24
90～95	0.51	1.02	1.52	1.02	2.03	3.05	12.7	25.37	25.37
85～89	1.02	2.03	3.05	2.03	4.06	6.1	25.37	25.37	25.37
80～84	2.54	5.08	7.62	12.7	25.37	25.37	25.37	25.37	25.37
70～79	12.7	25.37	25.37	25.37	25.37	2.51	25.37	25.37	25.37
60～69	25.37	25.37	25.37	25.37	25.37	25.37	25.37	25.37	25.37
41～59	25.37	25.37	25.37	25.37	25.37	25.37	25.37	25.37	25.37
21～40	25.37	25.37	25.37	25.37	25.37	25.37	25.37	25.37	25.37
11～20	10.16	20.32	25.37	25.37	25.37	25.37	25.37	25.37	25.37
6～10	5.08	10.16	15.24	20.32	25.37	25.37	25.37	25.37	25.37
2～5	1.27	2.54	3.81	5.08	10.16	15.24	12.7	25.37	25.37
<2	0.51	1.02	1.52	1.78	3.56	5.33	5.08	10.16	15.24

表 C.38 316 系列不锈钢推荐的硫酸腐蚀速率(mm/年)

硫酸浓度(质量分数)%	温度								
	≤30 ℃			31 ℃～50 ℃			51 ℃～70 ℃		
	0.61 m/s	1.83 m/s	2.13 m/s	0.61 m/s	1.83 m/s	2.13 m/s	0.61 m/s	1.83 m/s	2.13 m/s
96～100	0.13	0.25	0.38	0.38	0.76	1.14	2.54	5.08	7.62
90～95	0.25	0.51	0.76	0.76	1.52	2.29	10.16	20.32	25.37
85～89	0.51	1.02	1.52	1.27	2.54	3.81	20.32	25.37	25.37
80～84	1.27	2.54	3.81	10.16	20.32	25.37	25.37	25.37	25.37
70～79	7.62	15.24	22.86	25.37	25.37	25.37	25.37	25.37	25.37
60～69	15.24	25.37	25.37	25.37	25.37	25.37	25.37	25.37	25.37
41～59	22.86	25.37	25.37	25.37	25.37	25.37	25.37	25.37	25.37
21～40	5.08	10.16	15.24	25.37	25.37	25.37	25.37	25.37	25.37
11～20	0.76	1.52	2.29	1.52	3.05	4.57	5.08	10.16	15.24
6～10	0.25	0.51	0.76	0.76	1.52	2.29	2.03	4.06	6.1
2～5	0.13	0.25	0.38	0.51	1.02	1.52	1.02	2.03	3.05
＜2	0.13	0.25	0.38	0.13	0.25	0.38	0.25	0.51	0.76

表 C.39 合金 20 推荐的硫酸腐蚀速率(mm/年)

硫酸浓度(质量分数)%	温度											
	≤38 ℃			39 ℃～66 ℃			67 ℃～80 ℃			81 ℃～101 ℃		
	0.91 m/s	2.59 m/s	3.05 m/s	0.91 m/s	2.59 m/s	3.05 m/s	0.91 m/s	2.59 m/s	3.05 m/s	0.91 m/s	2.59 m/s	3.05 m/s
98	0.05	0.1	0.15	0.13	0.25	0.38	0.38	0.76	1.14	1.02	2.03	3.05
92.5	0.08	0.15	0.23	0.25	0.51	0.76	0.64	1.27	1.91	1.27	2.54	3.81
85	0.08	0.15	0.23	0.25	0.51	0.76	0.76	1.52	2.29	1.52	3.05	4.57
70	0.08	0.15	0.23	0.38	0.76	1.14	1.27	2.54	3.81	2.54	5.08	7.62
55	0.08	0.15	0.23	0.25	0.51	0.76	0.76	1.52	2.29	1.52	3.05	4.57
45	0.08	0.15	0.23	0.25	0.51	0.76	0.76	1.52	2.29	1.27	2.54	3.81
35	0.08	0.15	0.23	0.25	0.51	0.76	0.64	1.27	1.91	1.02	2.03	3.05
25	0.05	0.1	0.15	0.13	0.25	0.38	0.51	1.02	1.52	1.02	2.03	3.05
15	0.05	0.1	0.15	0.13	0.25	0.38	0.51	1.02	1.52	0.89	1.78	2.67
8	0.05	0.1	0.15	0.08	0.15	0.23	0.13	0.25	0.38	0.64	1.27	1.91
5	0.05	0.1	0.15	0.08	0.15	0.23	0.08	0.15	0.23	0.51	1.02	1.52

表 C.40　合金 C276 推荐的硫酸腐蚀速率(mm/年)

硫酸浓度(质量分数)%	温度											
	≤52 ℃			53 ℃～65 ℃			66 ℃～79 ℃			80 ℃～93 ℃		
	0.91 m/s	2.59 m/s	3.05 m/s	0.91 m/s	2.59 m/s	3.05 m/s	0.91 m/s	2.59 m/s	3.05 m/s	0.91 m/s	2.59 m/s	3.05 m/s
98	0.08	0.15	0.23	0.1	0.2	0.3	0.13	0.25	0.38	0.51	1.02	1.52
92.5	0.1	0.2	0.3	0.13	0.25	0.38	0.51	1.02	1.52	1.27	2.54	3.81
85	0.13	0.25	0.38	0.25	0.51	0.76	0.51	1.02	1.52	1.52	3.05	4.57
75	0.13	0.25	0.38	0.25	0.51	0.76	0.51	1.02	1.52	1.27	2.54	3.81
55	0.13	0.25	0.38	0.25	0.51	0.76	0.38	0.76	1.14	1.02	2.03	3.05
20	0.1	0.2	0.3	0.13	0.25	0.38	0.38	0.76	1.14	1.02	2.03	3.05
8	0.1	0.2	0.3	0.13	0.25	0.38	0.25	0.51	0.76	0.76	1.52	2.29
5	0.08	0.15	0.23	0.1	0.2	0.3	0.13	0.25	0.38	0.38	0.76	1.14

表 C.41　合金 B-2 推荐的硫酸腐蚀速率(mm/年)

硫酸浓度(质量分数)%	温度											
	≤52 ℃			53 ℃～65 ℃			66 ℃～79 ℃			80 ℃～93 ℃		
	0.91 m/s	2.59 m/s	3.05 m/s	0.91 m/s	2.59 m/s	3.05 m/s	0.91 m/s	2.59 m/s	3.05 m/s	0.91 m/s	2.59 m/s	3.05 m/s
75	0.05	0.1	0.15	0.08	0.15	0.23	0.1	0.2	0.3	0.13	0.25	0.38
45	0.08	0.15	0.23	0.1	0.2	0.3	0.1	0.2	0.3	0.13	0.25	0.38
32.5	0.1	0.2	0.3	0.13	0.25	0.38	0.13	0.25	0.38	0.13	0.25	0.38
25	0.13	0.25	0.38	0.25	0.51	0.76	0.25	0.51	0.76	0.25	0.51	0.76
注 1:存在氧化剂(即使量级为 $n\times10^{-6}$,n 为 1～9)会加速腐蚀速率和点蚀。 注 2:合金 B-2 不应使用于氧化条件。												

C.9　氢氟酸(HF)腐蚀

C.9.1　基本数据

表 C.42 列出了估算碳钢和合金 400 在氢氟酸溶液中的腐蚀速率所需的基本数据及相关说明。

表 C.42　氢氟酸腐蚀分析所需的基本数据

基本数据	说　明
含水 HF 酸的浓度(质量分数)/%	确定 HF 在水中的浓度
材料类别	确定设备/管道的制造材料
最高使用温度/℃	确定最高工作温度

表 C.42（续）

基本数据	说　明
流速/(m/s)	确定工艺流体的流速范围
存在氧和氧化剂吗？ (是或否)	在装运和输送过程中的酸通常是完全不含水的，并且空气只在设备因检查、泄漏或其他原因而打开设备后才出现

表 C.43　碳钢推荐的氢氟酸腐蚀速率(mm/年)

温度 ℃	流速 m/s	氢氟酸浓度(质量百分数)/%								
		1	2	5	6	63	64	80	81	
									低残留	高残留
<27	<3.05	0.05	3.81	3.81	20.32	20.32	0.13	0.13	0.05	0.15
	≥3.05	0.51	25.37	25.37	25.37	25.37	1.27	1.27	0.51	1.52
27～54	<3.05	0.25	12.7	12.7	25.37	25.37	0.76	0.76	0.13	0.38
	≥3.05	5.08	25.37	25.37	25.37	25.37	7.62	7.62	1.27	3.81
55～65	<3.05	0.25	12.7	12.7	25.37	25.37	0.76	0.76	0.25	0.76
	≥3.05	2.54	25.37	25.37	25.37	25.37	7.62	7.62	2.54	7.62
66～71	<3.05	2.54	25.37	25.37	25.37	25.37	12.7	12.7	0.51	1.52
	≥3.05	25.37	25.37	25.37	25.37	25.37	25.37	25.37	5.08	15.24
72～79	<3.05	2.54	25.37	25.37	25.37	25.37	12.7	12.7	1.27	3.81
	≥3.05	25.37	25.37	25.37	25.37	25.37	25.37	25.37	12.7	25.37
80～93	<3.05	2.54	25.37	25.37	25.37	25.37	12.7	12.7	1.78	5.33
	≥3.05	25.37	25.37	25.37	25.37	25.37	25.37	25.37	17.78	25.37
>93	<3.05	12.7	25.37	25.37	25.37	25.37	25.37	25.37	2.54	7.62
	≥3.05	25.37	25.37	25.37	25.37	25.37	25.37	25.37	25.37	25.37

表 C.44　合金 400 推荐的氢氟酸腐蚀速率(mm/年)

温度 ℃	充气	0%～1%	2%～5%	6%～63%	64%～80%	>80%
<27	否	0.03	0.03	0.03	0.25	0.25
	是	0.25	0.25	0.25	0.64	0.64
27～65	否	0.03	0.03	0.03	0.38	0.38
	是	0.25	0.25	0.25	0.76	0.76
66～93	否	0.13	0.13	0.13	0.51	0.51
	是	0.51	0.51	0.51	2.54	2.54
>93	否	0.25	0.25	0.25	0.51	0.51
	是	2.54	2.54	2.54	5.08	5.08

C.9.2 估算腐蚀速率的确定

不论 HF 浓度多少，都认为设备/管道会受到氢氟酸的腐蚀。根据表 C.42 的基本数据得到表 C.43 碳钢推荐的腐蚀速率，或根据表 C.44 得到合金 400 推荐的腐蚀速率。图 C.6 给出了确定相关腐蚀速率所需的步骤的流程。

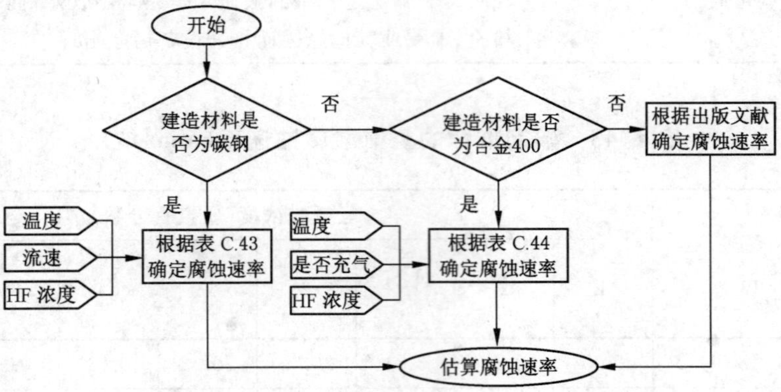

图 C.6 HF 腐蚀速率的确定

C.10 酸性水的腐蚀

C.10.1 基本数据

表 C.45 列出了估算酸性水腐蚀速率所需的数据。图 C.7 给出了确定腐蚀速率所需的步骤，如果没有准确的实测数据，则应通过咨询知识和经验丰富的专家来确定。

表 C.45 酸性水腐蚀分析所需的基本数据

基本数据	说　明
NH_4HS	确定凝结水中的 NH_4HS 浓度。可根据 H_2S 和 NH_3 的浓度按下式算出： 若 H_2S 含量(质量分数,%)＜2×NH_3 含量(质量分数,%)，则 NH_4HS 含量(质量分数,%)＝1.5×H_2S 含量(质量分数,%)； 若 H_2S 含量(质量分数,%)≥2×NH_3 含量(质量分数,%)，则 NH_4HS 含量(质量分数,%)＝3×NH_3 含量(质量分数,%)
或 K_P 系数	K_P 可用于还未进行酸性水分析的场合，且以蒸汽相 H_2S 和 NH_3 为基础。 K_P＝H_2S 含量(摩尔分数,%)×NH_3 含量(摩尔分数,%)(干基)
流速/(m/s)	在两相系统中应使用蒸汽相流速。液相流速应用于全液相系统

表 C.46 碳钢推荐的酸性水腐蚀速率(mm/年)

K_P	NH_4HS (质量分数)%	流　速/(m/s)			
		＜3.05	3.05～6.10	＞6.10～9.14	＞9.14
＜0.07	＜2	0.13	0.2	0.25	0.38
0.07～0.4	2～8	0.38	0.64	1.27	3.81

表 C.46（续）

K_P	NH_4HS（质量分数）/%	流　速/(m/s)			
		<3.05	3.05～6.10	>6.10～9.14	>9.14
0.41～1.0	8～20	0.76	1.27	7.62	12.7
>1.0	>20	7.62	12.7	20.32	25.37

C.10.2　酸性水腐蚀速率的确定

用表 C.46 来估算酸性水的腐蚀速率。图 C.7 给出了用来估算腐蚀速率的步骤说明。

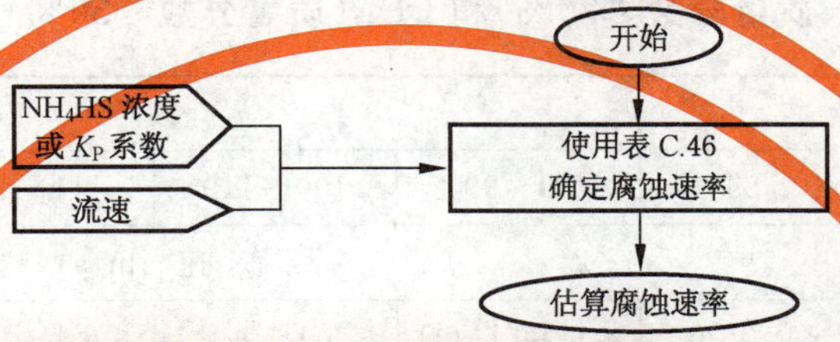

图 C.7　酸性水腐蚀速率的确定

C.11　胺腐蚀

C.11.1　基本数据

表 C.47 中列出了估算胺环境中腐蚀速率所需的数据。图 C.8 给出了确定腐蚀速率所需的步骤。如果没有准确的实测数据，则应通过咨询知识和经验丰富的专家来确定。

C.11.2　胺腐蚀速率的确定

碳钢在 MEA 和 DEA 溶液中推荐的腐蚀速率从表 C.48 中查得，碳钢在 MDEA 溶液中的推荐的腐蚀速率从表 C.49 查得。如果胺浓度超过了表 C.48 和表 C.49 中的范围，则应乘上表 C.50 中给出的系数。推荐的不锈钢的胺腐蚀速率从表 C.51 中选取。需要注意的是，当胺浓度、温度和降解产物含量等处于极端条件下时，不锈钢的腐蚀速率可能是表 C.51 中值的 200 倍。

表 C.47　胺腐蚀分析所需的基本数据

基本数据	说　明
材料类别（碳钢或不锈钢）	确定设备/管道的材料类别
胺浓度（质量分数）/%	确定设备/管道中的胺浓度。由于水的汽化，在评估一些重沸器和再生设备的腐蚀时可能需要考虑局部胺浓度因浓缩而上升
最大工艺温度/℃	确定最大工艺温度。在重沸器和再生设备中，管道的金属温度可能比总体工艺温度要高
酸性气体浓度（酸性气体摩尔数/活性胺摩尔数）	确定胺中的酸性气体吸收量。如果不能获得分析结果，则应由知识丰富的工艺专家进行估算

表 C.47（续）

基本数据	说　明
流速/(m/s)	确定该设备/管道中胺的最大流速
热稳定胺盐(HSAS)浓度 MEA 和 DEA≤2%（质量分数）、>2%（质量分数）～4%（质量分数）、>4%（质量分数）	在 MEA 和 DEA 中，HSAS 为同族胺降解产物的集合
MDEA	在 MDEA 中，HSAS 是指有机酸污染物，主要是甲酸盐、草酸盐和醋酸盐

表 C.48　碳钢在 MEA（质量分数≤20%）和 DEA（质量分数≤30%）中的腐蚀速率（mm/年）

酸性气体吸收量 mol/mol	HSAS（质量分数）%	温　度/℃											
		≤88		89～99		100～110		111～121		122～132		>132	
		流　速/(m/s)											
		≤6.1	>6.1	≤6.1	>6.1	≤6.1	>6.1	≤6.1	>6.1	≤6.1	>6.1	≤6.1	>6.1
< 0.1	2	0.03	0.08	0.03	0.08	0.08	0.25	0.13	0.38	0.25	0.64	0.38	1.02
	3.0	0.05	0.15	0.05	0.15	0.15	0.51	0.38	1.02	0.51	1.14	0.76	2.03
	4.0	0.13	0.25	0.13	0.38	0.38	1.02	0.76	1.52	1.02	2.29	1.52	3.05
		流　速/(m/s)											
		≤1.5	>1.5	≤1.5	>1.5	≤1.5	>1.5	≤1.5	>1.5	≤1.5	>1.5	≤1.5	>1.5
0.15	2	0.03	0.08	0.05	0.15	0.13	0.38	0.25	0.76	0.38	1.14	0.51	1.52
	3.0	0.05	0.15	0.1	0.3	0.25	0.76	0.51	1.52	0.76	2.29	1.02	2.03
	4.0	0.13	0.38	0.2	0.64	0.51	1.52	1.02	2.03	1.52	3.05	3.05	3.81
0.25	2	0.05	0.15	0.08	0.23	0.18	0.51	0.25	0.76	0.51	1.52	0.64	1.91
	3.0	0.1	0.25	0.15	0.51	0.38	1.02	0.51	1.27	1.02	2.03	1.27	2.54
	4.0	0.2	0.64	0.38	1.14	0.76	1.52	1.02	2.03	2.03	3.05	2.54	3.81
0.35	2	0.05	0.15	0.1	0.25	0.18	0.51	0.38	1.02	0.64	1.78	0.76	2.03
	3.0	0.1	0.25	0.2	0.64	0.38	1.14	0.76	1.52	1.27	2.54	2.54	3.81
	4.0	0.2	0.64	0.38	1.02	0.89	1.78	1.52	2.54	2.54	3.56	3.81	4.57
0.45	2	0.08	0.23	0.13	0.38	0.25	0.76	0.38	1.14	0.89	1.78	1.14	2.54
	3.0	0.15	0.38	0.25	0.76	0.51	1.52	1.14	2.29	1.78	3.3	2.29	3.81
	4.0	0.25	0.76	0.51	1.02	1.02	2.03	2.29	3.05	3.05	3.81	3.81	4.57
0.55	2	0.08	0.23	0.18	0.51	0.25	0.76	0.64	1.91	1.02	2.54	1.27	3.05
	3.0	0.15	0.51	0.38	1.14	0.51	1.52	1.27	2.54	2.03	3.56	2.54	3.81
	4.0	0.25	0.76	0.76	1.52	1.14	2.29	2.54	3.81	3.56	4.57	4.06	5.08
0.65	2	0.1	0.25	0.23	0.76	0.38	1.02	0.76	2.54	1.27	3.05	1.52	3.81
	3.0	0.2	0.38	0.51	1.02	0.76	1.52	1.52	2.54	2.29	3.56	2.54	3.81
	4.0	0.38	0.89	1.02	2.03	1.52	2.54	2.54	3.81	3.56	4.57	4.06	5.08
0.7	2	0.13	0.38	0.25	0.76	0.51	1.52	1.02	2.54	1.52	3.05	1.78	3.81
	3.0	0.25	0.76	0.51	1.52	1.02	2.03	1.78	3.05	2.54	3.81	3.05	3.81
	4.0	0.51	1.14	1.02	2.03	1.52	2.54	2.54	3.81	3.81	4.57	4.32	5.59

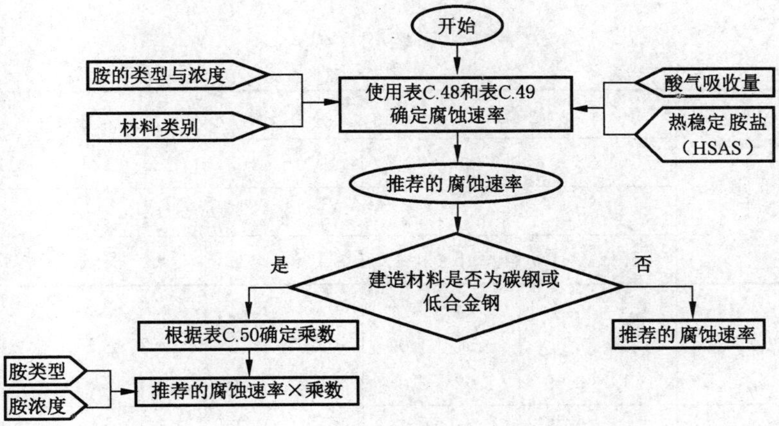

图 C.8　胺腐蚀速率的确定

表 C.49　碳钢在 MDEA 中(质量分数≤50%)的腐蚀速率(mm/年)

酸性气体吸收量 mol/mol	HSAS（质量分数）%	温　度/℃											
		≤88		89～99		100～110		111～121		122～132		>132	
		流　速/(m/s)											
		≤6.1	>6.1	≤6.1	>6.1	≤6.1	>6.1	≤6.1	>6.1	≤6.1	>6.1	≤6.1	>6.1
<0.1	0.5	0.03	0.08	0.03	0.08	0.08	0.25	0.13	0.38	0.25	0.64	0.38	1.02
	2.25	0.05	0.15	0.05	0.15	0.15	0.51	0.38	1.02	0.51	1.14	0.76	2.03
	4.0	0.13	0.25	0.13	0.38	0.38	1.02	0.76	1.52	1.02	2.29	1.52	3.05
		流　速/(m/s)											
		≤1.5	>1.5	≤1.5	>1.5	≤1.5	>1.5	≤1.5	>1.5	≤1.5	>1.5	≤1.5	>1.5
0.15	0.5	0.03	0.08	0.05	0.15	0.13	0.38	0.25	0.76	0.38	1.14	0.51	1.52
	2.25	0.05	0.15	0.1	0.3	0.25	0.76	0.51	1.52	0.76	2.29	1.02	2.03
	4.0	0.13	0.38	0.2	0.64	0.51	1.52	1.02	2.03	1.52	3.05	3.05	3.81
0.25	0.5	0.05	0.15	0.08	0.23	0.18	0.51	0.25	0.76	0.51	1.52	0.64	1.91
	2.25	0.1	0.25	0.15	0.51	0.38	1.02	0.51	1.27	1.02	2.03	1.27	2.54
	4.0	0.2	0.64	0.38	1.14	0.76	1.52	1.02	2.03	2.03	3.05	2.54	3.81
0.35	0.5	0.05	0.15	0.1	0.25	0.18	0.51	0.38	1.02	0.64	1.78	0.76	2.03
	2.25	0.1	0.25	0.2	0.64	0.38	1.14	0.76	1.52	1.27	2.54	2.54	3.81
	4.0	0.2	0.64	0.38	1.02	0.89	1.78	1.52	2.54	2.54	3.56	3.81	4.57
0.45	0.5	0.08	0.23	0.13	0.38	0.25	0.76	0.38	1.14	0.89	1.78	1.14	2.54
	2.25	0.15	0.38	0.25	0.76	0.51	1.52	1.14	2.29	1.78	3.3	2.29	3.81
	4.0	0.25	0.76	0.51	1.02	1.02	2.03	2.29	3.05	3.05	3.81	3.81	4.57
0.55	0.5	0.08	0.23	0.18	0.51	0.25	0.76	0.64	1.91	1.02	2.54	1.27	3.05
	2.25	0.15	0.51	0.38	1.14	0.51	1.52	1.27	2.54	2.03	3.56	2.54	3.81
	4.0	0.25	0.76	0.76	1.52	1.14	2.29	2.54	3.81	3.56	4.57	4.06	5.08

表 C.49（续）

酸性气体吸收量 mol/mol	HSAS（质量分数）%	温　度/℃											
		≤88		89～99		100～110		111～121		122～132		>132	
		流　速/(m/s)											
		≤1.5	>1.5	≤1.5	>1.5	≤1.5	>1.5	≤1.5	>1.5	≤1.5	>1.5	≤1.5	>1.5
0.65	0.5	0.1	0.25	0.23	0.76	0.38	1.02	0.76	2.54	1.27	3.05	1.52	3.81
	2.25	0.2	0.38	0.51	1.02	0.76	1.52	1.52	2.54	2.29	3.56	2.54	3.81
	4.0	0.38	0.89	1.02	2.03	1.52	2.54	2.54	3.81	3.56	4.57	4.06	5.08
0.7	0.5	0.13	0.38	0.25	0.76	0.51	1.52	1.02	2.54	1.52	3.05	1.78	3.81
	2.25	0.25	0.76	0.51	1.52	1.02	2.03	1.78	3.05	2.54	3.81	3.05	3.81
	4.0	0.51	1.14	1.02	2.03	1.52	2.54	2.54	3.81	3.81	4.57	4.32	5.59

表 C.50　高胺浓度用腐蚀速率系数

胺的种类	浓度(质量分数)/%	系　数
MEA	≤20	1.0
	21～25	1.5
	>25	2.0
DEA	≤30	1.0
	31～40	1.2
	>40	1.5
MDEA	≤50	1.0

表 C.51　用于所有种类胺的不锈钢推荐的腐蚀速率(mm/年)

酸气吸收量 mol/mol	温度/℃
	≤149
<0.1	0.03
0.1～0.2	0.03
0.21～0.3	0.03
0.31～0.4	0.05
0.41～0.5	0.05
0.51～0.6	0.08
0.61～0.7	0.1
>0.7	0.13

C.12 高温氧化腐蚀

C.12.1 基本数据

表 C.52 中所列的数据要求用来估算氧化率。图 C.9 给出了确定氧化腐蚀速率所需的步骤。

表 C.52 高温氧化腐蚀分析所需的基本数据

基本数据	说　明
材料类别	确定该设备/管道的材料类别
最高金属温度/℃	确定最高金属温度

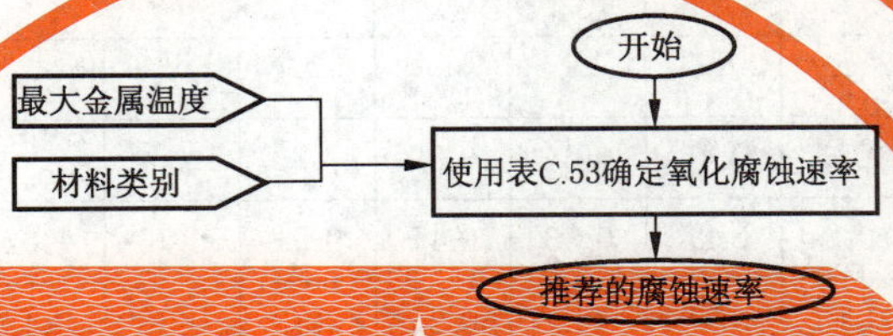

图 C.9 氧化腐蚀速率的确定

C.12.2 高温氧化情况下估算腐蚀速率的确定

表 C.53 用于确定已知材料类别和金属温度情况下的估算氧化腐蚀速率。

表 C.53 推荐的氧化腐蚀速率(mm/年)

材料类别	最大金属温度/℃											
	482～510	511～538	539～566	567～593	594～621	622～648	649～677	678～704	705～732	733～760	761～788	789～816
碳钢	0.05	0.1	0.15	0.23	0.36	0.56	0.84	1.22	—	—	—	—
1.25Cr	0.05	0.08	0.1	0.18	0.3	0.46	0.76	1.17	—	—	—	—
2.25Cr	0.03	0.03	0.05	0.1	0.23	0.36	0.61	1.04	—	—	—	—
5Cr	0.03	0.03	0.03	0.05	0.1	0.15	0.38	0.89	1.65	—	—	—
7Cr	0.03	0.03	0.03	0.03	0.03	0.05	0.08	0.15	0.43	0.94	1.52	—
9Cr	0.03	0.03	0.03	0.03	0.03	0.03	0.03	0.05	0.13	0.28	0.58	1.02
12 Cr	0.03	0.03	0.03	0.03	0.03	0.03	0.03	0.03	0.08	0.2	0.38	0.76
304 不锈钢	0.03	0.03	0.03	0.03	0.03	0.03	0.03	0.03	0.03	0.05	0.08	0.1
309 不锈钢	0.03	0.03	0.03	0.03	0.03	0.03	0.03	0.03	0.03	0.03	0.05	0.08
310 不锈钢/HK	0.03	0.03	0.03	0.03	0.03	0.03	0.03	0.03	0.03	0.03	0.03	0.05
800H/HP	0.03	0.03	0.03	0.03	0.03	0.03	0.03	0.03	0.03	0.03	0.03	0.05

表 C.53（续）

材料类别	最大金属温度/℃												
	817～843	844～871	872～899	900～927	928～954	955～982	983～1 010	1 011～1 038	1 039～1 066	1 067～1 093	1 094～1 121	1 122～1 129	1 130～1 177
碳钢	—	—	—	—	—	—	—	—	—	—	—	—	—
1.25Cr	—	—	—	—	—	—	—	—	—	—	—	—	—
2.25Cr	—	—	—	—	—	—	—	—	—	—	—	—	—
5Cr	—	—	—	—	—	—	—	—	—	—	—	—	—
7Cr	—	—	—	—	—	—	—	—	—	—	—	—	—
9Cr	1.52	—	—	—	—	—	—	—	—	—	—	—	—
12Cr	1.27	—	—	—	—	—	—	—	—	—	—	—	—
304 不锈钢	0.15	0.23	0.33	0.46	0.64	0.89	1.22	—	—	—	—	—	—
309 不锈钢	0.1	0.15	0.2	0.25	0.33	0.41	0.51	0.76	1.02	1.27	—	—	—
310 不锈钢/HK	0.08	0.1	0.13	0.18	0.2	0.25	0.33	0.38	0.48	0.58	0.69	0.79	0.94
800H/HP	0.08	0.1	0.15	0.2	0.25	0.33	0.43	0.53	0.69	0.84	1.04	1.27	1.52

附　录　D
（规范性附录）
应力腐蚀开裂次因子确定

D.1　范围

本附录用于存在SCC机理的设备的开裂敏感性评估和技术模块因子中应力腐蚀开裂次因子确定。涉及的应力腐蚀开裂机理包括：碱应力腐蚀开裂、胺应力腐蚀开裂、硫化物应力腐蚀开裂(SSCC)、氢致开裂(HIC)、应力导向氢致开裂(SOHIC)、碳酸盐应力腐蚀开裂、连多硫酸应力腐蚀开裂(PASCC)和氯化物应力腐蚀开裂(ClSCC)等。应力腐蚀开裂的敏感性也可根据专家建议确定。

所有设备都应确定其应力腐蚀开裂次因子。

D.2　基本数据

D.2.1　必需数据

表D.1中列出了确定应力腐蚀开裂次因子所需的最少基本数据。

D.2.2　附加数据

表D.2中列出了应力腐蚀(SCC)机理的筛选问题。每种SCC机理确定所需更详细的数据在本附录相关章节中给出。

D.3　基本假设

假设每种SCC机理的敏感性均可由本附录相关章节确定。根据工艺、材料、制造参数将敏感性分为高、中、低三种等级。"严重程度指数"是指设备/管道开裂的敏感性(或萌生裂纹的可能性)和裂纹导致泄漏的可能性。

D.4　应力腐蚀开裂次因子的确定

确定应力腐蚀开裂因子的流程见图D.1。根据确定的应力腐蚀开裂最大严重程度指数和最高检验有效性的检验次数来确定应力腐蚀开裂次因子(表D.10)。

D.4.1　确定应力腐蚀开裂机理的筛选问题

表D.2列出了确定应力腐蚀开裂机理的筛选问题。

D.4.2　确定每种潜在SCC机理的敏感性

在描述每种SCC机理的相关各章节中确定该设备发生该种应力腐蚀开裂的敏感性。如果设备中已经检测到SCC，敏感性定为"高"。如果检测到的SCC的机理是已知的，则其敏感性为"高"。如果检测到的SCC的机理是未知的，则所有潜在机理的开裂敏感性都应定为"高"。

D.4.3 确定严重程度指数

将各种 SCC 机理的敏感性输入表 D.3，确定每种潜在或已知的 SCC 机理的严重程度指数。没有经过检测设备的严重程度指数，将在相关描述应力腐蚀开裂机理的章节中进行概述。分析哪种机理将导致最大严重程度指数，并确定最大严重程度指数。

D.4.4 检验有效性

表 D.4～表 D.9 给出了针对本附录描述的各种 SCC 的检验有效性类别确定的例子。

表 D.1 应力腐蚀开裂分析所需的基本数据

基本数据	说　明
SCC 敏感性(高、中、低)	按本附录相关章节或专家建议确定敏感性
OP/MPa	预计的最高操作压力(一般是安全阀设定压力)
MAWP/MPa	此压力用来确定最小允许壁厚。如果无法确定 MAWP，则用设计压力代替
材料类别	来自监造记录的设备材料类别
运行温度/℃	运行中可能到达的最高运行温度(需要考虑非正常运行条件)
存在的 SCC 和开裂机理	通过检测记录、失效分析报告或专家建议来确定开裂机理。如果开裂原因未知，可采用更保守的损伤系数
距最后一次 SCC 检测的时间/年数	通过检测历史确定距上次 SCC 检测的年数
检验有效性	确定对设备进行的检验有效性类别。针对每种 SCC 机理的检验有效性参见表 D.4～表 D.9
在线监测(氢探针、工艺参数或组合)	采用的经验性腐蚀监测方法或工具类型。如氢探针和/或工艺参数监测
检验次数	已进行的最高有效性类别的检验次数

表 D.2 SCC 机理的筛选问题

筛选问题	操　作
1)　碱应力腐蚀开裂 材料是否为碳钢或低合金钢? 环境中是否含有一定浓度的碱性介质?	如果两者都是，转至表 D.4
2)　胺应力腐蚀开裂 材料类别是否为碳钢或低合金钢? 设备是否暴露于吸收酸气的胺液(MEA、DEA、DIPA、MDEA 等)中?	如果两者都是，转至表 D.5
3)　SSCC/HIC/SOHIC 材料类别是否为碳钢或低合金钢? 环境中是否含有水和 H_2S?	如果两者都是，转至表 D.6 和表 D.7
4)　碳酸盐应力腐蚀开裂 材料类别是否为碳钢? 环境中是否含有 pH>7.5 的酸性污水?	如果两者都是，转至表 D.5

表 D.2（续）

筛选问题	操　作
5)　连多硫酸应力腐蚀开裂(PASCC) 材料类别是否为奥氏体不锈钢或镍合金钢？ 设备是否暴露于含硫化合物环境中？	如果两者都是，转至表 D.8
6)　氯化物应力腐蚀开裂(ClSCC) 材料是否为奥氏体不锈钢？ 材料是否暴露于或可能暴露于含氯化物和水环境中？ 运行温度是否在 37 ℃～148 ℃之间？	如果都是，转至表 D.9
7)　氢氟酸致氢应力开裂(HSC-HF、HIC/SOHIC-HF) 材料是否为碳钢或低合金？ 设备是否暴露于氢氟酸中？	如果两者都是，转到表 D.6 和表 D.7

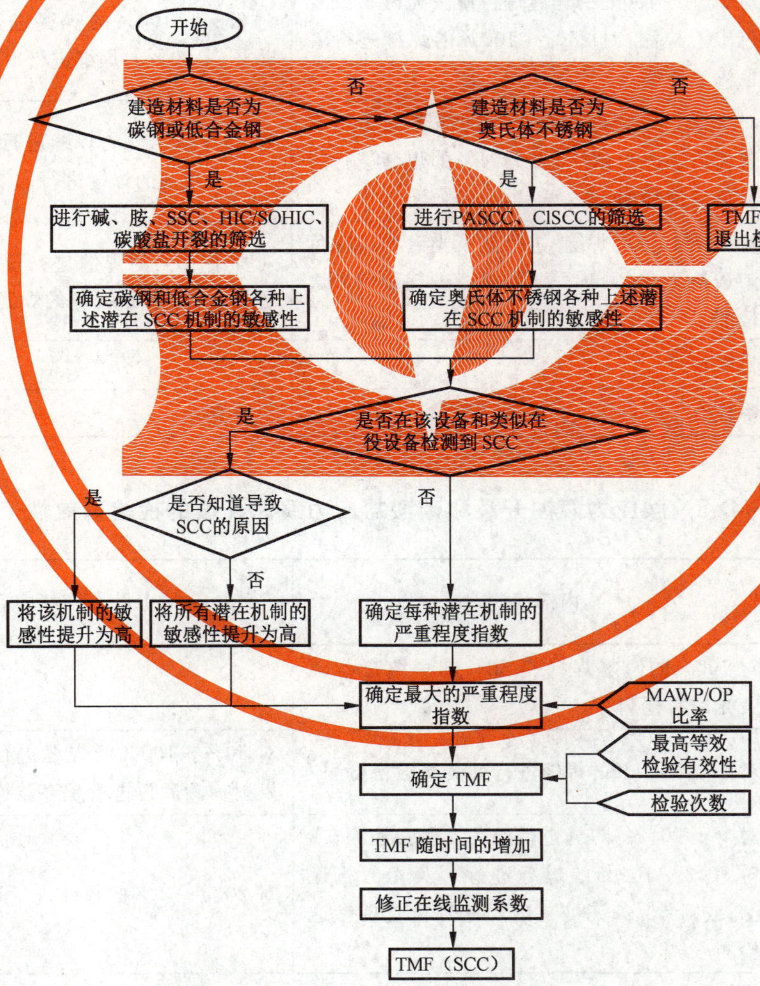

图 D.1　确定应力腐蚀开裂次因子

表 D.3 确定严重程度指数

敏感性	严重程度指数						
	碱性	胺	碳酸盐	SSCC、HSC-HF	HIC/SOHIC	ClSCC	PASCC
高	5 000	1 000	1 000	100	100	5 000	5 000
中	500	100	100	10	10	500	500
低	50	10	10	1	1	20	50
无	1	1	1	1	1	1	1

表 D.4 碱应力腐蚀开裂检验有效性

检验有效性类别	内部检测	外部检测
高度有效	对25%～100%的焊缝进行湿荧光磁粉或着色渗透检测；对25%～100%的焊缝进行着色渗透检测	对25%～100%的焊缝进行超声波检测或对50%～100%的焊缝进行射线检测
中高度有效	对10%～24%的焊缝进行的湿荧光磁粉或着色渗透检测；对10%～24%的焊缝进行的着色渗透检测	对20%～24%的焊缝进行的超声波检测或对25%～49%的焊缝进行的射线检测
中度有效	对少于10%的焊缝/进行湿荧光磁粉或着色渗透检测；对少于10%的焊缝进行着色渗透检测	对少于10%的焊缝进行湿荧光磁粉或着色渗透检测；对少于25%的焊缝进行着色渗透检测
低度有效	目视检查	目视检查是否存在泄漏
无效	不检查	不检查

表 D.5 胺应力腐蚀开裂和碳酸盐应力腐蚀开裂的检验有效性

检验有效性类别	内部检测	外部检测
高度有效	对100%的修复焊缝和50%的焊缝进行湿荧光磁粉检测	无
中高度有效	对20%～49%的焊缝进行湿荧光磁粉检测	对50%～100%的焊缝进行超声波检测；或声发射检测后再进行超声波检测
中度有效	对少于20%的焊缝进行湿荧光磁粉检测；或对50%～100%的焊缝进行干荧光磁粉检测；或对50%～100%的焊缝进行着色渗透检测	对20%～49%的焊缝进行超声波检测
低度有效	对小于50%的焊缝进行干荧光磁粉检测；或对小于50%的焊缝进行着色渗透检测	对少于20%的焊缝进行超声波检测；或射线照相法检测；或进行泄漏目视检查
无效	目视检查	不检查

表 D.6 硫化物应力腐蚀开裂和氢氟酸致氢应力开裂检验有效性

检验有效性类别	内部检测	外部检测
高度有效	湿荧光磁粉检测25%～100%的焊缝	沿着焊缝横向和与其平行方向进行25%～100%超声波检测；或声发射检测后进行超声波检测
中高度有效	湿荧光磁粉检测10%～24%的焊缝；或干磁粉检测25%～100%的焊缝；或对25%～100%焊缝进行着色渗透检测	对10%～20%的焊缝进行超声波检测和50%～100%的焊缝进行射线照相检测
中度有效	湿荧光磁粉检测小于10%～24%的焊缝；或干磁粉检测25%～100%的焊缝；或对25%～100%焊缝进行着色渗透检测	对少于10%的焊缝进行超声波检测和20%～49%的焊缝进行射线照相检测
低度有效	目视检查	对少于20%的焊缝进行射线检测
无效	不检查	不检查

表 D.7 HIC/SOHIC 和 HIC/SOHIC-HF 检验有效性

检验有效性类别	内部检测	外部检测
高度有效	湿荧光磁粉检测50%～100%的焊缝，加上对亚表面裂纹的超声检测	无
中高度有效	湿荧光磁粉检测20%～49%的焊缝	对20%～100%的焊缝进行自动超声波检测；或声发射检测后再进行超声波检测
中度有效	湿荧光磁粉检测小于20%的焊缝；或干磁粉检测50%～100%的焊缝；或着色渗透法检测50%～100%的焊缝	对少于20%的焊缝进行自动超声波检测，或对20%～100%的焊缝进行手动超声波检测
低度有效	着色渗透检测小于50%焊缝；目视检查氢鼓包	对小于20%的焊缝进行手动超声波检测
无效	不检查	射线检测

表 D.8 PASCC 检验有效性

检验有效性分类	内部检测	外部检测
高度有效	着色渗透法(25%以上)	射线照相检测(25%以上)。超声波检测(25%以上)
中高度有效	着色渗透法	射线照相检测(5%)。超声波检测(25%以上)
中度有效	着色渗透法(10%)	定点射线照相检测。定点超声波检测
低度有效	目视检查	目视检查是否存在泄漏
无效	不检查	不检查

表 D.9 ClSCC 检验有效性

检验有效性分类	内部检测	外部检测
高度有效	对50%～100%的焊缝进行着色渗透检测	对25%～100%的焊缝进行超声波检测
中高度有效	对25%～50%焊缝进和着色渗透检测	对10%～20%的焊缝进行超声波检测，对50%～100%的焊缝进行射线检测
中度有效	对少于25%焊缝进行着色渗透检测	对小于10%的焊缝进行超声波检测，对20%～49%的焊缝进行射线检测
低度有效	目视检查	目视检查是否存在泄漏
无效	不检查	不检查

D.4.5 因子随时间的增长

设备开裂的可能性随着时间增长而增加，TMF 应按下列关系调整：

最终 TMF＝TMF×(上次开裂检测以来的年数)$^{1.1}$

例如：某一设备/管道的 TMF 值为10，如果5年内没有任何检测，其值将变为58，若10年内没有任何检测，其值将变为125。此增长系数不适用于 PASCC。

D.4.6 在线监测子因子的调整

除检测之外，使用氢探针和/或对关键工艺参数进行在线监测会影响 HIC/SOHIC 的敏感性。在线监测的优点在于它可以在重大开裂失效事故发生前，事先发现由于工艺变化所引起的 SCC 的敏感性改变，并通过及时采取措施来减小失效的可能性。对于 HIC/SOHIC，若采用氢探针或关键工艺参数监测时，在线监测系数为2；若两种方法同时使用，则在线监测系数为4。用 TMF 除以此系数。当 TMF 为1时，不能采用此系数。在线监测系数不适合除 HIC/SOHIC 外的其他应力腐蚀开裂机理。

D.5 碱应力腐蚀开裂

D.5.1 基本数据

表 D.11 中列出了确定碳钢和低合金钢设备的碱应力腐蚀开裂敏感性所需数据。如果准确的工艺数据未知，则需与知识丰富的工艺工程师联系以获得合理的经验值。

D.5.2 碱应力腐蚀开裂敏感性的确定

将表 D.11 中的基本数据输入图 D.2 的决策树来确定碱应力腐蚀开裂敏感性。

表 D.10 应力腐蚀开裂次因子

检验次数		1				2				3				4				5				6			
		检验有效性				检验有效性				检验有效性				检验有效性				检验有效性				检验有效性			
最大严重度指数	没有检验	低度有效	中度有效	中高度有效	高度有效	低度有效	中度有效	中高度有效	高度有效	低度有效	中度有效	中高度有效	高度有效	低度有效	中度有效	中高度有效	高度有效	低度有效	中度有效	中高度有效	高度有效	低度有效	中度有效	中高度有效	高度有数
1	1	1	1	1	1	1	1	1	1	1	1	1	1	1	1	1	1	1	1	1	1	1	1	1	1
10	10	8	3	1	1	6	2	1	1	4	1	1	1	2	1	1	1	1	1	1	1	1	1	1	1
50	50	40	17	5	3	30	10	2	1	20	5	1	1	10	0	1	1	5	1	1	1	1	1	1	1
100	100	80	33	10	5	60	20	4	1	40	10	2	1	20	2	1	1	10	2	1	1	5	1	1	1
500	500	400	170	50	25	300	100	20	5	200	50	8	1	100	12	2	1	50	10	1	1	25	5	1	1
1 000	1 000	800	330	100	50	600	200	40	10	400	100	16	2	200	50	5	1	100	25	2	1	50	10	1	1
5 000	5 000	4 000	1 670	500	250	3 000	1 000	250	50	2 000	500	80	10	1 000	250	25	2	500	125	5	1	250	50	2	1

表 D.11 碱应力腐蚀开裂分析所需的基本数据

基本数据	说　明
NaOH 浓度/%	确定该设备/管道中被处理碱液的浓度。要考虑水的加热或蒸发可能引起的浓缩
最高工艺温度/℃	确定该设备/管道中的最高工艺温度。需考虑在碱液注入点因混合而产生的局部受热
伴热(是或否)	确定设备/管道是否是有蒸汽伴热或电伴热
蒸汽吹扫(是或否)	确定设备/管道是否在水冲洗去除残余碱液前已排出蒸汽
消除应力(是或否)	确定设备/管道是否在焊接后和冷成型后进行了正确的消除应力热处理

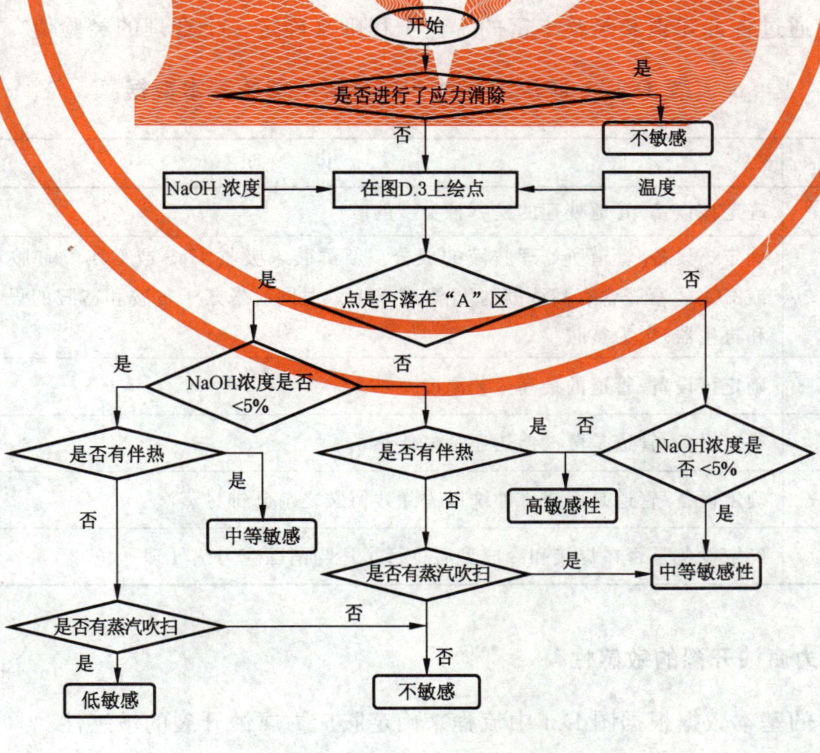

图 D.2 碱应力腐蚀开裂敏感性的确定

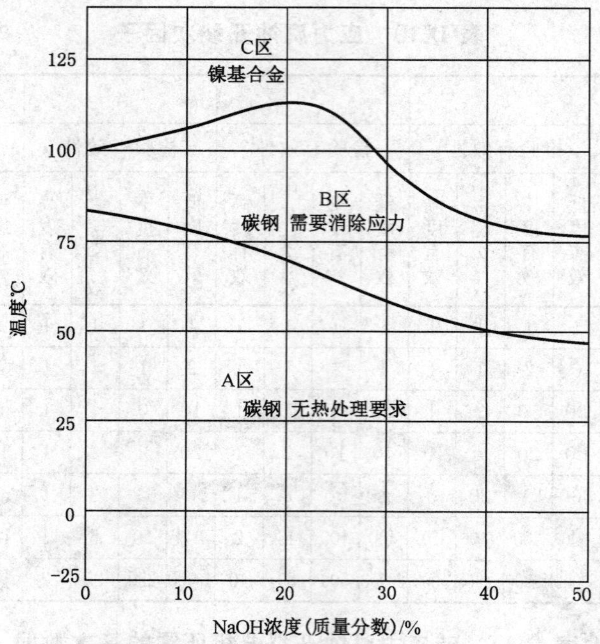

图 D.3 碳钢碱应力腐蚀开裂敏感性

D.6 胺应力腐蚀开裂

D.6.1 基本数据

表 D.12 列出了确定碳钢和低合金钢设备对胺应力腐蚀开裂敏感性所需的数据。如果不知道准确的工艺参数,则应通过咨询知识和经验丰富的工艺工程师来确定一个合理的经验值。

表 D.12 胺应力腐蚀开裂分析所需的基本数据

基本数据	说明
胺的类型	确定该设备/管道处理的是哪种类型的胺
胺液成分	确定该设备/管道所处理胺液的成分。新鲜胺未吸收 H_2S 或 CO_2。贫胺含有低浓度的 H_2S 或 CO_2。富胺含有高浓度的 H_2S 或 CO_2。对同时暴露于贫胺和富胺的设备(比如,胺压缩机和再生器)定为贫胺
最高工艺温度/℃	确定该设备/管道的最高工艺温度
伴热(是或否)	确定设备/管道是蒸汽伴热还是电伴热
蒸汽吹扫(是或否)	确定设备/管道是否在水冲洗以去除残留胺之前已排尽蒸汽
消除应力(是或否)	确定设备是否在焊接和冷成型后进行了适当消除应力热处理

D.6.2 确定胺应力腐蚀开裂的敏感性

用表 D.12 中的基本数据根据图 D.4 中流程来确定胺应力腐蚀开裂的敏感性。

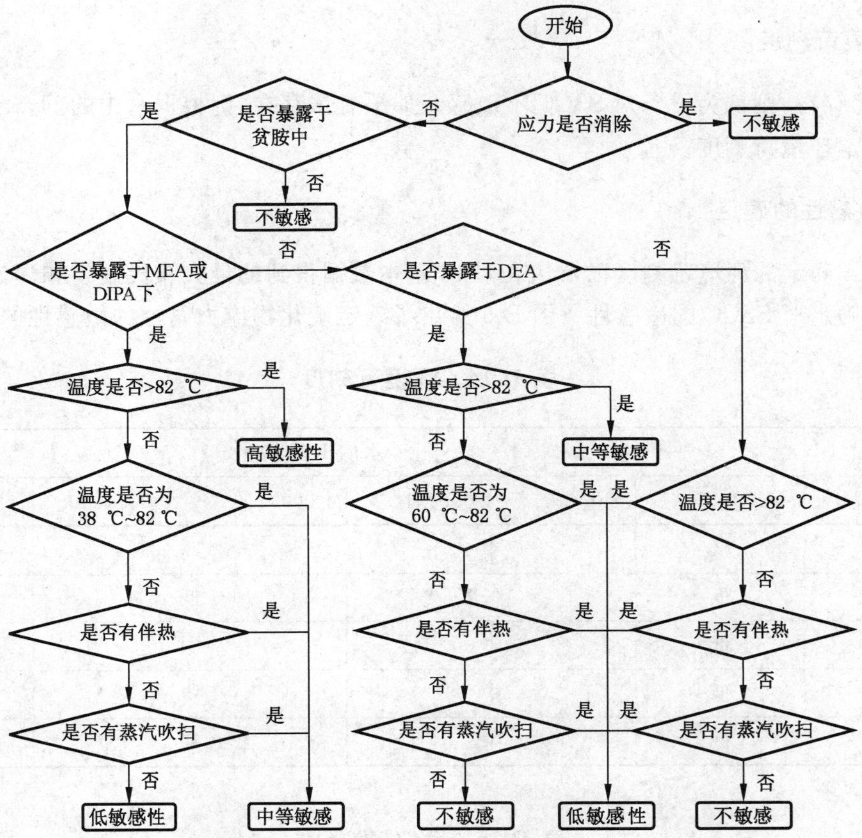

图 D.4 胺应力腐蚀开裂敏感性的确定

D.7 硫化物应力腐蚀开裂(SSCC)

D.7.1 基本数据

表 D.13 中所列数据用来确定碳钢和低合金钢设备的硫化物应力腐蚀开裂敏感性。如果不知道准确的工艺参数,则应通过咨询知识和经验丰富的工艺工程师来确定一个合理的经验值。

表 D.13 分析硫化物应力腐蚀所需的基本数据

基本数据	说 明
是否存在水(是或否)	确定设备中是否有自由水。不仅要考虑正常运行条件,还要考虑启动、停车及工艺扰动等情况
水中的 H_2S 含量	确定水相的 H_2S 含量。如果不易取得分析结果,可以用 Petrie&Moore 方法来估算
水的 pH 值	确定水的 pH 值。如果不易取得分析结果,则由经验丰富的工艺工程师来估算
是否存在氰化物(是或否)	通过取样和/或现场分析确定是否存在氰化物。主要考虑正常运行和干扰运行,也要考虑启动、停车条件
最大布氏硬度	确定钢制设备的焊件上实测的最大布氏硬度。当不能获得实测值时,则可使用制造规范许可的最大容许硬度
焊件是否经过 PWHT(是或否)	确定所有设备焊件是否在焊接后经过了适当的 PWHT

D.7.2 确定环境苛刻度

如果没有水存在，则认为设备对SSCC不敏感。如果有水存在，则根据水中的H_2S含量和其pH值用表D.14来确定环境苛刻度。

D.7.3 SSCC敏感性的确定

根据表D.14确定的环境苛刻度以及从表D.13基本数据得到的最大布氏硬度和焊件PWHT情况，使用表D.15来确定对SSCC的敏感性。图D.5给出了确定硫化物应力腐蚀的敏感性的流程。

表D.14 环境苛刻度

水的pH值	水的H_2S含量			
	$<50\times10^{-6}$	$50\times10^{-6}\sim1\ 000\times10^{-6}$	$1\ 000\times10^{-6}\sim10\ 000\times10^{-6}$	$>10\ 000\times10^{-6}$
<5.5	低	中	高	高
5.5～7.5	低	低	低	中
7.6～8.3	低	中	中	中
8.4～8.9	低	中	中	高
>9.0	低	中	高	高

表D.15 SSCC敏感性

环境苛刻度	焊接态最大布氏硬度(实测值)			PWHT最大布氏硬度(实测值)		
	<200	200～237	>237	<200	200～237	>237
高	低	中	高	无	低	中
中	低	中	高	无	无	低
低	低	低	中	无	无	无

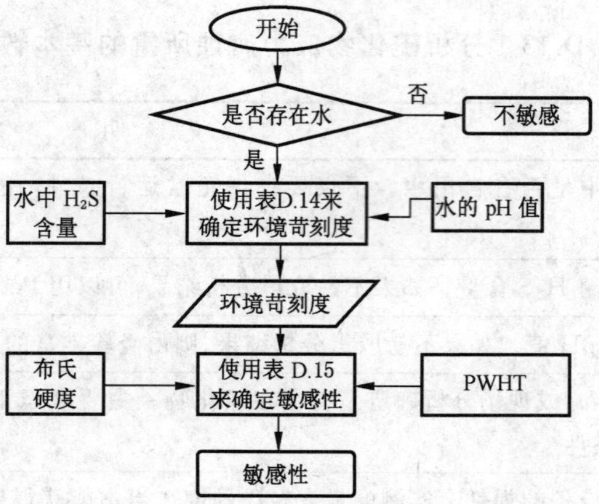

图D.5 硫化物应力腐蚀开裂敏感性的确定

D.8 湿硫化氢环境下氢致开裂和应力导向氢致开裂(HIC/SOHIC-H_2S)

D.8.1 基本数据

表 D.16 中所列数据用于确定碳钢设备对 HIC/SOHIC 敏感性。如果不知道准确的工艺参数,则应通过咨询知识和经验丰富的工艺工程师来确定一个合理的经验值。如果钢板中的硫含量不知道,则也需通过咨询知识丰富的材料工程师来确定。

表 D.16 HIC/SOHIC-H_2S 分析所需的基本数据

基本数据	说　明
是否有水存在(是或否)	确定设备中是否存在自由水。不仅要考虑正常运行条件,还应考虑启动、停车、工艺干扰等情况
水中是否存在 H_2S	确定水相中的 H_2S 含量。如果不能得到实测结果,可以用 Petrie&Moore 方法来估算
水的 pH 值	确定水的 pH 值。如果不能得到实测结果,则由经验丰富的工艺工程师来估算
是否有氰化物存在(是或否)	通过取样和(或)现场分析确定是否存在氰化物。不仅要考虑正常运行条件,还要考虑启动、停车和工艺干扰等情况
钢板中的硫含量	确定用于制造设备/管道钢板的硫含量
钢产品形式(板材或管材)	确定设备或管道是用轧制钢板焊接而成还是用无缝钢管制造
是否进行过 PWHT(是或否)	确定所有的设备/管道焊件是否在焊接后进行了适当的焊后消除应力热处理

D.8.2 确定环境苛刻度

如果没有水存在,则认为设备对 SCC/SOHIC 没有敏感性。如果有水存在,则根据水中 H_2S 含量和其 pH 值用表 D.17 确定环境苛刻度。

D.8.3 确定 HIC/SOHIC 的敏感性

对用轧制钢板制造的设备和大直径管道,根据表 D.18 确定 HIC/SOHIC 敏感性。一般认为由钢管和管件制成的小直径设备的 HIC/SOHIC 敏感性较低,但当它们没有进行 PWHT 和处于高苛刻度环境中时,则具有中等敏感性。图 D.6 给出了确定 HIC/SOHIC 敏感性的流程。

表 D.17 环境苛刻度

水的 pH 值	液相水中的 H_2S 浓度			
	$<50\times10^{-6}$	$50\times10^{-6}\sim1\,000\times10^{-6}$	$1\,000\times10^{-6}\sim10\,000\times10^{-6}$	$>10\,000\times10^{-6}$
<5.5	低	中	高	高
5.5～7.5	低	低	低	中
7.6～8.3	低	中	中	中
8.4～8.9	低	中	中[a]	高[a]
>9.0	低	中	高[a]	高[a]

[a] 当有氰化物存在且 pH 值>8.3 和 H_2S 浓度高于 $1\,000\times10^{-6}$ 时,将 SCC 敏感性增加一个类别。

表 D.18　HIC/SOHIC 敏感性

环境苛刻度	高硫钢 S＞0.01％		低硫钢 S＝0.002％～0.01％		超低硫钢 S＜0.002％	
	焊接态	PWHT	焊接态	PWHT	焊接态	PWHT
高	高	高	高	中	中	低
中	高	中	中	低	低	低
低	中	低	低	低	无	无

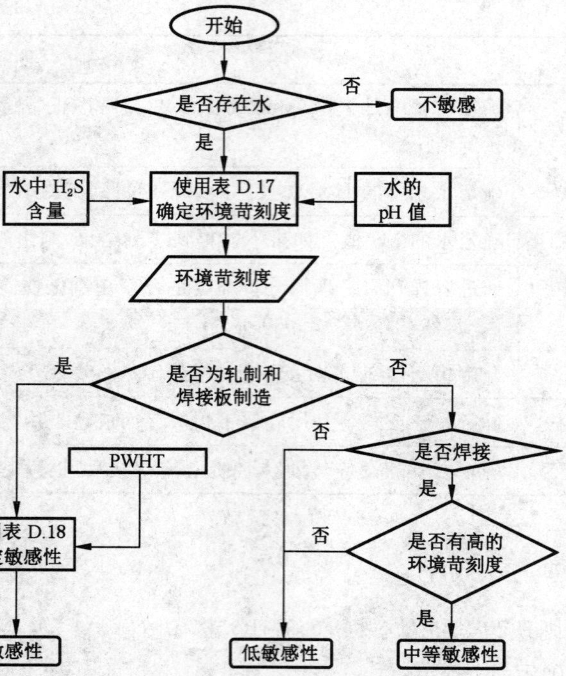

图 D.6　确定对 HIC/SOHIC 的敏感性

D.9　碳酸盐应力腐蚀开裂

D.9.1　基本数据

表 D.19 中所列数据用来确定碳钢设备对碳酸盐应力腐蚀开裂敏感性。如果不知道准确的工艺参数,则应通过咨询知识和经验丰富的工艺工程师来确定一个合理的经验值。

D.9.2　确定碳酸盐应力腐蚀开裂的敏感性

如果设备/管道经过了适当的消除应力热处理,则可认为它对碳酸盐应力腐蚀开裂不敏感。如果没有自由水存在,或水相中 H_2S 含量小于 50×10^{-6},则认为此设备/管道也没有敏感性。如果水中含有大于 50×10^{-6} 的 H_2S 或 pH 值大于等于 7.6,则认为此设备有敏感性。根据水相的 pH 值和碳酸盐浓度用表 D.20 来确定碳酸盐应力腐蚀开裂的敏感性。图 D.7 示出了确定碳酸盐应力腐蚀开裂敏感性的流程。

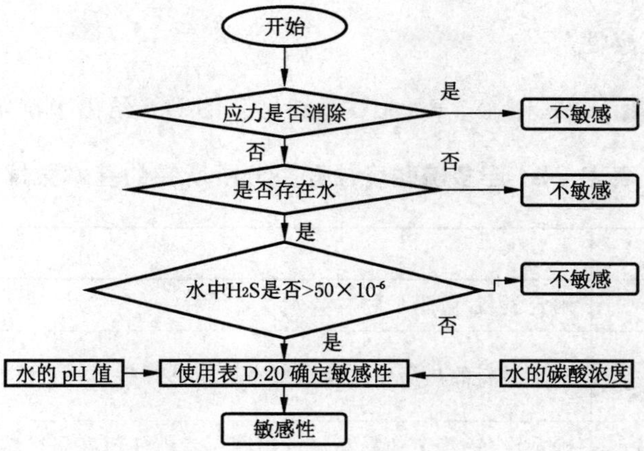

图 D.7　碳酸盐应力腐蚀开裂敏感性确定

表 D.19　碳酸盐应力腐蚀开裂分析所需的基本数据

基本数据	说　明
是否有水存在(是或否)	确定是否有水存在于设备/管道中。不仅要考虑正常运行条件,还要考虑启动、停车及工艺干扰等
水中含有 50×10^{-6} 以上的 H_2S(是或否)	确定该设备/管道中的水相中是否含有 50×10^{-6} 或以上的 H_2S。如果难以获得准确的数据,则应由知识丰富的工艺工程师来估算
水中的碳酸盐浓度	确定设备/管道的水相所含有的碳酸盐的浓度。如果难以获得准确的数据,则应由知识丰富的工艺工程师来估算
水的 pH 值	确定水的 pH 值。如果难以获得准确的数据,则应由知识丰富的工艺工程师来估算
应力消除?(是或否)	确定设备/管道在焊接和冷成型后是否经过适当的消除应力热处理

表 D.20　碳酸盐应力腐蚀敏感性

水的 pH 值	液相水中 H_2S 的浓度			
	$<100\times10^{-6}$	$100\times10^{-6}\sim500\times10^{-6}$	$500\times10^{-6}\sim1\,000\times10^{-6}$	$>1\,000\times10^{-6}$
7.8～8.3	低	低	低	中
8.4～8.9	低	低	中	高
9.0	低	中	高	高

D.10　连多硫酸应力腐蚀开裂(PASCC)

D.10.1　基本数据

表 D.21 中所列数据用来确定碳钢设备或管道对 PASCC 的敏感性。如果不知道准确的工艺参数,则应通过咨询知识和经验丰富的工艺工程师来确定一个合理的经验值。

D.10.2 确定 PASCC 的敏感性

根据工艺运行温度按表 D.22 来确定 PASCC 敏感性。图 D.8 给出了确定 PASCC 敏感性的流程。

表 D.21 连多硫酸腐蚀开裂分析所需的基本数据

基本数据	说明
材料类别	确定设备/管道的材料类别
热历史(固溶退火、焊前稳定处理、焊后稳定处理)	确定材料的热历史。特别要考虑全部焊接后是否进行了热稳定化热处理
最高运行温度/℃	确定设备/管道的最高运行温度。考虑任何高温暴露,如除焦等情况
是否存在硫化物、湿气和氧:运行期间(是或否)?停车期间(是或否)?	确定设备/管道中是否存在这些组分。如不肯定,应咨询工艺工程师考虑在停车期间,硫化物环境中的高温设备/管道是否向环境敞开
采用了停工保护吗?(是或否)	确定是否已经按 NACE RP0170 要求,进行了有效的防止 PASCC 腐蚀开裂的停工保护

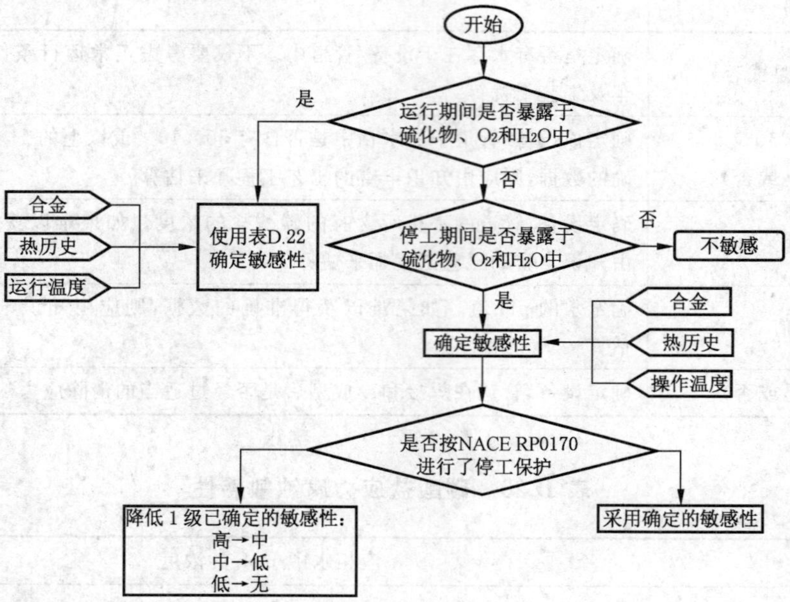

图 D.8 连多硫酸应力腐蚀开裂(PASCC)敏感性确定

表 D.22 PASCC 敏感性

材料	工艺运行温度小于或等于 427 ℃			工艺运行温度大于 427 ℃		
	固溶	焊前稳定化处理	焊后稳定化处理	固溶	焊前稳定化处理	焊后稳定化处理
所有普通 300 系列不锈钢、600 和 800 系合金	中	—	—	高	—	—
H 级 300 系列不锈钢	高	—	—	高	—	—
L 级 300 系列不锈钢	低	—	—	中	—	—

表 D.22（续）

材 料	工艺运行温度小于或等于 427 ℃			工艺运行温度大于 427 ℃		
	固溶	焊前稳定化处理	焊后稳定化处理	固溶	焊前稳定化处理	焊后稳定化处理
321 不锈钢	中	中	低	高	高	低
347 不锈钢、20 合金、625 合金、所有奥氏体堆焊层	低	低	低	中	低	低

如果工艺运行温度≤427 ℃，则敏化仅出现在焊接态条件。如果工艺运行温度>427 ℃，则敏化可能发生在运行期间。

D.11 氯化物应力腐蚀开裂(ClSCC)

D.11.1 基本数据

表 D.23 中所列数据用来确定奥氏体不锈钢设备的 ClSCC 敏感性。如果不知道准确的工艺参数，则应通过咨询知识和经验丰富的工艺工程师来确定一个合理的经验值。

D.11.2 确定 ClSCC 敏感性

根据表 D.23 的基本数据，用表 D.24 或表 D.25 来确定工艺的 ClSCC 敏感性。图 D.9 给出了确定设备 ClSCC 敏感性的流程。

表 D.23 ClSCC 分析所需的基本数据

基本数据	说 明
工艺水的 Cl^- 浓度/$\times 10^{-6}$	确定水相中的本体 Cl^- 浓度。如果未知，其默认值为>1 000$\times 10^{-6}$。考虑系统中任何水(比如水压试验、锅炉给水、蒸汽)的 Cl^- 含量。还要考虑在汽化或干扰条件下可能出现的 Cl^- 浓度
运行温度/℃	确定运行期间内预期的最高运行温度(考虑正常或不正常运行条件)
工艺水的 pH 值	确定工艺水的 pH 值。高 pH 值的高氯化物浓度溶液的开裂敏感性低于低 pH 值氯化物溶液。默认 pH 值为 10

表 D.24 工艺方面的 ClSCC 敏感性(pH≤10)

温度/℃	氯离子浓度/$\times 10^{-6}$			
	1～10	11～100	101～1 000	>1 000
38～65	低	中	中	高
66～93	中	中	高	高
94～149	中	高	高	高

表 D.25 工艺方面的 ClSCC 敏感性(pH＞10)

温度/℃	氯离子浓度/$\times 10^{-6}$			
	1～10	11～100	101～1 000	＞1 000
≤93	低	低	低	低
94～149	中	低	低	中

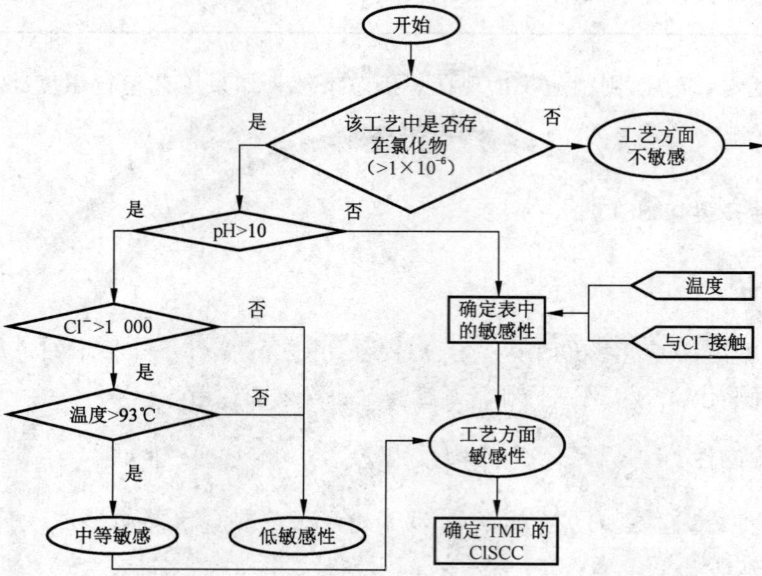

图 D.9 确定 ClSCC 的敏感性

D.12 氢氟酸致氢应力开裂(HSC-HF)

D.12.1 基本数据

表 D.26 中列出了分析 HSC-HF 敏感性所需的基本数据及相关说明。

D.12.2 确定 HSC-HF 敏感性

如果存在任何浓度的氢氟酸,则设备都有一定的 HSC-HF 敏感性。根据表 D.26 确定的基本数据,按表 D.27 确定碳钢的敏感性。图 D.10 给出确定设备 HSC-HF 敏感性的流程。

表 D.26 HSC-HF 分析需要的基本数据

基本数据	说 明
是否存在 HF(是或否)	确定设备/管道中是否存在 HF,不仅要考虑正常运行条件,还要考虑其他设备残留的 HF 可能引起的干扰情况
钢焊接件的布氏硬度	确定在钢制设备/管道的焊缝上实测的最大布氏硬度。如果不能取得实测硬度,可使用制造规范中允许的最大硬度
焊件的 PWHT(是或否)	确定管道/设备上的所有焊缝是否进行过焊后消除应力热处理

表 D.27　碳钢和低合金钢的 HSC-HF 敏感性

焊接态最大布氏硬度 HB			PWHT 最大布氏硬度 HB		
<200	200～237	>237	<200	200～237	>237
低	中	高	无	低	中

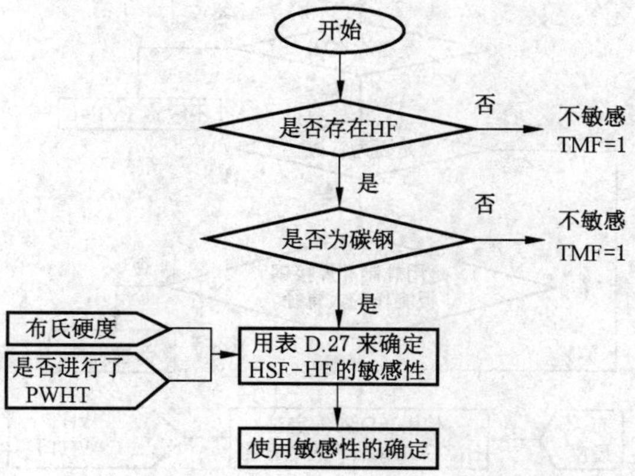

图 D.10　确定 HSC-HF 的敏感性

D.13　氢氟酸致氢致开裂和应力导向氢致开裂(HIC/SOHIC-HF)

D.13.1　基本数据

表 D.28 列出了用来分析碳钢设备对 HIC/SOHIC-HF 的敏感性所需的数据。如果不知道碳钢中准确的硫含量,则应由知识丰富的材料工程师来确定。

D.13.2　确定 HIC/SOHIC-HF 的敏感性

只要设备/管道中存在任何浓度的 HF,那么设备/管道就存在一定的 HIC/SOHIC-HF 敏感性。对于用轧制和焊接钢板制造的碳钢设备和大直径管道,根据表 D.29 来确定碳钢的 HIC/SOHIC-HF 敏感性。一般认为采用钢锻件制成的管道 HIC/SOHIC-HF 敏感性较低。图 D.11 给出了确定 HIC/SOHIC-HF 敏感性的流程。

当鼓包接近焊缝,且焊缝残余应力足够高,以致可以促使氢致裂纹延伸到表面时,应在确定 HIC/SOHIC-HF 敏感性时加以考虑。

表 D.28　HIC/SOHIC-HF 分析所需的基本数据

基本数据	说　明
是否存在 HF(是或否)	确定设备/管道中是否存在 HF,不仅要考虑正常运行条件,而且要考虑其他设备残留的 HF 所可能引起的干扰情况
PWHT(是或否)	确定设备/管道的所有焊件是否已经进行了 PWHT
钢板中硫含量	确定用来制造设备/管道钢板的硫含量

表 D.29 HIC/SOHIC-HF 敏感性

高硫钢(S>0.01%)		低硫钢(S含量为0.002%～0.01%)		超低硫钢(S<0.002%)	
焊接态	PWHT	焊接态	PWHT	焊接态	PWHT
高	高	高	中	中	低

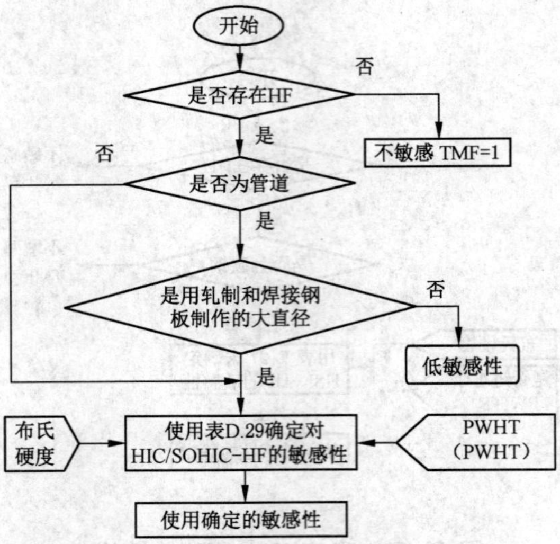

图 D.11 确定对 HIC/SOHIC-HF 的敏感性

附　录　E
(规范性附录)
高温氢蚀(HTHA)次因子确定

E.1　筛选问题

表 E.1 所列的 HTHA 的模块筛选问题用来确定是否应进入 HTHA 模块。

表 E.1　HTHA 模块的筛选问题

筛选问题	操　作
材料为碳钢或低合金钢?	是,则进入下一问题
运行温度>204 ℃,OP>552 kPa	如果两者都是,进入 HTHA 模块

E.2　基本数据

表 E.2 所列的数据,可用于估算碳钢和低合金钢的 HTHA 的敏感性。如果不知道准确的工艺参数,则应通过咨询知识和经验丰富的工艺工程师来确定一个合理的经验值。

表 E.2　HTHA 分析所需的基本数据

基本数据	说　明
材料类别	确定设备/管道的材料类别
确定 C-0.5 Mo 热处理条件	确定 C-0.5 Mo 钢热处理是退火还是正火。退火状态下的 C-0.5 Mo 的抗 HTHA 性能与碳钢相当。默认值为退火状态
氢分压/(kgf/cm² 或 MPa)	确定氢分压,即氢的摩尔分数乘以总压力(绝对压力)
温度/K 或℃	确定暴露温度
时间/h	确定暴露时间

E.3　基本假设

对 HTHA 敏感性的评估基于设备已经暴露在高温、高压及临氢环境的时间。温度和氢分压与使用时间关联用参数 P_v 表示。P_v 定义见式(E.1):

$$P_v = \lg(P_{H_2}/0.0979) + 3.09\times10^{-4}(T+273)\left(\lg(t)+14\right) \quad\cdots\cdots\cdots\cdots\cdots(E.1)$$

式中:

P_{H_2}——氢分压,单位为兆帕(MPa);

T　——温度,单位为摄氏度(℃);

t　——运行时间,单位为小时(h)。

该参数用于确定材料 HTHA 损伤的敏感性。

E.4 敏感性的确定

表 E.3 给出了根据 P_v 值确定的碳钢和低合金钢 HTHA 的敏感性等级。

表 E.3 碳钢和低合金钢的 HTHA 敏感性

临界 P_v 值				
材料	高敏感性	中敏感性	低敏感性	无敏感性
碳钢	$P_v>4.70$	$4.61<P_v\leqslant 4.70$	$4.53<P_v\leqslant 4.61$	$P_v\leqslant 4.53$
C-0.5Mo(退火)	$P_v>4.95$	$4.87<P_v\leqslant 4.95$	$4.78<P_v\leqslant 4.87$	$P_v\leqslant 4.78$
C-0.5Mo(正火)	$P_v>5.60$	$5.51<P_v\leqslant 5.60$	$5.43<P_v\leqslant 5.51$	$P_v\leqslant 5.43$
1C-0.5Mo	$P_v>5.80$	$5.71<P_v\leqslant 5.8$	$5.63<P_v\leqslant 5.71$	$P_v\leqslant 5.63$
1.25Cr-0.5Mo	$P_v>6.00$	$5.92<P_v\leqslant 6.00$	$5.83<P_v\leqslant 5.92$	$P_v\leqslant 5.83$
2.25Cr-1Mo	$P_v>6.53$	$6.45<P_v\leqslant 6.53$	$6.36<P_v\leqslant 6.45$	$P_v\leqslant 6.36$

E.5 检验有效性

表 E.4 列出了探测 HTHA 的常用检测技术的有效性。

表 E.4 HTHA 检验有效性

检验有效性类别	典型的检测方法
高度有效	无
中高度有效	全面的 AUBT 结合应力分析和全面的现场金相分析和硬度检测
中度有效	局部 AUBT 或局部现场金相分析和硬度检测
低度有效	超声背散射与衰减技术
无效	超声衰减技术

E.6 确定 HTHA 次因子

根据图 E.1 确定 HTHA 次因子。

如果进行了一个有效检测且未探测到损伤，则可缩小 HTHA 次因子。如果检测发现损伤，则应将 HTHA 次因子大幅上调。一旦观察到损伤发生，就应对设备或管线进行合于使用评估。

表 E.5 给出了不同等级的 HTHA 敏感性和不同检测等级的次因子。表 E.5 中还给出了检测发现 HTHA 损伤时的技术模块因子和两次检测的技术模块因子。对进行过两次以上检测的情况，HTHA 次因子保持不变。

表 E.5　HTHA 次因子

严重度指数	无检测	第一次检测　检验有效性			第二次检测　检验有效性		
		低度有效	中度有效	中高度有效	低度有效	中度有效	中高度有效
已观察到损伤	—	2 000	2 000	2 000	2 000	2 000	2 000
高敏感性	2 000	1 800	1 200	800	1 600	800	400
中敏感性	200	1 800	1 200	80	160	80	40
低敏感性	20	18	12	8	16	8	4
无敏感性	1	1	1	1	1	1	1

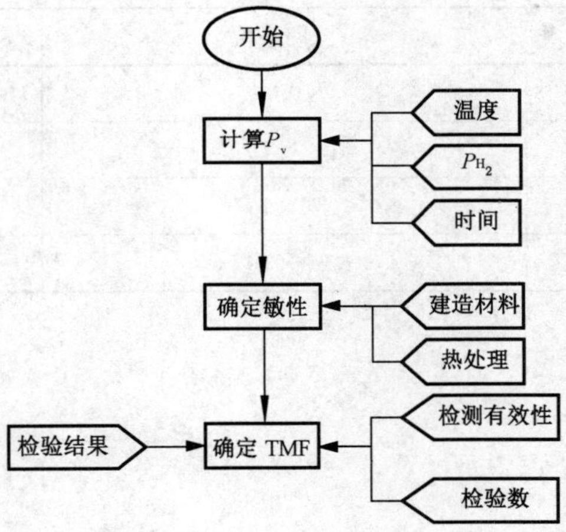

图 E.1　HTHA 次因子确定

附 录 F
（规范性附录）
炉管损伤次因子确定

F.1 概述

表 F.1 给出了炉管长期高温和存在短期过热情况下的平均失效概率。

表 F.1 炉管的平均失效概率

裂口尺寸	长期高温	短时超温
6 mm	0.0	0.0
25 mm	4.62×10^{-6}	4.62×10^{-4}
100 mm	1.32×10^{-6}	1.32×10^{-4}
破裂	6.60×10^{-7}	6.60×10^{-5}

F.2 符号

t_i ——服役时间，年；
TMT ——炉管金属的运行温度，℃；
OP ——操作压力，MPa；
D_0 ——炉管直径，mm；
ΔT_{oh} ——可能的超温温度，℃；
t_{oh} ——可能的超温持续时间，h；
T_{elas} ——蠕变临界温度，℃；
T_c ——使用当前壁厚，mm；
D_o ——炉管外径，mm；
S_{ft} ——炉管的环向应力，MPa；
LM_{avg} ——平均 Larson Miller 参数；
Lm ——当前运行条件下的 Larson Miller 参数；
LM_{delta} ——Larson Miller 曲线平均值和最小的平均差；
FF_{LT} ——长期过热失效系数；
FF_{ST} ——短期过热损伤系数；
$\Delta T_{5\%}$ ——过热温度，与 LM 曲线上导致 5%的失效可能性的 ΔT_{oh} 值对应。

F.3 范围

F.3 给出了外部受火炉管的炉管损伤次因子（失效可能性修正系数）确定方法。该次因子适用于炼油厂加热炉的铁素体钢（碳钢、5%Cr～12%Cr 钢）和奥氏体不锈钢（300 系列）的炉管，并主要针对长期暴露于高温和短期过热而引起的损伤。

F.4 筛选问题

筛选问题见表 F.2。

表 F.2 筛选问题

筛选问题	解决方法
设备类型是否是用于加热液态工艺流体的受火加热器或加热炉?	若是,可以继续炉管损伤次因子分析 若不是,退出本附录

F.5 基本数据

表 F.3 列出了确定炉管损伤次因子所必需的基本数据。

表 F.3 炉管分析所需的基本数据

基本数据	说　明
材料类别	确定炉管的材料类别
t_i/年	确定炉管已经使用的总年数。如果炉管在以前使用中不存在蠕变失效问题,则该时间可以忽略。假定每年的运行时间为 8 500 h
自上次检测以来的时间/年	确定自上次进行炉管厚度检测以来的年数。根据该时间和计算的腐蚀速率来确定炉管当前的厚度
腐蚀速率/(mm/年)	根据厚度数据确定当前计算出的腐蚀速率。如腐蚀速率未通过检测确定,则可根据本模块和附录 C、附录 I 来确定推荐的腐蚀速率
TMT/℃	用热成像仪、热电偶或其他测温仪器来确定炉管金属的平均运行温度。如果不能获得实测的数据,对不结垢不结焦环境使用工艺出口温度加上 37.78 ℃作为金属运行温度,对于结垢、结焦环境,则应使用工艺出口温度加上 66 ℃作为金属运行温度
OP/MPa	确定可能的最高操作压力(一般为安全阀设定压力)
D_o/mm	确定制造时用于设计计算的炉管外径
T_c/mm	最近的实测壁厚
检验有效性类别	确定时间期限(如上规定)内对设备的每次检测的有效性类别参见表 F.7 关于对炉管检验有效性类别的说明
检测次数	确定在上述规定的时间期限内已经进行的每个类别的检测次数
ΔT_{oh}/℃	估算偏离设计炉管金属温度(不是炉管金属的运行温度)
t_{oh}/h	估算严重过热事件的累计持续时间
在线监测	确定所采用的腐蚀监测方法或工具的类型,如炉管热电偶、热成像、工艺运行变量等

F.5.1 在炉管管壁金属的运行温度不超过表 F.4 中给出的每种材料的极限温度的情况下,炉管长期高温损伤一般不会发生。但是,如存在受热不均匀或火焰冲击现象,所有炉管都可能出现局部过热,这将提高炉管的失效可能性。

F.5.2 一般认为炉管长期处于高于表 F.4 中所列的温度环境而导致的失效是由蠕变和蠕变开裂引起。如果预期的炉管金属温度小于表 F.4 中所列的温度,则应使用一般减薄次因子确定方法对炉管进行评估。但是，如果炉管短时间暴露于高温，则应依据 F.15 来确定可能的短期过热损伤。

表 F.4 考虑蠕变用金属温度极限

材料类型	蠕变临界温度/℃
碳钢	410
0.5Mo	493
1.25Cr-0.5Mo	499
2.25Cr-1Mo	482
3Cr-1Mo	493
5Cr-1Mo	471
5Cr-1Mo-S_i	448
7Cr-1Mo	454
9Cr-1Mo	516
12Cr	427
304/304H 不锈钢	582
316/316H 不锈钢	604
321 不锈钢	543
321H 不锈钢	560
347/347H 不锈钢	593

F.6 确定炉管损伤次因子

炉管损伤次因子的确定步骤见图 F.1。因为可能存在长期高温损伤和短期过热损伤两种损伤模式，所以要分别估算长期高温损伤和短期过热损伤子因子，并用这两个子因子中较大的一个作为炉管损伤次因子。

F.7 确定 TMT

可用热成像、热电偶或其他仪器测定炉管金属平均运行温度。如果不能获得 TMT 的测量值，则对不结焦环境，采用工艺出口温度加上 37.78 ℃作为该温度，对于结焦环境，则加上 66 ℃作为该温度。

F.8 确定蠕变临界温度

表 F.4 给出了各种材料的蠕变临界温度(T_{elas})。

如果实际炉管金属温度低于表中给出的相应材料的蠕变临界温度，则无需考虑长期高温损伤，但应按 F.15 所述的方法考虑短期过热。

F.9 腐蚀速率的确定

F.9.1 根据炉管检测提供的厚度数据，计算出平均腐蚀速率。

F.9.2 如果不能获得计算的腐蚀速率，则应根据附录 C 中 C.6“高温硫化物和环烷酸腐蚀”、C.7“高温 H_2S/H_2 腐蚀”和 C.12“高温氧化腐蚀”来确定每一潜在的腐蚀机理估算腐蚀速率。使用表 C.3 中的筛选问题来确定适用的腐蚀机理。将这些腐蚀速率相加后得出一个综合的腐蚀速率。也可采纳专家建议来确定最大腐蚀速率。

F.10 确定 T_c

根据上一次检测获得的厚度和腐蚀速率来确定当前壁厚。如果没有进行过检测，则采用原始壁厚、总服役时间和预测的腐蚀速率来估算当前壁厚。

F.11 应力计算

T_c、OP 和 D_o 来计算炉管的环向应力 S_{ft}，见式(F.1)：

$$S_{ft}=\frac{p}{2}\left(\frac{D_o}{T_c}-1\right) \qquad \cdots\cdots(F.1)$$

如果炉管应力小于表 F.5 中所列值，则可以不考虑长期高温损伤，但是仍应按 F.15 所述考虑短期过热。

F.12 确定长期高温损伤可能性

长期高温导致的失效可能性按以下步骤计算：

a) 计算平均 Larson Miller 参数——LM_{avg}。将计算应力 S_{ft} 代入表 F.6 中给出的不同材料的表达式计算得出 LM_{avg}。

b) 按式(F.2)计算当前运行条件下的 Larson Miller 参数——Lm。

$$Lm=\frac{TMT+460}{1\,000}\leftrightarrow(\lg t_i+C) \qquad \cdots\cdots(F.2)$$

式中：

TMT ——单位为华氏度(℉)；

t_i ——总使用时间，单位为小时(h)；

C ——按材料从表 F.6 中选取。

c) 从表 F.6 中选取 LM_{delta} 参数值(Larson Miller 曲线平均值和最小的平均差)。

d) 参数 X：用 LM_{avg} 和 Lm 的差值除以 LM_{delta}，见式(F.3)：

$$X=(LM_{avg}-Lm)/LM_{delta} \qquad \cdots\cdots(F.3)$$

e) 长期过热失效系数按式(F.4)计算：

$$FF_{LT}=\min(1,10^{-0.672\,3X^3+0.285\,4X^2-0.590\,5X-0.300\,1}) \qquad \cdots\cdots(F.4)$$

表 F.5 考虑蠕变的炉管应力极限值

材料类型	弹性应力极限/ksi
碳钢	3.2
0.5Mo	1.75
1.25Cr-0.5Mo	2.6
2.25Cr-1Mo	2.2

表 F.5（续）

材料类型	弹性应力极限/ksi
3Cr-1Mo	2.4
5Cr-1Mo	2.4
5Cr-1Mo-Si	1.7
7Cr-1Mo	1.5
9Cr-1Mo	1.25
12Cr	2.1
304/304H 不锈钢	2.4
316/316H 不锈钢	1.85
321 不锈钢	1.85
321H 不锈钢	2.05
347/347H 不锈钢	1.95

F.13 确定长期高温损伤子因子（TMF_{LT}）

长期高温损伤子因子可以由失效系数按式(F.5)计算：

$$TMF_{LT} = 0.55e^{13FF_{LT}} \qquad \text{(F.5)}$$

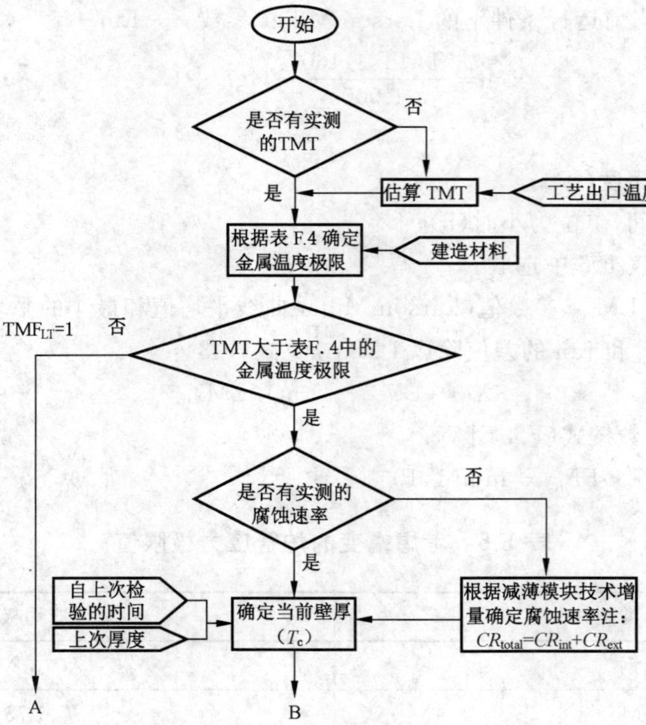

图 F.1 炉管损伤次因子的确定

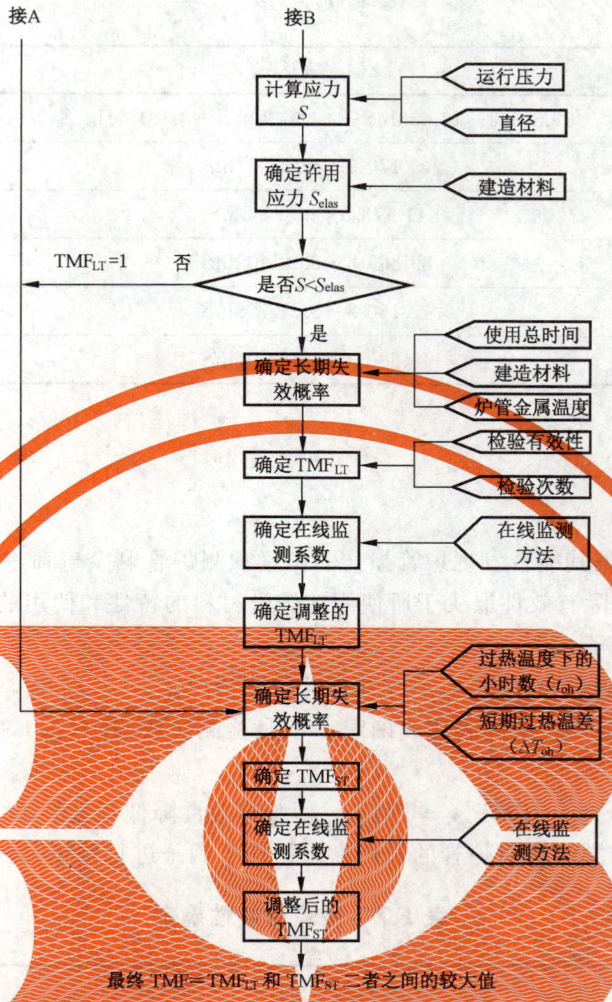

图 F.1（续）

表 F.6　Larson Miller 参数计算公式

材料类别	LM_{avg} 表达式	LM_{deha}	C
碳钢	$42.244\ 3-0.000\ 025\ 156S^3-1.249\ 14\sqrt{S}-1.904\ 35\ln S$	0.34	20
C-0.5Mo	$41.207\ 4-0.000\ 011\ 355S^3-2.305\ 93\ln S$	0.62	20
1.25Cr-0.5Mo	$42.601-2.622\ 49\ln S$	1.11	20
2.25Cr-1Mo	$47.136\ 7-4.180\ 64\ln S-1.840\ 1/\sqrt{S}-8.412\ 96\exp(-S)$	0.85	20
3Cr-1Mo	$44.786-3.501\ 4\ln S$	0.69	20
5Cr-1Mo	$45.558\ 6-3.928\ 51\ln S$	1.41	20
5Cr-1Mo-Si	$45.192\ 8-4.065\ 18\ln S$	1.82	20
7Cr-1Mo	$45.793\ 8-4.425\ 02\ln S$	1.19	20
9Cr-1Mo	$44.703\ 1-3.102\ 33\ln S$	1.32	20

表 F.6（续）

材料类别	LM_{avg}表达式	LM_{deha}	C
12Cr	$59.8012-13.633\ln S+4.3462\ln^2 S-0.60141\ln^3 S$	1.29	20
304/304H 不锈钢	$43.1703-4.15807\ln S$	1.57	15
316/316H 不锈钢	$41.4735-3.3742\ln S$	0.75	15
321 不锈钢	$39.8956-3.12309\ln S$	1.97	15
321H 不锈钢	$42.1308-3.84328\ln S$	1.63	15
347/347H 不锈钢	$41.6803-3.38401\ln S$	0.72	15

F.14 检验有效性类别

F.14.1 检验有效性是根据其能否发现炉管损伤和正确预测炉管剩余寿命进行分级的。给定的检测技术或检测技术的组合的实际有效性取决于所使用的炉管材料的特性和使用的方法。表 F.7 给出了一个确定炉管检测有效性的例子。

F.14.2 炉管检测应进入到炉膛内进行，不存在外部检测情况。

F.14.3 检测的可信度用表 F.8 中的表达式确定。N 是检测次数，若 $N>4$，则取其值为 4。

F.14.4 用式(F.6)确定 TMF_{adj}：

$$TMF_{adj}=TMF\times 检验有效性降低系数 \qquad (F.6)$$

F.14.5 用 F.17 中给出的方法可对炉管的长期高温损伤子因子进行修正，为在线监测提高置信度。

表 F.7 检验有效性确定

检验有效性类别	内部检测
高度有效	目视检查，所有炉管的 UT 厚度测量，UT 测量位置的外径测量，不同位置的 FMR
中高度有效	目视检查，所有炉管进行 UT 测厚
中度有效	75%炉管的目视检查、UT 测厚
低度有效	目视检查、UT 测厚抽检
无效	目视检查

表 F.8 检验有效性降低系数

检验有效性类别	TMF 降低表达式 N=检测次数
高度有效	$\max(\min(1,(1.25N^2-10.15N+25.75)/100),0)$
中高度有效	$\max(\min(1,(0.75N^2-9.65N+33.75)/100),0)$
中度有效	$\max(\min(1,(1.75N^2-18.05N+56.25)/100),0)$
低度有效	$\max(\min(1,(4N^2-39.60N+119.5)/100),0)$
无效	1.0

F.15 确定短期过热损伤子因子

F.15.1 在稳态或接近稳态工况下发生的长期高温损伤并不是炉管失效的唯一模式。短期暴露于高温或火焰冲击也能导致失效。

F.15.2 过热严重度和过热时间的估算：

a) 用炉管过热时的炉管表面温度和设计温度之差来确定可能的超温温度 ΔT_{oh}；

b) 估算炉管在过热条件下工作的累计时间 t_{oh}。

F.15.3 ΔT_{oh}是以下讨论的各种因素的函数。ΔT_{oh}的值可在 0 ℃～149 ℃的范围内变化，即表示在短期内，炉管的某些部位的金属温度可能比设计温度高出 149 ℃。对存在下面一种或几种问题的加热炉应采用高的 ΔT_{oh}值：

a) 有过热失效历史；

b) 观察到火焰冲击现象；

c) 严重结焦的可能性高。

F.15.4 t_{oh}是对过热事件发生次数和持续时间的一个度量。t_{oh}值的变化范围为 10 h～1 000 h，它表示炉子暴露于恶劣工况下的累积时间量。对存在下述问题的加热炉应采用高的 t_{oh}值：

a) 不稳定运行；

b) 燃烧器控制存在问题。

F.15.5 短期过热造成失效的可能性可按以下步骤计算：

步骤 1：用式(F.7)中的函数和累计过热时间计算过热温度 $\Delta T_{5\%}$。$\Delta T_{5\%}$与 LM 曲线上导致 5%的失效可能性的 ΔT_{oh}值对应：

$$\Delta T_{5\%} = 35.5\ln(1\ 029/t_{oh}) \qquad \cdots\cdots(\text{F.7})$$

步骤 2：随着实际过热温度 ΔT_{oh}增加，失效可能性也作为 ΔT_{oh}和 $\Delta T_{5\%}$之差的一个函数增加。使用式(F.8)来计算短期过热的失效系数：

$$FF_{ST} = \min(0.05e^{0.042\,2(\Delta T_{oh}-\Delta T_{5\%})}, 1.0) \qquad \cdots\cdots(\text{F.8})$$

F.16 短期过热损伤子因子的确定(TMF_{ST})

短期过热损伤子因子利用式(F.8)得出的失效系数根据式(F.5)计算。

F.17 在线监测系数对 TMF 的调整

炉管的意外高腐蚀率、不均匀加热、意外短期过热以及火焰冲击都对炉管消耗的寿命分数的增加有影响。除检测外，通常也使用短期干扰和二次点火条件的在线监测来防止炉管的过早失效。在线监测的优点在于它在定期检测之前可探测到炉管金属温度的短期变化，从而可更好地估算炉管的消耗寿命分数和推荐的剩余寿命。在线监测采用了多种方法，包括炉管热电偶、热成像和目视检查与原料组合调整等。如采用在线监测，应提供反映在所预测的消耗寿命分数中有较高置信度。这些方法的效果随炉子和炉管材料类型而变化。表 F.9 提出的调整系数建立在假定通过在线监测发现的问题都得到纠正的基础上。

表 F.9　在线监测系数确定

在线监测方法	长期高温在线监测系数	短期过热在线监测系数
没有监测	1.0	1.0
日常目视和燃烧器运行调节	5.0	50.0
热成像	10.0	100.0
管道热电偶和连接到控制柜的仪表	10.0	100.0

在线监测系数对 TMF 调整见式(F.9)：

$$TMF_{adj} = TMF / 在线监测系数 \quad \cdots\cdots（F.9）$$

F.18　炉管损伤因子的确定

炉管损伤次因子应取长期高温损伤子因子和短期过热损伤子因子中的较大者。

附　录　G
（规范性附录）
机械疲劳损伤次因子确定

G.1　概述

按规范设计和安装的管道系统不易发生疲劳失效，但要在设计阶段预测管道的振动是非常困难的，特别是：如果存在诸如往复泵和压缩机等周期性的机械应力源的时候。另外，虽然管道系统在竣工条件下不易发生机械疲劳，但随着运行后条件的变化，如管支架失效、平衡改变引起振动加剧、工艺异常波动期间安全阀的震颤、流量和压力循环变化或无支撑的支管连接头重量增加（摆动效应）等情况的出现，管道系统对疲劳失效的敏感性会增加。

G.2　筛选问题

表 G.1 列出的管道机械疲劳损伤筛选问题用于确定是否需要进行机械疲劳损伤分析。

表 G.1　管道机械疲劳技术模型筛选问题

筛选问题		措　施
问题 1	评估对象是管道吗？	如果是，则转到问题 2
问题 2	该管道系统中过去是否出现过疲劳失效，或该管道系统中有无可以看得见或听得到的振动，或在 15 m 以内有无一个与管道相连（通过结构直接或间接连接）的周期性的振动源？振动或振动源可以是连续的或间歇的。瞬时条件常引起间歇振动	如果是，则转到管道机械疲劳失效技术模块

G.3　基本数据

表 G.2 中所列数据用于管道机械疲劳损伤分析。

表 G.2　管道机械疲劳分析所需的基本数据

基本数据	说　明
以往的疲劳失效数	如果没有疲劳失效的历史，或者没有重大变化，则认为疲劳失效的可能性低。 选择：没有、一次或不止一次
振动的严重程度 （可听或可见的振动）	较小：无可见振动，触摸管子时几乎感觉不出振动。 中等：很小或无可见振动，但当接触管道时确实感觉到振动。 剧烈：在管子、支管、连接件、支架等中与可见振动迹象，当接触管子时感觉到剧烈的振动。 选择：较小、中等或剧烈
管道已经振动的时间	如果管道系统最近没有显著变化，并且振动量已经多年没有变化，或者累积的循环量大于疲劳极限，则可认为循环应力小于疲劳极限。 选择：0～2 周，2～13 周，13～52 周

表 G.2（续）

基本数据	说　明
管线附近(即 15 m 内)的周期性应力源	确定管道连接的哪种周期循环源。连接可能是直接或间接的(比如通过结构支撑件)
往复机械、安全阀震颤、高压力降阀(如排放阀或混合阀)，无振源情况下采取的纠正措施	对反映振动管道是一个疲劳问题的分析工作赋予置信度。 选择：基于全面的工程分析的改进、基于经验的改进、不改进
管道的复杂度：在 15 m 的管道大于 10 个支管、管接头等	根据支管连接数、管接头数等确定管道的复杂等。 选择：0～5 个支管或管接头、5～10 个支管、管接头等
该管道中采用的接头或支管形式类型	确定接头或支管连接形式。 选择：螺纹承插焊连接、凸鞍形连接、凹鞍形连接、焊接小管、变径小管
管道条件	确定被评估管段的支撑条件。 选择：支撑件缺失或损坏、支管承重未作支撑、托板破裂、托板/支撑件直接焊到管道上，良好状态

G.4　基本假设

G.4.1　合理设计的管道由于振动周期短、应力振幅小，出现机械疲劳的倾向很小。由于在设计阶段的初步分析无法完全准确地预测安装后的管道系统的反应，因此本模块主要考虑那些对疲劳失效影响较大的关键因素，如管道直径、厚度、质量、支撑间距和支撑形式等。

G.4.2　根据装置专业工程师和检测员的经验和判断确定以下状况：

a)　曾经出现过疲劳引起的失效；

b)　比一般装置管道系统存在更加严重的可听见、可看见，或其他可感觉到的振动(包括小支管接头)；

c)　与往复机械连接的接头、通过泄放阀或混合阀产生的严重汽蚀，或安全阀震颤。

G.4.3　出现以上 3 种状况中的任一或全部即确定为管道疲劳失效的基准敏感性，然后根据其他条件对基准敏感性进行修正(详见 G.6)。

G.5　检验有效性

管道系统机械疲劳损伤的检测主要依赖于对可能引起振动的条件进行的检测。主要检测内容包括：

a)　检查管支架是否处于正常支撑状态；

b)　检查管道是否存在任何周期性振动；

c)　检查所有管道角焊支架及管道连接件是否存在开裂现象；

d)　检查管线上未支撑的带阀门或控制器的小支管焊缝；

e)　用手触摸来探测管子的振动；

f)　用专门的监测设备测量管子的振动；

g)　检查装置在瞬态和不同的运行情形(起动、停机、干扰等)下是否存在间歇振动现象；

h)　检查管道部件如控制阀和管附件发出的可听见的振动声音。

G.6 确定机械疲劳损伤的次级因素

图 G.1 中的流程图给出了确定技术模块次级因素的程序。具体步骤如下：

a) 第 1 步：确定以往已经发生的疲劳失效次数，并按表 G.3 确定基准敏感度。

表 G.3 以往的疲劳失效

以往失效次数	基准敏感度
无	1
1 次	50
>1 次	500

b) 第 2 步：确定管道中发生的可看见/可听见的振动或可听见的噪声量，并按表 G.4 确定基准敏感度。然后通过乘以表 G.5 中的系数来调整表 G.4 中的基准敏感度。

表 G.4 振动噪声

振动噪声	基准敏感度
较小	1
中等	50
严重	500

表 G.5 振动调节系数

振动持续时间/周	调节系数
0～2	1
2～13	0.2
13～52	0.02

c) 第 3 步：确定 15.24 m 管道范围内直接或间接连接的循环应力的类型，并按表 G.6 确定基准敏感度。

表 G.6 循环应力类型

15.24 m 内连接的循环力来源	基准敏感度
往复机械	50
安全阀振动	25
具有高压降的阀门	10
无	1

d) 第 4 步：将根据第 1 步～第 3 步确定的基准敏感度中的最大者选作管道疲劳损伤的总基准敏感度。

e) 第 5 步：通过乘以表 G.7 中根据对管道系统疲劳采取的纠正措施确定的系数来调节总基准敏

感度。

表 G.7 采取的纠正措施

采取的纠正措施	调节系数
基于完整的工程分析的修正	0.002
基于经验的修正	0.2
不修正	2

f) 第 6 步:通过乘以表 G.8 中根据管道复杂度确定的系数调节总基准敏感度。

表 G.8 管道系统的复杂度

复杂度 每 15 240 mm(50 ft)的管道	调节系数
0～5 个支管、管接头等	0.5
5～10 支管、管接头等	1
大于 10 支管、管接头等	2

g) 第 7 步:通过乘以表 G.9 中根据接头或支管形式确定的系数调节总基准敏感度。

表 G.9 接头或支管形式

接头形式	调节系数
螺纹连接	2
承插焊	2
凸鞍形	2
凹鞍形	1
小焊管	0.2
变径小管	0.02

h) 第 8 步:通过乘以表 G.10 中根据支撑条件确定的系数调节总基准敏感度。

表 G.10 管道条件

条件	调节系数
管支架丢失或损坏	2
重量未作支撑	2
加力板破裂	2
加力板/管支架直接焊到管道上	2
良好状态	1

i) 第 9 步:通过乘以表 G.11 中根据支管直径确定的系数调节小直径支管的总基准敏感度。

表 G.11 支管直径

支管直径	调节系数
支管直径小于或等于 50 mm	1
所有支管直径均大于 50 mm	0.02

j) 第 10 步:第 9 步得到的值是最终的疲劳技术模块的次因子。为保证与其他的 TMFs 一致,该值的临界最大值为 5 000(5 000 或超过 5 000 表明肯定失效)。

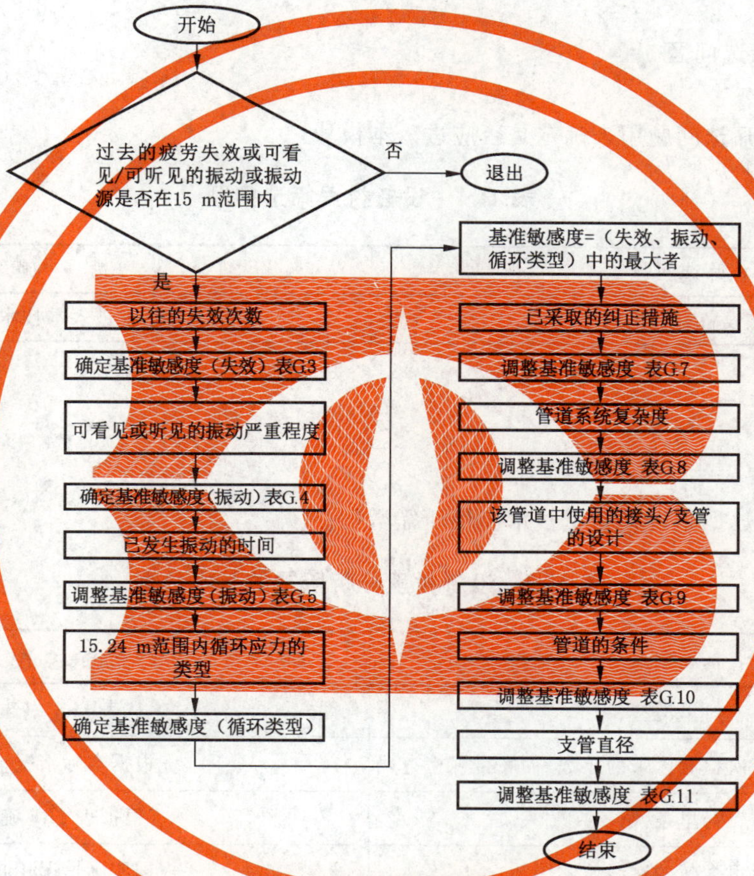

图 G.1 确定管道机械疲劳技术模块次因子

附 录 H
（规范性附录）
设备衬里破坏次因子确定

H.1 概述

本模块用于确定保护性内衬里对技术模块因子的修正系数。

H.2 技术模块的筛选问题

表 H.1 中所列筛选问题用来确定是否应进入本模块。

表 H.1 设备衬里筛选问题

筛选问题	措　施
该设备有衬里吗?	有,则进入本技术模块

H.3 基本数据

表 H.2 中所列数据是设备衬里技术模块所需数据。

表 H.2 设备衬里分析所需的基本数据

基础数据	注　释
衬里类型	从表 H.3 中选取
衬里使用年限或自上次检测以来的年数(彻底目视检查)	根据实际情况输入
衬里条件	根据表 H.6 确定
对衬里失效的在线监测	根据实际情况用户输入
基体材料的各种损伤机理的技术模块因子(TMF)	使用其他技术模块

H.4 基本假设

所有衬里都能起到一定的保护基体的作用,使得基体在一段时间内基本不受可能发生的损伤机理的影响。但衬里会随时间而损伤,因而寿命是有限的(见表 H.3)。衬里的使用年限(或距上次检测的年数)是确定修正系数的重要因素。

表 H.3 衬里类型及强度

种　类	耐蚀性能
合金覆层或堆焊层	耐环境侵蚀
合金覆层或堆焊层	焊缝或被稀释的堆焊层发生腐蚀
带状衬里合金	焊缝处易失效
有机涂层，一般干膜厚度＞0.76 mm	有限寿命
隔热服役条件：可铸耐火材料/塑性耐火材料/耐火砖	遭受偶然的剥落或坍塌
苛刻隔热及磨蚀服役条件：可铸耐火材料/瓷砖	在高磨蚀环境下寿命有限
搪玻璃衬里	完全保护，但遭受热或机械冲击会引起的失效
耐酸砖	部分保护。耐酸砖提供热保护， 但不能用来防止液体接触基体材料

H.5 技术模块因子的确定

H.5.1 图 H.1 给出了确定技术模块因子的程序。基本方法是根据衬里类型、使用年限或自上次检测以来的年数来确定其失效系数。先根据衬里条件进行调整，然后再根据衬里失效造成设备失效的可能性(设备迅速失效或仍可持续一段较长的时间后失效)进行进一步调整。如有对衬里的早期失效进行在线监测的措施，需对该措施置信度进行评价。

H.5.2 将调整的衬里失效系数和针对基体材料确定的总技术模块因子进行比较，使用其中的较小值作为最终的技术模块因子。

H.5.3 表 H.4 和表 H.5 给出了初始衬里失效系数及使用年限的对应关系。

H.6 衬里条件的调节

表 H.6 给出了基于衬里条件定量评价的调节系数。

H.7 在线监测的调节

某些衬里设备有监测系统[热红外成像技术、或热敏漆(耐火衬里)、装有探测装置的排气预留孔(疏松合金衬里)及电阻探测(搪玻璃衬里)等]，能对衬里泄漏或其他失效进行早期探测，以确保在因衬里损伤导致发生设备失效前按程序停用设备。如果采用的在线监测技术可以可靠地对探测出衬里损伤，则将衬里失效系数乘以 0.1。

H.8 技术模块因子

a） 第 1 步：确定调节的衬里失效系数；

b） 第 2 步：确定基体材料的其他技术模块因子的总和；

注：由于涂层失效一般是局部脱落，因此在确定检验有效性时应按局部腐蚀来处理。

c） 第 3 步：使用第 1 步、第 2 步的两个值中的较小值作为技术模块因子。

当衬里仅用于提高产品纯净度目的时可不进行设备衬里技术模块分析。

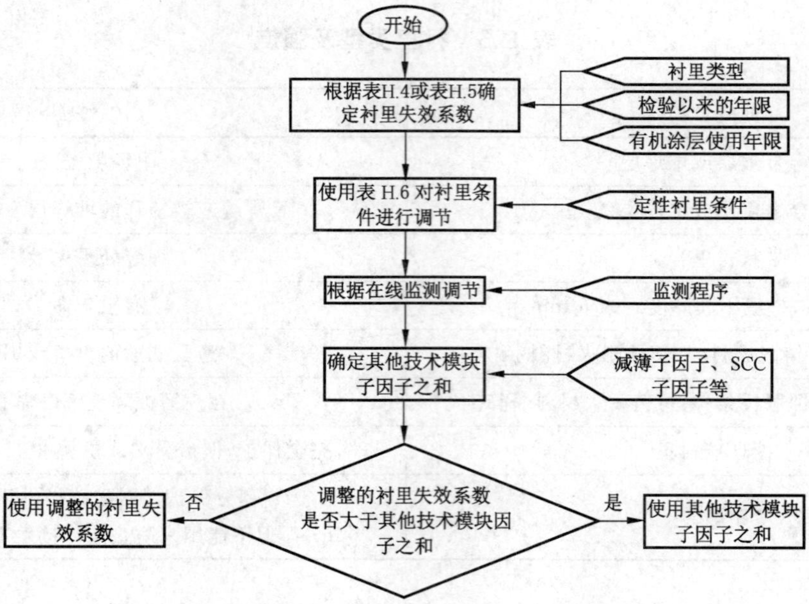

图 H.1　设备衬里破坏次因子的确定

表 H.4　衬里失效系数

距上次检测的时间（彻底目视检查）年	合金包覆层或焊接堆焊层（耐蚀）	合金包覆层或焊接堆焊层（可能侵蚀）	带状衬里合金（耐蚀）	可铸耐火材料	可铸耐火材料—苛刻环境	搪玻璃衬里	耐酸砖
1	0	3	0.3	0.5	9	3	0
2	0	4	0.5	1	40	4	0
3	0	6	0.7	2	146	6	0
4	0	7	1	4	428	7	0
5	0	9	1	9	1 017	9	1
6	0	11	2	16	1 978	11	1
7	0.1	13	3	30	3 000	13	1
8	0.1	16	4	53	3 000	16	1
9	0.1	20	6	89	3 000	20	2
10	0.2	25	9	146	3 000	25	3
11	0.3	30	12	230	3 000	30	4
12	0.5	36	16	351	3 000	36	5
13	0.7	44	22	518	3 000	44	7
14	1	53	30	738	3 000	53	9
15	2	63	40	1 017	3 000	63	11
16	2	75	53	1 358	3 000	75	15
17	3	89	69	1 758	3 000	89	19

表 H.4（续）

距上次检测的时间（彻底目视检查）年	合金包覆层或焊接堆焊层（耐蚀）	合金包覆层或焊接堆焊层（可能侵蚀）	带状衬里合金（耐蚀）	可铸耐火材料	可铸耐火材料—苛刻环境	搪玻璃衬里	耐酸砖
18	4	105	89	2 209	3 000	105	25
19	6	124	115	2 697	3 000	124	31
20	9	146	146	3 000	3 000	146	40
21	12	170	184	3 000	3 000	170	50
22	16	199	230	3 000	3 000	199	63
23	22	230	286	3 000	3 000	230	78
24	30	266	351	3 000	3 000	266	97
25	40	306	128	3 000	3 000	306	119

表 H.5 衬里失效系数—有机涂层

使用年数	上次检测距今 6 年以上	上次检测在 6 年内	上次检测在 3 年内
1	30	1	0
2	89	4	0
3	230	16	0
4	518	53	0
5	1 017	146	0.2
6	1 758	351	1
7	2 697	739	4
8	3 000	1 358	16
9	3 000	2 209	53
10	3 000	3 000	146
11	3 000	3 000	351
12	3 000	3 000	738
13	3 000	3 000	1 358
14	3 000	3 000	2 209
15	3 000	3 000	3 000
16	3 000	3 000	3 000
17	3 000	3 000	3 000
18	3 000	3 000	3 000
19	3 000	3 000	3 000
20	3 000	3 000	3 000
21	3 000	3 000	3 000

表 H.5（续）

使用年数	上次检测距今 6 年以上	上次检测在 6 年内	上次检测在 3 年内
22	3 000	3 000	3 000
23	3 000	3 000	3 000
24	3 000	3 000	3 000
25	3 000	3 000	3 000

表 H.6　衬里条件的调整

定性条件	说　明	修正系数
差	衬里以前发生过失效或出现可能在近期导致失效的迹象。对以前失效的修复不成功或质量差	10
一般	衬里没有显示出任何因损伤机理引起的过大侵蚀的迹象。可能曾进行过局部修复,但修复质量良好,并成功改善了衬里的条件	2
好	衬里状态如新,没有任何因损伤机理引起的侵蚀迹象。无需对衬里进行修复	1

附 录 I
（规范性附录）
外部损伤次因子确定

I.1 概述

外部损伤会导致碳钢/低合金钢和奥氏体不锈钢设备或管线外表面出现减薄或应力腐蚀开裂现象，最严重的外部损伤为保温层下的腐蚀(CUI)。碳钢和低合金钢的外部损伤的表现形式为腐蚀减薄，而不锈钢的外部损伤的表现形式则为SCC。

本模块是一个独立的技术模块，其技术模块因子的计算和使用与内部减薄和内部SCC损伤机理无关。

I.2 技术模块筛选问题

表I.1列出了外部损伤的筛选问题。筛选程序见图I.1。

表 I.1 外部损伤的筛选问题

筛选问题	措 施
1） 材料是碳钢或低合金钢？	是，则转到问题2，不是，则转到问题4
2） 运行温度(持续或间歇)在−12 ℃～121 ℃之间吗？	是，则转到问题3，不是，则退出模块
3） 设备是否有保温？	是，则转到I.4，不是，则转到I.3
4） 材料是奥氏体不锈钢？	是，则转到问题5，不是，则退出模块
5） 运行温度(持续或间歇)在38 ℃～149 ℃之间吗？	是，则转到问题6，不是，则退出模块
6） 设备是否有保温层？	是，则转到I.6，不是，则转到I.5

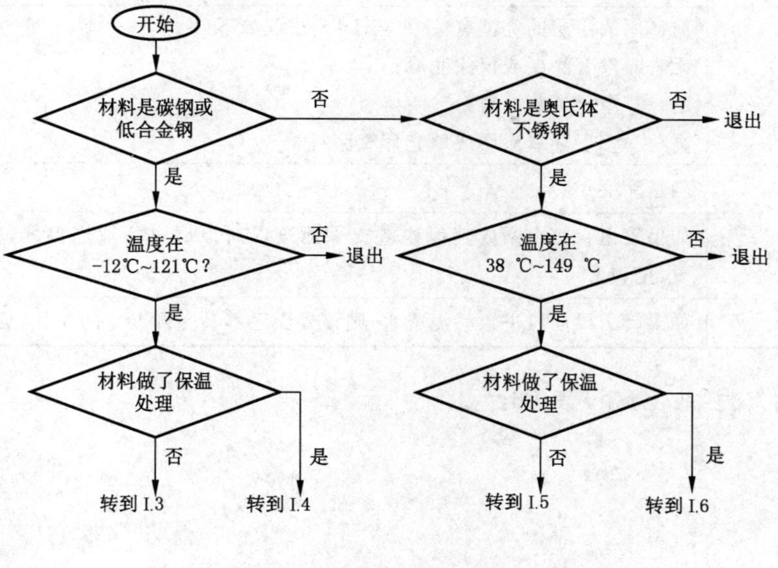

图 I.1 外部损伤流程

I.3 碳钢和低合金钢的外部腐蚀

I.3.1 一般情况下，位于年降雨量大的区域或较暖和的海边区域的装置比位于较寒冷、干燥的地区的装置更容易受到外部腐蚀。在同一个装置中，处于冷却塔和蒸汽排放口附近区域的设备更容易发生外部腐蚀。

I.3.2 通过适当的油漆可减缓外部腐蚀。定期进行油漆完好状况检查和重新补漆可防止大多数外部腐蚀的发生。

I.3.3 相对而言，处于以下装置区域的设备更容易发生外部腐蚀：

a) 冷却塔附近区域；

b) 蒸汽排放口附近的区域；

c) 喷淋系统的区域；

d) 遭受工艺淋漏物、潮湿气体侵入或酸蒸汽的区域；

e) 在－12 ℃～121 ℃之间运行的碳钢系统；在运行温度引起空气中的水分频繁或持续冷凝和再次蒸发的场合；

f) 在 121 ℃以上运行，但仅间断使用的碳钢系统；

g) 涂层和/或包裹层已损伤的系统；

h) 一直在大气露点温度以下运行的设备。

I.3.4 基本数据：表 I.2 列出了分析碳钢和低合金钢外部腐蚀所需要的基本数据。

表 I.2 碳钢和低合金钢的外部腐蚀所需的基本数据

基本数据	说　明
影响因素	包括：设备所在地的天气(例如：海洋性气候)、冷却塔漂水量、使用喷淋装置或其他因素等
腐蚀速率/(mm/年)	外部腐蚀的腐蚀速率。根据温度、诱因或用户确定的数据得出，见表 I.3
日期	确定进入减薄技术模块的时间(年)。一般从安装时开始计算
检验有效性	针对外部腐蚀进行的检测程序的有效性，见表 I.7
检测次数	外部腐蚀检测的次数
涂层质量	与使用的涂层的类型有关，见表 I.4。建议如下： 无——没有涂层或仅涂底漆； 中——单层环氧涂料； 高——多层环氧涂层或填充环氧涂料
喷涂日期	确定涂层年龄
管支架补偿(是/否)	如果管道直接由梁或其他构造支承而难以对涂层进行适当保养，外部腐蚀可能会更严重，见表 I.5
界面补偿(是/否)	如果管子界面可进入污泥或水，则该界面区容易受到严重的腐蚀，见表 I.6

I.3.5 基本假设和方法：见表 I.3～表 I.6。

表 I.3 碳钢外部腐蚀默认腐蚀速率(mm/年)

运行温度/℃	腐蚀诱因		
	海上/冷却塔漂水区	温和环境	干旱/干燥环境
小于－12	0	0	0
－12～15	0.13	0.076	0.025
16～49	0.05	0.025	0
50～93	0.13	0.05	0.025
94～121	0.025	0	0
大于 121	0	0	0

表 I.4 根据涂层质量的调整

涂层质量		
无	中等	高
日期＝安装日期	日期＝涂装日期＋5	日期＝涂装日期＋15

表 I.5 根据管支架补偿的调整

有补偿	无补偿
损伤速度＝损伤速率×2.0	损伤速度＝损伤速率×1.0

表 I.6 根据界面补偿的调整

有补偿	无补偿
损伤速度＝损伤速率×2.0	损伤速度＝损伤速率×1.0

I.3.6 碳钢和低合金钢的外部腐蚀检验有效性：碳钢和低合金钢外部腐蚀检验有效性等级见表 I.7。

表 I.7 检测的有效性

检验有效性类别	检测方法
高度有效	对＞95％的外表面目视检查及 UT、RT、深度尺检测
中高度有效	对＞60％～95％的外表面目视检查及 UT、RT、深度尺检测
中度有效	对＞30％～60％的外表面目视检查及 UT、RT、深度尺检测
低度有效	对＞5％～30％的外表面目视检查及 UT、RT、深度尺检测
无效	对≤5％的外表面目视检查及 UT、RT、深度尺检测

I.3.7 确定碳钢和低合金钢的外部腐蚀技术模块子因子：

碳钢和低合金钢外部腐蚀技术模块子因子的确定程序见图 I.2。具体步骤如下：

a) 第 1 步：确定所研究的装置或装置的一部分中，引起外部腐蚀的原因；

b) 第 2 步：根据腐蚀诱因和运行温度确定腐蚀速率；

c) 第 3 步：根据涂层的种类和喷涂日期，调整外部腐蚀可能发生的时间；

d) 第 4 步：根据支撑补偿情况，调整管子发生外部腐蚀的速率；

e) 第5步:根据界面补偿情况,调整外部腐蚀的速率;

f) 第6步:根据减薄技术模块调整后的腐蚀速率和检验有效性等级和次数确定TMF。

I.4 碳钢和低合金钢的CUI腐蚀

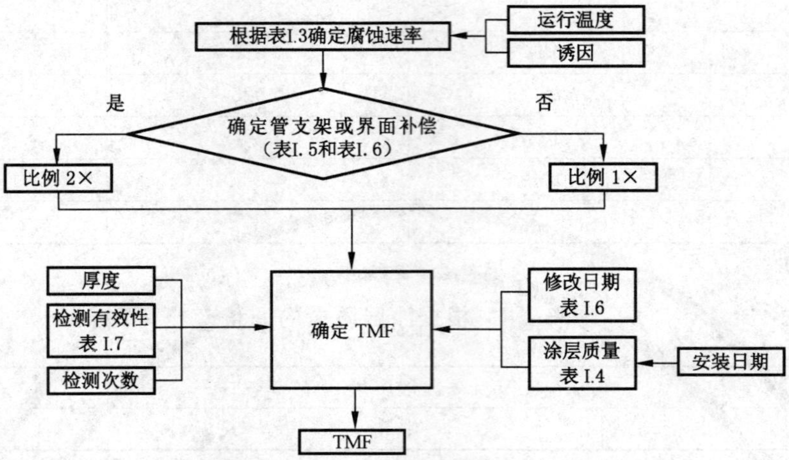

图 I.2 确定碳钢和低合金钢外部腐蚀技术模块子因子

I.4.1 基本数据

表I.8～表I.15为碳钢和低合金钢的CUI分析需要的数据。

I.4.2 确定碳钢和低合金钢CUI技术模块子因子

确定碳钢和低合金钢的CUI技术模块子因子的程序见图I.3。

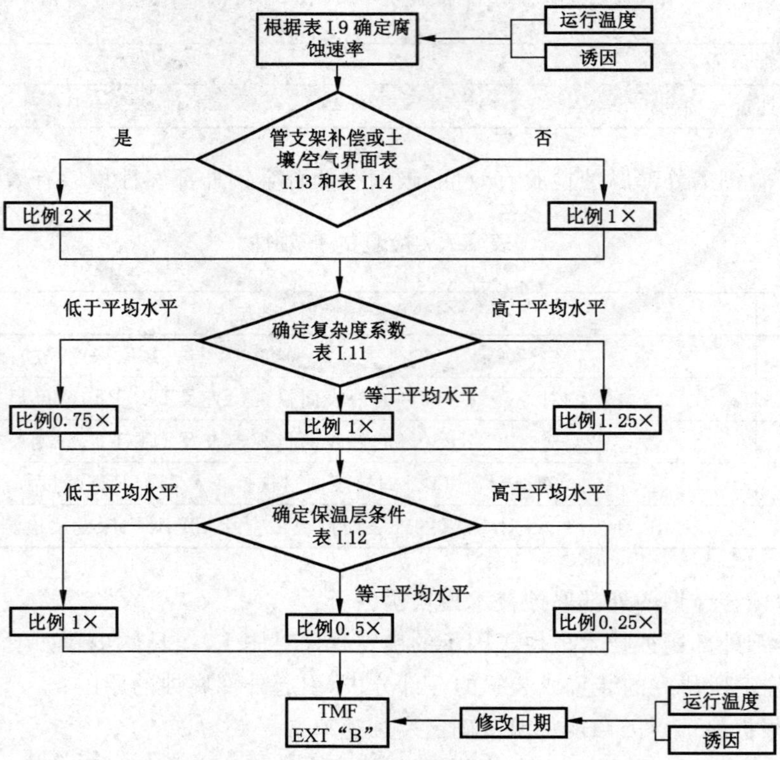

图 I.3 确定碳钢和低合金钢CUI技术模块子因子

具体步骤如下：

a) 第1步：确定所研究的装置或装置的一部分中，引起外部腐蚀的原因；

b) 第2步：根据腐蚀诱因和运行温度确定腐蚀速率；

c) 第3步：根据涂层的种类和喷涂日期，调整外部腐蚀可能发生的时间；

d) 第4步：根据系统的复杂度调整外部腐蚀速率（管线分支、支撑等的数量，水可通过这些部位进入保温层）；

e) 第5步：根据对保温层的状况和对气候影响（如果存在）的定性评估调整外部腐蚀速率；

f) 第6步：根据支撑补偿的情况调整外部腐蚀速率；

g) 第7步：根据界面补偿的情况调整外部腐蚀速率；

h) 第8步：根据调整后的腐蚀速率和检测的类型和次数，确定减薄技术模块的TMF。

表 I.8 分析碳钢和低合金钢的CUI需要的基本数据

基本数据	说　明
诱因	外部腐蚀的诱因。包括：设备所在地的天气（例如：海洋性气候）、冷却塔漂水量、使用喷淋装置或其他因素等
腐蚀速率/(mm/年)	外部腐蚀的腐蚀速率。根据温度、诱因或用户确定的数据得出，见表I.3
日期	确定进入减薄技术模块的时间（年）。一般从安装时开始计算
检测的有效性	针对外部腐蚀进行的检测程序的有效性，见表I.7
检测次数	外部腐蚀检测的次数
涂层质量	与使用的涂层的类型有关，见表I.4。建议如下： 无——没有涂层或仅涂底漆； 中——单层环氧涂料； 高——多层环氧涂层或填充环氧涂料
喷漆日期	确定涂层年龄。
复杂度	分支数目（见表I.11）：低于平均水平、平均水平、高于平均水平
保温层状况是否良好？（是/否）	根据目视检查的保温层状况来确定。良好的保温层表面没有任何受损迹象（如刺穿、撕裂或防水圈脱落、填充料脱落）或积水（如发棕色、发绿或黑色污迹）。应特别注意水容易进入的部位；像检测破裂口或保温层的破损部位（如龙头、支承环和卡箍等）。水平部位也能积水。如果发现任何受损情况，缺省取“否”（见表I.12）
管支架补偿（是/否）	如果管道直接由梁或其他构造支承而难以对涂层进行适当保养，外部腐蚀可能会更严重，见表I.5
界面补偿（是/否）	如果管子界面可进入污泥或水，则该界面区容易受到严重的腐蚀，见表I.6

表 I.9 碳钢和低合金钢CUI分析的基本假设和方法

运行温度/℃	外部环境		
	海上/冷却塔漂水区/mpy	温和环境/mpy	干燥环境/mpy
小于－12	0	0	0
－12～15	5	3	1
16～49	2	1	0
50～93	10	5	2

表 I.9（续）

运行温度/℃	外部环境		
	海上/冷却塔漂水区/mpy	温和环境/mpy	干燥环境/mpy
94～121	2	1	0
大于 121	0	0	0

表 I.10 根据涂层质量的调整

涂层质量		
无	中等	高
日期＝设备安装日期	日期＝喷涂日期＋5	日期＝喷涂日期＋15

表 I.11 根据管道复杂度的调整

低于平均水平	平均水平	高于平均水平
腐蚀速度＝腐蚀速率×0.75	腐蚀速度＝腐蚀速率×1.0	腐蚀速度＝腐蚀速率×1.25

表 I.12 根据保温层状况的调整

低于平均水平	平均水平	高于平均水平
腐蚀速度＝腐蚀速率×1.0	腐蚀速度＝腐蚀速率×0.5	腐蚀速度＝腐蚀速率×0.25

表 I.13 根据管道支撑补偿的调整

有补偿	无补偿
腐蚀速度＝腐蚀速率×2.0	腐蚀速度＝腐蚀速率×1.0

表 I.14 根据界面部位补偿的调整

有补偿	无补偿
腐蚀速度＝腐蚀速率×2.0	腐蚀速度＝腐蚀速率×1.0

表 I.15 碳钢和低合金钢 CUI 检测有效性

检测有效性类别	拆除保温层	不拆除保温层
高度有效	拆除 95％以上的保温层，对露出的表面进行目视检查，然后再用 UT、RT、深度尺进行检测	大于 95％表面的射线检测或实时射线检测
中高度有效	拆除保温层前对 95％以上区域进行目视检查，然后拆除包括可疑部位在内的 60％以上的保温层，对露出的表面进行目视检查，再用 UT、RT、深度尺进行检测	对 95％以上进行目视检查，且对包括可疑部位在内的＞60％～95％表面的射线检测或实时射线检测

表 I.15（续）

检测有效性类别	拆除保温层	不拆除保温层
中度有效	拆除保温层前对95%区域以上进行目视检查，然后拆除包括可疑部位在内的30%以上的保温层，对露出的表面进行目视检查，再用UT、RT、深度尺进行检测	对95%以上进行目视检查，并对包括可疑部位在内的>30%～60%表面的射线检测或实时射线检测
低度有效	拆除保温层前对95%以上进行目视检查，然后拆除包括可疑部位在内的5%以上的保温层，对露出的表面进行目视检查，再用UT、RT、深度尺进行检测	对95%以上进行目视检查，并对包括可疑部位在内的>5%～30%表面的射线检测或实时射线检测
无效	仅拆除5%以下的保温层进行目视检查，或不检测或检测无效	不检测或对保温层的目视检查范围小于95%

I.5 奥氏体不锈钢的外部应力腐蚀开裂(SCC)

I.5.1 基本数据

表 I.16 为奥氏体不锈钢外部 SCC 分析需要的数据。

表 I.16 奥氏体不锈钢外部 SCC 分析所需的基本数据

基本数据	说明
诱因	外部腐蚀的诱因。包括：设备所在地的气候（例如：海洋性气候）、冷却塔漂水、使用喷淋装置或其他因素等
开裂严重性	根据敏感性确定外部腐蚀开裂技术模块的开裂严重性（见表 I.17）
日期	确定计算 TMF 的时间（年）。缺省日期为安装日期。可根据外防腐涂层新修复后的时间做出改变
检测有效性	外部腐蚀检测程序的有效性（见表 I.19）
检测次数	外部腐蚀检测的次数
检测日期	上次外部腐蚀检测的日期
涂层质量	与所使用的涂层类型有关（见表 I.18）
涂装日期	确定防腐涂层使用时间

I.5.2 基本假设和方法

见表 I.17～表 I.19。

表 I.17 奥氏体不锈钢外部应力腐蚀开裂(SCC)的敏感性

运行温度/℃	外部环境		
	海上/冷却塔漂水区	潮湿环境	干燥环境
<60	无	无	无
60～93	中等	低	无

表 I.17（续）

运行温度/℃	外部环境		
	海上/冷却塔漂水区	潮湿环境	干燥环境
94～149	低	低	无
＞149	无	无	无

表 I.18 根据涂层质量的调整

涂层质量		
低	中等	高
日期＝设备安装日期或距上次检测日期（如设备经检测）	日期＝涂装日期＋5 或上次检测日期（如设备经检测）	日期＝涂装日期＋15 或上次检测日期（如设备经检测）

表 I.19 奥氏体不锈钢外部 SCC 检测有效性

检测有效性类别	内部检测
高度有效	对 95％以上的表面进行渗透或涡流检测，并根据相关结果进行 UT 检测
中高度有效	对＞60％～95％的表面进行渗透或涡流检测，并根据相关结果进行 UT 检测
中度有效	对＞30％～60％的表面进行渗透或涡流检测，并根据相关结果进行 UT 检测
低度有效	对＞5％～30％的表面进行渗透或涡流检测，并根据相关结果进行 UT 检测
无效	检测有效性小于“低度有效”

I.5.3 确定外部 SCC 技术模块子因子

确定奥氏体不锈钢外部 SCC 技术模块子因子的过程见流程图 I.4。具体步骤如下：

a) 第 1 步：确定所研究的装置或装置的一部分中，引起外部腐蚀的原因；
b) 第 2 步：根据腐蚀诱因和运行温度确定敏感性；
c) 第 3 步：根据存在的裂纹进行调整，如果该设备已检测出 SCC，敏感性定为高；
d) 第 4 步：外部 SCC 的严重度指数见表 I.20；
e) 第 5 步：根据上次检测的时间及涂层的类型和使用时间，确定外部腐蚀可能发生的时间；
f) 第 6 步：最终的 TMF＝TMF×上次检测距现在的年数。

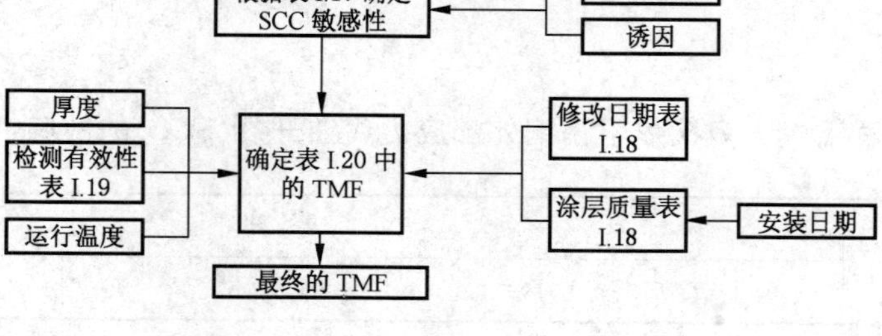

图 I.4 确定奥氏体不锈钢外部 SCC 技术模块子因子

表 I.20 外部 SCC 的严重度指数

敏感性	不锈钢外部 SCC
高	50
中	10
低	1

I.6 奥氏体不锈钢保温层下应力腐蚀开裂(CUI SCC)

I.6.1 基本数据

表 I.21 为奥氏体不锈钢 CUI SCC 技术模块需要的数据。

表 I.21 分析奥氏体不锈钢 CUI SCC 需要的基本数据

基本数据	说明
诱因	外部腐蚀的诱因。包括:设备所在地的气候(例如:海洋性气候)、冷却塔漂水、使用喷淋装置或其他因素等
开裂严重性	外部腐蚀开裂技术模块的开裂严重性。根据敏感性确定(见表 I.22)
日期	确定计算 TMF 的时间(年)。缺省日期为安装日期。日期可根据涂装日期、上次检测距今的时间做出改变
检测的有效性	外部腐蚀检测程序的有效性
检测次数	外部腐蚀检测的次数
检测日期	上次保温层下外部腐蚀检测的日期
涂层质量	与保温层下所使用的涂层类型有关:无、中等或高(见表 I.23)
涂装日期	确定涂层使用时间。如涂层质量选择“无”,则不用填写
保温层状况是否良好?(是/否)	良好的保温层表面没有任何受损迹象(如刺穿、撕裂或防水圈脱落、填充料脱落)或积水(如发棕、发绿或黑色污迹)。应特别注意水容易进入的部位;像检测破裂口或保温层的穿透部位(如龙头、支承环和卡箍等)。水平部位也能积水。如果发现任何受损情况,缺省取“否”(见表 I.25)
复杂度	分支数目:低于平均水平、平均水平、高于平均水平,见表 I.24
保温层是否含氯(是/否)	确定保温层是否含氯。如果无法确定,假设氯存在,见表 I.26

I.6.2 基本假设和方法

见表 I.22～表 I.27。

表 I.22 奥氏体不锈钢 CUI SCC 敏感性

运行温度/℃	诱因		
	海上/冷却塔漂水区	温和环境	干燥环境
<60	无	无	无
60～93	高	中等	低
94～149	中等	低	无
>149	无	无	无

表 I.23 根据涂层质量的调整

涂层质量		
低	中等	高
日期＝设备安装日期或距上次检测日期	日期＝喷涂日期＋5 或上次检测日期	日期＝喷涂日期＋15 或上次检测日期

表 I.24 根据复杂度的调整

低于平均水平	平均水平	高于平均水平
敏感性降低一级	敏感性不变	敏感性提高一级

表 I.25 根据保温层状况的调整

低于平均水平	平均水平	高于平均水平
敏感性降低一级	敏感性不变	敏感性提高一级

表 I.26 根据保温层含氯情况的调整

不含氯	含氯
敏感性降低一级	敏感性不变

表 I.27 CUI SCC 检测有效性

检验有效性类别	内部检测	外部检测
高度有效	对 95％以上表面进行渗透或涡流检测，并辅以必要的 UT 检测	无
中高度有效	对＞60％～95％表面进行渗透或涡流检测，并辅以必要的 UT 检测	对 95％以上表面进行自动或手动超声扫描，或对 100％的表面进行 AE 检测
中度有效	对＞30％～60％表面进行渗透或涡流检测，并辅以必要的 UT 检测	对 67％以上表面进行自动或手动超声扫描
低度有效	对＞5％～30％以上表面进行渗透或涡流检测，并辅以必要的 UT 检测	对 30％以上表面进行自动或手动超声扫描，或对 60％以上表面进行射线检测
无效	检验有效性低于“低度有效”	检验有效性低于“低度有效”

I.6.3 确定技术模块的子因子

确定奥氏体不锈钢 CUI SCC 技术模块子因子的过程见流程图 I.5。具体步骤如下：

a) 第 1 步：确定所研究的装置或装置的一部分中，引起外部腐蚀的原因；

b) 第 2 步：根据腐蚀诱因和运行温度确定敏感性；

c) 第 3 步：根据存在的裂纹进行调整，如果该设备已检测出 SCC，那么就认为敏感性高；

d) 第 4 步:外部 SCC 的严重度指数见表 I.20;

e) 第 5 步:根据上次检测的时间及涂层的类型和使用时间,确定外部腐蚀可能发生的时间;

f) 第 6 步:根据设备的复杂度调整腐蚀的敏感性;

g) 第 7 步:根据对保温层的状况和对气候影响的定性评估调整外部腐蚀的敏感性;

h) 第 8 步:根据调整过的敏感性及 CUI SCC 模块中检测的次数和类型(见表 I.27)确定 TMF;

i) 第 9 步:最终的 TMF=TMF×上次检测距现在的年数。

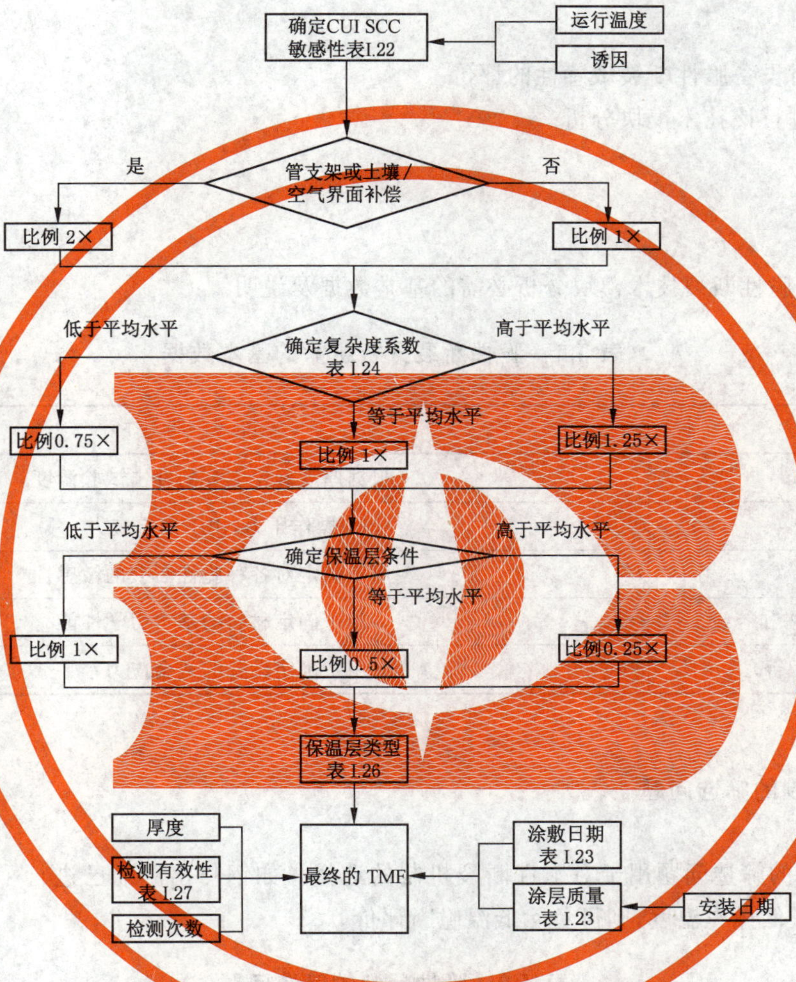

图 I.5 确定奥氏体不锈钢 CUI SCC 技术模块子因子

附 录 J
（规范性附录）
脆性断裂次因子确定

J.1 范围

本附录用于对设备脆性断裂敏感性的评价。

所有设备应进行该技术模块分析。

J.2 基本数据

表J.1列出了脆性断裂技术模块分析必需的基本数据及说明。

表J.1 脆性断裂分析所需的基本数据

基本数据	说 明
厚度/mm	根据厚度确定需要的冲击试验温度
OP/MPa	操作压力，用于确定应力
运行温度/℃	用于确定对各种脆性断裂的敏感性
材料类别的规格和等级	用于确定材料的基本力学性能
PWHT(是/否)	用于确定设备的残余应力水平

J.3 脆性断裂机制的筛选问题

表J.2中所列的筛选问题用于对脆性断裂机制的选择。如钢材出厂前已进行了冲击试验，且试验温度低于设备的最低操作温度，则可免除低温脆断评价。

表J.2 脆性断裂的筛选问题

筛选问题	措 施
1) 低温脆断 a) 材料是碳钢或低合金钢吗？ b) 知道最小设计金属温度(MDMT)吗？ c) 在正常或异常工况下的运行温度有可能低于MDMT吗？	a) 如果是，转到问题b b) 如果不是，转到J.4； 如果知道，转到问题c c) 如果是，转到J.4
2) 回火脆化 a) 材料是1.25Cr－0.5Mo，2.25Cr－0.5Mo或3Cr－1Mo钢吗？ b) 运行温度在343℃～566℃之间吗？	如果都是，转到J.5
3) 475℃脆化 a) 材料是高铬铁素体钢吗？ b) 运行温度在371℃～566℃之间吗？	如果都是，转到J.6

J.4 低温脆断

J.4.1 影响钢的低温脆断因素

影响钢的低温脆断因素包括：

a) 施加的载荷；

b) 材料类别；

c) 温度；

d) 残余应力；

e) 厚度。

J.4.2 基本数据

根据表 J.3 中所列的基本数据来评价碳钢或低合金钢对低温脆断的敏感性。

表 J.3 低温脆断分析所需的基本数据

基本数据	说 明
正火处理了吗？(是/否)	用于确定必需的冲击试验温度
冲击试验温度/℃	钢材出厂时的实际冲击试验温度
正常或异常工况下的最小运行温度/℃	如果流体为液体，可将该温度定为流体在设备中的常压沸点

J.4.3 确定钢材低温脆断的技术模块因子

图 J.2 给出了确定低温脆断次因子的过程。具体步骤如下：

a) 第 1 步：确定是否有防止设备在低于某一温度下满负荷运行的管理或工艺控制。如果有，则用这一温度作为 T_{min}，然后转到第 3 步。

b) 第 2 步：确定设备可能经受的最低温度 T_{min}，使用以下的最低值：

   1) 最低设计温度；

   2) 工艺工程师推荐的最低温度(包括异常工况)；

   3) 液体在大气压下的沸点(仅针对容器或管道中充满液体的情况)。

c) 第 3 步：确定金属厚度。

d) 第 4 步：按照表 J.4 根据材料规格和等级确定该材料免做冲击试验的曲线(见图 J.1)。按图 J.1，根据材料厚度和曲线确定免做冲击试验温度 T_{ref}。也可使用 MDMT。

表 J.4 碳钢和低合金钢的免冲击试验曲线选择

规 格	默认曲线	正火曲线
SA-36	A	B
SA-515 Gr 55、SA-515 Gr 60	B	C
SA-515 Gr 65、SA-515 Gr 70	A	B
SA-516 Gr 55、SA-516 Gr 60	C	D
SA-516 Gr 65、SA-516 Gr 70	B	C

表 J.4（续）

规　　格	默认曲线	正火曲线
SA-537 所有牌号	D	D
SA-612	B	D
SA-662 Gr A	C	D
SA-662 Gr B	B	D
SA-662 Gr C	A	D
SA-737 Gr B & C	A	B
SA-738 Gr A & B	A	B
SA-812 Gr 65 & 80	A	B
SA-202 Gr A & B	A	A
SA-203 所有牌号	D	D
SA-204 所有牌号	A	A
SA-225 Gr C	A	A
SA-302 Gr A、SA-302 Gr B	A	A
SA-302 Gr C	C	C
SA-302 Gr D	D	D
SA-387 Gr 2 CJ. 1、SA-387 Gr 2 CJ. 2、SA-387Gr 12 CJ. 1 SA-387 Gr 12 CJ. 2、SA-387 Gr11 CJ. 1、SA-387 Gr 11 CJ. 2	A	A
SA-387 Gr 22 CJ. 1、SA-387 Gr 22 CJ.2、SA-387 Gr 21 CJ. 1、SA-387 Gr 21 CJ. 2	A	C
SA-387 Gr 5 CJ. 1、SA-387 Gr 5 CJ. 2、SA-387 Gr 91 CJ. 2	A	A
SA-533 Gr A.CJ. 1	A	A
SA-533 Gr B.CJ. 1	B	B
SA-533 Gr C.CJ. 1	C	C
SA-542 Gr C.CJ. 4a	A	A
SA-832	A	A
SA-53 管 Gr A & B	A	A
SA-106 管，所有牌号	A	A
SA-179 管	A	A
SA-192 管	A	A
SA-201 管 Gr A-1 & C	A	A
SA-333 管 Gr 1 & 6	A	A
SA-334 管 Gr 1 & 6	A	A
SA-524 管 Gr J & JJ	D	D
SA-556 管，所有牌号	A	A

表 J.4（续）

规　　格	默认曲线	正火曲线
SA-135 管 Gr A & B	A	A
SA-178 管 Gr A & C	A	A
SA-214 管	A	A
SA-226 管	A	A
SA-557 管，所有牌号	A	A
SA-587 管	A	B

e） 第 5 步：根据设备是否进行过 PWHT 分别按表 J.5 和表 J.6 确定技术模块因子。

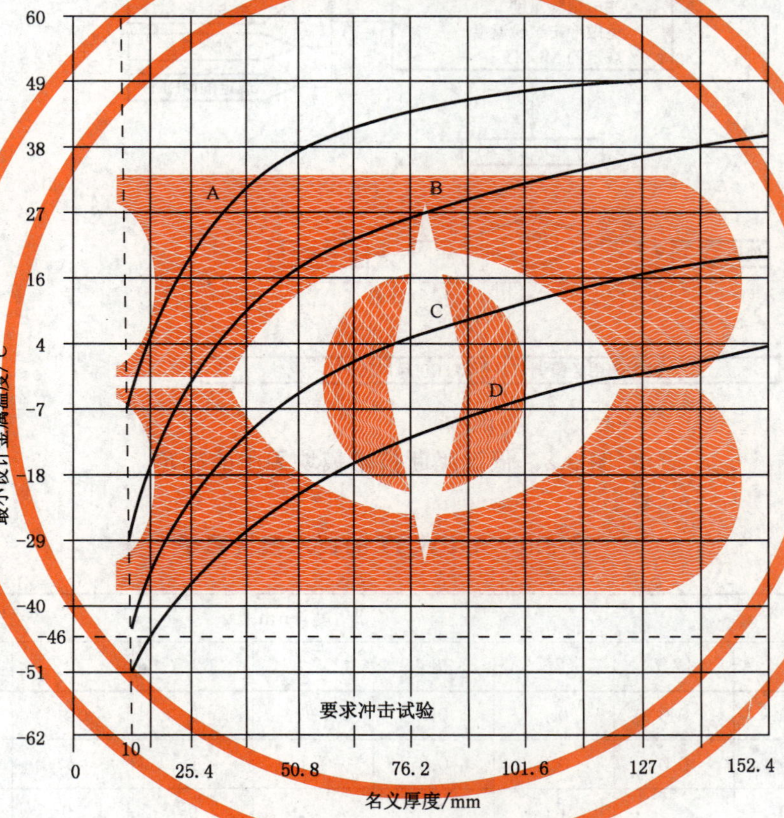

注：图中曲线 A、B、C、D 与表 J.4 中的分类一致。

图 J.1　免做冲击试验曲线

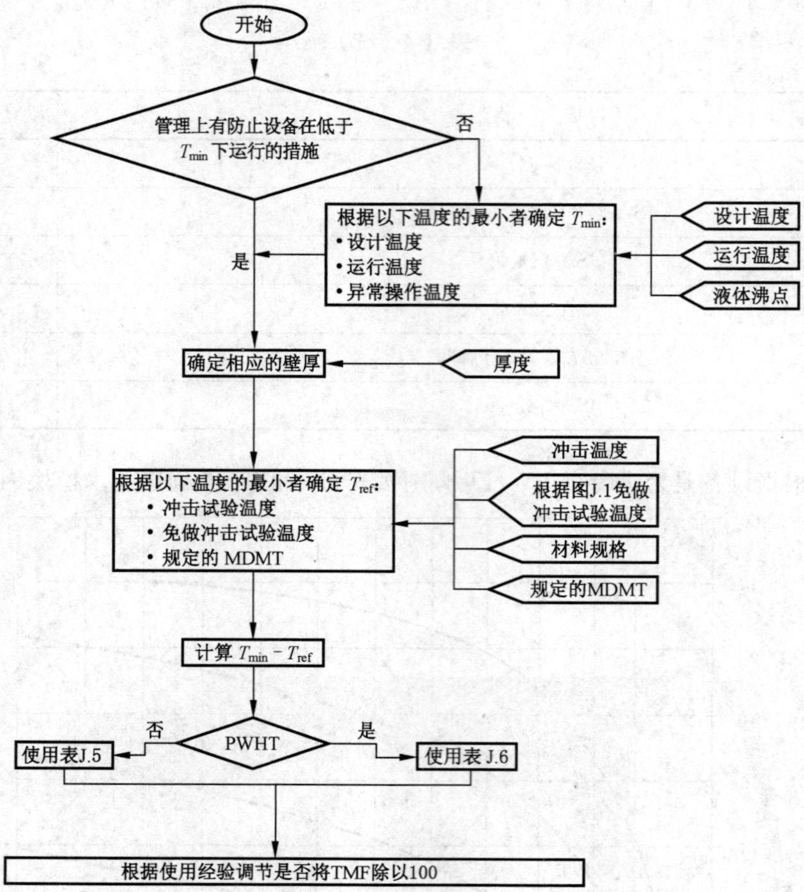

图 J.2 低温脆断技术模块因子的确定

表 J.5 无 PWHT 的技术模块因子

无 PWHT		厚 度/mm								
		6	12.7	25	38.1	50.8	63.5	76.2	88.9	100
$T-T_{ref}$	100	0.0	0.0	0.0	0.0	0.0	0	0.9	1.1	1.2
	80	0.0	0.0	0.0	0.8	1.1	2	2	4	6
	60	0.0	0.0	1.0	2	4	9	19	36	60
	40	0.0	0.7	2	9	29	69	133	224	338
	20	0.1	1.3	10	49	143	296	500	741	1 008
	0	0.9	3	39	175	424	759	1 142	1 545	1 950
	−20	1.2	7	109	405	850	1 366	1 897	2 415	2 903
	−40	2	16	220	697	1 317	1 969	2 596	3 176	3 703
	−60	2	30	350	988	1 740	2 479	3 160	3 769	4 310
	−80	3	46	474	1 239	2 080	2 873	3 581	4 203	4 746
	−100	4	61	579	1 436	2 336	3 160	3 883	4 509	5 000

表 J.6 PWHT 的技术模块因子

PWHT		厚度/mm								
		6	12.7	25	38.1	50.8	63.5	76.2	88.9	100
$T-T_{ref}$	100	0.0	0.0	0.0	0.0	0.0	0.0	0.0	0.0	0.0
	80	0.0	0.0	0.0	0.0	0.0	0.0	0.0	0.0	1.2
	60	0.0	0.0	0.0	0.0	0.0	0.5	0.9	1.1	1.3
	40	0.0	0.0	0.0	0.5	1.1	1.3	2	3	4
	20	0.0	0.0	0.6	1.2	2	4	7	13	23
	0	0.0	0.0	1.1	2	6	14	29	53	88
	−20	0.0	0.4	2	5	17	41	83	144	224
	−40	0.0	0.9	3	12	38	90	171	281	416
	−60	0.0	1.1	5	22	68	153	277	436	623
	−80	0.0	1.2	7	34	102	219	382	582	810
	−100	0.0	1.3	9	46	133	277	472	704	962

f) 第 6 步:如果设备不存在疲劳或 SCC 损伤机理,且已在正常操作温度下长期安全运行,则可将根据表 J.5 和表 J.6 确定的技术模块因子除以 100。

J.5 回火脆化

J.5.1 回火脆化的筛选问题

表 J.7 中所列的筛选问题用于确定是否需要进行回火脆化评价。

表 J.7 回火脆化的筛选问题

筛选问题	步　骤
1) 材料是 1.25Cr－0.5Mo,2.25Cr－0.5Mo 或 3Cr－1Mo 钢吗?	如果都是,转到 J.6.3
2) 工作温度在 343 ℃～566 ℃之间吗?	

J.5.2 基本数据

表 J.8 中所列基本数据用于估算钢的回火脆化敏感性。如果不知道准确的工艺条件,应咨询知识丰富的工艺工程师以获得合理的经验值。

表 J.8 回火脆化分析所需的基本数据

基本数据	说　明
是否经过正火?(是/否)	用于确定必需的冲击试验温度
冲击试验温度/℃	已经进行的冲击试验的试验温度(未进行冲击试验时不填写)
管理上有防脆断措施?(是/否)	操作规程上有在开停工过程中防止设备发生脆断的措施,并对工艺操作人员进行了培训

表 J.8（续）

基本数据	说　明
正常、启动/停机或异常工况下的最低运行温度/℃	对回火脆化，可以在其最低操作温度以下时为了断裂控制而将 OP 降低。如果未输入，则当流体为液体时，将温度设成设备中液体的常压沸点
使用时间/年	在温度范围内的使用年数
ΔFATT（韧脆性转变温度增量）/℃	根据材料类型、冶炼条件、运行温度和使用时间来估算
钢材的化学成分（可选）	特别是 Si、Mn、P、Sn 等对回火脆化敏感性有影响
材料筛选？（是/否）	材料是否通过规定钢材化学成分，或规定“步冷”（SCE）试验的转变温度等方法对回火脆化敏感性进行了控制？
SCE 指定的 Δ 温度/℃	步冷（SCE）试验指定的 Δ 温度

J.5.3　基本假设

表 J.9 列出了目前已知的对回火脆化敏感的材料。

表 J.9　对回火脆化敏感的材料

规　格	默认曲线	正火曲线
SA-387 Gr 11 CJ. 1、SA-387 Gr 11 CJ. 2	A	A
SA-387 Gr 22 CJ. 1、SA-387 Gr 22 CJ. 2	A	C
SA-387 Gr 21 CJ. 1、SA-387 Gr 21 CJ. 2	A	C
未列出	A	A

J.5.4　确定回火脆化技术模块因子

确定回火脆化次因子的步骤如下：

a)　第 1 步：确定是否有防止在低于某一温度下设备满负荷运行的管理或工艺控制措施。如果是这样，以这一温度作为 T_{min}，转到第 3 步。

b)　第 2 步：确定设备可能承受的最低温度 T_{min}，使用以下项的最低值：
　1)　最低设计温度；
　2)　工艺工程师推荐的最低温度，包括在干扰的情况下。

c)　第 3 步：确定金属厚度。根据 ASTM UCS66 选用适当的厚度。

d)　第 4 步：确定 T_{ref}，已知实际进行冲击试验的温度或对该材料规格和等级免做冲击试验的温度。使用表 J.9 来找到该材料规格和等级免做冲击试验的曲线。如果材料经过正火，则对正火材料使用免除冲击试验曲线。使用厚度和曲线标识符来确定图 J.1 中免做冲击试验温度。也可使用 MDMT（最小设计金属温度）。

e)　第 5 步：将 ΔFATT 加到 T_{ref}。ΔFATT 由以下按精确度降序列出的方法进行估算：
　1)　根据步冷试验确定的 ΔFATT 值；
　2)　根据化学成分确定 J 系数，并根据 J 系数确定的 ΔFATT 值（$\Delta FATT=0.6\times J-20$）；
　3)　给定的保守值（66 ℃）。

f)　第 6 步：确定设备是否经过 PWHT。如果没有，则使用表 J.5，否则，使用表 J.6 的技术模块因子。

J.6 475 ℃脆化

J.6.1 475 ℃脆化的筛选问题

表 J.10 中所列的筛选问题用于确定是否需要进行 475 ℃脆断分析。

表 J.10 475 ℃脆化的筛选问题

筛选问题	措 施
1) 材料是高铬(＞12%)铁素体钢吗？(见表 J.12) 2) 运行温度在 371 ℃～566 ℃之间吗？	如果都是，转到 J.6.2

J.6.2 基本数据

表 J.11 给出了评估 475 ℃脆化敏感度的基本数据。如果不知道准确的工艺条件，应咨询知识丰富的工艺工程师以获得合理的经验值。

表 J.11 475 ℃脆化分析所需的基本数据

基本数据	说 明
管理上有防脆断措施？(是/否)	操作规程有在开停工过程中防止设备发生脆断的措施，并对工艺操作人员进行了培训
正常或干扰条件下的最低运行温度/℃	由使用者输入
初始韧脆转变温度/℃	模块中采用 T_{ref}。如果不能获得 T_{ref}，可取 27 ℃

J.6.3 基本假设

J.6.3.1 由于 475 ℃脆化可在较短的时间内发生，因此表 J.12 所列材料只要曾经暴露于 371 ℃～538 ℃温度范围的环境中，均认为存在发生 475 ℃脆化的可能性。

表 J.12 受 475 ℃脆化影响的材料

钢材常用型号	铬含量/%
Type405	11.5～14.5
Type430	16～18
Type430F	16～18
Type442	18～23
Type446	23～27

J.6.3.2 脆化后的铁素体不锈钢(400 系列)的韧脆转变温度在 10 ℃～38 ℃。一般可取 T_{ref} 为 27 ℃。

J.6.4 确定 475 ℃脆化的技术模块子因子

确定 475 ℃脆化的技术模块子因子的步骤如下：

a) 第 1 步：确定是否有防止设备在低于某一温度下满负荷运行的管理或工艺控制措施。如果有，

则以这一温度作为 T_{min}，然后转到第 3 步。

b) 第 2 步：下列温度中的最低值作为设备可能承受的最低温度 T_{min}：

1) 最低设计温度；

2) 工艺工程师估计的最低温度。

c) 第 3 步：确定 T_{ref}。可以使用 27 ℃默认值，或已知的其他更可靠的转化温度。

d) 第 4 步：从表 J.13 中查出子因子。

表 J.13 475 ℃脆化子因子

$T_{min}-T_{ref}$	TMF
100	2
80	8
60	30
40	87
20	200
0	371
−20	581
−40	806
−60	1 022
−80	1 216
−100	1 381

附 录 K
（规范性附录）
安全阀失效可能性计算

K.1 符号

β ——Weibull 形状参数；
η ——Weibull 特征寿命参数，年；
η_{def} ——基于安全阀类型及服役环境苛刻度的默认 Weibull 特征寿命参数，年；
η_{mod} ——考虑安装因素、安全阀结构特点、超压和环境因素的影响修正的 Weibull 特征寿命参数，年；
η_{upd} ——考虑检验历史的影响更新的特征寿命参数，年；
CF_{fail} ——根据不合格的开启试验结果确定试验时安全阀真实状态的置信度因子；
CF_{leak} ——根据泄漏的密封试验结果确定试验时安全阀真实状态的置信度因子；
CF_{noleak} ——根据无泄漏的密封试验结果确定试验时安全阀真实状态的置信度因子；
CF_{pass} ——根据合格的开启试验结果判断试验时安全阀真实状态的置信度因子；
DR_j ——与第 j 种超压情况相关的需要的安全阀开启频率，次数/年；
$DRRF_j$ ——DR_j 的降低因子；
EF_j ——与第 j 种超压情况相关的安全阀初始开启频率，次数/年；
$P_{o,j}$ ——第 j 种超压情况发生时安全阀开启失效造成的设备超压，kPa；
$P_{f,j}$ ——与第 j 种超压情况相关的受保护设备的泄漏失效可能性，失效次数/年；
$P_{f,j}^{prd}$ ——与第 j 种超压情况相关的安全阀开启失效造成的设备超压泄漏可能性，失效次数/年；
$P_{f,cond}^{prd}$ ——条件开启失效可能性；
$P_{f,prior}^{prd}$ ——初始开启失效可能性；
$P_{f,wgt}^{prd}$ ——带权重的开启失效可能性；
$P_{fod,j}$ ——与第 j 种超压情况相关的开启失效可能性；
P_{l}^{prd} ——安全阀泄漏可能性，失效次数/年；
$P_{l,wgt}^{prd}$ ——带权重的安全阀泄漏可能性；
$P_{p,prior}^{prd}$ ——初始正常开启可能性；
$t_{dur,i}$ ——安全阀每个检验周期的服役时间，年。

K.2 检验有效性

K.2.1 根据检验方法发现和量化安全阀损伤的有效性，对其检验有效性级别进行划分，见表 K.1。

表 K.1 检验有效性级别

检验有效性级别	检验方法
高度有效	在校验台上对从工艺单元拆下未进行清洁处理的安全阀进行试验＋记录初始泄漏压力和开启压力。已检查入口管道和出口管道堵塞和结垢情况

表 K.1（续）

检验有效性级别	检验方法
中高度有效	a） 在校验台上对从工艺单元拆下已进行清洁处理的安全阀进行试验＋目视检查并详细记录安全阀内部零部件状况； b） 用实际工艺流体加压系统来对安全阀进行在线试验
中度有效	a） 无启跳试验，仅目视检查并详细记录安全阀内部零部件状况； b） 不用实际工艺流体加压系统来对安全阀进行在线试验
无效	a） 未检验； b） 安全阀入口管道或出口管道的堵塞超过 25%时对安全阀进行的检验

K.2.2 根据检验有效性可以得到检验结果的置信度，基于经验的默认检验置信度因子见表 K.2。

表 K.2 检验置信度因子

检验结果	由检验结果来确定真实损伤状态的置信度因子			
	无效	相当有效	中高度有效	高度有效
合格 CF_{pass}	不可信	0.5	0.70	0.9
不合格 CF_{fail}	不可信	0.70	0.95	0.95
无泄漏 CF_{noleak}	不可信	0.5	0.70	0.9
泄漏 CF_{leak}	不可信	0.70	0.95	0.95

K.3 安全阀失效的可能性

K.3.1 安全阀开启失效造成设备超压泄漏的可能性

K.3.1.1 安全阀开启失效造成设备超压泄漏的可能性按式(K.1)计算：

$$P_{f,j}^{prd} = P_{fod,j} \cdot DR_j \cdot P_{f,j} \qquad \cdots\cdots\cdots\cdots (K.1)$$

K.3.1.2 安全阀开启频率 DR_j 按式(K.2)计算：

$$DR_j = EF_j \cdot DRRF_j \qquad \cdots\cdots\cdots\cdots (K.2)$$

在式(K.2)中 EF_j 和 $DRRF_j$ 可由表 K.3 确定，也可按用户实际系统情况自定。

表 K.3 推荐的默认初始开启频率 EF_j

超压情况	事件频率 年/次	初始开启频率 EF_j 次/年	开启频率降低因子 $DRRF_j$(见注 2)
火灾	250	0.004	0.1
有管理控制的排放受堵(见注 1)	100	0.01	1.0
无管理控制的排放受堵(见注 1)	10	0.1	1.0
冷却水系统失效	10	0.1	1.0
有管理控制的热量释放(见注 1)	100	0.01	1.0
无管理控制的热量释放(见注 1)	10	0.1	1.0

表 K.3（续）

超压情况	事件频率 年/次	初始开启频率 EF_j 次/年	开启频率降低因子 $DRRF_j$（见注 2）
电力供应失效	12.5	0.08	1.0
控制阀失效(向安全方向失效)	10	0.1	1.0
控制阀失效(向发生危险的方向失效)	50	0.02	1.0
塔或回流泵失效	5	0.2	1.0
化学反应失控	1	1.0	1.0
有管理控制的液体过装(见注 1)	100	0.01	0.1
无管理控制的液体过装(见注 1)	10	0.01	0.1
换热管爆裂	1 000	0.001	1.0
注 1：对手动切断阀的管理控制是指有保证个人操作不造成设备超压的措施。 注 2：开启频率降低因子反映了安全阀的开启频率经常低于初始开启频率。比如火灾时，因为超压需要一段相当长的时间，救火措施会降低超压的发生，安全阀很少开启。			

K.3.1.3 安全阀开启失效可能性：

a） 新投用安全阀开启失效可能性按式(K.3)计算：

$$P_{\mathrm{fod},j}=1-\exp\left[-\left(\frac{t}{\eta_{\mathrm{mod}}}\right)^{\beta}\right] \qquad \cdots\cdots\cdots\cdots(\text{K.3})$$

式中：

t——新投用安全阀服役时间，单位为年；

β——按表 K.4 选取，表 K.4 中服役环境苛刻度可由表 K.5 确定，也可由用户根据使用经验来确定。

表 K.4 开启失效可能性的默认 Weibull 参数

服役环境苛刻度	普通弹簧载荷式和波纹管平衡式安全阀		先导式安全阀	
	β	η	β	η
轻微	1.8	50.5	1.8	33.7
中等	1.8	23.9	1.8	8.0
严重	1.8	17.6	1.8	3.5

表 K.5 安全阀服役环境苛刻度(开启失效情况下)

服役环境苛刻度	描　述
轻微	中等温度下清洁的碳氢化合物；没有水合物存在；少量的硫化物和氯化物；失效被界定为一段平均无故障时间(25 年)；更偏重于长时间磨损失效的情况。例如：碳氢化合物气流(包括润滑油)、液化石油气体、锅炉给水、低压蒸汽和清洁气体(如氮气和空气)

表 K.5（续）

服役环境苛刻度	描　述
中等	碳氢化合物含有颗粒物质；存在含量较少的单独水合物相，清洁、过滤和处理过的水包括在这一类；温度达到 260 ℃时，有相当含量的硫化物和氯化物存在；失效发生的平均无故障时间(15 年)；很难定义为由于损伤累积导致的磨损失效。例如：中间碳氢化合物气流、服役过程中的润滑油和密封油、工艺水(不是冷却水和锅炉水)和中等至偏高压力气流
严重	碳氢化合物在 260 ℃以上进行处理，具有强烈的堵塞趋势；硫化物和氯化物集中度高；在可能发生聚合的温度下处理单体；还可能包括工艺水合物溶液、冷却水等；失效的平均无故障时间 7 天；失效形式为随机类型，存在多种失效的机理，比如腐蚀或者堵塞。例如：重碳氢化合物流(如原油)、煤油、冷却水、腐蚀性液体和蒸汽、含 H_2S 的气体

η_{mod}按式(K.4)计算：

$$\eta_{mod} = F_c \cdot F_{op} \cdot F_{env} \cdot \eta_{def} \qquad \cdots\cdots(K.4)$$

式中：

F_c ——普通弹簧载荷式安全阀的修正因子，安全阀排放到封闭系统或火炬时，取 0.75；其他情况取 1；

F_{env} ——环境修正因子，按表 K.6 选取；

η_{def} ——按表 K.4 推荐的默认值选取；

F_{op} ——超压修正因子，按式(K.5)计算。

$$F_{op} = \frac{1}{3.375} \cdot \left(\frac{P_{o,j}}{\text{MAWP}} - 1.3\right) \qquad \cdots\cdots(K.5)$$

式中：

$P_{o,j}$ ——由用户根据工艺系统情况和超压事件情况决定，见 GB/T 26610.5—2014 中的 A.4.4，单位为千帕(kPa)；

MAWP ——受保护设备允许的最大工作压力，单位为千帕(kPa)。

表 K.6　Weibull 参数 η 的环境修正因子 F_{env}

环境情况	对于开启失效可能性 η 参数的环境修正因子 F_{env}	对于泄漏失效 η 参数的环境修正因子 F_{env}
操作温度：100 ℃＜T≤260 ℃	1.0	0.8
操作温度：＞260 ℃	1.0	0.6
系统最高操作压力/整定压力：弹簧载荷式安全阀＞90％或 95％，先导式安全阀＞95％	1.0	0.5
管道振动	1.0	0.8
脉冲或周期性服役(如容积式旋转设备下游)	1.0	0.8
服役过程中过度使用(每年大于正常的 5 倍)	0.5	0.5
颤振历史	0.5	0.5
注 1：一些先导式安全阀操作非常好，系统最高操作压力/整定压力能够达到 98％，在这些情况下，环境修正因子 0.5 不用。 注 2：如果系统最高操作压力/整定压力项已经应用了环境因子，那么对于泄漏失效 η 参数的环境修正因子 0.5 不用。		

b） 有检验历史记录的安全阀开启失效可能性按式(K.6)计算：

$$P_{\text{fod},j}=1-\exp\left[-\left(\frac{t}{\eta_{\text{upd}}}\right)^{\beta}\right] \qquad \cdots\cdots(\text{K.6})$$

式中：

t ——最后一次检验后安全阀服役时间，单位为年；

β ——按表 K.4 选取；

η_{upd} ——从最初的检验记录开始按如下步骤计算。

1） 按式(K.7)计算初始开启失效可能性：

$$P_{\text{f,prior}}^{\text{prd}}=1-\exp\left[-\left(\frac{t_{\text{dur},i}}{\eta_{\text{mod}}}\right)^{\beta}\right] \qquad \cdots\cdots(\text{K.7})$$

η_{mod}首次检验按式(K.4)计算，随后的检验用 η_{upd}代替 η_{mod}；

2） 按式(K.8)计算初始正常开启可能性：

$$P_{\text{p,prior}}^{\text{prd}}=1-P_{\text{f,prior}}^{\text{prd}} \qquad \cdots\cdots(\text{K.8})$$

3） 按式(K.9)或式(K.10)计算条件开启失效可能性：

安全阀检验合格时：

$$P_{\text{f,cond}}^{\text{prd}}=(1-\text{CF}_{\text{pass}})\cdot P_{\text{p,prior}}^{\text{prd}} \qquad \cdots\cdots(\text{K.9})$$

安全阀检验不合格时：

$$P_{\text{f,cond}}^{\text{prd}}=\text{CF}_{\text{fail}}\cdot P_{\text{f,prior}}^{\text{prd}}+(1-\text{CF}_{\text{pass}})\cdot P_{\text{p,prior}}^{\text{prd}} \qquad \cdots\cdots(\text{K.10})$$

CF_{fail}、CF_{pass}按表 K.2 选取；

4） 按表 K.7 中的方程计算加权开启失效可能性 $P_{\text{f,wgt}}^{\text{prd}}$，表 K.7 中的 t 和 η 分别与式(K.7)中的 $t_{\text{dur},i}$ 和 η_{mod}相同；

表 K.7 检验更新方程

检验有效性和结果	带权重的失效可能性方程
高度有效检验合格	$P_{\text{f,wgt}}^{\text{prd}}=P_{\text{f,prior}}^{\text{prd}}-0.2\cdot P_{\text{f,prior}}^{\text{prd}}\left(\frac{t}{\eta}\right)+0.2\cdot P_{\text{f,cond}}^{\text{prd}}\left(\frac{t}{\eta}\right)$
中高度有效检验合格	$P_{\text{f,wgt}}^{\text{prd}}=P_{\text{f,prior}}^{\text{prd}}-0.2\cdot P_{\text{f,prior}}^{\text{prd}}\left(\frac{t}{\eta}\right)+0.2\cdot P_{\text{f,cond}}^{\text{prd}}\left(\frac{t}{\eta}\right)$
相当有效检验合格	$P_{\text{f,wgt}}^{\text{prd}}=P_{\text{f,prior}}^{\text{prd}}-0.2\cdot P_{\text{f,prior}}^{\text{prd}}\left(\frac{t}{\eta}\right)+0.2\cdot P_{\text{f,cond}}^{\text{prd}}\left(\frac{t}{\eta}\right)$
高度有效检验不合格	$P_{\text{f,wgt}}^{\text{prd}}=P_{\text{f,cond}}^{\text{prd}}$
中高度有效检验不合格	$P_{\text{f,wgt}}^{\text{prd}}=P_{\text{f,cond}}^{\text{prd}}$
相当有效检验不合格	$P_{\text{f,wgt}}^{\text{prd}}=0.5\cdot P_{\text{f,prior}}^{\text{prd}}+0.5\cdot P_{\text{f,cond}}^{\text{prd}}$

5） 按式(K.11)计算更新的特征寿命 η_{upd}：

$$\eta_{\text{upd}}=\frac{t_{\text{dur},i}}{(-\ln[1-P_{\text{f,wgt}}^{\text{prd}}])^{\frac{1}{\beta}}} \qquad \cdots\cdots(\text{K.11})$$

6） 对安全阀的每个检验记录重复以上步骤直到获得最终的更新特征寿命 η_{upd}。

K.3.2 安全阀泄漏可能性

a） 新投用安全阀泄漏可能性按式(K.12)计算：

$$P_{\text{l}}^{\text{prd}}=1-\exp\left[-\left(\frac{t}{\eta_{\text{mod}}}\right)^{\beta}\right] \qquad \cdots\cdots(\text{K.12})$$

式中：

t ——新投用安全阀服役时间，单位为年；

β——按表 K.8 选取，表 K.8 中服役环境苛刻度可由表 K.9 确定，也可由用户根据使用经验来确定。

η_{mod}按式(K.13)计算：

$$\eta_{mod}=F_{s}\cdot F_{env}\cdot \eta_{def} \qquad\cdots\cdots(K.13)$$

式中：

F_s ——软阀座修正因子，软阀座安全阀取 1.25，其他情况 F_s 取 1；

F_{env} ——环境修正因子，按表 K.6 选取；

η_{def} ——按表 K.8 推荐的默认值选取。

表 K.8　泄漏可能性的默认 Weibull 参数

服役环境苛刻度	普通弹簧载荷式安全阀		波纹管平衡式安全阀		先导式安全阀 2	
	β	η	β	η	β	η
轻微	1.6	17.5	1.6	16.0	1.6	17.5
中等	1.6	15.5	1.6	14.0	1.6	15.5
严重	1.6	13.1	1.6	11.5	1.6	13.1

表 K.9　安全阀服役环境苛刻度(泄漏情况下)

服役环境苛刻度	说　明
轻微	无泄漏倾向的重液体，比如原油；不容易泄漏的冷却水、胺； 清洁流体，比如液化石油、空气、氮气
中等	大量碳氢中间化合物、碳氢气、碳氢蒸汽、润滑油、循环油以及工艺水(不是冷却水或锅炉水)等
严重	锅炉水、冷凝物、蒸汽、腐蚀液体比如烧碱和酸

b) 有检验历史记录的安全阀泄漏可能性按式(K.14)计算：

$$P_l^{prd}=1-\exp\left[-\left(\frac{t}{\eta_{upd}}\right)^{\beta}\right] \qquad\cdots\cdots(K.14)$$

式中：

t ——最后一次校验后安全阀服役时间，单位为年；

β ——无量纲的形状因子，按表 K.8 选取；

η_{upd}——计算步骤与安全阀开启失效可能性计算过程中最终的更新特征寿命 η_{upd} 的计算步骤相同，仅 β 按表 K.8 取值、η_{mod} 按式(K.13)计算。

附　录　L
（规范性附录）
热交换器管束失效可能性计算

L.1　符号

β ——Weibull 形状参数；

η ——Weibull 特征寿命参数，年；

$\Gamma(x)$ ——关于 x 的 Γ 方程；

MTTF ——平均无故障工作时间，年；

N ——热交换器管束历次更换数量；

P_f^{tube} ——热交换器管束失效概率，次/年；

r ——热交换器管束历次失效的次数；

t ——热交换器自投用以来的服役时间，年；

$t_{dur,i}$ ——热交换器中第 i 个管束的服役时间，年。

L.2　热交换器管束失效概率计算

换热管束的失效概率（P_f^{tube}）见式（L.1）：

$$P_f^{tube}=1-R(t)=1-\exp\left[-\left(\frac{t}{\eta}\right)^{\beta}\right] \quad \cdots\cdots\cdots\cdots\cdots\cdots\cdots\cdots\cdots(L.1)$$

式中，Weibull 形状参数 β 默认取值 3.0。

如果热交换器管束平均无故障工作时间（MTTF）已知，式（L.1）中 Weibull 特征寿命参数 η 的计算见式（L.2）：

$$\eta=\frac{\text{MTTF}}{\Gamma\left[1+\frac{1}{\beta}\right]} \quad \cdots\cdots\cdots\cdots\cdots\cdots\cdots\cdots\cdots(L.2)$$

如果平均无故障工作时间（MTTF）未知，η 的计算见式（L.3）：

$$\eta=\left(\sum_{t=1}^{N}\frac{t_{dur,i}^{\beta}}{r}\right)^{\frac{1}{\beta}} \quad \cdots\cdots\cdots\cdots\cdots\cdots\cdots\cdots\cdots(L.3)$$

t 为热交换器自投用以来的服役时间，在以下情况下，投用时间 t 需按式（L.4）进行调整：

$$t=(1-\text{LEF})\cdot t \quad \cdots\cdots\cdots\cdots\cdots\cdots\cdots\cdots\cdots(L.4)$$

a）　当热交换器管束经过一次堵管，则 LEF＝0.1；

b）　当热交换器管束经过一次旋转 180°安装，则 LEF＝0.5；

c）　当热交换器管束经过一次更换部分管子的维修，则 LEF＝0.5；

d）　当热交换器管束经过一次更换全部管子的维修，则 LEF＝0.75；

e）　当热交换器管束经过整体更换管束，则 LEF＝0.5。

ICS 23.020.30
J 74

中华人民共和国国家标准

GB/T 26610.5—2014

承压设备系统基于风险的检验实施导则 第5部分:失效后果定量分析方法

Guideline for implementation of risk-based inspection of pressure equipment system—Part 5: Quantitative analysis approach of failure consequence

2014-05-06 发布 2014-12-01 实施

中华人民共和国国家质量监督检验检疫总局
中国国家标准化管理委员会 发布

前　言

GB/T 26610《承压设备系统基于风险的检验实施导则》分为5个部分：

——第1部分：基本要求和实施程序；

——第2部分：基于风险的检验策略；

——第3部分：风险的定性分析方法；

——第4部分：失效可能性定量分析方法；

——第5部分：失效后果定量分析方法。

本部分为GB/T 26610的第5部分。

本部分按照GB/T 1.1—2009给出的规则起草。

本部分参考了API RP 581《基于风险的检验》，并结合我国的实际情况制定。

本部分由全国锅炉压力容器标准化技术委员会(SAC/TC 262)提出并归口。

本部分起草单位：中国特种设备检测研究院、合肥通用机械研究院、南京工业大学、江苏省特种设备安全监督检验研究院、中国石油天然气股份有限公司、中国石油化工股份公司上海石化分公司、中国石油天然气股份有限公司广西石化分公司、大庆油田锅炉压力容器检验所、中国石油化工股份公司燕山石化分公司、上海特种设备监督检验技术研究院、宁波特种设备检验研究院、杭州市特种设备检测院、天津石化机械研究所、中国石油化工股份公司齐鲁石化分公司。

本部分主要起草人：谢铁军、谢国山、李光海、杨铁成、胡久韶、朱建新、赵建平、缪春生、宋晓江、金强、李伟、刘农基、单洪翔、赵宝成、汤晓英、竺国荣、李伟忠、李春树、苗均珂、刘文、王笑梅。

承压设备系统基于风险的检验实施导则
第5部分:失效后果定量分析方法

1 范围

GB/T 26610 的本部分规定了承压设备系统基于风险的检验(以下简称 RBI)过程中面积后果和经济后果的定量分析方法。

本部分适用于 GB/T 26610.1 所指的承压设备系统。

2 规范性引用文件

下列文件对于本文件的应用是必不可少的。凡是注日期的引用文件,仅注日期的版本适用于本文件。凡是不注日期的引用文件,其最新版本(包括所有的修改单)适用于本文件。

GB 150.1 压力容器 第1部分:通用要求

GB/T 26610.1 承压设备系统基于风险的检验实施导则 第1部分:基本要求和实施程序

GB/T 26610.4 承压设备系统基于风险的检验实施导则 第4部分:失效可能性定量分析方法

HG 20660 压力容器中化学介质毒性危害和爆炸危险程度分类

TSG D0001 压力管道安全技术监察规程——工业管道

3 术语和定义、符号

3.1 术语和定义

下列术语和定义适用于本文件。

3.1.1

经济后果 financial consequence

设备失效导致的经济损失,包括设备检修或更换成本、设备失效影响区域中其他设备的破坏成本、介质泄漏和由于设备检修或更换所导致的停工成本、失效所导致人员伤害成本、环境清理成本。

3.1.2

面积后果 area consequence

根据设备失效影响的区域面积大小而确定的后果,包括设备破坏面积后果以及人员伤害面积后果。

3.1.3

自燃温度 auto-ignition temperature

可燃物质在没有外部火焰、火花等火源的作用下,因受热或自身发热并蓄热发生自行燃烧的最低温度。

3.1.4

连续泄漏 continuous release

泄漏持续时间较长,泄漏出来的介质呈椭圆形状扩散。

3.1.5

瞬时泄漏 instantaneous release

快速泄漏,泄漏持续时间很短,泄漏出的介质呈单一云团或液池的形式扩散。

3.1.6

存量组 inventory group

介质泄漏时，通过快速隔离阀（或其他快速隔离装置）将介质泄漏量限制在尽量少的范围内，该范围之外其他设备内的介质量对实际泄漏量没有影响，把该范围内的相关设备划分为一个存量组。

3.1.7

IDLH 值 IDLH value

即对生命或健康直接危害值，有毒介质浓度超过该值后，将导致人员生命或健康明显的伤害，该浓度值规定为 IDLH 值。

3.2 符号（未包括附录 A、附录 B、附录 C 中的特殊符号）

下列符号适用于本文件。

AIT ——自燃温度，℃；

A_n ——第 n 种泄漏孔的泄漏面积，mm^2；

C_d ——泄漏系数，无量纲；

C_p ——定压热容，J/(kmol·K)；

CA ——最终后果面积，m^2；

$CA_{cmd,n}^{AINL-CONT}$ ——第 n 种泄漏孔泄漏，介质不可能自燃的情况下，按连续泄漏分析计算得到的燃烧与爆炸设备破坏后果面积，m^2；

$CA_{cmd,n}^{AIL-CONT}$ ——第 n 种泄漏孔泄漏，介质可能自燃的情况下，按连续泄漏分析计算得到的燃烧与爆炸设备破坏后果面积，m^2；

$CA_{cmd,n}^{AINL-INST}$ ——第 n 种泄漏孔泄漏，介质不可能自燃的情况下，按瞬时泄漏分析计算得到的燃烧与爆炸设备破坏后果面积，m^2；

$CA_{cmd,n}^{AIL-INST}$ ——第 n 种泄漏孔泄漏，介质可能自燃的情况下，按瞬时泄漏分析计算得到的燃烧与爆炸设备破坏后果面积，m^2；

$CA_{cmd,n}^{flam}$ ——第 n 种泄漏孔泄漏，按基于泄漏类型和自燃温度平衡后的燃烧与爆炸设备破坏后果面积，m^2；

CA_{cmd}^{flam} ——燃烧与爆炸设备破坏后果面积，m^2；

$CA_{inj,n}^{AINL-CONT}$ ——第 n 种泄漏孔泄漏，介质不可能自燃的情况下，按连续泄漏分析计算得到的燃烧与爆炸人员伤害后果面积，m^2；

$CA_{inj,n}^{AIL-CONT}$ ——第 n 种泄漏孔泄漏，介质可能自燃的情况下，按连续泄漏分析计算得到的燃烧与爆炸人员伤害后果面积，m^2；

$CA_{inj,n}^{AINL-INST}$ ——第 n 种泄漏孔泄漏，介质不可能自燃的情况下，按瞬时泄漏分析计算得到的燃烧与爆炸人员伤害后果面积，m^2；

$CA_{inj,n}^{AIL-INST}$ ——第 n 种泄漏孔泄漏，介质可能自燃的情况下，按瞬时泄漏分析计算得到的燃烧与爆炸人员伤害后果面积，m^2；

$CA_{cmd,n}^{AIL}$ ——第 n 种泄漏孔泄漏，介质可能自燃的情况下，基于泄漏类型平衡后的燃烧与爆炸设备破坏后果面积，m^2；

$CA_{cmd,n}^{AINL}$ ——第 n 种泄漏孔泄漏，介质不可能自燃的情况下，基于泄漏类型平衡后的燃烧与爆炸设备破坏后果面积，m^2；

$CA_{inj,n}^{AIL}$ ——第 n 种泄漏孔泄漏，介质可能自燃的情况下，基于泄漏类型平衡后的燃烧与爆炸人员伤害后果面积，m^2；

$CA_{inj,n}^{AINL}$ ——第 n 种泄漏孔泄漏，且介质不可能自燃的情况下，基于泄漏类型平衡后的燃烧与爆炸人员伤害后果面积，m^2；

$CA_{inj,n}^{flam}$ ——第 n 种泄漏孔泄漏,按基于泄漏类型和自燃温度平衡后的燃烧与爆炸人员伤害后果面积,m^2;

CA_{inj}^{flam} ——燃烧与爆炸人员伤害后果面积,m^2;

$CA_{inj,n}^{tox}$ ——第 n 种泄漏孔泄漏对应的毒性后果面积,m^2;

CA_{inj}^{tox} ——毒性后果面积,m^2;

$CA_{inj,n}^{CONT}$ ——第 n 种泄漏孔泄漏,按连续泄漏分析计算得到的无毒非可燃后果面积,m^2;

$CA_{inj,n}^{INST}$ ——第 n 种泄漏孔泄漏,按瞬时泄漏分析计算得到的无毒非可燃后果面积,m^2;

$CA_{inj,n}^{leak}$ ——第 n 种泄漏孔泄漏,按基于泄漏类型平衡后的无毒性非可燃后果面积,m^2;

CA_{inj}^{nfnt} ——无毒非可燃后果面积,m^2;

CA_{cmd} ——最终的设备破坏后果面积,m^2;

CA_{inj} ——最终的人员伤害后果面积,m^2;

CA ——最终的后果面积,m^2;

d_n ——第 n 种泄漏孔的直径,mm;

$effrate_n^{AINL-CONT}$ ——第 n 种泄漏孔泄漏,介质不可能自燃的情况下,按连续泄漏分析计算得到的有效泄漏速率,kg/s;

$effrate_n^{AIL-CONT}$ ——第 n 种泄漏孔泄漏,介质可能自燃的情况下,按连续泄漏分析计算得到的有效泄漏速率,kg/s;

$effmass_n^{AINL-INST}$ ——第 n 种泄漏孔泄漏,介质不可能自燃的情况下,按瞬时泄漏分析计算得到的有效泄漏量,kg/s;

$effmass_n^{AIL-INST}$ ——第 n 种泄漏孔泄漏,介质可能自燃的情况下,按瞬时泄漏分析计算得到的有效泄漏量,kg/s;

$eneff_n$ ——第 n 种泄漏孔瞬时泄漏对应的能量效率调整系数;

envcost ——单位体积介质泄漏导致的环境清理费用,元/m^3;

equipcost ——设备系统的平均重置费用,元/m^2;

$fact^{AIT}$ ——自燃温度平衡因子;

$fact_{di}$ ——设备系统探测和隔离系统对泄漏速率减少系数;

$fact_n^{IC}$ ——第 n 种泄漏孔对应的泄漏类型平衡因子;

$fact_{mit}$ ——减缓系统对燃烧与爆炸后果面积减少系数;

$frac_{evap}$ ——泄漏介质蒸发比例;

FC ——经济后果,元;

FC_{affa} ——设备失效影响区域中其他设备的破坏成本,元;

$FC_{environ}$ ——环境清理成本,元;

FC_{cmd} ——设备检修或更换成本,元;

FC_{inj} ——人员伤害成本,元;

FC_{prod} ——停工成本,元;

g_c ——力学常数,1.0(kg·m)/(N·s^2);

gff_n ——第 n 种泄漏孔对应的同类设备平均失效概率;

gff_{total} ——所有泄漏孔的同类设备平均失效概率之和;

$holecost_n$ ——第 n 种泄漏孔泄漏导致的设备损坏成本,元;

IDLH ——对生命或健康直接危害值;

injcost ——人身伤害赔偿费用,元/人;

k ——理想气体热容比,无量纲;

ld_n ——第 n 种泄漏孔对应的介质实际泄漏持续时间,s;

ld_n^{tox} ——第 n 种泄漏孔对应的有毒介质有效泄漏持续时间,min;

$ld_{max,n}$ ——第 n 种泄漏孔对应的最大泄漏持续时间,min;

$mass_{add,n}$ ——第 n 种泄漏孔泄漏,3 min 从存量组流向所评价设备或部件的介质补充量,kg;

$mass_{avail,n}$ ——第 n 种泄漏孔对应的潜在的最大介质泄漏量,kg;

$mass_{comp}$ ——所评价设备或部件中的介质存储量,kg;

$mass_{comp,i}$ ——存量组中第 i 个设备或部件中的介质存储量,kg;

$mass_{inv}$ ——存量组中的介质量,kg;

$mass_n$ ——第 n 种泄漏孔所对应的介质实际泄漏量,kg;

$mass_n^{tox}$ ——第 n 种泄漏孔所对应的有毒介质实际泄漏量,kg;

matcost ——材料价格系数;

$mfrac^{tox}$ ——混合物中有毒组分的质量分数;

MW ——摩尔质量,g/mol;

NBP ——标准沸点,℃;

$outage_{affa}$ ——检修或更换失效泄漏设备影响区域内遭到破坏的其他设备而导致的停工时间,天;

$outage_{cmd}$ ——检修或更换发生失效泄漏设备导致的停工时间,天;

$outage_{mult}$ ——所评价设备停工时间的放大系数;

$outage_n$ ——第 n 种泄漏孔泄漏导致的停工时间,天;

popdens ——设备系统现场人口密度,人/m^2;

P_{atm} ——大气压力,MPa;

$property_{mix}$ ——混合物介质的物性;

$property_i$ ——混合物介质中第 i 种组分的物性;

P_s ——正常操作压力或储存压力,MPa;

P_{trans} ——气相介质由音速向亚音速的转换压力,MPa;

prodcost ——平均每天的停工成本,元/天;

R ——气体常数,8.314 J/(mol·K);

$rate_n$ ——第 n 种泄漏孔对应的介质实际泄漏速率,kg/s;

$rate_n^{tox}$ ——第 n 种泄漏孔对应的有毒介质实际泄漏速率,kg/s;

ρ_{atm} ——大气密度,kg/m^3;

ρ_l ——正常操作或储存条件下液相介质密度,kg/m^3;

T_s ——正常操作温度或储存温度,℃;

t_n ——第 n 种泄漏孔泄漏 4 500 kg 介质所需要的时间,s;

V ——设备或部件容积,m^3;

vol_n^{env} ——第 n 种泄漏孔对应需要,清理的泄漏介质体积,m^3;

W_n ——第 n 种泄漏孔对应的理论泄漏速率,kg/s;

W_{max8} ——从存量组中流入到该设备的介质流速的上限,kg/s;

x_i ——混合物介质中第 i 种组分的摩尔分数。

4 总则

4.1 本部分考虑的失效后果采用两种形式进行表征,即面积后果和经济后果。面积后果计算不适用于非直接泄漏到大气环境中的内漏型设备(壳体应满足发生内漏后的强度要求,但不考虑内漏导致腐蚀等间接因素对强度的影响)。

4.2 安全阀的失效后果分析只考虑功能失效，包括开启失效后果和泄漏失效后果。安全阀开启失效后果定量分析方法见附录A，安全阀泄漏失效后果定量分析方法见附录B。

4.3 热交换器管束的失效后果分析只考虑经济后果，热交换器管束失效后果定量分析方法见附录C。

4.4 当使用计算机程序进行承压设备失效后果定量分析时，应确认所采用程序中技术假定的合理性、分析过程与设备系统实际操作工况的符合性、输入参数及输出结果的准确性。

5 失效后果定量分析的一般原则

5.1 失效后果定量分析所需基础数据

失效后果定量分析所需基础数据如下：

a) 设备系统工艺操作规程、工艺原则流程图(PFD)、管道及仪表流程图(PID)；

b) 设备中工艺介质种类、各工艺介质的相对含量、相态及充装系数；

c) 设备中有毒介质种类、相态及含量；

d) 设备的类别(容器、管道、热交换器、泵、压缩机、安全阀等)；

e) 设备的规格参数(直径、长度/高度、容积等)；

f) 设备的材质；

g) 设备的设计压力，设计温度；操作压力，操作温度；

h) 设备系统中的泄漏探测系统、隔离系统、减缓系统信息资料；

i) 设备的经济后果分析相关数据；

j) 安全阀的规格参数(进口公称通径、流道面积、额定泄放量等)；

k) 安全阀的设定压力；

l) 安全阀的安装方式(单阀开、一开一备、多只全开等)；

m) 安全阀的泄放方式(封闭系统、火炬或大气)；

n) 受(安全阀)保护设备的失效后果分析所需基础数据；

o) 受(安全阀)保护设备超压情况分析所需基础数据等。

5.2 存量组的确定原则

设备系统失效后果定量分析应进行存量组划分，划分时应按照装置或设备系统实际工艺操作流程进行，并在工艺原则流程图(PFD)或管道及仪表流程图(PID)上标识。若存在多个存量组时，各存量组标识之间应能够区分。

5.3 失效后果定量分析结果的基本要求

失效后果定量分析结果一般应包括以下内容：

a) 设备或部件失效后果定量分析所采用的基础数据；

b) 面积后果和(或)经济后果；

c) 失效后果等级。

5.4 失效后果分级

失效后果定量分析的目的是根据本部分规定的定量分析方法对设备潜在的失效后果进行分级。面积后果等级划分见表1，经济后果等级划分由使用单位根据自身的风险可接受水平确定。

表1 面积后果等级划分

面积后果等级	最终的后果面积(CA)范围/m^2
A	CA≤9
B	9<CA≤93
C	93<CA≤279
D	279<CA≤929
E	CA>929

5.5 失效后果定量分析基本工作流程

失效后果定量分析按照以下流程进行：

a) 选取泄漏代表性介质及其物性参数；

b) 选取泄漏孔直径；

c) 计算理论泄漏速率；

d) 计算潜在的最大介质泄漏量；

e) 确定泄漏类型；

f) 评价探测和隔离系统对泄漏量的影响；

g) 确定实际泄漏速率和泄漏量；

h) 计算面积后果和(或)经济后果。

6 代表性介质及相关物性的选取

6.1 代表性介质选取

6.1.1 对于单一组分介质可以从表2中选取最接近被评价承压设备系统中实际介质的代表性介质。

6.1.2 对于多组分混合物介质应根据混合物中各种介质的摩尔质量(MW)、密度、标准沸点(NBP)及自燃温度等按式(1)确定混合物介质对应的代表性介质的相关物性。

$$\text{property}_{\text{mix}} = \sum x_i \,\text{property}_i \qquad \cdots\cdots (1)$$

6.1.3 对于接近单一组分及多组分混合物中某一种组分的比例占较大多数时，允许在选取代表性介质时进行合理的简化处理；简化处理时，应考虑该混合物介质与所选取的代表性介质的摩尔质量、自燃温度、毒性以及活性等相近程度。

6.1.4 每种代表性介质对应的介质分析类型在表2中查取。

表2 后果分析的代表性介质选取

代表性介质	涵盖介质	介质分析类型
碳1～碳2	甲烷、乙烷、乙烯、液化天然气、燃料气	类型0
碳3～碳4	丙烷、丁烷、异丁烷、液化石油气	类型0
碳5	戊烷	类型0
碳6～碳8	汽油、石脑油、轻直馏馏分、庚烷	类型0
碳9～碳12	柴油、煤油	类型0

表 2（续）

代表性介质	涵盖介质	介质分析类型
碳 13～碳 16	航空燃料、煤油、汽油	类型 0
碳 17～碳 25	柴油、典型原油	类型 0
碳 25＋	渣油、重原油、润滑油、密封油	类型 0
氢气	氢气、循环氢	类型 0
硫化氢	硫化氢	类型 0
氟化氢	氟化氢	类型 0
水	水	类型 0
蒸汽	蒸汽	类型 0
酸	酸、碱	类型 0
氯化铝	氯化铝	类型 0
一氧化碳	一氧化碳	类型 1
乙醚	乙醚	类型 1(见注 1)
氯化氢	氯化氢	类型 0(见注 2)
硝酸	硝酸	类型 0(见注 2)
二氧化氮	二氧化氮	类型 0(见注 2)
光气	光气	类型 0
甲苯二异氰酸酯	甲苯二异氰酸酯	类型 0(见注 2)
甲醇	甲醇	类型 1
环氧丙烷	环氧丙烷	类型 1
苯乙烯	苯乙烯	类型 1
乙二醇乙醚醋酸酯	乙二醇乙醚醋酸酯	类型 1
乙二醇乙醚	乙二醇乙醚	类型 1
乙二醇	乙二醇	类型 1
环氧乙烷	环氧乙烷	类型 1
芳香族	苯、甲苯、二甲苯、异丙苯	类型 1
氨	氨	类型 0
氯	氯	类型 0
自燃物质	自燃物质	类型 0
注 1：乙醚作为有毒介质时是类型 0。 注 2：氯化氢、硝酸、二氧化氮、甲苯二异氰酸酯作为有毒介质时是类型 1。		

6.2 代表性介质物性参数选取

6.2.1 每种代表性介质的物性参数在表 3 中查取，也可通过相关试验或参考相关文献资料获取，但应保证参数选取的合理性。

6.2.2 正常操作工况下为液相的介质标准沸点(NBP)、密度(ρ_l)、自燃温度(AIT)从表 3 中查取。

6.2.3 正常操作工况下为气相的介质标准沸点(NBP)、摩尔质量(MW)、定压热容(C_p)和自燃温度(AIT)从表 3 中查取。

6.2.4 根据表 3 确定介质在环境中的相态。

6.2.5 当设备中的介质为酸、碱等无毒非可燃介质时,其泄漏可能会导致人员伤害后果,应选择表 3 中的酸作为代表性介质。

表 3 代表性介质参数选取

介质	摩尔质量 g/mol	液体密度 kg/m³	标准沸点 ℃	环境中的相态	理想气体热容计算公式	C_p A	C_p B	C_p C	C_p D	C_p E	自燃温度 ℃
碳 1～碳 2	23	250.512	−125	气体	注 1	1.23 E+01	1.15E−01	−2.87E−05	−1.30E−09	—	558
碳 3～碳 4	51	538.379	−21	气体	注 1	2.63 E+00	3.188 E−01	−1.35E−04	1.47E−08	—	369
碳 5	72	625.199	36	液体	注 1	−3.63 E+00	0.4873	−2.60E−04	5.30E−08	—	284
碳 6～碳 8	100	684.018	99	液体	注 1	−5.15 E+00	6.76E−01	−3.65E−04	7.66E−08	—	223
碳 9～碳 12	149	734.012	184	液体	注 1	−8.5 E+00	1.01E+00	−5.56E−04	1.18E−07	—	208
碳 13～碳 16	205	764.527	261	液体	注 1	−1.17 E+01	1.39E+00	−7.72E−04	1.67E−07	—	202
碳 17～碳 25	280	775.019	344	液体	注 1	−2.24 E+01	1.94 E+00	−1.12E−03	−2.53E−07	—	202
碳 25+	422	900.026	527	液体	注 1	−2.24 E+01	1.94 E+00	−1.12 E−03	−2.53 E−07	—	202
氢气	2	71.010	−253	气体	注 1	2.71 E+01	9.27E−03	−1.38E−05	7.65E−09	—	400
硫化氢	34	993.029	−59	气体	注 1	3.19 E+01	1.44E−03	2.43E−05	−1.18E−08	—	260
氟化氢	20	967.031	20	气体	注 1	2.91 E+01	6.61E−04	−2.03E−06	2.50E−09	—	—
水	18	997.947	100	液体	注 2	2.76E+05	−2.09E+03	8.13 E+00	−1.41E−02	9.37E−06	—
蒸汽	18	997.947	100	气体	注 2	3.34E+04	2.68E+04	2.61E+03	8.90E+03	1.17E+03	—
酸	18	997.947	100	液体	注 2	2.76E+05	−2.09E+03	8.13 E+00	−1.41E−02	9.37E−06	—
氯化铝	133.5	2 434.798	194	粉末	注 1	4.34 E+04	3.97 E+04	4.17 E+02	2.40 E+04	—	558
一氧化碳	28	800.920	−191	气体	注 3	2.91E+04	8.77E+03	3.09 E+03	8.46 E+03	1.54 E+03	609
乙醚	74	720.828	35	液体	注 3	8.62 E+04	2.55 E+05	1.54 E+03	1.44 E+05	−6.89 E+02	160
氯化氢	36	1 185.362	−85	气体	—	—	—	—	—	—	—
硝酸	63	1 521.749	121	液体	—	—	—	—	—	—	—
二氧化氮	90	929.068	21.2	液体	—	—	—	—	—	—	—
光气	99	1 377.583	8.3	液体	—	—	—	—	—	—	—

表 3（续）

介质	摩尔质量 g/mol	液体密度 kg/m³	标准沸点 ℃	环境中的相态	理想气体热容计算公式	C_p					自燃温度 ℃
						A	B	C	D	E	
甲苯二异氰酸酯	174	1 217.399	251	液体	—	—	—	—	—	—	620
甲醇	32	800.920	65	液体	注 3	3.93 E+04	8.79 E+04	1.92 E+03	5.37 E+04	8.97 E+02	464
环氧丙烷	58	832.957	34	液体	注 3	4.95 E+04	1.74 E+05	1.56 E+03	1.15 E+05	7.02 E+02	449
苯乙烯	104	683.986	145	液体	注 3	8.93 E+04	2.15 E+05	7.72 E+02	9.99 E+04	2.44 E+03	490
乙二醇乙醚醋酸酯	132	977.123	156	液体	注 3	1.06 E+05	2.40 E+05	6.59 E+02	1.50 E+05	1.97 E+03	379
乙二醇乙醚	90	929.068	135	液体	注 3	3.25 E+04	3.00 E+05	1.17 E+03	2.08 E+05	4.73 E+02	235
乙二醇	62	1 105.270	197	液体	注 3	6.30 E+04	1.46 E+05	1.67 E+03	9.73 E+04	7.74 E+02	396
环氧乙烷	44	881.013	11	气体	注 3	3.35 E+04	1.21 E+05	1.61 E+03	8.24 E+04	7.37 E+02	429
自燃物质	149	734.012	184	液体	注 1	−8.5 E+00	1.01 E+00	−5.56 E−04	1.18 E−07	—	—

注 1：$C_p = A + BT + CT^2 + DT^3$，$T$ 为温度，单位为 K；C_p 的单位为 J/(kmol · K)。

注 2：$C_p = A + BT + CT^2 + DT^3 + ET^4$，$T$ 为温度，单位为 K；C_p 的单位为 J/(kmol · K)。

注 3：$C_p = A + B\left\{\dfrac{C/T}{\sinh[C/T]}\right\}^2 + D\left\{\dfrac{E/T}{\cosh[E/T]}\right\}^2$，$T$ 为温度，单位为 K；C_p 的单位为 J/(kmol · K)。

6.3 理想气体热容比确定

6.3.1 对于正常操作工况下为气相的介质,需查取该介质的理想气体比热容。

6.3.2 若介质的理想气体热容比未知,但已知其定压热容 C_p,则可按式(2)计算介质的理想气体热容比:

$$k = \frac{C_p}{C_p - R} \quad \cdots\cdots(2)$$

6.3.3 介质的定压热容可用其代表性介质的定压热容替代,代表性介质的定压热容按照表3给出的相关参数和公式求取。

7 介质泄漏分析计算

7.1 正常操作工况下设备或部件内的介质相态确定

7.1.1 正常操作工况下设备或部件内的介质相态由使用单位提供相关工艺数据,也可根据介质的物性参数和操作参数进行相态分析确定。

7.1.2 本部分不考虑同一设备或部件中存在两相流的情况,但允许对两相流作合理且保守的单相简化计算;也可将设备或部件拆分为两个单一相态的子部件进行分别计算,取所有子部件的后果面积最大值作为该设备或部件的后果面积;当按照后者进行计算时,应确定两相分界高度(如液位)。

7.2 泄漏孔直径的选取与泄漏面积计算

7.2.1 本部分规定了介质泄漏分析计算所采用的4种标准泄漏孔的尺寸大小、直径范围以及直径 d_n(见表4),最大泄漏孔直径限定为400 mm。

表4 后果分析中采用的泄漏孔直径

泄漏孔编号	泄漏孔尺寸	泄漏孔直径范围/mm	泄漏孔直径 d_n/mm
1	小	(0,6]	$d_1=6$
2	中等	(6,25]	$d_2=25$
3	大	(25,100]	$d_3=100$
4	破裂	>100	$d_4=\min[D,400]$

注:D——管道为外径,设备为内径,单位为mm。

7.2.2 泄漏孔直径的选取原则见附录D。

7.2.3 每种泄漏孔,按式(3)计算其泄漏面积 A_n:

$$A_n = \frac{\pi d_n^2}{4} \quad \cdots\cdots(3)$$

7.3 理论泄漏速率计算

7.3.1 根据7.1确定的正常操作工况下设备或部件内的介质相态,按7.3.2和7.3.3选择相应的液相或气相理论泄漏速率计算公式。

7.3.2 液相介质理论泄漏速率计算:

对每种泄漏孔,液相介质理论泄漏速率按式(4)进行计算:

$$W_n = C_d \rho_l \frac{A_n}{31\ 623} \sqrt{\frac{2\ 000 g_c (P_s - P_{atm})}{\rho_l}} \quad \cdots\cdots (4)$$

式中：

C_d 为泄漏系数，湍流介质通过边缘尖锐孔的泄漏系数为[0.60,0.65]，推荐保守的取值为 0.61。

7.3.3 气相介质理论泄漏速率计算：

介质流速由音速向亚音速的转换压力按式(5)计算：

$$P_{trans} = P_{atm} \left(\frac{k+1}{2} \right)^{\frac{k}{k-1}} \quad \cdots\cdots (5)$$

若设备的操作压力大于转换压力，则气体以音速泄漏；对每种泄漏孔，按式(6)计算泄漏速率：

$$W_n = C_d A_n P_s \sqrt{\frac{1}{1\ 000} \cdot \left[\frac{k \cdot MW \cdot g_c}{R(T_s + 273)} \right] \cdot \left(\frac{2}{k+1} \right)^{\frac{k+1}{k-1}}} \quad \cdots\cdots (6)$$

若设备的操作压力小于或等于转换压力，则气体以亚音速泄漏；对每种泄漏孔，按式(7)计算泄漏速率：

$$W_n = C_d A_n P_s \sqrt{\frac{1}{1\ 000} \cdot \left[\frac{MW \cdot g_c}{R(T_s + 273)} \right] \cdot \left(\frac{2k}{k-1} \right) \left(\frac{P_{atm}}{P_s} \right)^{\frac{2}{k}} \left[1 - \left(\frac{P_{atm}}{P_s} \right)^{\frac{k-1}{k}} \right]} \quad \cdots\cdots (7)$$

湍流介质通过边缘尖锐孔的泄漏系数 C_d 的取值范围为[0.85,1.0]，通常取 0.90。

7.4 潜在的最大介质泄漏量计算

7.4.1 计算存量组中的介质存储量

根据划分的存量组，按式(8)计算存量组中的介质存储量：

$$mass_{inv} = \sum_{i=1}^{N} mass_{comp,i} \quad \cdots\cdots (8)$$

式中：$mass_{comp,i}$ 通常选取为正常操作工况下第 i 个设备或部件中的介质存储量，由使用单位提供相关数据；若无法获取正常操作工况下第 i 个设备或部件中的介质存储量或仅采用定性后果分析，也可参照附录 D选取。

7.4.2 计算设备中的介质存储量加上 3 min 从所属存量组中流入到该设备的介质补充量

对每种泄漏孔，可按式(9)计算 3 min 从所属存量组中流入到该设备的介质补充量：

$$mass_{add,n} = 180\ \min(W_n, W_{max8}) \quad \cdots\cdots (9)$$

式中，W_{max8} 为泄漏孔 d_n 取 200 mm 按式(4)、式(6)或式(7)计算得出的介质理论泄漏速率。

7.4.3 计算潜在的最大介质泄漏量

7.4.3.1 潜在的最大介质泄漏量为存量组中的介质存储量和设备中的介质存储量加上 3 min 从所属存量组中流入到该设备的介质补充量两者中的较小值。

7.4.3.2 潜在的最大介质泄漏量按式(10)确定：

$$mass_{avail,n} = \min[(mass_{comp} + mass_{add,n}), mass_{inv}] \quad \cdots\cdots (10)$$

7.5 泄漏类型的确定

7.5.1 泄漏类型分类

泄漏类型分为连续泄漏和瞬时泄漏两种。

7.5.2 泄漏类型确定方法

7.5.2.1 对每种泄漏孔，按式(11)计算泄漏 4 500 kg 介质的时间：

$$t_n = \frac{4\ 500}{W_n} \qquad \cdots\cdots(11)$$

7.5.2.2 对每种泄漏孔，按以下方法确定泄漏类型：

a) 若泄漏孔直径 d_n 小于或等于 6 mm，则确定为连续泄漏；

b) 若泄漏孔直径 d_n 大于 6 mm：

1) 如果 $t_n > 180$ s，则确定为连续泄漏；

2) 如果 $t_n \leqslant 180$ s，则确定为瞬时泄漏。

7.6 探测及隔离系统对泄漏的影响评价

7.6.1 根据探测系统类型，按照表 5 确定探测系统等级。

表 5 探测系统分级表

探测系统类型	探测系统等级
可依据操作条件的变化(例如压力波动或流速降低)检测出介质损失的探测系统	A
可直接检测出介质泄漏的探测系统	B
目视检测、照相或检测范围有限的探测系统	C

7.6.2 根据隔离系统类型，按照表 6 确定隔离系统等级。

表 6 隔离系统分级表

隔离系统类型	隔离系统等级
直接由工艺仪表或探测器启动，而不需要操作者对此进行干预的隔离或切断系统	A
由控制室内或其他远离泄漏点的操作者启动的隔离或切断系统	B
依靠手动阀门的隔离系统	C

7.6.3 泄漏速率减少系数：连续泄漏时，泄漏速率减少系数按照表 7 确定。

表 7 泄漏速率减少系数

系统等级		泄漏调整量	减少系数($fact_{di}$)
探测系统	隔离系统		
A	A	将泄漏量或泄漏速率减小 25%	0.25
A	B	将泄漏量或泄漏速率减小 20%	0.20
A 或 B	C	将泄漏量或泄漏速率减小 10%	0.10
B	B	将泄漏量或泄漏速率减小 15%	0.15
C	C	不作调整	0.00

7.6.4 最大泄漏持续时间：最大泄漏持续时间 $ld_{max,n}$ 按照表 8 确定。

7.7 实际泄漏速率和泄漏量的确定

7.7.1 实际泄漏速率

对于连续泄漏，采用泄漏速率进行后果分析，实际泄漏速率按式(12)计算：

$$\text{rate}_n = W_n(1-\text{fact}_{\text{di}}) \qquad (12)$$

7.7.2 实际泄漏量

对于瞬时泄漏，采用泄漏量进行后果分析，实际泄漏量按式(13)计算：

$$\text{mass}_n = \min[(\text{rate}_n \times \text{ld}_n), \text{mass}_{\text{avail},n}] \qquad (13)$$

式中，实际泄漏持续时间按式(14)计算：

$$\text{ld}_n = \min\left[\left(\frac{\text{mass}_{\text{avail},n}}{\text{rate}_n}\right), (60 \times \text{ld}_{\max,n})\right] \qquad (14)$$

对于破裂泄漏孔（直径 $d_4 = \min[D, 400]$）或直径大于 100 mm 的泄漏孔，实际泄漏持续时间按式(15)计算：

$$\text{ld}_n = \frac{\text{mass}_{\text{avail},n}}{\text{rate}_n} \qquad (15)$$

表 8 最大泄漏持续时间

探测系统等级	隔离系统等级	最大泄漏持续时间 $\text{ld}_{\max,n}$/min		
		小泄漏孔（直径 d_1=6 mm）	中等泄漏孔（直径 d_2=25 mm）	大泄漏孔（直径 d_3=100 mm）
A	A	20	10	5
A	B	30	20	10
A	C	40	30	20
B	A 或 B	40	30	20
B	C	60	30	20
C	A,B 或 C	60	40	20

8 燃烧与爆炸后果面积计算

8.1 后果面积减少系数 fact_{mit} 选取

8.1.1 本部分所指的减缓系统包括放空系统、消防喷淋系统、消防监视器、泡沫喷洒器。

8.1.2 减缓系统对设备燃烧与爆炸后果面积减少系数 fact_{mit} 按照表 9 确定。

表 9 减缓系统对燃烧与爆炸后果面积减少系数

减缓系统类型	后果面积减少系数 fact_{mit}
放空系统，且隔离系统的等级为 B 或更高	0.25
消防喷淋系统和消防监视器	0.20
泡沫喷洒器	0.15
消防监视器	0.05

8.2 能量效率调整系数 eneff_n 计算

8.2.1 对于瞬时泄漏，按式(16)分别计算各种泄漏孔对应的能量效率调整系数 eneff_n：

$$\text{eneff}_n = 4\lg(2.222\,3 \times \text{mass}_n) - 15 \qquad (16)$$

8.2.2 对于连续泄漏，不考虑能量效率调整系数，取 $\text{eneff}_n = 1$。

8.3 介质分析类型确定

根据 6.1.4 中表 2，确定介质分析类型。

8.4 介质泄漏相态确定

8.4.1 本部分规定蒸汽泄漏后果计算所采用的介质泄漏相态为气态，腐蚀性介质泄漏后果计算所采用的介质泄漏相态为液态。其余介质按照 8.4.2 确定介质泄漏相态。

8.4.2 根据表 3 确定介质在大气环境中的相态，结合正常操作工况下介质在设备中的相态，按照表 10 确定后果计算所采用的介质泄漏相态。

表 10 确定后果计算介质泄漏相态的原则

正常操作工况下介质在设备中的相态	介质在大气环境中的相态	介质泄漏相态
气态	气态	确定为气态
气态	液态	确定为气态
液态	气态	如果介质在环境中的沸点高于27 ℃，则确定为液态，否则确定为气态
液态	液态	确定为液态

8.5 连续泄漏设备破坏后果面积计算

8.5.1 连续泄漏设备破坏后果面积计算应当分别考虑介质不可能自燃和可能自燃两种情况。

8.5.2 对每种泄漏孔，介质不可能自燃的设备破坏后果面积 $\text{CA}_{\text{cmd},n}^{\text{AINL-CONT}}$ 按下列步骤计算：

a) 根据 8.4 确定的介质泄漏相态，从表 11 中选择合适的常数 a 和 b；

b) 若介质泄漏相态为液态且介质分析类型为类型 0，则按式(17)计算设备破坏后果面积，按式(18)计算其有效泄漏速率：

$$\text{CA}_{\text{cmd},n}^{\text{AINL-CONT}} = \min[a(\text{rate}_n)^b, 929](1 - \text{fact}_{\text{mit}}) \qquad (17)$$

$$\text{effrate}_n^{\text{AINL-CONT}} = \frac{1}{2.205}\exp\left[\lg\left(\frac{\text{CA}_{\text{cmd},n}^{\text{AINL-CONT}}}{0.092\,9 \times a}\right)b^{-1}\right] \qquad (18)$$

c) 若介质泄漏相态为气态（介质分析类型为类型 0 或者类型 1），或介质泄漏相态为液态且介质分析类型为类型 1，则按式(19)计算设备破坏后果面积，按式(20)计算其有效泄漏速率：

$$\text{CA}_{\text{cmd},n}^{\text{AINL-CONT}} = a(\text{rate}_n)^b(1 - \text{fact}_{\text{mit}}) \qquad (19)$$

$$\text{effrate}_n^{\text{AINL-CONT}} = \text{rate}_n \qquad (20)$$

8.5.3 对每种泄漏孔，介质可能自燃的设备破坏后果面积 $\text{CA}_{\text{cmd},n}^{\text{AIL-CONT}}$ 按照下列步骤计算：

a) 根据 8.4 确定的介质泄漏相态，从表 11 中选择合适的常数 a 和 b；

b) 如果介质泄漏相态为液态（介质分析类型为类型 0 或类型 1），按式(21)计算设备破坏后果面积，按式(22)计算有效泄漏速率：

$$\text{CA}_{\text{cmd},n}^{\text{AIL-CONT}} = \min[a(\text{rate}_n)^b, 929](1 - \text{fact}_{\text{mit}}) \qquad (21)$$

$$\text{effrate}_n^{\text{AIL-CONT}} = \frac{1}{2.205}\exp\left[\lg\left(\frac{\text{CA}_{\text{cmd},n}^{\text{AIL-CONT}}}{0.092\,9 \times a}\right)b^{-1}\right] \qquad (22)$$

c) 如果介质泄漏相态是气态（介质分析类型为类型 0 或类型 1），则按式(23)计算设备破坏后果面积，按式(24)计算有效泄漏速率：

$$CA_{cmd,n}^{AIL\text{-}CONT}=a(rate_n)^b(1-fact_{mit}) \qquad (23)$$

$$effrate_n^{AIL\text{-}CONT}=rate_n \qquad (24)$$

8.6 瞬时泄漏设备破坏后果面积计算

8.6.1 瞬时泄漏设备破坏后果面积计算应当分别考虑介质不可能自燃和可能自燃两种情况。

8.6.2 对每种泄漏孔，介质不可能自燃的设备破坏后果面积 $CA_{cmd,n}^{AINL\text{-}INST}$ 按下列步骤计算：

a) 根据8.4确定的介质泄漏相态，从表11中选择合适的常数 a 和 b；

b) 若介质泄漏相态为液态且介质分析类型为类型0，则按式(25)计算设备破坏后果面积，按式(26)计算有效泄漏量：

$$CA_{cmd,n}^{AINL\text{-}INST}=\min[a(mass_n)^b,929]\left(\frac{1-fact_{mit}}{eneff_n}\right) \qquad (25)$$

$$effmass_n^{AINL\text{-}INST}=\frac{1}{2.205}\exp\left[\lg\left(\frac{CA_{cmd,n}^{AINL\text{-}INST}}{0.0929\times a}\right)b^{-1}\right] \qquad (26)$$

c) 若介质泄漏相态为气态(介质分析类型为类型0或类型1)，或介质泄漏相态为液态且介质分析类型为类型1，则按式(27)计算设备破坏后果面积，按式(28)计算有效泄漏量：

$$CA_{cmd,n}^{AINL\text{-}INST}=a(mass_n)^b\left(\frac{1-fact_{mit}}{eneff_n}\right) \qquad (27)$$

$$effmass_n^{AINL\text{-}INST}=mass_n \qquad (28)$$

8.6.3 对每种泄漏孔，介质可能自燃的设备破坏后果面积 $CA_{cmd,n}^{AIL\text{-}INST}$ 按照下列步骤计算：

a) 根据8.4确定的介质泄漏相态，从表11中选择合适的常数 a 和 b；

b) 若介质泄漏相态为液态(介质分析类型为类型0或类型1)，按式(29)计算设备破坏后果面积，按式(30)计算有效泄漏量：

$$CA_{cmd,n}^{AIL\text{-}INST}=\min[a(mass_n)^b,929]\left(\frac{1-fact_{mit}}{eneff_n}\right) \qquad (29)$$

$$effmass_n^{AIL\text{-}INST}=\frac{1}{2.205}\exp\left[\lg\left(\frac{CA_{cmd,n}^{AIL\text{-}INST}}{0.0929\times a}\right)b^{-1}\right] \qquad (30)$$

c) 若介质泄漏相态是气态(介质分析类型为类型0或类型1)，则按式(31)计算设备破坏后果面积，按式(32)计算有效泄漏量：

$$CA_{cmd,n}^{AIL\text{-}INST}=a(mass_n)^b\left(\frac{1-fact_{mit}}{eneff_n}\right) \qquad (31)$$

$$effmass_n^{AIL\text{-}INST}=mass_n \qquad (32)$$

8.7 连续泄漏人员伤害后果面积计算

8.7.1 连续泄漏人员伤害后果面积计算应当分别考虑介质不可能自燃和可能自燃两种情况。

8.7.2 对每种泄漏孔，介质不可能自燃的人员伤害后果面积 $CA_{inj,n}^{AINL\text{-}CONT}$ 按下列步骤计算：

a) 根据8.4确定的介质泄漏相态，从表12中选择合适的常数 a 和 b；

b) 采用8.5.2所计算的有效泄漏速率 $effrate_n^{AINL\text{-}CONT}$，按式(33)计算人员伤害后果面积：

$$CA_{inj,n}^{AINL\text{-}CONT}=[a(effrate_n^{AINL\text{-}CONT})^b](1-fact_{mit}) \qquad (33)$$

8.7.3 对每种泄漏孔，介质可能自燃的人员伤害后果面积 $CA_{inj,n}^{AIL\text{-}CONT}$ 按下列步骤计算：

a) 根据8.4确定的介质泄漏相态，从表12中选择合适的常数 a 和 b；

b) 采用8.5.3所计算的有效泄漏速率 $effrate_n^{AIL\text{-}CONT}$，按式(34)计算人员伤害后果面积：

$$CA_{inj,n}^{AIL\text{-}CONT}=[a(effrate_n^{AIL\text{-}CONT})^b](1-fact_{mit}) \qquad (34)$$

8.8 瞬时泄漏人员伤害后果面积计算

8.8.1 瞬时泄漏人员伤害后果面积计算应当分别考虑介质不可能自燃和可能自燃两种情况。

8.8.2 对每种泄漏孔,介质不可能自燃的人员伤害后果面积 $CA_{inj,n}^{AINL\text{-}INST}$ 按下列步骤计算:

a) 根据 8.4 确定的介质泄漏相态,从表 12 中选择合适的常数 a 和 b;

b) 采用 8.6.2 所计算的有效泄漏量 $effmass_n^{AINL\text{-}INST}$,按式(35)计算人员伤害后果面积:

$$CA_{inj,n}^{AINL\text{-}INST}=\left[a\left(effmass_n^{AINL\text{-}INST}\right)^b\right]\left(\frac{1-fact_{mit}}{eneff_n}\right) \qquad (35)$$

8.8.3 对每种泄漏孔,介质可能自燃的人员伤害后果面积 $CA_{inj,n}^{AIL\text{-}INST}$ 按下列步骤计算:

a) 根据 8.4 确定的介质泄漏相态,从表 12 中选择合适的常数 a 和 b;

b) 采用式(30)所计算的有效泄漏量 $effmass_n^{AIL\text{-}INST}$,按式(36)计算人员伤害后果面积:

$$CA_{inj,n}^{AIL\text{-}INST}=\left[a\left(effmass_n^{AIL\text{-}INST}\right)^b\right]\left(\frac{1-fact_{mit}}{eneff_n}\right) \qquad (36)$$

8.9 基于泄漏类型的后果面积平衡

8.9.1 对每种泄漏孔,按式(37)或式(38)确定泄漏类型平衡因子 $fact_n^{IC}$:

8.9.1.1 连续泄漏——泄漏类型平衡因子应按式(37)确定:

$$fact_n^{IC}=\min\left(\frac{rate_n}{25},1.0\right) \qquad (37)$$

8.9.1.2 瞬时泄漏——不需要进行平衡,应按式(38)确定,即平衡因子恒为 1.0:

$$fact_n^{IC}=1.0 \qquad (38)$$

8.9.2 对每种泄漏孔,根据泄漏类型平衡因子 $fact_n^{IC}$ 和后果面积,按式(39)~式(42)计算基于泄漏类型平衡后的设备破坏后果面积和人员伤害后果面积:

$$CA_{cmd,n}^{AIL}=CA_{cmd,n}^{AIL\text{-}CONT}(1-fact_n^{IC})+CA_{cmd,n}^{AIL\text{-}INST}fact_n^{IC} \qquad (39)$$

$$CA_{inj,n}^{AIL}=CA_{inj,n}^{AIL\text{-}CONT}(1-fact_n^{IC})+CA_{inj,n}^{AIL\text{-}INST}fact_n^{IC} \qquad (40)$$

$$CA_{cmd,n}^{AINL}=CA_{cmd,n}^{AINL\text{-}CONT}(1-fact_n^{IC})+CA_{cmd,n}^{AINL\text{-}INST}fact_n^{IC} \qquad (41)$$

$$CA_{inj,n}^{AINL}=CA_{inj,n}^{AINL\text{-}CONT}(1-fact_n^{IC})+CA_{inj,n}^{AINL\text{-}INST}fact_n^{IC} \qquad (42)$$

8.10 基于自燃温度的后果面积平衡

8.10.1 按式(43)、式(44)或式(45)计算自燃温度平衡因子 $fact^{AIT}$。

$$fact^{AIT}=0(\text{当 } T_s+100\leqslant AIT \text{ 时}) \qquad (43)$$

$$fact^{AIT}=\frac{T_s-AIT+100}{200}(\text{当 } T_s+100>AIT>T_s-100 \text{ 时}) \qquad (44)$$

$$fact^{AIT}=1(\text{当 } T_s-100\geqslant AIT \text{ 时}) \qquad (45)$$

8.10.2 对每种泄漏孔,采用上述自燃温度平衡因子 $fact^{AIT}$ 和 8.9.2 所计算的基于泄漏类型平衡后的设备破坏后果面积和人员伤害后果面积,按式(46)和式(47)计算基于自燃温度平衡后的设备破坏后果面积和人员伤害后果面积:

$$CA_{cmd,n}^{flam}=CA_{cmd,n}^{AIL}fact^{AIT}+CA_{cmd,n}^{AINL}(1-fact^{AIT}) \qquad (46)$$

$$CA_{inj,n}^{flam}=CA_{inj,n}^{AIL}fact^{AIT}+CA_{inj,n}^{AINL}(1-fact^{AIT}) \qquad (47)$$

表 11 燃烧与爆炸设备破坏后果面积计算公式中的常数选取

代表性介质	连续泄漏								瞬时泄漏							
	不可能自燃				可能自燃				不可能自燃				可能自燃			
	气态		液态		气态		液态		气态		液态		气态		液态	
	a	*b*	*a*	*b*	*a*	*b*	*a*	*b*	*a*	*b*	*a*	*b*	*a*	*b*	*a*	*b*
碳 1～碳 2	8.699	0.98	—	—	55.13	0.95	—	—	6.469	0.67	—	—	163.7	0.62	—	—
碳 3～碳 4	10.13	1.00	—	—	64.23	1.00	—	—	4.590	0.72	—	—	79.94	0.63	—	—
碳 5	5.115	0.99	100.6	0.89	62.41	1.00	—	—	2.214	0.73	0.271	0.85	41.38	0.61	—	—
碳 6～碳 8	5.846	0.98	34.17	0.89	63.98	1.00	103.4	0.95	2.188	0.66	0.749	0.78	41.49	0.61	8.180	0.55
碳 9～碳 12	2.419	0.98	24.60	0.90	76.98	0.95	110.3	0.95	1.111	0.66	0.559	0.76	42.28	0.61	0.848	0.53
碳 13～碳 16	—	—	12.11	0.90	—	—	196.7	0.92	—	—	0.086	0.88	—	—	1.714	0.88
碳 17～碳 25	—	—	3.785	0.90	—	—	165.5	0.92	—	—	0.021	0.91	—	—	1.068	0.91
碳 25＋	—	—	2.098	0.91	—	—	103.0	0.90	—	—	0.006	0.99	—	—	0.284	0.99
氢气	13.13	0.992	—	—	86.02	1.00	—	—	9.605	0.657	—	—	216.5	0.618	—	—
硫化氢	6.554	1.00	—	—	38.11	0.89	—	—	22.63	0.63	—	—	53.72	0.61	—	—
氟化氢	—	—	—	—	—	—	—	—	—	—	—	—	—	—	—	—
一氧化碳	0.040	1.752	—	—	—	—	—	—	10.97	0.667	—	—	—	—	—	—
乙醚	9.072	1.134	164.2	1.106	67.42	1.033	976.0	0.649	24.51	0.667	0.981	0.919	—	—	1.090	0.919
甲醇	0.005	0.909	340.4	0.934	—	—	—	—	4.425	0.667	0.363	0.900	—	—	—	—
环氧丙烷	3.277	1.114	257.0	0.960	—	—	—	—	10.32	0.667	0.629	0.869	—	—	—	—
苯乙烯	3.952	1.097	21.10	1.00	80.11	1.055	—	—	1.804	0.667	14.36	1.00	83.68	0.713	143.6	1.00
乙二醇乙醚醋酸酯	0	1.035	23.96	1.00	—	—	—	—	1.261	0.667	14.13	1.00	—	—	—	—
乙二醇乙醚	2.595	1.005	35.45	1.00	—	—	—	—	6.119	0.667	14.79	1.00	—	—	—	—
乙二醇	1.548	0.973	22.12	1.00	—	—	—	—	1.027	0.667	14.13	1.00	—	—	—	—
环氧乙烷	6.712	1.069	—	—	—	—	—	—	21.46	0.667	—	—	—	—	—	—
芳香族	3.952	1.097	21.10	1.00	80.11	1.055	—	—	1.804	0.667	14.36	1.00	83.68	0.713	143.6	1.00
自燃物质	2.419	0.98	24.60	0.90	76.98	0.95	110.3	0.95	1.111	0.66	0.559	0.76	42.28	0.61	0.848	0.53

表 12　燃烧与爆炸人员伤害后果面积计算公式中的常数选取

代表性介质	连续泄漏								瞬时泄漏							
	不可能自燃				可能自燃				不可能自燃				可能自燃			
	气态		液态		气态		液态		气态		液态		气态		液态	
	a	*b*	*a*	*b*	*a*	*b*	*a*	*b*	*a*	*b*	*a*	*b*	*a*	*b*	*a*	*b*
碳 1～碳 2	21.83	0.96	—	—	143.2	0.92	—	—	12.46	0.67	—	—	473.9	0.63	—	—
碳 3～碳 4	25.64	1.00	—	—	171.4	1.00	—	—	9.702	0.75	—	—	270.4	0.63	—	—
碳 5	12.71	1.00	290.1	0.89	166.1	1.00	—	—	4.820	0.76	0.790	0.85	146.7	0.63	—	—
碳 6～碳 8	13.49	0.96	96.88	0.89	169.7	1.00	252.8	0.92	4.216	0.67	2.186	0.78	147.2	0.63	31.89	0.54
碳 9～碳 12	5.755	0.96	70.03	0.89	188.6	0.92	269.4	0.92	2.035	0.66	1.609	0.76	151.0	0.63	2.847	0.54
碳 13～碳 16	—	—	34.36	0.89	—	—	539.4	0.90	—	—	0.242	0.88	—	—	4.834	0.88
碳 17～碳 25	—	—	10.7	0.89	—	—	458.0	0.90	—	—	0.061	0.91	—	—	3.052	0.91
碳 25＋	—	—	6.196	0.89	—	—	303.6	0.90	—	—	0.016	0.99	—	—	0.833	0.99
氢气	32.05	0.933	—	—	228.8	1.00	—	—	18.43	0.652	—	—	636.5	0.621	—	—
硫化氢	10.65	1.00	—	—	73.25	0.94	—	—	41.43	0.63	—	—	191.5	0.63	—	—
氟化氢	—	—	—	—	—	—	—	—	—	—	—	—	—	—	—	—
一氧化碳	5.491	0.991	—	—	—	—	—	—	16.91	0.692	—	—	—	—	—	—
乙醚	26.76	1.025	236.7	1.219	241.5	0.997	488.9	0.864	31.71	0.682	8.333	0.814	128.3	0.657	9.258	0.814
甲醇	0	1.008	849.9	0.902	—	—	—	—	6.035	0.688	1.157	0.871	—	—	—	—
环氧丙烷	8.239	1.047	352.8	0.840	—	—	—	—	13.33	0.682	2.732	0.834	—	—	—	—
苯乙烯	12.76	0.963	66.01	0.883	261.9	0.937	56	0.268	2.889	0.686	0.027	0.935	83.68	0.713	0.273	0.935
乙二醇乙醚醋酸酯	0	0.946	79.66	0.835	—	—	—	—	1.825	0.687	0.030	0.924	—	—	—	—
乙二醇乙醚	7.107	0.969	8.142	0.800	—	—	—	—	25.36	0.660	0.029	0.927	—	—	—	—
乙二醇	5.042	0.947	59.96	0.869	—	—	—	—	1.435	0.687	0.027	0.922	—	—	—	—
环氧乙烷	11.00	1.105	—	—	—	—	—	—	34.70	0.665	—	—	—	—	—	—
芳香族	12.76	0.963	66.01	0.883	261.9	0.937	56	0.268	2.889	0.686	0.027	0.935	83.68	0.713	0.273	0.935
自燃物质	5.755	0.96	70.3	0.89	188.6	0.92	269.4	0.92	2.035	0.66	1.609	0.76	151.0	0.63	2.847	0.54

8.11 同类设备平均失效概率确定

8.11.1 按照 GB/T 26610.4 确定每种泄漏孔的同类设备平均失效概率 gff_n。对于 GB/T 26610.4 中未包含设备和部件的同类设备平均失效概率，可从其他文献资料中选取，但应保证其选取的合理性。

8.11.2 所有泄漏孔的同类设备平均失效概率之和 gff_{total} 按式(48)计算：

$$gff_{total} = \sum_{n=1}^{4} gff_n \quad \cdots\cdots (48)$$

8.12 燃烧与爆炸后果面积计算

8.12.1 根据式(46)计算的每种泄漏孔所对应的设备破坏后果面积，按式(49)计算燃烧与爆炸设备破坏后果面积：

$$CA_{cmd}^{flam} = \frac{\sum_{n=1}^{4} gff_n \times CA_{cmd,n}^{flam}}{gff_{total}} \quad \cdots\cdots (49)$$

8.12.2 根据式(47)计算的每种泄漏孔所对应的人员伤害后果面积，按式(50)计算燃烧与爆炸人员伤害后果面积：

$$CA_{inj}^{flam} = \frac{\sum_{n=1}^{4} gff_n \times CA_{inj,n}^{flam}}{gff_{total}} \quad \cdots\cdots (50)$$

9 毒性后果面积计算

9.1 毒性后果面积计算基本要求

9.1.1 有毒介质泄漏只考虑人员伤害后果。

9.1.2 本部分规定了有毒介质的 IDLH 值，若设备内的有毒介质浓度低于或等于 IDLH 值，则不考虑毒性后果。

9.1.3 典型有毒介质的 IDLH 值在表 13 中查取，对于表 13 中未给出的有毒介质 IDLH 值可参照 HG 20660选取，也可从其他文献资料中选取，但应保证数据的合理性。

表 13 有毒介质的 IDLH 值

有毒组分	丙烯醛	丙烯腈	氨	苯	溴	一氧化碳	四氯化碳
IDLH($\times10^{-6}$)	2	85	20	500	3	1 200	200
有毒组分	环氧乙烷	甲醛	氯化氢	氰化氢	氟化氢	硫化氢	氯
IDLH($\times10^{-6}$)	800	20	50	25	25	100	10
有毒组分	二氧化氮	光气	环氧丙烷	苯乙烯	二氧化硫	甲苯	—
IDLH($\times10^{-6}$)	20	2	400	700	100	500	—

9.1.4 同时涉及到毒性和燃烧与爆炸的泄漏情况，若燃烧与爆炸消耗了有毒介质，则不考虑毒性后果。

9.1.5 当泄漏介质包含多种有毒组分时，分别计算每种有毒组分的毒性后果，并取其中的最大值作为最终的毒性后果。

9.1.6 若设备系统安装有水喷淋等后果减缓系统，分析计算人员应根据现场减缓系统的有效性、对有毒介质的吸收或阻止扩散情况等因素确定毒性后果面积减小百分比。

9.2 有毒介质的泄漏速率和泄漏量确定

对于每种泄漏孔，有毒介质的实际泄漏速率和泄漏量与介质中有毒组分的质量分数 $mfrac^{tox}$ 有关，分别按式(51)和式(52)计算：

$$rate_n^{tox} = mfrac^{tox} \times W_n \quad \cdots\cdots(51)$$

$$mass_n^{tox} = mfrac^{tox} \times mass_n \quad \cdots\cdots(52)$$

理论泄漏速率 W_n 计算见 7.3，介质实际泄漏量 $mass_n$ 计算见 7.7。

9.3 有效泄漏持续时间确定

对每种泄漏孔，有效泄漏持续时间(ld_n^{tox})取下列 3 个值中的最小值，按式(53)计算：

a) 1 h(60 min)；

b) 实际泄漏量除以理论泄漏速率得到的泄漏时间；

c) 表 8 中的最大泄漏持续时间。

$$ld_n^{tox} = \min\left[60, \frac{mass_n}{60 \times W_n}, ld_{max,n}\right] \quad \cdots\cdots(53)$$

9.4 不同有毒介质的后果面积计算

9.4.1 毒性后果面积通用计算公式

每种泄漏孔对应的同类设备平均失效概率根据 8.11 确定，毒性后果面积按式(54)计算：

$$CA_{inj}^{tox} = \frac{\sum_{n=1}^{4} gff_n \times CA_{inj,n}^{tox}}{gff_{total}} \quad \cdots\cdots(54)$$

式(54)中，不同介质的毒性后果 $CA_{inj,n}^{tox}$ 分别按照 9.4.2～9.4.4 计算。

9.4.2 氟化氢和硫化氢毒性后果面积计算

9.4.2.1 对每种泄漏孔，氟化氢和硫化氢连续泄漏的毒性后果面积按式(55)计算：

$$CA_{inj,n}^{tox} = 0.092\,9 \times 10^{[c\lg(2.205 \times rate_n^{tox})+d]} \quad \cdots\cdots(55)$$

式中，常数 c 和 d 在表 14 中查取。

9.4.2.2 对每种泄漏孔，氟化氢和硫化氢瞬时泄漏的毒性后果面积按式(56)计算：

$$CA_{inj,n}^{tox} = 0.092\,9 \times 10^{[c\lg(2.205 \times mass_n^{tox})+d]} \quad \cdots\cdots(56)$$

式中，常数 c 和 d 在表 14 中查取。

表 14 气态氟化氢和硫化氢的毒性后果面积计算公式中的常数选取

有效泄漏持续时间/min		氟化氢		硫化氢	
		c	d	c	d
连续泄漏	5	1.140 1	3.568 3	1.241 1	3.968 6
	10	1.103 1	3.843 1	1.241 0	4.094 8
	20	1.081 6	4.104 0	1.237 0	4.238 0
	40	1.094 2	4.329 5	1.229 7	4.362 6
	60	1.103 1	4.457 6	1.226 6	4.436 5
瞬时泄漏	—	1.405 6	3.360 6	0.967 4	2.784 0

注：常数 c 和 d 是与有效泄漏持续时间相关的函数，对于本表中未给出有效泄漏持续时间的情况，可以采用内插法确定常数 c 和 d。

9.4.3 氨和氯的毒性后果面积计算

9.4.3.1 对每种泄漏孔，氨和氯连续泄漏的毒性后果面积按式(57)计算：

$$CA_{inj,n}^{tox} = e(rate_n^{tox})^f \qquad (57)$$

式中，常数 e 和 f 在表 15 中查取。

9.4.3.2 对每种泄漏孔，氨和氯瞬时泄漏的毒性后果面积按式(58)计算：

$$CA_{inj,n}^{tox} = e(mass_n^{tox})^f \qquad (58)$$

式中，常数 e 和 f 在表 15 中查取。

表 15 气态氨和氯的毒性后果面积计算公式中的常数选取

有效泄漏持续时间/min		氨		氯	
		e	f	e	f
连续泄漏	5	636.7	1.183	3 350	1.097
	10	846.3	1.181	3 518	1.095
	15	1 053	1.180	3 798	1.092
	20	1 256	1.178	4 191	1.089
	25	1 455	1.176	4 694	1.085
	30	1 650	1.174	5 312	1.082
	35	1 842	1.172	6 032	1.077
	40	2 029	1.169	6 860	1.072
	45	2 213	1.166	7 788	1.066
	50	2 389	1.161	8 798	1.057
	55	2 558	1.155	9 890	1.046
	60	2 714	1.145	10 994	1.026
瞬时泄漏	—	2.684	0.901 1	3.528	1.177

注：常数 e 和 f 是与有效泄漏持续时间相关的函数，对于本表中未给出有效泄漏持续时间的情况，可以采用内插法确定常数 e 和 f。

9.4.4 其他常见有毒介质后果面积计算

9.4.4.1 其他 10 种常见有毒介质连续泄漏后果面积计算公式中的常数 e 和 f 在表 16 中选取，其连续泄漏的毒性后果面积按式(57)计算。

9.4.4.2 不考虑其他 10 种常见有毒介质瞬时泄漏的毒性后果面积。

表 16　其他 10 种常见有毒介质连续泄漏后果面积计算公式中的常数选取

有毒介质	连续泄漏 有效泄漏持续时间/min	气　态		液　态	
		e	f	e	f
氯化铝	任一持续时间	3.453 1	0.941 1	—	—
一氧化碳	3	9.55	1.15	—	—
	5	60.09	1.06	—	—
	10	189.42	1.13	—	—
	20	651.49	1.11	—	—
	40	1 252.67	1.17	—	—
	60	1 521.89	1.21	—	—
氯化氢	3	47.39	1.09	—	—
	5	123.67	1.15	—	—
	10	531.45	1.10	—	—
	20	224.55	1.18	—	—
	40	950.92	1.20	—	—
	60	2 118.87	1.23	—	—
硝酸	3	13 230.9	1.25	1 114.96	1.08
	5	17 146	1.25	2 006.1	1.02
	10	23 851.3	1.24	2 674.47	1.06
	20	31 185	1.23	4 112.65	1.06
	40	35 813.7	1.22	6 688.99	1.06
	60	38 105.8	1.22	9 458.29	1.12
二氧化氮	3	1 071.74	0.70	430	0.98
	5	1 466.57	0.68	610.31	1.04
	10	1 902.9	0.68	1 340.93	1.07
	20	2 338.76	0.72	3 020.54	1.08
	40	3 621.1	0.70	6 110.67	1.12
	60	4 070.48	0.71	9 455.68	1.13
光气	3	3 095.33	1.20	733.39	1.06
	5	5 918.49	1.29	1 520.02	1.10
	10	12 129.3	1.24	4 777.72	1.12
	20	27 459.6	1.27	14 727.5	1.16
	40	63 526.4	1.30	42 905	1.20
	60	96 274.2	1.31	77 287.7	1.23

表 16（续）

有毒介质	连续泄漏 有效泄漏持续时间/min	气态		液态	
		e	f	e	f
甲苯二异氰酸酯	3	—	—	793.04	1.06
	5	—	—	846.54	1.09
	10	—	—	1 011.9	1.10
	20	—	—	1 026.06	1.06
	40	—	—	1 063.8	1.06
	60	—	—	1 252.57	1.03
乙二醇乙醚	1.5	0.895 4	1.171	—	—
	3	1.757 8	1.181	—	—
	5	4.000 2	1.122	—	—
	10	7.54	1.111	0.685 7	1.105
	20	24.56	0.971	3.638 9	1.065
	40	31.22	0.995	9.842 2	1.132
	60	59.67	0.899	23.513	1.104
环氧乙烷	1.5	0.508 5	1.222	—	—
	3	2.972 0	1.207	—	—
	5	7.993 1	1.271	—	—
	10	47.69	1.290 9	—	—
	20	237.57	1.284 9	—	—
	40	1 088.4	1.192 7	—	—
	60	1 767.5	1.203	—	—
环氧丙烷	3	0.000 8	1.913	—	—
	5	0.086 4	1.217	2.408 4	1.198
	10	0.176 8	1.220 3	9.039 7	1.111
	20	0.417 2	1.216 4	17.425	1.114
	40	0.953 7	1.209 7	34.255	1.118
	60	1.228 9	1.252 2	36.706	0.985 5

10 无毒性非可燃后果面积计算

10.1 蒸汽泄漏后果面积计算

10.1.1 蒸汽泄漏只考虑人员伤害后果；若蒸汽泄漏到大气中的温度低于 60 ℃，则不考虑人员伤害后果。

10.1.2 对每种泄漏孔，连续泄漏后果面积根据泄漏速率按式(59)进行计算：

$$CA_{inj,n}^{CONT} = 0.123 \times rate_n \tag{59}$$

式中 $rate_n$ 按照 7.7.1 计算。

10.1.3 对每种泄漏孔，瞬时泄漏后果面积根据泄漏量按式(60)进行计算：

$$CA_{inj,n}^{INST} = 9.744(mass_n)^{0.638\,4} \tag{60}$$

式中 $mass_n$ 按照 7.7.2 计算。

10.1.4 蒸汽泄漏后果面积按照 8.9 进行基于泄漏类型的后果面积平衡，平衡因子 $fact_n^{IC}$ 按照 8.9 确定。

10.2 酸和碱泄漏后果面积计算

10.2.1 酸和碱介质泄漏只考虑人员伤害后果。

10.2.2 酸和碱介质泄漏的后果面积根据不同泄漏类型分别按式(61)和式(64)计算：

a) 对每种泄漏孔，酸和碱介质连续泄漏的后果面积按式(61)计算：

$$CA_{inj,n}^{CONT} = 0.2 \times 0.092\,9 \times g \times (2.205 \times rate_n)^h \tag{61}$$

式(61)中 $rate_n$ 按照 7.7.1 计算，常数 g 和 h 是压力的函数，分别按式(62)和式(63)计算：

$$g = 2\,696.0 - 21.9 \times 145 \times (P_s - P_{atm}) + 1.474[145 \times (P_s - P_{atm})]^2 \tag{62}$$

$$h = 0.31 - 0.000\,32 \times [145 \times (P_s - P_{atm}) - 40]^2 \tag{63}$$

b) 酸和碱介质的瞬时泄漏不考虑人员伤害后果，见式(64)：

$$CA_{inj,n}^{INST} = 0.0 \tag{64}$$

10.2.3 酸和碱介质泄漏基于泄漏类型的平衡因子 $fact_n^{IC} = 0$。

10.3 基于泄漏类型的后果面积平衡

10.3.1 对每种泄漏孔，基于泄漏类型平衡后的后果面积按式(65)进行平衡：

$$CA_{inj,n}^{leak} = CA_{inj,n}^{INST} \times fact_n^{IC} + CA_{inj,n}^{CONT}(1 - fact_n^{IC}) \tag{65}$$

10.3.2 对于无毒性非可燃介质的泄漏后果不考虑设备破坏后果面积，见式(66)：

$$CA_{cmd,n}^{leak} = 0 \tag{66}$$

10.4 无毒性非可燃后果面积确定

每种泄漏孔所对应的同类设备平均失效概率及同类设备平均失效概率之和可根据 8.11 求取。蒸汽、酸和碱介质的后果面积按式(67)计算：

$$CA_{inj}^{nfnt} = \frac{\sum_{n=1}^{4} gff_n \times CA_{inj,n}^{leak}}{gff_{total}} \tag{67}$$

式中，$CA_{inj,n}^{leak}$ 为每种泄漏孔所对应的蒸汽、酸和碱介质泄漏人员伤害后果面积。

11 面积后果的确定

11.1 最终的设备破坏后果面积确定

最终的设备破坏后果面积(CA_{cmd})取燃烧与爆炸设备破坏后果面积(CA_{cmd}^{flam})，燃烧与爆炸设备破坏后果面积的计算见 8.12.1。

11.2 最终的人员伤害后果面积确定

最终的人员伤害后果面积为以下 3 种人员伤害后果面积的最大值，按式(68)确定：

a) 第 8 章所计算的燃烧与爆炸人员伤害后果面积 CA_{inj}^{flam}；

b) 第9章所计算的毒性后果面积 CA_{inj}^{tox}；

c) 第10章所计算的无毒性非可燃后果面积 CA_{inj}^{nfnt}：

$$CA_{inj}=\max(CA_{inj}^{flam},CA_{inj}^{tox},CA_{inj}^{nfnt}) \quad \cdots\cdots(68)$$

11.3 最终的后果面积确定

最终的后果面积取最终的设备破坏后果面积和最终的人员伤害面积两者中的较大值，按式(69)计算：

$$CA=\max(CA_{cmd},CA_{inj}) \quad \cdots\cdots(69)$$

11.4 面积后果等级确定

根据11.3确定的最终的后果面积CA，按照表1确定被评价设备潜在的失效后果等级(面积后果等级)。

12 经济后果计算

12.1 基本原则

12.1.1 经济后果计算只考虑设备失效导致的以下5种直接经济成本：

a) 设备检修或更换成本 FC_{cmd}；

b) 设备失效影响区域中其他设备的破坏成本 FC_{affa}；

c) 介质泄漏和由于设备检修或更换所导致的停工成本 FC_{prod}；

d) 设备失效所导致的人员伤害成本 FC_{inj}；

e) 环境清理成本 $FC_{environ}$。

12.1.2 经济后果为上述5种经济成本之和，按式(70)计算：

$$FC=FC_{cmd}+FC_{affa}+FC_{prod}+FC_{inj}+FC_{environ} \quad \cdots\cdots(70)$$

12.2 设备检修或更换成本

12.2.1 第 n 种泄漏孔泄漏导致的设备损坏成本($holecost_n$)应根据现场经验数据选取，若无法获得现场经验数据，可从附录E中表E.1选取。

12.2.2 对于非碳钢材料，材料价格系数(matcost)应根据实际情况选取，若无法获得实际数据，可从表E.2选取。

12.2.3 每种泄漏孔对应的同类设备平均失效概率根据8.11求取，设备检修或更换成本按式(71)计算：

$$FC_{cmd}=\left(\frac{\sum_{n=1}^{4} gff_n \times holecost_n}{gff_{total}}\right)\times matcost \quad \cdots\cdots(71)$$

12.3 设备失效影响区域内其他设备的破坏成本

12.3.1 本节计算燃烧与爆炸导致设备失效影响区域内其他设备的破坏成本。

12.3.2 本部分规定设备系统的平均重置费用(euipcost)为常数，由使用单位提供相关数据，不考虑设备所在的位置。

12.3.3 设备失效影响区域内其他设备的破坏成本是设备破坏后果面积与平均重置费用的乘积，按式(72)计算：

$$FC_{affa}=CA_{cmd}\times equipcost \quad \cdots\cdots(72)$$

式中 CA_{cmd} 为最终的设备破坏后果面积，根据11.1计算得到。

12.4 停工成本

12.4.1 本部分考虑以下两种停工成本：

a) 检修或更换发生失效泄漏设备导致的停工成本；

b) 检修或更换设备失效影响区域内遭到破坏的其他设备导致的停工成本。

12.4.2 第 n 种泄漏孔泄漏导致的停工时间($outage_n$)应根据现场经验数据选取，一般由使用单位提供；若无法获得相关数据，可按照表 E.3 选取。

12.4.3 检修或更换发生失效泄漏设备导致的停工时间($outage_{cmd}$)计算：

停工时间($outage_{cmd}$)是每种泄漏孔泄漏导致的停工时间的概率加权平均值，按式(73)计算：

$$outage_{cmd} = \frac{\sum_{n=1}^{4} gff_n \times outage_n}{gff_{total}} \times outage_{mult} \quad \cdots\cdots(73)$$

式中 $outage_{mult}$ 为所评价设备停工时间的放大系数，可根据现场经验进行调整确定。

12.4.4 检修或更换失效泄漏设备影响区域内遭到破坏的其他设备导致的停工时间 $outage_{affa}$ 计算：

停工时间($outage_{affa}$)按式(74)进行计算：

$$outage_{affa} = 10^{1.242+0.585\lg(FC_{affa}\times 10^{-6})} \quad \cdots\cdots(74)$$

式中设备失效影响区域内其他设备的破坏成本 FC_{affa} 根据 12.3.3 计算确定。

12.4.5 停工成本计算：

停工成本(FC_{prod})按式(75)计算：

$$FC_{prod} = (outage_{cmd} + outage_{affa}) \times (prodcost) \quad \cdots\cdots(75)$$

式中 prodcost 为平均每天的停工成本，由使用单位根据运营情况提供相关数据。

12.5 人员伤害成本

按式(76)计算人员伤害成本：

$$FC_{inj} = CA_{inj} \times popdens \times injcost \quad \cdots\cdots(76)$$

式中：

CA_{inj} ——最终的人员伤害后果面积，根据 11.2 计算确定；

popdens——设备系统现场人口密度，由使用单位提供相关数据；也可根据正常生产情况下，设备系统现场作业人员数量除以设备系统所占的场地面积得到；

injcost ——人身伤害赔偿费用，可由使用单位提供相关数据，也可根据国家工伤赔偿相关规定确定。

12.6 环境清理成本

12.6.1 基本原则

12.6.1.1 本部分仅考虑泄漏介质在大气环境中的相态为液态的环境清理成本。

12.6.1.2 本部分不考虑标准沸点低于 93 ℃的泄漏介质的环境清理成本。

12.6.1.3 本部分不考虑泄漏介质可能发生自燃情况的环境清理成本。

12.6.2 泄漏介质的蒸发比例计算

12.6.2.1 泄漏介质的蒸发比例($frac_{evap}$)、标准沸点(NBP)可从表 17 中查取，表 17 中未列出的代表性介质，可根据其他文献资料查取，但应保证其数据的合理性。

12.6.2.2 当介质的标准沸点(NBP)已知，泄漏介质的蒸发比例($frac_{evap}$)也可按式(77)进行计算：

$$\mathrm{frac}_{\mathrm{evap}} = -7.140\ 8 + 8.582\ 7 \times 10^{-3} \times 1.8 \times \mathrm{NBP} - 3.559\ 4 \times 10^{-6} \times (1.8 \times \mathrm{NBP})^2 + \frac{2\ 331.1}{1.8 \times \mathrm{NBP}} - \frac{203\ 545}{(1.8 \times \mathrm{NBP})^2} \quad \cdots\cdots (77)$$

12.6.3 泄漏介质体积($\mathrm{vol}_n^{\mathrm{env}}$)计算

对每种泄漏孔,按式(78)计算需要清理的泄漏介质体积:

$$\mathrm{vol}_n^{\mathrm{env}} = \frac{6.29 \times \mathrm{mass}_n (1 - \mathrm{frac}_{\mathrm{evap}})}{\rho_1} \quad \cdots\cdots (78)$$

式中泄漏介质的密度(ρ_1)可在表 17 中查取,泄漏介质的蒸发比例($\mathrm{frac}_{\mathrm{evap}}$)根据 12.6.2 确定,$\mathrm{mass}_n$ 根据 7.7.2 确定。

12.6.4 环境清理成本计算

12.6.4.1 环境清理成本($\mathrm{FC}_{\mathrm{environ}}$)按式(79)计算:

$$\mathrm{FC}_{\mathrm{environ}} = \frac{\sum_{n=1}^{4} \mathrm{gff}_n \times \mathrm{vol}_n^{\mathrm{env}}}{\mathrm{gff}_{\mathrm{total}}} \times \mathrm{envcost} \quad \cdots\cdots (79)$$

12.6.4.2 单位体积介质泄漏导致的环境清理费用(envcost)由使用单位根据现场经验提供相关数据,若使用单位没有经验性数据,可采用专家数据值,但应保证数据的合理性。

表 17 泄漏介质物性

代表性介质	摩尔质量/(g/mol)	密度/(kg/m³)	标准沸点 NBP/℃	蒸发比例 $\mathrm{fract}_{\mathrm{evap}}$(24 h 内)
碳 1~碳 2	23	250.513	−125	1.00
碳 3~碳 4	51	538.379	−21	1.00
碳 5	72	625.199	36	1.00
碳 6~碳 8	100	684.018	99	0.90
碳 9~碳 12	149	734.012	184	0.50
碳 13~碳 16	205	764.527	261	0.10
碳 17~碳 25	280	775.019	344	0.05
碳 25+	422	900.026	527	0.02
酸	18	997.950	100	0.90
氢气	2	71.010	−253	1.00
硫化氢	34	993.029	−59	1.00
氟化氢	20	967.031	20	1.00
一氧化碳	28	800.920	−191	1.00
乙醚	74	720.828	35	1.00
氯化氢	36	1 182.362	−85	1.00
硝酸	63	1 521.749	121	0.80
二氧化氮	90	929.068	21.2	0.75
光气	99	1 377.583	8.3	1.00
甲苯二异氰酸酯	174	1 217.399	251	0.15

表 17（续）

代表性介质	摩尔质量/(g/mol)	密度/(kg/m^3)	标准沸点 NBP/℃	蒸发比例 $fract_{evap}$(24 h 内)
甲醇	32	800.920	65	1.00
环氧丙烷	58	832.957	34	1.00
苯乙烯	104	683.986	145	0.60
乙二醇乙醚醋酸酯	132	977.123	156	0.65
乙二醇乙醚	90	929.068	135	0.75
乙二醇	62	1 105.270	197	0.45
环氧乙烷	44	881.013	11	1.00

附 录 A
（规范性附录）
安全阀开启失效后果定量分析方法

A.1 符号

A^{prd} ——安全阀流道面积，mm^2；
A^{prd}_{total} ——安装多只在用安全阀总的流道面积，mm^2；
$C^{prd}_{f,j}$ ——安全阀开启失效后果；
F_a ——安装多只在用安全阀超压修正因子；
MAWP——被保护设备的最高允许工作压力，MPa；
p_o ——安全阀开启失效导致超压情况下被保护设备内的压力，MPa；
$p_{o,j}$ ——安装多只在用安全阀在开启失效导致超压情况下，经修正后的压力，MPa；
P_s ——被保护设备正常运行工况下的操作压力，MPa。

A.2 基本要求

A.2.1 本附录规定了安全阀开启失效后果定量分析方法。
A.2.2 本附录规定的安全阀开启失效包含：超压未开启、部分开启、超过设定压力开启。
A.2.3 将安全阀开启失效导致被保护设备超压情况下的压力 p_o 代替被保护设备的正常操作压力 P_s，计算得到被保护设备的失效后果作为安全阀的开启失效后果。

A.3 超压确定

由于安全阀开启失效导致被保护设备超压情况下的压力 p_o，可在表 A.1 中查取确定。

表 A.1 超压的确定原则

设备类型	适用条件	超压情况下被保护设备内的压力 p_o
超压情况——排放受阻/非自动阀门		
热交换器、空冷器、反应器、管道、存储罐及动设备	上游为除容积式之外的动设备	静压力、1.3 倍正常排放压力与热源温度下介质的饱和压力（设备有内或外部热源），三者中取最大值
	上游为容积式动设备	4.0×MAWP
	上游为汽轮机	蒸汽源压力与蒸汽源温度下的饱和压力（设备有内或外部热源），二者中取最大值
	上游为工艺单元或容器	1.1×MAWP
工艺塔（火焰加热热源）	塔热源来自火焰加热	4.0×MAWP
工艺塔（其他热源）	上游非火焰加热	热源温度下介质的饱和压力
加热器	—	4.0×MAWP

表 A.1（续）

设备类型	适用条件	超压情况下被保护设备内的压力 p_o
超压情况——出口控制阀失效关闭		
热交换器、空冷器、反应器、管道、存储罐、动设备	上游为除容积式之外的动设备	静压力、1.3 倍正常排放压力与热源温度下介质的饱和压力（设备有内或外部热源），三者中取最大值
	上游为容积式动设备	4.0×MAWP
	上游为汽轮机	蒸汽源压力与蒸汽源温度下的饱和压力（设备有内或外部热源），二者中取最大值
工艺塔（火焰加热热源）	上游为工艺单元或容器	1.1×MAWP
	塔热源来自火焰加热	4.0×MAWP
工艺塔（其他热源）	上游非火焰加热	热源温度下介质的饱和压力
加热器	—	4.0×MAWP
超压情况——入口控制阀失效开启，包括高压介质串入低压设备		
所有类型设备	—	上游压力源的压力
超压情况——火灾		
所有类型设备	—	4.0×MAWP
超压情况——受热膨胀或液相汽化膨胀		
管道或其他充装液相介质的设备	—	操作压力与存储介质在 60℃时的饱和压力，二者中取最大值
热交换器的低温侧	—	操作压力与高温侧入口温度下介质的饱和压力，二者中取最大值
超压情况——失冷		
工艺塔（火焰加热热源）	塔热源来自火焰加热	4.0×MAWP
其他所有设备（内部或外部热源）	—	热源温度下介质的饱和压力
超压情况——塔循环或回流泵失效		
工艺塔（火焰加热热源）	塔热源来自火焰加热	4.0×MAWP
其他所有的工艺塔	—	热源温度下介质的饱和压力
超压情况——电力故障		
工艺塔（火焰加热热源）	塔热源来自火焰加热	4.0×MAWP
其他工艺塔和内部或外部热源设备（非火焰加热热源）	—	热源温度下介质的饱和压力
超压情况——化学反应失控		
所有设备	—	4.0×MAWP

表 A.1（续）

设备类型	适用条件	超压情况下被保护设备内的压力 p_o
超压情况——换热管破裂		
热交换器管束介质为高压气体热交换器壳程介质为低压液体	—	热交换器高压侧最高操作压力
超压情况——盛装过量液相介质		
所有设备，包括工艺塔（底部液相出口封闭）	上游为除容积式之外的动设备	静压力、1.3 倍正常排放压力与热源温度下介质的饱和压力（设备有内或外部热源），三者中取最大值
	上游为容积式动设备	4.0×MAWP
	上游为汽轮机	蒸汽源压力与蒸汽源温度下的饱和压力（设备有内或外部热源），二者中取最大值
	上游为工艺单元或容器	1.1×MAWP（上游压力源设备的最高操作压力）

A.4 安装多只在用安全阀的超压修正

A.4.1 本部分规定若设备安装多只在用安全阀，在确定安全阀开启失效导致超压情况下被保护设备内的压力（p_o）时，应对压力 p_o 进行修正。

A.4.2 每只安全阀的流道面积（A^{prd}）由使用单位提供基础数据；多只在用安全阀总的泄放流道面积（A^{prd}_{total}）为所有安全阀流道面积之和。

A.4.3 超压修正因子（F_a）按式（A.1）计算：

$$F_a = \sqrt{\frac{A^{prd}}{A^{prd}_{total}}} \qquad \cdots\cdots\cdots\cdots (A.1)$$

A.4.4 安装多只在用安全阀在开启失效导致超压情况下，经修正后的压力按式（A.2）计算：

$$p_{o,j} = F_a \times p_o \qquad \cdots\cdots\cdots\cdots (A.2)$$

A.5 安全阀开启失效后果计算

将被保护设备超压情况下的失效后果作为安全阀开启失效后果 $C^{prd}_{f,j}$，被保护设备超压情况下的失效后果定量计算按本部分的正文进行，在失效后果计算过程中参数 P_s 应采用最终确定的 p_o 或 $p_{o,j}$ 进行代替。

附 录 B
（规范性附录）
安全阀泄漏失效后果定量分析方法

B.1 符号

C_l^{prd} ——安全阀泄漏失效后果，元；
C_l^{mild} ——安全阀轻度至中度泄漏失效后果，元；
C_l^{so} ——安全阀提前开启或卡阻不回座泄漏失效后果，元；
$cost_{env}$ ——安全阀泄漏导致的环境清理成本，元；
$cost_{inv}$ ——安全阀泄漏导致的介质损失成本，元；
$cost_{flu}$ ——泄漏介质单位质量的价格，元/kg；
$cost_{inv}^{mild}$ ——安全阀轻度至中度泄漏导致的介质损失成本，元；
$cost_{inv}^{so}$ ——安全阀提前开启或卡阻不回座泄漏导致的介质损失成本，元；
$cost_{prod}$ ——检修安全阀导致的停工成本，元；
$cost_{prod}^{mild}$ ——检修安全阀轻度至中度泄漏导致的停工成本，元；
$cost_{prod}^{so}$ ——检修安全阀提前开启或卡阻不回座导致的停工成本，元；
$cost_{sd}$ ——安全阀检修成本，元；
D_{mild} ——安全阀轻度至中度泄漏持续时间，天；
D_{so} ——安全阀提前开启或卡阻不回座泄漏持续时间，天；
D_{sd} ——安全阀停工检修天数，天；
F_r ——泄漏介质回收率因子；
$lrate_{mild}$ ——安全阀轻度至中度泄漏速率，kg/h；
$lrate_{so}$ ——安全阀提前开启或卡阻不回座泄漏速率，kg/h；
$unit_{prod}$ ——设备系统每天的生产利润，元/天；
W_c^{prd} ——安全阀的额定泄放量，kg/h。

B.2 总则

B.2.1 本附录规定了安全阀泄漏失效的经济后果（C_l^{prd}）定量分析方法。

B.2.2 本附录考虑安全阀两种类型的泄漏失效后果：轻度至中度泄漏失效后果和提前开启或卡阻不回座泄漏失效后果。

B.2.3 本附录考虑安全阀泄漏失效导致的以下 4 种直接经济成本：

a) 介质损失成本（$cost_{inv}$）；

b) 环境清理成本（$cost_{env}$）；

c) 安全阀检修成本（$cost_{sd}$）；

d) 检修安全阀导致的停工成本（$cost_{prod}$）。

B.3 介质损失成本($cost_{inv}$)计算

B.3.1 安全阀泄漏速率的确定

B.3.1.1 安全阀轻度至中度泄漏，其泄漏速率按式(B.1)计算：

$$lrate_{mild}=0.1W_{c}^{prd} \qquad \cdots\cdots(B.1)$$

B.3.1.2 安全阀提前开启或卡阻不回座，其泄漏速率按式(B.2)计算：

$$lrate_{so}=0.25W_{c}^{prd} \qquad \cdots\cdots(B.2)$$

B.3.1.3 安全阀的额定泄放量(W_{c}^{prd})由使用单位提供基础数据，也可参照 GB 150.1 和 TSG D0001 等进行计算。

B.3.2 泄漏持续时间的确定

B.3.2.1 安全阀轻度至中度泄漏持续时间(D_{mild})在表 B.1 中查取。

表 B.1 安全阀泄漏持续时间

安全阀进口公称通径 DN/mm	泄放到封闭系统或火炬 安全阀持续泄漏时间 D_{mild}/天	泄放到大气 安全阀持续泄漏时间 D_{mild}/天
DN≤20	60	8
20<DN≤40	30	4
40<DN≤80	15	2
80<DN≤150	7	1
DN>150	2	0.5

B.3.2.2 本附录规定安全阀提前开启或卡阻不回座发生泄漏时，对安全阀立即进行检修，将隔离安全阀的时间限定在 30 min 之内，推荐保守选取为 30 min，泄漏持续时间(D_{so})取为 0.021 天。

B.3.3 泄漏介质回收率因子的确定

若工艺中设有封闭系统或火炬，则应按式(B.3)或式(B.4)选取泄漏介质回收率因子；其他情况的泄漏介质回收率因子按式(B.5)选取：

$$F_{r}=0 \quad \text{(若安全阀泄放到封闭系统)} \qquad \cdots\cdots(B.3)$$

$$F_{r}=0.5 \quad \text{(若安全阀泄放到火炬)} \qquad \cdots\cdots(B.4)$$

$$F_{r}=1.0 \quad \text{(其他情况)} \qquad \cdots\cdots(B.5)$$

B.3.4 介质损失成本($cost_{inv}$)的计算

B.3.4.1 安全阀轻度至中度泄漏导致的介质损失成本按式(B.6)计算：

$$cost_{inv}^{mild}=24\cdot F_{r}\cdot cost_{flu}\cdot D_{mild}\cdot lrate_{mild} \qquad \cdots\cdots(B.6)$$

B.3.4.2 安全阀提前开启或卡阻不回座泄漏导致的介质损失成本按式(B.7)计算：

$$cost_{inv}^{so}=24\cdot F_{r}\cdot cost_{flu}\cdot D_{so}\cdot lrate_{so} \qquad \cdots\cdots(B.7)$$

B.3.4.3 泄漏介质单位质量的价格($cost_{flu}$)由使用单位提供基础数据，也可保守选取该种介质的成品单价。

B.4 环境清理成本($cost_{env}$)的确定

B.4.1 本附录规定若安全阀直接泄漏到大气环境中,则应考虑导致的环境清理成本。

B.4.2 环境清理成本由使用单位根据现场经验提供相关数据;也可采用同类安全阀经验数据或专家数据,按后者确定时应保证数据的合理性。

B.5 安全阀检修成本($cost_{sd}$)的确定

B.5.1 对于不允许有泄漏的安全阀,应考虑安全阀检修成本。

B.5.2 安全阀检修成本包括安全阀实际检修、校验及更换等成本,由使用单位根据现场经验提供相关数据;也可采用同类安全阀经验数据或专家数据,按后者确定时应保证数据的合理性。

B.6 检修安全阀导致的停工成本($cost_{prod}$)计算

B.6.1 轻度至中度泄漏导致的停工成本($cost_{prod}^{mild}$)包括允许安全阀有泄漏或可被截断检修而不必停工和不允许安全阀有泄漏而必须停工两种情况:

a) 若允许安全阀有泄漏或者可被截断检修而不必停工,停工成本($cost_{prod}^{mild}$)取 0。

b) 若不允许安全阀有泄漏,停工成本($cost_{prod}^{mild}$)按式(B.8)计算:

$$cost_{prod}^{mild} = unit_{prod} \cdot D_{sd} \qquad \cdots\cdots (B.8)$$

B.6.2 提前开启或卡阻不回座泄漏导致的停工成本($cost_{prod}^{so}$)按式(B.9)计算:

$$cost_{prod}^{so} = unit_{prod} \cdot D_{sd} \qquad \cdots\cdots (B.9)$$

B.6.3 设备系统每天的生产利润($unit_{prod}$)由使用单位根据运营情况提供相关数据。

B.6.4 安全阀停工检修天数(D_{sd})由使用单位根据现场经验提供相关数据;也可采用同类安全阀经验数据或专家数据,按后者确定时应保证数据的合理性。

B.7 泄漏失效后果计算

B.7.1 轻度至中度泄漏失效后果(C_l^{mild})按式(B.10)计算:

$$C_l^{mild} = cost_{inv}^{mild} + cost_{env} + cost_{sd} + cost_{prod}^{mild} \qquad \cdots\cdots (B.10)$$

B.7.2 提前开启或卡阻不回座泄漏失效后果(C_l^{so})按式(B.11)计算:

$$C_l^{so} = cost_{inv}^{so} + cost_{env} + cost_{sd} + cost_{prod}^{so} \qquad \cdots\cdots (B.11)$$

B.7.3 安全阀泄漏失效后果(C_l^{prod})按式(B.12)计算:

$$C_l^{prd} = 0.9 \cdot C_l^{mild} + 0.1 \cdot C_l^{so} \qquad \cdots\cdots (B.12)$$

附　录　C
（规范性附录）
热交换器管束失效后果定量分析方法

C.1　符号

C_f^{tube} ——热交换器管束失效后果，元；
$C_{f,plan}^{tube}$ ——计划更换周期内的管束失效后果，元；
$cost_{bundle}$ ——管束更换成本，元；
$cost_{maint}$ ——管束维护成本，包括抽芯、检验辅助以及更换过程中相关的成本，元；
$cost_{prod}$ ——检修或更换管束导致的停工成本，元；
$D_{sd,plan}$ ——管束计划停工检修时间，天；
D_{sd} ——管束非计划停工检修时间，天；
D_{shell} ——热交换器壳体内径，mm；
L_{tube} ——管束长度，m；
$rate_{red}$ ——管束停用导致的生产率下降，%；
$unit_{prod}$ ——设备系统每天的生产利润，元/天。

C.2　基本原则

本附录只考虑热交换器管束失效导致的经济后果。

C.3　失效后果计算

热交换器管束失效后果（经济后果）包括检修或更换管束导致的停工成本（$cost_{prod}$）、管束更换成本（$cost_{bundle}$）以及管束维护成本（$cost_{maint}$），按式(C.1)计算：

$$C_f^{tube}=cost_{prod}+cost_{bundle}+cost_{maint} \qquad \cdots\cdots(C.1)$$

C.4　检修或更换管束导致的停工成本的确定

C.4.1　若设备系统设置有在线备用的热交换器或设置有跨线可将该热交换器隔离出来检修或更换管束而不需要停工，则不考虑检修或更换管束导致的停工成本，即 $cost_{prod}=0$。

C.4.2　若需要停工，检修或更换管束导致的停工成本（$cost_{prod}$）按式(C.2)计算：

$$cost_{prod}=unit_{prod}\cdot\left(\frac{rate_{red}}{100}\right)\cdot D_{sd} \qquad \cdots\cdots(C.2)$$

式中：

管束非计划停工检修时间（D_{sd}）应包括购置和安装新管束需要的时间，由使用单位根据现场经验提供相关数据；也可采用同类设备经验数据或专家数据，按后者确定时应保证数据的合理性。

管束停用导致的生产率下降（$rate_{red}$）由使用单位根据现场经验提供相关数据；也可采用专家数据，按后者确定时应保证数据的合理性。

设备系统每天的生产利润（$unit_{prod}$）由使用单位根据运营情况提供相关数据。

本附录规定管束停用导致的生产率下降取值范围为 $0 \leqslant rate_{red} \leqslant 100$,将停产情况下的产品率下降($rate_{red}$)规定为 100;将检修或更换管束不影响正常生产(包括产品的产量和质量)的产品率下降($rate_{red}$)规定为 0。

C.5 管束更换成本

C.5.1 管束更换成本($cost_{bundle}$)与管束规格以及管束材质成正比,按式(C.3)来计算。

$$cost_{bundle} = \frac{22\,000\left(\frac{\pi D_{shell}^2}{4}\right) L_{tube} M_f}{12} \quad \cdots\cdots (C.3)$$

C.5.2 管束材料成本因子(M_f)的推荐值在表 C.1 查取,也可参照实际情况选取。

C.6 管束维护成本

管束维护成本($cost_{maint}$)由使用单位根据现场经验提供相关数据;也可采用同类设备经验数据或专家数据,按后者确定时应保证数据的合理性。

表 C.1 管束材料成本因子

常用管束材料	管束材料成本因子 M_f
碳钢	1.0
1-1/4Cr	2.0
5Cr	4.0
9Cr	6.0
304/309/310 不锈钢	8.0
304L/321/347 不锈钢	10.0
316 不锈钢	14.0
316L 不锈钢	14.0
317 不锈钢	18.0

附　录　D
（规范性附录）
泄漏孔直径和潜在的最大介质泄漏量的选取原则

D.1　泄漏孔直径的选取原则

D.1.1　管道泄漏孔直径的选取原则

D.1.1.1　管道泄漏分析计算采用表 4 中规定的 4 种标准泄漏孔，不同外径的管道所选取的泄漏孔直径应不大于管道自身的外径。

D.1.1.2　所有管道都具有第四种标准泄漏孔：破裂。

D.1.1.3　外径＞100 mm 的管道，选取 4 种直径的标准泄漏孔：6 mm、25 mm、100 mm 及破裂。

D.1.1.4　外径≤100 mm 且＞25 mm 的管道，选取 3 种直径的标准泄漏孔：6 mm、25 mm 及破裂。

D.1.1.5　外径≤25 mm 的管道，选取 2 种直径的标准泄漏孔：6 mm 及破裂。

D.1.2　容器泄漏孔直径的选取原则

D.1.2.1　容器泄漏分析计算采用表 4 中规定的 4 种标准泄漏孔，不同内径的容器所选取的泄漏孔直径应不大于容器自身的内径。

D.1.2.2　所有容器都具有第四种标准泄漏孔：破裂。

D.1.3　泵泄漏孔直径的选取原则

D.1.3.1　泵泄漏分析计算采用表 4 中规定的前 3 种标准泄漏孔（第四种标准泄漏孔：破裂除外），所选取的泄漏孔直径应不大于泵吸入管外径。

D.1.3.2　若泵吸入管的外径＞100 mm，则选取 3 种直径的标准泄漏孔：6 mm、25 mm 和 100 mm。

D.1.3.3　若泵吸入管的外径≤100 mm 且＞25 mm，则选取 3 种直径的标准泄漏孔：6 mm、25 mm 和吸入管外径。

D.1.4　压缩机泄漏孔直径的选取原则

往复式及离心式压缩机选取两种直径的标准泄漏孔：25 mm 和 100 mm（若吸入管的外径＜100 mm，则第二种泄漏孔直径为吸入管的外径）。

D.2　潜在的最大介质泄漏量选取原则

D.2.1　液相系统潜在的最大介质泄漏量确定

D.2.1.1　若正常操作工况下设备或部件中的液相介质存储量已知，则应采用实际介质存储量。

D.2.1.2　若正常操作工况下设备或部件中的液相介质存储量无法获取或仅采用定性后果分析，也可根据设备或部件容积（V）、液相介质密度（ρ_1）以及表 D.1 中液相介质体积占设备或部件体积百分比三者相乘计算得到设备或部件中的液相介质存储量。

D.2.1.3　若正常操作工况下设备或部件中的液相介质充装系数已知，则应采用液相介质充装系数替代表 D.1 中液相介质体积占设备或部件体积百分比。

D.2.1.4　根据 D.2.1.1 或 D.2.1.2 得到的设备或部件中的介质存储量，按 7.4 确定所属存量组中的介质存储量。

D.2.1.5 根据D.2.1.4得到的存量组中的介质存储量按7.4确定液相系统潜在的最大介质泄漏量。

表D.1 液相介质体积占设备或部件体积百分比选取

设备类型	部件类型	液相介质体积占设备或部件体积百分数/%
储存类容器	储存罐	50
	蓄能器	50
分离类容器	分离罐	10
	干燥器	10
反应类容器	反应器	15
塔器	上段	25
	中段	25
	下段	37
过滤器	过滤器	100
热交换器	壳程	50
	管束	100
	管程	25
空气冷却器	翅片管	25
管道	各种规格管子	100
泵	离心泵	100
	往复泵	
压缩机	离心式压缩机	0
	往复式压缩机	

D.2.2 气相系统潜在的最大介质泄漏量确定

D.2.2.1 若正常操作工况下设备或部件中的气相介质存储量已知，则应采用实际介质存储量。

D.2.2.2 若正常操作工况下设备或部件中的气相介质存储量无法获取或仅采用定性后果分析，设备或部件中的气相介质存储量可按式(D.1)计算：

$$mass_{comp}=1\ 000\cdot MW\cdot\frac{P_s V}{R(T_s+273)}\qquad\cdots\cdots(D.1)$$

D.2.2.3 根据D.2.2.1或D.2.2.2得到的设备或部件中的介质存储量，按7.4确定所属存量组中的介质存储量。

D.2.2.4 根据D.2.2.3得到的存量组中的介质存储量按7.4确定气相系统潜在的最大介质泄漏量。

D.2.3 两相流系统潜在的最大介质泄漏量确定

D.2.3.1 若泄漏发生在设备或部件液相部位，则按液相计算潜在的最大介质泄漏量；若泄漏发生在设备或部件气相部位，则按气相计算潜在的最大介质泄漏量。

D.2.3.2 对于含有两相流的管道，若上游介质相态为液相，则按液相计算潜在的最大介质泄漏量；若上游介质相态为气相或两相，则按气相计算潜在的最大介质泄漏量。

附 录 E
（资料性附录）
经济后果分析的相关数据表

E.1 基本原则

本附录为资料性附录，经济后果分析的相关数据仅供参考，若能获取现场经验数据应优先采用现场经验数据，并以当时的社会物价水平为准。

E.2 经济后果分析的相关数据表

E.2.1 设备损坏成本数据在表 E.1 中查取，表 E.1 中的数值是基于碳钢材料的价格给出的。
E.2.2 以碳钢材料为基准，常用材料的价格系数在表 E.2 中查取，对于特殊材料，按实际情况选取。
E.2.3 每种泄漏孔泄漏导致的停工时间估计值在表 E.3 中查取。

表 E.1 设备损坏成本

设备/部件类型		设备损坏成本 holecost/元			
		小规模泄漏 (d_1=6 mm)	中等规模泄漏 (d_2=25 mm)	大规模泄漏 (d_3=100)	破裂泄漏 (d_4=min[D,400])
储存类容器		3.47 E+04	8.33 E+04	1.39 E+05	2.78 E+05
分离类容器		3.47 E+04	8.33 E+04	1.39 E+05	2.78 E+05
反应类容器		1.00 E+05	2.00 E+05	1.00 E+06	5.00 E+06
塔器		6.95 E+04	1.74 E+05	3.47 E+05	6.95 E+05
过滤器		6.95 E+03	1.39 E+04	2.78 E+04	6.95 E+04
热交换器	壳程	6.95E+03	1.39 E+04	1.39 E+05	4.17 E+05
	管束	6.95 E+03	1.39 E+04	1.39 E+05	4.17 E+05
	管箱	6.95 E+03	1.39 E+04	1.39 E+05	4.17 E+05
空气冷却器		6.95 E+03	1.39 E+04	1.39 E+05	4.17 E+05
DN25 mm 管子		3.50 E+01	—	—	1.39 E+02
DN50 mm 管子		3.50 E+01	—	—	2.78 E+02
DN100 mm 管子		3.50 E+01	6.90 E+01	—	4.17 E+02
DN150 mm 管子		3.50 E+01	1.39 E+02	—	8.33 E+02
DN200 mm 管子		3.50 E+01	2.08 E+02	4.17 E+02	1.25 E+03
DN250 mm 管子		3.50 E+01	2.78 E+02	5.56 E+02	1.67 E+03
DN300 mm 管子		3.50 E+01	4.17 E+02	8.33 E+02	2.5 E+03
DN400 mm 管子		3.50 E+01	5.56 E+02	1.11 E+03	3.47 E+03
DN>400 mm 管子		6.90 E+01	8.33 E+02	1.67 E+03	4.86 E+03

表 E.1（续）

设备/部件类型	设备损坏成本 holecost/元			
	小规模泄漏（$d_1=6$ mm）	中等规模泄漏（$d_2=25$ mm）	大规模泄漏（$d_3=100$）	破裂泄漏（$d_4=\min[D,400]$）
离心泵	6.95 E+03	1.74 E+04	3.47 E+04	3.47 E+04
往复泵	6.95 E+03	1.74 E+04	3.47 E+04	6.95 E+04
离心式压缩机	3.47 E+04	6.95 E+04	3.47 E+05	6.95 E+05
往复式压缩机	6.95 E+03	1.39 E+05	6.95 E+05	2.08 E+06

表 E.2 材料价格系数

材料	材料价格系数 matcost	材料	材料价格系数 matcost
碳钢	1.0	90/10 铜/镍	6.8
1.25Cr-0.5Mo	1.3	复合 600 合金	7.0
2.25Cr-1Mo	1.7	碳钢“特氟龙”衬里	7.8
5Cr-0.5Mo	1.7	复合镍	8.0
7Cr-0.5Mo	2.0	800 合金	8.4
复合 304 不锈钢	2.1	70/30 铜/镍合金	8.5
聚丙烯内衬	2.5	904L	8.8
9Cr-1Mo	2.6	20 合金	11
405 不锈钢	2.8	400 合金	15
410 不锈钢	2.8	600 合金	15
304 不锈钢	3.2	镍	18
复合 316 不锈钢	3.3	625 合金	26
碳钢“纱纶”衬里	3.4	钛	28
碳钢“橡胶”衬里	4.4	合金“C”	29
316 不锈钢	4.8	锆	34
碳钢“玻璃钢”衬里	5.8	合金“B”	36
复合 400 合金	6.4	钽	535

表 E.3　每种泄漏孔泄漏导致的停工时间估计值

设备/部件类型		每种泄漏孔泄漏导致的停工时间估计值 $outage_n$/天			
		小规模泄漏 ($d_1=6$ mm)	中等规模泄漏 ($d_2=25$ mm)	大规模泄漏 ($d_3=100$)	破裂泄漏 ($d_4=\min[D,400]$)
储存类容器		2	3	3	7
分离类容器		2	3	3	7
反应类容器		4	6	6	14
塔器		2	4	5	21
过滤器		0	1	1	1
热交换器	壳程	0	0	0	0
热交换器	管束	0	0	0	0
热交换器	管箱	0	0	0	0
空气冷却器		0	0	0	0
DN25 mm 管子		0	0	0	1
DN50 mm 管子		0	0	0	1
DN100 mm 管子		0	1	0	2
DN150 mm 管子		0	1	2	3
DN200 mm 管子		0	2	3	3
DN250 mm 管子		0	2	3	4
DN300 mm 管子		0	3	4	4
DN400 mm 管子		0	3	4	5
DN＞400 mm 管子		1	4	5	7
离心泵		0	0	0	0
往复泵		0	0	0	0
离心式压缩机		2	3	7	14
往复式压缩机		2	3	7	14